ÖSTERREICHISCHE AKADEMIE DER WISSENSCHAFTEN
MATHEMATISCH-NATURWISSENSCHAFTLICHE KLASSE
DENKSCHRIFTEN, 118. BAND

REVISION DER SCYDMAENIDEN VON AUSTRALIEN, NEUSEELAND UND DEN BENACHBARTEN INSELN

VON

H. FRANZ, Wien

(MIT 288 ABBILDUNGEN)

WIEN 1975

IN KOMMISSION BEI SPRINGER-VERLAG, WIEN/NEW YORK

DRUCK: CHRISTOPH REISSER'S SÖHNE AG, 1051 WIEN, ARBEITERGASSE 1—7

ISBN 978-3-211-86445-6   ISBN 978-3-7091-5642-1 (eBook)
DOI 10.1007/ 978-3-7091-5642-1

Inhaltsverzeichnis

Vorwort 5

I. Die Scydmaeniden Neuseelands, von Stewart Island und der Three Kings Islands   7
   Tribus *Neuraphini* 7
      Genus *Stenichnus* THOMS. 7
      Subgenus *Austrostenichnus* FRANZ 7
      Genus *Euconnus* THOMS. 8
         Subgenus *Tetramelus* MOTSCH. 8
         Macoria nov. subgen. 14
         Allomaoria nov. subgen. 49
         Subgenus *Magellanoconnus* FRANZ 99
         Species incertae sedis 100
         Bestimmungstabelle der neuseeländischen *Euconnus*-Arten 109
      Genus *Scydmaenus* LATR. 113
         Subgenus *Zeemicrus* LHOSTE 113
         Bestimmungstabelle der Arten des Subgenus *Zeemicrus* LHOSTE 117
         Austroscydmaenus nov. subgen. 117
         Bestimmungstabelle der Arten des Subgenus *Austroscydmaenus* 129
      Katalog der Scydmaeniden Neuseelands und der nächstgelegenen Inseln 130

II. Die Scydmaenidenfauna Australiens und Tasmaniens 132
   Tribus *Cephenniini* 132
      Genus *Coatesia* LEA 132
      Genus *Neseuthia* SCOTT 132
   Tribus *Syndicini* 134
      Genus *Syndicus* MOTSCH. 134
   Tribus *Neuraphini* 135
      Genus *Stenichnus* REITTER 135
         Subgenus *Scydmaenilla* KING 135
         Bestimmungstabelle des Subgenus *Scydmaenilla* 140
      Genus *Neuraphoconnus* FRANZ 141
      Genus *Horaeomorphus* SCHAUFUSS 142
         Bestimmungstabelle der australischen *Horaemorphus*-Arten 150
      Genus *Euconnus* THOMS. 152
         Subgenus *Euconnus* THOMS. s. str. 152
         Subgenus *Tetramelus* MOTSCH. 153
         Subgenus *Heterotetramelus* FRANZ 160
         Subgenus *Napochus* REITT. 161
         Subgenus *Maoria* FRANZ 163
         Subgenus *Allomaoria* FRANZ 167
         Subgenus *Anthicimorphus* FRANZ 175
         Dimorphoconnus nov. subgen. 177
         Subgenus *Euconophron* REITTER 186
      Genus *Microscydmus* CROISS 271
   Tribus *Scydmaenini* 272
      Palaeoscydmaenus nov. genus 272
      Genus *Scydmaenus* LATR. 272

Bestimmungstabelle der Subgenera der Gattung *Scydmaenus* LATR. 272
　　　　　Subgenus *Heterognathus* KING 274
　　　　　Scottiscydmaenus nov. subgen. 277
　　　　　Bestimmungstabelle der *Scottiscydmaenus*-Arten 282
　　　　　Subgenus *Mascarensia* FRANZ 282
　　　　　Allomicrus nov. subgen. 284
　　　　　Corbulifer nov. subgen. 286
　　　　　Subgenus *Cholerus* REITTER 288
　　　　　Choleropsis nov. subgen. 291
　　　　　Subgenus *Scydmaenus* LATR. s. str. 292
　　　Katalog der Scydmaeniden von Australien und Tasmanien 301

III. Scydmaeniden von Lord Howe Island 307
　　　Katalog der Scydmaeniden von Lord Howe Island 311

IV. Biogeographische Auswertung der taxonomischen Ergebnisse 311

Vorwort

Die Familie Scydmaenidae umfaßt kleine bis sehr kleine, überwiegend terricole Coleopteren, die einen sehr einheitlichen äußeren Habitus aufweisen. Es hat deshalb verhältnismäßig lange gebraucht, bis es gelang, eine phylogenetischen Anforderungen genügende Abgrenzung der Genera zu erarbeiten. Die Bemühungen um eine solche beschränkten sich zunächst auf die europäische Fauna ohne Kenntnis der großen Fülle überseeischer Formen, für die es sich später erwies, daß sie sich nicht zwanglos in das europäische System einordnen ließen. Da überseeische Entomologen zudem die europäischen Gattungsnamen verwendeten, ohne die Genotypen zu kennen, oder neue Genera schufen, ohne sie gegenüber den schon beschriebenen abzugrenzen, entstand eine taxonomische Verwirrung, die bis heute nicht beseitigt ist.

Das gilt im besonderen Maße für die zahlreichen Vertreter der Familie, die von Sharp, Broun, King und Lea aus Australien und Neuseeland beschrieben wurden und macht eine Überprüfung der Typen dringend erforderlich.

Es war mir mit Unterstützung des British Museum in London, des Musée National d'Histoire Naturelle in Paris, des Deutschen Entom. Institutes in Eberswalde, des South Australian Museum in Adelaide und des Museums in Nelson möglich, die meisten Typen der bisher aus Australien, Tasmanien und Neuseeland beschriebenen Scydmaenidenarten zu untersuchen und darüber hinaus ein sehr umfangreiches, bisher unbearbeitetes Material aus den Beständen der Museen in London, Adelaide und Nelson zu studieren.

Sehr gefördert wurden meine Arbeiten durch eine Einladung der CSIRO nach Australien, wo ich in Queensland, South Australia und Western Australia selbst ein namhaftes Scydmaenidenmaterial zusammentragen konnte.

Die Untersuchung der Typen, Paratypen und vieler Tausender undeterminierter Tiere machte leider zahlreiche Namensänderungen und darüber hinaus viele Neubeschreibungen notwendig. Das Ergebnis meiner Untersuchungen ist die vorliegende Arbeit, die zweifellos die Artenmannigfaltigkeit der australischen und neuseeländischen Scydmaenidenfauna nicht annähernd erschöpft, aber doch deren Charakter klar zu erkennen gibt und damit, wie ich glaube, nicht bloß der Klärung der Taxonomie der Familie dient, sondern darüber hinaus diese der biogeographischen Auswertung in einem beträchtlich über das bisherige hinausgehenden Maß erschließt.

Bei der Bearbeitung des Materials erwies es sich, daß Australien und Tasmanien einzelne Arten gemeinsam haben und daß diese beiden Gebiete darüber hinaus viele einander nahestehende vikariante Arten aufweisen. Demgegenüber besteht zwischen der australischen und neuseeländischen Scydmaenidenfauna keine engere Beziehung, Australien und Neuseeland haben nicht eine Scydmaenidenart gemeinsam und auch nahe Verwandte sind nur in geringer Zahl vorhanden. Es erscheint deshalb schon aus Gründen der Übersichtlichkeit zweckmäßig, die neuseeländischen Scydmaeniden gesondert von den australischen und tasmanischen zu behandeln.

Von Lord Howe Island lag mir eine kleine, aber sehr interessante, von M. A. Lea zusammengetragene Scydmaenidenausbeute vor, die 5 Arten umfaßt, die alle auf der Insel endemisch sind. Ich behandle deshalb auch die Scydmaeniden von Lord Howe Island in einem eigenen Kapitel.

Die Scydmaeniden von Neukaledonien, den Fiji- und Samoa-Inseln sowie die Scydmaeniden der Solomon-Islands habe ich in früheren Arbeiten revidiert. Auch das wenige Material, das von Neuguinea vorliegt, wurde von mir bereits früher bearbeitet. Ein Vergleich der Scydmaenidenfaunen dieser Inseln mit den Scydmaeniden von Australien und Neuseeland wird in einer biogeographischen Übersicht am Schluß der Arbeit gegeben.

I. Die Scydmaeniden Neuseelands, von Stewart Island und der Three Kings Islands

Die Scydmaenidenfauna Neuseelands und der nächstbenachbarten Inseln besitzt ein sehr einheitliches Gepräge, so daß ihre taxonomische Bearbeitung geringere Schwierigkeiten bietet als die der australischen Vertreter dieser Familie. Ich behandle sie deshalb an erster Stelle.

Tribus *Neuraphini*

Genus *Stenichnus* THOMS.
Subgenus *Austrostenichnus* FRANZ

Das Subgenus *Austrostenichnus* wurde von mir (Koleopt. Rdsch. 49, 1971, p. 45) auf *Stenichnus caledonicus* m. aus Neukaledonien errichtet. Die einzige bisher aus Neuseeland bekannte, nachfolgend in Ergänzung der unzulänglichen Originaldiagnose neu beschriebene Art hat mit den neukaledonischen die tiefe, an den Halsschildseiten weit herablaufende Basalfurche gemeinsam. An Stelle der Stirnkiele ist nur über den Augen an den Kopfseiten ein Kiel vorhanden. Die Fühler inserieren in tiefen und großen Gruben, zwischen denen die Stirn nasenförmig weit nach vorne reicht. Die beiden zuletzt erwähnten Merkmale unterscheiden die neuseeländische Art von den neukaledonischen Vertretern der Gattung, wie auch die schlauchförmige Verjüngung der Apikalpartie des Präputialsackes bei keiner von diesen auftritt.

Stenichnus (Austrostenichnus) insignis (BROUN)

BROUN, Ann. Mag. Nat. Hist. (6) 12, 1893, p. 82—83 (*Scydmaenus*)

Durch große, fast die ganze Seitenlänge des Kopfes einnehmende Augen, über ihnen kielförmig begrenzte Stirn, relativ kurze Fühler mit deutlich abgesetzter, 4gliederiger Keule, auf die Halsschildseiten herabreichende Basalfurche des Halsschildes und stark gewölbte Flügeldecken mit breiter Basalimpression und schräger Humeralfalte ausgezeichnet.

Long. 1,40 mm, lat. 0,55 mm. Hell rotbraun gefärbt, stark glänzend, spärlich gelblich behaart.

Kopf zwischen den tiefen Fühlergruben nasenförmig nach vorne reichend, diesen schmalen Teil eingerechnet etwas länger als mit den großen, flach gewölbten Augen breit, die Stirn über den Augen auf jeder Seite kielförmig begrenzt, die Kiele parallel, an den Fühlergruben endend, Oberlippe groß, die Mandibeln vollkommen überdeckend. Fühler ziemlich kurz, zurückgelegt die Halsschildbasis ein wenig überragend, mit scharf abgesetzter, 4gliederiger Keule, ihr Basalglied dick, doppelt, das viel schlankere 2. zweieinhalbmal so lang wie breit, 3 deutlich, 4 und 5 kaum merklich gestreckt, 6 und 7 kugelig, 8 ebenso, aber doppelt so breit wie 7, 9 schwach, 10 stärker quer, das Endglied nicht ganz so lang wie die beiden vorhergehenden zusammengenommen.

Halsschild ein wenig länger als breit, vor seiner Längsmitte am breitesten, im basalen Drittel durch die an den Seiten schräg nach unten und vorne laufende Basalfurche eingeschnürt, dahinter wieder verbreitert, stark gewölbt, glatt, sehr spärlich, fein behaart.

Flügeldecken länglichoval, stark gewölbt, an ihrer Basis nur so breit wie die Halsschildbasis, mit verrundetem Schulterhöcker und schräger, die Basalimpression seitlich scharf begrenzender Humeralfalte, schütter punktiert und spärlich, aber lang, abstehend behaart.

Beine schlank, Schenkel sehr wenig verdickt, Schienen gerade.

Penis (Fig. 1) von oben betrachtet annähernd elliptisch, aber nach hinten leicht verschmälert, der Peniskörper hinten breit abgestutzt, von dem spatelförmigen Apex überragt. Parameren schwach S-förmig gebogen, die Spitze des Apex penis nicht erreichend, mit je einer langen, terminalen Tastborste versehen. Basalöffnung des Penis dorsal, aber nahe der Basis des Peniskörpers gelegen, nur distal von einer Chitinleiste begrenzt. Unter ihr liegt ein ovaler Chitinkörper, der nach hinten 2 kugelige mit Chitinzähnchen besetzte Blindsäcke entsendet. Über diesen und weiter nach hinten reichend liegt eine horizontale Chitinplatte, unter der eine weitere Chitinplatte sichtbar ist. Aus dem Ostium penis ragt ein kurzes, dünnhäutiges Rohr nach hinten, das die Öffnung des Präputialsackes darstellt und von 2 kleinen Blindsäcken flankiert ist. Zu beiden Seiten dieses Rohres ragen dichte Büschel langer Haare aus dem Ostium heraus.

Es liegt mir nur der Holotypus (♂) vor, der einen handschriftlichen Patriazettel mit dem Text „Hunua Drury" trägt. In der Originaldiagnose wird die Art von der „Hunua Range near Drury" angegeben. Die Type ist im British Museum verwahrt und stand mir zur Untersuchung zur Verfügung.

Genus *Euconnus* THOMS.

Es ist auffällig, daß die weltweit verbreitete Gattung *Euconnus* bisher aus Australien und Neuseeland nicht gemeldet war. Hat man Scydmaenidenmaterial von dort vor Augen, so erkennt man sogleich, daß dieses neben zahlreichen Arten aus der großen Gattung *Scydmaenus* viele Formen enthält, die man dem Habitus nach ohne Bedenken der Gattung *Euconnus* zuordnen möchte. SHARP, BROUN und LEA haben sie in die von KING aufgestellte Gattung *Phagonophana* gestellt. Da nun aber *Phagonophana* 10gliederige Fühler besitzt und, wie von mir gezeigt wurde (Kol. Rdsch. 49, 1971), synonym zu *Syndicus* ist, steht fest, daß die *Euconnus*-ähnlichen Arten mit 11gliederigen Fühlern mit *Phagonophana* nichts zu tun haben. Von *Euconnus* s. str. lassen sie sich höchstens durch wenig weit getrennte Hinterhüften unterscheiden, dieses Merkmal kommt aber auch dem *Euconnus*-Subgenus *Napochus* REITT. zu und der Abstand der Hinterhüften variiert im übrigen in verschiedenen Verwandtschaftsgruppen der formenreichen Gattung so stark, daß er für sich allein bestenfalls zur Trennung von Subgenera verwendet werden kann.

Subgenus *Tetramelus* MOTSCH.

Euconnus (Tetramelus) northlandensis nov. spec.

Gekennzeichnet durch schlanke, gewölbte Gestalt, dichte, wenig abstehende Behaarung, von oben betrachtet fast kugeligen Kopf mit kleinen, an den Seiten herabgerückten Augen, langgestreckten Halsschild mit 4 kleinen Basalgrübchen und langovale, an ihrer Basis die Breite der Halsschildbasis nicht überragende Flügeldecken mit kleiner scharf umgrenzter Basalimpression. Im Penisbau von den übrigen neuseeländischen *Euconnus*-Arten stark abweichend.

Long. 1,90 mm, lat. 0,65 mm. Rotbraun gefärbt, dicht gelblich behaart.

Kopf von oben betrachtet fast kugelig mit kleinen, an den Seiten herabgerückten Augen und flachen Supraantennalhöckern, lang, oberseits ziemlich schütter, an den Seiten und an der Basis dicht behaart. Fühler lang und dünn, zur Spitze ganz allmählich verdickt, zurückgelegt die Halsschildbasis etwas überragend, beim ♂ alle Glieder mit Ausnahme des 10., beim ♀ mit Ausnahme des isodiametrischen 9. und 10. länger als breit, das eiförmige Endglied kürzer als die beiden vorhergehenden zusammengenommen.

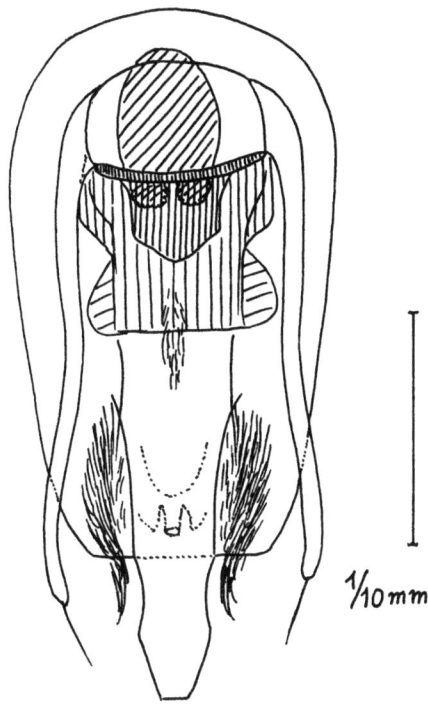

Fig. 1. *Stenichnus (Austrostenichnus) insignis* (BROUN), Penis in Dorsalansicht.

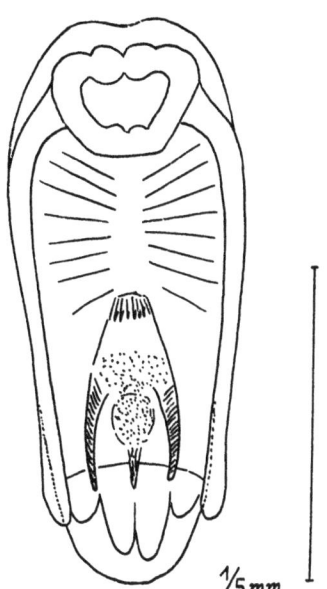

Fig. 2. *Euconnus (Tetramelus) northlandensis* FRANZ, Penis in Dorsalansicht.

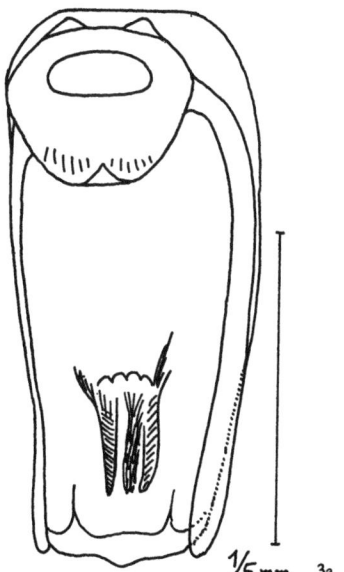

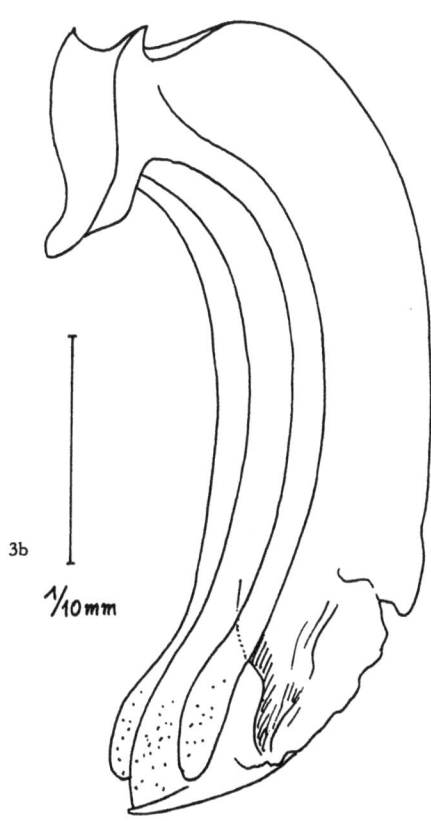

Fig. 3. *Euconnus (Tetramelus) curvicrus* FRANZ, Penis a) in Dorsal-, b) in Lateralansicht.

Halsschild hoch gewölbt, um ein Viertel länger als breit, im vorderen Drittel am breitesten, zur Basis fast gerade verengt, mit 4 kleinen Basalgrübchen, dicht, oberseits ziemlich anliegend, an den Seiten struppig, aber kurz behaart.

Flügeldecken langoval, an ihrer Basis nur so breit wie die Halsschildbasis, dicht, schräg abstehend, im Apikalbereich länger als vorne behaart, mit kleiner, aber tiefer Basalimpression und sehr kurzer Humeralfalte, ohne Schulterbeule und Schulterwinkel.

Beine mäßig lang, Vorderschenkel, vor allem beim ♂, stark verdickt, Vorder- und Mittelschienen schwach einwärts gekrümmt, die Mittelschienen innen mit einem langen präapikalen Stachel und einem kurzen Enddorn.

Penis (Fig. 2) im basalen Drittel ein wenig breiter als weiter distal, am proximalen und apikalen Ende breit abgerundet, nahezu tonnenförmig. Parameren die Penisspitze nicht erreichend, ohne Tastborsten an einem die Basalöffnung des Penis geschlossen umgebenden, stark chitinisierten Rahmen inserierend. Von der Längsmitte des Penis bis zum Ostium erstreckt sich ein glockenförmiger Präputialsack, dessen Wände weithin mit feinen Chitinzähnchen besetzt sind und an dessen beiden Seiten sich distal zwei stark chitinisierte Leisten befinden.

Es liegen mir im undeterminierten Material des Museums in Nelson 2 Exemplare (♂♀) dieser Art vor, die J. I. Townsend im Waipoua Forest im Northland am 10. 6. 1966 aus Waldstreu siebte. Der Holotypus (♂) wird im Museum in Nelson, die Paratype (♀) in meiner Sammlung verwahrt.

Euconnus (Tetramelus) curvicrus nov. spec.

Mit *E. northlandensis* nahe verwandt und von diesem äußerlich nur durch etwas schmäleren Kopf, etwas gestreckteren Halsschild, stärker verdickte Vorderschenkel und gekrümmte Mittelschienen verschieden. Auch im Penisbau sind beide Arten einander ähnlich.

Long. 1,70 bis 1,80 mm, lat. 0,60 mm. Rotbraun gefärbt, bräunlichgelb behaart.

Kopf von oben betrachtet nahezu kreisrund, dicht behaart, die Behaarung der Schläfen struppig, Augen klein, an den Kopfseiten weit herabgerückt, Supraantennalhöcker flach, schräg nach hinten gegen die Stirnmitte in einen flachen Kiel verlängert. Fühler allmählich und sehr wenig zur Spitze verdickt, zurückgelegt die Halsschildbasis knapp erreichend, ihre beiden ersten Glieder nicht ganz doppelt so lang wie breit, 3 bis 7 leicht gestreckt, 8 isodiametrisch, 9 und 10 etwas breiter als lang, das eiförmige Endglied kürzer als die beiden vorhergehenden zusammengenommen.

Halsschild schlank, um ein Viertel länger als breit, etwas vor seiner Längsmitte am breitesten und hier kaum breiter als der Kopf, seitlich schwach gerundet, aber stark gewölbt, dicht und mäßig lang behaart, vor der Basis mit 2 Grübchen.

Flügeldecken langoval, deutlich punktiert und ziemlich dicht, nach hinten gerichtet behaart, ohne Schulterwinkel, mit nur angedeuteter Basalimpression und äußerst kurzer Humeralfalte. Flügel vollkommen verkümmert.

Beine kräftig, Schenkel, namentlich die vorderen, sehr stark verdickt, Mittelschienen in beiden Geschlechtern einwärts gekrümmt.

Penis (Fig. 3a, b) nach oben gebogen, von oben betrachtet fast parallelseitig, sehr wenig zur Spitze verjüngt, diese breit abgestutzt, nur in der Mitte leicht vorgezogen. Parameren das Penisende fast erreichend, ohne Tastborsten. Im Penisinneren befinden sich vor dem Ostium zwei nach hinten gerichtete Stachel und zwischen ihnen ein Bündel von Chitinborsten.

Es liegen mir 4 Exemplare (1 ♂, 3 ♀♀) vor, die alle von G. Kuschel am 24. 11. 1970 im Tasman Valley auf Three Kings Islands erbeutet wurden. Der Holotypus (♂) und eine Paratype werden im Museum in Nelson, 2 Paratypen in meiner Sammlung verwahrt.

Euconnus (Tetramelus) threekingensis nov. spec.

Sehr ausgezeichnet durch schlanke, langgestreckte Gestalt, von oben betrachtet fast kreisrunden Kopf mit sehr kleinen Augen, langgestreckte, dünne Fühler mit sehr undeutlich abgesetzter, zur Spitze verdickter, 4gliederiger Keule, länglichrunden, stark gewölbten Halsschild mit 2 kleinen Basalgrübchen und ovale, stark gewölbte, lang und abstehend behaarte Flügeldecken ohne Basalimpression, Schulterbeule und Schulterwinkel.

Long. 2,10 bis 2,30 mm, lat. 0,85 bis 0,90 mm. Rotbraun gefärbt, bräunlichgelb, auf den Flügeldecken viel länger als auf Kopf und Halsschild behaart.

Kopf groß, von oben betrachtet fast kreisrund, flach gewölbt, mit kleinen, im vorderen Drittel seiner Länge stehenden Augen, glatt und glänzend, oberseits sehr fein und anliegend, an den Schläfen derb und steif abstehend behaart, ohne Supraantennalhöcker. Fühler lang und dünn, zurückgelegt die Halsschildbasis überragend, alle Glieder mit Ausnahme des 9. und 10. länger als breit, das 1., 2. und 5. Glied doppelt, das 4., 6. und 7. annähernd eineinhalbmal so lang wie breit, 3 und 8 leicht gestreckt, 9 und 10 annähernd isodiametrisch, das eiförmige Endglied fast so lang wie die beiden vorhergehenden zusammengenommen.

Halsschild um ein Fünftel länger als breit, etwas vor der Längsmitte am breitesten, aber nicht breiter als der Kopf samt den Augen, kugelig gewölbt, glatt und glänzend, mäßig lang, abstehend, an den Seiten nur wenig dichter als auf der Scheibe behaart, mit 2 kleinen Basalgrübchen versehen.

Flügeldecken oval, hoch gewölbt, an der Basis nicht breiter als die Halsschildbasis, ohne Spur eines Schulterwinkels, einer Schulterbeule und einer Basalimpression, fein und seicht punktiert, lang abstehend behaart. Flügel atrophiert.

Beine lang und schlank, Vorderschenkel sehr stark, Mittel- und Hinterschenkel schwach verdickt, Vorderschienen innen distal flach ausgeschnitten und mit einer Haarbürste versehen.

Penis (Fig. 4a, b) sehr langgestreckt, von oben betrachtet zum distalen Drittel seiner Länge schwach erweitert, dann spitzwinkelig-dreieckig verschmälert, die Spitze leicht vorgezogen, am Ende schmal abgerundet. Parameren die Penisspitze fast erreichend, schmal, am Ende leicht einwärts gekrümmt und mit je 3 Tastborsten versehen. In der distalen Hälfte des Penis befindet sich im Penisinneren ein annähernd kugeliger Bereich des Präputialsackes, der mit zahlreichen chitinösen Falten ausgestattet ist.

Es liegen mir von dieser Art insgesamt 35 Exemplare vor, die G. Kuschel und G. W. Ramsay auf den Three Kings Islands im Norden der Nordinsel Neuseelands gesammelt haben. Die Tiere stammen teils aus dem Tasman Valley, teils aus dem Bereich der höchsten Erhebung und wurden am 24. bis 28. 6. 1970 in Moos und Waldstreu gefunden. Der Holotypus und die Mehrzahl der Paratypen befinden sich im Museum in Nelson, einige Paratypen in meiner Sammlung.

Euconnus (Tetramelus) castawayensis nov. spec.

Dem *E. threekingensis* ähnlich, aber viel kleiner. Gekennzeichnet durch flach gewölbten, von oben betrachtet fast kreisrunden Kopf, mäßig lange Fühler mit unscharf abgesetzter, lockerer, 4gliederiger Keule, länglichen, kugelig gewölbten Halsschild mit 2 großen Basalgrübchen und lang behaarte, ovale Flügeldecken ohne Schulterbeule, Humeralfalte und Basalimpression.

Long. 1,60 mm, lat. 0,60 mm. Hell rotbraun gefärbt, lang und abstehend gelblich behaart.

Kopf von oben betrachtet rundlich, nicht ganz so lang wie mit den kleinen Augen breit, oberseits schwach gewölbt, die Stirn zwischen den flachen Supraantennalhöckern leicht eingedellt, wie auch der Scheitel fein und schütter, die Schläfen derb und steif abstehend behaart

Fühler zurückgelegt die Halsschildbasis etwas überragend, mit lockerer, wenig scharf abgesetzter, 4gliederiger Keule, ihre beiden ersten Glieder doppelt, das 5. eineinviertelmal so lang wie breit, 3 und 7 leicht gestreckt, 4 und 6 quadratisch, 8 fast so breit, 9 und 10 etwas breiter als lang, das Endglied ein wenig kürzer als die beiden vorhergehenden zusammengenommen.

Halsschild um etwa ein Achtel länger als breit, kugelig gewölbt, seitlich sehr gleichmäßig gerundet, zur Basis und zum Vorderrand verengt, nur sehr wenig breiter als der Kopf samt den Augen, glatt und glänzend, ziemlich lang und abstehend, an den Seiten struppig behaart, vor der Basis mit 2 großen Grübchen.

Flügeldecken oval, hoch gewölbt, an ihrer Basis nur so breit wie die Halsschildbasis, ohne Schulterwinkel, Schulterbeule und Basalimpression, sehr undeutlich und zerstreut punktiert, ziemlich schütter, aber lang und abstehend behaart. Flügel atrophiert.

Beine schlank, Vorderschenkel stark, Mittel- und Hinterschenkel mäßig verdickt, Vorderschienen innen distal flach ausgeschnitten und mit einer Haarbürste besetzt.

Penis (Fig. 5) langgestreckt, leicht nach oben gebogen, mit scharf abgesetztem, in den basalen 4. Fünfteln parallelseitigem, dann zur Spitze abgeschrägtem Apex mit abgestutzter Spitze. Apex fast 3mal so lang wie breit. Parameren die Basis des Apex penis überragend, vor der Spitze mit je 3 langen Tastborsten besetzt. Operculum kurz, spitzwinkelig dreieckig, seine Seiten vor der Spitze flach ausgerandet. Im Penisinneren befindet sich vor dem Ostium eine halbkreisförmige, quergestellte Chitinleiste, hinter der sich schwächer chitinisierte Falten der Präputialsackwand befinden. Vor der Längsmitte des Penis befinden sich in dessen Innerem zwei kurze, nach hinten divergierende Chitinzähne und vor diesen ein von einer Chitinfalte umgebener ovaler Chitinkörper.

Es liegen mir insgesamt 13 Exemplare dieser Art vor, die alle auf der Hauptinsel der Three Kings Islands nordwestlich der Nordinsel Neuseelands beim Castaway Camp, 80 m, am 22. und 29. 11. 1970 von G. Kuschel aus Laubstreu gesiebt wurden. Von 4 ♂♂ wurde der Penis herauspräpariert, der Apex penis ist bei allen 4 Tieren gleich lang und schmal, und auch das Operculum ist gleichartig gebildet. Der Holotypus und die Mehrzahl der Paratypen befinden sich im Museum in Nelson, einige Paratypen in meiner Sammlung.

Euconnus (Tetramelus) ramsayi nov. spec.

Von *E. castawayensis* m. äußerlich nur durch etwas bedeutendere Größe, andere Fühlerproportionen und breiteren Halsschild unterscheidbar. Bewohnt auf den Three Kings Islands die kleine Südwestinsel.

Long. 1,70 bis 1,80 mm, lat. 0,65 bis 0,70 mm.

2. Fühlerglied mehr als doppelt so lang wie breit, 5 leicht gestreckt, 3, 4, 6 und 7 so breit oder fast so breit wie lang, 8 isodiametrisch, 9 und 10 schwach quer.

Halsschild nur um ein Zehntel länger als breit, zwischen den beiden Basalgrübchen bei einzelnen Exemplaren mit einem feinen Längskiel.

Der Penis (Fig. 6) besitzt einen kürzeren und breiteren Apex als bei der Vergleichsart. Die Länge des Apex erreicht nicht ganz das Doppelte der Breite. Der Bereich um die Basalöffnung des Penis konnte nicht genau gezeichnet werden, da das einzige vorliegende Präparat im basalen Teil undurchsichtig ist.

Es liegen mir insgesamt 6 Exemplare vor, die G. J. Ramsay am 1. 12. 1970 auf South West Island gesammelt hat. Der Holotypus und 2 Paratypen befinden sich im Museum in Nelson, eine Paratype in meiner Sammlung.

Euconnus (Tetramelus) pseudoramsayi nov. spec.

Dem *E. castawayensis* noch ähnlicher als der *E. ramsayi*, die Fühler aber gedrungener gebaut, auch der Körper weniger gestreckt.

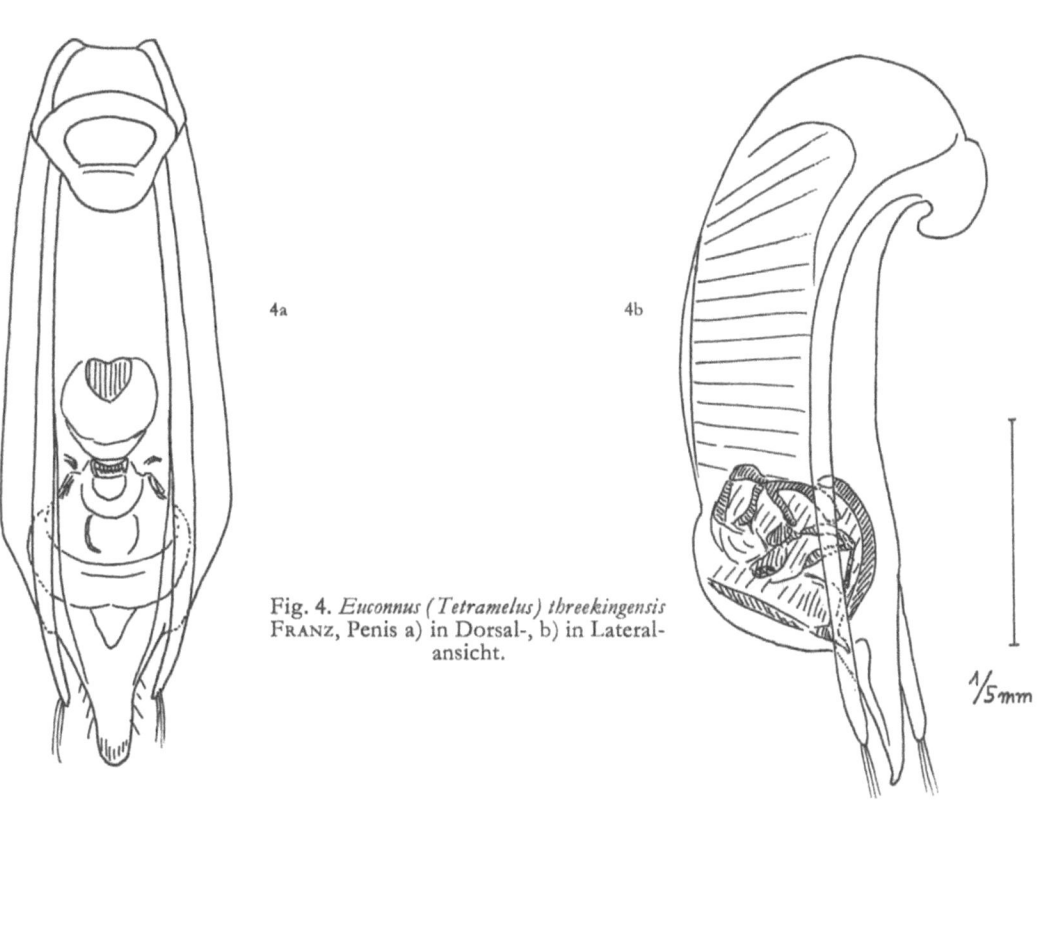

Fig. 4. *Euconnus (Tetramelus) threekingensis* Franz, Penis a) in Dorsal-, b) in Lateralansicht.

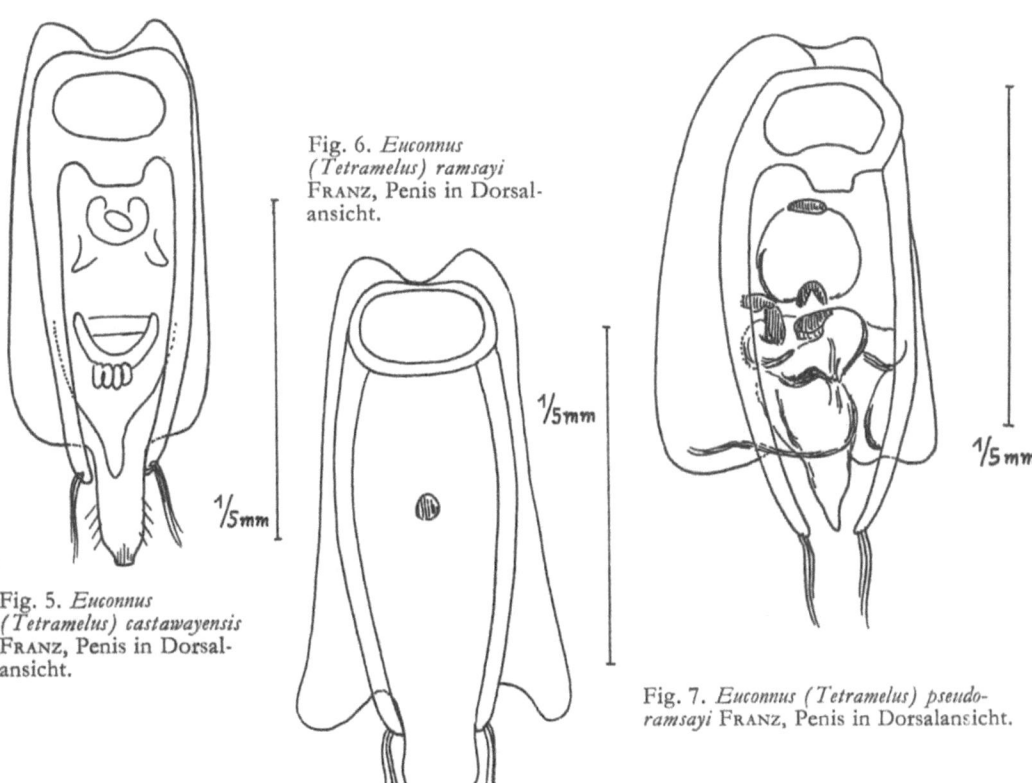

Fig. 5. *Euconnus (Tetramelus) castawayensis* Franz, Penis in Dorsalansicht.

Fig. 6. *Euconnus (Tetramelus) ramsayi* Franz, Penis in Dorsalansicht.

Fig. 7. *Euconnus (Tetramelus) pseudoramsayi* Franz, Penis in Dorsalansicht.

Long. 1,60 bis 1,65 mm, lat. 0,70 mm.

Die beiden ersten Fühlerglieder doppelt so lang wie breit, 5 und 7 leicht gestreckt, 3, 4 und 6 isodiametrisch, gleich lang, 8 sehr schwach, 9 und 10 stärker quer.

Halsschild kaum merklich länger als breit, die größte Breite der Flügeldecken etwas vor deren Längsmitte gelegen.

Penis (Fig. 10) etwas breiter als bei den Vergleichsarten. Apex penis kurz, spitzwinkeligdreieckig, von den Parameren ein wenig überragt. Im Penisinneren befinden sich zahlreichere chitinöse Falten und Apophysen als bei den Vergleichsarten.

Es liegen mir nur 2 Exemplare (♂, ♀) vor, die G. J. Ramsay am 1. 12. 1970 auf South West Island (Three Kings Islands) gesammelt hat.

Der Formenkreis des *E. castawayensis* befindet sich offensichtlich z. Zt. in Aufspaltung, ein Prozeß der durch die Kleinheit der die eng umgrenzten Inselareale bevölkernden Populationen jedenfalls sehr gefördert wird.

Euconnus (Tetramelus) picicollis (Broun)

Broun, Manual New Zeal. Coleoptera 1, 1880, p. 147 (*Phagonophana*)

Im Habitus sich gut in die Untergattung *Tetramelus* einfügend, der querrundliche Kopf breiter als der Halsschild, die Fühler allmählich zur Spitze verdickt, die Flügeldecken an ihrer Basis kaum breiter als die Halsschildbasis, ohne Schulterbeule und Schulterwinkel. Beine sehr kräftig.

Long. 1,60 mm, lat. 0,55 mm. Dunkel rotbraun, Kopf und Halsschild noch dunkler als der übrige Körper, gelblich behaart.

Kopf von oben betrachtet querrundlich, die mäßig großen Augen aber vor seiner Längsmitte stehend, Scheitel sehr flach gewölbt, Stirn von den nur angedeuteten Supraantennalhöckern nach vorne abgedacht, beide glatt und glänzend, sehr spärlich, die Schläfen steif und lang, bärtig behaart. Fühler allmählich zur Spitze verdickt, zurückgelegt die Halsschildbasis erreichend, ihr Basalglied etwas dicker als die folgenden, das 2. um ein Viertel länger als breit, 3 bis 7 leicht gestreckt, 8 kugelig, 9 und 10 breiter als lang, das kurz eiförmige Endglied viel kürzer als die beiden vorhergehenden zusammengenommen.

Halsschild nicht ganz um die Hälfte länger als breit, vor der Mitte am breitesten, die Breite des Kopfes samt den Augen aber nicht erreichend, vor der Basis leicht eingezogen und mit 2 großen Basalgrübchen versehen, seine Scheibe gewölbt, glatt und glänzend, fast kahl, die Seiten struppig behaart.

Flügeldecken oval, an ihrer Basis nur so breit wie die Halsschildbasis, stark gewölbt, lang, aber ziemlich schütter, nach hinten gerichtet behaart, mit tiefer, außen von einem Längsfältchen begrenzter Basalimpression, ohne Spur einer Schulterbeule und eines Schulterwinkels.

Beine kräftig, Vorderschenkel stärker keulenförmig verdickt als die der Mittel- und Hinterbeine, Vorder- und Mittelschienen innen distal flach ausgeschnitten.

Penis (Fig. 8) tonnenförmig, seine Basalöffnung von einem breiten Chitinrahmen umgeben, Parameren distal leicht verbreitert, ohne Tastborsten, Apikalpartie des Penis nicht abgegrenzt, Operculum fehlend. Im Penisinneren ist ein schlauchförmiger Präputialsack erkennbar, stark chitinisierte Stachel, Leisten oder Hautfalten fehlen.

Es liegt mir der Holotypus (♂) aus dem British Museum vor. Er stammt aus Tairua in Neuseeland.

Maoria nov. subgen.

Gekennzeichnet durch stark gewölbten Körper und meist lange und mindestens stellenweise dichte und abstehende Behaarung.

Kopf meist stark gewölbt, Stirn oft stufenförmig zum Clypeus abfallend, Augen konvex, meist an den Seiten des Kopfes mehr oder weniger weit herabgerückt und dann von oben nicht gleichzeitig sichtbar, Fühler allmählich zur Spitze verdickt oder mit sehr unscharf abgegrenzter, 4gliederiger Keule.

Halsschild stark gewölbt, mit scharfen Hinterwinkeln, seine Seiten vor diesen gerandet oder gekantet, bisweilen hinter der Mitte leicht eingeschnürt, Halsschildbasis mit Grübchen und/oder einer Querfurche.

Flügeldecken stark gewölbt, mit oder ohne Basalimpression und Humeralfalte, ohne Schulterwinkel.

Hinterhüften schmal getrennt.

Penis gedrungen gebaut, meist stark chitinisiert, ohne Operculum, Präputialsack mit zahlreichen Chitindifferenzierungen, unter denen ein Chitinring unter der Basalöffnung des Penis und zwei spiegelbildlich zueinander stehende chitinöse Haken zu beiden Seiten des Ostium penis besonders häufig auftreten.

Die Vertreter des Subgenus erinnern an das Subgenus *Tetramelus*, von dem sie sich aber durch den Besitz scharfer Hinterwinkel des Halsschildes, durch seitliche Einschnürung und Randung desselben, durch schmal getrennte Hinterhüften und durch gedrungen gebauten Penis ohne Operculum unterscheiden.

Als Typus dieses Subgenus bezeichne ich *Euconnus alacer* (BROUN).

Euconnus (Maoria) alacer (BROUN)

BROUN, Bull. New Zealand. Inst. 1, 1915, p. 310 *(Phagonophana)* LHOSTE, Rev. franç. d'Entom. 5, 1938, p. 101, fig. 12 *(Phagonophana)*

Durch bedeutende Größe, hoch gewölbten Kopf mit halbkugelig aus den Kopfseiten vorragenden Augen, kurze und dicke, zur Spitze nur wenig verdickte Fühler, länglichen Halsschild mit 4 Basalgrübchen und hoch gewölbte Flügeldecken mit kleiner Basalimpression, ohne Humeralfalte und ohne Schulterwinkel ausgezeichnet.

Long. 2,60 bis 2,70 mm, lat. 1,00 bis 1,05 mm. Dunkel rotbraun gefärbt, braungelb behaart.

Kopf von oben betrachtet etwas länger als breit, stark gewölbt, die Stirn am Vorderrand steil abfallend, die kleinen, halbkugelig gewölbten Augen an seinen Seiten weit herabgerückt, Stirn und Scheitel spärlich, die Schläfen dicht und bärtig abstehend behaart, Supraantennalhöcker groß und scharf markiert. Fühler kurz und dick, zur Spitze nur wenig dicker werdend, zurückgelegt die Halsschildbasis nicht erreichend, ihr Basalglied viel dicker als die folgenden, das 2. eineinhalbmal so lang wie breit, 3 noch leicht gestreckt, 4 quadratisch, 5 bis 10 gegen das 10. immer stärker quer, das Endglied knapp so lang wie die beiden vorhergehenden zusammengenommen.

Halsschild um ein Achtel länger als breit, hoch gewölbt, seitlich gleichmäßig gerundet, in seiner Längsmitte am breitesten und hier eben merklich breiter als der Kopf samt den Augen, auf der Scheibe glatt und glänzend, vor der Basis mit 4 Grübchen, die mittleren größer als die seitlichen, die Seiten vor den Hinterwinkeln scharf gekantet, die Scheibe sehr spärlich, die Seiten dicht behaart.

Flügeldecken annähernd oval, jedoch vor ihrer Längsmitte am breitesten, fein und mäßig dicht punktiert, schräg abstehend behaart, mit kleiner Basalimpression, ohne Humeralfalte und ohne Schulterwinkel. Flügel verkümmert.

Beine ziemlich kräftig, Vorderschenkel viel stärker verdickt als die der Mittel- und Hinterbeine, Schienen gerade, die der Vorderbeine innen distal flach ausgeschnitten und mit einer Haarbürste versehen.

Penis bei dem mir vom Pariser Museum zugesandten ♂ herauspräpariert und mir nicht vorliegend, bei einem von BROUN als „*alacer*" etikettierten ♂ der Sammlung des Museums in

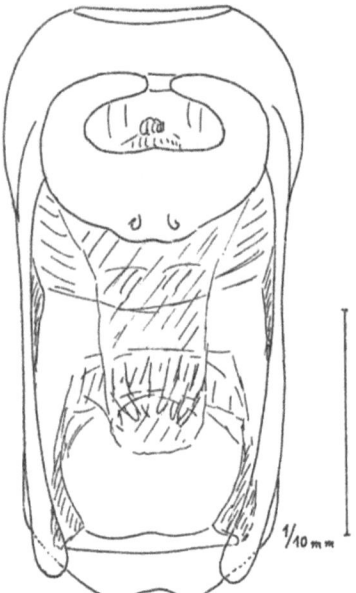

Fig. 8. *Euconnus (Tetramelus) picicollis* (BROUN), Penis in Dorsalansicht.

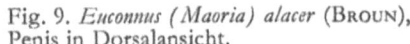

Fig. 9. *Euconnus (Maoria) alacer* (BROUN), Penis in Dorsalansicht.

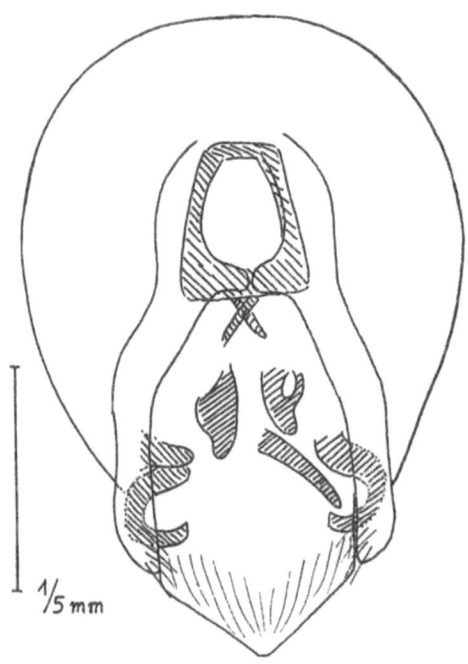

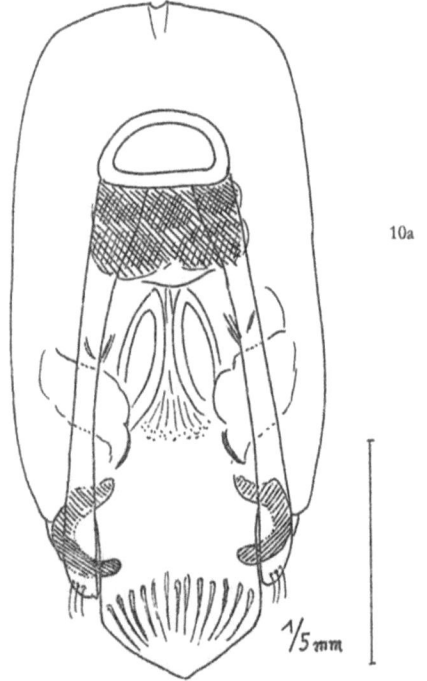
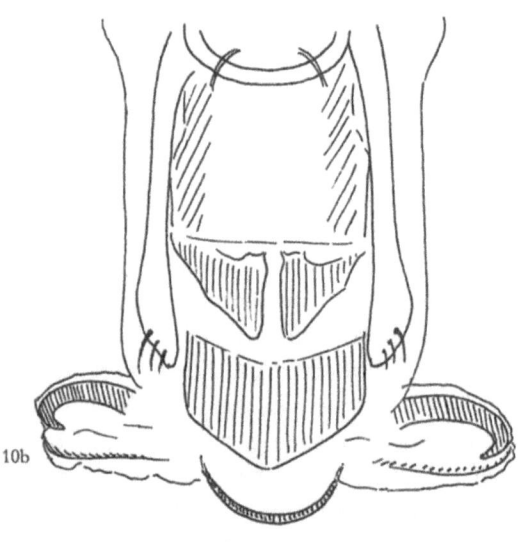

Fig. 10. *Euconnus (Maoria) pseudoalacer* FRANZ, Penis a) in Dorsalansicht, b) distaler Teil in Dorsalansicht mit ausgestülptem Präputialsack.

Nelson von mir herauspräpariert und gezeichnet (Fig. 9), von oben betrachtet, kurz eiförmig, mit kurzem, in der basalen Hälfte parallelseitigem, in der distalen Hälfte stumpfwinkelig dreieckig zur Spitze verengtem Apex. Parameren plump, dünnhäutig und durchsichtig, die Penisspitze nicht erreichend, im Endteil innen mit einer größeren Anzahl von Tastborsten besetzt. Zu beiden Seiten des Ostium penis steht an der Basis des Apex ein sichelförmig nach innen gekrümmter großer Chitinzahn. An der Basis des von oben und hinten betrachtet linken Zahnes steht ein nach innen gerichteter, stumpfer Chitinzahn und innerhalb des rechten sichelförmigen Zahnes ein nach außen gerichteter stumpfer Stachel. Weiter vorn befinden sich im Penisinneren beiderseits der Sagittalebene noch 2 stumpfe Chitinzähne und unter der Insertionstelle der Parameren ein etwa trapezförmiger, stark chitinisierter Rahmen, an den hinten 2 X-förmig gekreuzte Chitinleisten anschließen.

LHOSTE (l. c.) hat nur das Hinterende des Penis dargestellt und die dünnhäutigen Parameren offenbar von den darunter liegenden sichelförmigen Chitinzähnen an seinem Präparat nicht zu unterscheiden vermocht. Sonst stimmt seine Zeichnung mit der meinen überein.

Das mir vom Pariser Museum zugesandte ♂ trägt einen Patriazettel mit dem handschriftlichen Text „Bell Rock, 30. 3. 1913". Wahrscheinlich sollte es Bell Block heißen, d. h. das Tier stammt aus dem SW der Nordinsel Neuseelands, unmittelbar nördlich von New Plymouth. Das ♂, dessen Penis ich zeichnete, und 1 immatures ♀ des Museums in Nelson stammen vom Pudding Hill, 13. 4. 1913.

Euconnus (Maoria) pseudoalacer nov. spec.

Mit *E. alacer* (BROUN) nahe verwandt, aber größer, die Oberseite des Kopfes dicht behaart, die Fühler länger, nur das 8. bis 10. Glied breiter als lang, der Halsschild vor seiner Längsmitte am breitesten.

Long. 2,80 bis 3,10 mm, lat. 1,10 bis 1,20 mm. Dunkel rotbraun gefärbt, bräunlichgelb behaart.

Kopf von oben betrachtet länglichrund, mit ziemlich großen, nahe vor seiner Längsmitte stehenden, an den Seiten weit herabgerückten, konvex vorgewölbten Augen, allseits dicht und abstehend behaart, Supraantennalhöcker schwach markiert. Fühler zurückgelegt die Halsschildbasis nicht ganz erreichend, ihr Basalglied kurz, breiter als die folgenden, 2 eineinhalbmal, 3 eineinviertelmal länger als breit, 4 und 5 leicht gestreckt, 6 und 7 isodiametrisch, 8, 9 und 10 gegen das 10. immer stärker quer, das Endglied so lang wie die beiden vorhergehenden zusammengenommen.

Halsschild etwa um ein Drittel länger als breit, vor der Mitte am breitesten und hier etwas breiter als der Kopf samt den Augen, kugelig gewölbt, glatt und glänzend, dicht, an den Seiten nicht dichter behaart, vor der Basis mit einer Querfurche.

Flügeldecken annähernd oval, vor der Mitte am breitesten, schon an der Basis etwas breiter als die Halsschildbasis, ohne Schulterbeule und Humeralfalte, mit seichter und undeutlicher Basalimpression, dicht und ziemlich grob, aber seicht punktiert, mäßig dicht, schräg abstehend behaart.

Beine kräftig und ziemlich lang, die Vorderschenkel etwas stärker verdickt als die der Mittel- und Hinterbeine, Vorderschienen innen kaum merklich ausgeschnitten.

Penis (Fig. 10a, b) von oben betrachtet oval, mit im basalen Teil parallelseitigem, distal stumpfwinkelig-dreieckigem Apex und geraden, die Penisspitze nicht erreichenden Parameren, diese an der Spitze mit je 3 Tastborsten versehen. Aus dem Penis ragt beiderseits des Apex ein chitinöses, sichelförmiges Gebilde hervor, das gegen die Längsmitte des Penis gekrümmt ist. Bei der Ausstülpung des Präputialsackes werden die Haken horizontal nach außen gerichtet (Fig. 10b).

Es liegen mir aus dem mir vom Museum in Nelson zugesandten Material mehrere Exemplare dieser neuen Art vor. Als Holotypus bestimme ich ein ♂ aus der Sammlung A. E. Brookes, das am 25. 4. 1949 in Wadestown in Laubstreu gesammelt wurde. Die Type wird im Museum in Nelson verwahrt. Penispräparate wurden ferner angefertigt von 1 ♂ von Dun Mt. 2500', 13. 11. 61, lg. Kuschel und 1 ♂ von Roding Range, 480', 19. 10. 65 lg. Townsend. Alle Tiere stammen aus der Provinz Nelson auf der Südinsel Neuseelands. Weiteres Material liegt mir vor von Nth. Bank of Pudding Hill; Canaan Sde.; Canaan Sdle., 2800'; Whengamoa Saddle, 1170'; Wairau-Gorge; Lewis Pass. Die Tiere wurden im August (1 Ex.) und von Mitte Oktober bis Ende Februar gesammelt.

Euconnus (Maoria) walkerianus nov. spec.

Ebenfalls mit *E. pseudoalacer* nahe verwandt, der Kopf aber kürzer, so breit wie lang, oberseits und an den Seiten dicht behaart, die Fühler dick, allmählich zur Spitze verdickt, Halsschild in der Mitte am breitesten, hoch und gleichmäßig gewölbt, mit 2 durch eine Querfurche verbundenen Grübchen, Flügeldecken schütter und undeutlich punktiert. Penis anders geformt.

Long. 2,60 bis 2,80 mm, lat. 0,95 mm. Rotbraun gefärbt, lang, gelblich behaart.

Kopf von oben betrachtet so lang wie breit, mit halbkugelig gewölbten, an den Seiten tiefer herabgerückten Augen, großen, flachen Supraantennalhöckern, Stirn hinter diesen querüber niedergedrückt, Scheitel schwach beulenförmig emporgewölbt, der ganze Kopf dicht behaart. Fühler dick, ohne scharf abgesetzte Keule, zurückgelegt die Halsschildbasis erreichend, ihre beiden ersten Glieder doppelt so lang wie breit, 3 bis 5 um ein Viertel länger als breit, 6 und 7 kugelig, 8 schwach, 9 und 10 etwas stärker quer, das eiförmige Endglied nicht ganz so lang wie die beiden vorhergehenden zusammengenommen.

Halsschild etwas länger als breit, in seiner Längsmitte am breitesten, oberseits und an den Seiten sehr gleichmäßig gerundet, ziemlich kurz und mäßig dicht, an den Seiten nicht struppig behaart, vor der Basis mit 4 durch eine Querfurche verbundenen Grübchen.

Flügeldecken oval, an ihrer Basis nicht breiter als die Halsschildbasis, ohne Basalimpression, Schulterbeule und Humeralfalte, undeutlich punktiert, lang und dicht behaart. Flügel atrophiert.

Beine ziemlich lang, Schenkel mäßig verdickt, Schienen gerade.

Penis (Fig. 11) von oben betrachtet oval, mit spitzwinkelig-dreieckigem Apex und zu dessen Spitze gebogenen, mit zahlreichen Tastborsten besetzten Parameren. An der Basis des Apex penis ragt zu beiden Seiten ein sichelförmig zur Mitte gebogener Chitindorn aus dem Penis heraus. Im Penisinneren befindet sich ein längsorientiertes, stärker chitinisiertes Feld, das infolge von Lufteinschlüssen in dem einzigen vorliegenden Präparat keine Details erkennen läßt.

Es liegen mir 3 Exemplare (1 ♂, 2 ♀♀) vor. Der Holotypus (♂) stammt von Franz Josef Town und wurde am 7. 2. 1965 von N. A. Walker gesammelt. Er wird im Museum in Nelson aufbewahrt. Die Paratypen (♀♀) wurden von J. I. Townsend am Lake Gunn und am Cascade Creek, Englinton Valley, Fiordland, am 30. 10. 1966 erbeutet, eine Paratype befindet sich in meiner Sammlung.

Euconnus (Maoria) australis nov. spec.

Gekennzeichnet durch länglichrunden, dicht behaarten Kopf, kurze Fühler, hochgewölbten, herzförmigen Halsschild und vorne an der Naht mit einer furchenförmigen Einsenkung versehene Flügeldecken. Im Penisbau an *E. walkerianus* m. erinnernd, von dieser Art aber durch kürzere Fühler, größeren Kopf, isodiametrischen Halsschild und im Verhältnis zur Länge breitere Flügeldecken leicht zu unterscheiden. Dem *E. erythronotus* (Broun) noch ähnlicher, von ihm aber im Penisbau abweichend.

Long. 2,60 bis 2,80 mm, lat. 1,10 mm. Rotbraun gefärbt, dicht und abstehend bräunlichgelb behaart.

Kopf von oben betrachtet länglichrund, stark gewölbt, mit ziemlich großen, mäßig stark gewölbten, an den Seiten herabgerückten Augen, kräftigen Supraantennalhöckern und schwach beulenförmig über den Hals vorgewölbtem Scheitel, Schläfen und Hinterkopf sehr dicht und steif abstehend, Stirn und Scheitel schütterer behaart. Fühler allmählich zur Spitze verdickt, zurückgelegt die Halsschildbasis knapp erreichend, ihre beiden ersten Glieder nicht ganz doppelt so lang wie breit, 3 bis 5 leicht gestreckt, 6 quadratisch, 7 schwach, 8 bis 10 stark quer, das eiförmige Endglied so lang oder ein wenig länger als die beiden vorhergehenden zusammengenommen.

Halsschild so lang wie breit, vor der Mitte am breitesten, zur Basis stark eingeschnürt, abgestutzt herzförmig, hoch gewölbt, allseits dicht behaart, vor der Basis mit einer tiefen, an den Seiten herablaufenden Querfurche und in dieser mit 4 manchmal sehr undeutlichen Grübchen.

Flügeldecken annähernd kurzoval, jedoch vor ihrer Längsmitte am breitesten, an ihrer Basis nur so breit wie die Halsschildbasis, die Naht an der Basis vertieft, ohne Schulterwinkel und Humeralfalte, mit feiner, schütterer Punktierung und langer, dichter, schräg abstehender Behaarung.

Beine kräftiger als bei *E. walkerianus*, Vorderschenkel etwas stärker verdickt als die der Mittel- und Hinterbeine.

Penis (Fig. 12a, b) mit von oben betrachtet kurzovalem Peniskörper und kurzem, in der Anlage dreieckigem Apex, dessen Seiten aber konvex, die äußerste Spitze nach hinten mehr oder weniger vorspringend. Parameren nach hinten divergierend, im Spitzenviertel aber zur Längsachse des Penis gekrümmt und mit zahlreichen Tastborsten versehen, die Penisspitze beinahe erreichend. Zu beiden Seiten der Basis des Apex penis steht ein sichelförmig zur Mitte gekrümmter Chitinzahn, unter dem Apex ragt das Operculum schmal zungenförmig über das Ostium penis nach hinten. Vor den beiden sichelförmigen Chitinzähnen steht, ebenfalls spiegelbildlich zur Sagittalebene orientiert ein weiteres Paar kleiner Chitinzähne, unter der Insertionsstelle der Parameren befindet sich im Penisinneren ein rundlicher Chitinkörper.

Von der Art liegen mir 6 Exemplare vor, die teils aus dem Süden der Südinsel Neuseelands, teils von Stewart Island stammen. Die Fundorte sind: Stewart Island, Febr. 1943, 1 ♂ (Holotypus), lg. A. E. BROOKES; 70 Meilen S Owaka im Süden von Otago, 24. 2. 65, 1 ♂ (Paratype), lg. N. A. WALKER; Lake Hauroko, Southland, 2. 11. 66, 1 ♂ (lg. J. I. TOWNSEND); Mt. Earnlaw, 9. 1. 45, 2 ♀♀, lg. E. S. GOURLAY; Bluff, Southland, 14. 2. 73, 1 ♂, lg. G. M. NICHOL.

Ein durch sehr großen Kopf und schwach queren Halsschild abweichendes ♀ stammt von Tautapece, Southland, 28. 11. 62 (lg. J. I. TOWNSEND). Die Type und die Mehrzahl der Paratypen befinden sich im Museum in Nelson, 2 Paratypen in meiner Sammlung. Die Tiere von Southland und Otago scheinen im Bau des Apex penis (Fig. 15b) von den auf Steward Isld. lebenden etwas abzuweichen. Das mir vorliegende Material reicht nicht aus, um feststellen zu können, ob es sich tatsächlich um geographisch gebundene Unterschiede handelt.

Euconnus (Maoria) sanguineus (BROUN)

BROUN, Manual New Zeal. Coleopt. 5, 1893, p. 1065 (*Phagonophana*)

Gekennzeichnet durch großen, von oben betrachtet rundlichen Kopf, vor der Basis seitlich eingeschnürten Halsschild mit 4 Basalgrübchen, die lateralen an den abfallenden Halsschildseiten gelegen, durch ovale Flügeldecken mit schräger Humeralfalte und flacher

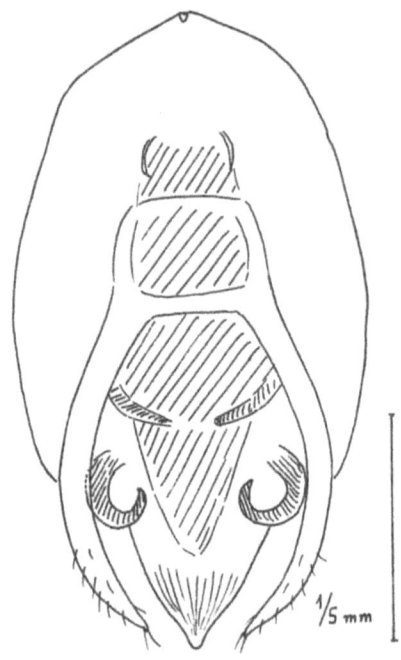

Fig. 11. *Euconnus (Maoria) walkerianus* Franz, Penis in Dorsalansicht.

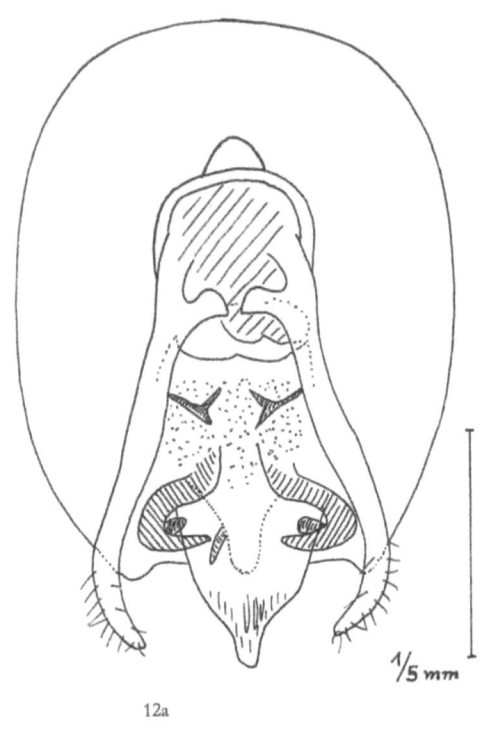

12a

Fig. 12. *Euconnus (Maoria) australis* Franz, Penis in Dorsalansicht, a) vom Holotypus von Stewart Isld., b) von einem ♂ von Southland.

12b

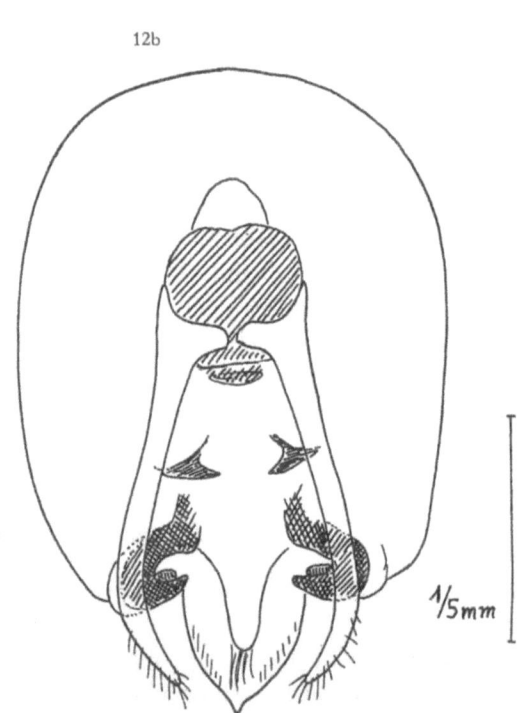

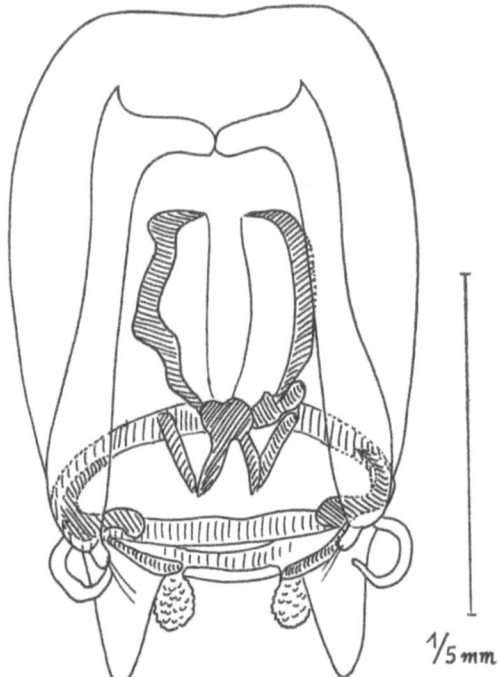

Fig. 13. *Euconnus (Maoria) marionensis* Franz, Penis in Dorsalansicht.

Depression beiderseits der Naht im vorderen Drittel der Flügeldeckenlänge, schlanke Fühler und Beine sowie sehr spärliche Behaarung.

Long. 1,95 mm, lat. 0,80 mm. Dunkel rotbraun, die Extremitäten hell rötlichbraun gefärbt, äußerst spärlich, hell behaart.

Kopf von oben betrachtet rundlich, mit den großen, aber flach gewölbten Augen etwas breiter als lang, Stirn und Scheitel gleichmäßig gewölbt, glatt und glänzend, wie auch die Schläfen spärlich behaart. Supraantennalhöcker fehlend. Fühler schlank, allmählich zur Spitze verdickt, zurückgelegt die Halsschildbasis überragend, ihr Basalglied dicker als die folgenden, 2 und 3 um die Hälfte, 3 und 4 um ein Viertel länger als breit, 6 und 7 leicht gestreckt, 8 isodiametrisch, 9 und 10 schwach quer, das Endglied viel kürzer als die beiden vorhergehenden zusammengenommen.

Halsschild ein wenig länger als breit, in der Mitte am breitesten und hier nicht ganz so breit wie der Kopf samt den Augen, vor der Basis seitlich leicht eingeschnürt, mit 4 länglichen Basalgrübchen, die lateralen an den abfallenden Seiten des Halsschildes gelegen, nicht bloß die Scheibe, sondern auch die Seiten beinahe kahl.

Flügeldecken ziemlich kurzoval, schon an ihrer Basis ein wenig breiter als die Halsschildbasis, mit breiter und flacher, außen von einer schrägen Humeralfalte begrenzter Basalimpression, im basalen Drittel ihrer Länge beiderseits der Naht mit flachem Eindruck, stark glänzend und sehr schütter behaart.

Beine schlank, Vorderschenkel ein wenig stärker verdickt als die der Mittel- und Hinterbeine, Schienen fast gerade.

Es liegt mir nur ein Exemplar (♀) aus der Sammlung des Pariser Museums vor. Dieses trägt einen Patriazettel mit dem handschriftlichen Text „Erua-Jany-1910". Nach der Originaldiagnose fand der Autor nur ein Exemplar in Howick bei Auckland auf der Nordinsel Neuseelands.

Euconnus (Maoria) marionensis nov. spec.

Mit *E. codfishensis* außerordentlich nahe verwandt und von ihm durch längere Fühler, annähernd isodiametrischen Kopf, etwas stärker punktierte Flügeldecken und etwas anderen Bau des Penis verschieden. Auch dem *E. helmsi* m. sehr ähnlich, aber durch bedeutend größere und längere Fühler, isodiametrischen Halsschild und abweichende Penisform zu unterscheiden.

Long. 2,25 mm, lat. 0,90 mm. Rotbraun gefärbt, lang, gelblich behaart.

Kopf von oben betrachtet so lang, wie mit den vor seiner Längsmitte stehenden, großen Augen breit, sehr lang und dicht, an den Schläfen nur wenig dichter als auf der Oberseite behaart, mit deutlichen Supraantennalhöckern. Fühler zurückgelegt die Halsschildbasis erreichend, ihre beiden ersten Glieder knapp doppelt, das 3. und 4. eineinviertelmal so lang wie breit, 5 und 6 leicht gestreckt, 7 kugelig, 8 bis 10 breiter als lang, das eiförmige Endglied nicht ganz so lang wie die beiden vorhergehenden zusammengenommen.

Halsschild so lang wie breit, vor der Mitte am breitesten, im Bereich der basalen Querfurche eingeschnürt, diese in der Längsmitte durch einen Kiel unterbrochen, beiderseits desselben grubig erweitert, Behaarung überall dicht, an den Seiten nur wenig dichter als auf der Scheibe.

Flügeldecken oval, an ihrer Basis nur wenig breiter als die Halsschildbasis, mit ziemlich kleiner und seichter Basalimpression, ohne deutlich erkennbare Humeralfalte, grob, aber seicht punktiert und lang behaart.

Beine ziemlich kräftig, Schenkel schwach verdickt, Vorderschienen innen distal flach ausgeschnitten und im Ausschnitt mit einem dichten Haarfilz versehen.

Penis (Fig. 13) aus einem länglichrunden Peniskörper und einer sehr kurzen Apikalpartie bestehend, diese durch eine ringförmige Verdickung der Peniswand gegen den Peniskörper abgegrenzt, aus 2 lateral nach hinten vorstehenden großen Chitinzähnen bestehend, sonst gerade abgestutzt. Parameren die Basis des Apex penis erreichend, zur Spitze schwach erweitert, diese selbst kurz, zapfenförmig vorspringend und an jeder Paramere mit 2 Tastborsten versehen.

Im Penisinneren befinden sich 2 schwach gegeneinander gebogene, längsorientierte Chitinleisten, die hinten mit einem W-förmigen Chitingebilde in Verbindung stehen. Aus dem Ostium penis ragen zwischen den beiden Chitinzähnen 2 traubenförmige chitinöse Ausstülpungen nach hinten, außerhalb der beiden Chitinzähne befindet sich an deren Basis auf jeder Seite ein sichelförmig eingekrümmter Chitindorn.

Es liegt mir von dieser Art nur ein Exemplar (♂) vor, das von A. K. WALKER im Holyford Valley am Lake Marion, 640′, am 13. 12. 1966 gesammelt wurde. Der Holotypus befindet sich im Museum in Nelson.

Euconnus (Maoria) pseudoangulatus nov. spec.

Dem *E. angulatus* (BROUN) außerordentlich ähnlich und von ihm durch etwas kleineren, zur Basis stärker verschmälerten Kopf, stärker queres 10. Fühlerglied, weniger scharf begrenzte, nach hinten allmählich verflachte Basalimpression der Flügeldecken und namentlich durch ganz anders geformten Penis verschieden.

Long. 2,00 bis 2,20 mm. Rotbraun gefärbt, lang und abstehend, gelblich behaart.

Kopf von oben betrachtet etwas länger als breit, verrundet rautenförmig, mit etwas vor seiner Längsmitte stehenden, seitlich halbkugelig vorgewölbten Augen und großen, scharf markierten Supraantennalhöckern, lang und schräg abstehend, an den Schläfen und am Hinterkopf dichter behaart als auf der Oberseite. Fühler dick, allmählich zur Spitze verbreitert, zurückgelegt die Halsschildbasis knapp erreichend, ihre beiden ersten Glieder um die Hälfte länger als breit, 3 bis 6 annähernd quadratisch, 7 sehr schwach, 8 bis 10 etwas stärker quer, das 10. Glied nicht ganz doppelt so breit wie lang, das Endglied etwas breiter als die beiden vorhergehenden zusammengenommen.

Halsschild etwas länger als breit, im vorderen Drittel seiner Länge am breitesten, seine Seiten hinter der Mitte kaum merklich konkav verlaufend, die Hinterwinkel annähernd rechtwinkelig, scharf, die Scheibe kugelig gewölbt, der Bereich der Hinterwinkel aber eben, die Basis mit 2 durch einen Längskiel getrennten Grübchen.

Flügeldecken oval, an ihrer Basis so breit wie die Halsschildbasis, ohne Schulterwinkel und Schulterhöcker, mit einer flachen, 2 Gruben umfassenden Basalimpression und an der Naht hinter dem Vorderrand mit flachem, ovalem Eindruck, fein und wenig dicht punktiert, lang und schräg abstehend, hinter der Längsmitte beiderseits der Naht schräg zu dieser und nach hinten gerichtet hehaart. Flügel atrophiert.

Beine schlank, Schenkel schwach verdickt, Vorderschienen in ihrer distalen Hälfte innen flach ausgebuchtet und mit dichtem Haarfilz bedeckt, an ihrer Spitze innen beim ♂ mit einem stumpfen, die Mittelschienen mit einem kleinen spitzen Dorn.

Penis (Fig. 14) von oben betrachtet annähernd oval, mit scharf abgesetztem, spitzwinkelig-dreieckigem Apex und kurzen, dünnhäutigen, nur die Basis des Apex penis erreichenden Parameren. Diese vor der Spitze außen mit je 3 Tastborsten besetzt. Im Penisinneren befinden sich vor dem Ostium 2 große, spiegelbildlich zur Sagittalebene angeordnete Chitinhaken und davor 2 spitzwinkelig dreieckige Chitindornen, die außen auf beiden Seiten von 2 Chitinfalten begleitet sind. Nahe der Penisbasis befindet sich eine quergestellte bogenförmige Chitinfalte, deren Enden nach vorne umgeschlagen sind.

Es liegen mir von dieser Art nur 2 Exemplare (♂, ♀) vor, die G. KUSCHEL am 24. 9. 1964 in Te Arokas, Thames auf der Nordinsel Neuseelands sammelte. Der Holotypus (♂) wird im Museum in Nelson, die Paratype (♀) in meiner Sammlung aufbewahrt.

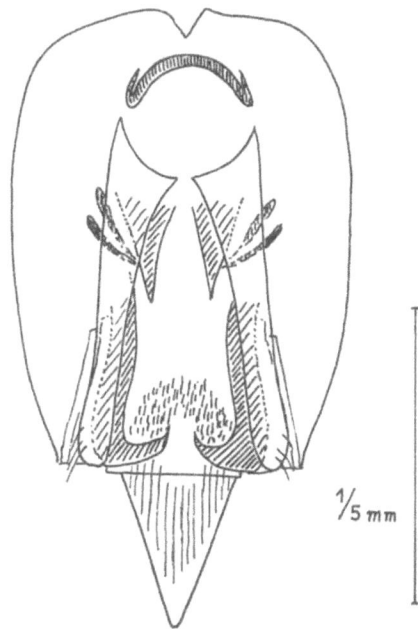

Fig. 14. *Euconnus (Maoria) pseudoangulatus* Franz, Penis in Dorsalansicht.

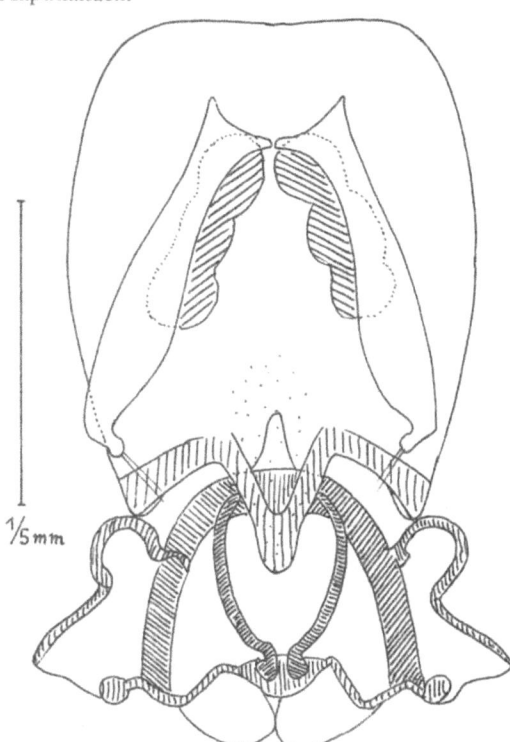

Fig. 15. *Euconnus (Maoria) hollyfordensis* Franz, Penis in Dorsalansicht mit ausgestülptem Präputialsack.

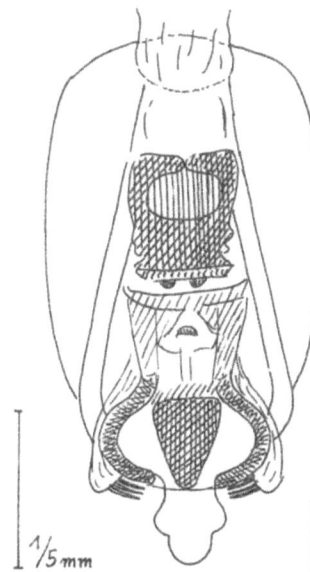

Fig. 16. *Euconnus (Maoria) erythronotus* Franz, Penis in Dorsalansicht.

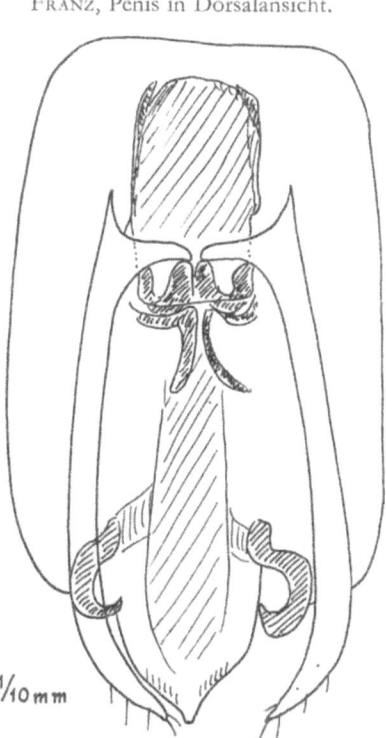

Fig. 17. *Euconnus (Maoria) turreti* Franz, Penis in Dorsalansicht.

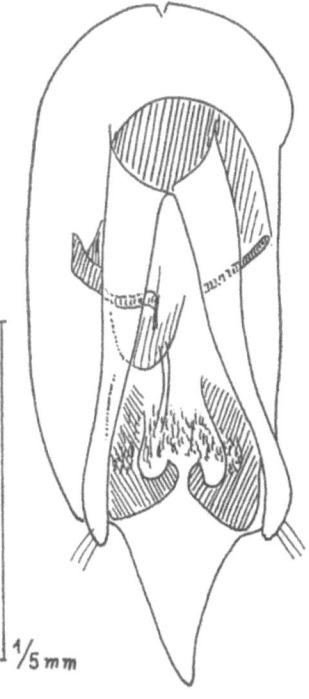

Fig. 18. *Euconnus (Maoria) egmontensis* Franz, Penis in Dorsalansicht.

Euconnus (Maoria) hollyfordensis nov. spec.

Dem *E. australis* m. ähnlich, aber kleiner, der Halsschild nicht ausgeprägt herzförmig, mit 2 deutlichen Basalgrübchen, der Penis gedrungener gebaut, mit anders geformten Chitindifferenzierungen.

Long. 1,40 mm, lat. 0,90 mm. Rotbraun gefärbt, bräunlichgelb behaart.

Kopf von oben betrachtet fast kreisrund, flacher gewölbt als bei der Vergleichsart, mit großen, aber schwach gewölbten Augen und deutlichen Supraantennalhöckern, ziemlich lang, an den Schläfen und am Hinterkopf struppig behaart. Fühler zurückgelegt die Halsschildbasis nicht ganz erreichend, robust, allmählich zur Spitze verdickt, ihr 2. Glied doppelt so lang wie breit, 3 bis 6 leicht gestreckt, 7 kugelig bis sehr schwach quer, 8 bis 10 zunehmend breiter als lang, das Endglied nicht ganz so lang wie die beiden vorhergehenden zusammengenommen.

Halsschild isodiametrisch, kugelig gewölbt, zur Basis nur sehr wenig mehr als zum Vorderrand verengt, mit 2 einander genäherten Grübchen, dicht behaart.

Flügeldecken sehr kurz oval, stark und gleichmäßig gewölbt, mit sehr flacher, unscharf begrenzter Basalimpression, ohne Humeralfalte und ohne Schulterwinkel, fein und zerstreut punktiert, dicht und schräg abstehend behaart. Flügel verkümmert.

Beine kurz, Schienen gerade.

Penis (Fig. 15) gedrungen gebaut, in der Anlage kurzoval, am Hinterende aber quer abgestutzt, mit dreieckig vorspringender Spitze. Parameren dünnhäutig, breit, mit schmalem, hakenförmig nach innen geknicktem Apikalteil, an diesem mit je 2 langen Tastborsten versehen. Der Präputialsack ist bei dem einzigen vorliegenden ♂ ausgestülpt. Er ist durch eine dicke, annähernd halbkreisförmige Chitinleiste versteift, über der ein Paar dünner, bogenförmig gegeneinander gekrümmter, am Ende nach außen geknickter Chitinleisten liegt. Von dem dicken Chitinbogen entspringen seitlich 2 hakenförmig gekrümmte Chitinleisten, deren gerade Enden im ausgestülpten Zustand nach hinten divergieren. Der starke Chitinbogen ist nach vorne gewölbt und hinten durch eine wellig gebogene schwache Chitinleiste abgeschlossen. Vor der Penismitte liegen im Penisinneren zwei wulstförmige, gefärbte Körper, die vielleicht, was an dem einzigen Präparat nicht feststellbar ist, nicht Organcharakter haben, sondern auch Sekretausscheidungen sein könnten.

Es liegen mir 2 aus der Sammlung BROUNS stammende Exemplare dieser Art (♂, ♀) vor, die beide in Hollyford am 19. 2. 1914 gesammelt wurden. Der Holotypus (♂) wird im Museum in Nelson, das ♀ in meiner Sammlung verwahrt.

Euconnus (Maoria) erythonotus (BROUN)

BROUN, Man. New Zeal. Coleopt. V, 1893, p. 1065—1066

Gekennzeichnet durch bedeutende Größe, allmählich zur Spitze verdickte Fühler, langovalen Kopf mit an den Seiten tief herabgerückten, halbkugelig gewölbten Augen, bärtige Behaarung der Schläfen und des Hinterkopfes, beinahe herzförmigen Halsschild und ovale, hochgewölbte Flügeldecken ohne Schulterbeule und ohne Schulterwinkel.

Long. 2,90 mm, lat. 1,15 mm. Dunkel rotbraun gefärbt, bräunlichgelb behaart.

Kopf von oben betrachtet annähernd langoval, mit an den Seiten weit herabgerückten, halbkugeligen Augen, hoch emporgewölbten Supraantennalhöckern und stark gewölbtem Scheitel. Oberseits lang und schütter, an den Schläfen und am Hinterkopf äußerst dicht, nahezu kompakt behaart. Fühler dick, allmählich zur Spitze verdickt, zurückgelegt die Halsschildbasis knapp erreichend, ihr Basalglied nicht ganz doppelt, das 2. eineinhalbmal so lang wie breit, 3 und 4 leicht gestreckt, 5 und 6 fast kugelig, 7 sehr schwach, 8, 9 und 10 stärker quer, das eiförmige Endglied nicht ganz so lang wie die beiden vorhergehenden zusammengenommen. 3. Glied der Maxillarpalpen sehr dick, kurzoval, das 4. nicht sichtbar.

Halsschild so lang wie breit, etwas vor der Mitte am breitesten, herzförmig, sowohl zum Vorderrand als auch zur Basis stark verengt, dicht behaart, vor der Basis mit einer tiefen, bis zu den Seiten reichenden Querfurche.

Flügeldecken oval, hoch gewölbt, an ihrer Basis nur so breit wie der Halsschild, ohne Schulterbeule und Schulterwinkel, ohne Basalimpression, jedoch mit im Bereich des nicht sichtbaren Scutellum vertiefter Basis, lang und dicht, schräg abstehend behaart.

Beine kräftig, Schenkel schwach verdickt, Schienen gerade.

Penis (Fig. 16) von oben betrachtet langoval, mit kurzer, abgerundeter, an den Seiten im Bogen erweiterter, an der Basis wieder verschmälerter Spitze. Vor der Spitze befinden sich zwei sichelförmig zur Mitte gebogene Chitinstäbe unter denen die Parameren zur Mitte gebogen sind. Hinter den beiden Chitinstäben befindet sich beiderseits der Basis des Apex penis ein Kamm aus steifen Chitinborsten, zwischen den beiden Stäben ein kegelförmiges Chitingebilde. Unter der Basis der Parameren befindet sich im Penisinneren eine horizontale, stark chitinisierte, annähernd viereckige Platte.

Es liegt mir von dieser Art nur der Holotypus vor, der mir vom British Museum zur Untersuchung zugesandt wurde. Er trägt einen Patriazettel mit dem handschriftlichen Text Moeraki.

Euconnus (Maoria) turrethi nov. spec.

Mit *E. walkerianus* m. verwandt, aber kleiner als dieser, der Kopf viel kleiner, von oben betrachtet annähernd rautenförmig, der Halsschild länger als breit, seitlich schwächer gerundet, die Flügeldecken im Verhältnis zur Breite länger, der Peniskörper gestreckter.

Long. 2,20 bis 2,40 mm, lat. 0,85 mm. Rotbraun gefärbt, ziemlich lang und abstehend bräunlichgelb behaart.

Kopf von oben betrachtet rautenförmig, stark gewölbt, mit kleinen, aber kugelig vorgewölbten Augen und großen Supraantennalhöckern, lang, am Scheitel zur Mitte und nach hinten, an den Seiten schräg abstehend behaart. Fühler allmählich zur Spitze verdickt, zurückgelegt die Halsschildbasis nicht ganz erreichend, ihre beiden ersten Glieder eineinhalb-, das 3., 4. und 5. eineinviertelmal so lang wie breit, das 6. fast so breit, das 7. ein wenig breiter als lang, 8, 9 und 10 stark quer, jedes etwas breiter als das vorhergehende, das Endglied eiförmig, so lang wie die beiden vorhergehenden zusammengenommen.

Halsschild um etwa ein Drittel länger als breit, seitlich mäßig gerundet, aber stark gewölbt, dicht, aber mäßig lang behaart, mit tiefer basaler Querfurche.

Flügeldecken länglichoval, stark gewölbt, hinter der Basis beiderseits der Naht mit einer beide Flügeldecken umfassenden flachen Depression, ohne Basalgrube, Schulterbeule und Schulterwinkel, sehr fein und schütter punktiert, lang und schräg abstehend behaart. Flügel verkümmert.

Beine ziemlich lang, kräftig, aber nicht auffallend dick.

Penis (Fig. 17) dem des *E. walkerianus* ähnlich, aber der Peniskörper langgestreckt, seitlich kaum gerundet, Apex penis in der Anlage dreieckig, die Seiten vor der Spitze aber schwach konkav. Parameren am Ende zur Längsachse des Penis gebogen, mit mehreren Tastborsten versehen. An der Basis des Apex penis steht auf beiden Seiten ein zur Mitte gebogener, sichelförmiger Chitinzahn, der über ein schwächer chitinisiertes Band mit einem unscharf begrenzten, von der Längsmitte des Penis bis zu dessen Spitze reichenden Chitinband verbunden ist. Vor der Längsmitte des Penis stehen chitinöse Falten und unter der Basalöffnung des Penis ein länglich-rechteckiges Chitinfeld, dessen Begrenzung stärker chitinisiert ist.

Es liegen mir 2 Exemplare (♂♂) vor, den Holotypus hat W. G. RAMSAY am Wolfe Flat, 950 m, in der Turret Range am 24. 1. 1970 gesammelt, er befindet sich im Museum in Nelson. Die Paratype stammt von der Mica Burn Terrace, Manapouri und wurde vom gleichen Sammler am 21. 10. 1970 in Waldstreu gefunden. Sie ist in meiner Sammlung verwahrt.

Euconnus (Maoria) egmontiensis nov. spec.

Dem *E. inangahuae* m. äußerlich außerordentlich ähnlich. Gekennzeichnet durch schlanke Gestalt, lange und ziemlich dichte Behaarung, länglichen, nach hinten konisch zulaufenden Kopf mit an den Seiten tief herabgerückten Augen und sehr großen Supraantennalhöckern, mäßig lange, allmählich zur Spitze verdickte Fühler, länglichen Halsschild mit 2 tiefen, durch einen Längskiel getrennten medialen und 2 kleinen lateralen Basalgrübchen und vor den scharfen Hinterwinkeln gekanteten Seiten sowie schmale Flügeldecken, ohne Schulterwinkel, aber mit tiefer, aus 2 Grübchen verschmolzener Basalimpression.

Long. 2,20 mm, lat. 0,75 mm. Rotbraun gefärbt, lang und ziemlich dicht, abstehend behaart.

Kopf von oben betrachtet länger als breit, nach hinten konisch verengt, der Hinterkopf etwas über den Hals vorstehend, mit an den Seiten tief herabgerückten, ziemlich großen, konvexen Augen, steil nach vorne abfallender Stirn und großen Supraantennalhöckern. Fühler dick, allmählich zur Spitze verdickt, zurückgelegt die Halsschildbasis sehr wenig überragend, ihre beiden ersten Glieder um die Hälfte länger als breit, 3 und 4 leicht gestreckt, 5 und 6 quadratisch, 7 bis 10 breiter als lang, das Endglied fast so lang wie die beiden vorhergehenden zusammengenommen.

Halsschild etwas länger als breit, vor der Längsmitte am breitesten und hier nur wenig breiter als der Kopf mit den Augen, stark gewölbt, lang, an den Seiten dichter als auf der Scheibe behaart, vor der Basis mit 2 tiefen, durch einen Längskiel getrennten mittleren und 2 viel kleineren seitlichen Grübchen sowie mit vor den scharfen Hinterwinkeln gekanteten Seiten.

Flügeldecken länglichoval, lang und abstehend behaart, ohne Schulterbeule mit großer und tiefer, aus 2 Grübchen verschmolzener Basalimpression und gerader Humeralfalte.

Beine ziemlich schlank, Schenkel schwach verdickt, Vorder- und Mittelschienen distal innen ausgerandet, am Ende auf der Innenseite mit einem kurzen Sporn.

Penis (Fig. 18) langgestreckt, mit spitzwinkelig-dreieckigem Apex, Parameren dünnhäutig, nur die Basis des Apex penis erreichend. Im Penisinneren stehen vor dem Ostium zwei spiegelbildlich gegeneinander gekrümmte Chitinhaken, in deren Umgebung die Präputialsackwand mit kleinen Zähnchen besetzt ist. Weiter vorne befindet sich im Penisinneren ein ausgedehnter chitinöser Komplex, in dem einzelne Chitinleisten und -platten unterscheidbar sind.

Es liegt mir im undeterminierten Material des Museums in Nelson ein einziges Exemplar dieser Art (♂) vor. Es wurde von N. A. Walker am 17. 4. 65 am Mt. Egmont, 3500', auf der Südinsel Neuseelands gesammelt und wird im Museum in Nelson verwahrt.

Euconnus (Maoria) inangahuae nov. spec.

Gekennzeichnet durch von oben betrachtet gerundet-rautenförmigen Kopf mit sehr dicht behaarten Schläfen, allmählich zur Spitze verdickte Fühler, länglichen Halsschild mit scharfen Hinterwinkeln und 2 großen, in die Quere gezogenen Basalgruben, ovale Flügeldecken ohne Schulterwinkel und mit gerader, die Basalimpression außen begrenzender Humeralfalte sowie schlanke Beine.

Long. 2,10 bis 2,30 mm, lat. 0,85 bis 0,90 mm. Dunkel rotbraun gefärbt, weißlich behaart.

Kopf von oben betrachtet gerundet-rautenförmig, etwas länger als mit den großen Augen breit, stark gewölbt, beulenförmig über den Hals vorragend, mit deutlichen Supraantennalhöckern, oberseits spärlich, Schläfen und Hinterkopf dicht und lang behaart. Fühler allmählich zur Spitze verdickt, zurückgelegt die Halsschildbasis nicht erreichend, ihr 2. Glied nicht ganz eineinhalbmal so lang wie breit, beim ♂ 3 bis 7 quadratisch oder kaum merklich breiter als lang, 8 bis 10 deutlich quer, das eiförmige Endglied in beiden Geschlechtern nicht ganz so lang wie die beiden vorhergehenden zusammengenommen.

Halsschild um ein Fünftel länger als breit, vor der Mitte am breitesten, seine Seiten vor der Basis sehr schwach ausgeschweift, vor den scharfen Hinterwinkeln gekielt, allseits dicht und abstehend, die Seiten struppig behaart, vor der Basis mit 2 großen medialen, in die Quere gezogenen und 2 kleinen lateralen Grübchen.

Flügeldecken oval, ohne Schulterbeule und Schulterwinkel, die nach hinten verflachte Basalimpression außen von einer kurzen Humeralfalte begrenzt, die Punktierung seicht und undeutlich, die Behaarung lang und abstehend. Flügel atrophiert.

Beine schlank, Vorderschenkel stärker verdickt als die der Mittel- und Hinterbeine, Vorder- und Mittelschienen innen distal ausgerandet, am Ende innen mit einem kurzen Sporn versehen.

Penis (Fig. 19) von oben betrachtet annähernd oval, mit scharf abgesetztem, in einer scharfen Spitze endendem Apex mit konvexen Seiten. Parameren nach hinten divergierend, an der Spitze und vor dieser mit einer Reihe von Tastborsten besetzt. Vor dem Ostium penis stehen 2 große, gegeneinander gerichtete Chitinhaken und zwischen diesen an der Wand des Präputialsackes zahlreiche, feine Chitinbörstchen. Vor der Mitte des Peniskörpers befinden sich im Penisinneren Chitinleisten, die von oben betrachtet eine sternförmige Anordnung zeigen.

Es liegen mir 3 Exemplare (2 ♂♂, 1 ♀) vor, die J. I. Townsend am 25. 11. 1961 in der Provinz Nelson im Buller-Distrikt bei Inangahua aus Waldstreu siebte. Der Holotypus und eine Paratype befinden sich im Museum in Nelson, eine Paratype ist in meiner Sammlung verwahrt.

Euconnus (Maoria) pelorianus nov. spec.

Gekennzeichnet durch sehr großen, hochgewölbten, von oben betrachtet rundlichen Kopf, gedrungen gebaute, allmählich zur Spitze verdickte Fühler, nur leicht gestreckten Halsschild mit 2 großen, in die Quere gezogenen, durch einen feinen Längskiel getrennten Basalgruben, kurzovale, sehr fein und schütter punktierte Flügeldecken und ziemlich kurze, aber aufgerichtete Behaarung.

Long. 2,00 mm, lat. 0,80 mm. Dunkel rotbraun gefärbt, auf Kopf und Halsschild bräunlichgelb, ziemlich kurz, aber steif aufgerichtet, auf den Flügeldecken weißlichgelb und etwas länger behaart.

Kopf sehr groß, von oben betrachtet rundlich, etwas länger als breit, stark gewölbt, mit großen, konvexen, an den Seiten herabgerückten Augen, großen Supraantennalhöckern und dichter, an den Schläfen und am Hinterkopf struppiger Behaarung. Fühler zurückgelegt die Halsschildbasis nicht ganz erreichend, dick, zur Spitze allmählich verdickt, ihre beiden ersten Glieder nicht ganz doppelt so lang wie breit, 3 und 4 sehr schwach, 5 bis 10 immer stärker quer, das Endglied so lang wie die beiden vorhergehenden zusammengenommen.

Halsschild ein wenig länger als breit, etwas vor der Mitte am breitesten und hier so breit wie der Kopf samt den Augen, mit scharfen Hinterwinkeln und 2 durch einen Längskiel getrennten Basalgruben dicht, an den Seiten struppig behaart.

Flügeldecken oval, hoch gewölbt, an ihrer Basis kaum breiter als die Halsschildbasis, fein und seicht punktiert, ziemlich lang und weich, schräg abstehend behaart, mit großer, nach hinten verflachter Basalimpression und nur angedeuteter Humeralfalte, ohne Schulterbeule und Schulterwinkel.

Beine mäßig lang, Vorderschienen einwärts gekrümmt.

Penis (Fig. 20) im Bau an *E. egmontensis* m., *inangahuae* m. und *eruensis* m. erinnernd, länglichoval, mit spitzwinkelig-dreieckiger Spitze und im Bogen über das Ostium penis vorspringender Ventralwand. Parameren an dem einzigen vorliegenden Exemplar nicht erkennbar. Vor dem Ostium penis liegen 2 einander spiegelbildlich zugewandte Chitinhaken, unter der Basalöffnung befinden sich im Penisinneren 2 undeutlich begrenzte Chitinlappen. Der Bereich des Präputialsackes vor dem Ostium ist dicht mit Chitinborsten besetzt.

Es liegt mir nur ein Exemplar (♂) vor, das von J. I. TOWNSEND am 17. 6. 1964 in Pelorus Bridge, 305 m (Marlborough) aus Laubstreu gesammelt wurde. Der Holotypus wird im Museum in Nelson verwahrt.

Euconnus (Maoria) eruensis nov. spec.

Dem *E. egmontis* m. und *E. inangahuae* in Größe und Gestalt so ähnlich, daß eine sichere Trennung von beiden nur aufgrund der Penisform möglich ist.

Long. 2,20 bis 2,30 mm, lat. 0,80 bis 0,90 mm. Rotbraun gefärbt, lang gelblich behaart.

Kopf stark gewölbt, von oben betrachtet gerundet rautenförmig, aber im Niveau der vor seiner Mitte gelegenen, seitlich weit herabgerückten, konvexen Augen am breitesten, der Hinterkopf beulenförmig über den Hals vorstehend, Supraantennalhöcker groß, lang, auf Stirn und Scheitel schütter, am Hinterkopf und an den Schläfen sehr dicht und steif behaart. Fühler dick, zur Spitze nur wenig und ganz allmählich verdickt, zurückgelegt die Halsschildbasis beim ♂ nicht ganz, beim ♀ nicht annähernd erreichend, ihre beiden ersten Glieder beim ♂ etwa eineinhalbmal, beim ♀ eineindrittelmal so lang wie breit, beim ♂ 3 und 4 leicht gestreckt, 5 bis 7 annähernd isodiametrisch, beim ♀ schon 3 und 4 etwas breiter als lang, die folgenden bis zum 10. immer stärker quer, beim ♂ auch 8 bis 10 fast so lang wie breit, das eiförmige Endglied nicht ganz so lang wie die beiden vorhergehenden zusammengenommen.

Halsschild beim ♀ deutlich, beim ♂ kaum merklich länger als breit, etwas vor seiner Längsmitte am breitesten, vor der Basis seitlich eingeschnürt, mit spitzwinkeligen Hinterecken, allenthalben lang, an den Seiten aber viel dichter und struppig behaart, vor der Basis mit 2 großen medialen und 2 kleinen lateralen Grübchen.

Flügeldecken oval, an ihrer Basis nur so breit wie die Halsschildbasis, stark gewölbt, fein und zerstreut punktiert, mäßig dicht, schräg nach hinten abstehend, vor der Spitze schräg nach hinten und zur Naht gerichtet behaart. Flügel atrophiert.

Beine ziemlich schlank, Schenkel mäßig verdickt, Vorder- und Mittelschienen distal innen flach ausgeschnitten, am Ende innen mit einem kurzen Sporn versehen.

Penis (Fig. 21) sehr kurzoval, mit schmaler, scharf abgesetzter Spitze, diese viel kleiner und schmäler als bei den Vergleichsarten. Parameren breit, nur die Basis des Apex penis erreichend, mit je 4 terminalen Tastborsten versehen. Im Penisinneren befinden sich vor dem Operculum 2 große gegeneinander gekrümmte Chitinhaken, vor diesen beiderseits der Längsmitte des Penis 2 schräge Chitinfalten und unter der Basalöffnung eine etwas mehr als einen Halbkreis bildende Chitinleiste. Zwischen dieser und den schrägen Chitinfalten ist der Präputialsack etwas stärker chitinisiert.

Es liegen mir im undeterminierten Material des Museums in Nelson 3 ♂♂, 3 ♀♀ dieser Art aus dem Erua-Nationalpark (lg. KUSCHEL 16. 12. 1961) vor, ferner ein ♂ von Ohakune, beide in der Provinz Wellington auf der Nordinsel Neuseelands gelegen. Der Holotypus und 3 Paratypen werden im Museum in Nelson, 3 Paratypen (2 ♂♂, 1 ♀) in meiner Sammlung verwahrt.

Euconnus (Maoria) pelorii nov. spec.

Von der Größe des *E. nelsonius* m., von diesem aber sofort durch den viel kleineren und stärker gewölbten Kopf, die an dessen Seiten tief herabgerückten Augen, die dicken, allmählich zur Spitze verdickten Fühler, den etwas längeren und stärker gewölbten Hals-

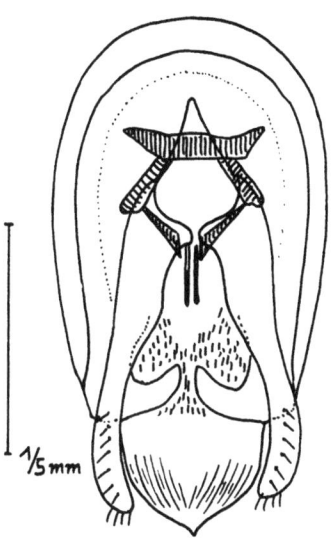

Fig. 19. *Euconnus (Maoria) inangahuae* Franz, Penis in Dorsalansicht.

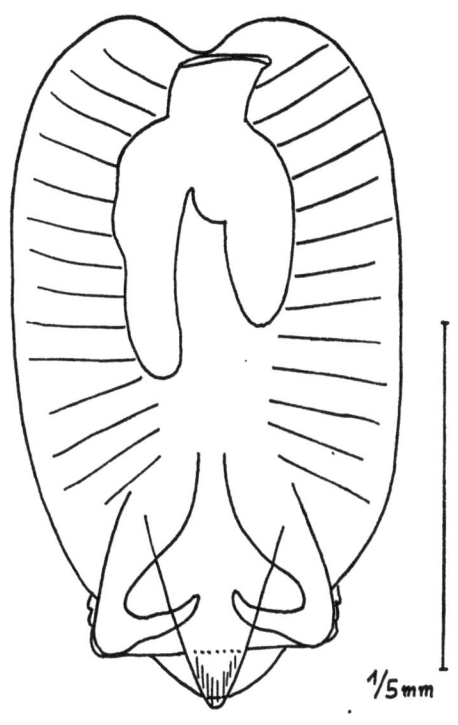

Fig. 20. *Euconnus (Maoria) pelorianus* Franz, Penis in Dorsalansicht.

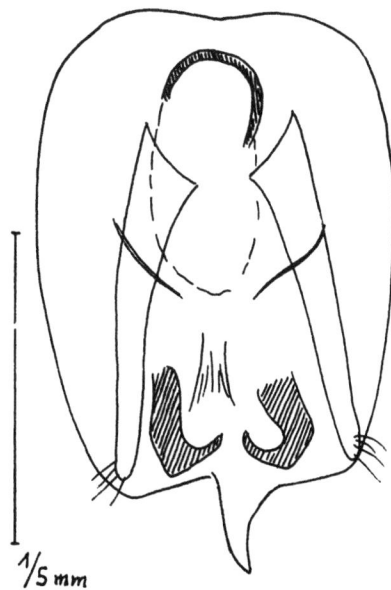

Fig. 21. *Euconnus (Maoria) eruensis* Franz, Penis in Dorsalansicht.

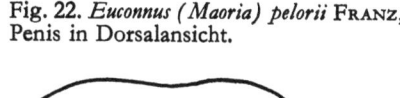
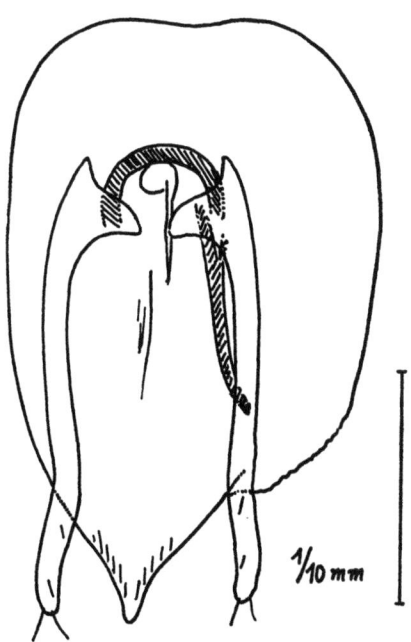

Fig. 22. *Euconnus (Maoria) pelorii* Franz, Penis in Dorsalansicht.

schild und die stark gewölbten Flügeldecken mit sehr undeutlicher Basalimpression und ohne Humeralfalte unterscheidbar.

Long. 1,70 bis 1,80 mm, lat. 0,65 bis 0,70 mm. Dunkel rotbraun gefärbt, lang und abstehend gelblich behaart.

Kopf ziemlich klein, etwa so lang wie breit, zur Basis konisch verengt, aber nicht sehr stark verschmälert, mit großen und konvexen, an den Kopfseiten weit herabgerückten Augen und flachen Supraantennalhöckern, lang und abstehend, an den Schläfen und am Hinterkopf dichter als auf der Oberseite behaart. Fühler robust, allmählich zur Spitze verdickt, zurückgelegt die Halsschildbasis nicht ganz erreichend, ihre beiden ersten Glieder nicht ganz doppelt so lang wie breit, 3 bis 5 quadratisch, 6 und 7 schwach, 8 bis 10 etwas stärker quer, das Endglied kürzer als die beiden vorhergehenden zusammengenommen.

Halsschild ein wenig länger als breit, vor der Längsmitte am breitesten und hier breiter als der Kopf samt den Augen, kugelig gewölbt, glatt und glänzend, lang, an den Seiten struppig behaart, mit 2 großen, voneinander schmal getrennten Grübchen.

Flügeldecken kurzoval, hoch gewölbt, ohne deutliche Basalimpression und ohne Humeralfalte, sehr fein körnig punktiert und lang, abstehend behaart.

Beine mäßig lang, Schenkel keulenförmig verdickt.

Penis (Fig. 22) breit eiförmig, mit dreieckigem, in einer scharfen Spitze endendem Apex. Parameren dünnhäutig, die Penisspitze erreichend, mit je 2 terminalen und 2 präapikalen Tastborsten versehen. Vor und unter der Insertionsstelle der Parameren befindet sich eine halbkreisförmige nach vorne vorgewölbte Chitinleiste. Von ihr zieht von oben und hinten betrachtet rechts ein stumpfer chitinöser Stachel oder chitinöser Gang nach hinten.

Es liegen mir von dieser Art 5 Exemplare (3 ♂♂, 2 ♀♀) vor, 2 ♂♂, 1 ♀ wurden von J. I. Townsend am 2. 10. 1963 in der Pelorus Reserve im äußersten Nordosten der Südinsel Neuseelands gesammelt, 1 ♂, 1 ♀ von G. Kuschel am 25. 4. 1963 am Orr-Hill nächst French Pass. Der Holotypus (♂) und zwei Paratypen (♂, ♀) werden im Museum in Nelson verwahrt, zwei Paratypen (♂, ♀) befinden sich in meiner Sammlung.

Euconnus (Maoria) tunakinoi nov. spec.

Gekennzeichnet durch sehr großen, kräftig punktierten Kopf mit beulenförmig über den Hals vorgewölbtem Scheitel, allmählich zur Spitze verdickte, zurückgelegt die Halsschildbasis erreichende Fühler, kaum merklich gestreckten, seitlich sehr schwach gerundeten Halsschild mit 2 großen medialen und 2 länglichen lateralen Basalgruben sowie kurzovale, fein punktierte Flügeldecken ohne Basalimpression, Schulterbeule und Schulterwinkel.

Long. 2,25 mm, lat. 0,85 mm. Rotbraun gefärbt, lang und abstehend, bräunlichgelb behaart.

Kopf von oben betrachtet länglichoval, sehr stark gewölbt, der Scheitel beulenförmig über den Hals vorgewölbt, die Augen ziemlich groß, vor der Längsmitte des Kopfes stehend, an dessen Seiten ziemlich weit herabgerückt, Stirn und Scheitel kräftig punktiert, lang, nach hinten gerichtet, die Schläfen schräg abstehend behaart, Supraantennalhöcker groß. Fühler allmählich zur Spitze verdickt, zurückgelegt die Halsschildbasis erreichend oder ein wenig überragend, ihre beiden ersten Glieder nicht ganz doppelt so lang wie breit, 3 isodiametrisch, 4 sehr schwach, die folgenden bis zum 10. immer stärker quer, das Endglied so lang wie die beiden vorhergehenden zusammengenommen.

Halsschild kaum merklich länger als breit, seitlich schwach gerundet, mit schwach aufgebogenem Vorderrand und 2 großen medialen sowie 2 kleineren, länglichen, lateralen Basalgruben, dicht und abstehend, an den Seiten struppig behaart.

Flügeldecken ziemlich kurzoval, stark gewölbt, ohne Basalimpression, Schulterbeule und Schulterwinkel, sehr fein und schütter punktiert, sehr lang und wenig dicht, abstehend behaart. Flügel verkümmert.

Beine ziemlich schlank, Schenkel schwach verdickt.

Penis (Fig. 23) von oben betrachtet kurzoval, mit schmalem, spitzwinkelig-dreieckigem Apex und sehr breiten, im distalen Teil schmäleren, am Ende hakenförmig zur Längsmitte des Penis umgebogenen Parameren. Unter der Basalöffnung des Penis befindet sich in dessen Innerem ein in der Anlage rechteckiges, in der Längsmitte aber verschmälertes Chitinfeld, vor der Basis des Apex penis ist zu beiden Seiten der Längsmitte des Penis ein dicht mit Chitinbörstchen besetztes Feld der Präputialsackwand vorhanden.

Es liegt mir nur ein Exemplar (♂) vor, das von J. I. Townsend am 29. 4. 1964 im Tunakino Valley, Pelorus, im Nordosten der Südinsel Neuseelands gesammelt wurde. Der Holotypus befindet sich im Museum in Nelson.

Euconnus (Maoria) codfishensis nov. spec.

Dem *E. helmsi* m. sehr nahestehend, von ihm aber durch bedeutendere Größe, breiteren Kopf, längere Fühler, kürzeren Halsschild und kürzer ovale Flügeldecken mit tiefer Basalimpression verschieden.

Long. 2,30 mm, lat. 0,90 bis 0,95 mm. Rotbraun gefärbt, lang, weißlichgelb behaart.

Kopf von oben betrachtet queroval, mit großen, flach gewölbten Augen und deutlichen Supraantennalhöckern, die Stirn vor diesen steil zum Vorderrand abfallend, Kopfoberseite hinter den Supraantennalhöckern sehr flach gewölbt, glatt und glänzend, vorne spärlich, hinten dichter, die Schläfen sehr dicht und bärtig abstehend behaart. Fühler zurückgelegt die Halsschildbasis nicht ganz erreichend, allmählich zur Spitze verdickt, ihre beiden ersten Glieder eineinhalbmal so lang wie breit, 3 und 4 leicht gestreckt, 5 und 6 annähernd kugelig, 7 schwach, die folgenden bis zum 10. Glied immer stärker quer, das eiförmige Endglied so lang wie die beiden vorhergehenden zusammengenommen.

Halsschild so lang wie breit oder schwach quer, vor der Basis mit tiefer Querfurche, diese in der Mitte durch einen feinen Kiel unterbrochen, beiderseits desselben grubig verbreitert, an den Seiten herablaufend, der Halsschild dadurch in ihrem Bereich seitlich eingeschnürt, im vorderen Drittel seiner Länge am breitesten und hier ein wenig breiter als der Kopf samt den Augen, allenthalben lang, an den Seiten dicht und struppig behaart. Scutellum klein, aber deutlich sichtbar.

Flügeldecken kurzoval, an der Basis ein wenig breiter als die Halsschildbasis, mit kleiner, aber tiefer, scharf begrenzter Basalimpression und sehr kurzer, verrundeter Humeralfalte, lang behaart, die Behaarung entlang der Naht wellenförmig geordnet, hinter dem Schildchen schräg zur Mitte und nach hinten, in der Längsmitte schräg nach außen, vor der Spitze wieder schräg zur Mitte orientiert. Flügel verkümmert.

Beine ziemlich lang und schlank, Schenkel schwach verdickt, Vorderschienen distal innen flach ausgeschnitten, im Ausschnitt mit langen Haaren dicht besetzt.

Penis (Fig. 24) aus einem von oben betrachtet fast kreisrunden, dünnhäutigen Peniskörper und einer kurzen und breiten, stärker chitinisierten Apikalpartie bestehend. Diese weist dorsal des terminal gelegenen Ostium penis zwei divergierende, ventral zwei konvergierende Chitinfortsätze auf, die nach hinten und seitlich über den sonst annähernd geraden Hinterrand des Penis vorragen. Im Penisinneren liegen, etwa in dessen Längsmitte, spiegelbildlich zur Sagittalebene angeordnet zwei annähernd halbmondförmige Chitinkörper und dahinter quer zur Längsachse ein schalenförmiges Chitingebilde. Parameren dünnhäutig, vor der Spitze schwach erweitert, die Spitze selbst schmal, mit je 2 terminalen Tastborsten versehen.

Es liegen von dieser Art insgesamt 10 Exemplare, darunter 2 ♂♂ vor, die J. I. Townsend am 24. 10., 15. und 16. 12. 1970 auf Codfish Island vor der Südküste der Südinsel Neuseelands in Waldstreu gefunden hat. Die Tiere wurden teils in der Nähe des höchsten Punktes,

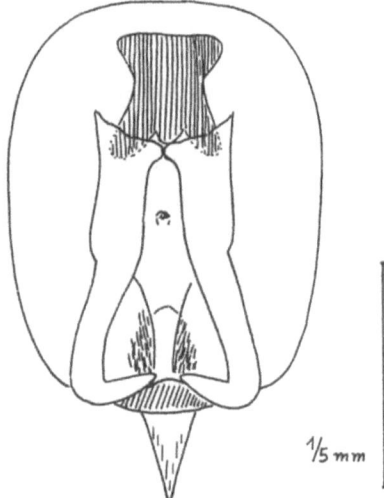

Fig. 23. *Euconnus (Maoria) tunakinoi* FRANZ, Penis in Dorsalansicht.

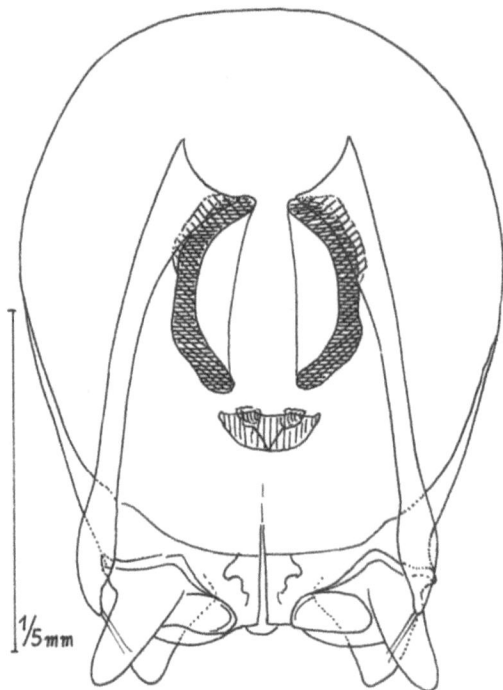

Fig. 24. *Euconnus (Maoria) codfishensis* FRANZ, Penis in Dorsalansicht.

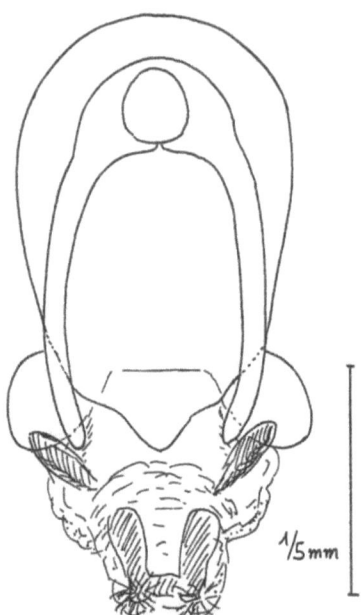

Fig. 25. *Euconnus (Maoria) angulatus* (BROUN), Penis in Dorsalansicht.

Fig. 26. *Euconnus (Maoria) helmsi* FRANZ, Penis in Dorsalansicht.

teils an der Sealers Bay gesammelt. Der Holotypus und die Mehrzahl der Paratypen sind im Museum in Nelson, 3 Paratypen in meiner Sammlung verwahrt.

Euconnus (Maoria) angulatus (BROUN)

BROUN, Manuel New Zealand Coleopt. VII, 1893, p. 1433 (*Phagonophana*)

Von dieser Art liegt mir der Holotypus, ein ♀, sowie ein ♂ der Sammlung des British Museum vor. Das ♂ trägt 2 Namensetiketten, die in verschiedener Handschrift den Namen der Art tragen. Ein weiteres ♂ aus der Sammlung BROUN mit Fundort Mt. Eden, 6. 9. 1913, befindet sich im Museum in Nelson.

Long. 2,10 mm, lat. 0,85 mm. Dunkel rotbraun gefärbt, gelblich behaart.

Kopf von oben betrachtet länglichrund, jedoch im Niveau der weit vor seiner Längsmitte stehenden großen Augen am breitesten, lang, nach hinten gerichtet, auf den Schläfen schräg abstehend behaart, die Stirn vor den deutlich markierten Supraantennalhöckern schräg zum Vorderrand abfallend. Fühler dick, zur Spitze allmählich dicker werdend, zurückgelegt die Basis des Halsschildes knapp erreichend, ihre beiden ersten Glieder doppelt so lang wie breit, 3 bis 6 schwach, 7 bis 10 gegen das 10. immer stärker quer, das Endglied nicht viel länger als breit.

Halsschild um ein Sechstel länger als breit, hoch gewölbt, vor der Basis mit 4 sehr großen Grübchen, die mittleren durch ein kielförmiges Längsfältchen getrennt, die äußeren sehr in die Länge gezogen, außen vom Halsschildrand kielförmig begrenzt, die Behaarung auf der Scheibe schütterer, an den Seiten dichter und struppig. Schildchen deutlich sichtbar.

Flügeldecken oval, stark gewölbt, an ihrer Basis etwas breiter als die Halsschildbasis, mit wenig umfangreicher, aber tiefer, seitlich von einem kurzen Humeralfältchen begrenzter Basalimpression, lang und abstehend behaart. Flügel atrophiert. Mestosernum mit ziemlich breitem Kiel, seine Oberseite mit feiner Pubeszenz bedeckt.

Beine kräftig, Schenkel mäßig, die der Vorderbeine etwas stärker als die der beiden anderen Beinpaare verdickt, Vorderschienen innen im distalen Viertel flach ausgerandet.

Penis (Fig. 25) mit ausgestülptem Präputialsack dargestellt, gedrungen gebaut, mit kurzer, dreieckiger Spitze, die leicht zur Längsachse gebogenen Parameren das apikale Ende des Penis erreichend, ohne Tastborsten. Im Präputialsack befindet sich ein U-förmiges Chitingebilde und dahinter ein Paar stumpfer Chitinzähne. An der Basis des U befinden sich symmetrisch zur Mitte zwei Borstenbüschel.

Locus typicus ist Maketu in der Bay of Planty.

Euconnus (Maoria) helmsi nov. spec.

Durch dichte, auf Kopf und Halsschild lang abstehende Behaarung, kurze, zur Spitze allmählich, aber stark verdickte Fühler, vor der Basis mit eine Querfurche versehenen Halsschild, flache Basalimpression und verrundete Humeralfalte der Flügeldecken sowie durch die Penisform ausgezeichnet.

Long. 2,10 mm, lat. 0,77 mm. Rotbraun gefärbt, lang, gelblich behaart.

Kopf von oben betrachtet so lang wie mit den großen Augen breit, Schläfen nach hinten konvergierend, nicht viel länger als der Augendurchmesser, wie auch der Scheitel und Hinterkopf lang, aber etwas dichter behaart. Supraantennalhöcker scharf markiert. Fühler kurz und dick, zurückgelegt nur die Mitte des Halsschildes erreichend, ihre beiden ersten Glieder eineinhalbmal so lang wie breit, 3, 4 und 5 quadratisch, 6 und 7 schwach, 8, 9 und 10 stark quer, das Endglied so lang wie die beiden vorhergehenden zusammengenommen.

Halsschild um ein Viertel länger als breit, vor der Mitte am breitesten, hinter der Mitte leicht eingeschnürt, kaum breiter als der Kopf mit den Augen, vor der Basis mit breiter Querfurche, allseits lang und ziemlich dicht behaart.

Flügeldecken oval, an ihrer Basis nur wenig breiter als der Halsschild, mäßig stark gewölbt, ziemlich lang, nach hinten gerichtet behaart, mit flacher Basalimpression und verrundeter Humeralfalte, ohne Schulterwinkel.

Beine ziemlich schlank, Schenkel schwach verdickt, Vorderschienen innen distal abgeplattet und mit einer Haarbürste versehen.

Penis (Fig. 26) sehr gedrungen gebaut, am Ende breit, in mehrere Lappen geteilt, von denen 2 lateral weiter nach hinten reichen als die übrigen. Parameren dünnhäutig, breit, am Ende mit zahlreichen feinen Tastborsten versehen. Hinter der Längsmitte des Penis befinden sich in seinem Inneren 2 spiegelbildlich zur Sagittalebene angeordnete, nach außen konvex gekrümmte Chitinleisten.

Der Holotypus dieser Art (♂) wurde von HELMS bei Greymouth auf der Südinsel von Neuseeland gesammelt und gelangte mit der Sammlung Sharp an das British Museum. Weitere 12 Exemplare sammelte J. I. TOWNSEND am 11. 10. 1963 in Dovedale, Nelson. Davon befinden sich 8 Exemplare im Museum in Nelson, 4 in meiner Sammlung. Ein weiteres ♂ des Museums in Nelson stammt von Bark Bay (leg. GOURLAY).

Euconnus (Maoria) dunsdalensis nov. spec.

Mit *E. helmsi* verwandt, aber etwas kleiner als dieser und durch schlankere Fühler, zur Basis stärker verschmälerten Halsschild und kurze ovale Flügeldecken gekennzeichnet.

Long. 1,90 bis 2,00 mm, lat. 0,70 bis 0,75 mm. Rotbraun gefärbt, gelblich behaart.

Kopf querrundlich, mit ziemlich großen, flach gewölbten Augen und deutlichen Supraantennalhöckern, dicht, nach hinten gerichtet, an den Schläfen schräg abstehend behaart. Fühler dick, allmählich zur Spitze verdickt, beim ♂ die Halsschildbasis fast, beim ♀ sie nicht annähernd erreichend, ihre beiden ersten Glieder eineinhalbmal so lang wie breit, beim ♂ 3 und 4 noch leicht gestreckt, 5 und 6 kugelig, die folgenden bis zum 10. zunehmend breiter als lang, beim ♀ 3 bis 5 annähernd isodiametrisch, die folgenden bis zum 10. quer, das eiförmige Endglied in beiden Geschlechtern kürzer als die beiden vorhergehenden zusammengenommen.

Halsschild ein wenig länger als breit, vor der Mitte am breitesten und hier ein wenig breiter als der Kopf samt den Augen, überall dicht behaart, vor der Basis mit 2 großen durch eine Querfurche verbundenen Grübchen.

Flügeldecken oval, ziemlich stark gewölbt, an ihrer Basis nur so breit wie die Halsschildbasis, dicht und mäßig lang behaart, mit tiefer, außen von einer kurzen Humeralfalte begrenzter Basalimpression, in dieser mit 2 Grübchen.

Beine ziemlich kurz, Schenkel schwach keulenförmig verdickt.

Penis (Fig. 27) dem des *E. helmsi* sehr ähnlich, von oben betrachtet in der Anlage eiförmig, die Apikalpartie aber nicht zu einer Spitze verjüngt, sondern in 2 großen Lappen endend. Die Peniswand an der Basis des Apex bandförmig stark chitinisiert, dahinter mit chitinösen Zapfen und Apophysen versehen. Parameren kurz und kräftig, das Hinterende des Penis nicht erreichend, im Spitzenbereich mit je 4 Tastborsten versehen. Im Penisinneren befinden sich hinter der Basalöffnung des Penis zwei spiegelbildlich zur Sagittalebene bogenförmig zueinander gekehrte Chitinkörper, hinter denen ein 3. quergelagerter anschließt.

Es liegen mir im undeterminierten Material des Museums in Nelson 4 Exemplare dieser Art (1 ♂, 3 ♀♀) vor, die J. I. TOWNSEND am 12. 2. 1968 im Dunsdale Valley, Hedgehope, in 80 m Seehöhe (Southland) aus Waldstreu sammelte. Der Holotypus und 2 Paratypen werden im Museum in Nelson, eine Paratype wird in meiner Sammlung verwahrt.

Euconnus (Maoria) setosus (SHARP)

SHARP, Trans. Ent. Soc. London 1874, p. 516—517 *(Phagonophana)*
BROUN, Manuel N. Zeald. Col. I, 1880, p. 146—147 *(Phagonophana)*

Schon SHARP hatte Zweifel, ob seine neue Art in das Genus *Phagonophana* einzureihen sei. Er weist darauf hin, daß bei ihr die Mittelhüften nur durch einen sehr schmalen Kiel des Mesosternums getrennt seien, während die Hinterhüften einen zwar schmalen, aber doch nicht zu übersehenden Abstand voneinander besäßen.

E. setosus ist durch den sehr großen, queren, jedoch fast kugelig gewölbten Kopf, die an seinen Seiten weit herabgerückten, halbkugelig vorgewölbten Augen, die kurzen und dicken, zur Spitze allmählich verdickten Fühler, den kugelig gewölbten, annähernd isodiametrischen Halsschild mit 4 Basalgrübchen und vor den Hinterwinkeln gekielten Seiten sowie die schräge und lange Basalimpression und die ebenfalls schräge und lange Humeralfalte der Flügeldecken sehr ausgezeichnet.

Long. 2,10 bis 2,30 mm, lat. 0,80 bis 0,85 mm. Dunkel rotbraun gefärbt, bräunlichgelb, auf den Flügeldecken steil aufgerichtet und länger behaart als am übrigen Körper.

Kopf von oben betrachtet querrundlich, kugelig gewölbt, mit etwas vor seiner Längsmitte stehenden, an den Seiten weit herabgerückten, halbkugelig vorgewölbten Augen und schwach markierten Supraantennalhöckern, Schläfen dicht und steif abstehend, Scheitel und Stirn schütterer behaart, die letztere ohne deutliche halbkreisförmige Verflachung. Fühler dick, allmählich zur Spitze verdickt, zurückgelegt die Halsschildbasis erreichend oder überragend, ihre beiden ersten Glieder doppelt oder nicht ganz doppelt so lang wie breit, das 3. meist schwach quer, 4 bis 7 annähernd quadratisch, 8 bis 10 breiter als lang, das eiförmige Endglied etwas kürzer als die beiden vorhergehenden zusammengenommen.

Halsschild annähernd so lang wie breit, etwas vor seiner Längsmitte am breitesten und hier so breit wie der Kopf samt den Augen, kugelig gewölbt, glatt und glänzend, oberseits ziemlich schütter, an den Seiten dicht und struppig behaart, vor der Basis mit 4 Grübchen, die medialen viel größer als die lateralen, der Seitenrand vor den Hinterwinkeln gekantet.

Flügeldecken oval, stark gewölbt, an ihrer Basis ein wenig breiter als die Halsschildbasis, ohne Schulterwinkel, mit tiefer, schräg nach hinten verlaufender Basalimpression und langer schräger Humeralfalte, meist ohne deutliche Punktierung, bisweilen aber schütter und fein punktiert, mäßig dicht, aber lang, schräg abstehend behaart.

Beine ziemlich kurz, Vorderschenkel etwas stärker als die Mittel- und Hinterschenkel verdickt, Vorderschienen distal innen verflacht und mit einem dichten Haarfilz versehen.

Penis (Fig. 28a, b, c) aus einem von oben besehen abgerundet länglich-rechteckigen Peniskörper und dem im basalen Teil parallelseitigen, im distalen Drittel mit ausgeschwungegen Seiten zur Spitze verschmälerten Apex bestehend. Dieser stark nach oben gebogen. Parameren dem Penis eng anliegend, vor der Spitze verschmälert, mit je 3 terminalen Tastborsten versehen, dem Apex penis seitlich eng anliegend. Im Penisinneren sind in 3 Querbändern angeordnete Chitindifferenzierungen vorhanden.

Es liegt mir der im British Museum verwahrte Holotypus (♂) vor, der einen gedruckten Patriazettel mit dem Text „Auckland, New Zealand" trägt. Das Museum in Nelson besitzt ein aus der Sammlung Broun stammendes, von BROUN als *Phagonophana setosa* bestimmtes ♂ mit Fundort Howick sowie zwei weitere ♂♂ mit Fundort Whangopara (wohl Whangoporaoa nördlich der Stadt Auckland und Hongis Track, Rotorua). BROUN (l. c.) gibt als Fundort an: Auckland, Tairua und Whangarei. Die Art ist offenbar vorwiegend in Northland verbreitet.

Euconnus (Maoria) russatus (BROUN)

BROUN, Manual New Zealand. Coleopt. VII, 1893, p. 1432 *(Phagonophana)*

Wie schon der Autor betont, dem *E. setosus* SHARP außerordentlich ähnlich. Von ihm vor allem durch nahezu isodiametrischen Kopf mit ebener, halbkreisförmig gegen den stark

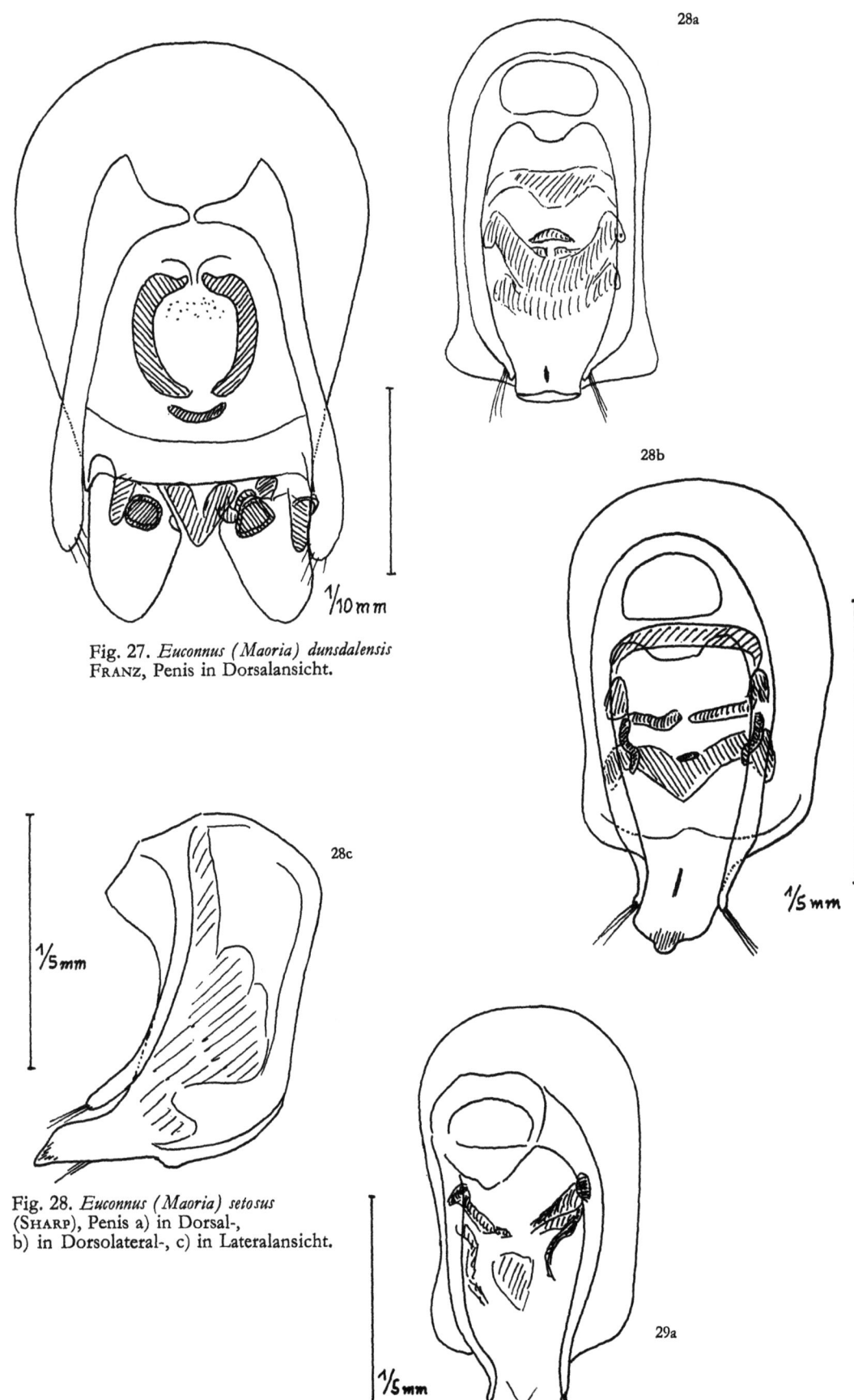

Fig. 27. *Euconnus (Maoria) dunsdalensis* Franz, Penis in Dorsalansicht.

Fig. 28. *Euconnus (Maoria) setosus* (Sharp), Penis a) in Dorsal-, b) in Dorsolateral-, c) in Lateralansicht.

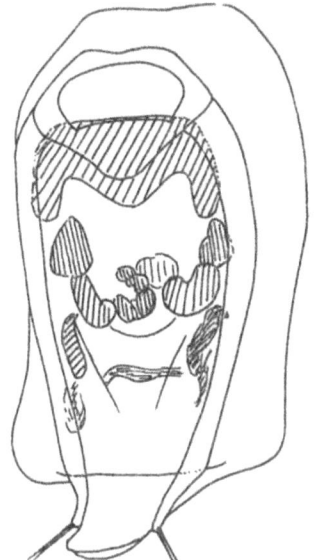
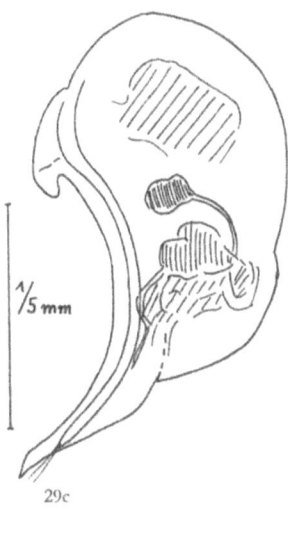

Fig. 29. *Euconnus (Maoria) russatus* (BROUN), Penis a) in Dorsal-, b) in Dorsolateral-, c) in Lateralansicht.

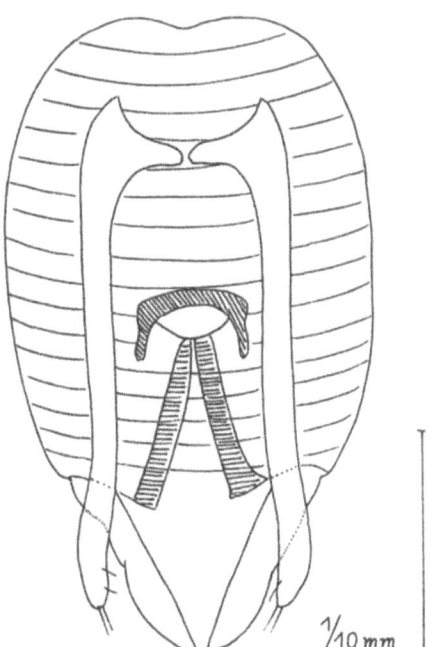

Fig. 30. *Euconnus (Maoria) wakannarinae* FRANZ, Penis in Dorsalansicht.

Fig. 31. *Euconnus (Maoria) dunensis* FRANZ, Penis in Dorsalansicht.

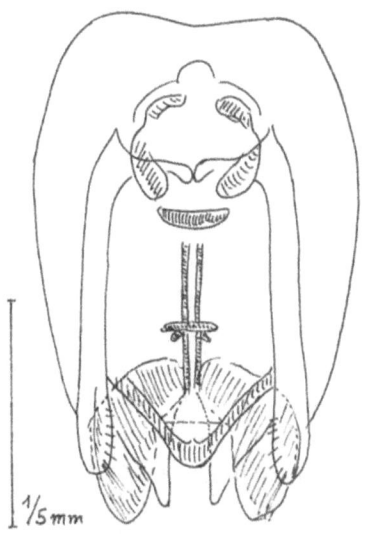

gewölbten Scheitel begrenzter Stirn verschieden. Halsschild eher breiter als lang, mit kleineren medialen Basalgrübchen als bei der Vergleichsart.

Long. 2,10 bis 2,30 mm, lat. 0,90 bis 0,95 mm. Rotbraun gefärbt, stark gewölbt, lang hellgelb behaart.

Kopf von oben betrachtet fast kreisrund, mit halbkugelig aus seiner seitlichen Rundung vorragenden Augen, flach kreisförmig eingedellter Stirn, die Einmuldung seitlich fast bis zu den Fühlerwurzeln und zu den Augen, hinten bis zur Mitte des Scheitels reichend, die Oberseite anliegend, die Seiten dicht und steif abstehend behaart. Fühler zurückgelegt die Halsschildbasis erreichend, allmählich zur Spitze verdickt, ihre beiden ersten Glieder eineinhalb- bis zweimal so lang wie breit, 5 leicht gestreckt, 4, 7 und 8 annähernd quadratisch, 3, 6, 9 und 10 schwach quer, das eiförmige Endglied viel kürzer als die beiden vorhergehenden zusammengenommen.

Halsschild so lang wie breit, kugelig gewölbt, mäßig dicht, an den Seiten dichter als auf der Scheibe behaart, mit 2 weit voneinander getrennten, ziemlich kleinen Basalgrübchen.

Flügeldecken oval, schon an ihrer Basis breiter als der Halsschild, mit langer, schräger Basalimpression und schräger Humeralfalte, lang und schräg nach hinten abstehend behaart, manchmal deutlich punktiert.

Beine schlanker als bei der Vergleichsart, Vorderschenkel wesentlich stärker verdickt als die der Mittel- und Hinterbeine, Vorderschienen distal innen verflacht und mit einem dichten Haarfilz versehen.

Penis (Fig. 29a, b) an *E. setosus* erinnernd, nach oben gekrümmt, die Spitze schmäler als bei der Vergleichsart, die Basalpartie des Apex parallelseitig, der distale Teil dreieckig zugespitzt. Peniskörper von oben betrachtet tonnenförmig, vor dem Apex leicht erweitert. Parameren die Penisspitze nicht ganz erreichend, an der Spitze zur Mitte gekrümmt, mit je 2 Tastborsten versehen.

Es liegen mir der Holotypus (♂) und der Allotypus (♀) vor, die mir vom British Museum zur Untersuchung zugesandt wurden. Beide Tiere tragen einen handgeschriebenen Patriazettel mit dem Text „Hunua Maketu". Maketu ist an der Bay of Plenty auf der Nordinsel Neuseelands gelegen. Auch im undeterminierten Material des Museums von Nelson ist die Art vertreten. Sie wurde von G. KUSCHEL in der Hunua-Range am 2. 12. 1961 in 3 Exemplaren in Waldstreu gesammelt.

E. setosus (SHARP) und *E. russatus* (BROUN) zeigen eine gewisse individuelle Variation. So zeigen die Größe des Kopfes, die Länge der Fühler und der einzelnen Fühlerglieder, ferner, wie schon erwähnt, auch die Punktierung der Flügeldecken eine gewisse Variationsbreite. Auch die Chitindifferenzierungen im Penisinnern besitzen nicht immer genau die gleiche Form. Es wäre demnach möglich, daß die beiden Formen durch Übergänge verbunden sind, so daß sie nur als Rassen einer Art zu bewerten wären. Solange solche Übergänge fehlen, besteht aber kein Anlaß *E. russatus* als Art einzuziehen.

Euconnus (Maoria) monilifer (BROUN)

BROUN, Man. N. Zeal. Col. 7, 1893, p. 1432 *(Phagonophana)*

Die Art wurde nach einem einzigen Exemplar (♀) beschrieben, das im British Museum verwahrt wird und das ich untersuchen konnte. Die nachfolgende Beschreibung ist nach der Type angefertigt.

Gekennzeichnet durch lange Fühler mit wenig scharf abgesetzter, 4gliederiger Keule, rundlichen, stark gewölbten Kopf mit wenig vorragenden Augen, länglichen Halsschild mit 2 durch eine seichte Querfurche verbundenen Grübchen und kleine, seitlich von einer kurzen, schrägen Humeralfalte begrenzte Basalimpression der Flügeldecken.

Long. 1,75 mm, lat. 0,70 mm. Rotbraun, die Extremitäten etwas heller gefärbt als der Körper, gelbbraun behaart.

Kopf von oben betrachtet rundlich, mit den vor seiner Längsmitte stehenden, flach gewölbten Augen ein wenig breiter als lang, hoch gewölbt, oberseits schütter, an den Schläfen dicht und steif abstehend behaart. Fühler zurückgelegt die Halsschildbasis beträchtlich überragend, ihr 1. bis 9. Glied länger als breit, das 10. isodiametrisch, das eiförmige Endglied so lang wie die beiden vorhergehenden zusammengenommen.

Halsschild länger als breit, vor seiner Längsmitte am breitesten und hier ein wenig breiter als der Kopf samt den Augen, oberseits schütter, an den Seiten dicht und steif, aber kurz behaart, vor der Basis mit 2 durch eine seichte Querfurche verbundenen Grübchen.

Flügeldecken oval, stark gewölbt, an ihrer Basis nur so breit wie der Halsschild, fein und schütter, nach hinten gerichtet behaart, wie auch der Kopf und Halsschild glatt und glänzend, mit kleiner, außen von einer kurzen Humeralfalte begrenzter Basalimpression.

Beine ziemlich lang, die Vorderschenkel stärker verdickt als die Mittel- und Hinterschenkel, die Vorderschienen innen distal flach ausgeschnitten und mit einem Haarfilz bedeckt.

Der Holotypus trägt einen handschriftlichen Patriazettel mit dem Text Hunua Maketu, in der Originaldiagnose ist „Maketu" als Fundort angegeben, bei der vorher beschriebenen *Phagonophana russata* BROUN jedoch „Maketu, Hunua Range". Maketu liegt an der Bay of Plenty auf der Nordinsel Neuseelands. BROUN gibt an, daß das Tier am Boden zwischen Laubstreu gesammelt wurde.

Euconnus (Maoria) cilipes (BROUN)

BROUN, Ann. Mag. Nat. Hist. (6) 12, 1893, p. 178 *(Scydmaenus)*

Dem Autor lag zur Beschreibung nur der Holotypus (♀) vor, den er für ein ♂ hielt. Er befindet sich in der Sammlung des British Museum und konnte von mir untersucht werden. Die nachfolgende Beschreibung ist nach dem Holotypus angefertigt.

Gekennzeichnet durch stark gewölbten, ziemlich schlanken Körper, länglichovalen Kopf mit ziemlich stark vorgewölbten Augen, mäßig lange, allmählich zur Spitze verdickte Fühler, annähernd isodiametrischen Halsschild mit 2 großen, nicht durch eine Querfurche verbundenen Basalgrübchen und sehr flache, wenig scharf begrenzte Basalimpression der Flügeldecken.

Long. 2,0 mm, lat. 0,75 mm. Dunkel rotbraun, die Extremitäten etwas heller gefärbt, bräunlichgelb behaart.

Kopf von oben betrachtet länglichrund, im Niveau der vor seiner Längsmitte stehenden, kleinen, ziemlich stark vorgewölbten Augen am breitesten, oberseits schütter, an den Schläfen dicht und steif abstehend behaart. Fühler kräftig, zurückgelegt die Halsschildbasis überragend, allmählich zur Spitze verdickt, ihr 1., 2., 5., 6. und 8. Glied länger als breit, das 3., 4., 7. und 9. annähernd isodiametrisch, das 10. schwach quer, das eiförmige Endglied nicht ganz so lang wie die beiden vorhergehenden zusammengenommen.

Halsschild etwas länger als breit, seitlich sehr wenig gerundet, nur wenig breiter als der Kopf samt den Augen, ziemlich dicht, an den Seiten struppig behaart, mit 2 großen, nicht durch eine Querfurche verbundenen Grübchen.

Flügeldecken oval, stark gewölbt, an ihrer Basis kaum breiter als der Halsschild, mit seichter, außen durch eine schräge Humeralfalte begrenzter Basalimpression, lang, aber ziemlich schütter behaart.

Beine ziemlich lang und schlank, Vorderschienen innen distal abgeflacht und mit einem dichten und langen Haarfilz bedeckt.

Der Holotypus trägt einen handgeschriebenen Patriazettel mit dem Text „Lignar's Bush, Papakura". Papakura liegt südlich der Stadt Auckland.

Die Art ähnelt im Habitus an *E. setosus* SHARP, ist von diesem aber leicht durch langovalen Kopf, schwächer gewölbte Augen, längere Fühler und glatte Flügeldecken zu unterscheiden.

Euconnus (Maoria) wakamarinae nov. spec.

Durch stark gewölbten Kopf mit großen Supraantennalhöckern und an den Kopfseiten herabgerückten großen Augen, durch stark gewölbten Halsschild mit 2 großen Basalgrübchen und durch kurzovale, hochgewölbte Flügeldecken mit langer Behaarung und kleiner, mit 2 Grübchen versehener Basalimpression gekennzeichnet.

Long. 1,80 mm, lat. 0,70 mm. Rotbraun gefärbt, lang, gelblich behaart.

Kopf von oben betrachtet ein wenig länger als breit, stark gewölbt, mit großen Supraantennalhöckern und an den Seiten herabgerückten, konvexen Augen, lang, am Hinterkopf und an den Schläfen dichter als auf der Oberseite behaart. Fühler allmählich zur Spitze verdickt, aber mit Andeutung einer 5gliederigen Keule, zurückgelegt die Halsschildbasis knapp erreichend, ihre beiden ersten Glieder eineinhalb- bis zweimal so lang wie breit, 3 bis 5 annähernd quadratisch, 6 bis 10 zunehmend breiter als lang, das eiförmige Endglied so lang wie die beiden vorhergehenden zusammengenommen.

Halsschild etwas länger als breit, kugelig gewölbt, auf der Scheibe schütter, an den Seiten struppig behaart, mit 2 Basalgrübchen.

Flügeldecken kurzoval, stark gewölbt, fein und zerstreut punktiert, lang und dicht behaart, mit flacher aus je 2 Grübchen bestehender Basalimpression und sehr kurzer, kaum erkennbarer, gerader Humeralfalte, ohne Schulterhöcker und ohne Schulterwinkel.

Beine ziemlich kurz, Schenkel mäßig verdickt, Schienen gerade.

Penis (Fig. 30) von oben betrachtet annähernd eiförmig, mit gerundet-dreieckigem Apex. Parameren die Penisspitze fast erreichend, am Ende mit je 2 Tastborsten versehen. Im Penisinneren befindet sich in der Längsmitte des Penis ein in schwachem Bogen nach vorne vorgewölbter, querer Chitinbalken, dessen Seiten nach hinten umgeknickt sind. Hinter ihm ist die Ventralwand des Penis in der Längsmitte gespalten, die Seiten klaffen beiderseits des Spaltes nach hinten. Ein spitzwinkelig-dreieckiges Operculum überdeckt das Ostium penis von der Ventralseite her. Auffällig ist die quere Anordnung der Muskulatur, während die Muskelstränge im Penisinneren sonst meist mehr oder weniger strahlenförmig von der Mitte des Penis nach allen Seiten ausgehen.

Es liegen mir aus den undeterminierten Beständen des Museums in Nelson vier Exemplare dieser Art (2 ♂♂, 2 ♀♀) vor. Der Holotypus (♂) wurde von A. K. WALKER im Wakameru-Valley in Marlborough am 12. 8. 1966 gesammelt, er wird im Museum in Nelson verwahrt. 3 Paratypen sammelte J. I. TOWNSEND am Opouri-Saddle am 22. 5. 1964, 2 dieser Exemplare befinden sich in meiner Sammlung. Ein ♂ schließlich fand E. S. GOURLAY am 3. 5. 1950 in Upper Maitai (Nelson).

Euconnus (Maoria) dunensis nov. spec.

Dem *E. pseudoalacer* ähnlich, von ihm durch etwas geringere Größe, viel breiteren, oberseits schütter behaarten Kopf, das Vorhandensein von 4 Grübchen vor der Halsschildbasis, undeutlich und schütter punktierte Flügeldecken sowie andere Penisform verschieden.

Long. 2,40 bis 2,45 mm, lat. 0,90 bis 0,95 mm. Rotbraun gefärbt, gelblich behaart.

Kopf von oben betrachtet fast kreisrund, mit großen, stark vorgewölbten Augen, oberseits stark gewölbt, mäßig dicht behaart, auch die Behaarung der Schläfen mäßig dicht. Fühler dick, ohne scharf abgesetzte Keule, zurückgelegt die Halsschildbasis knapp erreichend, ihr Basalglied dick und kurz, Glied 2 doppelt so lang wie breit, 3 bis 6 noch leicht gestreckt, 7 isodiametrisch, 8 bis 10 breiter als lang, das eiförmige Endglied so lang wie die beiden vorhergehenden zusammengenommen.

Halsschild nicht ganz so breit wie lang, vor der Mitte am breitesten, nur so breit wie der Kopf samt den Augen, stark gewölbt, auf der Scheibe ziemlich schütter, an den Seiten struppig behaart, vor der Basis mit 4 durch eine Querfurche verbundenen Grübchen.

Flügeldecken länglichoval, hoch gewölbt, an ihrer Basis nur so breit wie die Halsschildbasis, mit sehr flacher Basalimpression, ohne Schulterbeule und Humeralfalte, ziemlich lang, mäßig dicht behaart. Flügel atrophiert.

Beine ziemlich schlank, Schenkel mäßig verdickt, Schienen innen distal dichter behaart.

Penis (Fig. 31) kurzoval, mit kurzem, dreieckigem Apex, unter diesem mit 2 spitzwinkelig-dreieckigen Fortsätzen und unter diesen mit 2 länglichen, stark chitinisierten Lappen. Parameren gerade, im Spitzenbereich mit 3 langen und zahlreichen kurzen Tastborsten versehen. Unter der Basalöffnung des Penis liegen in annähernd kranzförmiger Anordnung 3 längliche Chitinkörper, hinter diesen 2 schmale, parallel zur Sagittalebene angeordnete, von einer Querleiste durchsetzte Längsleisten.

Es liegen mir im undeterminierten Material des Museums in Nelson 5 Exemplare dieser Art (3 ♂♂, 2 ♀♀) vor, von denen 2 Exemplare (♂, ♀) am Mt. Dun in 2000′ bzw. 2500′ Höhe von G. KUSCHEL am 31. 8. 1966 und 13. 11. 1961 gesammelt wurden. Je 1 ♂ wurde von E. S. GOURLAY in Upper Maitai am 19. 5. und 19. 10. 1941 und 1 ♀ vom gleichen Sammler am 9. 1. 1945 am Mt. Ernslaw, 9. 1. 1945, gesammelt. Der Holotypus und 2 Paratypen sind im Museum in Nelson, 2 Paratypen in meiner Sammlung verwahrt.

Euconnus (Maoria) galerus (BROUN)

BROUN, New Zealand Journ. Sc. II, 1885, p. 384 *(Stenichnus)*
BROUN, Manual New Zeal. Coleopt. IV, 1886, p. 924—925 *(Scydmaenus)*

Gekennzeichnet durch schwach querovalen Kopf, lange, allmählich zur Spitze verdickte Fühler, länglichen, vor der Basis eingeschnürten Halsschild mit 2 nahe beieinander stehenden Basalgrübchen, hochgewölbte Flügeldecken mit verrundeten Schultern und scharf ausgeprägter Humeralfalte sowie schlanke Beine.

Long. 1,70 mm, lat. 0,65 mm. Rotbraun gefärbt, schütter gelblich behaart.

Kopf von oben betrachtet querrundlich, nur wenig breiter als lang, mit flach gewölbten, wenig über den Seitenrand des Kopfes vorragenden Augen und deutlich markierten Supraantennalhöckern, samt den Schläfen spärlich behaart. Fühler zurückgelegt die Halsschildbasis weit überragend, allmählich zur Spitze verdickt, ihre beiden ersten Glieder um die Hälfte länger als breit, 3 bis 7 annähernd isodiametrisch, 8 bis 10 sehr wenig breiter als lang, kugelig, das Endglied viel kürzer als die beiden vorhergehenden zusammengenommen.

Halsschild länglich, im vorderen Drittel seiner Länge am breitesten und hier ein wenig breiter als der Kopf samt den Augen, vor der Basis seitlich eingeschnürt, in der Einschnürung mit einer tiefen, seitlichen Querfurche, vor der Basis mit 2 durch einen Längskiel getrennten Basalgrübchen, auf der Scheibe fast kahl, seitlich etwas dichter behaart.

Flügeldecken stark gewölbt, schon an ihrer Basis breiter als die Halsschildbasis, mit breiter und tiefer, außen von einer kurzen Humeralfalte begrenzter Basalimpression, glatt und glänzend, sehr schütter behaart.

Beine schlank, Schenkel schwach verdickt, Schienen gerade.

Es liegt mir nur der Holotypus (♀) vor, der mir vom British Museum zugesandt wurde. Er trägt einen gedruckten Patriazettel mit der Aufschrift Helensville. In der Originaldiagnose ist angegeben „near Helensville, Kaipara Harbour".

Euconnus (Maoria) milfordensis nov. spec.

Mit *E. dunensis* m. verwandt, von ihm aber durch längeren und schmäleren Kopf, längere Fühler, längeren, zur Basis weniger verengten Halsschild und vor der Spitze neben der Naht mit einem Längseindruck versehene Flügeldecken verschieden.

Long. 2,40 mm, lat. 0,90 mm. Rotbraun gefärbt, ziemlich dicht, aber mäßig lang, bräunlichgelb behaart.

Kopf von oben betrachtet rundlich, sehr wenig länger als mit den großen, flach gewölbten Augen breit, oberseits gleichmäßig gewölbt, ziemlich dicht, an den Schläfen sehr dicht und steif abstehend behaart, mit kleinen Supraantennalhöckern. Fühler zurückgelegt die Halsschildbasis nicht ganz erreichend, allmählich zur Spitze verdickt, ihre beiden ersten Glieder nicht ganz doppelt, das 3. bis 5. eineinviertelmal so lang wie breit, 6 leicht gestreckt, 7 quadratisch, 8 bis 10 breiter als lang, das eiförmige Endglied so lang wie die beiden vorhergehenden zusammengenommen.

Halsschild kugelig gewölbt, etwas länger als breit, vor seiner Längsmitte am breitesten und hier etwas breiter als der Kopf samt den Augen, zur Basis nicht stärker als zum Vorderrand verengt, dicht und steif aufgerichtet, an den Seiten struppig behaart, mit scharfen Hinterwinkeln und vor diesen gekielten Seiten sowie mit 2 großen, in die Quere gezogenen Basalgruben.

Flügeldecken oval, stark gewölbt, ohne Schulterbeule und Humeralfalte, an ihrer Basis kaum breiter als die Halsschildbasis, mit sehr kleiner, aber tiefer, aus 2 Grübchen zusammengesetzter Basalimpression, fein punktiert und mäßig lang, schräg abstehend behaart, vor der Spitze neben der Naht mit einem länglichen Eindruck, die Behaarung von vorne und von den Seiten zu diesem gerichtet.

Beine lang und schlank, Schenkel mäßig verdickt.

Penis (Fig. 32) dem des *E. dunensis* ähnlich gebaut, am distalen Ende mit 2 lateralen, stumpfen, stark chitinisierten Zähnen und zwischen diesen mit 2 zangenförmig zueinander gekehrten, dünnhäutigen, zahnartigen Vorsprüngen. Vor dem Ostium steht ein W-förmiges Chitingebilde, das über eine runde Chitinapophyse mit 2 spiegelbildlich zur Längsachse des Penis stehenden, bogenförmig zueinander gebogenen Chitinleisten verbunden ist. Die Dorsalwand des Penis ist hinter der Mitte mit zahlreichen Porenpunkten besetzt. Die Parameren sind dünnhäutig, am Ende in einen schmalen Fortsatz verlängert, an dessen Ende 2 lange Tastborsten stehen.

Es liegt mir nur 1 Exemplar (♂) vor, das J. I. Townsend am 1. 11. 1966 im Milford Sound, Otago, gesammelt hat.

Euconnus (Maoria) tapuanus nov. spec.

Von der Größe und Gestalt des *E. dunensis*, aber heller gefärbt, mit größerem, dichter behaartem Kopf und langer, schräger, die Basalimpression der Flügeldecken außen begrenzender Humeralfalte.

Long. 2,50 mm, lat. 1,00 mm. Gelbbraun gefärbt, lang, gelblich behaart.

Kopf von oben betrachtet gerundet rautenförmig, kugelig gewölbt, annähernd so lang wie breit, mit kleinen, halbkugelig gewölbten, etwa im vorderen Drittel seiner Länge stehenden Augen, dicht und abstehend behaart. Fühler allmählich zur Spitze verdickt, zurückgelegt knapp die Halsschildbasis erreichend, ihr Basalglied doppelt, das 2. eindreiviertelmal so lang wie breit, 3 bis 8 annähernd quadratisch, 9 und 10 sehr schwach quer, das eiförmige Endglied kürzer als die beiden vorhergehenden zusammengenommen.

Halsschild ein wenig länger als breit, dicht behaart, mit 2 großen, ziemlich weit getrennten Basalgrübchen.

Flügeldecken oval, schon an ihrer Basis ein wenig breiter als die Halsschildbasis, mit langgestreckter, außen von einer schrägen Humeralfalte begrenzter Basalimpression, stark glänzend, sehr fein und zerstreut punktiert, sehr lang, schräg abstehend behaart.

Beine schlank, Vorderschenkel deutlich, Mittel- und Hinterschenkel kaum verdickt, Vorderschienen distal verbreitert, innen in der Spitzenhälfte flach ausgeschnitten und mit einer Haarbürste versehen.

Es liegt mir nur 1 Exemplar (♀) vor, das von J. I. Townsend am 26. 1. 1960 am Tapu Hill gesammelt wurde.

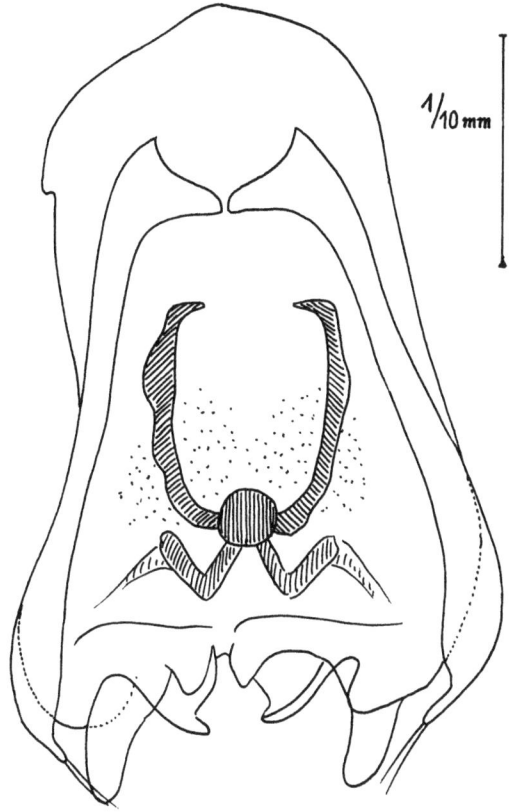

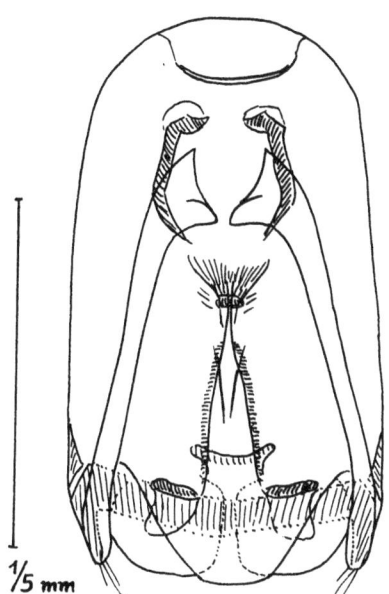

Fig. 33. *Euconnus (Maoria) fabiani* FRANZ, Penis in Dorsalansicht.

Fig. 32. *Euconnus (Maoria) milfordensis* FRANZ, Penis in Dorsalansicht.

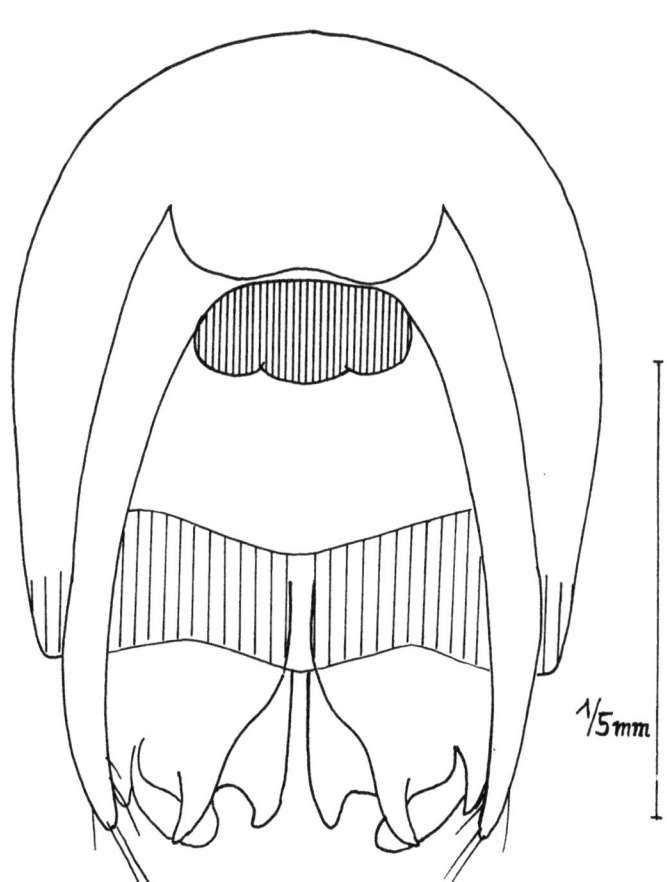

Fig. 34. *Euconnus (Maoria) brookesi* FRANZ, Penis in Dorsalansicht.

Euconnus (Maoria) wellingtonensis nov. spec.

Dem *E. pseudoalacer* m. außerordentlich nahestehend, demselben in Größe und Gestalt, namentlich auch in der Form des vor seiner Längsmitte die größte Breite besitzenden Halsschildes gleich. Von ihm vor allem durch viel stärker quere vorletzte Fühlerglieder und deutliche, aus feinen und einzelnen großen Punkten bestehende Flügeldeckenskulptierung verschieden.

Long. 3,00 mm, lat. 1,10 mm. Hell rotbraun gefärbt, lang, gelblich behaart.

Kopf von oben betrachtet verrundet rautenförmig mit etwas vor seiner Längsmitte stehenden, stark gewölbten Augen, großen Supraantennalhöckern, deutlich punktierter Oberseite und langer, sehr dichter Behaarung. Fühler zurückgelegt die Halsschildbasis nicht ganz erreichend, aber länger als bei *E. alacer* und *pseudoalacer*, ihre 3 ersten Glieder etwas länger als breit, 4 bis 6 annähernd isodiametrisch, 7 schwach, 8 bis 10 zunehmend stärker quer, die beiden vorletzten Glieder reichlich doppelt so breit wie lang, das eiförmige Endglied der Länge von 9 und 10 zusammen gleich.

Halsschild um ein Siebentel länger als breit, im distalen Drittel seiner Länge am breitesten und hier ein wenig breiter als der Kopf samt den Augen, stark gewölbt, seitlich aber nur mäßig gerundet, vor der Basis mit 4 durch eine Querfurche verbundenen Grübchen, dicht, vor der Basis zur Mitte gerichtet behaart.

Flügeldecken oval, an ihrer Basis nur so breit wie die Halsschildbasis, ohne Basalimpression, Schulterbeule und Schulterwinkel, deutlich punktiert, zwischen der Grundskulptur mit einzelnen größeren Punkten, lang und dicht, schräg nach hinten abstehend behaart.

Beine ziemlich lang und schlank.

Es liegt mir nur 1 Exemplar (♀) vor, das J. S. DUGALE in der Orongorongo Research Station in Wellington am 21. 5. 1969 aus Waldstreu siebte. Die Type wird im Museum in Nelson aufbewahrt.

Euconnus (Maoria) fabiani nov. spec.

Dem *E. helmsi* m. sehr nahestehend und von ihm durch äußere Merkmale nicht sicher unterscheidbar, in der Penisform aber stark abweichend.

Long. 1,95 bis 2,00 mm, lat. 0,75 mm. Rotbraun gefärbt, gelblich behaart.

Kopf von oben betrachtet rundlich, annähernd so lang wie breit, mit großen Supraantennalhöckern. Augen kleiner als bei *E. helmsi*, Stirn und Scheitel mäßig gewölbt, lang und abstehend, die Schläfen noch etwas länger und dichter behaart. Fühler zurückgelegt die Halsschildbasis erreichend, allmählich zur Spitze verdickt, ihre beiden ersten Glieder um die Hälfte länger als breit, die beiden folgenden quadratisch, das 5. sehr schwach, die folgenden bis zum 10. immer stärker quer, das Endglied kürzer als die beiden vorhergehenden zusammengenommen.

Halsschild so lang oder etwas länger als breit, vor der Längsmitte am breitesten und hier etwas breiter als der Kopf samt den Augen, vor den Hinterwinkeln parallelseitig und gekantet, die Hinterwinkel scharf, allseits lang, auf der Scheibe viel schütterer als an den Seiten behaart, vor der Basis mit tiefer Querfurche.

Flügeldecken oval, an ihrer Basis nur wenig breiter als der Halsschild, flach gewölbt, mit mäßig großer, aber tiefer und scharf umgrenzter Basalimpression, sehr undeutlich, seicht punktiert und fast anliegend behaart, die Behaarung an der Basis nach hinten, im vorderen Drittel zur Naht, dann nach außen und vor der Spitze neuerlich zur Naht orientiert. Bei einzelnen ♂ sind die Flügeldecken neben der Naht vor der Spitze der Länge nach eingedrückt. Flügel atrophiert.

Beine ziemlich schlank, Schenkel schwach verdickt, Vorderschienen distal innen abgeplattet und mit einem Haarfilz versehen.

Penis (Fig. 33) nicht ganz doppelt so lang wie breit, mit dreieckiger, am Ende breit abgestutzter Spitze und zahnförmig nach hinten vorspringenden Seiten. Ventralwand des Penis an ihrem Hinterrand abgestutzt, dieser bandförmig stark chitinisiert. Parameren schwach divergierend, die Penisspitze erreichend, am Ende mit je 3 kleinen Tastborsten besetzt. Aus dem Ostium penis ragen 2 Paare chitinöser Lappen nach hinten heraus, das dorsale Paar ist größer und besitzt einen rundlichen Umriß, das ventrale Paar ist kleiner, an der Basis stark chitinisiert, stumpf zahnförmig. Die mediale Grenze der ventral gelegenen Lappen läßt sich beiderseits der Sagittalebene bis über die Längsmitte des Penis nach vorne verfolgen und endet dort in einem Bündel trichterförmig auseinandertretender feiner Falten der Präputialsackwand. Vor diesem Faltenbündel befinden sich 2 annähernd C-förmige spiegelbildlich zueinander angeordnete Chitinleisten.

Es liegen mir 4 Exemplare (3 ♂♂, 1 ♀) vor, die J. I. TOWNSEND am 23. 10. 63 gesammelt hat. Sie tragen die Patriaangabe „Head of Fabians Valley, 915 m, Marlbourgh". Ein weiteres ♂ sammelte J. I. TOWNSEND am 26. 11. 63 im Takaka Valley in Nelson, 3 ♂♂, 2 ♀♀ schließlich stammen von Dovedale, 11. 10. 1936 in Nelson, 1 ♂ aus der Umgebung von Franz-Josef-Tower, 7. 2. 1965 (lg. WALTER) und 1 ♂ von Turiwhati, 122 m, Otira, 12. 5. 1965 (lg. TOWNSEND u. HARWEY). Die Type und die meisten Paratypen werden im Museum in Nelson, 3 Paratypen in meiner Sammlung verwahrt.

Euconnus (Maoria) brookesi nov. spec.

Gekennzeichnet durch von oben betrachtet länglichovalen, stark gewölbten Kopf mit halbkugelig gewölbten, an den Seiten herabgerückten Augen und kräftigen, allmählich zur Spitze verdickten Fühlern, fast isodiametrischen Halsschild mit 4 Basalgrübchen und hoch gewölbte, ovale Flügeldecken, ohne Schulterwinkel, Schulterbeule und Humeralfalte und mit sehr seichter, unscharf begrenzter Basalimpression.

Long. 2,00 mm, lat. 0,75 mm. Dunkel rotbraun gefärbt, bräunlichgelb behaart.

Kopf von oben betrachtet länglichoval, hoch gewölbt, mit großen, halbkugelig gewölbten, an den Seiten herabgerückten Augen, großen Supraantennalhöckern und ziemlich langer, an den Schläfen bärtig verdichteter Behaarung. Fühler kurz und kräftig, allmählich zur Spitze verdickt, zurückgelegt die Halsschildbasis nicht ganz erreichend, ihr Basalglied dicker als die folgenden, das 2. mehr als doppelt so lang wie breit, 3 bis 6 annähernd quadratisch, 7 bis 10 breiter als lang, das Endglied leicht gestreckt, kürzer als die beiden vorhergehenden zusammengenommen.

Halsschild fast so breit wie lang, in seiner basalen Hälfte fast parallelseitig, von da zum Vorderrand gerundet verengt, nur wenig breiter als der Kopf mit den Augen, glatt und glänzend, in der Basalhälfte mit flachem Längskiel in der Mitte und mit 4 Basalgrübchen, auf der Scheibe schütter, an den Seiten dichter und struppig behaart.

Flügeldecken oval, stark gewölbt, an ihrer Basis nur so breit wie die Halsschildbasis, schütter behaart, ohne Schulterwinkel, Schulterbeule und Humeralfalte, mit sehr seichter unscharf begrenzter Basalimpression.

Beine kräftig, Schienen gerade.

Penis (Fig. 34) sehr gedrungen gebaut mit einem in der Anlage kugeligen, hinten abgestutzten Peniskörper und mit diesen etwas überragenden, mit einer Anzahl von Tastborsten besetzten Parameren. Aus dem teminalen Ostium penis ragen dorsal 2 nach außen gekrümmte, spiegelbildlich zur Sagittalebene stehende Chitinzähne heraus, unter ihnen stehen nahe der Sagittalebene ebenfalls spiegelbildlich zu dieser 2 stumpfe, nur schwach gekrümmte Zähne und 2 schräg von außen nach hinten und innen gerichtete Lappen. Hinter der Basalöffnung des Penis befindet sich im Penisinneren eine große Chitinapophyse.

Es liegt mir nur die aus der Sammlung BROOKES stammende Type (♂) vor, die im April 1928 am Motu River gesammelt wurde. Sie wird im Museum in Nelson verwahrt.

Euconnus (Maoria) hawkesi nov. spec.

Mit *E. brookesi* äußerst nahe verwandt und von ihm äußerlich nur durch stärker gewölbten Kopf mit stark vortretenden Supraantennalhöckern sowie den Besitz von 4 Basalgrübchen der Flügeldecken verschieden.

Long. 2,00 mm, lat. 0,72 mm. Rotbraun gefärbt, gelblich behaart.

Kopf von oben betrachtet länglichoval, stark gewölbt, mit an den Seiten weit herabgerückten, konvexen Augen, großen Supraantennalhöckern, fein punktierter und behaarter Oberseite und struppiger Behaarung auf den Schläfen und am Hinterkopf. Fühler dick, allmählich zur Spitze verdickt, zurückgelegt die Halsschildbasis erreichend, ihr 2. Glied reichlich so lang wie breit, 3 bis 5 quadratisch, 6 bis 10 zunehmend breiter als lang, das Endglied gerundet kegelförmig, nur so lang wie breit.

Halsschild stark gewölbt, etwas länger als breit, von der Längsmitte zum Vorderrand gerundet verengt, vor der Basis leicht eingeschnürt, hinter der Einschnürung wieder leicht erweitert, an der Basis so breit wie in der Mitte, dicht, auf der Scheibe wenig dichter als an den Seiten behaart, vor der Basis mit 4 schmal getrennten Grübchen, während bei *E. brookesi* nur 2 sehr stark in die Quere gezogene Grübchen vorhanden sind.

Flügeldecken länglichoval, an ihrer Basis nur so breit wie die Halsschildbasis, mit flacher, sehr undeutlich begrenzter Basalimpression, sehr kurzer Humeralfalte, ohne Schulterbeule und Schulterwinkel, fein und zerstreut punktiert, mäßig lang, abstehend behaart.

Beine mäßig lang, Schenkel schwach keulenförmig verdickt.

Penis (Fig. 35) kurzoval, an seinem Hinterrande zwei dünnhäutige Lappen und über diesen zwei nach außen gekrümmte, an der Außenseite ausgerandete, flache Chitinzähne vorragend. Parameren das Hinterende des Penis nicht ganz erreichend, am Ende mit mehreren Tastborsten versehen. In der Längsmitte des Penis ist dessen Chitinwand in Fortsetzung der beiden gekrümmten Chitinzähne weit nach vorn der Länge nach geteilt. Im Bereich der Basalöffnung des Penis befindet sich ein großer, quergestellter Chitinkörper. Das einzige vorliegende Präparat ist z. T. undurchsichtig.

Es liegt mir nur ein Exemplar (♂) vor, das J. I. TOWNSEND am 9. 1. 1962 in den Wharerata Hills an der Hawkes Bay aus Waldstreu sammelte. Der Holotypus wird in der Sammlung des Museums in Nelson verwahrt.

Euconnus (Maoria) pandorae nov. spec.

In der Gestalt an *E. setosus* (SHP.) erinnernd, aber viel schütterer behaart, der Kopf oberseits viel flacher, die Fühler länger und in ihrer basalen Hälfte dünner, der Halsschild länger als breit, die Flügeldecken viel schmäler.

Long. 1,90 mm, lat. 0,70 mm. Rotbraun gefärbt, lang, gelblich behaart.

Kopf von oben betrachtet so lang wie breit, im Niveau der weit nach vorn gerückten, kleinen, aber stark gewölbten Augen am breitesten, von da zur Basis gerundet verengt, die Schläfen mit dem Hinterrand des Kopfes einen spitzen Bogen bildend, der Hinterkopf über den Hals etwas vorstehend, Stirn und Scheitel schütter und fein, Schläfen dicht und steif behaart, Supraantennalhöcker fehlend. Fühler zurückgelegt die Halsschildbasis erreichend, mit unscharf abgesetzter, 4gliederiger Keule, alle Geißelglieder gestreckt, das 2. fast 3mal so lang wie breit, auch Glied 8 noch etwas länger als breit, 9 und 10 isodiametrisch, das eiförmige Endglied knapp so lang wie die beiden vorhergehenden zusammengenommen.

Halsschild etwas länger als breit, kugelig gewölbt, aber vor seiner Längsmitte am breitesten, zur Basis stärker als zum Vorderrand verengt, mit einer sehr seichten Querfurche vor dem Basalrand, auf der Scheibe glatt und glänzend, schütter, aber steil aufgerichtet, an den Seiten etwas dichter behaart.

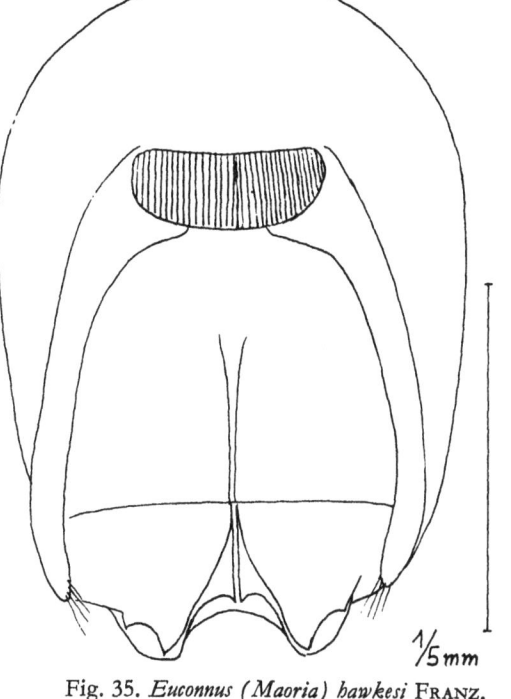

Fig. 35. *Euconnus (Maoria) hawkesi* Franz, Penis in Dorsalansicht.

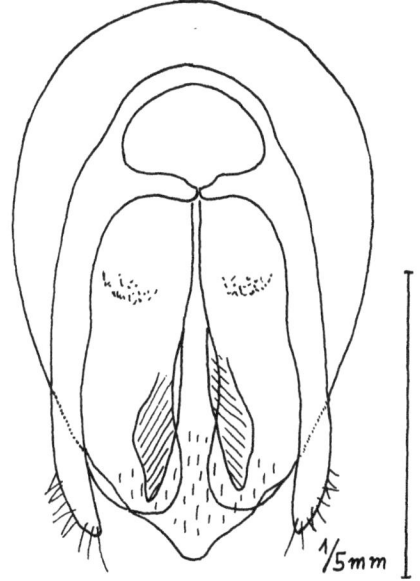

Fig. 36. *Euconnus (Maoria) trispinosus* Franz, Penis in Dorsalansicht.

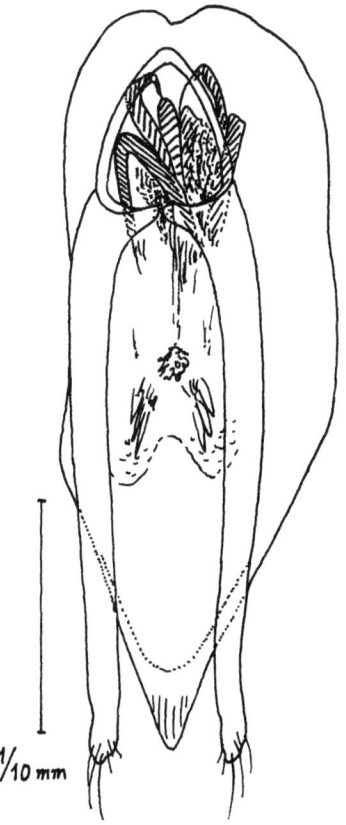

Fig. 37. *Euconnus (Maoria) kuscheli* Franz, Penis in Dorsalansicht.

Flügeldecken länglichoval, sehr stark gewölbt, fein und schütter punktiert, wenig dicht, aber sehr lang und steil aufgerichtet behaart, ohne Basalimpression, ohne Humeralfalte und ohne Schulterbeule. Flügel atrophiert.

Beine schlank, Schenkel schwach verdickt, Schienen gerade.

Es liegen mir nur 2 Exemplare (♀♀) vor, die J. Mc. BURNEY am 11. 11. 1969 in Pandora in Northland in Waldstreu fand. Der Holotypus wird im Museum in Nelson, die Paratype in meiner Sammlung verwahrt.

Euconnus (Maoria) trispinosus nov. spec.

Dem *E. angulatus* (BROUN) ähnlich, von ihm durch etwas gestrecktere Fühler mit nur vom 8. an queren Gliedern, durch den Besitz von je 3 feinen Stacheln an der Innenseite der Mittelschienen und durch abweichenden Penis verschieden.

Long. 2,10 mm, lat. 0,80 mm. Dunkel rotbraun gefärbt, bräunlichgelb behaart.

Kopf von oben betrachtet gerundet rautenförmig, mit vor seiner Längsmitte stehenden, an den Seiten herabgerückten, konvexen Augen, hoch gewölbt, lang, nach hinten gerichtet, an den Schläfen schräg abstehend behaart, mit undeutlichen Supraantennalhöckern, die Stirn zur Oberlippe steil abfallend. Fühler allmählich zur Spitze verdickt, zurückgelegt die Halsschildbasis etwas überragend, ihr 2. Glied doppelt so lang wie breit, das 3. bis 6. annähernd quadratisch, das 8. kaum merklich, das 9. und 10. deutlich breiter als lang, das Endglied wesentlich kürzer als die beiden vorhergehenden zusammengenommen.

Halsschild nur sehr wenig länger als breit, vor der Mitte am breitesten und hier so breit wie der Kopf samt den Augen, vor der Basis leicht eingeschnürt, mit 4 Grübchen, die lateralen dem Seitenrand genähert, dicht, aber ziemlich kurz, an den Seiten struppig behaart.

Flügeldecken oval, an ihrer Basis nur so breit wie die Basis des Halsschildes, mit ziemlich seichter, außen von einer kurzen, geraden Humeralfalte begrenzter Basalimpression, ohne Schulterbeule und Schulterwinkel, ziemlich dicht, nach hinten, im distalen Drittel zur Seite gerichtet behaart.

Beine schlank, Vorderschenkel ein wenig stärker als die der Mittel- und Hinterbeine verdickt, Mittelschienen innen distal mit 2 hintereinander stehenden Stacheln und feinen Borsten versehen.

Penis (Fig. 26) von oben betrachtet annähernd eiförmig, mit stumpfdreieckiger, an den Seiten leicht ausgeschwungener Spitze, darunter mit 2 langgestreckten, am Ende breit abgerundeten Lappen und 2 starken, chitinösen, lanzettförmigen Chitinplatten. Parameren das Penisende erreichend, im Spitzenbereich mit zahlreichen nach außen gerichteten Tastborsten versehen.

Es liegt mir im undeterminierten Material des Museums in Nelson ein ♂ dieser Art vor, das aus der Sammlung BROUNS stammt und über die Sammlung BROOKES an das Museum gelangt ist. Das Tier trägt einen Zettel, auf dem leider unleserlich ein Name, wohl der Fundort, steht. Es stammt zweifellos aus Neuseeland. Der Holotypus wird im Museum in Nelson verwahrt.

Euconnus (Maoria) kuscheli nov. spec.

Mit *E. marlboroughensis* m. nahe verwandt, aber größer als dieser und gedrungener gebaut. Der Penis abweichend gebildet.

Long. 1,40 mm, lat. 0,45 mm. Hell rotbraun gefärbt, gelblich behaart.

Kopf von oben betrachtet rundlich, so lang wie breit, mit kleinen, an den Kopfseiten ziemlich weit herabgerückten Augen, flach gewölbter und schütter behaarter Oberseite und langer, schräg abstehender Behaarung der Schläfen. Fühler lang, zurückgelegt die

Halsschildbasis ein wenig überragend, mit unscharf abgesetzter, 4gliederiger Keule, ihre beiden ersten Glieder etwa eineinhalbmal, Glied 4 bis 6 eineindrittelmal so lang wie breit, 3 und 7 noch deutlich gestreckt, 8 isodiametrisch, 9 und 10 breiter als lang, das eiförmige Endglied groß, nicht ganz so lang wie die beiden vorhergehenden zusammengenommen.

Halsschild um ein Drittel länger als breit, vor seiner Längsmitte am breitesten, hinter der Mitte seitlich eingeschnürt und mit einem tiefen, langgestreckten Eindruck versehen, mit scharfen Hinterwinkeln, vor der Basis beiderseits der Mitte mit einem kleinen Grübchen, lang, oberseits schütter, an den Seiten dicht und struppig behaart.

Flügeldecken oval, stark gewölbt, seitlich gleichmäßig gerundet, an ihrer Basis nur so breit wie die Halsschildbasis, ohne Spur einer Schulterbeule und eines Schulterwinkels, mit sehr kleiner und undeutlicher Basalimpression, ohne Humeralfalte, lang und schräg abstehend, aber ziemlich schütter behaart. Flügel verkümmert.

Beine schlank, Schenkel schwach verdickt, Vorderschienen distal verschmälert.

Penis (Fig. 38) langgestreckt, mit spitzwinkelig-dreieckigem, vom Peniskörper nicht abgesetztem Apex. Parameren die Penisspitze ein wenig überragend, am Ende mit einer Mehrzahl verschieden langer Tastborsten besetzt. Im Penisinneren befindet sich unter der Basalöffnung ein Knäuel von Chitinfalten, an die mit kleinen Chitinzähnchen besetzte, streifenförmige Partien der Präputialsackwand anschließen. Etwa in der Mitte des Penis befindet sich ein Bündel kleiner Chitinzähnchen und dahinter zu beiden Seiten der Sagittalebene eine Gruppe von je 3 starken Chitinstacheln.

Es liegen mir 4 Exemplare dieser Art, darunter ein ♂ aus den undeterminierten Beständen des Museums in Nelson vor. Ein ♀ wurde von G. Kuschel am 4. 9. 1964 beim Third House, 560 m, am Dun Mtn. in Nelson in Moos gefunden, 3 weitere Exemplare (1 ♂, 2 ♀♀) sammelte J. I. Townsend am gleichen Fundort am 29. 5. 1966. Der Holotypus (♂) und 2 Paratypen befinden sich in der Sammlung des Museums in Nelson, eine Paratype in meiner Sammlung.

Allomaoria nov. subgen.

Von *Maoria* durch flach gewölbten, von oben betrachtet rundlichen, oft fast kreisrunden Kopf mit flachgewölbten, von oben gleichzeitig sichtbaren Augen, durch flache Wölbung des Halsschildes und der Flügeldecken und abweichende Penisform unterschieden.

Fühler allmählich zur Spitze verdickt oder mit unscharf abgesetzter, 4gliederiger Keule.

Halsschild meist ziemlich schmal, gelegentlich schmäler als der Kopf mit den Augen, seitlich hinter der Mitte mehr oder weniger stark eingeschnürt, mit scharfen Hinterwinkeln und vor diesen gerandeten Seiten, vor der Basis mit Grübchen und/oder einer Querfurche.

Penis meist schwach chitinisiert, häufig auffällig primitiv gebaut, sackförmig, ohne apikale Spitze und ohne Operculum oder mit einfacher, dreieckiger Spitze, die Umrahmung des Ostiums meist, die der Basalöffnung bisweilen nicht chitinisiert, wenn ein schwacher Chitinrahmen um die Basalöffnung des Penis vorhanden ist, dann stehen die sehr schwach chitinisierten Parameren mit dieser in sehr loser Verbindung. Sie tragen an ihrem Ende keine oder nur wenige Tastborsten.

Als Typus des neuen Subgenus bestimme ich *E. lanosus* (Broun).

Es verdient hervorgehoben zu werden, daß ein ähnlich primitiver Bau des männlichen Kopulationsapparates innerhalb des Subgenus *Magellanoconnus* m., z. B. bei *M. tridentatus* m. vorkommt. Wenn die *Magellanoconnus*-Arten auch in der Körperform von den *Allomaoria*-Arten abweichen, so deutet die ähnliche Ausbildung des männlichen Kopulationsapparates doch an, daß zwischen beiden Subgenera verwandtschaftliche Beziehungen bestehen.

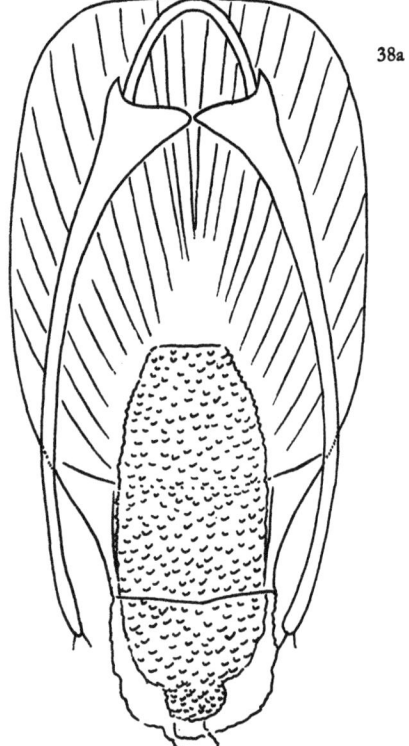
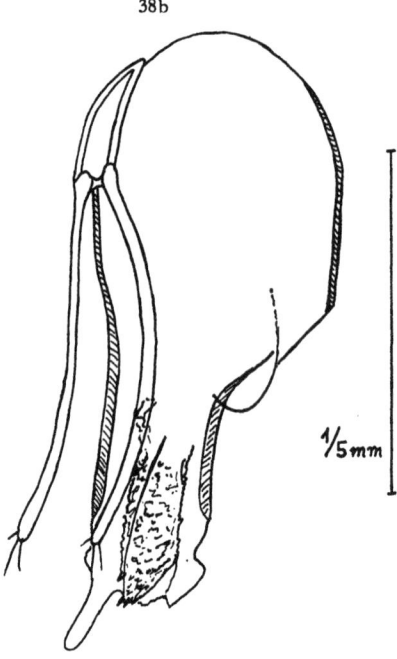

Fig. 38. *Euconnus (Allomaoria) lanosus* (BROUN), Penis a) in Dorsalansicht, b) in Lateralansicht, c) Penis von *E. munroi* (BROUN).

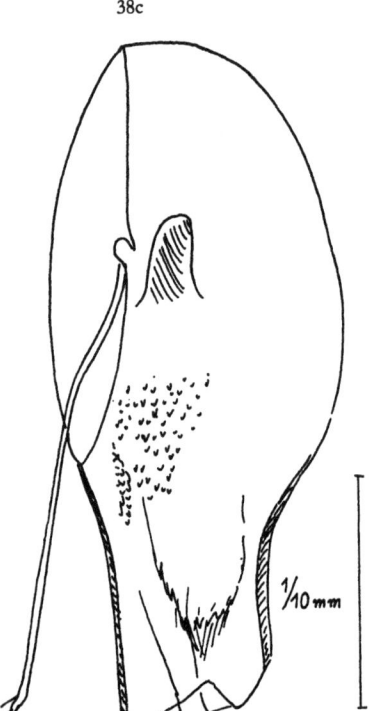
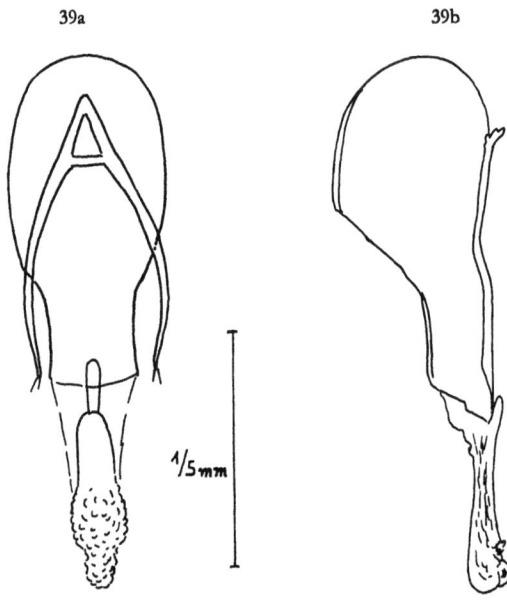

Fig. 39. *Euconnus (Allomaoria) nelsonius* FRANZ, Penis a) in Dorsal-, b) in Lateralansicht.

Euconnus (Allomaoria) lanosus (Broun)

Broun, Manual N. Zealand Col. 3—4, 1886, p. 925 (*Phagonophana lanosa*)
Broun, Manual N. Zealand Col. 5—7, 1893, p. 1063—1064 (*Phagonophana munroi*)

Durch dunkel rotbraune Färbung, glänzende Oberseite und lange, auf den Flügeldecken von einzelnen besonders langen, steil aufgerichteten Haaren durchsetzte Behaarung ausgezeichnet. Kopf gerundet-viereckig, Halsschild kaum breiter und nur wenig länger als dieser, mit 2 großen Basalgrübchen und einem Längsfältchen vor den Hinterwinkeln, Flügeldecken mit schräger Humeralfalte.

Long. 1,70 bis 1,80 mm, lat. 0,70 mm. Schwärzlich rotbraun gefärbt, stark glänzend, lang, gelblich behaart.

Kopf von oben betrachtet gerundet viereckig, mit den mäßig großen, ein wenig vor seiner Längsmitte stehenden Augen etwas breiter als lang, flach gewölbt, ohne Supraantennalhöcker, fein und schütter, Schläfen und Hinterkopf dicht und steif behaart. Fühler zurückgelegt die Halsschildbasis ein wenig überragend, allmählich zur Spitze verdickt, ihre beiden ersten Glieder um die Hälfte länger als breit, 3 bis 7 leicht gestreckt, 8 isodiametrisch, 9 und 10 etwas breiter als lang, das eiförmige Endglied kürzer als die beiden vorhergehenden zusammengenommen.

Halsschild klein, nicht breiter und nur wenig länger als der Kopf, etwas vor der Mitte am breitesten, zum Vorderrand stark, zur Basis nur wenig verengt, mäßig gewölbt, auf der Scheibe fein und schütter, an den Seiten gröber und dichter behaart, vor der Basis mit 2 großen, durch einen Längskiel getrennten Grübchen und vor den Hinterwinkeln mit einem Längsfältchen und einem Längseindruck.

Flügeldecken oval, an ihrer Basis ein wenig breiter als der Halsschild, mit tiefer, außen durch eine schräge Humeralfalte begrenzter Basalimpression, schräg nach hinten gerichtet behaart, zwischen der Grundbehaarung mit einzelnen steil aufgerichteten, langen Haaren.

Beine ziemlich schlank, Schenkel schwach verdickt, Hinterhüften einander stark genähert.

Penis (Fig. 39a, b) birnförmig, im apikalen Viertel verengt, am Ende breit abgestutzt, größtenteils dünnhäutig, auch das terminal gelegene Ostium nicht von einem stärker chitinisierten Rahmen umgeben. Parameren sehr dünn, das Penisende erreichend, mit je 3 Tastborsten versehen. Aus dem Ostium ragt ein schwach chitinisierter, dicker Zapfen nach hinten, davor befindet sich ein großer, dünnhäutiger, mit Borsten und Chitinzähnen besetzter Wulst des Präputialsackes und vor diesem ein mit kleinen Zähnchen besetztes Feld der Präputialsackwand. Im basalen Drittel des Penis liegt ein nach vorne gerichteter, großer, stumpfer Chitinzahn.

Phagonophana lanosa ist von Paperoa nächst Howick südlich der Stadt Auckland beschrieben. Der Holotypus (♂) befindet sich im British Museum und konnte von mir untersucht werden. Er stimmt in den äußeren Merkmalen mit einem von Broun selbst beschrifteten Exemplar der *Phagonophana munroi* überein, das sich im Pariser Museum befindet. Dieses trägt einen handschriftlichen Patriazettel mit der Aufschrift „Ligars Bush". 4 als Cotypen bezeichnete Exemplare der *Phagonophana munroi* vom typischen Fundort Clevedon in South Auckland werden im Deutschen Ent. Inst. verwahrt. Von einem ♂ konnte ich ein Penispräparat anfertigen (Fig. 39c). Es zeigt keine wesentlichen Unterschiede gegenüber dem Penispräparat des Holotypus der *Ph. lanosa*. Die im British Museum verwahrte Type der *Phagonophana muneroi*, ein ♀, konnte ich ebenfalls prüfen, auch sie zeigt keine spezifischen Unterschiede gegenüber *E. lanosus*. *Phagonophana lanosa* Broun und *munroi* Broun sind demnach synonym. Die Art muß, da *Phagonophana lanosa* früher beschrieben wurde, den Namen *Euconnus (Allomaoria) lanosus* (Broun) führen. Ein unbestimmtes ♂ der Sammlung des British Museum, das auf Broun zurückgeht und die Patriaangabe „Westland" trägt, gehört ebenfalls zu *E. lanosus*. G. Kuschel hat die Art zahlreich bei Te Arokas und Thames gesammelt.

Euconnus (Maoria) nelsonius nov. spec.

Durch von oben betrachtet rundlichen, isodiametrischen Kopf mit dicht behaarten Schläfen, kräftige, kurze, allmählich zur Spitze verdickte Fühler, isodiametrischen, vor der Basis eingeschnürten Halsschild mit vortretenden, scharfen Hinterecken und 2 großen, einander genäherten Basalgruben, mäßig gewölbte, ovale Flügeldecken, schlanke Beine mit geraden Schienen und sehr einfach gebauten Penis gekennzeichnet.

Long. 1,70 mm, lat. 0,70 mm. Rotbraun gefärbt, bräunlichgelb behaart.

Kopf von oben betrachtet fast kreisrund, mit großen, seitlich etwas vorstehenden Augen, flach gewölbtem, schütter behaartem Scheitel und dicht und lang behaarten Schläfen. Fühler dick, zurückgelegt knapp die Halsschildbasis erreichend, allmählich zur Spitze verdickt, ihre beiden ersten Glieder um die Hälfte länger als breit, 3 bis 7 leicht gestreckt, 8 quadratisch, 9 und 10 schwach quer, das Endglied viel kürzer als die beiden vorhergehenden zusammengenommen.

Halsschild kaum breiter als der Kopf samt den Augen, im vorderen Drittel am breitesten, seine Seiten vor der Basis ausgeschweift, die Hinterwinkel scharf, seitlich vorspringend und gekantet, die Scheibe schütter, die Seiten dicht und struppig behaart, vor der Basis mit einander genäherten, großen Grübchen. Scutellum groß.

Flügeldecken oval, schon an ihrer Basis etwas breiter als der Halsschild, lang, aber ziemlich schütter, schräg abstehend behaart, mit breiter und flacher, außen von einer schrägen Humeralfalte begrenzter Basalimpression.

Beine schlank, Schenkel schwach verdickt, Schienen gerade.

Penis (Fig. 39a, b) sehr einfach gebaut, aus einem länglichen Peniskörper und einer halsförmigen Apikalpartie bestehend. Präputialsack, in den Abbildungen ausgestülpt dargestellt, dünnhäutig, sackförmig, ohne stärker chitinisierte Partien.

Es liegen mir zahlreiche Exemplare vor. Der Holotypus (♂) wurde von C. E. CLARKE am 5. 1. 1947 in Nelson an der N-Küste der Südinsel Neuseelands gesammelt, er ist im British Museum verwahrt. Zahlreiche Exemplare waren im undeterminierten Material des Museums enthalten, so von Wairoa Gorge, Nelson, lg. J. I. TOWNSEND, 9. 11. 1962; von Pelorus-Bridge, Marlborough, lg. J. I. TOWNSEND, 17. 6. 1964; von Wakefield, Nelson, lg. J. I. TOWNSEND, 19. 9. 1964; von Clarke River, Baton Valley, Nelson, lg. J. I. TOWNSEND, 20. 8. 1964; von Onamalutu Domain, Marlborough, lg. N. A. WALKER, 12. 5. 1965; vom Moruia-Saddle, Nelson, 575,5 m, lg. J. I. TOWNSEND, 2. 6. 1965; vom Dien Mtn. Track, 458 m, Nelson, lg. J. I. TOWNSEND, 29. 3. 1966 und von der Ruby Bay, Nelson, lg. A. K. WALKER, 17. 8. 1965.

Die Art steht dem *E. lanorus* (BROUN) sehr nahe und vertritt ihn auf der Südinsel Neuseelands.

Euconnus (Allomaoria) allocerus (BROUN)

BROUN, Ann. Mag. Hist. (6) 12, 1893, p. 179—180 (*Scydmaenus*)

Mit *E. lanosus* (BROUN) und *nelsonius* m. sehr nahe verwandt, von beiden durch kürzere Fühler mit sehr stark querem 8. bis 10. Fühlerglied und gedrungener gebauten Penis verschieden.

Long. 1,65 mm, lat. 0,70 mm. Rotbraun gefärbt, gelblich behaart.

Kopf breiter als lang, von oben betrachtet annähernd queroval, mit großen, flach gewölbten, aus der Kopfwölbung seitlich kaum vorragenden Augen, flach gewölbt, glatt und glänzend, Schläfen und Hinterkopf lang und abstehend behaart. Fühler zurückgelegt die Halsschildbasis nicht erreichend, allmählich zur Spitze verdickt, ihre ersten 4 Glieder um ein Drittel bis ein Viertel länger als breit, 5 kaum merklich gestreckt, 6 sehr schwach quer, 7 bis 10 zunehmend breiter als lang, die Breite des 10. dem Dreifachen der Länge entsprechend, auch das kugelförmige Endglied etwas breiter als lang, seine Spitze exzentrisch zur Innenseite verschoben.

Halsschild länger als breit, vor seiner Längsmitte am breitesten und hier nicht ganz so breit wie der Kopf samt den Augen, vor der Basis seitlich eingeschnürt, sein Seitenrand vor der Basis scharf gekielt, in seiner ganzen Länge dicht und struppig, die glatte Scheibe schütter behaart, die Halsschildbasis mit 2 tiefen, voneinander kielförmig getrennten Grübchen.

Flügeldecken oval, flach gewölbt, ohne Schulterbeule, mit langer, schräger Humeralfalte und tiefer Basalimpression, an der Naht hinter dem Vorderrand mit flachem, gemeinsamem Eindruck, ziemlich dicht, aber ziemlich kurz und anliegend behaart. Flügel voll entwickelt.

Beine schlank, Schienen gerade.

Penis (Fig. 40) annähernd zylindrisch, im distalen Viertel jedoch verschmälert, am Ende schräg abgestutzt, seine Dorsalwand etwas weiter nach hinten reichend als die Ventralwand. Ostium penis terminal gelegen, aus ihm 2 nach hinten divergierende Chitinlappen herausragend. Parameren distal verschmälert, das Penisende erreichend, ohne Tastborsten.

Es wurde mir der im Brit. Museum verwahrte Holotypus zur Untersuchung zugesandt. Er stammt aus der Hunua-Range auf der N-Insel von Neuseeland und trägt einen Patriazettel mit der Aufschrift „Hunua Maketu". Es ist bisher nur der Holotypus bekannt. Am gleichen Fundort kommt auch *E. lanosus* vor, der dort offenbar wesentlich häufiger ist.

Euconnus (Allomaoria) cedius (BROUN)

BROUN, Ann. Mag. Nat. Hist. (6) 12, 1813, p. 179 (*Scydmaenus*)

Auch diese Art steht dem *E. lanosus* (BROUN) nahe, sie ist aber viel größer und viel stärker gewölbt, besitzt einen von oben betrachtet fast kreisrunden Kopf mit schwach queren vorletzten Fühlergliedern und eine mehr abstehende Behaarung der Flügeldecken.

Long. 2,00 bis 2,15 mm, lat. 0,80 mm. Dunkel rotbraun gefärbt, lang gelblich behaart.

Kopf von oben betrachtet fast kreisrund, mit großen, seitlich schwach vorgewölbten Augen, glatt und glänzend, lang, am Hinterkopf und besonders an den Schläfen dichter und steif abstehend behaart. Fühler zurückgelegt die Halsschildbasis etwas überragend, allmählich zur Spitze verdickt, ihre beiden ersten Glieder nicht ganz doppelt, 3 bis 5 eineinhalb- bis einzweidrittelmal so lang wie breit, 6 noch leicht gestreckt, 7 annähernd kugelig, 8 bis 10 breiter als lang, das 10. am breitesten, seine Länge kaum mehr als der Hälfte seiner Breite entsprechend, das Endglied länger als breit, eiförmig.

Halsschild um die Hälfte länger als breit, seine größte Breite etwa in der Längsmitte gelegen, nicht ganz die Breite des Kopfes samt den Augen erreichend, vor der Basis eingeschnürt, mit scharfen, etwas spitzen Hinterwinkeln, mit 2 großen und tiefen, einander genäherten Basalgruben, lang und auf der Scheibe schütter, an den Seiten dichter behaart.

Flügeldecken länglich oval, sehr gleichmäßig gewölbt, ohne Spur eines Schulterwinkels, mit mäßig großer Basalimpression und mäßig langer, schräger Humeralfalte, fein und zerstreut punktiert, schütter, aber lang, abstehend behaart.

Beine ziemlich lang und schlank, Schienen gerade.

Der im Brit. Museum verwahrte Holotypus lag mir zur Untersuchung vor, es ist ein ♀, das einen Patriazettel mit dem Text „Hunua Maketu" trägt. Zwei von G. KUSCHEL am 2. 12. 1961 in der Hunua Range auf der N-Insel Neuseelands gesammelte ♀♀ stimmen mit der Type bis auf die ein wenig längeren Fühlerglieder überein.

Euconnus (Maoria) oreas (BROUN)

Manuel N. Zeal. Col. 3—4, 1886, p. 925 (*Phagonophana*)

Dem *E. lanosus* (BROUN) sehr ähnlich, aber im ganzen etwas gestreckter, die Fühler länger, der Halsschild und die Flügeldecken im Verhältnis zur Breite schmäler.

Long. 1,80 mm, lat. 0,72 mm. Rotbraun gefärbt, schütter gelblichweiß behaart (vielleicht stark defloriert).

Kopf von oben betrachtet quer rechteckig mit von den Augen zum Vorderrand abgeschrägten Ecken, Schläfen parallel, nur so lang wie der Durchmesser der großen, flachen Augen, steif abstehend behaart, Stirn und Scheitel flach gewölbt, glatt und glänzend, fast kahl. Fühler zurückgelegt die Halsschildbasis überragend, allmählich zur Spitze verdickt, aber das 1. Glied dicker als die folgenden, die beiden ersten Glieder etwa einzweidrittelmal so lang wie breit, 3 bis 6 leicht gestreckt, 7 quadratisch, 8 bis 10 etwas breiter als lang, das Endglied eiförmig, so lang wie die beiden vorhergehenden zusammengenommen.

Halsschild etwas länger als breit, etwas vor seiner Längsmitte am breitesten und hier nicht ganz so breit wie der Kopf samt den Augen, im basalen Viertel, im Bereich der vier großen Basalgrübchen, seitlich leicht eingeschnürt, die mittleren Grübchen nur durch einen Längskiel getrennt, die Basalecken scharf, die Scheibe glatt und glänzend, schütter, die Seiten dichter und abstehend behaart.

Flügeldecken langoval, an ihrer Basis ein wenig breiter als die Halsschildbasis, mit schräger, langer Humeralfalte, ohne Schulterwinkel, aber mit breiter und tiefer Basalimpression, mit erhobener Naht, neben dieser vor der Mitte mit flachem Längseindruck, glatt und glänzend, schütter, nach hinten gerichtet behaart.

Beine ziemlich lang und schlank, Schienen leicht einwärts gekrümmt.

Es liegt mir nur der Holotypus (♀) vor, der mir vom British Museum zur Untersuchung eingesandt wurde. Er trägt einen gedruckten Patriazettel mit dem Text „Taieri". BROUN gibt als Herkunft an „from the hilly country at Taieri". Es handelt sich offenbar um das Gebiet am Taieri-River nordwestlich von Dunedin im Süden der Südinsel Neuseelands.

Euconnus (Allomaoria) greymouthi nov. spec.

Dem *E. allocerus* (BROUN) außerordentlich ähnlich, von ihm nur durch weniger gedrungen gebaute Fühler und den Penis verschieden.

Durch querovalen, an den Schläfen und an der Basis dicht und steif behaarten Kopf, allmählich zur Spitze verdickte, die Halsschildbasis etwas überragende Fühler, länglichen, vor der Basis seitlich eingedrückten Halsschild mit 2 einander genäherten Basalgrübchen und durch ovale Flügeldecken mit relativ kleiner, außen von einer kurzen Humeralfalte begrenzter Basalimpression gekennzeichnet.

Long. 1,60 mm, lat. 0,70 mm. Rotbraun gefärbt, lang, weißlichgelb behaart.

Kopf von oben betrachtet queroval, mit großen, schräg unter und hinter der Fühlerwurzel stehenden Augen, gleichmäßig gewölbter, glatter und schütter behaarter Oberseite und dicht behaarten Schläfen sowie dichter Behaarung des Hinterkopfes. Fühler zurückgelegt die Halsschildbasis etwas überragend, allmählich zur Spitze verdickt, ihr Basalglied doppelt, das 2. eineinhalbmal so lang wie breit, 3 und 4 leicht gestreckt, 5 isodiametrisch, 6 kaum merklich, 7 etwas stärker, 8 bis 10 stark quer, das Endglied viel kürzer als die beiden vorhergehenden zusammengenommen.

Halsschild um ein Viertel länger als breit, im vorderen Drittel seiner Länge am breitesten und hier etwa so breit wie der Kopf samt den Augen, vor der Basis seitlich eingeschnürt, lang, oberseits schütter, an den Seiten dicht behaart, mit 2 einander genäherten Basalgruben und einem kleinen Längsfältchen in den Hinterwinkeln.

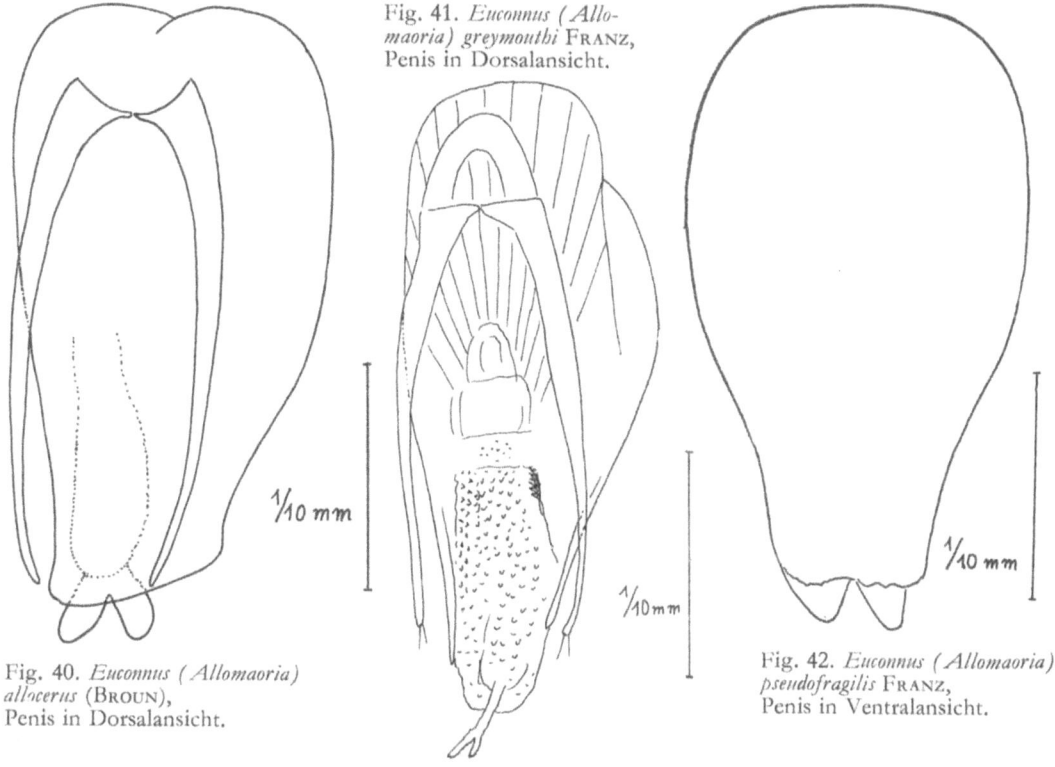

Fig. 40. *Euconnus (Allomaoria) allocerus* (BROUN), Penis in Dorsalansicht.

Fig. 41. *Euconnus (Allomaoria) greymouthi* FRANZ, Penis in Dorsalansicht.

Fig. 42. *Euconnus (Allomaoria) pseudofragilis* FRANZ, Penis in Ventralansicht.

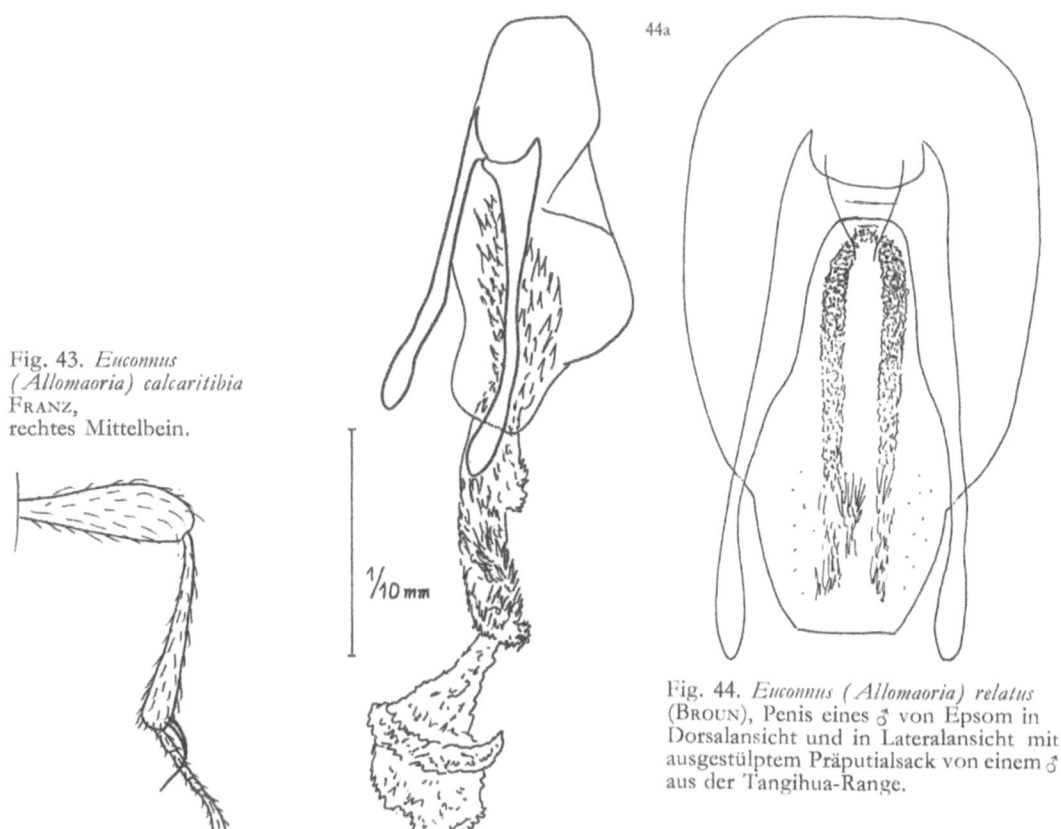

Fig. 43. *Euconnus (Allomaoria) calcaritibia* FRANZ, rechtes Mittelbein.

Fig. 44. *Euconnus (Allomaoria) relatus* (BROUN), Penis eines ♂ von Epsom in Dorsalansicht und in Lateralansicht mit ausgestülptem Präputialsack von einem ♂ aus der Tangihua-Range.

Flügeldecken oval, an ihrer Basis wenig breiter als der Halsschild, mit tiefer, außen von einer kurzen Humeralfalte scharf begrenzter Basalimpression, lang, aber mäßig dicht behaart.

Beine ziemlich schlank, Schenkel schwach verdickt. Hinterhüften einander stark genähert.

Penis (Fig. 41) ziemlich langgestreckt, dünnhäutig, ohne scharfe Begrenzung der Apikalpartie und ohne Operculum. Präputialsack in der distalen Hälfte mit zahlreichen Chitinzähnchen besetzt. Parameren zur Spitze stark verschmälert, an dieser mit je 2 Tastborsten versehen, das Penisende nicht ganz erreichend.

Es liegt mir nur ein Exemplar (♂) vor, das von Helms in Greymouth auf der Südinsel Neuseelands gesammelt wurde. Es gelangte mit der Sammlung Sharps an das British Museum.

Euconnus (Allomaoria) pseudofragilis nov. spec.

Dem *E. fragilis* (BROUN) in Größe und äußeren Merkmalen ähnlich, aber die Fühler schon vom 6. Glied an breiter als lang, der Halsschild knapp vor der Mitte am breitesten, die ovalen Flügeldecken mit tiefer und relativ großer Basalimpression, der Penis ganz anders geformt.

Long. 1,55 mm, lat. 0,70 mm. Hell rotbraun gefärbt, gelblich behaart.

Kopf von oben betrachtet kreisrund, flach gewölbt, mit seitlich kaum vorragenden Augen, oberseits spärlich, an den Schläfen und am Hinterkopf dicht und lang, abstehend behaart. Fühler allmählich zur Spitze verdickt, zurückgelegt die Halsschildbasis erreichend, ihr Basalglied kurz, dicker als die folgenden, das 2. um die Hälfte länger als breit, 3 bis 5 annähernd isodiametrisch, 6 bis 10 gegen das 10. zunehmend stärker quer, 8 bis 10 mehr als doppelt so breit wie lang, das Endglied kürzer als die beiden vorhergehenden zusammengenommen.

Halsschild so lang wie breit, knapp vor der Mitte am breitesten, stark gewölbt, glatt und glänzend, auf der Scheibe schütter, an den Seiten dichter behaart, vor der Basis mit 2 einander sehr genäherten Grübchen.

Flügeldecken kurzoval, schon an ihrer Basis breiter als der Halsschild, mit tiefer Basalimpression und schräger Humeralfalte, mäßig dicht behaart.

Beine schlank, Schenkel kaum verdickt.

Penis (Fig. 42) in der Form an *E. lanosus* (BROUN) erinnernd, birnförmig, im vorliegenden Präparat undurchsichtig, Parameren im Präparat nicht erkennbar.

Es liegen mir im Material des Museums in Nelson 2 Exemplare (♂, ♀) vor. Die Tiere stecken an einer Nadel und tragen einen handgeschriebenen Patriazettel mit dem Text „Hongis Track Rotorua Feb. 1927". Sie entstammen der Collection A. E. Brookes. Rotorua liegt auf der Nordinsel Neuseelands südlich der Bay of Plenty.

Euconnus (Allomaoria) calcaritibia nov. spec.

Mit *E. lanosus* (BROUN) verwandt, von ihm durch gestrecktere Gestalt, längere und schlankere Fühler, viel kleinere Augen und den Besitz eines langen, sichelförmig gekrümmten Endspornes an den Mittelschienen verschieden.

Long. 2,00 mm, lat. 0,65 mm. Dunkel rotbraun gefärbt, gelblich behaart.

Kopf von oben betrachtet fast kreisrund, mit kleinen Augen und flachen Supraantennalhöckern, flach gewölbt, lang und dicht, an den Schläfen und am Hinterkopf noch dichter als oberseits behaart. Fühler schlank, zurückgelegt die Halsschildbasis ein wenig überragend, ihre beiden ersten Glieder ungefähr doppelt so lang wie breit, 3 bis 7 leicht gestreckt, 8 isodiametrisch, 9 und 10 schwach quer, das Endglied etwas kürzer als die beiden vorhergehenden zusammengenommen.

Halsschild etwas länger als breit, vor der Längsmitte am breitesten und hier ein wenig breiter als der Kopf samt den Augen, flach gewölbt, glatt und glänzend, oberseits spärlich, an den Seiten struppig behaart, vor der Basis mit 2 einander stark genäherten, nur durch einen Kiel getrennten Grübchen.

Flügeldecken langoval, flach gewölbt, schon an ihrer Basis ein wenig breiter als die Halsschildbasis, sehr undeutlich, spärlich punktiert, lang behaart, ohne Basalimpression und ohne Schulterbeule.

Beine lang und schlank, Schenkel schwach verdickt, Mittelschienen am Ende mit einem sichelförmig gekrümmten, langen Sporen (vgl. Fig. 43).

Es liegen mir nur zwei Exemplare (♀♀) vor, den Holotypus sammelte J. G. RAMSAY am 1. 12. 1970 auf den Three Kings Islands, South West Isld., die Paratype wurde von G. KUSCHEL am 24. 11. 1970 „West of Summit of Three Kings Is." in 240 m Seehöhe erbeutet. Der Holotypus wird im Museum in Nelson, die Paratype in meiner Sammlung verwahrt.

Euconnus (Allomaoria) relatus (BROUN)

BROUN, Ann. Mag. Nat. Hist. (6) 12, 1893, p. 182 (*Stenichnus*)
LHOSTE, Rev. franç. d'Entom. 5, 1938, p. 100, fig. 11 (*Phagonophana*)

Durch allmählich zur Spitze verdickte Fühler, länglichen, gerundet-rautenförmigen Kopf mit großen Augen und bärtig behaarten Schläfen, länglichen, hoch gewölbten Halsschild mit 4 Basalgrübchen, länglich-ovale, hoch gewölbte Flügeldecken ohne Schulterwinkel sowie ziemlich schlanke Beine gekennzeichnet.

Long. 1,60 bis 1,65 mm, lat. 0,58 bis 0,60 mm. Rotbraun gefärbt, bräunlichgelb behaart.

Kopf von oben betrachtet länglich-rautenförmig, mit großen Augen, lang und nach hinten gerichtet, die Schläfen schräg abstehend behaart. Fühler zurückgelegt die Halsschildbasis nicht ganz erreichend, allmählich zur Spitze verdickt, ihre beiden ersten Glieder eineinhalbmal bis zweimal so lang wie breit, 3 bis 6 annähernd kugelig, 7 sehr schwach, 8 bis 10 stärker quer, das eiförmige Endglied nicht ganz so lang wie die beiden vorhergehenden zusammengenommen.

Halsschild um ein Fünftel länger als breit, vor der Mitte am breitesten und hier nur sehr wenig breiter als der Kopf samt den Augen, vor der Basis leicht eingeschnürt und mit 4 Punktgrübchen versehen, seine Scheibe stark gewölbt und fein, die Seiten grob und struppig abstehend behaart.

Flügeldecken an ihrer Basis nur so breit wie der Halsschild, langoval, hoch gewölbt, fein und ziemlich kurz behaart, ohne Schulterwinkel und Schulterbeule, aber mit einer von der Humeralfalte lateral begrenzten Basalimpression. Flügel vollkommen verkümmert.

Beine ziemlich schlank, Vorderschenkel stärker verdickt als die der Mittel- und Hinterbeine.

Penis (Fig. 44a, b) dünnhäutig, am Ende breit abgestutzt, Parameren seinen Hinterrand etwas überragend, hinter ihrer Längsmitte verschmälert, vor der Spitze wieder keulenförmig verbreitert, ohne Tastborsten. Im Penisinneren ist der in den basalen zwei Dritteln seiner Länge in zwei Streifen mit zahlreichen Chitinzähnchen besetzte, distal längere Chitinstachel tragende Präputialsack erkennbar.

Es liegen mir das von LHOSTE untersuchte ♂ aus der Sammlung des Pariser Museums von Hunua vor, ferner in undeterminiertem Material des British Museum 2 Exemplare (♂, ♀), die C. E. CLARKE in Epsom in Auckland am 21. 4. 1932 gesammelt hat und ein ♀ der Sammlung des Museums in Nelson von gleichem Fundort (*Scydm. relatus* Broun det.) vor. Fig. 45a ist nach dem ♂ von Epsom angefertigt, sie stimmt im wesentlichen mit der Zeichnung LHOSTES überein, nur daß dieser die Chitindifferenzierungen im Penisinneren nicht dargestellt hat. Das Penispräparat LHOSTES habe ich nicht gesehen. Zwei weitere ♂♂, die undeterminiert mit der Sammlung BROOKES an das Museum in Nelson gelangten und von denen das eine am 12. 12. 1940 in der Marawata-Gorge, das andere am 17. 10. 1936 in der Tongihua-Range, in 1900—2000' gesammelt wurden, befinden sich in meiner Sammlung.

Euconnus (Allomaoria) orrhillensis nov. spec.

Mit *E. relatus* (BROUN) nahe verwandt, etwas kleiner als dieser, mit abweichend gebautem Penis. Gekennzeichnet durch geringe Größe, von oben betrachtet fast kreisrunden Kopf mit ziemlich stark und gleichmäßig gewölbter Oberseite, ohne Supraantennalhöcker und mit großen, flachen Augen, zurückgelegt die Halsschildbasis nicht ganz erreichende Fühler mit sehr unscharf abgesetzter, 4gliederiger Keule, langgestreckten, schmalen Halsschild mit basaler Querfurche und flach gewölbte, länglichovale Flügeldecken mit kleiner Basalimpression und kurzer, verrundeter Humeralfalte.

Long. 1,45 bis 1,55 mm, lat. 0,55 mm. Rotbraun gefärbt, fein, gelblich behaart.

Kopf von oben betrachtet fast kreisrund, mit großen, flachen Augen, stark gewölbt, dicht, an den Schläfen und am Hinterkopf struppig behaart, ohne Supraantennalhöcker. Fühler zurückgelegt die Halsschildbasis nicht ganz erreichend, mit sehr unscharf abgesetzter, zur Spitze verbreiterter, 4gliederiger Keule, ihr 2. Glied eineinhalbmal so lang wie breit, 3 bis 5 leicht gestreckt, 6 kugelig, 7 und 8 schwach, 9 und 10 stärker quer, das Endglied viel kürzer als die beiden vorhergehenden zusammengenommen.

Halsschild viel länger als breit, beim ♀ länger als beim ♂, etwas vor seiner Längsmitte am breitesten und hier nur so breit wie der Kopf mit den Augen, oberseits sehr schütter, an den Seiten dicht und struppig behaart, mit von Grübchen begrenzter basaler Querfurche.

Flügeldecken länglichoval, schon an ihrer Basis wesentlich breiter als der Halsschild, flach gewölbt, sehr undeutlich seicht punktiert, schräg abstehend behaart, mit kleiner, aber tiefer Basalimpression und sehr kurzer, verrundeter Humeralfalte.

Beine ziemlich kurz, Schenkel schwach verdickt, Schienen gerade.

Penis (vgl. Fig. 45) von oben betrachtet annähernd birnförmig, am Hinterende gerade abgestutzt, das Ostium penis terminal gelegen. Parameren das Penisende ein wenig überragend, ohne Tastborsten. Im Penisinneren befinden sich ungefähr in der Längsmitte eng nebeneinander 2 nach hinten gerichtete Chitinstachel, in deren Umgebung die Präputialsackwand mit kleinen Chitinzähnchen besetzt ist. Im distalen Drittel des Penis ist die Präputialsackwand z. T. mit Chitinborsten versehen.

Es liegen mir 4 Exemplare (3 ♂♂, 1 ♀) vor. Der Holotypus (♂) wurde am Orr Hill beim French Pass in Marlborough am 25. 4. 1963 gesammelt, er wird im Museum in Nelson verwahrt. Mit ihm wurden 2 weitere Exemplare (♂, ♀) gefunden, die sich in meiner Sammlung befinden. Eine weitere Paratype (♂) stammt vom Orangihikoia Stream, Urewere, 747 m.

Euconnus (Allomaoria) brachycerus (BROUN)

BROUN, Ann. Mag. Nat. Hist. (6) 12, 1893, p. 180 (*Scydmaenus*)

Nach einem einzigen Exemplar (♀) beschrieben. Dem im gleichen Gebiete vorkommenden *E. monilifer* (BROUN) ähnlich, von ihm durch annähernd kreisrunden Kopf, kürzere, zurückgelegt die Halsschildbasis knapp erreichende Fühler und kürzer ovale Flügeldecken verschieden. Dem *E. relatus* (BROUN), der ebenfalls aus dem gleichen Gebiet beschrieben ist, noch ähnlicher und von ihm vielleicht nicht spezifisch verschieden. Als einzigen äußeren Unterschied konnte ich kürzere und flacher gewölbte, an ihrer Basis breitere Flügeldecken mit mehr schräggestellter Humeralfalte feststellen. Ob es sich tatsächlich um zwei voneinander verschiedene Arten handelt, wird erst nach Untersuchung eines größeren Materials,

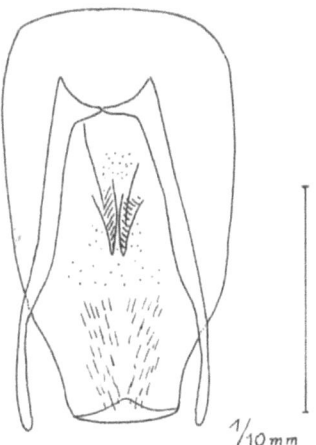

Fig. 45. *Euconnus (Allomaoria) orrhillensis* Franz, Penis in Dorsalansicht.

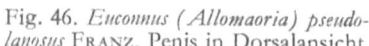

Fig. 46. *Euconnus (Allomaoria) pseudolanosus* Franz, Penis in Dorsalansicht.

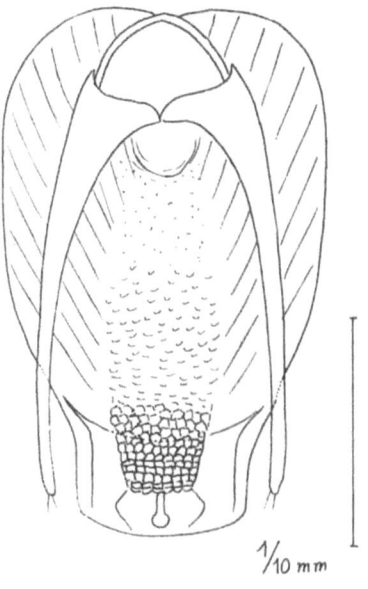

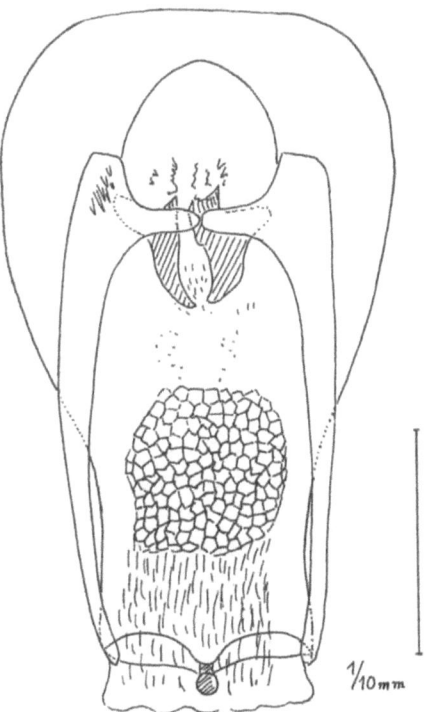

Fig. 47. *Euconnus (Allomaoria) dublinensis* Franz, Penis in Dorsalansicht.

Fig. 48. *Euconnus (Allomaoria) townsendensis* Franz, Penis in Dorsalansicht.

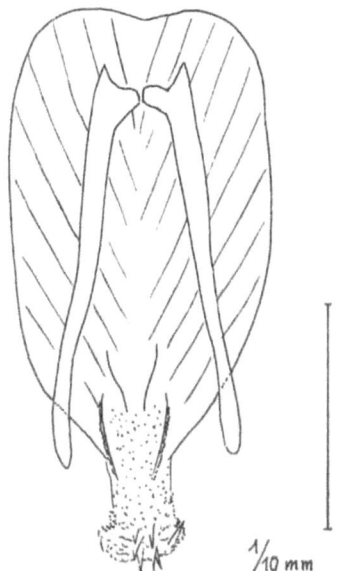

vor allem auch einer Mehrzahl von ♂♂ entschieden werden können. Die nachfolgende Beschreibung ist nach der Type angefertigt.

Long. 1,50 mm, lat. 0,60 mm. Hell rotbraun gefärbt, glatt und glänzend, gelblich behaart.

Kopf von oben betrachtet fast kreisrund, mit großen, flach gewölbten Augen, lang, an den Seiten und am Hinterrand viel dichter behaart als auf Stirn und Scheitel. Fühler allmählich zur Spitze verdickt, zurückgelegt die Halsschildbasis knapp erreichend, ihr 1. Glied kurz, breiter als die folgenden, 2 eineinhalbmal so lang wie breit, 3 bis 5 leicht gestreckt, 6 bis 8 annähernd kugelig, 9 und 10 schwach quer, das Endglied nicht ganz so lang wie die beiden vorhergehenden zusammengenommen.

Halsschild etwas länger als breit, seitlich mäßig gerundet, etwa in seiner Längsmitte am breitesten und hier ein wenig breiter als der Kopf samt den Augen, ziemlich lang, an den Seiten dichter und struppig abstehend behaart, vor der Basis mit 2 großen, durch einen Längskiel getrennten, medialen und 2 kleinen, lateralen Grübchen.

Flügeldecken oval, stark gewölbt, schon an ihrer Basis etwas breiter als der Halsschild, fein und schütter behaart, mit großer, außen von einer breiten Humeralfalte begrenzter Basalimpression, an der Naht im basalen Drittel ihrer Länge flach niedergedrückt.

Beine mäßig lang, Vorderschenkel etwas stärker verdickt als die der Mittel- und Hinterbeine, Schienen gerade.

Der Holotypus trägt einen Patriazettel mit der Aufschrift Hunua-Range, er wurde demnach bei Maketu an der Bay of Planty auf der Nordinsel Neuseelands gesammelt.

Euconnus (Allomaoria) pseudolanosus nov. spec.

Dem *E. lanosus* (BROUN) sehr ähnlich und mit ihm äußerlich mit Ausnahme der Fühler weitgehend übereinstimmend. Fühler viel länger als bei der Vergleichsart, zurückgelegt die Halsschildbasis weit überragend. Penis viel gedrungener gebaut.

Long. 1,75 bis 1,80 mm, lat. 0,75 mm. Rotbraun gefärbt, gelblich behaart.

Kopf von oben betrachtet gerundet viereckig, ein wenig breiter als lang, mit großen, flach gewölbten Augen, Stirn und Scheitel mäßig gewölbt, Supraantennalhöcker nicht erkennbar, Oberseite fein und wenig dicht, Schläfen steif und struppig behaart. Fühler zurückgelegt die Halsschildbasis überragend, allmählich zur Spitze verdickt, ihre ersten 6 Glieder wenig in ihrer Länge verschieden, etwa eineinhalbmal so lang wie breit, 7 noch deutlich, 8 kaum merklich gestreckt, 9 und 10 fast isodiametrisch, das eiförmige Endglied viel kürzer als die beiden vorhergehenden zusammengenommen.

Halsschild etwas länger als breit, vor seiner Längsmitte am breitesten und hier kaum merklich breiter als der Kopf samt den Augen, dicht, an den Seiten struppig behaart, vor der Basis mit 2 großen medialen und 2 kleinen, in die Länge gezogenen lateralen Grübchen.

Flügeldecken oval, an ihrer Basis nur wenig breiter als die Halsschildbasis, mäßig gewölbt, dicht, nach hinten gerichtet behaart, mit tiefer, außen von einer schrägen Humeralfalte begrenzter Basalimpression, ohne Schulterwinkel.

Beine schlank, Schenkel schwach verdickt, Schienen gerade, die der Hinterbeine am Ende mit einem kurzen kräftigen Sporn.

Penis (Fig. 46) birnförmig, viel gedrungener gebaut als bei der Vergleichsart, am Ende breit abgestutzt. Parameren das Penisende fast erreichend, mit je 2 terminalen Tastborsten versehen. Aus dem Ostium penis ragt ein kurzer, am Ende kugelig verdickter Chitinzapfen nach hinten, der Präputialsack in seiner ganzen Ausdehnung mit Chitinzähnchen besetzt, die nach hinten an Größe zunehmen und sich schließlich vor dem Ostium penis eng zusammenschließen und eine wabenartige Struktur der Präputialsackwand hervorrufen.

Es liegen mir 3 Exemplare (1 ♂, 2 ♀♀) vor, die J. I. Townsend am 12. 6. 1966 in Waimatenui im Waipoua-Forest, Auckland, sammelte. Der Holotypus (♂) und eine Paratype werden im Museum in Nelson, eine Paratype in meiner Sammlung aufbewahrt.

Euconnus (Allomaoria) dublinensis nov. spec.

Mit *E. lanosus* (Broun) verwandt, aber größer als dieser und durch viel längere Fühler ausgezeichnet.

Long. 1,90 mm, lat. 0,70 mm. Sehr dunkel rotbraun gefärbt, gelblich behaart.

Kopf von oben betrachtet annähernd kreisrund, mit großen, vorgewölbten Augen, oberseits schwach gewölbt, überall lang, abstehend, an den Schläfen dicht und struppig behaart, mit deutlichen Supraantennalhöckern. Fühler schlank, allmählich zur Spitze verdickt, zurückgelegt die Halsschildbasis weit überragend, alle Fühlerglieder bedeutend länger als breit, dicht behaart, das Endglied sehr gestreckt eiförmig, aber doch kürzer als die beiden vorhergehenden zusammengenommen.

Halsschild ein wenig länger als breit, vor seiner Längsmitte am breitesten, seitlich schwach gerundet und querüber schwach gewölbt, auf der Scheibe spärlich, an den Seiten struppig behaart, auf beiden Seiten mit einer Längsfurche, vor der Basis mit 2 durch einen Längskiel getrennten Grübchen.

Flügeldecken langoval, schwach gewölbt, schon an ihrer Basis breiter als der Halsschild, mit tiefer, außen durch eine kurze, schräge Humeralfalte scharf begrenzter Basalimpression und beiderseits der Naht vor der Mitte mit flachem Längseindruck, lang, aber mäßig dicht behaart.

Beine auffällig schlank, Schenkel schwach verdickt, Schienen gerade.

Penis (Fig. 47) birnförmig, seine Dorsalwand zu einer sehr kurzen Spitze vorgezogen, neben dieser in sehr flachem Bogen ausgerandet. Ostium penis terminal, ohne Operculum, jedoch mit einem aus dem Lumen vorragenden, am Ende knopfförmig verdickten Chitinzapfen. Parameren das Penisende erreichend, ohne Tastborsten. Unter und etwas hinter der keinen Chitinrahmen aufweisenden Basalöffnung des Penis befinden sich 2 nach hinten gerichtete Chitinzähne, in deren Umgebung die Präputialsackwand mit feinen Chitinzähnchen bewehrt ist. Weiter hinten weist die Präputialsackwand eine walzenartige Struktur auf, vor dem Ostium ist sie dicht mit Chitinborsten besetzt.

Es liegt mir nur ein Exemplar (♂) vor, das J. I. Townsend am 25. 11. 1961 in Dublin Terrace am Buller River sammelte. Der Holotypus wird im Museum in Nelson verwahrt.

Euconnus (Allomaoria) townsendianus nov. spec.

Mit *E. heterarthrus* (Broun) verwandt, aber schon durch bedeutendere Größe von diesem leicht zu unterscheiden. Durch von oben betrachtet fast kreisrunden, stark gewölbten Kopf, mäßig lange, allmählich zur Spitze verdickte Fühler, länglichen, seitlich schwach gerundeten Halsschild mit basaler Querfurche und länglichovale, stark gewölbte Flügeldecken mit flacher Basalimpression und ohne Humeralfalte gekennzeichnet.

Long. 1,60 bis 1,70 mm, lat. 0,60 mm. Rotbraun gefärbt, gelblich behaart.

Kopf von oben betrachtet fast kreisrund, stark gewölbt, mit mäßig gewölbten großen Augen, lang, an den Seiten und am Hinterkopf steif abstehend und sehr dicht behaart, ohne deutliche Supraantennalhöcker. Fühler zurückgelegt die Halsschildbasis knapp erreichend, allmählich zur Spitze verdickt, ihre beiden ersten Glieder nicht ganz doppelt so lang wie breit, 3 bis 5 deutlich gestreckt, 6 und 7 annähernd isodiametrisch, 8 bis 10 breiter als lang, das eiförmige Endglied kürzer als die beiden vorhergehenden zusammengenommen.

Halsschild um etwa ein Drittel länger als breit, vor der Mitte am breitesten, seitlich schwach gerundet, stark gewölbt, mit tiefer Querfurche vor der Basis, lang, an den Seiten struppig behaart.

Flügeldecken länglichoval, stark gewölbt, an ihrer Basis nur sehr wenig breiter als die Halsschildbasis, mit flacher Basalimpression, ohne Humeralfalte, jedoch mit verrundeter Schulterbeule, sehr seicht und undeutlich punktiert, lang, aber ziemlich schütter behaart. Flügel verkümmert.

Beine schlank, Schienen gerade.

Penis (Fig. 48) annähernd oval, dünnhäutig, Parameren ohne Tastborsten. Präputialsack in der Abbildung großenteils ausgestülpt, seine Wand mit feinen Zähnchen besetzt und mit 2 Paaren längsorientierter, hintereinander angeordneter Chitinleisten versehen.

Es liegen mir 2 Exemplare (♂♂) vor, die von J. I. TOWNSEND am 10. 6. 1966 im Waipoua-Forest gesammelt wurden. Der Holotypus wird im Museum in Nelson, die Paratype in meiner Sammlung verwahrt.

Euconnus (Allomaoria) restinga nov. spec.

Gekennzeichnet durch lange Fühler, von oben betrachtet fast kreisrunden, stark gewölbten Kopf mit langer, an den Schläfen und am Hinterkopf steif abstehender Behaarung, länglichen, stark gewölbten Halsschild mit 2 kleinen Basalgrübchen und stark gewölbte, hinten spitz zulaufende Flügeldecken, mit kleiner, aber tiefer Basalgrube und ohne Humeralfalte.

Long. 1,65 bis 1,80 mm, lat. 0,75 mm. Hell, rötlichgelb gefärbt, lang und ziemlich dicht, gelblich behaart.

Kopf von oben betrachtet fast kreisrund, stark gewölbt, mit großen, flachen Augen, lang, an den Schläfen und am Hinterkopf steif abstehend behaart, mit schwach angedeuteten Supraantennalhöckern. Fühler schlank, allmählich zur Spitze verdickt, zurückgelegt die Halsschildbasis beträchtlich überragend, alle Glieder mit Ausnahme des 10. länger als breit, das Endglied oval, nicht ganz so lang wie die beiden vorhergehenden zusammengenommen, Maxillartaster lang, ihr beilförmiges 3. Glied auffällig groß.

Halsschild stark gewölbt, beträchtlich länger als breit, knapp vor der Mitte am breitesten, vor der Basis eingeschnürt, lang und ziemlich dicht, an den Seiten steif abstehend behaart, vor der Basis mit 2 nahe beieinander stehenden Grübchen.

Flügeldecken ebenfalls stark gewölbt, langoval, am Ende spitz zulaufend, ohne Spur eines Schulterwinkels und ohne Humeralfalte, aber mit tiefer Basalgrube, lang und dicht, schräg abstehend behaart. Flügel verkümmert.

Beine lang und schlank, Schenkel mäßig verdickt, Hinterschienen besonders dünn.

Penis (Fig. 49) ziemlich langgestreckt, dünnhäutig, im distalen Fünftel zum terminal gelegenen Ostium verschmälert, dieses kreisrund. Parameren dünn, das Penisende überragend, ohne Tastborsten. In Fig. 49 ist der Präputialsack ausgestülpt dargestellt, er besteht aus einem geraden Rohr, das in seiner distalen, dem Ostium penis nächstgelegenen Hälfte mit langen eng aneinanderschließenden Chitinstacheln besetzt ist und nahe seinem proximalen Ende 2 spitze Chitinzähne trägt.

Es liegen mir im undeterminierten Material des Museums von Nelson 8 Exemplare dieser Art vor. Den Holotypus (♂) und eine Paratype hat E. S. GOURLEY am 3. 3. 1938 am Mt. Owen gesammelt, 2 Paratypen (♂, ♀) stammen aus dem Otira Valley, Arthurs Pass, 976 m, 14. 11. 1966, 4 Paratypen (1 ♂, 3 ♀♀) fand J. I. TOWNSEND am 12. 10. 1940 in Bullock Creek, Punakaiki. Alle Fundorte liegen in der Provinz Nelson. Der Holotypus und 3 Paratypen befinden sich im Museum in Nelson, 4 Paratypen in meiner Sammlung.

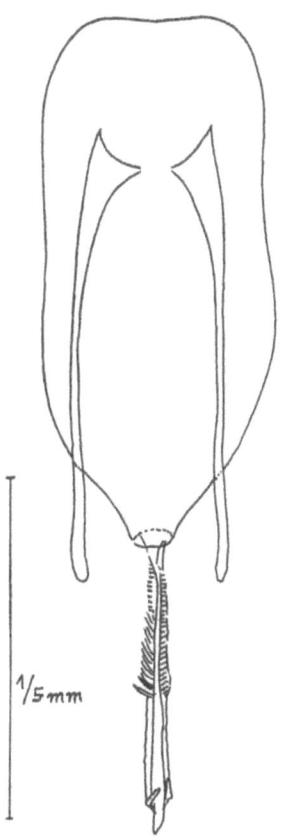

Fig. 49. *Euconnus (Allomaoria) restinga* FRANZ, Penis in Dorsalansicht mit ausgestülptem Präputialsack.

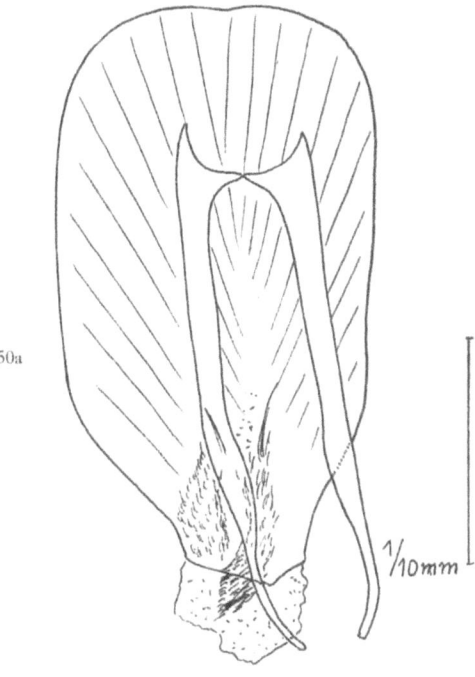

Fig. 50. *Euconnus (Allomaoria) maruiae* FRANZ, Penis a) der Paratype von Ohira in Dorsalansicht, b) des Holotypus von Maruia Springs in Lateralansicht.

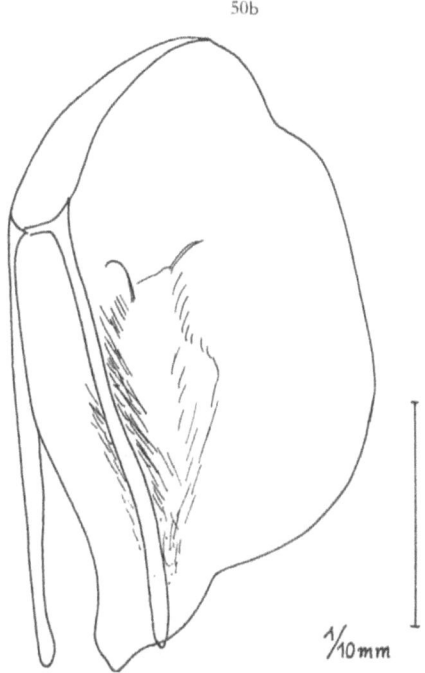

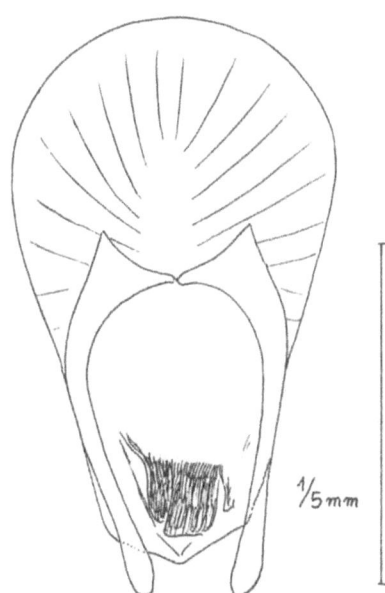

Fig. 51. *Euconnus (Allomaoria) hopeanus* FRANZ, Penis in Dorsalansicht.

Euconnus (Allomaoria) maruiae nov. spec.

Gekennzeichnet durch mäßig gewölbten, rundlichen, von oben betrachtet fast isodiametrischen Kopf mit großen, flachen Augen und langer Behaarung, zurückgelegt die Halsschildbasis erreichende Fühler, mit sehr undeutlich abgesetzter, 4gliederiger Keule, leicht gestrecktem Halsschild mit 2 großen Basalgrübchen, ovale Flügeldecken mit nach hinten verflachter Basalimpression und wenig scharf markierter Humeralfalte sowie ziemlich schlanke Beine.

Long. 1,60 mm, lat. 0,70 mm. Rotbraun gefärbt, fein gelblich behaart.

Kopf von oben betrachtet mäßig gewölbt, rundlich, fast isodiametrisch, mit großen, flachen Augen, kaum angedeuteten Supraantennalhöckern und langer, an den Schläfen und am Hinterrand steif abstehender Behaarung. Fühler zurückgelegt die Halsschildbasis erreichend, mit sehr schwach abgesetzter, 4gliederiger Keule, ihr 2. Glied doppelt so lang wie breit, 3 bis 6 kaum merklich gestreckt, 7 kugelig, 8 bis 10 sehr schwach quer, das Endglied nicht ganz so lang wie die beiden vorhergehenden zusammengenommen.

Halsschild ein wenig länger als breit, vor seiner Längsmitte am breitesten und hier knapp so breit wie der Kopf samt den Augen, ziemlich stark gewölbt, mit 2 großen Basalgrübchen und an den Seiten dichterer, struppiger Behaarung.

Flügeldecken oval, mit nach hinten verflachter Basalimpression und wenig scharfer Humeralfalte, mäßig dicht behaart. Flügel voll entwickelt.

Beine mäßig dick, Schienen gerade.

Penis (Fig. 50a, b) dünnhäutig, ziemlich gedrungen gebaut, mit unscharf abgesetztem, in eine Spitze auslaufendem Apex. Parameren das Penisende erreichend, ohne Tastborsten. Im Penisinneren sieht man ausgedehnte mit Borsten besetzte Felder der Präputialsackwand.

Es liegen mir zwei Exemplare (♂♂) vor, die sich in den undeterminierten Beständen des Museums in Nelson vorfanden. Der Holotypus wurde von G. Kuschel am 18. 11. 1961 in Maruia Springs, 610 m, aus Laubstreu gesiebt. Er wird im Museum in Nelson verwahrt. Die Paratype sammelte J. I. Townsend am 2. 3. 1966 in Moos in Otira, 420 m, in Westland. Sie befindet sich in meiner Sammlung.

Euconnus (Allomaoria) hopeanus nov. spec.

Gekennzeichnet durch lange Behaarung, lange, zur Spitze sehr wenig verdickte Fühler mit in der Mehrzahl annähernd isodiametrischen Gliedern, quer-rautenförmigen Kopf mit großen Supraantennalhöckern, annähernd isodiametrischen, vor der Basis leicht eingeschnürten Halsschild mit 2 einander sehr genäherten Basalgrübchen, ovale, mäßig gewölbte Flügeldecken, mit undeutlicher Humeralfalte und langem, schmalem Eindruck beiderseits neben der Naht und durch schlanke Beine.

Long. 1,95 mm, lat. 0,80 mm. Ziemlich hell, rotbraun gefärbt, lang gelblich behaart.

Kopf von oben betrachtet quer-rautenförmig mit großen und grob facettierten Augen und großen Supraantennalhöckern, nicht nur an den Schläfen, sondern auch auf der Oberseite des Kopfes lang behaart. Fühler zur Spitze wenig verdickt, zurückgelegt die Halsschildbasis weit überragend, ihre beiden ersten Glieder um ein Drittel länger als breit, 3 bis 6 leicht gestreckt, 7 bis 9 quadratisch, 10 sehr wenig breiter als lang, das eiförmige Endglied kürzer als die beiden vorhergehenden zusammengenommen.

Halsschild so lang wie breit, im vorderen Drittel seiner Länge am breitesten und hier ein wenig breiter als der Kopf mit den Augen, vor der Basis seitlich leicht eingeschnürt, mit 2 einander stark genäherten Basalgrübchen, an den Seiten dicht, auf der Scheibe schütter behaart.

Flügeldecken oval, schon an ihrer Basis breiter als der Halsschild, mit tiefer Basalgrube, aber nur undeutlicher, schräger Humeralfalte sowie schmalem Längseindruck neben der Naht, lang und ziemlich dicht, abstehend behaart.

Beine schlank, Schenkel schwach verdickt, Schienen gerade.

Penis (Fig. 51) von oben betrachtet fast birnförmig, mit stumpfwinkelig-dreieckigem Apex und diesen überragenden Parameren, ohne Tastborsten. Bei der Paratype sind die Parameren gegen die Spitze verschmälert. Im Penisinneren befindet sich vor der Spitze ein dicht mit Chitinborsten besetzter, horizontal gelegener Lappen.

Es liegt mir der Holotypus (♂) vor, der sich im undeterminierten Material befand, das mir vom British Museum zugesandt wurde. Der Patriazettel trägt handschriftlich den Text: „Hope 10. 6. 15." Auf einem zweiten, gedruckten Zettel steht u. a. „New Zealand, Broun coll". Ein zweites ♂ befindet sich in der Sammlung des Museums in Nelson. Es trägt die Patriangabe Arnaud und wurde am 15. 6. 1916 gesammelt. Auch dieses Tier geht auf die Sammlung BROUNS zurück. Der Hope-Pass liegt an der Südgrenze der Provinz Nelson, St. Arnaud etwas weiter nördlich. 1 ♀ von Hope aus der Sammlung BROUN befindet sich im Museum in Nelson, ein weiteres ♀ in meiner Sammlung.

Euconnus (Allomaoria) waiporiensis nov. spec.

Mit *E. fragilis* (BROUN) nahe verwandt, von ihm durch geringere Größe, schlankere Gestalt, längeren Kopf und Halsschild sowie abweichenden Penisbau verschieden.

Long. 1,20 mm, lat. 0,42 mm. Hell rotbraun gefärbt, gelblich behaart.

Kopf von oben betrachtet länglichrund, mit kleinen, an den Seiten weit herabgerückten Augen sowie bärtiger Behaarung der Schläfen und des Hinterkopfes, Supraantennalhöcker nur angedeutet, Stirn vor ihnen allmählich zum Vorderrand abfallend. Fühler zurückgelegt die Halsschildbasis erreichend, mit sehr unscharf abgesetzter, 4gliederiger Keule, ihre beiden ersten Glieder eineinhalbmal so lang wie breit, 4 und 5 leicht gestreckt, 3, 6 und 7 quadratisch, 8 schwach, 9 und 10 stark quer, das eiförmige Endglied etwas kürzer als die beiden vorhergehenden zusammengenommen.

Halsschild um etwa ein Drittel länger als breit, vor seiner Längsmitte am breitesten und hier ein wenig breiter als der Kopf, seitlich schwach gerundet, vor der Basis leicht eingeschnürt, mit 2 großen und tiefen Basalgrübchen, oberseits spärlich, an den Seiten dicht und struppig behaart.

Flügeldecken langoval, stark gewölbt, an ihrer Basis nur so breit wie die Halsschildbasis, ohne Schulterbeule und Humeralfalte, mit sehr kleiner, grübchenförmiger Basalimpression, glatt und glänzend, lang und schräg abstehend behaart. Flügel atrophiert.

Beine ziemlich lang und schlank, Schenkel mäßig verdickt.

Penis (Fig. 52) von oben betrachtet eiförmig, mit sehr stumpfwinkelig-dreieckiger Spitze, seine Seiten vor dieser leicht ausgerandet. Parameren die Penisspitze erreichend, mit je einer terminalen Tastborste versehen, an einem schmalen, gerundet-dreieckigen Chitinrahmen inserierend. Im Penisinneren befindet sich ein Bündel von Chitinlappen und -falten, das teils unter-, teils hinter dem Chitinrahmen gelegen ist.

Es liegt mir nur ein Exemplar (♂) vor, das G. KUSCHEL am 15. 1. 1965 bei den Waipori-Falls in Otago südwestlich von Dunedin gesammelt hat. Der Holotypus wird im Museum in Nelson verwahrt.

Euconnus (Allomaoria) fiordlandensis nov. spec.

Dem *E. waiporiensis* m. so ähnlich, daß er äußerlich von diesem nicht sicher unterschieden werden kann.

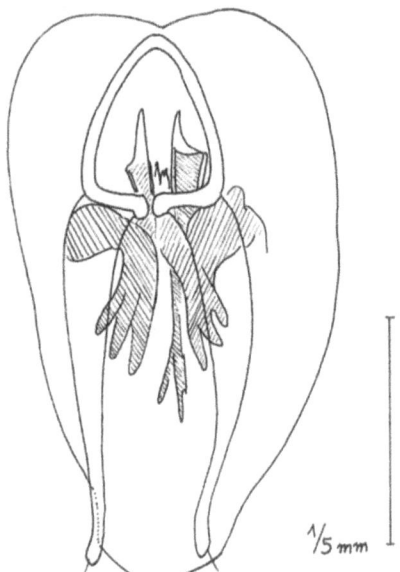

Fig. 52. *Euconnus (Allomaoria) waiporiensis* Franz, Penis in Dorsalansicht.

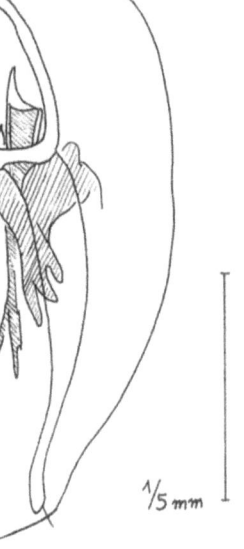

Fig. 53. *Euconnus (Allomaoria) fiordlandensis* Franz, Penis in Dorsalansicht.

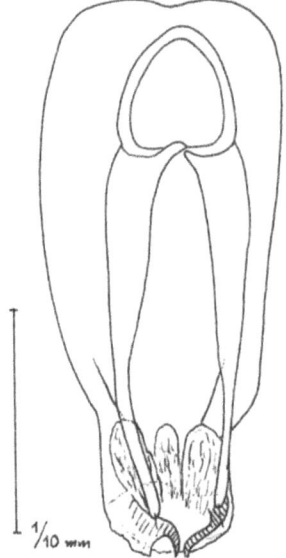

Fig. 54. *Euconnus (Allomaoria) hakatamareanus* Franz, Penis in Dorsalansicht.

Fig. 55. *Euconnus (Allomaoria) pictonensis* Franz, Penis in Dorsalansicht.

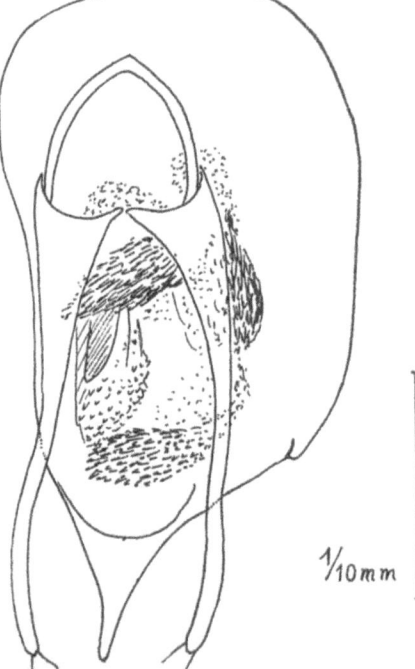

Fig. 56. *Euconnus (Allomaoria) fragilis* (Broun), Penis in Dorsalansicht.

Noch etwas schlanker und heller gefärbt als dieser, der Penis abweichend gebaut.
Long. 1,20 mm, lat. 0,40 mm. Hell rötlichgelb gefärbt, fein, gelblich behaart.

Kopf von oben betrachtet länglichrund, flach gewölbt, fein, die Schläfen bärtig behaart, Supraantennalhöcker flach. Fühler zurückgelegt die Halsschildbasis ein wenig überragend, ihre beiden ersten Glieder eindreiviertelmal so lang wie breit, 4 und 5 leicht gestreckt, 3, 6 und 7 quadratisch, 8 mäßig, 9 und 10 stark quer, das eiförmige Endglied fast so lang wie die beiden vorhergehenden zusammengenommen.

Halsschild schlank, um ein Drittel länger als breit, vor seiner Längsmitte am breitesten und hier nur wenig breiter als der Kopf samt den Augen, vor der Basis schwach eingeschnürt, mit 2 einander genäherten Basalgrübchen, oberseits glatt und glänzend, schütter, an den Seiten dicht und struppig behaart.

Flügeldecken langoval, ohne Schulterbeule und Humeralfalte, mit tiefer, runder Basalimpression, lang und fein, schräg abstehend behaart. Flügel verkümmert.

Beine schlank, Schenkel mäßig verdickt.

Penis (Fig. 53) schlank und lang, mit schwach abgesetztem, parallelseitigem Apex und terminalem Ostium penis. Aus diesem ragen 2 hakenförmig zur Mitte und nach hinten gekrümmte Chitinzähne heraus. Die Parameren erreichen die Penisspitze beinahe, tragen an ihrer Spitze je eine Tastborste und inserieren an einem dünnen, gerundet-dreieckigen Chitinrahmen.

Es liegen mir von dieser Art 3 Exemplare (1 ♂, 2 ♀♀) vor, die J. I. TOWNSEND am 30. 10. 1966 am Lake Gum im Englintonvalley, Fjordland, gesammelt hat. Der Holotypus (♂) und eine Paratype (♀) befinden sich im Museum in Nelson, eine Paratype (♀) in meiner Sammlung.

Euconnus (Allomaoria) hakatarameanus nov. spec.

Mit *E. fiordlandensis* so nahe verwandt, daß er von diesem äußerlich nur durch etwas größeren Kopf und das völlige Fehlen einer Basalimpression auf den Flügeldecken zu unterscheiden ist. Auch der Penis ist außerordentlich ähnlich geformt.
Long. 1,30 mm, lat. 0,45 mm. Hell rotbraun gefärbt, fein gelblich behaart.

Kopf von oben betrachtet etwas länger als mit den ziemlich großen, aber flach gewölbten Augen breit, mit nahezu parallelseitigen, bärtig behaarten Schläfen. Stirn und Scheitel gleichmäßig flach gewölbt, Supraantennalhöcker flach. Fühler schlank und lang, mit sehr unscharf abgesetzter, 4gliederiger Keule, zurückgelegt die Halsschildbasis ein wenig überragend, ihre beiden ersten Glieder eindreiviertelmal so lang wie breit, 3 bis 5 leicht gestreckt, 6 und 7 annähernd kugelig, 8 sehr schwach, 9 und 10 etwas stärker quer, das eiförmige Endglied nicht ganz so lang wie die beiden vorhergehenden zusammengenommen.

Halsschild um ein Viertel länger als breit, vor der Längsmitte am breitesten und hier kaum so breit wie der Kopf mit den Augen, flach gewölbt, vor der Basis nur sehr schwach eingeschnürt, mit 2 kleinen, einander stark genäherten Basalgrübchen, oberseits schütter, seitlich dicht und struppig behaart.

Flügeldecken oval, flach gewölbt, schon an ihrer Basis etwas breiter als die Halsschildbasis, lang behaart, ohne Basalimpression und ohne Humeralfalte, mit Andeutung einer Schulterbeule. Flügel atrophiert.

Beine schlank, Schenkel mäßig verdickt.

Penis (Fig. 54) dem des *E. fiordlandensis* ähnlich geformt, länglich mit wenig scharf abgesetztem, parallelseitigem Apex. Vor dem terminalen Ostium penis stehen an Stelle der beiden hakenförmig gekrümmten Chitinzähne zwei mit kurzen und stumpfen Chitinzähnen besetzte Chitinkörper, vor denen 2 spiegelbildlich zur Sagittalebene angeordnete Reihen von Chitinborsten und -zähnchen stehen. Die Parameren erreichen das Penisende nicht ganz, sie sind mit je einer terminalen Chitinborste ausgerüstet und inserieren an einem schmalen, abgerundet-dreieckigen Chitinrahmen.

Es liegen mir aus den undeterminierten Beständen des Museums in Nelson 2 Exemplare dieser Art (♂, ♀) vom Hakataramea-Paß im Süden von Canterbury vor. Sie wurden dort von J. I. TOWNSEND am 17. 1. 1966 in 854 m Seehöhe in Moos gesammelt. Der Holotypus (♂) wird im Museum in Nelson, die Paratype (♀) in meiner Sammlung aufbewahrt.

Euconnus (Allomaoria) pictonensis nov. spec.

In der Körperform an *E. lanosus* (BROUN) und *nelsonius* m. erinnernd, in der Penisform am ehesten an *E. waikawensis* m. Durch dunkel rotbraune Färbung, von oben betrachtet fast kreisrunden, flach gewölbten Kopf, länglichen Halsschild mit 4 Basalgrübchen, länglichovale Flügeldecken mit schwach markierter Basalimpression und schlanke Beine gekennzeichnet.

Long. 1,65 bis 1,75 mm, lat. 0,65 bis 0,70 mm. Dunkel rotbraun gefärbt, fein gelblich behaart.

Kopf von oben betrachtet fast kreisrund, mit flachen, etwas vor seiner Längsmitte stehenden Augen, flach gewölbt, lang, nach hinten, an den Schläfen schräg abstehend und dichter behaart. Fühler mit unscharf abgesetzter, 4gliederiger Keule, zurückgelegt die Halsschildbasis knapp erreichend, ihre beiden ersten Glieder etwa doppelt so lang wie breit, 3 bis 6 beim ♂ leicht gestreckt, beim ♀ eineindrittel- bis eineinviertelmal so lang wie breit, 7 fast so breit wie lang, 8 annähernd kugelig, 9 und 10 deutlich quer, das Endglied etwas kürzer als die beiden vorhergehenden zusammengenommen.

Halsschild schmal, nicht breiter als der Kopf samt den Augen, um ein Drittel länger als breit, vor seiner Längsmitte am breitesten, im basalen Viertel parallelseitig, mit rechtwinkeligen Hinterecken, mäßig gewölbt, wie auch der Kopf glatt und glänzend, lang, an den Seiten struppig behaart, mit 4 Basalgrübchen.

Flügeldecken länglichoval, mäßig gewölbt, nach hinten gerichtet behaart, mit flacher Basalimpression, ohne deutliche Humeralfalte und ohne Schulterbeule.

Beine schlank, Schienen gerade.

Penis (Fig. 55) länglichoval, mit langer, scharfer Spitze, Parameren schlank, das Penisende erreichend, mit je 2 terminalen Tastborsten versehen. Ventralwand des Penis bogenförmig über das Ostium vorragend. Die Präputialsackwand ist großenteils mit kleinen Chitinzähnchen bzw. ziemlich langen Chitinstacheln ausgekleidet, die letzteren finden sich auf wulstförmigen Vorragungen des Präputialsackes. Von hinten und oben betrachtet links der Mitte befindet sich ein chitinöser Lappen.

Es liegen mir 3 Exemplare (1 ♂, 2 ♀♀) dieser Art vor, die von L. P. MARCHANT am 22. 9. 1965 in Picton in Marlborough gesammelt wurden. Der Holotypus (♂) und eine Paratype (♀) befinden sich im Museum in Nelson, eine Paratype (♀) in meiner Sammlung.

Euconnus (Allomaoria) fragilis (BROUN)

BROUN, Bull. New Zeal. Inst. 1, 1915, p. 309 (*Scydmaenus*)
LHOSTE, Rev. franç. d'Entom. 5, 1938, p. 101, fig. 13 (*Phagonophana*)

Gekennzeichnet durch geringe Größe, hell rötlichgelbe Färbung, ziemlich dichte und lange gelbliche Behaarung, von oben betrachtet fast kreisrunden Kopf, ziemlich kurze Fühler, isodiametrischen Halsschild mit 2 einander stark genäherten Basalgrübchen, ovale Flügeldecken mit ziemlich kleiner Basalimpression und kurzer, gerader Humeralfalte und ziemlich schlanke Beine.

Long. 1,40 mm, lat. 0,50 mm. Hell rötlichgelb gefärbt, ziemlich lang, gelblich behaart.

Kopf von oben betrachtet fast kreisrund, mit flachen, kleinen Augen, Scheitel schütter, Schläfen und Hinterkopf dicht und lang, abstehend behaart. Fühler allmählich zur Spitze verdickt, zurückgelegt die Halsschildbasis ein wenig überragend, ihre beiden ersten Glieder eineinhalbmal so lang wie breit, 3 bis 5 leicht gestreckt, 6 und 7 isodiametrisch, 8 bis 10 wesentlich breiter als lang, das Endglied etwas kürzer als die beiden vorhergehenden zusammengenommen.

Halsschild so lang wie breit, im vorderen Drittel seiner Länge am breitesten und hier ein wenig breiter als der Kopf samt den Augen, vor der Basis seitlich stark eingeschnürt und mit 2 einander genäherten Basalgrübchen, auf der Scheibe ziemlich schütter, an den Seiten dicht und lang abstehend behaart.

Flügeldecken oval, schon an ihrer Basis etwas breiter als der Halsschild, mit kleiner, außen von einer kurzen Humeralfalte scharf begrenzter Basalgrube, lang, aber schütter behaart.

Beine schlank, Schenkel mäßig verdickt, Vorder- und Mittelschienen gerade, Hinterschienen leicht einwärts gekrümmt.

Penis (Fig. 56) dem des *E. latuliceps* (BROUN) ähnlich, aber von oben betrachtet nicht so ausgeprägt oval geformt, sondern an der Basis spitz vorspringend, seine Dorsalwand zu einer schmalen Spitze vorgezogen, die Ventralwand am apikalen Ende im Bogen abgerundet. Parameren leicht s-förmig geschwungen, das Penisende erreichend, an ihrer Spitze mit je 2 kurzen Borsten versehen. Im Penisinneren befinden sich hinter der Basalöffnung 2 nach hinten divergierende Bündel von Chitinstacheln, dahinter eine horizontale chitinöse Platte, die am distalen Ende in kleinere und größere Chitinstachel zerfranst ist.

Es liegt mir 1 Exemplar (♂) vor, das mir vom Pariser Museum zur Untersuchung zugesandt wurde. Es trägt einen Patriazettel mit dem handschriftlichen Text „Pudding, 13. 4. 1913". Im Museum in Nelson befinden sich mehrere von BROUN selbst determinierte Exemplare, darunter 7 ♂♂. Ein von mir determiniertes ♂ trägt einen Patriazettel mit dem Text Mc. Lennan's Bush 27. 3. 1965, N. A. WALLACE, 2 weitere tragen die Patriaangabe „City Reserve Methven", stammen somit aus Canterbury, und eines einen Patriazettel Lennan's Bush (am Fuße des Hutt Mt. in Canterbury).

Euconnus (Maoria) xanthopus (BROUN)

BROUN, Ann. Mag. Nat. Hist. (6) XII, 1893, p. 181 (*Scydmaenus*)

In der Größe und Färbung dem *E. fragilis* (BROUN) ähnlich, von ihm durch etwas längere Fühler, deutlich gestreckten Halsschild und anders gebauten Penis verschieden.

Long. 1,40 mm, lat. 0,50 mm. Rötlichgelb gefärbt, fein gelblich behaart, stark glänzend.

Kopf von oben betrachtet fast kreisrund, mäßig gewölbt, mit ziemlich kleinen, flachen Augen, lang und schütter, nach hinten gerichtet, an den Schläfen dicht und schräg nach hinten abstehend behaart, mit deutlichen Supraantennalhöckern versehen. Fühler allmählich zur Spitze verdickt, zurückgelegt die Halsschildbasis etwas überragend, ihre beiden ersten Glieder um die Hälfte länger als breit, 4 und 5 leicht gestreckt, 3, 6 und 7 isodiametrisch, 8 schwach, 9 und 10 stärker quer, das eiförmige Endglied so lang wie die beiden vorhergehenden zusammengenommen.

Halsschild etwas länger als breit, vor seiner Längsmitte am breitesten und hier ein wenig breiter als der Kopf samt den Augen, vor der Basis seitlich leicht eingedrückt, mit gewölbter, glatter und glänzender Scheibe, auf dieser sehr spärlich, an den Seiten dichter und struppig behaart, vor der Basis mit 2 durch einen breiten Längskiel getrennten Grübchen. Scutellum sehr klein.

Flügeldecken länglichoval, stark gewölbt, an ihrer Basis ein wenig breiter als die Halsschildbasis, mit tiefer, außen von einer kurzen Humeralfalte scharf begrenzter Basalimpression, undeutlich und schütter, aber grob punktiert, lang, aber spärlich behaart.

Beine lang und schlank, Schenkel schwach verdickt, Schienen gerade.

Penis (Fig. 57) langgestreckt, dünnhäutig, sein Apex spitzwinkelig-dreieckig, leicht aufgebogen, die Parameren die Penisspitze ein wenig überragend, nach oben gekrümmt, ihr Ende schwach verbreitert und mit je 3 Tastborsten versehen. Der distale Teil des Präputialsackes (in Fig. 57 z. T. ausgestülpt) ist mit zahlreichen Chitinzähnchen besetzt und weist außerdem ein mehrfach geknicktes Chitinband auf, dessen distales Ende als Dorn von der Präputialsackwand frei absteht.

Die Art wurde nach einem einzigen Exemplar von der Hunua Range, die auf der Nordinsel Neuseelands liegt, beschrieben. Der Holotypus (♂) wird im British Museum verwahrt und lag mir zur Untersuchung vor.

Euconnus (Allomaoria) hutti nov. spec.

Im Habitus an *E. lanosus* (BROUN) erinnernd, aber viel schlanker als dieser, der männliche Kopulationsapparat erinnert an *E. fragilis* (BROUN). Die Art ist durch den auffällig großen, von oben betrachtet nahezu kreisrunden Kopf und den schmalen, langgestreckten Halsschild ausgezeichnet.

Long. 1,60 mm, lat. 0,60 mm. Dunkel rotbraun gefärbt, lang, gelblich behaart.

Kopf von oben betrachtet fast kreisrund, ein wenig breiter als lang, mit großen, flachen Augen, flach gewölbt, glatt und glänzend, schütter, an den Schläfen dichter und schräg abstehend behaart, mit flachen Supraantennalhöckern. Fühler zurückgelegt die Halsschildbasis überragend, mit schwach abgesetzter, 4gliederiger Keule, ihre beiden ersten Glieder mehr als doppelt so lang wie breit, 3 bis 5 leicht gestreckt, 6 und 7 isodiametrisch, 8 bis 10 breiter als lang, das eiförmige Endglied so lang wie die beiden vorhergehenden zusammengenommen.

Halsschild um ein Drittel länger als breit, knapp vor der Mitte am breitesten, nicht ganz so breit wie der Kopf samt den Augen, seitlich schwach gerundet, vor der Basis schwach eingeschnürt, mit 2 einander genäherten Basalgrübchen, lang, auf der Scheibe schütter, an den Seiten dichter behaart.

Flügeldecken länglich oval, mäßig gewölbt, an ihrer Basis nur wenig breiter als die Halsschildbasis, mit breiter und flacher, außen von einer verrundeten Humeralfalte begrenzter Basalimpression, ohne Schulterbeule, spärlich und undeutlich punktiert, lang, aber fein und schütter behaart.

Beine schlank, Vorderschenkel etwas dicker als die schwach verdickten Mittel- und Hinterschenkel, Schienen gerade.

Penis (Fig. 58) dem des *E. fragilis* (BROUN) ähnlich, mit spitzwinkelig-dreieckigem, in einer scharfen Spitze endendem Apex, Parameren dessen Ende erreichend, mit je 2 terminalen Tastborsten versehen. Der Präputialsack ist innen fast zur Gänze mit Chitinzähnchen ausgekleidet, die stellenweise zu kleinen Stacheln verlängert sind, nur in einer Querzone im distalen Viertel seiner Länge ist er insgesamt stärker chitinisiert und dort ohne Zähnchen.

Es liegt mir nur ein Exemplar (♂) vor, das N. A. WALKER am 22. 4. 1965 nördlich von Upper Hutt in der Provinz Wellington in Waldstreu fand. Der Holotypus wird im Museum in Nelson verwahrt.

Euconnus (Allomaoria) kuschelianus nov. spec.

Gekennzeichnet durch relativ geringe Größe, ziemlich stark gewölbten, annähernd isodiametrischen Kopf mit flachen Augen, mäßig lange Fühler mit unscharf abgesetzter, 4gliederiger Keule, leicht gestreckten Halsschild mit 2 durch einen Mittelkiel getrennten Basalgrübchen und im Verhältnis zum Halsschild breite Flügeldecken mit breiter, außen von einer geraden, nach hinten verlaufenden Humeralfalte begrenzter Basalimpression.

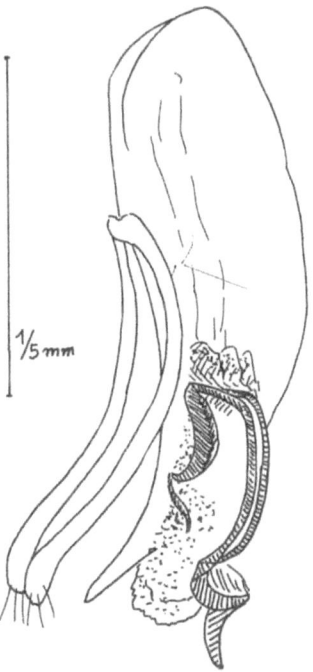

Fig. 57. *Euconnus (Allomaoria) xanthopus* (Broun), Penis in Lateralansicht.

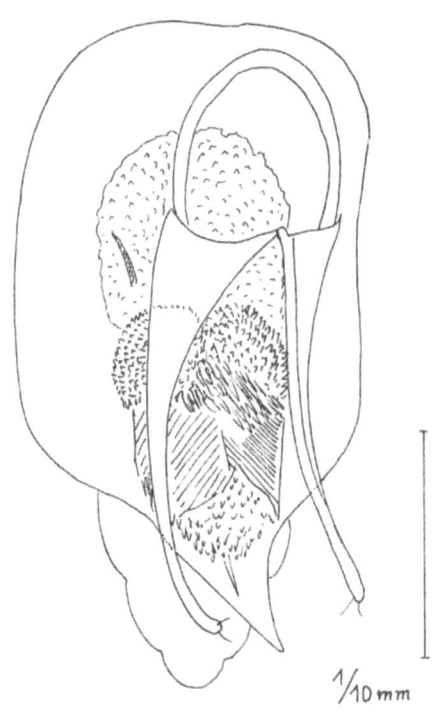

Fig. 58. *Euconnus (Allomaoria) hutti* Franz, Penis in Dorsalansicht.

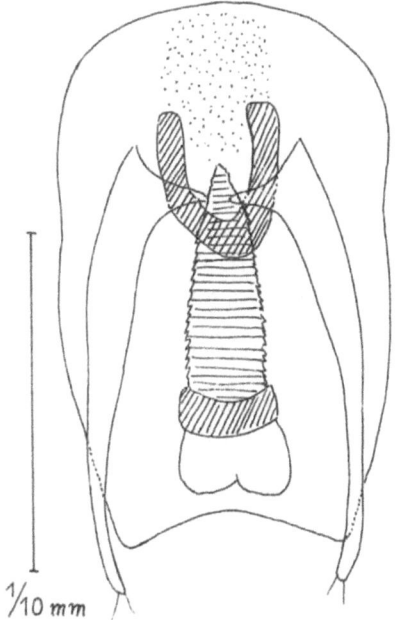

Fig. 59. *Euconnus (Allomaoria) kuschelianus* Franz, Penis in Dorsalansicht.

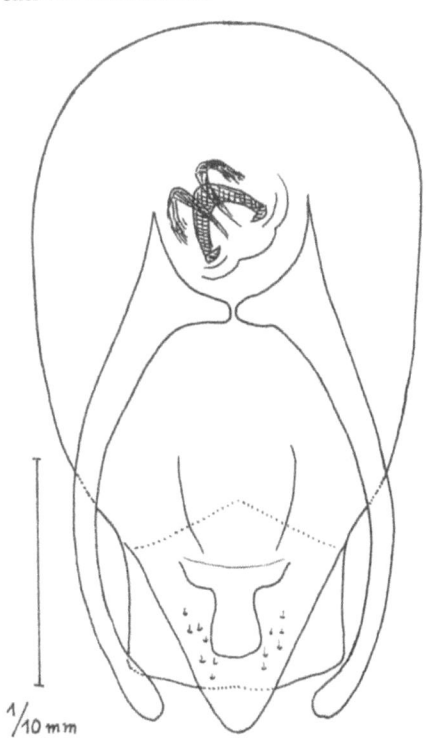

Fig. 60. *Euconnus (Allomaoria) alackensis* Franz, Penis in Dorsalansicht.

Long. 1,40 mm, lat. 0,60 mm. Hell rotbraun gefärbt, fein gelblich behaart.

Kopf von oben betrachtet ein wenig länger als mit den großen, flach gewölbten Augen breit, stark gewölbt, mit schwach markierten Supraantennalhöckern, oberseits schütter, an den Schläfen dicht und schräg abstehend behaart. Fühler zurückgelegt die Halsschildbasis erreichend, mit unscharf abgesetzter, 4gliederiger Keule, ihre beiden ersten Glieder annähernd doppelt so lang wie breit, 3 bis 6 leicht gestreckt, 7 quadratisch, 8 kaum merklich, 9 und 10 stark quer, das eiförmige Endglied viel kürzer als die beiden vorhergehenden zusammengenommen.

Halsschild etwas länger als breit, knapp vor der Mitte am breitesten und hier ein wenig breiter als der Kopf samt den Augen, zur Basis stark verengt, hoch gewölbt, auf der Scheibe ziemlich schütter, an den Seiten dicht und struppig behaart, vor der Basis mit 2 kleinen, durch einen Längskiel getrennten Grübchen.

Flügeldecken oval, schon an ihrer Basis viel breiter als der Halsschild, mit verrundetem Schulterwinkel und breiter, außen von einer schrägen Humeralfalte scharf begrenzter Basalimpression, sehr undeutlich punktiert und lang, fast anliegend, nach hinten gerichtet behaart.

Beine schlank, Vorderschenkel etwas stärker als die der Mittel- und Hinterbeine verdickt.

Penis (Fig. 59) von oben betrachtet kurzoval, am Ende breit abgestutzt, Parameren zur Spitze verschmälert, das Penisende überragend, mit je 2 terminalen Tastborsten versehen. Im Penisinneren befindet sich unter der Basalöffnung ein nach vorne offenes U-förmiges Chitingebilde, vor dem ein mit sehr feinen Zähnchen versehenes Feld der Präputialsackwand liegt. Unter und hinter dem U-förmigen Gebilde liegt ein spitz-kegelförmiger Körper, der an seiner Oberfläche quer gerillt und mit Zähnchen besetzt ist. Er verbreitert sich distalwärts und schließt mit einem Chitinring ab, hinter dem noch 2 Chitinlappen vorragen.

Es liegt mir im undeterminierten Material des Museums von Nelson ein Exemplar dieser Art (♂) vor, das G. KUSCHEL am Dun-Mt. in Nelson, 2500′, am 13. 11. 1961 gesammelt hat. Der Holotypus wird im Museum in Nelson verwahrt.

Euconnus (Allomaoria) alackensis nov. spec.

Gekennzeichnet durch querrundlichen Kopf mit mäßig großen, seitlich aber stark vorgewölbten Augen, lange und dünne Fühler, isodiametrischen, vor der Basis eingeschnürten Halsschild, ovale, mäßig gewölbte Flügeldecken mit kleiner Basalimpression und sehr kurzer Humeralfalte sowie lange und dichte Behaarung.

Long. 1,90 mm, lat. 0,80 mm. Rotbraun gefärbt, lang und dicht, allenthalben abstehend, gelblich behaart.

Kopf von oben betrachtet rundlich, mit den stark vorstehenden Augen etwas breiter als lang, flach gewölbt, die Stirn vor den nur angedeuteten Supraantennalhöckern zum Vorderrand schräg abfallend. Fühler lang und dünn, zurückgelegt, das basale Viertel der Flügeldecken erreichend, ihr Basalglied zweieinhalbmal, das 2. doppelt, das 3., 4. und 5. eineindrittelmal so lang wie breit, das 6. und 7. leicht gestreckt, das 8. bis 10. fast so breit wie lang, das Endglied lang eiförmig, aber trotzdem etwas kürzer als die beiden vorhergehenden zusammengenommen.

Halsschild so lang wie breit, vor seiner Längsmitte am breitesten und hier so breit wie der Kopf samt den Augen, vor der Basis seitlich eingeschnürt, ziemlich stark gewölbt, mit 2 großen, nahe beieinander stehenden Basalgrübchen und scharfen Hinterecken, die Seiten vor diesen undeutlich gekielt.

Flügeldecken oval, mit verrundeten Schultern, schon an ihrer Basis wesentlich breiter als der Halsschild, mit kleiner, aber ziemlich tiefer, außen von einer sehr kurzen Humeralfalte begrenzter Basalimpression, sehr lang, schräg nach hinten abstehend behaart. Flügel atrophiert.

Beine mäßig lang, Vorderschenkel etwas stärker als die der Mittel- und Hinterbeine verdickt, Vorderschienen innen distal sehr schwach ausgeschnitten.

Penis (Fig. 60) von oben betrachtet eiförmig, mit spitzwinkelig-dreieckiger, am Ende schmal abgerundeter, mit feinen Tastborsten besetzter Spitze, Operculum querrechteckig, die Penisspitze beinahe erreichend. Parameren hinter ihrer Basis divergierend, im distalen Drittel zur Sagittalebene gekrümmt, ihr Ende die Penisspitze erreichend, ohne Tastborsten. Zwischen Apex penis und Operculum befindet sich ein zapfenförmiges Chitingebilde mit breiter Basis. Vor der Insertionsstelle der Parameren liegt im Penisinneren ein V-förmiges Chitingebilde, dessen beide Enden von oben und hinten betrachtet schräg nach rechts und hinten gerichtet sind. Zwischen den beiden Ästen des V stehen spiegelbildlich zueinander 2 J-förmige Bündel von Chitinborsten.

Es liegt mir von dieser Art nur ein Exemplar (♂) vor, das am Waikaia River in Piano-Flat, Southland, am 16. 10. 1966 von F. D. ALACK gesammelt wurde. Die Art ist dem Entdecker gewidmet, der Holotypus wird im Museum in Nelson verwahrt.

Euconnus (Allomaoria) labiatus nov. spec.

Verwandt mit *E. ovipennis* (BROUN), von ihm aber durch viel kleineren, stärker queren Kopf, dünnere Fühler, längere Flügeldecken, namentlich aber durch die große, halbkreisförmig vorragende Oberlippe verschieden.

Long. 2,00 mm, lat. 0,75 mm. Dunkel rotbraun gefärbt, fein gelblich behaart.

Kopf von oben betrachtet querrundlich, von den kleinen Augen zum Vorderrand aber geradlinig verengt, von den flachen Supraantennalhöckern nach vorne stark abgedacht, mit fast kahler Stirn und lang, nach hinten gerichtet behaartem Scheitel, die Behaarung der Schläfen dicht, seitlich abstehend. Oberlippe weit vorragend, ihre Seiten an der Basis parallel, der Vorderrand halbkreisförmig begrenzt. Fühler dünn, zurückgelegt die Halsschildbasis etwas überragend, ihre beiden ersten Glieder nicht ganz doppelt so lang wie breit, 3 bis 6 leicht gestreckt, 7 quadratisch, 8 bis 10 schwach quer, das eiförmige Endglied so lang wie die beiden vorhergehenden zusammengenommen.

Halsschild etwas länger als breit, vor seiner Längsmitte am breitesten und hier so breit wie der Kopf samt den Augen, vor der Basis seitlich eingeschnürt, mit 2 kielförmig voneinander getrennten Basalgrübchen, auf der Scheibe glatt und glänzend, schütter, an den Seiten dicht und struppig behaart.

Flügeldecken länglichoval, schon an ihrer Basis ein wenig breiter als die Halsschildbasis, mit breiter, außen von einer breiten Humeralfalte begrenzter Basalimpression und angedeutetem Schulterwinkel, sehr seicht und undeutlich punktiert, schwach glänzend, dicht und schräg abstehend behaart. Flügel voll entwickelt.

Beine schlank, Schienen gerade.

Penis (Fig. 61) an seiner Basis am breitesten, in den basalen zwei Dritteln wenig, im Spitzendrittel stark verschmälert, die Spitze vorgezogen, schmal abgerundet. Parameren dünn, das Penisende erreichend, am Ende leicht gedreht, ohne Tastborsten. Unter der Basalöffnung des Penis befinden sich zwei schmale, im flachen Bogen nach hinten konvergierende Chitinfalten, dahinter und mit ihrer Basis zwischen die Chitinfalten ragend zwei nach hinten verschmälerte und divergierende Chitinleisten. Diese versteifen je einen langgestreckten Wulst der Präputialsackwand, die beiden Wülste sind am Hinterende häutig miteinander verbunden die Verbindungshaut ist mit sehr feinen Zähnchen besetzt.

Es liegen mir nur zwei Exemplare (♂♂) vor. Den Holotypus sammelte E. S. GOURLEY am 29. 1. bis 2. 2. 1946 am Mt. Robert, 4000', er wird im Museum in Nelson verwahrt. Die Paratype stammt vom Tophouse am Dun-Mountain, sie wurde am 14. 2. 1957 vom gleichen Sammler erbeutet und befindet sich in meiner Sammlung.

Euconnus (Allomaoria) gunnensis nov. spec.

Durch stark gewölbten, rautenförmigen Kopf, lange, allmählich zur Spitze verdickte Fühler, langgestreckten, im basalen Drittel seiner Länge seitlich stark eingeschnürten Halsschild und langovale Flügeldecken mit kleiner, wenig scharf umgrenzter Basalimpression gekennzeichnet. Im Penisbau dem *E. labiatus* m. nahestehend, von diesem aber schon durch kleineren, nicht queren und viel stärker gewölbten Kopf, längeren Halsschild und schmälere Flügeldecken mit viel kürzerer Humeralfalte äußerlich leicht unterscheidbar.

Long. 2,00 mm, lat. 0,80 mm. Dunkel rotbraun gefärbt, fein gelblich behaart.

Kopf von oben betrachtet gerundet rautenförmig, sehr stark gewölbt, mit großen, schwach gewölbten Augen, flachen Supraantennalhöckern und langer, an den Schläfen und am Hinterkopf besonders dichter und steif abstehender Behaarung. Fühler lang und schlank, allmählich zur Spitze verdickt, ihre ersten 6 Glieder deutlich gestreckt, das 2. am längsten, eineinhalbmal so lang wie breit, 7 noch kaum merklich länger als breit, 8 und 9 isodiametrisch, 10 schwach quer, das schlanke Endglied reichlich so lang wie die beiden vorhergehenden zusammengenommen.

Halsschild schmal, um ein Drittel länger als breit, im basalen Drittel stark eingeschnürt, an der Basis so breit wie an der breitesten Stelle vor der Mitte, mit 2 großen medialen und 2 kleinen lateralen Grübchen, lang, an den Seiten struppig behaart.

Flügeldecken langoval, schon an ihrer Basis etwas breiter als der Halsschild, mit flacher, außen von einer kurzen Humeralfalte unscharf begrenzter Basalimpression, hinter der Basis neben der Naht mit flachem Längseindruck, ziemlich dicht behaart.

Beine ziemlich schlank, Vorderschenkel viel stärker verdickt als die der Mittel- und Hinterbeine.

Penis (Fig. 62) dem des *E. labiatus* m. recht ähnlich, von oben betrachtet eiförmig, mit leicht aufgebogener Spitze. Parameren diese knapp überragend, ohne Tastborsten. Basalöffnung des Penis mit schmalem Chitinrahmen. Am ausgestülpten Präputialsack sind 3 Chitinleisten erkennbar.

Es liegt mir nur der Holotypus (♂) vor, der von J. I. Townsend am Lake Gunn im Englinton-Valley am 30. 10. 1966 gesammelt wurde. Er wird im Museum in Nelson verwahrt.

Euconnus (Allomaoria) waikawensis nov. spec.

Gekennzeichnet durch von oben betrachtet fast kreisrunden, mäßig gewölbten Kopf mit kleinen, seitlich nicht vorragenden Augen und zum Vorderrand nicht sehr stark abfallender Stirn, durch lange, allmählich zur Spitze verdickte Fühler, länglichen, die Breite des Kopfes nicht übertreffenden, seitlich vor der Basis leicht eingeschnürten Halsschild mit 2 durch eine Querfurche verbundenen Grübchen und ovale Flügeldecken mit kleiner Basalimpression, ohne Humeralfalte.

Long. 1,90 mm, lat. 0,70 mm. Rotbraun gefärbt, lang und abstehend gelblich behaart.

Kopf von oben betrachtet fast kreisrund, flach gewölbt, mit kleinen, weit nach vorne gerückten Augen, bärtig behaarten Schläfen und schlanken, allmählich zur Spitze verdickten, zurückgelegt die Halsschildbasis überragenden Fühlern. Die beiden ersten Fühlerglieder nicht ganz doppelt, das 2. bis 6. eineindrittel- bis eineinhalbmal so lang wie breit, 7 leicht gestreckt, 8 quadratisch, 9 und 10 breiter als lang, das eiförmige Endglied kürzer als die beiden vorhergehenden zusammengenommen.

Halsschild etwas länger als breit, vor der Längsmitte am breitesten und hier nur so breit, wie der Kopf, vor der Basis seitlich leicht eingeschnürt und mit 2 durch einen schmalen kielförmigen Zwischenraum getrennten, zugleich aber durch eine schmale Querfurche verbun-

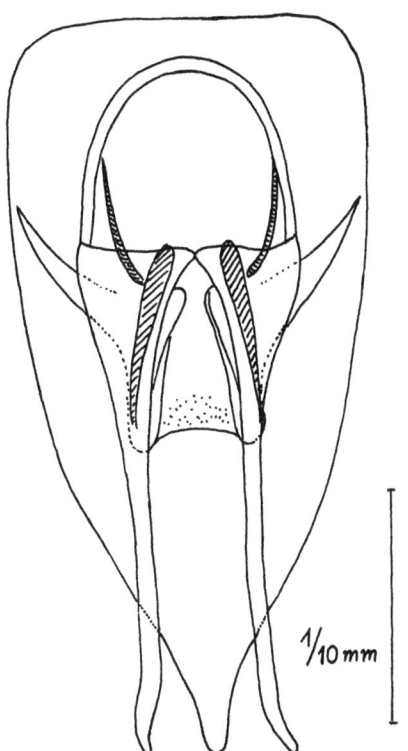

Fig. 61. *Euconnus (Allomaoria) labiatus* FRANZ, Penis in Dorsalansicht.

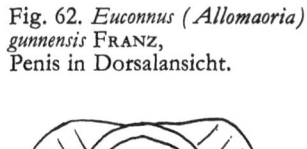
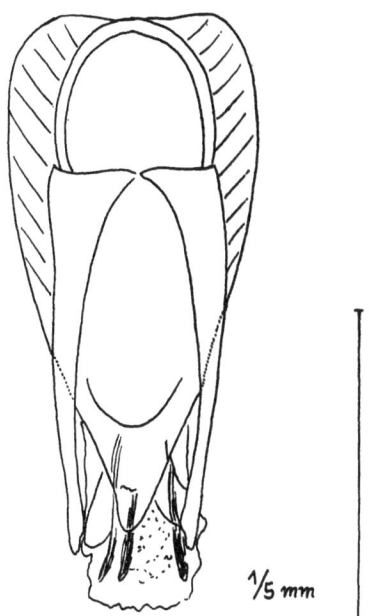

Fig. 62. *Euconnus (Allomaoria) gunnensis* FRANZ, Penis in Dorsalansicht.

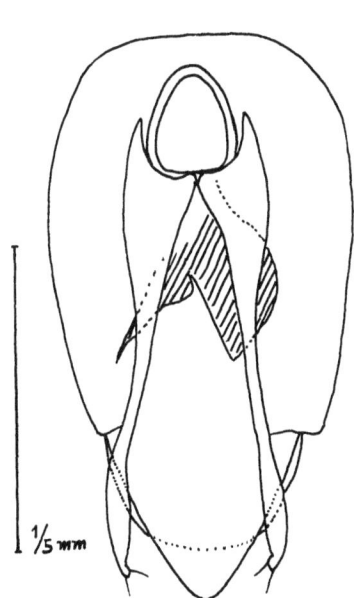

Fig. 63. *Euconnus (Allomaoria) waikawensis* FRANZ, Penis in Dorsalansicht.

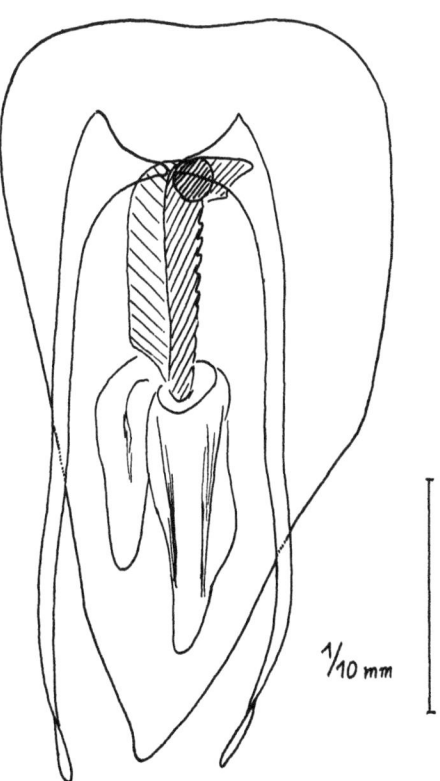

Fig. 64. *Euconnus (Allomaoria) waipuanus* FRANZ, Penis in Dorsalansicht.

denen Grübchen, mäßig gewölbt, lang, an den Seiten viel dichter behaart als auf der Oberseite.

Flügeldecken oval, mäßig gewölbt, dicht, lang und schräg abstehend behaart, an ihrer Basis nur wenig breiter als die Halsschildbasis, mit kleiner, aber tiefer Basalimpression, ohne Schulterwinkel und ohne Humeralfalte. Flügel verkümmert.

Beine schlank, Vorderschenkel stärker verdickt als die der Mittel- und Hinterbeine.

Penis (Fig. 63) eiförmig, mit gerundet-dreieckigem Apex und halbkreisförmig begrenztem Operculum. Parameren die Penisspitze annähernd erreichend, an ihrer Basis breit, dann stark verschmälert, vor der Spitze wieder leicht erweitert, die Spitze selbst nach innen geknickt und mit 2 ziemlich weit getrennt inserierenden Tastborsten versehen. Im Penisinneren befindet sich hinter der ringförmig versteiften Insertionsstelle der Parameren ein stark chitinisierter Komplex, der distal von oben und hinten betrachtet links in einem kurzen und spitzen, rechts in einem breiten und stumpfen Zahn endet.

Es liegen mir aus den undeterminierten Beständen des Museums von Nelson 3 Exemplare (♂♂) dieser Art vor, die F. D. ALACK in Waikawa im äußersten SO der Südinsel Neuseelands am 9. 10. 1966 gesammelt hat. Der Holotypus und eine Paratype befinden sich im Museum in Nelson, eine Paratype in meiner Sammlung.

Euconnus (Allomaoria) waipouanus nov. spec.

Gekennzeichnet durch von oben betrachtet annähernd fünfeckigen Kopf mit großen, konvexen Augen, flach gewölbter Oberseite und langer, an den Schläfen struppiger Behaarung, lange, allmählich zur Spitze verdickte Fühler, langgestreckten, gewölbten Halsschild mit 2 durch eine Querfurche verbundenen Grübchen und länglich ovale, deutlich punktierte Flügeldecken mit dichter, steif abstehender Behaarung.

Long. 2,00 mm, lat. 0,75 mm. Rotbraun gefärbt, bräunlichgelb behaart.

Kopf von oben betrachtet isodiametrisch-fünfeckig mit gerader Basis, großen, konvexen Augen und flach gewölbter Oberseite, lang, an den Schläfen dicht und struppig behaart, beim ♂ größer als beim ♀. Fühler in beiden Geschlechtern zurückgelegt die Halsschildbasis überragend, die ersten 2 Glieder fast doppelt so lang wie breit, beim ♂ das 3. deutlich, das 4. bis 6. eben merklich quer, beim ♀ 3 bis 7 um ein Drittel länger als breit, 8 und 9 noch deutlich gestreckt, 10 quadratisch, das eiförmige Endglied in beiden Geschlechtern kürzer als die beiden vorhergehenden zusammengenommen.

Halsschild um ein Viertel länger als breit, stark gewölbt, vor seiner Längsmitte am breitesten, vor der Basis leicht eingeschnürt, mit 2 durch eine Querfurche verbundenen Basalgrübchen, lang und abstehend, an den Seiten dichter und gröber behaart.

Flügeldecken länglichoval, flach gewölbt, schon an ihrer Basis breiter als der Halsschild, mit verrundetem Schulterwinkel, breiter Basalimpression und etwas schräger, breiter Humeralfalte, hinter der Basis beiderseits der Naht mit einem länglichen Eindruck, deutlich punktiert, dicht und steif abstehend behaart.

Beine schlank, Schenkel schwach verdickt.

Penis (Fig. 64) nahe seiner Basis am breitesten, hinter der Längsmitte spitzwinkelig-dreieckig verschmälert, die Parameren schlank, die Penisspitze etwas überragend, am Ende gedreht, ohne Tastborsten. Im Penisinneren befindet sich zwischen der Basalöffnung und der Längsmitte ein langgestrecktes, aus 2 Bändern bestehendes Chitingebilde, an das distal 2 zur Spitze verschmälerte Chitinlappen anschließen.

Es liegen mir nur 2 Exemplare dieser Art (♂, ♀) im undeterminierten Material des Museums in Nelson vor. Sie stammen aus dem Waipoua-Forest in Northland. Das ♂ wurde am 20. 10. 1967 von J. C. WATT, das ♀ am 10. 6. 1966 von J. I. TOWNSEND gesammelt. Der Holotypus (♂) wird im Museum in Nelson, die Paratype (♀) in meiner Sammlung verwahrt.

Euconnus (Allomaoria) marlboroughensis nov. spec.

Äußerlich dem *E. fragilis* (BROUN) und *E. waiporiensis* m. außerordentlich ähnlich, von beiden äußerlich fast nur durch die Fühlerbildung, den schmalen, langgestreckten Halsschild und die sehr kleine Basalimpression der Flügeldecken unterscheidbar, der Penis aber stark abweichend gebildet.

Long. 1,20 mm, lat. 0,40 mm. Hell rotbraun gefärbt, sehr fein gelblich behaart.

Kopf klein, von oben betrachtet länglichrund, gleichmäßig gewölbt, oberseits sehr spärlich, an den Schläfen struppig abstehend behaart, mit undeutlichen Supraantennalhöckern. Fühler mit ziemlich scharf abgesetzter, 4gliederiger Keule, zurückgelegt die Halsschildbasis erreichend, ihre beiden ersten Glieder eineindrittelmal so lang wie breit, 3 bis 7 leicht gestreckt, 8 bis 10 breiter als lang, das eiförmige Endglied groß, so lang wie die beiden vorhergehenden zusammengenommen.

Halsschild schmal, um ein Drittel länger als breit, vor seiner Längsmitte am breitesten, deutlich breiter als der Kopf, vor der Basis eingeschnürt, mit 2 einander genäherten Basalgrübchen und mit scharfen Hinterwinkeln versehen, stark gewölbt, auf der Scheibe schütter, an den Seiten dicht und struppig behaart.

Flügeldecken oval, stark gewölbt, an ihrer Basis ein wenig breiter als die Halsschildbasis, ohne Schulterwinkel, Schulterbeule und Humeralfalte, mit sehr kleiner Basalimpression, fein und mäßig dicht, schräg abstehend behaart. Flügel verkümmert.

Beine schlank, Schenkel mäßig verdickt.

Penis (Fig. 65) von oben betrachtet länglich, der Peniskörper parallelseitig, der Apex dreieckig mit abgerundeter Spitze. Parameren die Penisspitze ein wenig überragend, am Ende mit mehreren Tastborsten besetzt, an ihrer Basis mit einen abgerundet-dreieckigen, schmalen Chitinrahmen in Verbindung. Im Penisinneren befinden sich unter dem Vorderrand dieses Chitinrahmens 2 ovale Chitinapophysen, hinter und seitlich von diesen zwei spiegelbildlich U-förmig zueinander gekrümmte Chitinleisten und hinter diesen 2 weitere gerade, schräg nach außen divergierende Leisten, zwischen denen ein abgerundet zapfenförmiges, nach vorne gerichtetes Gebilde steht.

Es liegt mir von dieser Art nur ein Exemplar (♂) vor, das J. I. TOWNSEND am 23. 10. 1963 in Marlborough, Hed of Fabiansvalley, 915 m, gesammelt hat. Der Holotypus wird im Museum in Nelson verwahrt.

Euconnus (Allomaoria) bluffensis nov. spec.

Von *E. fragilis* durch viel kleineren Kopf und viel längere und zur Spitze viel weniger verdickte Fühler verschieden, dem *E. marlboroughensis* m. näherstehend, von ihm durch etwas bedeutendere Größe, etwas gestrecktere Geißelglieder der Fühler, schwächere Basalimpression der Flügeldecken und abweichenden Bau des Penis verschieden. Auch mit *E. fjordlandensis* m. nahe verwandt, von ihm aber im Penisbau verschieden.

Long. 1,35 bis 1,40 mm, lat. 0,48 bis 0,50 mm. Hell rotbraun gefärbt, lang, gelblich behaart.

Kopf ziemlich klein, von oben betrachtet mit den kleinen Augen fast so breit wie lang, ziemlich stark gewölbt, die bogenförmig gegen den Scheitel begrenzte Stirn nach vorn abgedacht, Supraantennalhöcker deutlich, Schläfen lang und dicht, schräg abstehend behaart. Fühler zurückgelegt die Halsschildbasis erreichend, mit wenig scharf abgesetzter, 4gliederiger Keule, ihre beiden ersten Glieder eineinhalbmal so lang wie breit, 3 bis 6 leicht gestreckt, 7 isodiametrisch, 8 schwach, 9 und 10 stärker quer, das Endglied viel kürzer als die beiden vorhergehenden zusammengenommen.

Halsschild etwas länger als breit, vor seiner Längsmitte am breitesten und hier ein wenig breiter als der Kopf, vor der Basis seitlich leicht eingeschnürt, glatt und glänzend, auf der

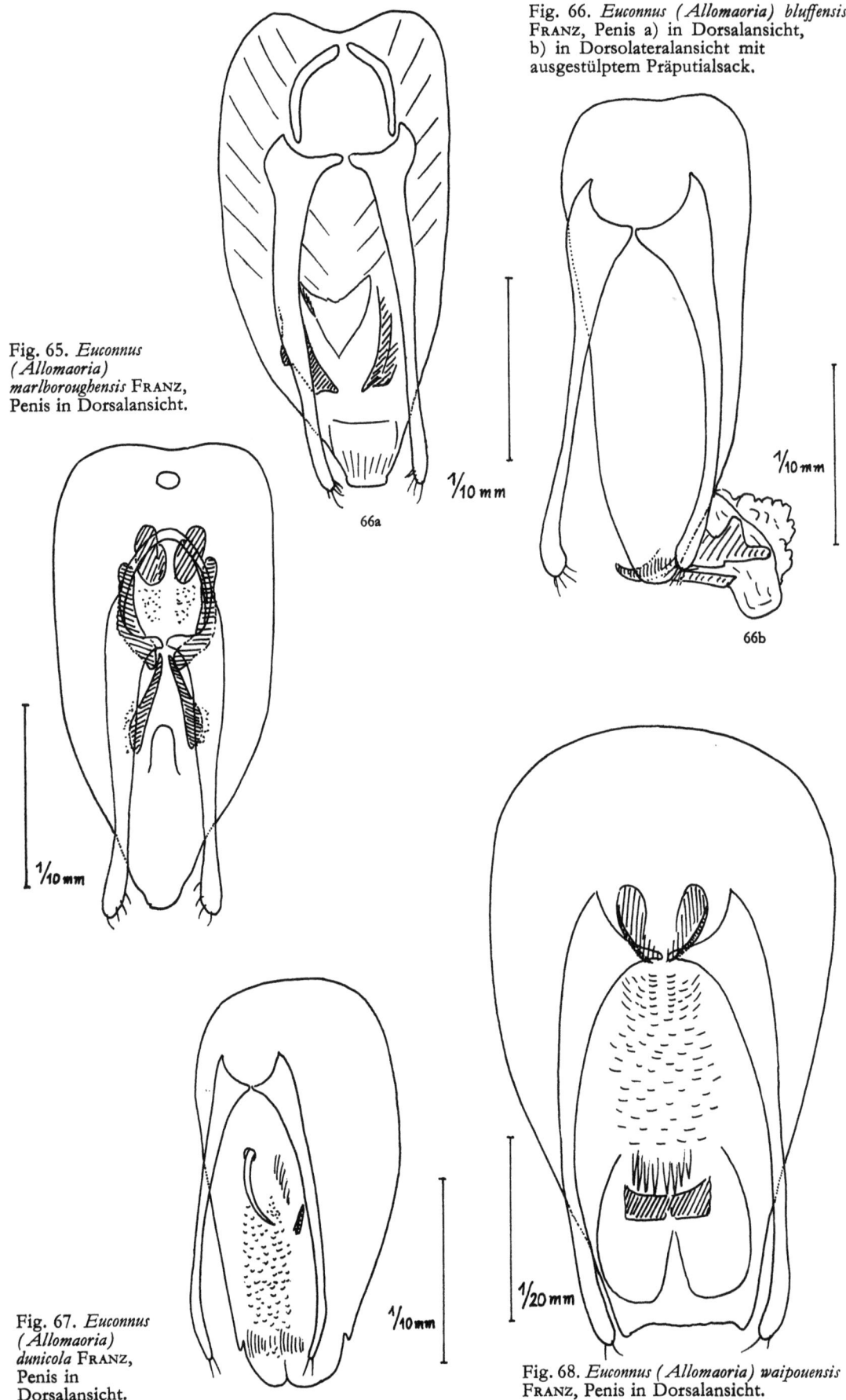

Fig. 65. *Euconnus (Allomaoria) marlboroughensis* Franz, Penis in Dorsalansicht.

Fig. 66. *Euconnus (Allomaoria) bluffensis* Franz, Penis a) in Dorsalansicht, b) in Dorsolateralansicht mit ausgestülptem Präputialsack.

Fig. 67. *Euconnus (Allomaoria) dunicola* Franz, Penis in Dorsalansicht.

Fig. 68. *Euconnus (Allomaoria) waipouensis* Franz, Penis in Dorsalansicht.

Scheibe schütter, an den Seiten dicht und struppig behaart, vor der Basis mit 2 tiefen, einander genäherten Grübchen, mit scharfen Hinterwinkeln, die Seiten vor diesen gekantet.

Flügeldecken länglichoval, stark gewölbt, an ihrer Basis nur so breit wie die Halsschildbasis, mit kleiner, aber tiefer Basalimpression, ohne Humeralfalte, lang und schräg abstehend behaart. Flügel verkümmert.

Beine schlank, Vorderschenkel etwas stärker verdickt als die der Mittel- und Hinterbeine.

Penis (Fig. 66a, b) langgestreckt-eiförmig, seine Apikalpartie zur Spitze allmählich verschmälert, diese kurz abgesetzt und breit abgestutzt. Parameren das Penisende fast erreichend, im Spitzenbereich mit je 5 Tastborsten versehen. Der Präputialsack ist in Fig. 66b ausgestülpt dargestellt, er ist größtenteils dünnhäutig, einzelne unscharf begrenzte Partien der Präputialsackwand sind stärker chitinisiert. Zwei schwach gekrümmte, außen zweimal stufig abgesetzte Chitinzähne befinden sich in der Ruhelage spiegelbildlich zur Sagittalebene, sie ragen an der Basis des ausgestülpten Präputialsackes zur Seite und nach oben.

Es liegen mir in undeterminierten Material des Museums von Nelson 2 ♂♂ vor, die G. M. Nickol am 14. 2. 1943 bei Bluff an der Südküste der Südinsel von Neuseeland gesammelt hat. Der Holotypus wird im Museum in Nelson, die Paratype in meiner Sammlung verwahrt. Ein weiteres ♂ sammelte N. A. Walker am 9. 2. 1965 nördlich von Te Anau in Southland.

Euconnus (Allomaoria) dunicola nov. spec.

Dem *E. bluffensis* m. sehr nahestehend, von ihm durch seitlich stärker erweiterten Kopf, längere Fühler, breitere Flügeldecken mit langer, schräg gestellter Humeralfalte und etwas abweichend gebauten Penis verschieden.

Long. 1,40 mm, lat. 0.55 mm. Rotbraun gefärbt, fein, gelblich behaart.

Kopf von oben betrachtet rundlich, etwa so breit wie lang, mit großen, seitlich vorragenden Augen, schwach beulenförmig über den Hals vorgewölbtem Kopf, großen Supraantennalhöckern und langer, an den Schläfen und am Hinterkopf dichter und steif abstehender Behaarung. Fühler lang, zurückgelegt die Halsschildbasis überragend, mit wenig scharf abgesetzter, 4gliederiger Keule, ihre beiden ersten Glieder doppelt so lang wie breit, 3 bis 6 leicht gestreckt, 7 fast so breit wie lang, 8 und 9 kaum merklich, 10 ein wenig stärker quer, das eiförmige Endglied nur wenig länger als das vorletzte.

Halsschild etwas länger als breit, vor seiner Längsmitte am breitesten, vor der Basis seitlich eingeschnürt, lang, an den Seiten struppig behaart, mit 2 großen Basalgrübchen und einem schrägen Eindruck vor den scharfen Hinterwinkeln.

Flügeldecken oval, seitlich stark gerundet, schon an ihrer Basis breiter als die Halsschildbasis, mit breiter und tiefer Basalimpression und langer, schräger Humeralfalte, lang, aber ziemlich schütter behaart. Flügel verkümmert.

Beine schlank, Schenkel schwach verdickt.

Penis (Fig. 67) eiförmig mit breit abgerundeter, angedeutet zweilappiger Spitze. Parameren zart, die Penisspitze nicht ganz erreichend, mit je 2 terminalen Tastborsten versehen. Im Inneren des Präputialsackes befindet sich ein in der Ruhelage knapp vor der Längsmitte des Penis gelegener, langer, nach hinten gerichteter, leicht gebogener Stachel, hinter dem die Präputialsackwand mit feinen Chitinzähnchen besetzt ist. Vor dem Ostium penis steht eine Querreihe langer Chitinborsten.

Es liegen mir im undeterminierten Material des Museums von Nelson 6 Exemplare dieser Art vor, 1 ♂, 2 ♀♀ wurden von G. S. Gurley am Dun-Mt., 2000', am 10. 1. 1942, 1 ♀ von G. Kuschel am 13. 11. 1961 ebenda in 2500' gesammelt. Der Holotypus (♂) wird im Museum in Nelson, die Paratype in meiner Sammlung verwahrt. Eine weitere Paratype (♂) stammt von Harwood Track, Canaou, Prov. Nelson. Sie wurde von J. I. Townsend am

17. 2. 1965 in Moos gesammelt. Ein ♀ hat G. S. Gurley am 4. 2. 1957 beim Tophouse am Dun-Mt. erbeutet.

Euconnus (Allomaoria) waipouensis nov. spec.

Mit *E. dunis* m. nahe verwandt, aber beträchtlich kleiner als dieser, die Chitindifferenzierungen im Penisinneren abweichend.

Long. 1,20 mm, lat. 0,50 mm. Dunkel rotbraun gefärbt, gelblich behaart.

Kopf klein und stark gewölbt, von oben betrachtet gerundet rautenförmig, etwa so lang wie breit, mit schwach beulenförmig nach hinten vorspringendem Hinterkopf, bärtig behaarten Schläfen und großen Supraantennalhöckern. Fühler allmählich zur Spitze verdickt, zurückgelegt die Halsschildbasis ein wenig überragend, ihre beiden ersten Glieder doppelt so lang wie breit, 3 bis 6 ungefähr gleich lang, deutlich länger als breit, 7 noch leicht gestreckt, 8 annähernd isodiametrisch, 9 und 10 schwach quer, das Endglied etwas kürzer als die beiden vorhergehenden zusammengenommen.

Halsschild um knapp ein Drittel länger als breit, vor seiner Längsmitte am breitesten, vor der Basis eingeschnürt, mit tiefem, seitlichem Eindruck und scharfen Hinterwinkeln, dicht, an den Seiten struppig behaart, vor der Basis mit 2 tiefen, einander genäherten Grübchen.

Flügeldecken ziemlich kurzoval, stark gewölbt, schon an ihrer Basis etwas breiter als die Halsschildbasis, mit verrundeten Schultern und tiefer, die ganze Breite der Flügeldeckenbasis einnehmender Basalimpression, äußerst fein und wenig deutlich punktiert, lang, aber ziemlich schütter behaart.

Beine schlank, Schenkel schwach verdickt, Schienen gerade.

Penis (Fig. 68) eiförmig, mit abgestutzter Spitze, die stumpfwinkeligen Hinterecken des Apex kurz vorgezogen. Parameren die Penisspitze ein wenig überragend, mit je 2 terminalen Tastborsten versehen. Unter der Basalöffnung des Penis liegen in dessen Innerem spiegelbildlich zur Sagittalebene zwei commaförmige Chitingebilde. Dahinter ist die Präputialsackwand beiderseits der Längsmitte mit feinen Chitinzähnchen besetzt. Vor dem Ostium penis liegt eine zweilappige, horizontale, schwach chitinisierte Platte, an deren Basis sich mehrere mittelgroße, nach hinten gerichtete Chitinstachel befinden. Hinter diesen liegt eine chitinöse Querleiste.

Es liegt mir nur 1 Exemplar (♂) vor, das J. I. Townsend am 10. 6. 1966 im Waipoua-Forest in Northland im Norden der Nordinsel Neuseelands gefunden hat. Der Holotypus wird im Museum in Nelson verwahrt.

Euconnus (Allomaoria) arohanus nov. spec.

Gekennzeichnet durch geringe Größe, von oben betrachtet fast kreisrunden, flach gewölbten Kopf, schlanke Fühler mit unscharf abgesetzter, 4gliederiger Keule, länglichen Halsschild mit 2 kleinen Basalgrübchen und schlanke Beine.

Long. 1,60 mm, lat. 0,60 mm. Rotbraun gefärbt, fein, gelblich behaart.

Kopf von oben betrachtet fast kreisrund, flach gewölbt, mit kleinen, weit vor seiner Längsmitte stehenden Augen, an den Schläfen und am Hinterkopf lang, nach hinten gerichtet behaart. Supraantennalhöcker schwach markiert. Fühler schlank, mit unscharf abgesetzter, 4gliederiger Keule, zurückgelegt die Halsschildbasis etwas überragend, ihre beiden ersten Glieder etwas dicker als die folgenden, doppelt so lang wie breit, 3 bis 7 gleich lang, um ein Viertel länger als breit, 8 und 9 annähernd quadratisch, 10 schwach quer, das eiförmige Endglied fast so lang wie die beiden vorhergehenden zusammengenommen.

Halsschild um ein Drittel länger als breit, nicht breiter als der Kopf, vor der Basis schwach verengt und zu den scharfen Hinterwinkeln wieder erweitert, mit 2 kleinen Basalgrübchen, lang, an den Seiten dichter als auf der Scheibe behaart.

Flügeldecken länglichoval, mit kleiner Basalimpression, ohne Humeralfalte und Schulterbeule, lang, nach hinten gerichtet behaart. Flügel verkümmert.

Beine schlank, Schenkel schwach verdickt, Schienen fast gerade, Tarsen lang.

Penis (Fig. 69) länglich, allmählich zur Spitze verengt, an dieser breit abgerundet, die Apikalpartie nicht vom Peniskörper abgesetzt. Parameren die Penisspitze ein wenig überragend, ohne Tastborsten. Im Penisinneren befindet sich hinter der Basalöffnung eine Agglomeration von Chitinapophysen und Leisten, von denen ein großer, nach hinten gerichteter, am Ende nach rechts außen gebogener Chitinstachel entspringt. Neben seinem Ende befindet sich eine gebogene Chitinfalte und unter ihm ein dünnhäutiger, kleiner Blindsack der Präputialsackwand.

Es liegt mir ein einziges Exemplar (♂) vor, das G. Kuschel am 24. 9. 1964 in Auckland sammelte. Der Patriazettel trägt die beiden Ortsnamen Te Aroha und Thames, das Tier stammt vermutlich aus dem Raum zwischen diesen beiden Orten. Der Holotypus wird in der Sammlung des Museums in Nelson aufbewahrt.

Euconnus (Allomaoria) ohakunei nov. spec.

Dem *E. fragilis* (Broun) außerordentlich ähnlich, etwas größer als dieser, der männliche Kopulationsapparat ganz anders geformt.

Long. 1,50 mm, lat. 0,55 mm. Rötlichgelb gefärbt, fein, gelblich behaart.

Kopf von oben betrachtet, so lang wie breit, rundlich, flach gewölbt, mit ziemlich kleinen, an den Seiten weit herabgerückten Augen und bärtig behaarten Schläfen. Fühler zurückgelegt die Halsschildbasis ein wenig überragend, ihre beiden ersten Glieder um die Hälfte länger als breit, 3 bis 6 leicht gestreckt, 7 so lang wie breit, 8 bis 10 breiter als lang, das eiförmige Endglied fast so lang wie die beiden vorhergehenden zusammengenommen.

Halsschild etwas länger als breit, vor seiner Längsmitte am breitesten und hier ein wenig breiter als der Kopf samt den Augen, stark gewölbt, glatt und glänzend, oberseits fein und ziemlich schütter, an den Seiten dicht, struppig und gröber behaart, vor der Basis mit 2 großen medialen und 2 sehr kleinen lateralen Grübchen.

Flügeldecken oval, an ihrer Basis nur so breit wie die Halsschildbasis, ohne Spur eines Schulterwinkels, mit großer und tiefer, außen von einer kurzen, geraden Humeralfalte begrenzter Basalimpression, sehr fein und schütter, undeutlich punktiert und schütter behaart. Flügel verkümmert.

Beine schlank, Vorderschenkel ein wenig stärker verdickt als die der Mittel- und Hinterbeine, Mittelschienen distal innen sehr flach ausgeschnitten.

Penis (Fig. 70) sehr langgestreckt, der Peniskörper von oben betrachtet parallelseitig, der dreieckige Apex von ihm nicht abgesetzt. Parameren die Penisspitze überragend, im Spitzenbereich mit je 5 Tastborsten versehen. Im Penisinneren ist ein sehr langer, leicht S-förmig gekrümmter, stumpfer Chitinstachel vorhanden, der unter der Basalöffnung des Penis wurzelt. Neben ihm inseriert ein kurzer, leicht nach außen gekrümmter, kräftiger Chitinzahn.

Es liegt mir im undeterminierten Material des Museums in Nelson ein Exemplar dieser Art (♂) vor, das aus der Sammlung Brookes stammt und einen Patriazettel mit der Aufschrift Ohakune trägt. Ohakune liegt in der Provinz Wellington auf der Nordinsel Neuseelands. Der Holotypus wird in der Sammlung des Museums von Nelson verwahrt.

Euconnus (Maoria) stenocerus (Broun)

Broun, Man. N. Zealand Col. V, 1893, p. 1064 (*Phagonophana*)

In der Größe und Färbung mit *E. fragilis* (Broun) übereinstimmend, von ihm durch deutlich queren Kopf mit spärlicher Behaarung, isodiametrisches 8. und 9. und nur schwach

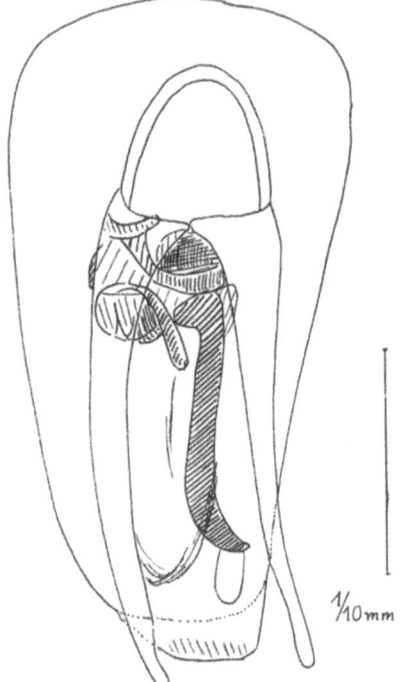

Fig. 69. *Euconnus (Allomaoria) arohanus* Franz, Penis in Dorsalansicht.

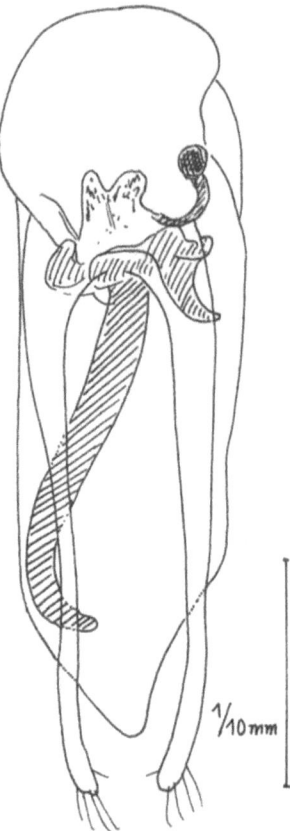

Fig. 70. *Euconnus (Allomaoria) ohakunei* Franz, Penis in Dorsalansicht.

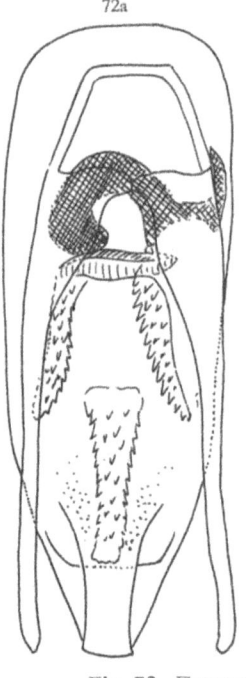

Fig. 71. *Euconnus (Allomaoria) stenocerus* Franz, Penis in Dorsalansicht.

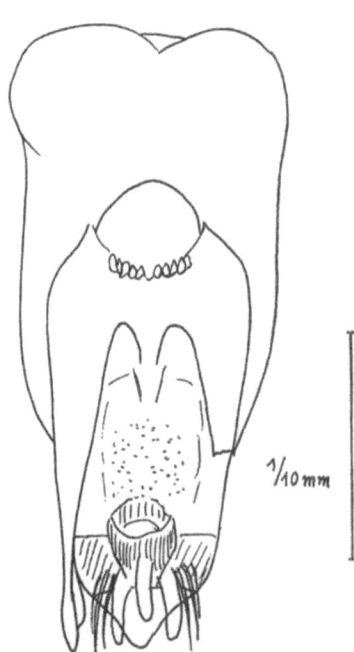

Fig. 72. *Euconnus (Allomaoria) whangamoanus* Franz, Penis a) in Dorsalansicht, b) in Lateralansicht.

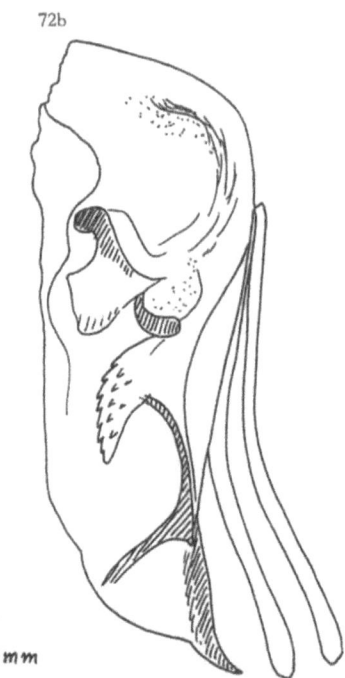

queres 10. Fühlerglied, leicht gestreckten Halsschild, gerade Hinterschienen und abweichende Penisform verschieden. Vom Autor mit *E. antennalis* (BROUN) und *E. puncticollis* (BROUN) verglichen und dem ersteren tatsächlich außerordentlich ähnlich. Der Autor gibt als Unterschiede gegenüber *E. antennalis* an: die schlankeren Maxillarpalpen und Fühler, das im Vergleich mit dem 4. und 6. größere 5. Fühlerglied und den weniger verschmälerten Hinterleib. Da von *E. antennalis* nur ein ♀ bekannt ist, wird erst die Untersuchung eines ♂ klarstellen können, ob wirklich 2 distinkte Arten vorliegen.

Long. 1,40 mm, lat. 0,52 mm. Rötlichgelb gefärbt, fein und spärlich, gelblich behaart.

Kopf von oben betrachtet breiter als lang, im Niveau der großen, flach gewölbten Augen am breitesten, flach gewölbt, die Stirn von den schwach markierten Supraantennalhöckern nach vorne abfallend, oberseits kahl, die Schläfen schütter, abstehend behaart. Fühler allmählich zur Spitze verdickt, zurückgelegt die Halsschildbasis etwas überragend, ihre beiden ersten Glieder doppelt so lang wie breit, 3 bis 5 leicht gestreckt, 6 bis 9 isodiametrisch, 10 schwach quer, das eiförmige Endglied fast so lang wie die beiden vorhergehenden zusammengenommen.

Halsschild kaum merklich länger als breit, kürzer als bei *E. antennalis*, ein wenig vor der Längsmitte am breitesten und hier so breit wie der Kopf samt den Augen, vor der Basis seitlich eingeschnürt, oberseits glatt und glänzend, seitlich schütter behaart, vor der Basis mit 2 einander stark genäherten Grübchen. Scutellum deutlich sichtbar.

Flügeldecken oval, flach gewölbt, schon an ihrer Basis breiter als der Halsschild, spärlich und ziemlich anliegend behaart, mit großer Basalimpression und nur angedeuteter Humeralfalte.

Beine schlank und ziemlich lang, Schienen gerade, distal innen ohne Haarfilz.

Penis (Fig. 71) im Bau dem des *E. fragilis* ähnlich, aber doch in der Form, in den Chitindifferenzierungen des Präputialsackes und im Bau der Parameren abweichend. Diese an der Basis breit, an der Spitze andeutungsweise gelappt, ohne Tastborsten. Apex penis dreieckig. Aus dem Ostium penis ragen 3 Chitinzapfen und jederseits 3 dicke Chitinborsten heraus, vor dem Ostium befindet sich ein starker chitinisierter Bereich der Präputialsackwand, davor ist diese nur mit feinen Chitinzähnchen bewehrt.

Dem Autor lag zur Beschreibung nur ein Exemplar vor. Der Holotypus (♂) wird im British Museum verwahrt und konnte von mir untersucht werden. Er stammt von Howick bei Auckland an der N-Küste der N-Insel Neuseelands.

Euconnus (Allomaoria) whangamoanus nov. spec.

In Größe und Gestalt dem *E. nelsonius* m. sehr ähnlich, von ihm durch kleineren, fast isodiametrischen Kopf, etwas längeren und schmäleren Halsschild mit kleineren Basalgrübchen und gewölbtere, hinten gemeinsam abgerundete, bei *E. nelsonius* einzeln abgerundete Flügeldecken verschieden. Penis ganz anders gebaut.

Long. 1,60 mm, lat. 0,65 mm. Rotbraun gefärbt, gelblich behaart.

Kopf von oben betrachtet fast kreisrund, jedoch schwach quer und im Niveau der vor seiner Längsmitte gelegenen kleinen Augen am breitesten, flach gewölbt, lang, nach hinten gerichtet, an den Schläfen dichter und schräg abstehend behaart. Fühler zurückgelegt die Halsschildbasis etwas überragend, ihre beiden ersten Glieder mehr als doppelt so lang wie breit, 3 bis 6 leicht gestreckt, 7 quadratisch, 8 schwach, 9 und 10 stark quer das Endglied breiter als das vorletzte, so lang wie 9 und 10 zusammengenommen.

Halsschild etwas länger als breit, knapp vor seiner Längsmitte am breitesten und hier ein wenig breiter als der Kopf samt den Augen, vor der Basis eingeschnürt, mit 2 kleinen Basalgrübchen, auf der Scheibe glatt und glänzend, schütter, an den Seiten dicht und struppig behaart.

Flügeldecken oval, flach gewölbt, an ihrer Basis ein wenig breiter als die Halsschildbasis, mit mäßig großer, außen von einer verrundeten, kurzen Humeralfalte begrenzter Basalimpression, am Hinterende gemeinsam abgerundet, mäßig dicht, schräg abstehend behaart.

Beine schlank, Schienen gerade.

Penis (Fig. 72a, b) langgestreckt, mit aufgebogener, am Ende abgestutzter Spitze, ohne scharf begrenzte Apikalpartie. Parameren das Penisende erreichend, ohne Tastborsten. Unter der Basalöffnung des Penis befindet sich der 2 Blindsäcke umfassende basale Teil des Präputialsackes. Jeder Blindsack ist durch eine stark chitinisierte Wandpartie versteift. Dahinter befinden sich 2 nach hinten gerichtete Chitinlappen, die mit zahlreichen Chitinzähnen besetzt sind, noch weiter hinten folgt ein mit Chitinzähnen besetztes mediales Chitinband. Der Holotypus (♂) stammt vom Whangamoa-Sattel, 1500' in der Provinz Nelson und wurde am 14. 3. 1966 von J. I. TOWNSEND in Moos gesammelt. Gemeinsam mit ihm wurde ein ♀ gefangen, das einen wesentlich größeren Kopf besitzt, sonst aber mit dem Holotypus weitgehend übereinstimmt. Aufgrund von nur je einem ♂ und ♀ läßt sich nicht feststellen, ob es sich tatsächlich um die beiden Geschlechter einer Art handelt. Der Holotypus wird im Museum in Nelson verwahrt.

Euconnus (Allomaoria) whakatanensis nov. spec.

Dem *E. whangamoanus* m. sehr nahestehend und von ihm äußerlich nur durch etwas gestrecktere Fühler, schlankeren Halsschild, dunklere Färbung und weniger dichte Behaarung verschieden. Chitindifferenzierungen im Penisinneren abweichend.

Long. 1,65 mm, lat. 0,65 mm. Schwarzbraun gefärbt, fein, weißlichgelb behaart.

Kopf von oben betrachtet rundlich, schwach quer, im Niveau der etwas vor seiner Längsmitte gelegenen, mäßig großen Augen am breitesten, flach gewölbt, mit nur angedeuteten Supraantennalhöckern und ziemlich schütterer, an den Schläfen aber steifer und dichter Behaarung. Fühler zurückgelegt die Halsschildbasis etwas überragend, ihre beiden ersten Glieder zwei- bis zweieinhalbmal so lang wie breit, 3 bis 5 deutlich, 6 eben merklich gestreckt, 7 isodiametrisch, 8 bis 10 breiter als lang, das Endglied nicht ganz so lang wie die beiden vorhergehenden zusammengenommen.

Halsschild länger als breit, vor der Mitte am breitesten und hier so breit wie der Kopf samt den Augen, auf der Scheibe glatt und glänzend, schütter, an den Seiten struppig behaart, vor der Basis mit 2 großen Grübchen.

Flügeldecken oval, gleichmäßig gewölbt, mit kleiner, aber tiefer Basalimpression, ohne Humeralfalte und ohne Schulterbeule, lang, aber ziemlich schütter, nach hinten gerichtet behaart.

Beine schlank, Schienen gerade.

Penis (Fig. 73) langgestreckt, mit leicht aufgebogener, am Ende abgestutzter Spitze und diese etwas überragenden Parameren, diese ohne Tastborsten. Präputialsack an dem einzigen vorliegenden Präparat z. T. ausgestülpt, im ausgestülpten Teil mit 3 auseinandergespreizten, kammzähnigen Chitinzapfen, im Penisinneren mit 2 spiegelbildlich zur Sagittalebene stehenden S-förmigen Chitinleisten.

Es liegt mir im undeterminierten Material des Museums in Nelson ein ♂ dieser Art vor, das G. KUSCHEL am 10. 10. 1965 in Whakatane, Auckland, aus Laubstreu siebte. Der Holotypus wird im Museum in Nelson aufbewahrt.

Euconnus (Allomaoria) pseudowhangamoanus nov. spec.

Mit *E. whangamoanus* m. nahe verwandt, aber größer als dieser, mit im Verhältnis zur Länge breiterem Kopf und Halsschild sowie abweichenden Chitindifferenzierungen im Penisinneren.

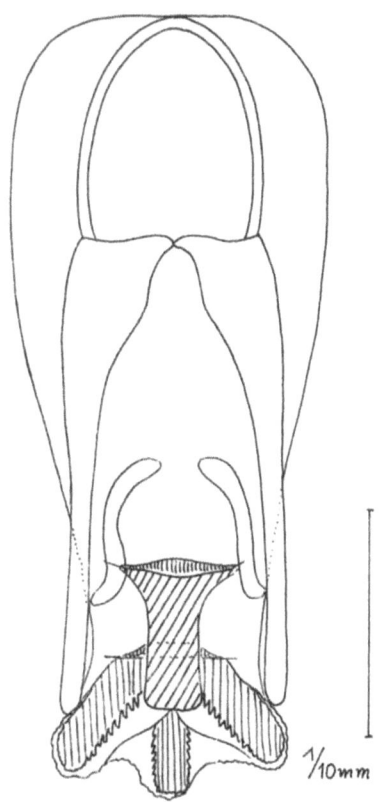

Fig. 73. *Euconnus (Allomaoria) whakatanensis* Franz, Penis in Dorsalansicht.

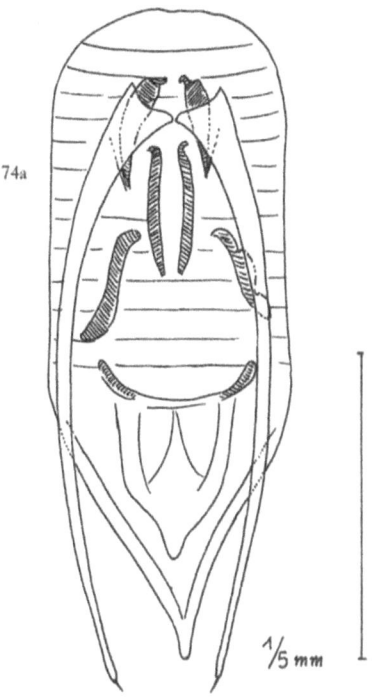

Fig. 74. *Euconnus (Allomaoria) pseudowhangamoanus* Franz, Penis a) in Dorsalansicht, b) in Lateralansicht.

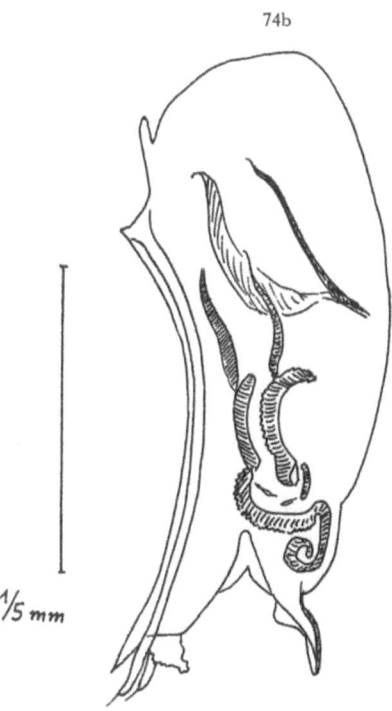

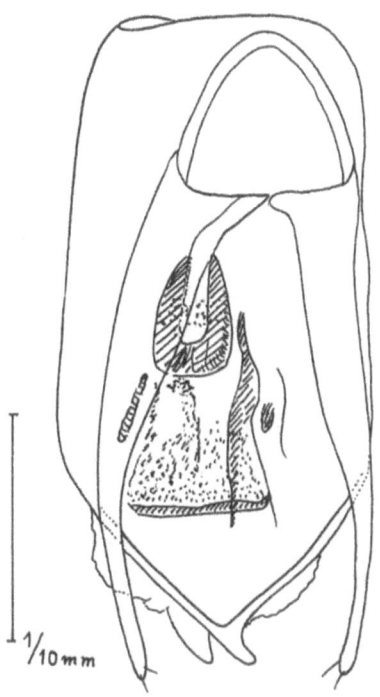

Fig. 75. *Euconnus (Allomaoria) dobsoni* Franz, Penis in Dorsalansicht.

Long. 1,90 bis 2,00 mm, lat. 0,75 mm. Rotbraun gefärbt, lang, gelblich behaart.

Kopf von oben betrachtet quer rundlich, mit flachen, aus der Kopfwölbung nicht vorragenden Augen und flach gewölbter Oberseite, steil zum Vorderrand abfallender Stirn und nur schwach angedeuteten Supraantennalhöckern. Behaarung oberseits schütter, an den Schläfen dicht, nach hinten zusehends länger, nach hinten divergierende Schläfen vortäuschend. Fühler zurückgelegt die Halsschildbasis etwas überragend, allmählich zur Spitze verdickt, ihr Basalglied doppelt, das 2. eineinhalbmal so lang wie breit, 3 bis 5 annähernd quadratisch, 6 und 7 schwach, 8 bis 10 sehr stark quer, das große Endglied breiter als das vorletzte und länger als 9 und 10 zusammengenommen.

Halsschild ein wenig länger als breit, etwas vor seiner Längsmitte am breitesten, vor der Basis eingeschnürt, mit spitzwinkeligen Hinterecken, davor seitlich mit einem Längseindruck und mit 2 einander genäherten Basalgrübchen.

Flügeldecken oval, mäßig gewölbt, schon an ihrer Basis etwas breiter als der Halsschild, besonders vor der Spitze sehr lang behaart, mit wenig scharf begrenzter Basalimpression und kurzer, verrundeter Humeralfalte, ohne Schulterbeule.

Beine schlank, Vorderschenkel stärker verdickt als die der Mittel- und Hinterbeine.

Penis (Fig. 74a, b) langgestreckt, schwach nach oben gebogen, in eine ziemlich scharfe Spitze auslaufend, Parameren diese ein wenig überragend, mit einer terminalen Tastborste versehen. Im Penisinneren befinden sich, vom Bereich der Basalöffnung bis zum Ostium verteilt, chitinöse Leisten und Falten der Präputialsackwand. Die vorderen sind zu 3 Paaren spiegelbildlich zur Sagittalebene angeordnet, die hinterste ist unpaarig, mit feinen Zähnchen besetzt und schneckenförmig zusammengerollt. Das Ostium penis ist ventral von einem zungenförmigen Operculum überdeckt. Die Muskulatur im Penisinneren ist quer zur Längsachse des Penis angeordnet.

Es liegen mir aus den undeterminierten Beständen des Museums in Nelson 4 Exemplare (2 ♂♂, 2 ♀♀), davon 1 ♂, 2 ♀♀ vom Avon Valley (Marlborough) vor, die J. I. Townsend dort am 2. 7. 1964 sammelte und 1 ♂ von Cass, Canterbury, lg. Townsend, 4. 10. 1962. Der Holotypus und eine Paratype werden im Museum in Nelson, zwei Paratypen in meiner Sammlung verwahrt.

Euconnus (Allomaoria) dobsoni nov. spec.

Dem *E. fragilis* Broun ähnlich, von diesem aber durch bedeutendere Größe, relativ großen, von oben betrachtet fast kreisrunden Kopf, vor der Basis seitlich stärker eingeschnürten Halsschild und abweichenden Penisbau verschieden.

Long. 1,50 bis 1,70 mm, lat. 0,55 bis 0,70 mm. Rotbraun gefärbt, fein, gelblich behaart.

Kopf von oben betrachtet fast kreisrund mit großen, flachen Augen, schwach markierten Supraantennalhöckern und vor diesen schräg abfallender Stirn, lang, aber fein und schütter, nur an den Schläfen grob und dicht, abstehend behaart. Fühler allmählich zur Spitze verdickt, zurückgelegt die Halsschildbasis ein wenig überragend, ihre beiden ersten, das 4. und 5. Glied um die Hälfte länger als breit, das 3., 6. und 7. noch deutlich gestreckt, das 8. fast so breit wie lang, das 9. schwach, das 10. stark quer, das eiförmige Endglied kürzer als die beiden vorhergehenden zusammengenommen.

Halsschild um etwa ein Viertel länger als breit, im vorderen Drittel seiner Länge am breitesten und hier so breit wie der Kopf samt den Augen, vor der Basis stark eingeschnürt, mit scharfen Hinterecken, oberseits schütter, an den Seiten dicht und struppig behaart, vor der Basis mit 2 kleinen Grübchen.

Flügeldecken oval, ziemlich stark gewölbt, schon an ihrer Basis etwas breiter als die Halsschildbasis, mit tiefer Basalimpression und sehr kurzer Humeralfalte, lang, aber mäßig dicht behaart. Flügel verkümmert.

Beine schlank, Schenkel schwach verdickt, Schienen gerade.

Penis (Fig. 75) von oben betrachtet parallelseitig, der Peniskörper länglich-rechteckig mit dreieckigem, nach oben gebogenem Apex, der in einer kurzen, schmalen Spitze endet. Parameren diese ein wenig überragend, an der Basis breit, an der Spitze schmal, mit je 2 Tastborsten versehen. Im Penisinneren befindet sich etwa in der Mitte des Peniskörpers ein U-förmiges Chitingebilde und hinter diesem ein ausgedehntes, mit feinen Chitinzähnchen versehenes Feld der Präputialsackwand. Dieses ist hinten durch eine quere Chitinleiste abgeschlossen. Zu beiden Seiten des mit Zähnchen besetzten Feldes befinden sich längsorientierte Chitinleisten.

Es liegen mir 2 Exemplare dieser Art (♂, ♀) vor, die A. K. WALKER am 11. 11. 1966 am Dobson Track unter dem Arthurs Pass zwischen Westland und Canterbury auf der Südinsel Neuseelands aus tiefen Fallaublagen siebte. Der Holotypus (♂) wird im Museum in Nelson, die Paratype (♀) in meiner Sammlung verwahrt.

Euconnus (Allomaoria) eruanus nov. spec.

Dem *E. fragilis* (BROUN) ähnlich, aber flacher gewölbt, der Kopf flacher, der Halsschild seitlich stark eingeschnürt, die Flügeldecken seitlich stark gerundet, der Penis mit breit abgerundeter Spitze, in seinem Inneren ohne erkennbare Chitindifferenzierungen.

Long. 1,50 bis 1,55 mm, lat. 0,55 bis 0,60 mm. Rotbraun gefärbt, schütter gelblich behaart.

Kopf von oben betrachtet fast kreisrund, flach gewölbt, lang und schütter, an den Schläfen dicht und schräg abstehend behaart, glatt und glänzend, mit deutlichen Supraantennalhöckern und vor diesen flach zum Vorderrand abfallender Stirn. Fühler zurückgelegt knapp die Halsschildbasis erreichend, allmählich zur Spitze verdickt, ihre beiden ersten Glieder um die Hälfte länger als breit, 3 bis 6 leicht gestreckt, 7 isodiametrisch, 8 bis 10 breiter als lang, das eiförmige Endglied kürzer als die beiden vorhergehenden zusammengenommen.

Halsschild länger als breit, etwas vor seiner Längsmitte am breitesten, vor der Basis seitlich stark eingeschnürt, mit stark gewölbter, glatter Scheibe, auf dieser spärlich, an den Seiten dichter und steif abstehend behaart, mit 2 tiefen Basalgrübchen und scharfen Hinterwinkeln.

Flügeldecken oval, an ihrer Basis nur sehr wenig breiter als die Halsschildbasis, mit breiter, außen von einer kurzen Humeralfalte begrenzter Basalimpression. Spärlich und fein punktiert, schütter behaart, stark glänzend. Flügel atrophiert.

Beine schlank, Schenkel schwach verdickt.

Penis (Fig. 76) eiförmig, mit sehr breit abgerundeter Spitze, auch die Ventralwand im Bogen über das Ostium penis vorragend. Parameren die Penisspitze ein wenig überragend, gegen das Ende leicht zur Mitte gekrümmt, mit einer kurzen terminalen Tastborste.

Es liegen mir 2 Exemplare (♂, ♀) vor, die aus der Sammlung BROUN stammen und sich in den undeterminierten Beständen des Museums in Nelson fanden. Sie tragen einen handgeschriebenen Patriazettel mit der Aufschrift Erua. Der Holotypus wird im Museum in Nelson, die Paratype in meiner Sammlung aufbewahrt.

Euconnus (Allomaoria) parawhangamoanus nov. spec.

Dem *E. whangamoanus* m. sehr ähnlich, von ihm durch schlankere Gestalt, kürzere Fühler, namentlich kürzeres 2. und 3. Glied, längeren Halsschild und länger ovale Flügeldecken verschieden.

Fig. 76. *Euconnus (Allomaoria) eruanus* FRANZ, Penis in Dorsalansicht.

Fig. 78. *Euconnus (Allomaoria) heterarthrus* (BROUN), Penis in Dorsalansicht mit ausgestülptem Präputialsack.

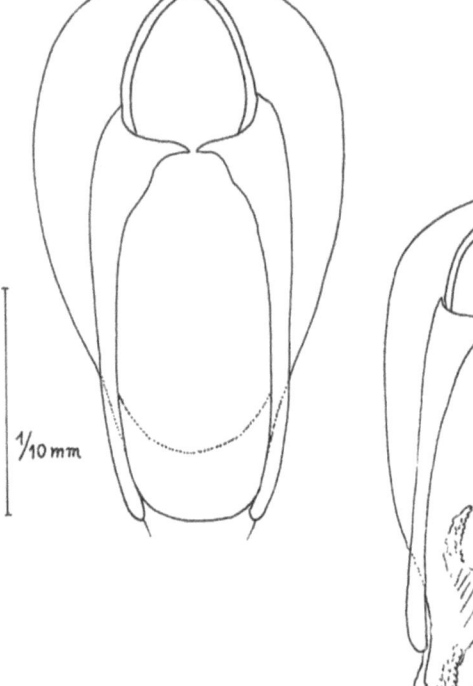
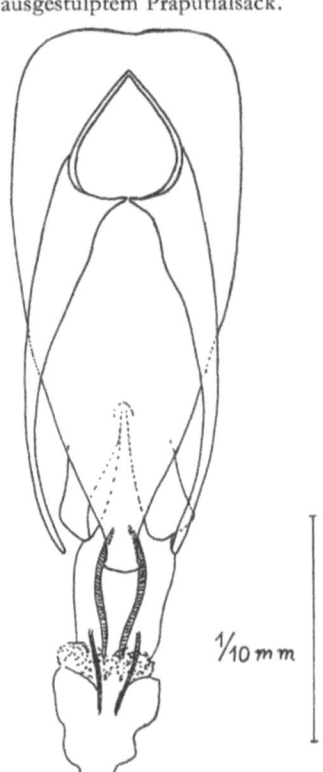

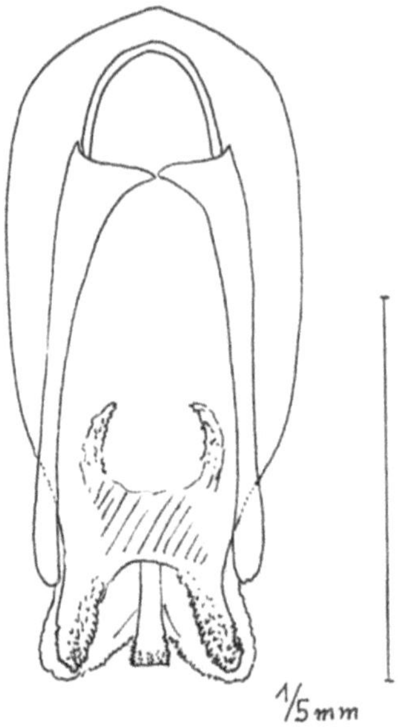

Fig. 77. *Euconnus (Allomaoria) parawhangamoanus* FRANZ, Penis in Dorsalansicht.

Fig. 79. *Euconnus (Allomaoria) takakae* FRANZ, Penis in Dorsalansicht mit ausgestülptem Präputialsack.

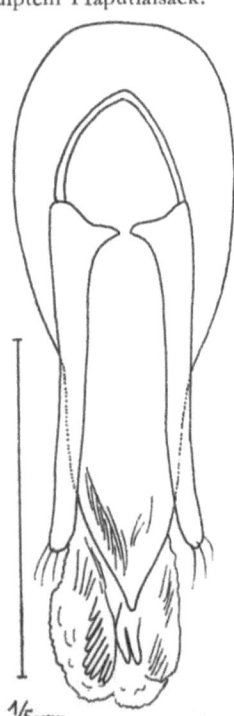
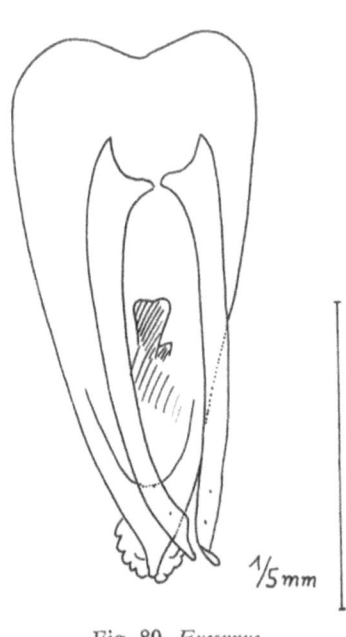
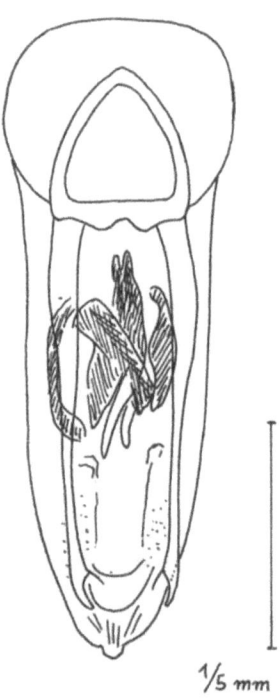

Fig. 80. *Euconnus (Allomaoria) haurokanus* FRANZ, Penis in Dorsalansicht.

Fig. 81. *Euconnus (Allomaoria) oveni* FRANZ, Penis in Dorsalansicht.

Long. 1,60 mm, lat. 0,60 bis 0,65 mm, Rotbraun gefärbt, lang, gelblich behaart.

Kopf von oben betrachtet fast kreisrund, flach gewölbt, mit großen Augen und langer, aber schütterer, nur an den Schläfen dichter Behaarung. Supraantennalhöcker schwach markiert. Fühler allmählich zur Spitze verdickt, zurückgelegt die Halsschildbasis erreichend, ihre beiden ersten Glieder eineinhalbmal so lang wie breit, 3 bis 5 leicht gestreckt, 6 und 7 annähernd isodiametrisch, 8 bis 10 zunehmend breiter als lang, das Endglied nicht ganz so lang wie die beiden vorhergehenden zusammengenommen.

Halsschild um ein Viertel länger als breit, hinter der Mitte eingeschnürt, vor der Basis mit sehr seichter, weit vor dem Seitenrand erlöschender Querfurche, glatt und glänzend, schütter, an den Seiten etwas dichter behaart.

Flügeldecken oval, mit breiter, außen von einer kurzen Humeralfalte scharf begrenzter Basalimpression, sehr schütter punktiert, ziemlich dicht und lang, schräg abstehend behaart.

Beine schlank, Schenkel schwach verdickt.

Penis (Fig. 77) dem des *E. whangamoanus* m. sehr ähnlich gebaut, im einzigen vorliegenden Präparat nicht ganz durchsichtig, Präputialsack z. T. ausgestülpt. Aus dem terminalen Ostium ragen in diesem Zustande seitlich und nach hinten schwach divergierend 2 mit kleinen Zähnchen besetzte Chitinzapfen und zwischen diesen ein distal ebenfalls mit Zähnchen bewehrter medialer Zapfen heraus. Diese 3 Gebilde inserieren an ihrer Basis in einem die ganze Penisbreite ausfüllenden stark chitinisierten Feld, das nach vorne zwei schwach chitinisierte und mit Zähnchen besetzte Arme entsendet. Die Parameren erreichen das Penisende nicht ganz, sie tragen keine Tastborsten.

Es liegen mir von dieser Art 2 Exemplare (♂, ♀) vor, die G. KUSCHEL am Beacon Knob, 240 m, auf den Three Kings Islands am 23. 11. 1970 aus Laubstreu sammelte. Der Holotypus (♂) wird im Museum in Nelson, die Paratype (♀) in meiner Sammlung verwahrt.

Euconnus (Allomaoria) heterarthrus (BROUN)

BROUN, Ann. Mag. Nat. Hist. (6) 12, 1893, p. 181—182 *(Scydmaenus)*

Durch geringe Größe und hell rötlichgelbe Färbung ausgezeichnet, äußerlich dem *E. fragilis* BROUN etwas ähnlich, von ihm allerdings durch stärker gewölbten Körper, schmäleren Kopf und kürzere Fühler schon äußerlich leicht unterscheidbar, Penis ganz anders geformt; dem des *E. paraovipennis* m. sehr ähnlich und mit diesem wahrscheinlich nahe verwandt.

Long. 1,10 mm, lat. 0,40 mm. Rötlichgelb gefärbt, sehr fein, gelblich behaart.

Kopf von oben betrachtet länglichrund, hoch gewölbt, auf der Stirn fein und kurz, am Scheitel, an den Schläfen und am Hinterrand sehr lang und steif abstehend behaart, mit flachen Supraantennalhöckern. Fühler zurückgelegt die Halsschildbasis nicht ganz erreichend, mit undeutlich abgesetzter, 4gliederiger Keule, ihre beiden ersten Glieder leicht gestreckt, 3 bis 5 isodiametrisch, 6 und 7 kaum merklich, 8 bis 10 deutlich breiter als lang, das Endglied oval, ein wenig länger als breit.

Halsschild um ein Drittel länger als breit, etwas vor seiner Längsmitte am breitesten, mit 2 kleinen Basalgrübchen, oberseits fein und kurz, an den Seiten sehr lang und schräg, nach hinten abstehend behaart.

Flügeldecken oval, schon an ihrer Basis ein wenig breiter als die Halsschildbasis, mit breiter Basalimpression und schräger Humeralfalte, im vorderen Drittel an der Naht mit flachem Längseindruck, fein und schütter, nur wenig aufgerichtet behaart.

Beine ziemlich kurz, Schenkel schwach verdickt.

Penis (Fig. 78) dünnhäutig, an seiner Basis am breitesten, vom vorderen Drittel allmählich zur Spitze verjüngt, die Spitze schmal abgestutzt, mit seitlich etwas vorspringenden

Ecken. Parameren die Penisspitze erreichend, distal verschmälert, dünnhäutig, ohne Tastborsten. Präputialsack mit 2 Paaren längsorientierter, im ausgestülpten Zustand hintereinander gelegener Chitinleisten, im Bereiche des vorderen (im ausgestülpten Zustand hinteren) Paares mit feinen Chitinzähnchen besetzt.

Der Holotypus (♂) wird im Brit. Museum verwahrt und lag mir zur Untersuchung vor. Er stammt von Lingars Bush, Papakura. Weitere Exemplare liegen mir nicht vor.

Euconnus (Allomaoria) takakae nov. spec.

Dem *E. bluffensis* m. sehr ähnlich, von diesem durch etwas längere Fühler mit gestreckten 1., 2. und 4. bis 7. Gliedern (bei der Vergleichsart sind Glied 6 und 7 nicht länger als breit) und breitere, höher gewölbte und länger behaarte Flügeldecken sowie anders geformten Penis verschieden.

Long. 1,40 mm, lat. 0,52 mm. Rotbraun gefärbt, lang, gelblich behaart.

Kopf von oben betrachtet rundlich, kaum merklich länger als mit den flach gewölbten Augen breit, mäßig stark gewölbt, lang, an den Schläfen und am Hinterkopf dichter als oberseits behaart, mit deutlichen Supraantennalhöckern. Fühler zurückgelegt die Halsschildbasis ein wenig überragend, mit unscharf abgesetzter, 4gliederiger Keule, ihre beiden ersten Glieder nicht ganz so lang wie breit, 3 quadratisch, 4 bis 7 deutlich gestreckt, 8 sehr schwach, 9 und 10 stärker quer, das eiförmige Endglied so lang wie die beiden vorhergehenden zusammengenommen.

Halsschild um 3 Zehntel länger als breit, etwas vor seiner Längsmitte am breitesten und hier ein wenig breiter als der Kopf mit den Augen, vor der Basis leicht eingeschnürt, mit 2 durch eine Querfurche verbundenen Basalgrübchen, lang, an den Seiten struppig behaart.

Flügeldecken oval, stark gewölbt, schon an der Basis breiter als der Halsschild, ohne Schulterwinkel, mit kleiner, außen von einer sehr kurzen Humeralfalte begrenzter Basalimpression, fein und undeutlich punktiert, sehr lang, abstehend behaart.

Beine schlank, Schenkel aber keulenförmig verdickt.

Penis (Fig. 79) langgestreckt, in der distalen Hälfte schmäler als in der basalen, in einer scharfen Spitze endend. Parameren diese nicht erreichend, robust, mit je 3 terminalen Tastborsten versehen. Präputialsack in dem einzigen vorliegenden Präparat ausgestülpt, auf der von oben und hinten besehen linken Seite mit einem chitinösen Kamm, im mittleren Teil mit 2 nebeneinander gelegenen Chitinzähnen versehen, darüber hinaus mit einzelnen, stärker chitinisierten Wandpartien.

Es liegen mir drei Exemplare (2 ♂♂, 1 ♀) vor, die sich im undeterminierten Scydmaenidenmaterial des Museums in Nelson vorfanden. Der Holotypus (♂) wurde von E. S. Gourlay am Takaka-Hill, 2500', am 19. 2. 1952 gesammelt, zwei Paratypen (♂, ♀) stammen vom Wainui-River, Canaon, Nelson und wurden von J. I. Townsend am 8. 12. 1964 erbeutet. Der Holotypus und eine Paratype (♀) sind im Museum in Nelson verwahrt.

Euconnus (Allomaoria) haurokanus nov. spec.

Gekennzeichnet durch lange und schlanke, allmählich zur Spitze verdickte Fühler, von oben betrachtet fast kreisrunden, gleichmäßig gewölbten Kopf, länglichen, im vorderen Drittel seiner Länge die größte Breite erreichenden Halsschild mit 2 großen, einander genäherten Basalgrübchen, langovale, ziemlich anliegend behaarte Flügeldecken mit flacher Basalimpression und verrundeter Schulterbeule und schlanke Beine mit schwach verdickten Mittel- und Hinterschenkeln.

Long. 1,90 mm, lat. 0,75 mm. Rotbraun gefärbt, fein, gelblich behaart.

Kopf von oben betrachtet fast kreisrund, mit flachen Augen, beim ♀ größer als beim ♂, stark gewölbt, dicht, an den Schläfen struppig behaart, Supraantennalhöcker kaum markiert. Fühler allmählich zur Spitze verdickt, zurückgelegt die Halsschildbasis beim ♂ erreichend, beim ♀ ein wenig überragend, Glied 1 bis 6 länger als breit, 7 quadratisch, 8 kaum merklich, 9 und 10 deutlich breiter als lang, das eiförmige Endglied fast so lang wie die beiden vorhergehenden zusammengenommen.

Halsschild um ein Viertel länger als breit, etwas vor seiner Längsmitte am breitesten, vor der Basis leicht eingeschnürt, mit scharfen Hinterwinkeln, vor diesen mit kleiner Längsdepression, vor der Mitte ihrer Basis mit 2 großen, einander genäherten Basalgruben, oberseits ziemlich schütter, an den Seiten dicht und struppig behaart.

Flügeldecken oval, mäßig gewölbt, schon an ihrer Basis beträchtlich breiter als die Halsschildbasis, undeutlich fein punktiert und ziemlich anliegend behaart, mit breiter und flacher, außen von einer schrägen Humeralfalte begrenzter Basalimpression.

Beine ziemlich schlank, Vorderschenkel stärker verdickt als die der Mittel- und Hinterbeine.

Penis (Fig. 80) nahe seiner Basis am breitesten, allmählich zur Spitze verschmälert, Parameren diese erreichend, ohne Tastborsten, ihre Spitze gedreht, viel schmäler als der übrige Teil. Penis in dem einzigen vorliegenden Präparat z. T. undurchsichtig, etwa in seiner Längsmitte ist ein längsorientierter keulenförmiger Chitinkörper sichtbar.

Es liegen mir im undeterminierten Material des Museums in Nelson 2 Exemplare dieser Art (♂, ♀) vor. Beide stammen vom Lake Hauroka in Southland und wurden am 2. 11. 1966 gesammelt. Der Holotypus (♂) wird im Museum in Nelson, die Paratype (♀) in meiner Sammlung verwahrt.

Euconnus? (Allomaoria) oweni nov. spec.

Dem *E. restinga* m. in Größe und Färbung ähnlich, von ihm vor allem durch größeren und flacheren Kopf und etwas gedrungener gebaute Fühler sowie durch gänzlich anderen Penisbau verschieden.

Long. 1,80 mm, lat. etwa 0,70 mm. Hell rötlichgelb gefärbt, lang, gelblich behaart.

Kopf von oben betrachtet annähernd kreisrund, mit sehr großen, flach gewölbten Augen und bärtig behaarten Schläfen, flacher gewölbt als bei *E. restinga*, mit größeren und deutlicher markierten Supraantennalhöckern. Fühler lang und dünn, allmählich zur Spitze verdickt, zurückgelegt die Halsschildbasis weit überragend, ihr 8. bis 10. Glied so lang wie breit, alle anderen gestreckt. 3. Glied der Maxillartaster nicht so groß wie bei der Vergleichsart.

Halsschild länger als breit, bei dem einzigen vorliegenden Exemplar von Anthrenen zerfressen, Oberseite nicht mehr erhalten.

Flügeldecken langoval, stark gewölbt, hinten spitz zulaufend, mit tiefer Basalimpression, ohne Schulterwinkel und ohne deutliche Humeralfalte, lang behaart, glänzend. Flügel verkümmert.

Beine lang und schlank, Schenkel schwach verdickt.

Penis (Fig. 81) langgestreckt, von der Basis gegen das Hinterende etwas verschmälert, mit kurzer und kleiner, annähernd halbkreisförmiger Spitze. Parameren das Penisende nicht ganz erreichend, vor der Spitze etwas erweitert, innen halbmondförmig ausgeschnitten und mit einer gebogenen Tastborste versehen. Im Penisinneren befinden sich etwa in der Längsmitte des Penis der Länge nach orientierte, stark chitinisierte Leisten und 2 schwächer chitinisierte, stumpfe Stachel.

Es liegt mir nur ein Exemplar (♂) vor, das leider durch Anthrenen-Fraß stark beschädigt ist. Das Tier wurde am 3. 3. 1938 von E. S. GOURLEY am Mt. Owen in Nelson gesammelt und wird im Museum in Nelson verwahrt.

Euconnus (Allomaoria) hokianoae nov. spec.

Gekennzeichnet durch länglichovalen, ziemlich flach gewölbten Kopf, kurze, allmählich zur Spitze verdickte Fühler, leicht gestreckten, seitlich gleichmäßig gerundeten Halsschild mit 4 Basalgrübchen, ovale Flügeldecken mit breiter Basalimpression und schräger verrundeter Humeralfalte sowie sehr kleinen Penis.

Long. 1,40 mm, lat. 0,55 mm. Hell rotbraun gefärbt, fein, gelblich behaart.

Kopf von oben betrachtet länglichrund, flach gewölbt, mit großen, schwach gewölbten Augen und langer, abstehender Behaarung der Schläfen und des Hinterkopfes. Fühler allmählich zur Spitze verdickt, zurückgelegt die Halsschildbasis nicht ganz erreichend, ihr 2. Glied doppelt so lang wie breit, das 3. und 4. leicht gestreckt, das 5. kugelig, das 6. bis 10. zunehmend stärker quer, das Endglied kürzer als die beiden vorhergehenden zusammengenommen.

Halsschild ein wenig länger als breit, etwa in der Längsmitte am breitesten und von da gleichmäßig zur Basis und zum Vorderrand wenig stark verengt, auf der Scheibe schütter an den Seiten struppig behaart, vor der Basis mit 4 Grübchen.

Flügeldecken oval, mäßig gewölbt, schon an ihrer Basis etwas breiter als die Halsschildbasis, mit breiter, außen von einer schrägen, verrundeten Humeralfalte begrenzter Basalimpression, fein und zerstreut punktiert, ziemlich anliegend behaart.

Beine mäßig lang, Vorderschenkel etwas stärker verdickt als die der Mittel- und Hinterbeine.

Penis (Fig. 82) sehr klein, länglich, mit zweispitzigem, vom Peniskörper nicht abgesetztem Apex, Parameren das Penisende erreichend mit je einer Tastborste versehen. Im Penisinneren befinden sich vor der Mitte zwei zur Sagittalebene parallele Chitinfalten und zwischen ihnen feine Chitinzähnchen. Solche finden sich auch vor dem Penisende.

Es liegt mir nur ein Exemplar (♂) vor, das am 7. 12. 1961 auf den Hokianga Heads gesammelt wurde. Der Holotypus wird im Museum in Nelson aufbewahrt.

Euconnus (Allomaoria) durvillei nov. spec.

Äußerlich von *E. fragilis* (BROUN) und den verwandten Arten nur durch sehr undeutliche Basalgrübchen am Halsschild und den Besitz einer ziemlich großen, seitlich von einer kurzen Humeralfalte begrenzten Basalimpression auf den Flügeldecken verschieden, im Penisbau von allen Arten dieses Verwandtschaftskreises stark abweichend.

Long. 1,20 mm, lat. 0,45 mm. Hell rotbraun gefärbt, fein, gelblich behaart.

Kopf von oben betrachtet länger als breit, gerundet rautenförmig, mit langen, stark nach hinten konvergierenden Schläfen, diese lang und dicht, steif abstehend, Stirn und Scheitel gleichfalls lang, aber etwas schütterer behaart, Augen klein, an den Seiten des Kopfes unterhalb der Fühlerwurzeln stehend. Fühler allmählich zur Spitze verdickt, zurückgelegt die Halsschildbasis erreichend, ihre beiden ersten Glieder dicker als die folgenden, um die Hälfte länger als breit, 3 bis 6 leicht gestreckt, 7 breiter als 6, so breit oder fast so breit wie lang, 8 kaum merklich, 9 und 10 deutlich breiter als lang, das große, eiförmige Endglied fast so lang wie die beiden vorhergehenden zusammengenommen.

Halsschild um etwa ein Viertel länger als breit, vor seiner Längsmitte am breitesten, vor der Basis seitlich eingeschnürt, lang und ziemlich dicht, an den Seiten noch dichter und struppig behaart, mit 2 undeutlichen, seichten Basalgrübchen.

Flügeldecken oval, stark gewölbt, lang und schräg abstehend behaart, schon an ihrer Basis ein wenig breiter als die Halsschildbasis, mit tiefer und großer Basalimpression und kurzer, aber deutlicher Humeralfalte. Flügel atrophiert.

Beine schlank, Schenkel schwach verdickt.

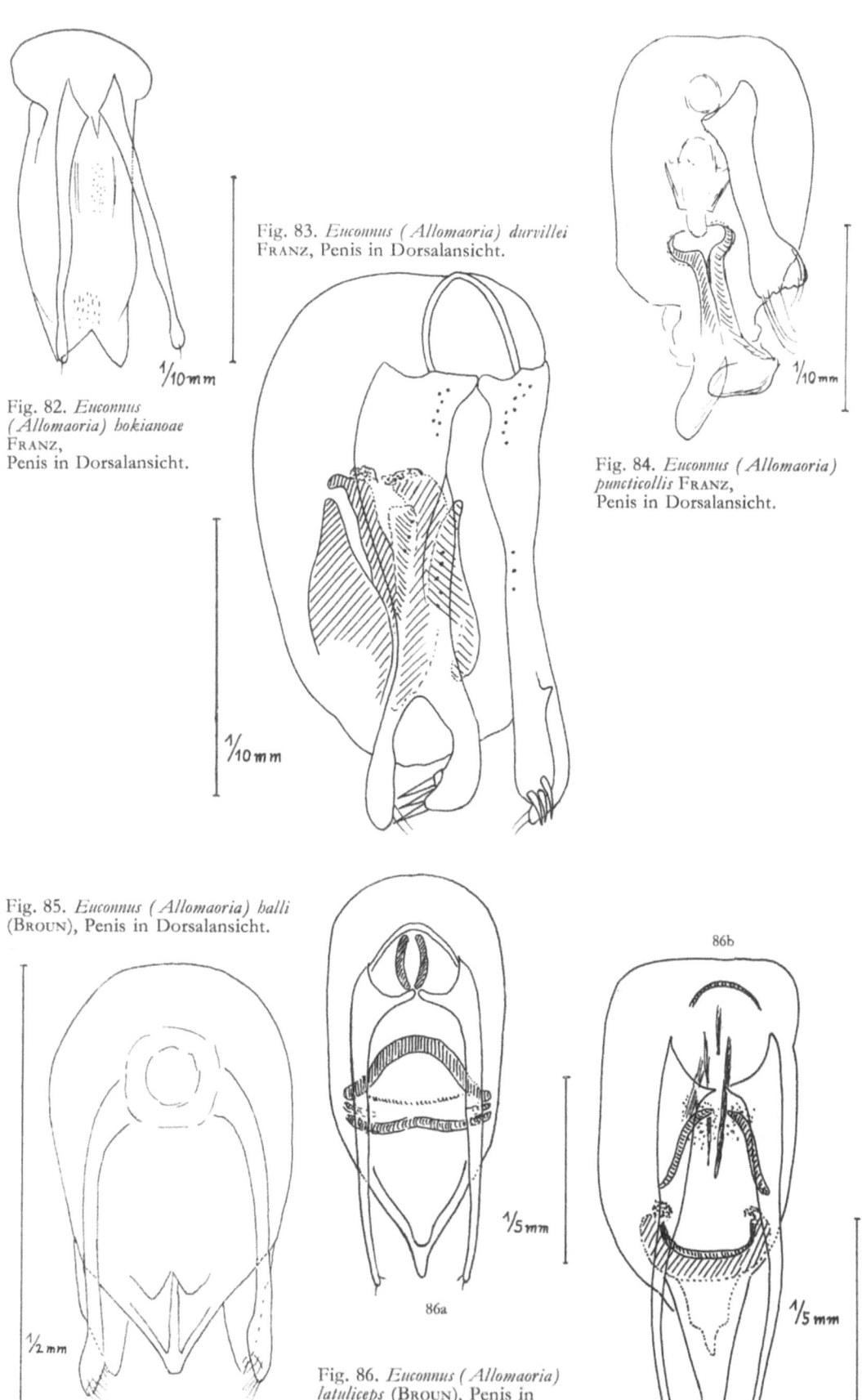

Fig. 82. *Euconnus (Allomaoria) hokianoae* Franz, Penis in Dorsalansicht.

Fig. 83. *Euconnus (Allomaoria) durvillei* Franz, Penis in Dorsalansicht.

Fig. 84. *Euconnus (Allomaoria) puncticollis* Franz, Penis in Dorsalansicht.

Fig. 85. *Euconnus (Allomaoria) halli* (Broun), Penis in Dorsalansicht.

Fig. 86. *Euconnus (Allomaoria) latuliceps* (Broun), Penis in Dorsalansicht a) von der f. typ., b) von der var. *rileyensis* Franz.

Penis (Fig. 83) oval, mit weichhäutiger, vom Peniskörper nicht abgesetzter Basalpartie. Parameren das Penisende überragend, sehr breit, an der Basis und in der Längsmitte mit Porenpunkten versehen, im distalen Viertel in 2 Äste gespalten, der mediale Ast am Ende mit 3 zur Seite gerichteten, starken Stacheln, der laterale mit 2 feinen Tastborsten versehen. Im Penisinneren befindet sich ein Bündel längsorientierter, chitinöser Lamellen und Falten.

Es liegen mir nur 2 Exemplare (♂, ♀) vor, die J. I. TOWNSEND am 28. 9. 1963 auf Durville Isld. im Marlborough Sound östlich vom Attempt-Hill gesammelt hat. Der Holotypus (♂) wird in der Sammlung des Museums in Nelson, die Paratype (♀) in meiner Sammlung verwahrt.

Euconnus (Allomaoria) puncticollis (BROUN)

BROUN, Man. New Zeal. Coleopt. 1, 1880, p. 146 (*Stenichnus*)

Long. 1,40 mm, lat. 0,50 mm. Rotbraun, die Extremitäten etwas heller gefärbt als der Körper, fast kahl.

Kopf von oben betrachtet rundlich, etwa so lang wie breit, die ziemlich großen Augen etwas vor seiner Längsmitte stehend, Stirn und Scheitel gemeinsam flach gewölbt, glatt und glänzend, Supraantennalhöcker deutlich markiert. Fühler allmählich zur Spitze verdickt, zurückgelegt die Halsschildbasis nicht ganz erreichend, ihre beiden ersten Glieder um ein Drittel länger als breit, 3, 6 und 7 quadratisch, 4 und 5 leicht gestreckt, 8 kaum merklich, 9 und 10 etwas stärker quer, das eiförmige Endglied nicht ganz so lang wie die beiden vorhergehenden zusammengenommen.

Halsschild ein wenig länger als breit, im vorderen Drittel am breitesten und hier etwas breiter als der Kopf samt den Augen, im basalen Drittel seitlich stark eingedrückt, mit 4 großen Grübchen, dahinter wieder etwas erweitert, mit scharfen Basalecken, oberseits glänzend und kahl. Scutellum sehr klein.

Flügeldecken oval, flach gewölbt, an ihrer Basis nur wenig breiter als der Halsschild, mit breiter, außen von einer langen Humeralfalte scharf begrenzter Basalimpression, glatt und glänzend, sehr zerstreut behaart.

Beine schlank, Schenkel sehr schwach verdickt, Schienen gerade.

Penis (Fig. 84) dünnhäutig, ohne scharf markierte Apikalpartie. Aus dem terminalen Ostium penis ragen zwei schwach chitinisierte Lappen nach hinten, die mit einem dickwandigen Chitinrohr in Verbindung stehen, das vorne trichterförmig erweitert ist und mit dem ein weiteres, weiter vorn gelegenes trichterförmiges Organ mittels eines kurzen Rohres verbunden ist. Von den beiden Parameren ist in dem einzigen vorliegenden Präparat nur eine vorhanden. Sie ist sehr breit, in den Umrissen hantelförmig, am Ende wellig abgestutzt und mit einer Reihe von Tastborsten versehen.

Es liegt mir der im British Museum verwahrte Holotypus (♂) vor, der in Manaia auf Neuseeland gesammelt wurde.

Euconnus (Allomaoria) ambiguus (BROUN)

BROUN, Manual New Zeal. Coleopt. 1, 1880, p. 145 (*Stenichnus*)

Dem *E. puncticollis* (BROUN) ähnlich, aber der Kopf größer, von oben betrachtet nicht rundlich, sondern quer viereckig, mit nach hinten nur sehr wenig konvergierenden, bärtig behaarten Schläfen, der Halsschild nicht breiter als der Kopf.

Long. 1,35 mm, lat. 0,53 mm. Rotbraun gefärbt, gelblich behaart.

Kopf quer viereckig, die Stirn dreieckig zwischen den Fühlerwurzeln vorspringend. Scheitel flach gewölbt, Stirn von den Supraantennalhöckern nach vorne abgedacht, beide glatt und glänzend, fast kahl, die Schläfen schütter, bärtig behaart, fast parallel, etwa so lang wie der Durchmesser der großen Augen. Fühler allmählich zur Spitze verdickt, zurückgelegt die Halsschildbasis knapp erreichend, ihre beiden ersten Glieder um ein Drittel länger als breit, 3 bis 7 annähernd isodiametrisch, 8 bis 10 breiter als lang, das eiförmige Endglied nicht ganz so lang wie die beiden vorhergehenden zusammengenommen.

Halsschild ein wenig länger als breit, im distalen Drittel am breitesten und hier so breit wie der Kopf, im basalen Drittel seitlich stark eingeschnürt, mit 2 großen, einander genäherten Basalgrübchen, zu den Hinterwinkeln wieder erweitert, diese scharfeckig, die Scheibe glatt und glänzend, kahl, die Seiten sehr fein behaart. Scutellum sehr klein.

Flügeldecken oval, flach gewölbt, schon an ihrer Basis etwas breiter als die Halsschildbasis, schütter, nach hinten gerichtet behaart, mit breiter und tiefer, außen von der Humeralfalte begrenzter Basalimpression, darin auf jeder Flügeldecke mit 2 Grübchen.

Beine schlank, Schenkel schwach verdickt, Schienen kaum merklich einwärts gekrümmt.

Es liegt mir nur die Type (♀) aus dem British Museum vor. Sie stammt von Manaia in Neuseeland. In der Originaldiagnose ist als Fundort Whangarei Heads angegeben.

Euconnus (Allomaoria) halli (BROUN)

BROUN, Bull. New Zeal. Inst. 1, 1915, p. 311 (*Phagonophana*)
LHOSTE, Rev. franç. d'Entom. 5, 1938, p. 101, Fig. 9, 10 (*Phagonophana*)

Durch relativ bedeutende Größe, glänzende Oberseite, lange, gelbliche Behaarung, querrundlich-viereckigen Kopf, kurze, allmählich zur Spitze verdickte Fühler, schmalen, die Breite des Kopfes nicht übertreffenden Halsschild mit 2 großen Basalgrübchen und flach gewölbte Flügeldecken mit seichter Basalimpression und kurzer Humeralfalte ausgezeichnet.

Long. 2,20 bis 2,45 mm, lat. 0,85 bis 0,90 mm. Rotbraun gefärbt, lang, gelblich behaart.

Kopf von oben betrachtet etwas breiter als lang, gerundet viereckig, mit großen und flachen, etwas vor seiner Längsmitte gelegenen Augen, flach gewölbt, glatt und glänzend, schütter, auf den Schläfen dicht und steif abstehend behaart, Supraantennalhöcker deutlich markiert. Fühler dick, allmählich zur Spitze dicker werdend, zurückgelegt die Halsschildbasis nicht ganz erreichend, mit dickem und kurzem Basalglied, das 2. Glied beim ♂ doppelt, beim ♀ eineinhalbmal so lang wie breit, 3 bis 5 leicht gestreckt, 6 und 7 fast so breit wie lang, 8 bis 10 quer, das Endglied so lang wie die beiden vorhergehenden zusammengenommen. Maxillarpalpen mit verhältnismäßig langem, spitzem, dem 3. achsial aufsitzendem Endglied.

Halsschild nur so breit wie der Kopf, etwas vor seiner Längsmitte am breitesten, zur Basis nur schwach verengt, um ein Fünftel länger als breit, oberseits schütter, an den Seiten dicht und struppig behaart, mit 2 großen, nahe beieinander liegenden Basalgrübchen und einem Eindruck an den abfallenden Seiten vor den Hinterwinkeln. Scutellum nicht sichtbar.

Flügeldecken oval, flach gewölbt, an ihrer Basis nur wenig breiter als der Halsschild, mit länglicher Basalimpression und kurzer Humeralfalte, lang und schräg abstehend behaart.

Beine mäßig lang, Schenkel schwach verdickt, Schienen distal leicht verbreitert, die Vorderschienen vor der Spitze innen ausgerandet und mit steifen Borsten besetzt.

Penis (Fig. 85) gedrungen gebaut, seine Dorsalwand mit einem dreieckigen Apex abschließend, die Ventralwand an beiden Seiten breit zahnförmig nach hinten vorspringend, zwischen den beiden Vorsprüngen spiegelbildlich zur Sagittalebene in 2 spitzwinkelig-dreieckige Platten nach hinten verlängert. Parameren das Penisende erreichend, am Ende verbreitert und mit zahlreichen nach innen und hinten gerichteten Tastborsten versehen. Das Penisinnere ist in dem undurchsichtigen, mir vorliegenden Präparat nicht erkennbar.

Es liegen mir 3 Exemplare von Canterbury in Neuseeland aus der Sammlung des Deutschen Ent. Inst. vor. Es ist trotz einiger Unrichtigkeiten in der Zeichnung LHOSTES erkennbar, daß ihm die gleiche Art vorlag wie mir. Canterbury ist ein Distrikt auf der Südinsel Neuseelands. 4 weitere Exemplare ohne Fundort, aber von BROUN selbst als *halli* bezeichnet, wurden mir vom Museum in Nelson zugesandt. Das von einem ♂ hergestellte Penispräparat zeigt völlige Übereinstimmung mit dem ♂ aus dem Deutschen Ent. Inst.

Euconnus (Allomaoria) latuliceps (BROUN)

BROUN, Manual N. Zeald. Col. 6, 1893, p. 1339 (*Phagonophana ovipennis* nom. praeoccup.)
BROUN, Bull. New Zeald. Inst. 1, 1915, p. 309 (*Scydmaenus latuliceps*)
LHOSTE, Rev. franç. d'Entom. 5, 1938, p. 101, fig. 14 (*Phagonophana latuliceps*)

Die Type und eine Paratype des *E. ovipennis*, beide vom typischen Fund Moeraki, wurden mir vom British-Museum zum Studium zugesandt. Sie stimmen mit der Beschreibung überein, die ich nach 2 auf Brown zurückgehenden, in der Sammlung des Pariser Museums verwahrten Exemplaren des *Scydmaenus latuliceps* BROWN angefertigt habe. Von einem dieser Exemplare ♂, das einen handschriftlichen Patriazettel mit dem Text Mt. Hult, 10. 1. 1913 trägt, konnte ich den Penis herauspräparieren und zeichnen (Fig. 86). Auch von der Paratype des *E. ovipennis* BROUN von Moeraki aus der Sammlung des British Museums habe ich den Penis untersucht. Der Vergleich der beiden Präparate ergab vollständige Übereinstimmung. Unter der Voraussetzung, daß die beiden im Pariser Museum verwahrten Exemplare tatsächlich den *E. latuliceps* (BROWN) repräsentieren, woran ich nicht zweifle, ergibt sich, daß *E. latuliceps* und *E. ovipennis* synonym sind. Die nachfolgende Beschreibung ist nach den Exemplaren des Pariser Museums angefertigt, trifft aber auch auf die Type zu. Da der Name *ovipennis* in der Gattung Euconnus durch *E. ovipennis* REITT. et CROISS 1890 präokkupiert ist, muß die Art den Namen *E. latuliceps* tragen.

Durch queren, den Halsschild an Breite übertreffenden Kopf, lange Fühler, vor der Basis seitlich eingedrückten Halsschild mit 2 großen Basalgrübchen, in der vorderen Hälfte beiderseits der Naht flach niedergedrückte Flügeldecken mit tiefer, außen von einer schrägen Humeralfalte begrenzter Basalimpression und durch schlanke Beine mit schwach verdickten Schenkeln ausgezeichnet.

Long. 1,90 mm, lat. 0,75 bis 0,80 mm. Rotbraun gefärbt, gelblich behaart.

Kopf von oben betrachtet viel breiter als lang, mit nach hinten leicht gerundet verengten Schläfen, diese aber sehr dicht abstehend, in der Weise behaart, daß der Kopf bei flüchtiger Betrachtung nach hinten erweitert erscheint. Fühler lang und ziemlich dünn, allmählich zur Spitze verdickt, zurückgelegt die Halsschildbasis beträchtlich überragend, ihre beiden ersten Glieder eineinhalb-, 4 und 5 eineinviertelmal so lang wie breit, 6 leicht gestreckt, 3 und 7 isodiametrisch, 8 und 9 schwach, 10 etwas stärker quer, das Endglied groß und so lang wie die beiden vorhergehenden zusammengenommen.

Halsschild nicht ganz so breit wie der Kopf samt den Augen, etwas länger als breit, vor der Längsmitte am breitesten, im basalen Drittel seitlich eingedrückt, vor der Basis mit 2 großen, voneinander nur durch einen Längskiel getrennten Grübchen, an den Seiten dicht, auf der Scheibe schütter behaart.

Flügeldecken oval, schon an ihrer Basis etwas breiter als der Halsschild, mit tiefer, seitlich von einer schrägen Humeralfalte scharf begrenzter Basalimpression, in der vorderen Hälfte beiderseits der Nacht leicht niedergedrückt, sehr fein und seicht punktiert, mäßig dicht, nach hinten gerichtet behaart.

Beine schlank, Schenkel schwach verdickt, Hinterschienen leicht einwärts gekrümmt.

Penis (Fig. 86a) ziemlich langgestreckt, sowohl seine Dorsal- als auch seine Ventralwand distal in eine Spitze verjüngt. Parameren distal verschmälert, am Ende mit je 2 kurzen

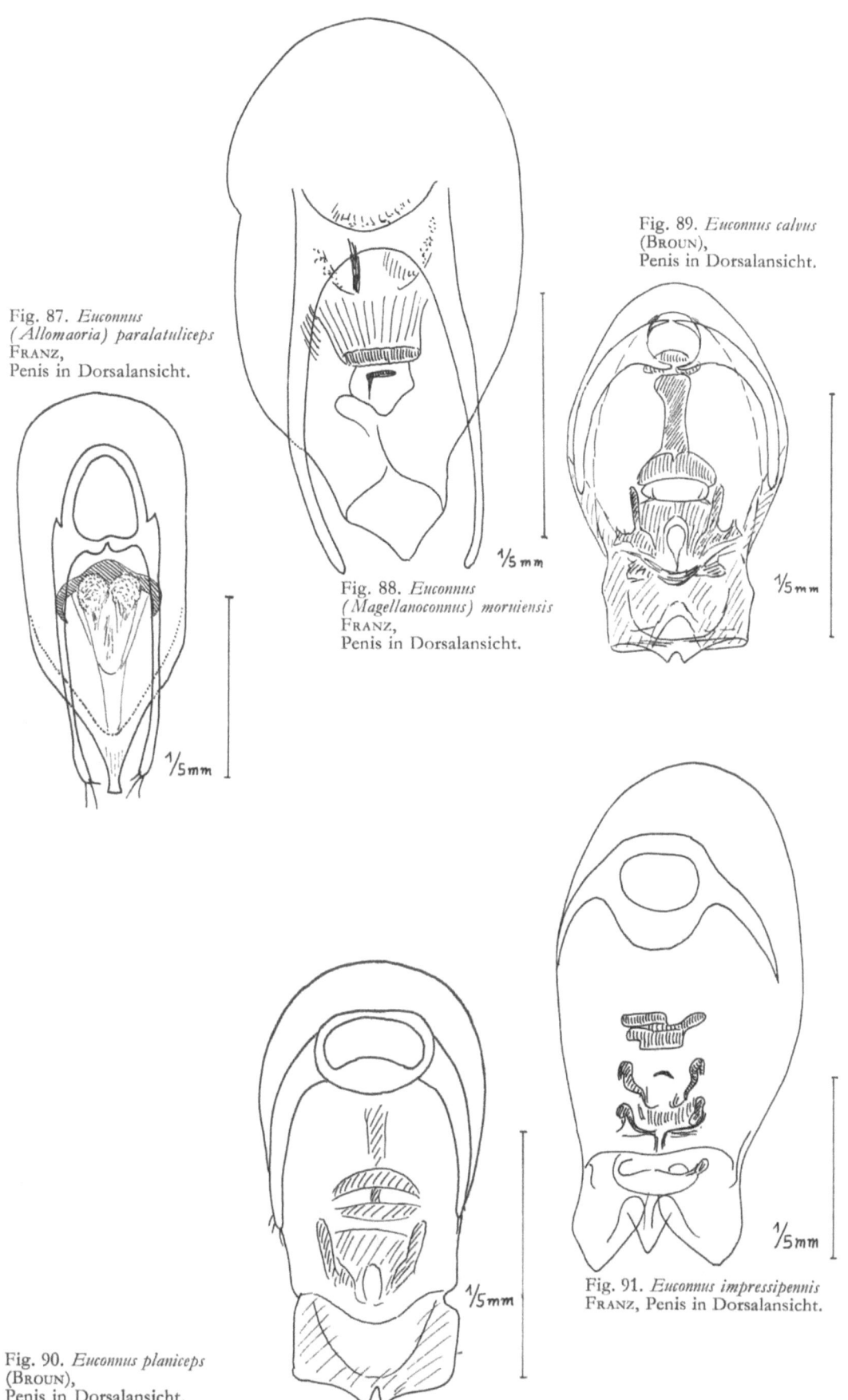

Fig. 87. *Euconnus (Allomaoria) paralatuliceps* Franz, Penis in Dorsalansicht.

Fig. 88. *Euconnus (Magellanoconnus) morniensis* Franz, Penis in Dorsalansicht.

Fig. 89. *Euconnus calvus* (Broun), Penis in Dorsalansicht.

Fig. 90. *Euconnus planiceps* (Broun), Penis in Dorsalansicht.

Fig. 91. *Euconnus impressipennis* Franz, Penis in Dorsalansicht.

Tastborsten versehen. Im Penisinneren befinden sich unter der Basalöffnung zwei spiegelbildlich zur Längsachse gelegene, leicht nach außen gekrümmte Chitinleisten, etwa in der Längsmitte des Organs befindet sich eine in der Mitte im Bogen nach vorn vorspringende Querleiste und hinter dieser eine 2. fast gerade Querleiste.

Außer den auf BROWN zurückgehenden Exemplaren liegen mir 6 ♂♂, 2 ♀♀ aus den undeterminierten Scydmaenidenbeständen des Museums in Nelson vor. 4 von diesen stammen vom Head of Fabiansvalley, 915 m, in Marlborough, wo sie am 23. 10. 1963 von J. I. TOWNSEND aus Streu gesammelt wurden. Ein Exemplar hat A. K. WALTER am 24. 7. 1966 am Mt. Riley, 732 m, in Marlborough in Waldstreu erbeutet. Äußerlich stimmen alle 5 Tiere mit der Type überein, 3 ♂♂ vom Head of Fabiansvalley auch im Penisbau. Ein ♂ vom Head of Fabiansvalley und das ♂ vom Mt. Riley dagegen besitzen einen längeren und schmäleren Apex penis und ein viel kürzeres, stufig zur Spitze verschmälertes Operculum (vgl. Fig. 86b). Diese Tiere bezeichne ich als var. *rileyensis* m.

Euconnus (Allomaoria) paralatuliceps nov. spec.

Mit *E. ovipennis* (BROUN) nahe verwandt und äußerlich von ihm nur durch etwas schlankeren, flacher gewölbten Körper, schüttere Behaarung, im Verhältnis zur Breite längeren Halsschild und dünnere Beine verschieden. Die Chitindifferenzierungen im Penisinneren stark abweichend.

Long. 1,95 bis 2,00 mm, lat. 0,75 bis 0,80 mm. Dunkel rotbraun gefärbt, lang, aber mäßig dicht, gelblich behaart.

Kopf von oben betrachtet wesentlich breiter als lang, mäßig stark gewölbt, glatt und glänzend, oberseits schütter und fein, an den Schläfen dicht und steif abstehend behaart, mit großen, flach gewölbten, an den Kopfseiten ziemlich weit herabgerückten Augen und nur sehr schwach markierten Supraantennalhöckern. Fühler allmählich zur Spitze verdickt, zurückgelegt das basale Viertel der Flügeldeckenlänge erreichend, ihr 2. Glied nicht ganz doppelt, das 4. und 5. beim ♂ eineinhalbmal so lang wie breit, beim ♀, wie auch Glied 3 und 6 beim ♂, nur leicht gestreckt, Glied 3 beim ♀ kaum kürzer als 4, 6 isodiametrisch, 7 und 8 beim ♂ wie auch 7 beim ♀ annähernd so breit wie lang, die folgenden Glieder bis einschließlich des 10. beim ♀ stärker quer als beim ♂, das eiförmige Endglied in beiden Geschlechtern so lang wie die beiden vorhergehenden zusammengenommen.

Halsschild länger als breit, vor der Mitte am breitesten, vor der Basis im Bereich der beiden Basalgrübchen seitlich eingeschnürt, auf der Scheibe glatt und glänzend, fein und mäßig dicht, an den Seiten dichter und gröber behaart.

Flügeldecken oval, an ihrer Basis nur so breit wie die Halsschildbasis, ziemlich flach gewölbt, ohne Schulterbeule und ohne Schulterwinkel, mit breiter, außen von einer kurzen Humeralfalte begrenzter Basalimpression, äußerst fein und schütter, lang und abstehend behaart.

Beine schlank, Schenkel schwach verdickt.

Penis (Fig. 87) wie bei *E. latuliceps* aus einem von oben betrachtet ovalen Peniskörper und einem langen, spitzwinkelig-dreieckigen Apex bestehend, die äußerste Spitze des letzteren abgestutzt. Operculum ebenfalls dreieckig mit abgerundeter Spitze, kürzer als der Apex penis. Parameren die Penisspitze nahezu erreichend, am Ende mit je 3 Tastborsten versehen. Im Penisinneren liegt knapp hinter der Längsmitte des Peniskörpers eine quergestellte Chitinleiste, deren Enden von zwei sichelförmig nach hinten und innen gebogenen Chitinzähnen gebildet werden. An die Leiste schließen hinten zwei sackförmige mit zahlreichen Chitinzähnchen versehene Ausbeulungen der Präputialsackwand an.

Es liegen von dieser Art mehrere Exemplare (3 ♂♂ Penispräp.!) vor, 1 ♂ (Holotypus) und 2 ♀♀ sammelte J. I. TOWNSEND am 20. 5. 1964 am Mt. Arthur, 1065,5 m, in Nelson. Eine Paratype (♂) stammt vom Tophouse am Dun Mtn. (lg. E. S. GOURLEY, 4. 2. 1957).

Weitere Exemplare stammen aus dem Cawthron-Park (lg. E. S. Gourley, 14. 1. 1959). Die Type und die meisten Paratypen werden im Museum in Nelson, 2 Paratypen in meiner Sammlung verwahrt.

Euconnus (Allomaoria) antennalis (Broun)

Broun, Manual New Zeal. Coleopt. 5—7, 1893, p. 1064

Durch geringe Größe, großen, schwach queren Kopf, zurückgelegt die Halsschildbasis deutlich überragende Fühler, leicht gestreckten Halsschild mit 2 einander stark genäherten Basalgrübchen und tiefe Basalimpression der Flügeldecken ausgezeichnet.

Long. 1,25 mm, lat. 0,45 mm. Hell rotbraun gefärbt, spärlich, gelblich behaart.

Kopf von oben betrachtet etwas breiter als lang, mit mäßig großen, flach gewölbten Augen und mäßig gerundet nach hinten schwach konvergierenden, steif abstehend behaarten Schläfen. Seine Oberseite flach gewölbt, glatt und glänzend, die Stirn vor den Fühlerwurzeln nach vorne abfallend. Fühler allmählich zur Spitze verdickt, zurückgelegt die Halsschildbasis überragend, der sichtbare Teil des Basalgliedes etwas kürzer als das 2., dieses doppelt so lang wie breit, 3 bis 5 leicht gestreckt, 6 bis 8 quadratisch, 9 und 10 schwach quer, zusammen so lang wie das eiförmige Endglied.

Halsschild um ein Viertel länger als breit, etwas vor der Mitte am breitesten und hier nicht ganz so breit wie der Kopf samt den Augen, im basalen Drittel seiner Länge seitlich eingeschnürt, vor der Basis mit 2 tiefen, durch einen Längskiel schmal getrennten Grübchen, seine Scheibe kahl, glatt und glänzend, die Seiten schütter, abstehend behaart.

Flügeldecken oval, mäßig gewölbt, an ihrer Basis nur wenig breiter als die Basis des Halsschildes, mit tiefer, außen von einer kurzen Humeralfalte scharf begrenzter Basalimpression und Andeutung eines Eindruckes neben der Naht im basalen Drittel ihrer Länge, sehr spärlich behaart.

Beine schlank, Vorderschenkel ein wenig stärker als die der Mittel- und Hinterbeine verdickt, Schienen fast gerade.

Es liegt mir nur der Paratypus (♀) vor, der mir vom British Museum zur Untersuchung zugesandt wurde. Er trägt einen gedruckten Patriazettel mit dem Text „Manaia". In der Originaldiagnose ist angegeben: „Mount Manaia, Whangarei Harbour". Die Art ist demnach in Northland, dem nördlichsten Teil der Nordinsel Neuseelands beheimatet.

Subgenus *Magellanoconnus* Franz

Euconnus (Magellanoconnus) moruiensis nov. spec.

Sehr ausgezeichnet durch bedeutende Größe, sehr lange, zurückgelegt die Längsmitte des Körpers erreichende Fühler, querrundlichen Kopf, leicht gestreckten, etwas vor der Längsmitte seine größte Breite besitzenden Halsschild mit 4 großen Basalgrübchen und einer seichten Längsfurche beiderseits im lateralen Viertel seiner Breite sowie durch lange und dichte Behaarung des gesamten Körpers.

Long. 2,30 mm, lat. 1,00 mm. Rötlichbraun gefärbt, lang und dicht, bräunlichgelb behaart.

Kopf von oben betrachtet rundlich, mit den großen, seitlich stark vorgewölbten Augen ein wenig breiter als lang, flach gewölbt, mit großen und hoch aufragenden Supraantennalhöckern, dicht und struppig behaart. Fühler zur Spitze allmählich und nur schwach verdickt, zurückgelegt ungefähr die Längsmitte des Körpers erreichend, mit durchwegs gestreckten Gliedern, ihr 1., 5. und 6. Glied mehr als doppelt so lang wie breit, 2 zweimal, 3, 4 und 7 reichlich eineinhalbmal so lang wie breit, das eiförmige Endglied kürzer als die beiden vorhergehenden zusammengenommen.

Halsschild etwas länger als breit, knapp vor seiner Längsmitte am breitesten und hier ein wenig breiter als der Kopf samt den Augen, vor der Basis leicht ausgeschweift mit gekanteten Seitenrändern und scharfen Hinterwinkeln, vor der Basis mit 4 Grübchen, die mittleren sehr groß, durch einen scharfen Längskiel voneinander getrennt, die ganze Oberseite sehr dicht und struppig abstehend behaart.

Flügeldecken langoval, mäßig gewölbt, mit hoch emporgewölbter, länglicher Schulterbeule, innerhalb derselben mit großer, hinten verflachter Basalimpression und in dieser mit 2 Basalgrübchen, lang und dicht behaart, die Haare hinter der Längsmitte schräg nach außen und hinten, vor der Spitze aber schräg zur Naht gerichtet.

Beine schlank, Schenkel schwach verdickt.

Penis (Fig. 88) in der Anlage eiförmig, vor der dreieckigen Spitze seitlich schwach ausgeschweift. Parameren stabförmig, dünnhäutig, die Penisspitze ein wenig überragend, ohne Tastborsten. Im Penisinneren liegt im distalen Drittel der Penislänge eine kleine, horizontale, lanzettförmige Platte und vor dieser eine quere, breite, längsgriefte Hautfalte, vor der sich mit kleinen Chitinzähnchen besetzte Partien der Präputialsackwand befinden.

Es liegen mir im undeterminierten Material des Museums von Nelson 4 Exemplare dieser Art (2 ♂♂, 2 ♀♀) vor. Den Holotypus (♂) erbeutete J. I. TOWNSEND am 2. 6. 1965 am Moruia Sattel, 575,5 m, bei Murchison in der Provinz Nelson. Eine Paratype (♀) trägt einen Patriazettel mit dem Text „Mackays str. Englinton V., 30. 10. 66, J. I. TOWNSEND", die beiden restlichen Paratypen (♂, ♀) stammen von Hope im Süden der Provinz Nelson, 10. 12. 1914 (Coll. BROUN). Diese beiden Tiere befinden sich in meiner Sammlung. Im undeterminierten Material des Museums in Nelson fand sich ein *Euconnus*-♂ mit Fundort Lake Hauroka, Southland, lg. J. I. TOWNSEND, 2. 11. 1966. Dieses Tier ist äußerlich von den Tieren aus dem Norden der Südinsel Neuseelands nicht unterscheidbar. Auch in der äußeren Form des Penis bestehen keine Unterschiede, das Penisinnere ist in dem Präparat leider undurchsichtig. Ich habe dieses Tier als *E. moruiensis* var.? bestimmt.

Species incertae sedis

Euconnus calvus (BROUN)

BROUN, Manuel New Zeal. Coleopt. 1, 1880, p. 147 (*Phagonophana*)

Gekennzeichnet durch wenig scharf abgesetzte, 4gliederige Fühlerkeule, rundlichen, annähernd isodiametrischen Kopf, von der Basis gerundet nach vorne verengten Halsschild, große, schräge Humeralfalte der Flügeldecken und schlanke Beine.

Long. 1,60 bis 1,80 mm, lat. 0,68 bis 0,75 mm. Rotbraun gefärbt, gelblich behaart.

Kopf von oben betrachtet isodiametrisch rundlich, aber im Bereich der großen, im vorderen Drittel seiner Länge stehenden Augen am breitesten. Stirn zwischen den Supraantennalhöckern ziemlich tief eingedellt, Scheitel flach gewölbt, beide stark glänzend, glatt, sehr schütter behaart, die Behaarung der Schläfen lang und dicht, bärtig abstehend. Fühler zurückgelegt die Halsschildbasis ein wenig überragend, ihr Basalglied dicker als das 2., dieses eineinhalbmal so lang wie breit, 3 schwach quer, 4 bis 6 quadratisch, 7 leicht gestreckt, 8 bis 10 breiter als lang, das eiförmige Endglied so lang wie die beiden vorhergehenden zusammengenommen.

Halsschild um ein Sechstel länger als breit, von der Basis zur Mitte fast parallelseitig, von da zum Vorderrand gerundet verengt, seine Scheibe ziemlich stark gewölbt, glatt und glänzend, sehr schütter, die Seiten struppig behaart, vor der Basis mit 2 durch eine Querfurche verbundenen Grübchen, die Hinterecken scharf rechtwinkelig. Schildchen nicht sichtbar.

Flügeldecken schon an ihrer Basis etwas breiter als der Halsschild, mit großer, außen von einer schrägen Humeralfalte scharf begrenzter Basalimpression, sehr undeutlich und fein, schütter punktiert, schütter behaart.

Beine schlank, Schenkel schwach verdickt, Vorder- und Mittelschienen distal innen flach ausgerandet und mit einer Haarbürste versehen.

Penis (Fig. 89) mit ovalem Peniskörper und von oben betrachtet annähernd querrechteckiger Apikalpartie, der Hinterrand der Dorsalwand in der Mitte schmal ausgerandet, beiderseits der Ausrandung in 2 kurzen Spitzen vorgezogen. Ventralwand des Penis im Bogen über das Ostium vorragend. Parameren kurz, stark gekrümmt, bei dem ♂ von Epsom mit mehreren feinen Tastborsten besetzt. Im Penisinneren ist vor der Apikalpartie eine Gruppe stark chitinisierter Platten und Stäbe vorhanden, vor der ein breiter Chitinsockel liegt, aus dessen Mitte ein mächtiger Chitinzapfen nach vorne ragt.

Es liegt mir die Type (♂) aus dem British Museum vor. Sie stammt aus Tairua. Der Autor gibt als weiteren Fundort Whangarei Heads an. Whangarei liegt im nördlichsten Teil der Nordinsel Neuseelands. Ein weiteres ♂ gelangte aus der Sammlung BROUNS über A. E. BROOKES an das Museum in Nelson. Es trägt einen Patriazettel mit dem Namen Epsom. Ein am 25. 10. 1943 N von Napier von T. COCKCROFT gesammeltes ♂ und ein weiteres von Hokianga Heads, am 7. 12. 1961 von G. KUSCHEL gesammelt, befinden sich in meiner Sammlung.

Euconnus planiceps (BROUN)

BROUN, Manual New Zeal. Coleopt. 5, 1893, p. 1063 (*Phaganophana*)

Diese Art ist nach 3 Exemplaren von Mokohinau-Island beschrieben, die Type, ein ♂, konnte ich untersuchen. Ein weiteres ♂ von diesem Fundort gelangte mit der Sammlung SHARP in den Besitz des British Museum und lag mir ebenfalls zur Untersuchung vor. Die Art steht, wie übrigens schon der Autor erkannt hat, dem *E. calvus* BROUN sehr nahe. Es genügt, die Unterschiede gegenüber dieser Art hervorzuheben.

Long. 1,65 mm, lat. 0,65 mm. Rotbraun gefärbt, gelblich behaart.

Kopf rundlich, so lang wie breit; im Niveau der im vorderen Drittel seiner Länge stehenden Augen am breitesten, Stirn zwischen den Supraantennalhöckern weniger tief eingedellt wie bei der Vergleichsart, Scheitel etwas stärker gewölbt, die Behaarung der Schläfen und Halsschildseiten etwas dichter und dunkler, bräunlichgelb. Fühler kürzer, zurückgelegt die Halsschildbasis nicht erreichend, ihr 2. Glied nur eineindrittelmal so lang wie breit, 3 bis 6 quadratisch, 7 bis 10 deutlich breiter als lang, 9 und 10 viel stärker quer als bei *E. calvus*, das Endglied so lang wie die beiden vorhergehenden zusammengenommen.

Halsschild nur so lang wie breit, von der Basis bis zum vorderen Drittel seiner Länge nahezu parallelseitig, von da nach vorne gerundet verengt, vor der Basis mit 2 weit voneinander entfernten, aber durch eine Querfurche verbundenen Grübchen.

Flügel an ihrer Basis wenig breiter als die Halsschildbasis, etwas dichter und länger behaart als bei der Vergleichsart.

Penis (Fig. 90) etwas länger und seitlich weniger gerundet als bei *E. calvus*. Parameren mit je 3 feinen Tastborsten versehen. Chitindifferenzierungen im Penisinneren etwas von denen der Vergleichsart abweichend.

E. planiceps und *calvus* sind offenbar Schwesterarten, die auf eine gemeinsame Stammform zurückgehen. *E. calvus* scheint die der Insel Mokohinau benachbarte Küste von Auckland zu bewohnen.

Euconnus latiusculus (BROUN)

BROUN, Man. N. Zeeland Col. V, 1893, p. 1064—1065 (*Phagonophana*)

Diese Art steht, wie schon der Autor betont hat, dem *E. calvus* (BROUN) sehr nahe. Da von ihr nur die Type (♀) existiert und *E. calvus* nach einem einzigen ♂ beschrieben ist, wäre es immerhin möglich, daß die Unterschiede durch den Dimorphismus der beiden Geschlechter bedingt sind. Die spezifische Verschiedenheit der beiden Formen wird erst erwiesen werden können, wenn auch von *E. latiusculus* ein ♂ zur Untersuchung vorliegt.

BROUN hebt an Unterschieden gegenüber *E. calvus* hervor: den breiteren Körper, den quadratischen, hinten gerundeten und nicht schwach verschmälerten Kopf, den breiteren, seitlich gerundeten, vorn weniger verengten Halsschild, die seitlich stärker gerundeten Flügeldecken, die anderen Fühlerproportionen. Es kommt dazu, daß die Stirn zwischen den Supraantennalhöckern nicht eingedellt, der Halsschild nicht länger als breit ist. Mit Rücksicht auf die große Ähnlichkeit mit *E. calvus* genügt es, die Unterschiede hervorzuheben.

Long. 1,55 mm, lat. 0,70 mm. Dunkel rotbraun gefärbt, gelblich behaart.

Kopf von oben betrachtet fast kreisrund, oberseits auffällig flach, schütter, die Schläfen dicht, bärtig behaart, Stirn von den schwach markierten Supraantennalhöckern nach vorne gerade abfallend. Fühler zurückgelegt die Halsschildbasis knapp erreichend, allmählich zur Spitze verdickt, ihr 2. Glied eineinhalbmal so lang wie breit, 3 bis 6 isodiametrisch bis schwach quer, 7 deutlich, 8 bis 10 zunehmend breiter als lang, das eiförmige Endglied so lang wie die beiden vorhergehenden zusammengenommen.

Halsschild so lang wie breit, von der Mitte zum Vorderrand stark gerundet verengt, auf der Scheibe spärlich, an den Seiten struppig behaart, mit 2 großen, durch eine Querfurche verbundenen Basalgrübchen.

Flügeldecken oval, stark gewölbt, sehr fein und zerstreut punktiert, schütter behaart, mit breiter Basalimpression und schräger Humeralfalte.

Beine schlank, Vorder- und Mittelschienen innen distal flach ausgeschnitten und mit einem Haarfilz versehen.

Das einzige Exemplar (♀) wird im British Museum verwahrt und lag mir zur Untersuchung vor. Es stammt von Paparoa bei Howick nächst Auckland auf der N-Insel Neuseelands.

Euconnus impressipennis nov. spec.

Sehr ausgezeichnet durch den Besitz einer großen, runden Vertiefung beiderseits der Naht am Absturz der Flügeldecken, ferner durch lange, schlanke Fühler mit sehr undeutlich abgesetzter, 4gliederiger Keule, rundlichen, ziemlich flach gewölbten Kopf, länglichen, stark gewölbten Halsschild mit 2 kleinen Basalgrübchen sowie Mangel einer Schulterbeule und eines Schulterwinkels an den lang und abstehend behaarten Flügeldecken.

Long. 2,00 mm, lat. 0,80 mm. Rotbraun gefärbt, bräunlichgelb behaart.

Kopf von oben betrachtet fast kreisrund, flach gewölbt, mit bärtig behaarten Schläfen. Fühler zurückgelegt die Halsschildbasis überragend, mit sehr unscharf abgesetzter, 4gliederiger Keule, ihre beiden ersten Glieder doppelt so lang wie breit, Glied 3 bis 7 leicht gestreckt, 8 isodiametrisch, 9 und 10 schwach quer, das große Endglied fast so lang wie die beiden vorhergehenden zusammengenommen.

Halsschild ein wenig länger als breit, kugelig gewölbt, seitlich gleichmäßig gerundet, nur wenig breiter als der Kopf mit den Augen, mäßig dicht, an den Seiten struppig behaart, mit 2 kleinen Basalgrübchen.

Flügeldecken oval, stark gewölbt, ohne Schulterbeule und Schulterwinkel, an ihrer Basis nur so breit wie die Halsschildbasis, sehr fein und zerstreut punktiert, lang und steil aufgerichtet behaart, am Absturz beiderseits der Naht mit einem großen runden Eindruck, die Behaarung vor diesem und an dessen Seiten dichter und gegen das Zentrum des Eindruckes gerichtet.

Beine schlank und ziemlich lang, Vorderschenkel stärker verdickt als die der Mittel- und Hinterbeine.

Penis (Fig. 91) im Bauplan an *E. planiceps* (BROUN) erinnernd, die Parameren wie bei dieser Art reduziert. Peniskörper eiförmig, die Apikalpartie durch eine schwache Einschnürung von ihm gesondert, aus einer sehr kurzen, schwach chitinisierten Spitze und 2 lateralen Lappen bestehend. Im Inneren befindet sich etwa in der Längsmitte des Penis eine Gruppe quergestellter Chitinleisten, an denen Muskel inserieren. Dahinter befinden sich 2 Paare schräg nach vorne und außen nach hinten und innen verlaufender Chitinfalten, in deren Umgebung die Präputialsackwand stärker chitinisiert ist.

Es liegt mir nur ein Exemplar (♂) vor, das von J. I. TOWNSEND in Katui, Waipura Forest, Auckland, am 12. 5. 1966 gesammelt wurde. Der Holotypus wird im Museum in Nelson verwahrt.

Euconnus arthuris nov. spec.

Gekennzeichnet durch kleinen, von oben betrachtet gerundet-rautenförmigen Kopf mit ziemlich großen, an den Seiten weit herabgerückten Augen und langer, abstehender Behaarung auf Schläfen und Hinterkopf, dicke, allmählich zur Spitze verdickte Fühler, isodiametrischen, vor der Basis seitlich eingeschnürten Halsschild und ovale, stark gewölbte Flügeldecken.

Long. 1,90 mm, lat. 0,80 mm. Rotbraun gefärbt, lang gelblich behaart.

Kopf klein, von oben betrachtet gerundet rautenförmig, mit ziemlich großen, an den Seiten weit herabgerückten Augen und langer, an den Schläfen und am Hinterkopf bärtig abstehender Behaarung und mit schwach markierten Supraantennalhöckern.

Fühler dick, allmählich zur Spitze verdickt, zurückgelegt die Halsschildbasis beträchtlich überragend, ihre beiden ersten Glieder eineinhalb- bis eindreiviertelmal so lang wie breit, 3 bis 5 isodiametrisch, 6 sehr schwach, die folgenden Glieder bis zum 10. zunehmend stärker quer, das 10. etwa um die Hälfte breiter als lang, das Endglied fast so lang wie die beiden vorhergehenden zusammengenommen.

Halsschild so lang wie breit, vor seiner Längsmitte am breitesten, wesentlich breiter als der Kopf samt den Augen, vor der Basis mit 2 runden mittleren und 2 langgestreckten seitlichen Grübchen, im Bereich dieser seitlich eingeschnürt, mit scharfen Hinterecken versehen, lang behaart, die Behaarung an den Seiten struppig.

Flügeldecken oval, stark gewölbt, an ihrer Basis nur so breit wie die Halsschildbasis, mit tiefer, außen von einer kurzen Humeralfalte begrenzter Basalimpression, ohne Schulterbeule und ohne Schulterwinkel, lang, schräg abstehend behaart.

Beine ziemlich lang und schlank, Vorderschenkel stärker verdickt als die der Mittel- und Hinterbeine.

Penis (Fig. 92) langoval, mit schmaler und ziemlich langer Spitze, die Seiten des Apex vor dieser ausgeschwungen. Parameren die Penisspitze nicht ganz erreichend, vor ihrem Ende plötzlich verschmälert, mit einer terminalen Tastborste versehen. Im Penisinneren ist ein etwa in der Längsmitte gelegener, nach hinten gerichteter, leicht zur Seite gebogener Chitinzahn zu sehen, zu dessen beiden Seiten befinden sich schwach chitinisierte, ebenfalls nach hinten gerichtete, zahnförmige Ausstülpungen der Präputialsackwand. Der vordere Teil des Penis ist bei dem einzigen vorliegenden Präparat undurchsichtig.

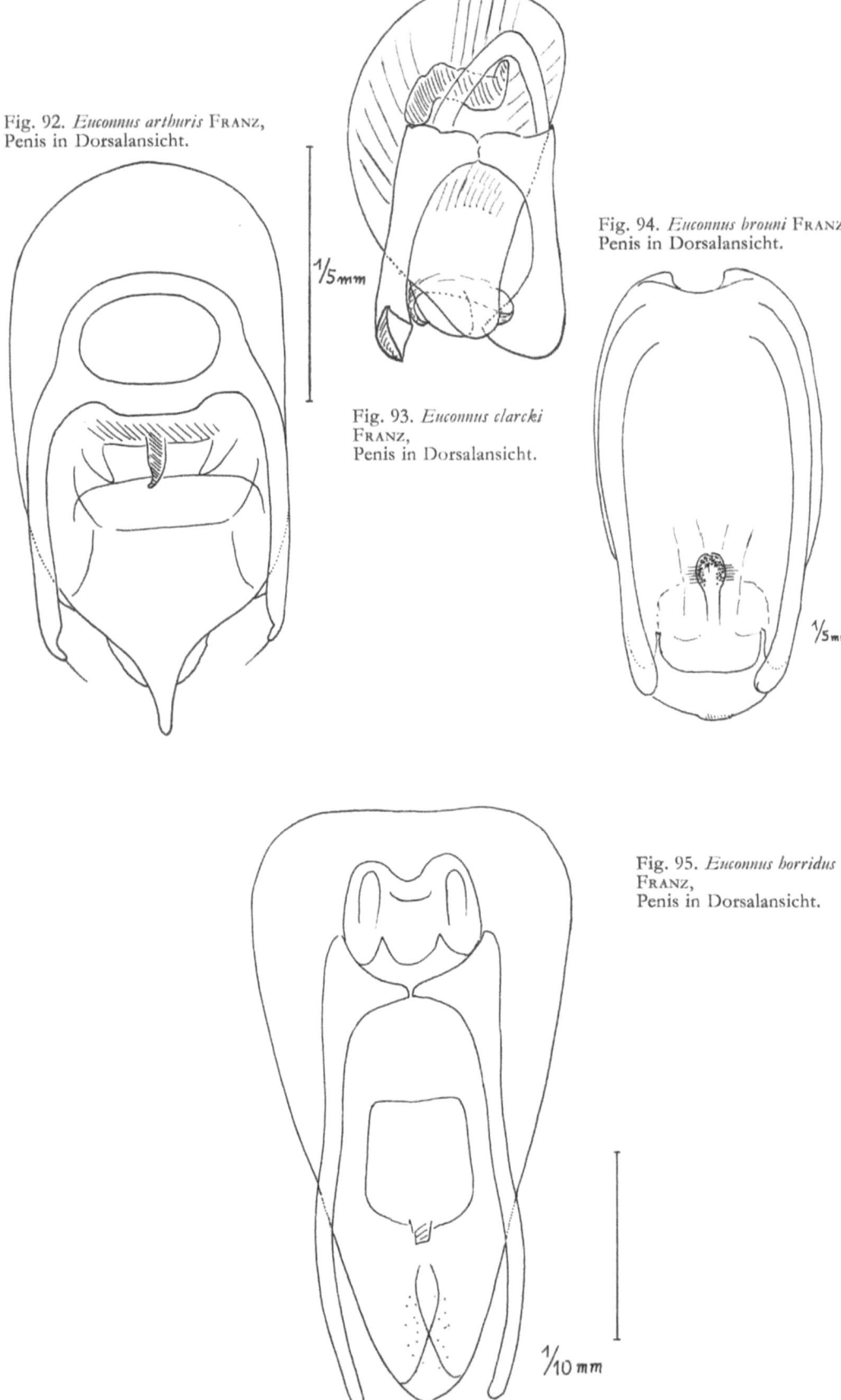

Fig. 92. *Euconnus arthuris* Franz, Penis in Dorsalansicht.

Fig. 93. *Euconnus clarcki* Franz, Penis in Dorsalansicht.

Fig. 94. *Euconnus brouni* Franz, Penis in Dorsalansicht.

Fig. 95. *Euconnus horridus* Franz, Penis in Dorsalansicht.

Es liegen mir 3 Exemplare 2 ♂♂, 1 ♀ vor, der Holotypus (♂) wurde von J. I. TOWNSEND am 20. 5. 1964 am Mt. Arthur, 1067,5 m, in Nelson aus Waldstreu gesiebt, er wird im Museum in Nelson verwahrt, die beiden Paratypen wurden von E. S. GOURLAY am Takaka Hill, 2000' am 2. 4. 1957 gesammelt. Eine Paratype (♂) befindet sich in meiner Sammlung.

Euconnus (Maoria) clarcki nov. spec.

Durch ziemlich lange Fühler mit schwach abgesetzter, 4gliederiger Keule, von oben betrachtet fast kreisrunden Kopf, herzförmigen Halsschild mit 2 durch einen Längskiel getrennten Basalgrübchen und durch gebogene Hinterschienen gekennzeichnet.

Long. 1,70 mm, lat. 0,65 mm. Rotbraun gefärbt, gelblich behaart.

Kopf von oben betrachtet fast kreisrund, mit großen, aber flachen, grob facettierten, etwas vor seiner Längsmitte stehenden Augen, flach gewölbtem Scheitel und von den Supraantennalhöckern zum Vorderrand abfallender Stirn, oberseits ziemlich schütter, an den Seiten dicht und lang, bärtig behaart. Fühler mit unscharf abgesetzter, 4gliederiger Keule, zurückgelegt die Halsschildbasis etwas überragend, ihr Basalglied dicker als die folgenden, das 2. doppelt so lang wie breit, auch das 3. bis 7 leicht gestreckt, 8 schwach, 9 und 10 stärker quer, das eiförmige Endglied nicht ganz so lang wie die beiden vorhergehenden zusammengenommen.

Halsschild herzförmig, so lang wie breit, vom vorderen Drittel zur Basis ausgeschwungen verengt, mit ziemlich schwach gewölbter, schütter behaarter Scheibe und struppig behaarten Seiten, vor der Basis mit 2 durch einen Längskiel getrennten Grübchen. Schildchen nicht sichtbar.

Flügeldecken oval, flach gewölbt, schon an ihrer Basis etwas breiter als die Halsschildbasis, mit breiter, außen von einer schrägen Humeralfalte begrenzter Basalimpression, sehr fein und wenig dicht punktiert, ziemlich lang und schräg abstehend behaart.

Beine ziemlich schlank, Vorderschenkel stark, die Mittelschenkel mäßig, die Hinterschenkel nur schwach verdickt, Vorder- und Mittelschienen gerade, distal innen flach ausgeschnitten und mit einer Haarbürste versehen, Hinterschienen einwärts gekrümmt.

Penis (Fig. 93) gedrungen gebaut, seine Dorsalwand allmählich zu einer breit abgerundeten Spitze verengt, auch die Ventralwand am Ende eine breit abgerundete Spitze bildend. Zwischen beiden ragt auf beiden Seiten eine Falte des Präputialsackes vor, im basalen Drittel des Penis steht im Penisinneren eine einem liegenden S ähnliche Chitinleiste. Die Parameren sind sehr breit und kurz, überragen aber die Penisspitze ein wenig.

Es liegt mir nur ein Exemplar (♂) vor, das C. E. CLARKE in Dunedin in Neuseeland sammelte. Der Holotypus ist im British Museum verwahrt.

Euconnus (Maoria) brouni nov. spec.

Sehr auffällig durch die an *Tetramelus* erinnernde Gestalt. Kopf von oben betrachtet fast kreisrund, Fühler gestreckt, mit 4gliederiger Keule, Halsschild länglich, mit 2 großen Basalgrübchen, Flügeldecken langoval, ohne Schulterbeule und Schulterwinkel.

Long. 1,80 mm, lat. 0,60 mm. Rotbraun gefärbt, gelblich behaart.

Kopf von oben betrachtet fast kreisrund, oberseits gleichmäßig flach gewölbt, Stirn von den Supraantennalhöckern nach vorne abgedacht, Schläfen lang, bärtig behaart, Fühler mit undeutlich abgesetzter Keule, zurückgelegt die Halsschildbasis erreichend, ihr Basalglied dicker als das 2., dieses fast doppelt so lang wie breit, 3 deutlich, 4 bis 7 eben merklich gestreckt, 8 sehr schwach, 9 und 10 stärker quer, das Endglied nicht ganz so lang wie die beiden vorhergehenden zusammengenommen.

Halsschild um ein Drittel länger als breit, vor der Mitte am breitesten, nicht breiter als der Kopf samt den Augen, im basalen Drittel parallelseitig, mit rechtwinkeligen Hinterecken und 2 großen, durch einen kielförmig erhobenen Zwischenraum getrennten Basalgrübchen, auf der Scheibe fast kahl, an den Seiten dicht und struppig behaart. Scutellum nicht sichtbar.

Flügeldecken langoval, an ihrer Basis nur sehr wenig breiter als die Halsschildbasis, mit kleiner, von einem Humeralfältchen scharf begrenzter Basalimpression, ziemlich lang, nach hinten gerichtet behaart.

Beine kräftig, Schenkel keulenförmig verdickt, Vorderschienen im distalen Viertel innen tief ausgeschnitten, die Mittelschienen nur flach ausgerandet.

Penis (Fig. 94) langoval, mit nur angedeuteter Abgrenzung der Apikalpartie, Parameren das Penisende fast erreichend, ohne Tastborsten. Im distalen Drittel der Penislänge befindet sich eine kleine Blase mit nach hinten anschließendem Ausführungsgang.

Es liegt mir nur ein Exemplar (♂) vor, das aus der Sammlung BROUN stammt und mir vom British Museum zum Studium übersandt wurde. Es wurde in Whangarata auf Neuseeland gesammelt.

Euconnus sinuatus (BROUN)

BROUN, Bull. New Zeal. Inst. I., 1915, p. 313 (*Phagonophana*)

Gekennzeichnet durch rundlichen Kopf mit kleinen, wenig vorgewölbten Augen, lange und schlanke, allmählich zur Spitze verdickte Fühler, länglichen, hinter der Mitte leicht eingeschnürten Halsschild, mit 2 Basalgrübchen und einer seitlich im Bereiche der Einschnürung gelegenen Grube, ziemlich tiefe Basalimpression und kurze, gerade, nach hinten gerichtete Humeralfalte der Flügeldecken sowie schlanke Beine.

Long. 1,95 mm, lat. 0,80 mm. Dunkel rotbraun gefärbt, gelblich behaart.

Kopf von oben betrachtet fast kreisrund, mit kleinen, seitlich nur schwach vorgewölbten Augen, glatter und glänzender, schütter behaarter Oberseite und steif, aber ziemlich spärlich behaarten Schläfen. Fühler lang, zurückgelegt die Halsschildbasis beträchtlich überragend, allmählich zur Spitze verdickt, ihr 1. bis 7. Glied länger als breit, 8 und 9 kaum merklich, 10 deutlich breiter als lang, das eiförmige Endglied etwas kürzer als die beiden vorhergehenden zusammengenommen.

Halsschild länger als breit, ein wenig vor seiner Längsmitte am breitesten, vor der Basis eingeschnürt, an den Seiten im Bereich der Einschnürung mit einer Grube, mit stark gewölbter, glatter, schütter, aber lang behaarter Scheibe und etwas dichter, steif abstehend behaarten Seiten sowie mit 2 Basalgrübchen.

Flügeldecken oval, hoch gewölbt, glatt und glänzend, schütter, aber lang behaart, an ihrer Basis nur so breit wie die Halsschildbasis, mit tiefer, außen von einer kurzen Humeralfalte begrenzter Basalimpression.

Beine schlank, Schenkel schwach verdickt, Schienen gerade.

Es liegt mir nur der Holotypus (♀) aus der Sammlung des British Museum vor. Er trägt einen handgeschriebenen Patriazettel mit dem Text „Hump Ridge Foby — 1912".

Euconnus horridus nov. spec.

Dem *E. labiatus* m. und *E. whangamoanus* m. nahestehend, von beiden durch die auffällig lange, steil aufgerichtete Behaarung verschieden. Im übrigen durch die schlanke Gestalt und lange, zur Spitze sehr wenig verdickte Fühler gekennzeichnet.

Long. 1,80 mm, lat. 0,62 mm. Dunkel rotbraun gefärbt, lang, bräunlichgelb behaart.

Kopf von oben betrachtet querrundlich, ziemlich stark gewölbt, die Stirn von den flachen Supraantennalhöckern zum Vorderrand schräg abfallend, wie auch der Scheitel glatt und glänzend, lang, aber schütter, die Schläfen dicht und steif behaart. Fühler schlank, zurückgelegt die Halsschildbasis weit überragend, ihre beiden ersten Glieder etwa doppelt so lang wie breit, 3 bis 6 leicht gestreckt, 7 isodiametrisch, 8 bis 10 schwach quer, das Endglied nur wenig länger als breit.

Halsschild um ein Viertel länger als breit, etwa in der Mitte am breitesten und hier so breit wie der Kopf samt den Augen, zur Basis so stark wie zum Vorderrand verengt, stark glänzend, lang, an den Seiten dichter und gröber behaart, vor der Basis mit 2 tiefen, durch eine Querfurche verbundenen Grübchen.

Flügeldecken langoval, an ihrer Basis nur so breit wie die Halsschildbasis, fein und zerstreut punktiert, sehr lang, aber schütter behaart, mit tiefer und breiter, außen von einer fast geraden Humeralfalte begrenzter Basalimpression, ohne Schulterbeule und Schulterwinkel.

Beine schlank und ziemlich lang, Vorderschenkel viel stärker verdickt als die der Mittel- und Hinterbeine.

Penis (Fig. 95) nahe seiner Basis am breitesten, zur Spitze keilförmig verschmälert, die Spitze abgerundet, Parameren sie ein wenig überragend, ohne Tastborsten. Im Penisinneren befindet sich unter der Basalöffnung ein dreilappig gegliederter chitinöser Komplex und hinter der Mitte ein annähernd viereckiges Chitingebilde.

Es liegt mir nur ein Exemplar (♂) vor, das von G. KUSCHEL am 6. 5. 1965 in Kaituna, Aorere Valley (Nelson) in Waldstreu gefunden wurde. Der Holotypus wird in der Sammlung des Museums in Nelson verwahrt.

Euconnus angustatus (BROUN)

BROUN, Manual New Zeal. Coleopt. 3—4, 1886, p. 926

Durch schlanke, schwach gewölbte Gestalt, von oben betrachtet annähernd isodiametrischen Kopf mit parallelen Schläfen und vorne im Bogen begrenzter, zwischen den Fühlerwurzeln in Dreiecksform eingedellter Stirn, gestreckten, im basalen Drittel seitlich eingeschnürten Halsschild mit 4 Basalgrübchen, schräge Humeralfalte und auf der Scheibe seicht, aber deutlich punktierte Flügeldecken gekennzeichnet.

Long. 1,65 mm, lat. 0,60 mm. Hell rotbraun gefärbt, sehr spärlich gelblich behaart.

Kopf von oben betrachtet so lang wie mit den flachen Augen breit, Schläfen parallel, Vorderrand der Stirn zwischen den Fühlern im Bogen verlaufend, die Stirn hinter diesem in Dreiecksform eingedellt, wie auch der Scheitel glatt und glänzend, kahl, die Schläfen spärlich, steif abstehend behaart. Fühler zurückgelegt die Halsschildbasis ein wenig überragend, allmählich zur Spitze verdickt, nur das Basalglied dicker als die folgenden, quadratisch, das 2. eineinhalbmal, das 3. bis 5. eineinviertelmal so lang wie breit, das 6. und 7. annähernd isodiametrisch, 8 bis 10 breiter als lang, das Endglied eiförmig, so lang wie die beiden vorhergehenden zusammengenommen.

Halsschild um ein Fünftel länger als breit, knapp vor der Längsmitte am breitesten und hier kaum merklich breiter als der Kopf samt den Augen, im basalen Drittel seitlich eingeschnürt, mit 2 großen mittleren und 2 kleineren lateralen Basalgrübchen, mit glatter und glänzender, fast kahler, gewölbter Scheibe und mäßig dicht behaarten Seiten.

Flügeldecken langoval, schon an ihrer Basis etwas breiter als der Halsschild, flach gewölbt, auf der Scheibe undeutlich reihig punktiert, kahl, mit schräger, scharf markierter Humeralfalte und von dieser seitlich begrenzter Basalimpression, im vorderen Drittel ihrer Länge beiderseits der Naht mit einem flachen Eindruck.

Beine schlank, Schenkel schwach verdickt, Schienen kaum merklich einwärts gebogen.

Mir liegt nur der Holotypus (♀) mit der Patriaangabe Howick vor. Er wurde mir vom British Museum zum Studium zugesandt. Da auch in der Originaldiagnose nur Howick bei Auckland als Fundort angegeben ist, scheint die Art bisher nur von dort bekannt zu sein.

Bestimmungstabelle der neuseeländischen *Euconnus*-Arten

1. Mitteltibien außen mit einem sichelförmig einwärts gekrümmten Stachel. Körperlänge 2,00 mm .... *calcaritibia* m.
— Mitteltibien ohne solchen Stachel 2
2. Große Arten von 2,20 mm Körperlänge und darüber, mit meist stark gewölbtem, stufig zum Clypeus abfallendem Kopf und an den Seiten mehr oder weniger weit herabgerückten Augen 3
— Kleinere Arten unter 2,10 mm Körperlänge, wenn etwas größer, dann Kopf flach gewölbt, mit von oben gleichzeitig sichtbaren Augen 19
3. Alle Fühlerglieder, das 10. allerdings sehr wenig, länger als breit, Fühler zurückgelegt die Längsmitte des Körpers erreichend, das mediale Drittel des Halsschildes durch zwei Längsfurchen von den lateralen Dritteln getrennt, Beine auffällig schlank
 .... *moruiensis* m.
— Fühler kürzer, zurückgelegt die Halsschildbasis höchstens etwas überragend, mindestens ihr 9. und 10. Glied breiter als lang, Halsschild ohne Längsfurchen, Beine nicht auffällig schlank 4
4. Halsschild herzförmig, nur so lang wie breit oder schwach quer, vor der Basis leicht eingeschnürt, mit tiefer Querfurche, Naht im basalen Drittel der Flügeldecken vertieft 5
— Halsschild meist länger als breit, nicht herzförmig, Flügeldecken an der Naht im basalen Drittel ihrer Länge nur bei zwei Arten deutlich vertieft, bei diesen der Halsschild aber deutlich länger als breit 8
5. Größer, Körperlänge über 2,50 mm 6
— Kleiner, Körperlänge unter 2,30 mm 7
6. Augen stark gewölbt, Schläfen und Hinterkopf sehr dicht, fast kompakt behaart, Penis vgl. Fig. 16 .... *erythronotus* (BROUN)
— Augen schwach gewölbt, Schläfen und Hinterkopf zwar dicht, aber nicht kompakt behaart, Penis vgl. Fig. 12 .... *australis* m.
7. Kopf länger als breit, Penis vgl. Fig. 13 .... *marionensis* m.
— Kopf breiter als lang, Penis vgl. Fig. 24 .... *codfishensis* m.
8. Kopf breiter als lang, oberseits sehr flach gewölbt, spärlich und anliegend behaart, Supraantennalhöcker nur angedeutet, Augen sehr klein .... *threekingensis* m.
— Kopf mindestens so lang wie breit, oberseits stark gewölbt, meist dicht und lang, abstehend behaart, Supraantennalhöcker meist deutlich, Augen nicht auffällig klein. 9
9. Halsschild im vorderen Drittel seiner Länge am breitesten, nur das 9. und 10. Fühlerglied breiter als lang 10
— Halsschild ungefähr in seiner Längsmitte am breitesten, mindestens auch das 8., meist auch schon das 7. Fühlerglied breiter als lang 12
10. 9. Fühlerglied kaum merklich breiter als lang, Augen flach gewölbt, Körpergröße 2,30 mm .... *milfordensis* m.
— 9. Fühlerglied stark quer, fast doppelt oder mehr als doppelt so breit wie lang, Augen stark gewölbt, größere Arten von 2,80 mm Körperlänge und darüber 11
11. Kopf fast so breit wie lang, Flügeldecken dicht punktiert .... *wellingtonensis* m.
— Kopf viel länger als breit, Flügeldecken spärlich punktiert .... *pseudoalacer* m.
12. Naht im basalen Drittel der Flügeldecken vertieft, Halsschild um etwa ein Viertel länger als breit 13
— Naht nicht vertieft, Halsschild nur leicht gestreckt oder isodiametrisch 14
13. 8. bis 10. Fühlerglied stark quer, Fühler zurückgelegt die Halsschildbasis knapp erreichend, Penis vgl. Fig. 17 .... *turreti* m.
— 8. bis 10. Fühlerglied schwach quer, Fühler zurückgelegt die Halsschildbasis überragend, Penis vgl. Fig. 11 .... *walkerianus* m.

14. Fühler sehr gedrungen gebaut, zurückgelegt die Halsschildbasis nicht erreichend, ihr 5. bis 10. Glied breiter als lang .... *alacer* (BROUN)
— Fühler weniger gedrungen gebaut, zurückgelegt die Halsschildbasis erreichend.... 15
15. Größere Arten von 2,40 mm und darüber, Kopf nicht länger als breit............. 16
— Kleinere Arten von 2,20 mm Körperlänge, Kopf etwas länger als breit, hierher drei nur durch den Penisbau sicher unterscheidbare Arten *eruensis* m., *egmontis* m. und *inangahuae* m.
16. Flügeldecken ohne Basalimpression, Kopf fast so groß wie der Halsschild 17
— Flügeldecken mit deutlicher Basalimpression, Kopf kleiner 18
17. Kopf stark beulenförmig über den Hals vorgewölbt, Penis vgl. Fig. 23.... *tunakinoi* m.
— Kopf nicht über den Hals vorgewölbt, Penis vgl. Fig. 15 .... *hollyfordensis* m.
18. Basalimpression der Flügeldecken außen nur durch ein kurzes, gerades Humeralfältchen begrenzt, Färbung dunkel rotbraun .... *dunensis* m.
— Basalimpression der Flügeldecken außen durch eine lange, schräge Humeralfalte begrenzt, Körperfarbe gelbbraun.................................... *tapuanus* m.
19. Fühler kurz, zurückgelegt die Halsschildbasis nicht annähernd erreichend, die gesamte Körperoberseite, namentlich aber Kopf und Halsschild, lang und dicht behaart, Kopf ziemlich flach gewölbt................................. *helmsi* m. und *fabiani* m.
— Fühler länger, die Halsschildbasis meist erreichend oder überragend, wenn kürzer, dann Oberseite des Kopfes und Halsschildes deutlich schütterer behaart als die Schläfen und Halsschildseiten.. 20
20. Halsschild mit 4 großen Basalgrübchen, Fühler zurückgelegt die Halsschildbasis nicht erreichend, Halsschild und Flügeldecken spärlich behaart .... *puncticollis* (BROUN)
— Halsschild meist nur mit 2 deutlichen Basalgrübchen, wenn zusätzlich 2 laterale Grübchen vorhanden, dann Fühler zurückgelegt die Halsschildbasis fast erreichend oder überragend.. 21
21. Flügeldecken ohne Basalimpression, ohne Humeralfalte und ohne Schulterwinkel, Halsschild seitlich sehr gleichmäßig gerundet, in seiner Längsmitte am breitesten, etwas länger als breit, stark, fast kugelig gewölbt 22
— Flügeldecken meist mit Basalimpression und häufig auch mit Humeralfalte, wenn beide fehlen, dann Halsschild anders geformt und/oder Schienen stark gebogen 23
22. Größer, Körperlänge 2,00 mm, 9. und 10. Fühlerglied schwach, aber deutlich quer *impressipennis* m.
— Kleiner, Körperlänge 1,60 mm, 9. und 10. Fühlerglied isodiametrisch oder kaum merklich breiter als lang .... *ramsayi* m., *pseudoramsayi* m. und *castawayensis* m.
23. Augen stark gewölbt, seitlich aus der Rundung des Kopfes nahezu halbkugelig vorragend, Kopf länglich oder isodiametrisch, Stirn und Scheitel stark gewölbt, meist mit großen Supraantennalhöckern 24
— Augen flach oder schwach gewölbt, wenn stärker gewölbt, dann entweder kleine Arten unter 1,60 mm Körperlänge oder Kopf flach gewölbt oder queroval 33
24. Kopf von oben betrachtet länger als mit den Augen breit 25
— Kopf von oben betrachtet höchstens so lang wie mit den Augen breit 28
25. Oberseite des Kopfes so dicht behaart wie die Schläfen, Halsschild mit 4 Basalgrübchen 26
— Oberseite des Kopfes viel schütterer behaart als die Schläfen, Halsschild mit 2 Basalgrübchen 27
26. Kopf und Halsschild etwa so lang wie breit, Penis vgl. Fig. 25...... *angulatus* (BROUN)
— Kopf und Halsschild länger als breit, Penis vgl. Fig. 14 .... *pseudoangulatus* m. Fühler länger, ihr 1., 2., 5. und 8. Glied länger als breit, das 3., 4., 7. und 9. annähernd isodiametrisch, Flügeldecken mit schräger Humeralfalte .... *cilipes* (BROUN)
— Fühler kurz, nur ihre beiden ersten Glieder deutlich länger als breit, 7 bis 10 breiter als lang, Flügeldecken ohne deutliche Humeralfalte .... *hawkesi* m. und *brookesi* m.

28. Kopf so lang wie mit den Augen breit 29
— Kopf mit den Augen breiter als lang, die Behaarung der Flügeldecken sehr lang und dicht, die Haare viel länger als der Durchmesser der Vorderschenkel.... *setosus* (SHARP)
29. Flügeldecken ohne deutliche Basalimpression und ohne Humeralfalte, langoval, sehr lang und steil aufgerichtet behaart .... *pandorae* m.
— Flügeldecken mit deutlicher Basalimpression und meist mit kurzer Humeralfalte ... 30
30. Größer, Körperlänge 2,40 mm, Humeralfalte lang und schräg, Vorderschenkel viel stärker verdickt als die der Mittel- und Hinterbeine................ *russatus* (BROUN)
— Kleiner, Körperlänge 1,70 bis 2,10 mm, Humeralfalte kurz, Vorderschenkel kaum stärker verdickt als die der Mittel- und Hinterbeine 31
31. Kopf sehr groß, mit den Augen so breit und fast so lang wie der Halsschild, schon das 4. Fühlerglied schwach quer .... *pelorianus* m.
— Kopf von normaler Größe, erst das 7. und die folgenden Fühlerglieder deutlich breiter als lang 32
32. Kleiner, Körperlänge 1,65 mm, Penis vgl. Fig. 90 .... *planiceps* (BROUN)
— Größer, Körperlänge 1,80 bis 2,00 mm, Penis vgl. Fig. 92 und 30
arthuris m. und *wakamarinae* m.
33. Kopf fast so lang oder ein wenig länger als mit den Augen breit, relativ kleine Arten von 1,40 bis 1,80 mm Körperlänge 34
— Kopf mit den Augen deutlich breiter als lang, oft größere Arten 58
34. Hell rötlichgelb gefärbt, etwas kleiner, Körperlänge 1,10 bis 1,40 mm 35
— Meist rotbraun gefärbt, etwas größer, Körperlänge 1,40 bis 1,80 mm 41
35. Kleiner, Körperlänge 1,10 bis 1,20 mm 36
— Größer, Körperlänge 1,40 mm 38
36. Fühler die Halsschildbasis knapp erreichend
waiporiensis m., *durvillei* m., *marlboroughensis* m. und *heterarthrus* (BROUN)
— Fühler die Halsschildbasis etwas überragend 37
37. Halsschild wenig länger als breit, Flügeldecken kurzoval .... *waipouensis* m.
— Halsschild viel länger als breit, Flügeldecken langoval
hakatamareanus m. und *fjordlandensis* m.
38. Fühler kürzer, ihr 9. und 10. Glied doppelt so breit wie lang 39
— Fühler länger, ihr 9. und 10. Glied nur eineinhalbmal so breit wie lang 40
39. Halsschild so lang wie breit, Penis vgl. Fig. 56 .... *fragilis* (BROUN)
— Halsschild etwas länger als breit, Penis vgl. Fig. 42, 66 *pseudofragilis* m. und *bluffensis* m.
40. Flügeldecken länglichoval, 2. Fühlerglied eineinhalbmal so lang wie breit
xanthopus (BROUN)
— Flügeldecken kurzoval, 2. Fühlerglied doppelt so lang wie breit .... *dunis* m.
41. Kopf von oben betrachtet rundlich, so breit oder kaum merklich breiter als lang, Halsschild vor der Basis meist mit 2 Grübchen........................... 42
— Kopf von oben betrachtet länglich oder isodiametrisch rautenförmig, Halsschild vor der Basis mit 4 Grübchen 56
42. Fühler zurückgelegt die Halsschildbasis beträchtlich überragend, Halsschild vor oder in der Mitte am breitesten... 43
— Fühler zurückgelegt die Halsschildbasis höchstens ein wenig überragend, Kopf oberseits flach oder mäßig gewölbt, Halsschild oft in oder hinter der Längsmitte am breitesten.. 47
43. 8. bis 10. Fühlerglied annähernd isodiametrisch oder breiter als lang 44
— Nur das 10. Fühlerglied so breit wie lang, Kopf stark gewölbt 46
44. Kopf flach gewölbt, 10. Fühlerglied isodiametrisch 45
— Kopf stark gewölbt, 10. Fühlerglied schwach quer .... *gunnensis* m.
45. Fühlerglied isodiametrisch .... *oweni* m.

— 8. bis 10. Fühlerglied schwach quer .... *ohakunei* m.
46. Rotbraun gefärbt, Halsschildseiten steif, aber kurz behaart......... *monilifer* (BROUN)
— Rötlichgelb gefärbt, Schläfen, Hinterkopf und Halsschildseiten sehr lang, abstehend behaart .... *restinga* m.
47. Vorder- und Mittelschienen sehr stark einwärts gekrümmt, Vorderschenkel, viel stärker verdickt als die der Mittel- und Hinterbeine
  northlandensis m., *kuscheli* m. und *curvicrus* m.
— Vorder- und Mittelschienen gerade oder fast gerade, Vorderschenkel nur wenig stärker verdickt als die der Mittel- und Hinterbeine 48
48. Kopf vor seiner Mitte am breitesten oder kreisrund, Halsschild beträchtlich länger als breit oder nur leicht gestreckt, dann aber hinter seiner Längsmitte fast parallelseitig und die Fühler zurückgelegt die Halsschildbasis überragend 49
— Kopf gerundet viereckig, hinter den Augen parallelseitig oder schwach zur Basis verengt, Halsschild nicht oder sehr wenig länger als breit, sowohl zum Vorderrand als auch zur Basis verengt 54
49. Kleiner, Körperlänge 1,50 bis 1,60 mm 50
— Größer, Körperlänge 1,80 mm 53
50. 1. bis 7. Fühlerglied länger als breit, 8. kugelig, Fühler und Beine schlank, Körper zart 51
— Höchstens die ersten 5 Fühlerglieder deutlich länger als breit, Fühler und Beine dick, Körper robust gebaut 52
51. 2. Fühlerglied reichlich doppelt so lang wie breit, Körper gestreckter und schwächer gewölbt .... *arohanus* m.
— 2. Fühlerglied knapp eineinhalbmal so lang wie breit, Körper gedrungener gebaut und stärker gewölbt .... *takakae* m.
52. 3. bis 5. Fühlerglied deutlich gestreckt, 8. bis 10. kugelig .... *townsendianus* m.
— 3. bis 5. Fühlerglied isodiametrisch bis schwach quer, 8. bis 10. breiter als lang
  latiusculus m., *orrhillensis* m. und *kuschelianus* m.
53. Kopf von oben betrachtet kreisrund, Fühler zurückgelegt die Halsschildbasis nicht erreichend .... *pictonensis* m.
— Kopf von oben betrachtet gerundet viereckig, Fühler zurückgelegt die Halsschildbasis etwas überragend .... *maruiae* m. und *whakamatensis* m.
54. Kleiner, Körperlänge 1,40 mm, heller rotbraun gefärbt, Penis vgl. Fig. 82 . *hokianoae* m.
— Größer, Körperlänge 1,60 bis 2,00 mm, dunkler rotbraun gefärbt, Penis anders geformt 55
55. Halsschild wesentlich länger als breit, sowohl zum Vorderrand als auch zur Basis verengt, Flügeldecken fein und dicht punktiert .... *dunsdalensis* m.
— Halsschild nur wenig länger als breit, von der Mitte zur Basis parallelseitig, Flügeldecken unpunktiert, glatt .... *calvus* (BROUN)
56. Flügeldecken langoval.. *relatus* (BROUN)
— Flügeldecken kürzer oval, flacher gewölbt, an ihrer Basis breiter als die Halsschildbasis 57
57. Größer, Körperlänge 2,00 mm .... *waipouanus* m.
— Kleiner, Körperlänge 1,50 mm.................... *pelorii* m. und *brachycerus* (BROUN)
58. Halsschild meist nicht oder nur wenig länger als breit, an den Seiten stets, manchmal auch auf der Scheibe dicht und abstehend behaart 59
— Halsschild wesentlich länger als breit, stark glänzend, sehr schütter, auch an den Seiten meist nicht dicht behaart 79
59. Relativ klein, Körperlänge 1,50 bis 1,65 mm, Fühler zurückgelegt die Halsschildbasis knapp erreichend, ihre beiden vorletzten Glieder mehr als doppelt so breit wie lang . 60

— Größer, Körperlänge 1,70 mm und darüber, Fühler zurückgelegt die Halsschildbasis mehr oder weniger überragend, ihre beiden vorletzten Glieder mit einer Ausnahme höchstens doppelt so breit wie lang.. 62
60. Fühler gedrungen gebaut, Glied 2 und 3 nur um ein Viertel länger als breit
pseudofragilis m. und *allocerus* (BROUN)
— Fühler gestreckter, mindestens Glied 2, oft auch 3 fast doppelt so lang wie breit.... 61
61. Glied 3 der Fühler kaum länger als breit .... *eruanus* m.
— Glied 3 der Fühler fast doppelt so lang wie breit, Halsschild wenig länger als breit
greymouthi m.
62. Kopf fast so lang wie breit, von oben betrachtet fast kreisrund.................. 63
— Kopf sehr stark quer, das 2. Fühlerglied nur eineinhalb- bis zweimal so lang wie breit, das 3. annähernd isodiametrisch... 73
63. Größer, Körperlänge 2,15 bis 2,45 mm, 2. bis 6. Fühlerglied länger als breit 64
— Kleiner, Körperlänge 1,70 bis 1,95 mm, 2. bis 5. oder 7. Fühlerglied oder sogar alle Fühlerglieder länger als breit 65
64. Robuster, Kopf hinter den flachen Augen fast parallelseitig, Halsschild mit 4 durch eine Querfurche verbundenen Grübchen .... *halli* (BROUN)
— Schlanker, Kopf hinter den deutlich gewölbten, großen Augen gerundet verengt, Halsschild mit 2 großen, einander genäherten Grübchen .... *cedius* (BROUN)
65. Fühler sehr gestreckt, alle Glieder wesentlich länger als breit, oder das 9. und 10. quadratisch, in der Körperform dem *E. lanosus* (BROUN) und *nelsonis* m. ähnlich 66
— Fühler weniger gestreckt, mindestens das 8. bis 10. Glied breiter als lang 67
66. Alle Fühlerglieder länger als breit, Halsschild deutlich gestreckt.......... *dublinensis* m.
— 9. und 10. Fühlerglied quadratisch, Halsschild fast so breit wie lang ... *pseudolanosus* m.
67. Fühler länger, 2. Glied mehr als doppelt, 3. bis 7. fast doppelt so lang wie breit
clarcki m.
— Fühler kürzer, 2. Glied eineinhalb- bis zweimal so lang wie breit, 3. bis 5. oder 7. Glied leicht gestreckt 68
68. Kleiner, Körperlänge 1,70 mm... 69
— Größer, Körperlänge 1,90 bis 1,95 mm, Halsschild mit 4 Basalgrübchen, die lateralen an die Seiten gerückt.. 71
69. Flügeldecken kurzoval, mit langer, schräger Humeralfalte, ziemlich anliegend behaart .... *nelsonis* m.
— Flügeldecken langoval, ohne oder mit fast parallelen Humeralfalten 70
70. Flügeldecken ohne Humeralfalte, halb aufgerichtet behaart .... *parawhangamoanus* m.
— Flügeldecken mit parallelen Humeralfalten, steil aufgerichtet behaart....... *horridus* m.
71. Halsschild nahezu kahl .... *sanguineus* (BROUN)
— Halsschild oberseits schütter, an den Seiten aber struppig behaart 72
72. Oberseite, namentlich die Flügeldecken kürzer und fast anliegend behaart, Penis vgl. Fig. 80 .... *haurokanus* m.
— Oberseite lang und abstehend behaart, Penis vgl. Fig. 63 .... *waikawensis* m.
73. Fühler länger, nicht bloß die beiden ersten, sondern auch das 4. und 5. Glied viel länger als breit, nur das 9. und 10. Glied breiter als lang oder quadratisch.......... 74
— Fühler kürzer, nur die beiden ersten Glieder deutlich länger als breit.............. 75
74. Kopf schwach quer .... *latuliceps* (BROUN) und *paralatuliceps* m.
— Kopf sehr stark quer, von oben betrachtet queroval .... *alackensis* m.
75. Halsschild so breit wie lang, 7. oder 8. bis 10. Fühlerglied breiter als lang
whangamoanus m. und *pseudowhangamoanus* m.
— Halsschild länger als breit, höchstens das 9. und 10. Fühlerglied breiter als lang 76
76. Fühler zurückgelegt die Halsschildbasis weit überragend, Glied 8 bis 10 fast so lang wie breit... 77

— Fühler zurückgelegt die Halsschildbasis knapp erreichend, Glied 9 und 10 viel breiter als lang .... *lanosus* (BROUN)
77. Oberlippe groß, weit vorragend, Fühler schlank, Behaarung der Flügeldecken nur halb aufgerichtet ....*labiatus* m.
— Oberlippe normal entwickelt 78
78. Fühler dick, Behaarung der Flügeldecken steil aufgerichtet .... *hopeanus* m.
— Fühler schlanker, Behaarung der Flügeldecken anliegend .... *hutti* m.
79. Sehr klein, Körperlänge 1,25 bis 1,34 mm................................... 80
— Größer, Körperlänge 1,60 mm und darüber 82
80. Halsschild um ein Viertel länger als breit, Basalgruben der Flügeldecken klein
.... *antennalis* (BROUN)
— Halsschild nur wenig länger als breit, Basalgruben der Flügeldecken breit 81
81. Fühler zurückgelegt die Halsschildbasis deutlich überragend .... *stenocerus* (BROUN)
— Fühler zurückgelegt die Halsschildbasis knapp erreichend .... *ambiguus* (BROUN)
82. Die ersten 6 bis 7 Fühlerglieder länger als breit, Schläfen nach hinten konvergierend oder Kopf im Umriß rundlich 83
— Kopf stark quer, Schläfen fast parallel .... *oreas* (BROUN)
83. Kopf wenig breiter als lang, mit nach hinten konvergierenden Schläfen, Stirn zwischen den Fühlern nach vorne, Scheitel seitlich abgedacht, wodurch eine Y-förmige, flache Kiellinie entsteht .... *angustatus* (BROUN)
— Kopf rundlich, Scheitel gleichmäßig flach gewölbt 84
84. Größer, Körperlänge 1,80 mm, Kopf von oben betrachtet fast kreisrund, 2. Fühlerglied fast doppelt so lang wie breit .... *brouni* m.
— Kleiner, Körperlänge 1,60 mm, Kopf von oben betrachtet querrundlich 85
85. Fühler die Halsschildbasis erreichend, ihr 2. Glied nur um ein Viertel länger als breit, die folgenden leicht gestreckt .... *picicollis* (BROUN)
— Fühler die Halsschildbasis überragend, ihr 2. Glied doppelt so lang wie breit, die folgenden viel länger als breit .... *dobsoni* m.
Anmerkung: In der Tabelle fehlen *trispinosus* m., *galerus* (BROUN) und *sinuatus* (BROUN).

Genus *Scydmaenus* LATR.

Subgenus *Zeemicrus* LHOSTE

LHOSTE, Rev. franç. d'Entom. 5, 1938, p. 95—97

Das Subgenus wurde von LHOSTE auf *Scydmaenus angulifrons* BROUN aufgestellt und ist wie folgt zu charakterisieren:

Kopf von den weit nach vorne gerückten Augen zur Basis verschmälert, die langen Schläfen gerade oder leicht gerundet, ein mehr oder weniger scharf begrenzter, annähernd dreieckiger Teil der Stirn zwischen den Augen und dem Vorderrand des Kopfes eingedellt, Fühler lang und schlank, mit gestreckten Geißelgliedern, auch das 7. und 8. Glied länger als breit, beide annähernd symmetrisch, die 3gliederige Keule sehr unscharf abgesetzt. Mandibeln mit je 2 Zähnen versehen.

Halsschild länger als breit, kugelig gewölbt, mit 2 bis 4 durch eine Querfurche verbundenen Grübchen.

Flügeldecken langoval, an ihrer Basis nur so breit wie die Halsschildbasis, ohne Schulterbeule, Schulterwinkel und Basalimpression, hoch gewölbt. Flügel atrophiert.

Kinn mit mäßig großer Grube, Episternen vom Metasternum nicht getrennt.

Beine schlank, Schenkel sehr schwach verdickt, Schienen gerade, Vordertarsen des ♂ nicht erweitert.

Penis langgestreckt, zweispitzig, der Ductus ejaculatorius zwischen den Spitzen aus dem Penisinneren nach hinten ragend.

Scydmaenus (Zeemicrus) angulifrons BROUN

BROUN, Bull. New Zeal. Inst. 1, 1915, p. 307—308 *(Scydmaenus s. str.)*
LHOSTE, Rev. franç. d'Entom. 5, 1938, p. 95—97, fig. 1 et 4 *(Zeemicrus)*

Gekennzeichnet durch braunschwarze Farbe, abstehende, ziemlich dichte Behaarung, rautenförmigen Kopf mit vorn tief eingedellter Stirn und den Besitz von 4 Grübchen vor der Halsschildbasis.

Long. 3,40 mm, lat. 1,15 mm. Braunschwarz, die Extremitäten rotbraun gefärbt, die Schenkel angedunkelt. Ziemlich dicht, gelblich, auf den Flügeldecken lang und steil aufgerichtet behaart.

Kopf von oben betrachtet rautenförmig, ein wenig länger als breit, mit kleinen, weit nach vorne gerückten Augen und langen, geraden, nach hinten stark konvergierenden Schläfen, diese abstehend behaart. Stirn und Scheitel wenig dicht punktiert, ihre Behaarung mehr anliegend. Fühler lang, zurückgelegt beinahe das basale Drittel der Flügeldeckenlänge erreichend, ihr 4. Glied 3mal, das 2. und 5. doppelt, das 3. und 6. mehr als eineinhalbmal so lang wie breit, das 7. etwas kürzer als das 6., das 8. und 9. noch etwas länger als breit, das 10. isodiametrisch, das eiförmige Endglied nicht länger als das 9.

Halsschild um ein Fünftel bis ein Siebentel länger als breit, vor seiner Längsmitte am breitesten und hier etwas breiter als der Kopf mit den Augen, hoch gewölbt, auf der Scheibe glatt und glänzend, vor der Basis mit 4 paarweise durch eine Querfurche verbundenen Grübchen, ziemlich dicht und aufgerichtet, aber kürzer als die Flügeldecken behaart.

Flügeldecken langoval, hoch gewölbt, grob, aber sehr seicht und nur bei Betrachtung schräg von der Seite erkennbar punktiert, lang und ziemlich dicht, steil aufgerichtet behaart. Flügel vollkommen atrophiert.

Beine mäßig lang, ohne besondere Merkmale.

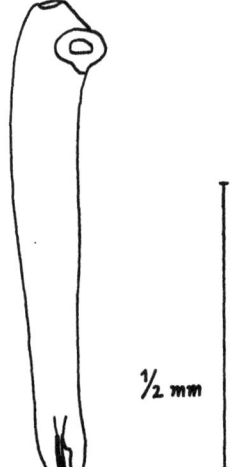

Fig. 96. *Scydmaenus (Zeemicrus) angulifrons* BROUN, Penis in Dorsalansicht.

Penis (Fig. 96) sehr langgestreckt und schmal, gerade, nur der Apex leicht aufgebogen. Dieser zweispitzig, die Spitzen schmal, schwach zangenförmig gebogen, der Ductus ejaculatorius aus dem Penisinneren zwischen ihnen vorragend.

Sc. angulifrons wurde nach 2 Exemplaren von der Hump Ridge in Southland im äußersten Süden der Südinsel Neuseelands beschrieben. Mir lag zur Beschreibung das von LHOSTE untersuchte, im Pariser Museum verwahrte ♂ und ein zweites, dem Museum in Nelson gehörendes ♂ vor. Von dem letzteren konnte ich auch den Penis untersuchen und zeichnen, während mir der von LHOSTE herauspräparierte Penis des Pariser Exemplares nicht vorlag.

Beide Exemplare stammen vom locus typicus, das in Nelson verwahrte Exemplar trägt einen Patriazettel mit dem Text: „The Hump, 3000' 6. 2. 12". Die Angabe LHOSTES (l. c.), daß die Art am Mount Albert in Auckland vorkomme, ist sicher falsch.

Scydmaenus (Zeemicrus) nelsoni nov. spec.

Dem *Sc. angulifrons* außerordentlich ähnlich, von diesem durch kürzeren Kopf mit ± gerundeten Schläfen, flacher eingedellter Stirn und in der Mitte der Länge nach gefurchten Scheitel, durch weniger dichte Behaarung und deutlichere Punktierung der Flügeldecken sowie abweichende, an *Sc. clarcki* erinnernde Penisform verschieden.

Long. 2,70 bis 3,00 mm, lat. 0,90 bis 1,00 mm. Braunschwarz, die Extremitäten rotbraun gefärbt, lang, gelblich behaart. In beiden Geschlechtern durch eine auffällige Variabilität in der Kopfform sowie in den Fühler- und Halsschildproportionen gekennzeichnet.

Kopf etwas länger oder so lang wie breit, mit mehr oder-weniger gerundeten, nach hinten deutlich oder kaum merklich konvergierenden Schläfen, an den Seiten ziemlich spärlich und fein punktiert und etwas abstehend behaart, mit unscharf begrenzter und flacher Eindellung der Stirn und tiefer Längsfurche am Scheitel. Fühler zurückgelegt die Halsschildbasis überragend, mit mehr oder weniger gestreckten Geißelgliedern, Glied 2 und 5 zweieinhalb- bis 3mal, 4 zwei bis zweieinhalbmal, 3 und 6 eindreiviertelmal bis doppelt so lang wie breit, das Endglied stets viel kürzer als die beiden vorhergehenden zusammengenommen, aber länger als das 9.

Halsschild nur sehr wenig oder bis zu ein Drittel länger als breit, stark gewölbt, wenn fast isodiametrisch, dann nahe der Längsmitte, wenn stark gestreckt erheblich von dieser am breitesten, stark glänzend und zerstreut punktiert, lang und steil aufgerichtet behaart, vor der Basis mit 4 einander paarweise genäherten Grübchen.

Flügeldecken langoval, stark gewölbt, sehr ungleich grob und tief punktiert, lang und ziemlich dicht, abstehend behaart.

Beine wie für die Untergattung angegeben ausgebildet.

Penis (Fig. 97) etwas weniger langgestreckt als bei *Sc. angulifrons*, seine beiden Spitzen breiter abgerundet, das Ende des Ductus ejaculatorius zwischen ihnen nicht vorragend.

Die Art bewohnt den nordwestlichen Teil der Südinsel Neuseeland und scheint hier auf die Tasman-Mountains beschränkt zu sein. 3 Exemplare, darunter der Holotypus (♂), wurden am Lake Sylvester in 1372 bzw. 1403 m Seehöhe am 29. 3. und 19. 10. 1969 von L. DE BOER und J. S. ONGDALE gesammelt, eines davon in *Hebe pauceramosa*. 1 Exemplar sammelten G. KUSCHEL und J. I. TOWNSEND am 4. 2. 1965 am Mt. Arthur in 4500' Höhe. 7 Exemplare wurden von E. S. GOWLEG am Paradise Peak in 4500' Höhe am 6. 11. 1938 erbeutet.

Scydmaenus (Zeemicrus) brouni nom. nov.

princeps BROUN, N. Zeal. Journ. Sc. 2, 1885, p. 384 *(Stenichnus)*
princeps BROUN, Man. N. Zeal. Col. 4, 1886, p. 924 *(Scydmaenus)*

Der Holotypus, ein ♂, wurde mir vom British Museum zur Untersuchung übersandt. Diese ergab, daß die Art zur Gattung *Scydmaenus* und in dieser in das Subgenus *Zeemicrus* LHOSTE zu stellen ist. Da der Name *princeps* durch *Sc. princeps* KING 1864 präokupiert ist, muß sie neu benannt werden. Ich schlage vor, sie nach dem Autor zu benennen.

Sc. brouni ist kleiner als *Sc. angulifrons*, der Kopf ist nicht ausgeprägt rautenförmig, die Flügeldecken sind nur mit einzelnen, langen, aufgerichteten Haaren bestanden.

Long. 2,6 mm, lat. 0,80 mm. Dunkel kastanienbraun, glänzend, die Extremitäten hell rotbraun, äußerst spärlich gelblich behaart.

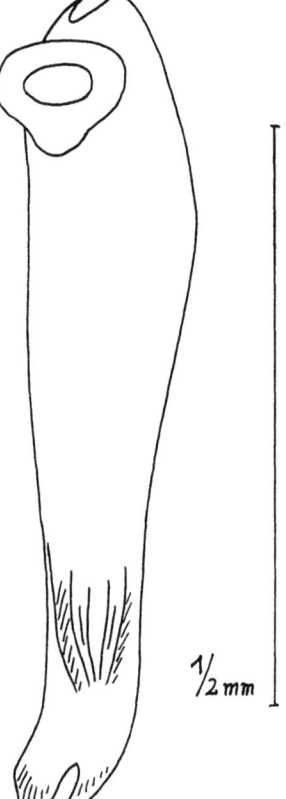

Fig. 97. *Scydmaenus (Zeemicrus) nesonius* Franz, Penis in Dorsalansicht.

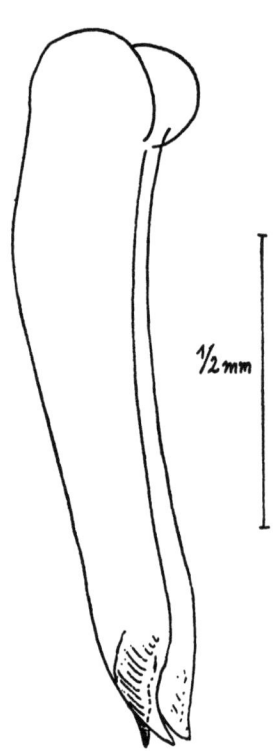

Fig. 98. *Scydmaenus (Zeemicrus) brouni* Franz, Penis in Lateralansicht.

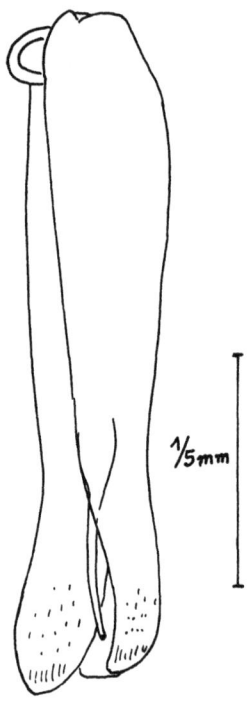

Fig. 99. *Scydmaenus (Austroscydmaenus) edwardsi* Franz, Penis in Lateralansicht.

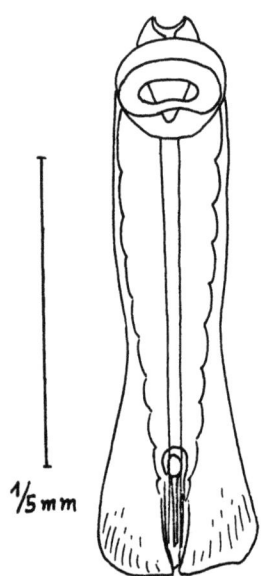

Fig. 100. *Scydmaenus (Austroscydmaenus) curticornis* Franz, Penis in Dorsalansicht.

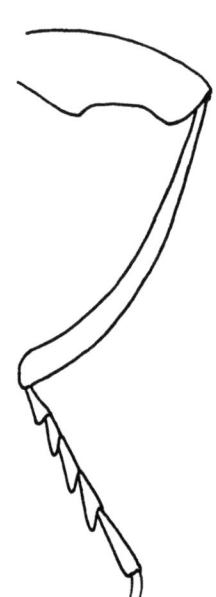

Fig. 101. *Scydmaenus (Austroscydmaenus) greymouthi* Franz, rechtes Hinterbein.

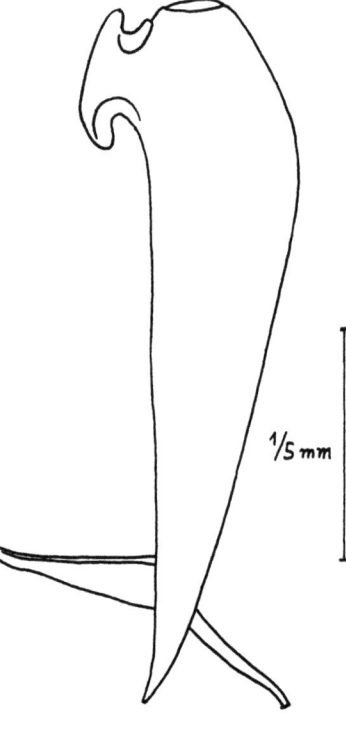

Fig. 102. *Scydmaenus (Austroscydmaenus) greymouthi* Franz, Penis in Lateralansicht.

Kopf mit den im vorderen Drittel seiner Länge stehenden Augen fast so breit wie lang, Schläfen im flachen Bogen nach hinten konvergierend, in allmählicher Rundung in den Hinterrand des Kopfes übergehend, schütter, aber lang und steif abstehend behaart. Fühler schlank, zurückgelegt die Halsschildbasis nicht ganz erreichend, alle ihre Glieder gestreckt, das 8., 9. und 10. allerdings nur sehr wenig länger als breit, dafür das 2. und 3. dreimal, das 1., 4. und 5. zweieinhalbmal so lang wie breit, die 3gliederige Keule undeutlich abgesetzt, alle Glieder symmetrisch.

Halsschild um ein Fünftel länger als breit, vor seiner Längsmitte am breitesten und hier ein wenig breiter als der Kopf samt den Augen, vor der Basis mit 2 kleinen, durch eine seichte Querfurche verbundenen Grübchen.

Flügeldecken langoval, an der Spitze schmal abgerundet, an ihrer Basis nur wenig breiter als die Halsschildbasis, ohne Schulterbeule und ohne Basalimpression, sehr seicht und deutlich punktiert, mit einzelnen langen, aufgerichteten Haaren besetzt.

Beine lang und schlank, Schenkel sehr schwach verdickt, Schienen gerade, Vordertarsen des ♂ nicht erweitert.

Penis (Fig. 98) sehr langgestreckt, nur schwach nach oben gebogen, am Ende drei kurze Spitzen bildend, von diesen 2 dorsal, eine ventral gelegen. Im Penisinneren sind keine Chitindifferenzierungen erkennbar.

Der Holotypus trägt einen gedruckten Patriazettel mit dem Text „Taieri". Er ist offenbar am Taieri River bei Dunedin auf der Südinsel von Neuseeland gesammelt worden. BROUN gibt an: „Discovered by Mr. S. W. Fulton, at Taieri, Otago".

Bestimmungstabelle der Arten des Subgenus *Zeemicrus* LHOSTE

1. Sehr spärlich behaart, kleiner (long. 2,60 mm) .... *brouni* m.
— Ziemlich dicht behaart, größer (Körperlänge mindestens 2,70 mm, meist über 3,00 mm) 2
2. Kopf länglich rautenförmig mit geraden, stark zur Basis konvergierenden Schläfen
   angulifrons BROUN
— Kopf rundlich, so lang oder wenig länger als breit, mit gerundeten, schwach zur Basis konvergierenden Schläfen .... *nelsoni* m.

Austroscydmaenus subgen. nov.

Mit *Zeemicrus* LHOSTE sehr nahe verwandt, aber doch einen deutlich davon unterscheidbaren Formenkreis umfassend.

In der Gestalt mit *Zeemicrus* übereinstimmend, spärlich behaart, gelegentlich fast kahl, Kopf meist nicht ausgeprägt rautenförmig. Halsschild ohne Basalgrübchen, Mandibeln mit 2 Zähnen versehen, Kinn mit großer Grube.

Kopf mit weit nach vorn gerückten Augen, von diesen zur Basis verschmälert, Fühler wie bei *Zeemicrus* gebildet, mit langen Geißelgliedern, das 7. und 8. Glied symmetrisch, die 3gliederige Keule schwach abgesetzt.

Halsschild länger als breit, stark gewölbt, ohne Basalgrübchen und ohne basale Querfurche.

Flügeldecken langoval, hoch gewölbt, ohne Schulterbeule, Schulterwinkel und Basalimpression, an ihrer Basis nur so breit wie die Halsschildbasis. Flügel atrophiert. Episternen vom Metasternum nicht getrennt.

Beine mit schwach verdickten Schenkeln und beim ♂ nicht erweiterten Vordertarsen.

Penis langgestreckt, häufig mit 2-lappigem Apex.

Als Typus des neuen Subgenus bestimme ich *Sc. edwardsi* SHARP.

Scydmaenus (Austroscydmaenus) edwardsi SHARP

SHARP, Trans. Ent. Soc. London 1874, p. 515
REITTER, Verh. Naturf. Ver. Brünn 18, 1879 (1880), p. 172
BROUN, Man. New Zeal. Coleopt. 1, 1880, p. 144—145

Sehr ausgezeichnet durch schlanke, anthicidenähnliche Gestalt, schlanke Fühler und Beine sowie undeutlich reihig punktierte Flügeldecken.

Long. 2,25 mm, lat. 0,70 bis 0,80 mm. Hell rotbraun gefärbt, gelblich behaart.

Kopf von oben betrachtet um ein Sechstel länger als mit den Augen breit, Augen sehr weit nach vorn gerückt, Schläfen 3mal so lang wie der Augendurchmesser, Stirn und Scheitel in einer Flucht flach gewölbt, fein behaart. Fühler zurückgelegt die Halsschildbasis fast erreichend, ihre ersten 6 Glieder viel länger als breit, beim ♂ auch die übrigen ein wenig länger als breit, beim ♀ 8 und 10 quadratisch, das Endglied beim ♂ deutlich, beim ♀ kaum länger als das vorletzte. Kinn mit tiefer flacher Grube.

Halsschild beim ♂ um die Hälfte länger als breit, beim ♀ nur um ein Fünftel, vor der Mitte am breitesten, vor der Basis mit einer Querfurche und darin sowie davor mit eingestochenen Punkten. Scutellum klein, aber deutlich sichtbar.

Flügeldecken langoval, mit deutlicher Schulterbeule und deutlichem Schulterwinkel, ziemlich lang, schräg abstehend, nach hinten gerichtet behaart, mit feiner Grundpunktur und dazwischen mit annähernd gereihten gröberen Punkten. Ein Kiel des Mesosternums zwischen die Mittelhüften ragend, Metasternum lang.

Beine lang und schlank, Schenkel sehr schwach verdickt, Schienen gerade, Vordertarsen des ♂ schwach erweitert.

Penis (Fig. 99) sehr langgestreckt, am apikalen Ende dreilappig, zwischen den 3 Lappen ragt das Ende des Ductus ejaculatorius hervor. Die vorderen zwei Drittel des Penis sind leider undurchsichtig.

Es liegt mir aus den Beständen des British Museum der Holotypus (♂) vor. Er entstammt der Sammlung SHARPS und trägt einen Namenszettel mit dem handschriftlichen Text „*Scydmaenus Edwardsi* ♂ Type DS". Eine Patriaangabe fehlt. Weitere 11 Exemplare mit gedrucktem Patriazettel „New Zealand Helms Reitter" sind über CROISSANDEAU an das British Museum gelangt. Ferner sah ich 3 Exemplare mit gedrucktem Patriazettel „Greymouth New Zealand Helms", ebenfalls aus den Beständen des British Museum. In den undeterminierten Beständen des Museums in Nelson fanden sich mehrere Exemplare, so 2 ♀♀ von Takaka Hill, 2500', 19. 2. 1957, lg. GOURLAY, 1 ♀ von der Victoria Range, Nelson, 26. 10. 1940, lg. GOURLAY, mehrere Exemplare von Mt. Ernslaw, 1. 9. 1945, und von Clippings sowie vom Coronet Peak bei Zueenstown. Die Art ist demnach offenbar auf der Südinsel Neuseelands weiter verbreitet. Mehrere Exemplare wurden in vermoderter Laubstreu gefunden.

Scydmaenus (Austroscydmaenus) curticornis nov. spec.

Dem *Sc. edwardsi* SHARP ähnlich, aber kleiner, die Fühler wesentlich kürzer, der Penis gedrungen gebaut.

Long. 1,85 bis 1,90 mm, lat. 0,60 mm. Rötlichgelb gefärbt, fein gelblich behaart.

Kopf von oben betrachtet etwas länger als mit den kleinen, sehr weit nach vorne gerückten Augen breit, Schläfen hinter den Augen parallel, weiter hinten gerundet konvergierend Stirn und Scheitel flach gewölbt, glatt und glänzend, schütter behaart, kleine Supraantennalhöcker vorhanden, die Stirn von ihnen zum Vorderrand flach abgedacht. Fühler zurückgelegt die Halsschildbasis nicht erreichend, mit deutlich abgesetzter, 3gliederiger Keule, ihr 1. Glied fast 3mal, das 2. doppelt, das 4. und 5. eineinhalbmal so lang wie breit, das 3. und 6. leicht gestreckt, das 8. bis 10. quadratisch bis schwach quer, das Endglied sehr kurz, kaum länger als das vorletzte.

Halsschild um ein Fünftel länger als breit, knapp vor der Mitte am breitesten, ein wenig breiter als der Kopf, mäßig stark gewölbt, sehr fein und zerstreut punktiert, fein und schütter, anliegend behaart, vor der Basis mit 2 weit an die Seiten gerückten, kleinen Grübchen.

Flügeldecken oval, flach gewölbt, mit verrundeten Schultern, ziemlich grob, aber seicht und wenig deutlich punktiert, schütter und schräg abstehend behaart.

Beine schlank, aber mäßig lang, ohne besondere Merkmale.

Penis (Fig. 100) etwas gedrungener gebaut als der des *Sc. edwardsi*, sein Apex breiter als der Peniskörper, aus 2 breiten, einander in der Mitte beinahe berührenden horizontalen Flügeln bestehend, diese leicht aufgebogen.

Es liegen mir aus den undeterminierten Beständen des British Museum 2 aus der Sammlung REITTERS stammende Exemplare vor, die gedruckte Patriazettel mit dem Text: „New Zeeland, Helms Reitter" tragen. Der Holotypus wird im British Museum, die Paratype in meiner Sammlung verwahrt.

Scydmaenus (Austroscydmaenus) greymouthi nov. spec.

Sehr ausgezeichnet durch den großen, oberseits einen Y-förmigen Eindruck aufweisenden Kopf, den vor der Basis der Länge nach gekielten Halsschild, die stumpf gezähnten Hinterschenkel und stark einwärts gekrümmten Hinterschienen.

Long. 3,40 bis 3,70 mm, lat. 1,05 bis 1,15 mm. Rotbraun gefärbt, gelblich behaart.

Kopf von oben betrachtet so lang wie breit, im Umriß fast becherförmig, im basalen Drittel am breitesten, von da in gleichmäßiger Rundung zur Basis verengt, zu den nahe seinem Vorderrande gelegenen, kleinen Augen ebenfalls leicht verschmälert, oberseits in seiner Mitte mit einem Y-förmigen Eindruck, fein und anliegend, an den Schläfen abstehend, aber schütter behaart. Fühler zurückgelegt die Halsschildbasis nicht erreichend, alle Glieder mit Ausnahme des quadratischen 10. länger als breit, ihr Basalglied 3mal, das 2., 3. und 4. etwa zweieinhalbmal so lang wie breit, das Endglied nur so lang wie das 9.

Halsschild um ein Drittel länger als breit, in seiner Längsmitte am breitesten, zum Vorderrand und zur Basis gleich stark verengt, vor dieser in der Mitte mit einem feinen Längskiel, glatt und glänzend, fein und schütter, anliegend behaart. Schildchen nicht sichtbar.

Flügeldecken mäßig stark gewölbt, mit Andeutung einer Schulterbeule, fein und undeutlich punktiert, ziemlich kurz, aber dicht, schräg abstehend behaart.

Beine mäßig lang, Schenkel schwach verdickt, die Hinterschenkel in beiden Geschlechtern auf der Hinterseite mit einer stumpfwinkeligen, zahnartigen Erweiterung (Fig. 101), Hinterschienen sehr stark einwärts gebogen.

Penis (Fig. 102) langgestreckt, gerade, auch seine Spitze kaum aufgebogen. Vor dieser ragt ein in eine Spitze zulaufender Chitinzapfen nach oben und das Ende des Ductus ejaculatorius nach unten.

Es liegen mir 3 Exemplare dieser Art, 2 ♂♂, 1 ♀, vor. Der Holotypus (♂) wurde von HELMS in Greymouth gesammelt und gelangte mit der Sammlung SHARP an das British Museum. Eine Paratype (♂) trägt nur die Patriaangabe „New Zeeland" und darunter die Namen HELMS und REITTER. Sie kam mit der Scydmaenidensammlung REITTERS in den Besitz CROISSANDEAUS, mit dessen überseeischen Scydmaenidenmaterial an des British Museum und befindet sich jetzt in meiner Sammlung. Das dritte Exemplar (♀) wurde mir undeterminiert vom Museum in Nelson zugesandt. Es trägt einen Patriazettel mit der Aufschrift „Mt. Arthur, 3. 11. 36, Gohole". Die Art kommt somit auf der Südinsel Neuseelands und hier offenbar in den Provinzen Nelson und Westland vor.

Scydmaenus (Austroscydmaenus) decipiens nov. spec.

Dem *Sc. edwardsi* SHARP sehr ähnlich, dem *Sc. novae-zeelandicus* m. noch ähnlicher. Von dem letzteren durch längere Fühler, deutliche Behaarung der Oberseite, schwächere Wölbung von Kopf und Flügeldecken, den Besitz einer sehr seichten Längsfurche an Stelle der tiefen Grube auf dem Scheitel, deutliche Punktierung der Flügeldecken sowie durch die Penisform verschieden.

Long. 2,10 bis 2,20 (2,50) mm, lat. 0,80 bis 0,85 mm. Rotbraun gefärbt, gelblich behaart.

Kopf von oben betrachtet so lang wie breit, von den weit nach vorn gerückten, ziemlich großen Augen zur Basis schwach gerundet verengt, oberseits flach gewölbt, am Scheitel mit einer sehr seichten Längsfurche, glatt und glänzend, an den Schläfen etwas abstehend behaart. Fühler zurückgelegt die Halsschildbasis fast erreichend, ihr Basalglied 3mal, das 2. und 4. doppelt, das 5. eineinhalbmal so lang wie breit, das 3. und 6. deutlich gestreckt, das 7. und 8. isodiametrisch, das 9. und 10. ebenso, aber beide viel größer als die vorhergehenden Glieder, das eiförmige Endglied nur wenig länger als das vorhergehende.

Halsschild um ein Drittel länger als breit, etwas vor der Mitte am breitesten, nur so breit wie der Kopf samt den Augen, seitlich stark gerundet, hoch gewölbt, meist äußerst fein und zerstreut, bisweilen aber vor der Basis kräftig punktiert, fein und kurz, etwas aufgerichtet behaart, vor dem Basalrand manchmal mit sehr undeutlichen, seichten Grübchen, der Basalrand schwach aufgekrempelt.

Flügeldecken oval, flacher gewölbt und etwas breiter als bei *Sc. novae-zeelandiae*, deutlich punktiert und ziemlich dicht behaart, mit verrundetem Schulterwinkel.

Beine länger als bei *Sc. novae-zeelandiae*, aber kürzer als bei *Sc. edwardsi*.

Penis (Fig. 103) dem des *Sc. novae-zeelandiae* sehr ähnlich, der Apex aber breiter als der Peniskörper und im Verhältnis zu diesem größer.

Der Holotypus (♂) der neuen Art stammt vom Mt. Arthur, 4500, wo er von E. S. GOURLAY am 17. 1. 1943 gesammelt wurde. Er wird im Museum in Nelson verwahrt. 3 Paratypen (2 ♂♂, 1 ♀) von Greymouth (lg. HELMS) gelangten mit der Sammlung SHARP an das British Museum. Das mir vom Museum in Nelson zugesandte Material enthielt ferner Belegexemplare von der Victoria Range und vom Mt. Earnslaw. *Sc. decipiens* scheint demnach im N-Teil der Südinsel Neuseelands weiter verbreitet zu sein. Zwei Exemplare (♂, ♀) vom Takaka Hill, 2500, und vom Dun Mountain sind etwas größer und fallen vor allem durch einen größeren Kopf auf. Ich benenne diese Form var. *grandiceps* m. und bezeichne das ♂ von Dun Mountain als Holotypus derselben. Im Bau des männlichen Kopulationsapparates besteht mit der Nominatform Übereinstimmung.

Scydmaenus (Austroscydmaenus) clarcki nov. spec.

Dem *Sc. edwardsi* SHARP außerordentlich ähnlich, aber wesentlich größer, Kopf breiter, Halsschild weniger gestreckt, Flügeldecken ohne Schulterbeule und ohne Schulterwinkel, dichter und viel länger behaart. Im übrigen ziemlich stark variierend.

Long. 2,85 bis 3,10 mm, lat. 0,90 bis 1,00 mm. Hell rotbraun gefärbt, gelblich behaart.

Kopf von oben betrachtet mit den Augen fast so breit wie lang, mit in schwacher Rundung nach hinten konvergierenden Schläfen, flach gewölbt, die Seiten der Stirn und des Scheitels mehr oder weniger dicht punktiert, ein Streifen in der Längsmitte glatt, ohne Punktierung, jedoch vor der Basis mit einer seichten, manchmal nur bei Betrachtung schräg von der Seite erkennbaren Längsfurche. Fühler schlank, zurückgelegt die Halsschildbasis überragend, mit sehr undeutlich abgesetzter, 3gliederiger Keule, mit gestreckten Geißelgliedern, das 5. etwa 4mal, das 2., 4. und 6. drei- bis dreieinhalbmal, das 7. eineinhalb- bis zweimal so lang wie breit, das Endglied so lang wie die beiden vorhergehenden zusammengenommen.

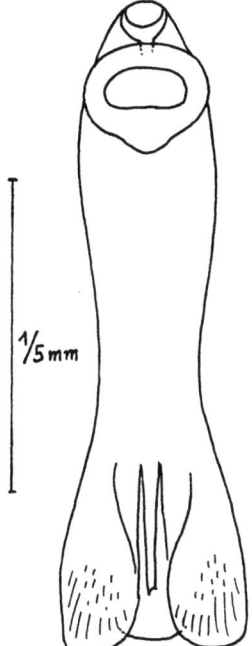

Fig. 103. *Scydmaenus (Austroscydmaenus) decipiens* Franz, Penis in Dorsalansicht.

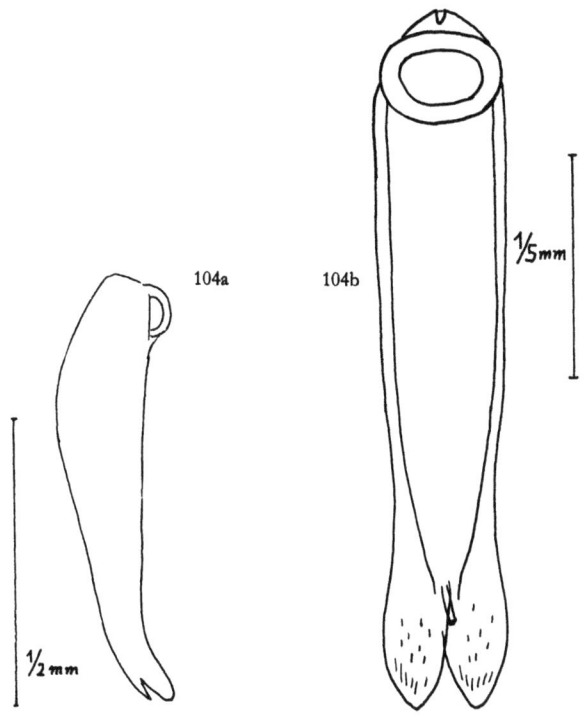

Fig. 104. *Scydmaenus (Austroscydmaenus) clarcki* Franz, Penis a) in Lateral-, b) in Dorsalansicht.

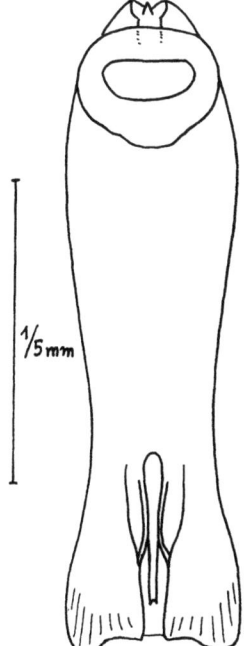

Fig. 105. *Scydmaenus (Austroscydmaenus) novae-zeelandiae* Franz, Penis in Dorsalansicht.

Fig. 106. *Scydmaenus (Austroscydmaenus) villosipennis* Franz, Penis in Lateralansicht.

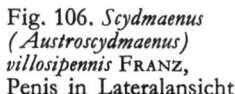
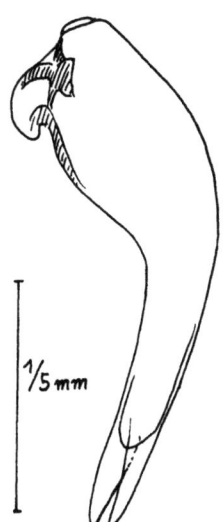

Fig. 107. *Scydmaenus (Austroscydmaenus) angustissimus* Franz, Penis in Dorsalansicht.

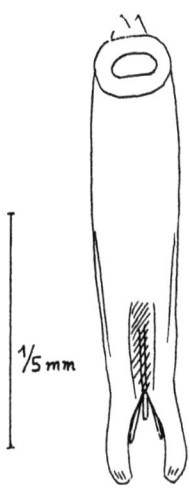

Halsschild beim ♂ nicht ganz um die Hälfte, beim ♀ nur wenig länger als breit, seitlich stärker gerundet als bei *Sc. edwardsi*, vor der Mitte am breitesten und hier etwas breiter als der Kopf samt den Augen, stark gewölbt, ohne größere Basalgrübchen und ohne basale Querfurche, jedoch beiderseits bisweilen mit undeutlicher Längsfurche und in deren Umgebung mit kleinen Pünktchen oder auch vor der Basis in größerem Umfang punktiert.

Flügeldecken gestreckt, langoval, am Ende zugespitzt, stark gewölbt, an ihrer Basis nur so breit wie die Halsschildbasis, ohne Basalimpression und ohne Schulterhöcker, ungleich stark punktiert, die Punktierung oft kräftig und dicht, bisweilen aber nahezu erloschen, dicht und alltenhalben lang, abstehend behaart.

Metasternum des ♂ mit einer großen und flachen Grube.

Beine sehr schlank, Schenkel schwach und nicht keulenförmig verdickt, ungezähnt, Schienen gerade.

Penis (Fig. 104a, b) dem des *Sc. edwardsi* sehr ähnlich gebaut, langgestreckt, nur im Spitzenbereich leicht aufgebogen, mit 2lappigem Apex, die beiden Lappen gleichförmig.

Es liegt mir ein umfangreiches Material dieser Art von der Südinsel Neuseelands aus den Provinzen Westland, Canterbury und Otago und auch noch aus dem Süden der Provinz Nelson vor. Der Holotypus (♂ Penispräparat!) und 2 weitere im British Museum verwahrte Exemplare stammen vom Routeburn R., 4. 1. 1924, 3 weitere Exemplare vom Mt. Greenland und eines aus der Waibo Gorge, 14. 1. 1925, alle von C. E. Clarck gesammelt und im British Museum verwahrt. Alles übrige Material wurde mir vom Museum in Nelson zugesandt. Es umfaßt 4 Ex. (2♂♂ Penispr.!) aus der unmittelbaren Umgebung des Fox-Glacier, von J. I. Townsend am 27. 10. 1966 und 12. 11. 1958 aus Moos und Laubstreu gesammelt. 1 ♂ (Penispr.!) wurde von F. D. Black in der Fritz-Range, Franz Josefarea, 763 m, im Dezember 1955 gesammelt. 1 ♂ (Penispr.!) stammt vom Mt. Dewar, Lochnager Ridge, Paparoa Range, 10. 12. 1969 (lg. J. I. Townsend). 3 Exemplare (1 ♂ Penispr.!) sammelte G. Kuschel am Haast Pass in Laubstreu eines Silver-beeck forest in 1800' am 28. 2. 1966 und 1 Exemplar J. I. Townsend am gleichen Tage in Moos unter Buchen *(Nothofagus)* in 1850'. 3 Exemplare (1 ♂ Penispr.!) wurden von A. K. Walker am Lake Marion im Hollyford-Valley in 640 m am 13. 12. 1966 gefunden. Auch aus der Sammlung Broun sind aus diesem Tal mehrere Exemplare vorhanden. 2 Exemplare sammelte A. K. Walker in nächster Nähe des Milford-Hotels am 20. 2. 1965. Schließlich haben Walker und Wilson 3 Exemplare am Lake Howden, 610 m, im Holyford-Valley in Moos unter *Nothofagus* am 14. 12. 1966 erbeutet. Die Mehrzahl der Belegexemplare von den angeführten Fundorten wird im Museum in Nelson, einige Paratypen werden in meiner Sammlung verwahrt.

Die Art ist nach dem Sammler des Holotypus, Mr. C. E. Clarck, benannt.

Scydmaenus (Austroscydmaenus) novae-zeelandiae nov. spec.

Dem *Sc. edwardsi* Sharp sehr nahestehend, von gleicher Größe und annähernd gleicher Gestalt wie dieser, von ihm aber durch kürzere Fühler, spärlichere Behaarung des Körpers, schmälere, etwas stärker gewölbte Flügeldecken, kürzere Beine und kürzeren Penis verschieden.

Long. 2,30 mm, lat. 0,70 mm. Rotbraun gefärbt, nahezu kahl.

Kopf groß, von oben betrachtet so lang wie breit, im Niveau der weit nach vorne gerückten, ziemlich großen Augen am breitesten, mit nach hinten gerundet konvergierenden Schläfen, oberseits stark gewölbt, kahl, mit einem länglichen, tiefen Eindruck auf dem Scheitel. Fühler zurückgelegt die Halsschildbasis nicht erreichend, ihr Basalglied reichlich, das 2. und 4. knapp doppelt so lang wie breit, das 3., 5. und 6. leicht gestreckt, das 7. und 9. annähernd quadratisch, das 9. fast doppelt so breit wie das 8., dieses und das 10. breiter als lang, das eiförmige Endglied deutlich kürzer als die beiden vorhergehenden zusammengenommen.

Halsschild um ein Drittel länger als breit, etwa in seiner Längsmitte am breitesten und hier kaum merklich breiter als der Kopf samt den Augen, stark gewölbt, seitlich regelmäßig gerundet, glatt, glänzend, kahl, vor der Basis ohne Grübchen, der Basalrand aber kantig aufgebogen, wie aufgekrempelt.

Flügeldecken langoval, nur wenig breiter als der Halsschild, mit verrundeten Schulterwinkeln, sehr fein und zerstreut punktiert, nahezu kahl.

Beine kurz, namentlich die Mittel- und Hinterbeine viel kürzer als die des *Sc. edwardsi*, auch dicker als bei diesem.

Penis (Fig. 105) kürzer als bei der Vergleichsart, der Peniskörper im basalen Drittel seiner Länge so breit wie der Apex, die beiden Lappen desselben hinten fast gerade abgeschnitten.

Es liegt mir von dieser Art nur ein ♂ vor, das sich in dem mir undeterminiert zugesandten Scydmaenidenmaterial des Museums in Nelson fand. Das Tier trägt einen gedruckten Patriazettel mit dem Text: „Sinclair-Head, 8. 1. 1944, E. S. GOURLAY. Der Holotypus wird im Museum in Nelson aufbewahrt.

Scydmaenus (Austroscydmaenus) villosipennis nov. spec.

Gekennzeichnet durch oberseits sehr flach gewölbten, langgestreckten Kopf, sehr starke Wölbung von Halsschild und Flügeldecken, laterale Längsfurche des Halsschildes, lange und steil aufgerichtete, dichte Behaarung der Flügeldecken, schlanke Beine mit keulenförmig verdickten Schenkeln und ziemlich stark nach oben gebogenem, zweispitzigen Penis.

Long. 1,90 bis 2,00 mm, lat. 0,70 bis 0,75 mm. Rotbraun gefärbt, ziemlich dicht, auf den Flügeldecken sehr lang, gelblich behaart.

Kopf von oben betrachtet beträchtlich länger als breit, von den weit nach vorn gerückten, ziemlich großen Augen zur Basis schwach gerundet, beinahe konisch verschmälert, oberseits sehr flach gewölbt, mit länglicher, medianer Scheitelgrube, fein, aber ziemlich dicht, halb aufgerichtet behaart. Fühler zurückgelegt die Halsschildbasis etwas überragend, mit schwach abgesetzter, 3gliederiger Keule und durchwegs gestreckten Geißelgliedern, ihr Basalglied dicker als die folgenden, wie auch das 2. und 5. zweieinhalbmal, das 3., 4. und 6. knapp doppelt so lang wie breit, das 7. deutlich, das 8. wenig gestreckt, das 9. und 10. breiter als lang, das Endglied etwas kürzer als die beiden vorhergehenden zusammengenommen.

Halsschild um ein Viertel länger als breit, sehr stark gewölbt, knapp vor der Mitte am breitesten, vor der Basis leicht ausgeschweift, an der Basis mit 2 kleinen Grübchen und seitlich von diesen mit einer tiefen, nach vorne verschmälerten Längsfurche.

Flügeldecken sehr stark gewölbt, an ihrer Basis nur so breit wie die Halsschildsbasis, ohne Spur eines Schulterwinkels und einer Schulterbeule, dicht und grob punktiert, sehr lang, fast senkrecht abstehend behaart.

Beine schlank und lang, Schenkel mäßig keulenförmig verdickt.

Penis (Fig. 106) etwa in seiner Längsmitte im stumpfen Winkel nach oben geknickt, hinter der Mitte viel schmäler als vor dieser, mit zweispitzigem Apex.

Es liegen mir aus den undeterminierten Beständen des Museums in Nelson 4 Exemplare dieser Art vor, von denen 3, darunter der Holotypus, von F. D. BLACK am Waikaia River, Piano Flat in Southland am 16. 10. 1966 in Buchenstreu gesammelt wurden. Das 4. Exemplar wurde von G. KUSCHEL am 18. 11. 1961 am Maruia Spring in 2000′ Höhe in Waldstreu gesammelt. 3 Exemplare werden im Museum in Nelson, eine Paratype (♂) in meiner Sammlung aufbewahrt.

Scydmaenus (Austroscydmaenus) stokesi nov. spec.

Gekennzeichnet durch rundlichen, schwach queren Kopf mit deutlicher Punktierung, kurze, zurückgelegt die Halsschildbasis nicht erreichende Fühler, leicht gestreckten, kurz und halb aufgerichtet behaarten Halsschild und lang und schräg abstehend behaarte Flügeldecken.

Long. 2,50 mm, lat. 0,85 mm. Hell rotbraun gefärbt, gelblich behaart.

Kopf von oben betrachtet rundlich, schwach quer, mit kaum angedeuteter Längsfurche vor seiner Basis, kräftig punktiert, fein und fast anliegend behaart. Fühler zurückgelegt die Halsschildbasis nicht erreichend, ihre beiden ersten Glieder fast 3mal, 3 bis 5 nicht ganz doppelt so lang wie breit, 6 und 7 leicht gestreckt, 8 schwach quer, kaum breiter als 7, 9 etwas länger als breit, schon an der Basis breiter als 8, distal erweitert, 10 annähernd quadratisch, das eiförmige Endglied nur um die Hälfte länger als breit.

Halsschild leicht gestreckt, etwas vor der Mitte am breitesten, seitlich stark gerundet zum Vorderrand und zur Basis verengt, sehr fein punktiert, ziemlich kurz, halb aufgerichtet behaart.

Flügeldecken oval, an ihrer Basis nur wenig breiter als die Halsschildbasis, ohne Schulterbeule und Schulterwinkel, fein und zerstreut punktiert, ziemlich dicht, schräg abstehend behaart, die Behaarung länger als am Halsschild.

Beine mäßig lang, ohne besondere Merkmale.

Es liegt mir im undeterminierten Material des Museums in Nelson ein einziges Exemplar dieser Art (♀) vor. Dieses wurde von J. Mc. Burney am 11. 10. 1967 am Mt. Stakes, 1174 m, im äußersten Nordosten von Marlborough in Moos gefunden. Der Holotypus wird im Museum in Nelson verwahrt.

Scydmaenus (Austroscydmaenus) paravillosipennis nov. spec.

Dem *Sc. villosipennis* m. sehr ähnlich, von ihm aber durch kürzere Fühler sowie feinere und undeutlichere Punktierung der Flügeldecken verschieden.

Long. 2,10 bis 2,25 mm, lat. 0,75 bis 0,80 mm. Dunkel rotbraun gefärbt, lang und steil aufgerichtet, gelblich behaart.

Kopf wie bei der Vergleichsart flach, mit weit nach vorne gerückten Augen und einer Längsfurche vor der Basis. Fühler zurückgelegt die Halsschildbasis etwas überragend, ihre ersten 6 Glieder etwa doppelt, das 7. eineinhalbmal so lang wie breit, das 8. isodiametrisch, 9 und 10 breiter als lang, das eiförmige Endglied viel kürzer als die beiden vorhergehenden zusammengenommen.

Halsschild etwas länger als breit, nahe seiner Längsmitte am breitesten, sehr gleichmäßig zum Vorderrand und zur Basis verengt, mit einzelnen zerstreuten Punkten besetzt, fein und anliegend behaart.

Flügeldecken sehr stark gewölbt, kurzoval, fein und undeutlich punktiert, lang und steil aufgerichtet behaart.

Beine schlank, Schenkel schwach verdickt, Schienen vollkommen gerade.

Die Art liegt mir in 4 Exemplaren vor, die sich in den undeterminierten Beständen des Museums in Nelson befanden und über die Sammlung Brookes aus der Sammlung Broun dorthin gelangt waren. 2 Tiere, darunter die Type, tragen einen handgeschriebenen Zettel mit dem Text „Lamoud, 3. 14", die beiden anderen sind mit „stair 3500" etikettiert. Der Holotypus und 2 Paratypen werden im Museum in Nelson, eine Paratype in meiner Sammlung verwahrt.

In meiner Sammlung befindet sich noch ein weiteres Exemplar (♀) mit der Fundortangabe „Stair", das ebenfalls aus der Sammlung Broun stammt. Dieses Tier weicht von den beiden Exemplaren durch kürzeren, nur so langen wie breiten Kopf und vor seiner

Mitte die größte Breite erreichenden Halsschild ab. Es repräsentiert offenbar eine Aberration der vorstehend beschriebenen Art, da die beiden anderen Exemplare vom gleichen Fundort mit der Type vollkommen übereinstimmen.

Scydmaenus (? Austroscydmaenus) angustissimus nov. spec.

Sehr ausgezeichnet durch geringe Größe, gestreckte, relativ flach gewölbte Gestalt, großen, länglichen, zur Basis nur wenig verschmälerten Kopf, punktierte Flügeldecken und die Penisform. In dieser und in der Körpergestalt mit *Austroscydmaenus* übereinstimmend, aber durch kleine Basalgrübchen des Halsschildes und leicht erweiterte Vordertarsen des ♂ von den übrigen Vertretern dieses Subgenus abweichend.

Long. 1,60 mm, lat. 0,50 mm. Rötlichgelb gefärbt, sehr fein und zerstreut, gelblich behaart.

Kopf von oben betrachtet länger als breit, zur Basis nur sehr wenig verschmälert, im Umriß gerundet-viereckig, mit kleinen, sehr weit nach vorne gerückten Augen, glänzend, äußerst fein punktiert, nahezu kahl. Fühler zurückgelegt die Halsschildbasis nicht ganz erreichend, ihr Basalglied zweieinhalbmal, das 2. nicht ganz doppelt so lang wie breit, 3 bis 5 leicht gestreckt, 6 bis 8 annähernd isodiametrisch, 9 nicht ganz, 10 reichlich doppelt so breit wie 8, beide quadratisch, das Endglied nicht viel länger als das vorletzte.

Halsschild um die Hälfte länger als breit, etwas vor seiner Längsmitte am breitesten und hier so breit wie der Kopf, mäßig gewölbt, seitlich schwach gerundet, stark glänzend und sehr zerstreut, kaum erkennbar (80fache Vergrößerung) punktiert, sehr fein und schütter behaart, mit kantig emporgekrempeltem Basalrand, vor demselben mit 4 kleinen Grübchen, die mittleren weit voneinander entfernt.

Flügeldecken langoval, flach gewölbt, an ihrer Basis ein wenig breiter als die Halsschildbasis, mit angedeutetem Schulterwinkel, ohne Basalimpression, kräftig punktiert, fein und schütter behaart. Flügel atrophiert.

Beine ziemlich kurz, Vorderschenkel etwas stärker verdickt als die der Mittel- und Hinterbeine, Vorderschienen zur Spitze leicht verbreitert, Vordertarsen des ♂ ein wenig verbreitert.

Penis (Fig. 107) sehr langgestreckt, sein Apex schwalbenschwanzförmig gegabelt. Zwischen den beiden Lappen des Apex ist das Ende des Ductus ejaculatorius sichtbar.

Es liegt mir nur ein Exemplar dieser Art, ein ♂, vor, das sich in dem mir vom British Museum zugesandten Material vorfand. Es trägt einen Patriazettel mit dem handgeschriebenen Text: „Mt. Owen, 20. 12. 14", stammt also aus der Provinz Nelson auf der Südinsel Neuseelands. Die Type wird im British Museum verwahrt.

Scydmaenus (Austroscydmaenus) laetans BROUN

BROUN, Man. New Zeal. Coleopt. II, 1881, p. 663 (*Adrastia*)
BROUN, Man, New Zeal. Coleopt. IV, 1886, p. 925 (*Scydmaenus*)

Gekennzeichnet durch geringe Größe, hell rotbraune Färbung, spärliche Behaarung, gerundet-quadratischen Kopf, fehlende Basalgrübchen und basale Querfurche auf dem Halsschild, fast erloschene Punktierung der Flügeldecken und zweispitzigen Penis. Die Art weicht durch die Kopfform und die fast erloschene Punktierung der Flügeldecken von *Austroscydmaenus* ab, die Penisform weist sie aber doch in die engste Verwandtschaft dieser Untergattung, so daß ich sie vorläufig zu dieser stelle.

Long. 1,50 bis 1,55 mm, lat. 0,46 bis 0,50 mm. Hell rotbraun gefärbt, sehr fein und schütter, gelblich behaart, netzmaschig skulptiert.

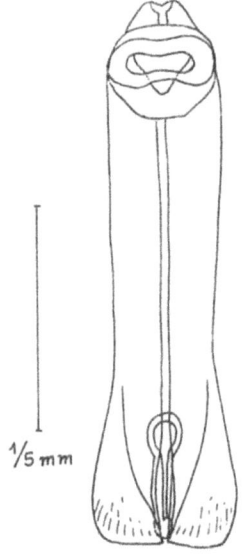

Fig. 109. *Scydmaenus (Austroscydmaenus) dentipes* Franz, Penis in Dorsalansicht.

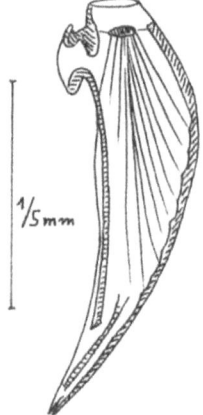

Fig. 108. *Scydmaenus (Austroscydmaenus) laetans* Broun, Penis in Lateralansicht.

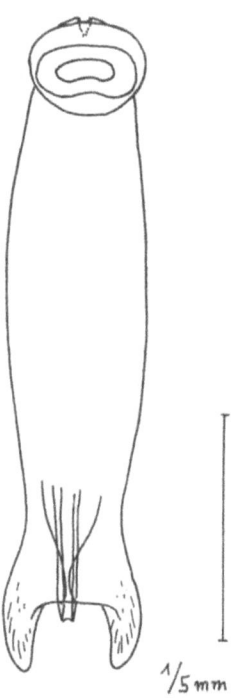

Fig. 110. *Scydmaenus (Austroscydmaenus) brookei* Franz, Penis in Dorsalansicht.

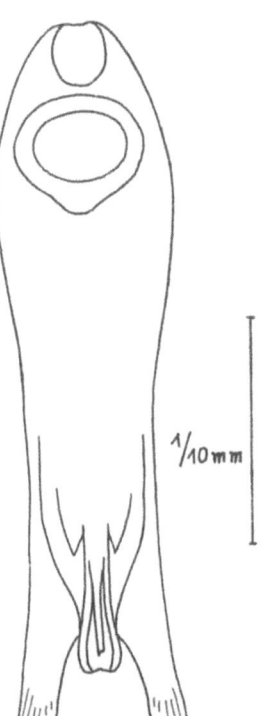

Fig. 111. *Scydmaenus (Austroscydmaenus) gourlayi* Franz, Penis in Dorsalansicht.

Kopf von oben betrachtet abgerundet quadratisch, flach gewölbt, mit weit nach vorn gerückten, flachen Augen. Fühler schlank, zurückgelegt die Halsschildbasis etwas überragend, mit wenig scharf abgesetzter, 3gliederiger Keule, beim ♂ ihr 1. bis 6. Glied beträchtlich, das 7. kaum merklich länger als breit, 8, 9 und 10 annähernd isodiametrisch, beim ♀ schon Glied 7 und 8 nicht länger als breit, 9 und 10 kaum merklich breiter als lang.

Halsschild ein wenig länger als breit, vor der Längsmitte am breitesten und hier etwas breiter als der Kopf, vor der Basis leicht eingeschnürt, mit kantigem Basalrand, ohne Basalgrübchen und ohne basale Querfurche.

Flügeldecken länglichoval, flach gewölbt, kaum merklich reihig punktiert, fein und leicht aufgerichtet behaart, an ihrer Basis beim ♂ nicht, beim ♀ ein wenig breiter als der Halsschild, mit verrundeter Schulterbeule.

Beine schlank, Schenkel schwach verdickt, Schienen gerade, Vordertarsen des ♂ nicht erweitert.

Penis (Fig. 108) sehr einfach gebaut, langgestreckt, leicht nach oben gebogen, mit dorsal gelegener Basalöffnung, basalem, dünnhäutigem Fenster und chitinösem Druckregulierungskörper, Apex zweispitzig.

Es liegen mir der Holotypus (♂) und 2 weitere Exemplare (♀♀), von denen eines als Paratype bezeichnet ist, aus dem British Museum vor. Die Tiere tragen keine Patriazettel, sie stammen nach der Originaldiagnose aus der Umgebung von Whangarei Harbour in Northland auf der Nordinsel Neuseelands.

Scydmaenus (Armatoscydmaenus) dentipes nov. spec.

In der Gestalt dem *Sc. decipiens*, vor allem dessen var. *grandiceps* m. außerordentlich ähnlich, von ihm aber durch den Besitz eines zahnartigen Höckers auf der Vorderseite der Vorderschenkel und eines höckerigen Fortsatzes der Vordercoxen verschieden. Die zahnartigen Chitinfortsätze an den Vorderschenkeln erinnern an *Scottoscydmaenus* m., bei den Vertretern dieser Gattung sind aber stets zwei parallele Zahnleisten erkennbar, während solche bei der vorliegenden Art nicht vorhanden sind. Mit Rücksicht auf die weitgehende Übereinstimmung mit *Sc. decipiens* genügt es, die Unterschiede hervorzuheben.

Long. 2,50 bis 2,70 mm, lat. 0,80 mm.

Kopf größer als bei der Vergleichsart, von oben betrachtet von den Augen über die Schläfen zur Basis in gleichmäßiger Rundung verschmälert.

Halsschild seitlich stärker gerundet erweitert, Flügeldecken fein und zerstreut punktiert.

Vorderschenkel auf der Vorderseite in der basalen Hälfte ihrer Länge mit einem stumpfen Zahn, Coxen ebenfalls mit einem zahnartigen Fortsatz.

Penis (Fig. 109) wie bei der Vergleichsart gebildet.

Es liegen mir von dieser Art 3 Exemplare vor. Der Holotypus wurde von E. S. GOURLAY in Upper Maitai, am 14. 2. 1943, die Paratypen am Dun Mountain, 610 und 660 m, am 3. 8. 1966 und 6. 11. 1969 von J. C. WATT gesammelt. Der Holotypus und eine Paratype sind im Museum in Nelson, die zweite Paratype ist in meiner Sammlung verwahrt.

Scydmaenus (Austroscydmaenus) brookesi nov. spec.

Gleichfalls in die Verwandtschaft des *Sc. decipiens* gehörend und mit ihm in Körpergestalt und Größe weitgehend übereinstimmend, von ihm aber durch kleineren Kopf, längere Fühler und anders geformten Apex penis verschieden. In dessen Form dem *Sc.*

angustissimus m. ähnlich, aber viel größer als dieser und außerdem durch die Kopfform abweichend.

Long. 1,95 mm, lat. 0,60 mm. Rotbraun gefärbt, fein und schütter, gelblich behaart.

Kopf ziemlich klein, von oben betrachtet rundlich, so lang wie mit den ziemlich großen Augen breit, mit ziemlich stark nach hinten konvergierenden Schläfen, flach gewölbt, mit seichtem, unscharf begrenztem Eindruck auf dem Scheitel. Fühler lang, zurückgelegt die Halsschildbasis weit überragend, alle Glieder länger als breit, Glied 1, 2, 4 und 5 zweieinhalb- bis 3mal, Glied 3, 6 und 7 nicht ganz doppelt so lang wie breit, 8 ein wenig, 9 viel breiter als 7, das Endglied nur so lang wie das 9.

Halsschild um etwa ein Fünftel länger als breit, in seiner Längsmitte am breitesten, sowohl zum Vorderrand als auch zur Basis stark gerundet verengt, stark gewölbt, glatt und glänzend, fein behaart.

Flügeldecken langoval, ziemlich stark gewölbt, an ihrer Basis etwas breiter als die Halsschildbasis mit verrundetem Schulterwinkel, schütter punktiert und behaart.

Beine ziemlich lang und schlank, ohne besondere Merkmale.

Penis (Fig. 110) langgestreckt, sein Apex in zwei kurzen, schwach zangenförmig gegeneinander gekrümmten Spitzen endend.

Es liegt mir nur ein Exemplar (♂) vor, das mit der Sammlung BROOKES in den Besitz des Museums in Nelson gekommen ist. Es trägt einen Patriazettel mit dem handschriftlichen Text „Tangihua-Range, 17. 10. 36, 1800—2000 Fairburn".

Scydmaenus (? Austroscydmaenus) gourlayi nov. spec.

Dem *Sc. angustissimus* m. ähnlich und mit ihm zweifellos sehr nahe verwandt, von ihm durch weniger gestreckte Gestalt, dunklere Farbe, gerundet-viereckigen Kopf, kürzeren Halsschild und kürzere Flügeldecken und etwas abweichende Form des Apex penis verschieden. Auch dem *Sc. laetans* BROUN ähnlich, aber durch abweichende Penisform von ihm verschieden.

Long. 1,60 mm, lat. 0,55 mm. Rotbraun gefärbt, sehr spärlich, gelblich behaart.

Kopf von oben betrachtet ein wenig breiter als lang, querviereckig, mit sehr weit nach vorne gerückten, flachen Augen und nahezu parallelen Schläfen. Fühler zurückgelegt die Halsschildbasis nicht erreichend, ihre beiden ersten Glieder nicht ganz 3mal so lang wie breit, 3 bis 5 deutlich länger als breit, 6 bis 8 annähernd quadratisch, 9 wesentlich breiter als 8, zur Spitze verbreitert und hier nicht ganz so breit wie lang, 10 und 11 fehlend.

Halsschild so breit wie lang, ein wenig vor der Mitte am breitesten und hier so breit wie der Kopf, ziemlich flach gewölbt, sehr undeutlich fein punktiert und behaart, mit kantig aufgekrempeltem Basalrand und 4 sehr seichten, schwer sichtbaren Basalgrübchen, die mittleren voneinander weit getrennt.

Flügeldecken länglichoval, an ihrer Basis etwas breiter als die Halsschildbasis, mit deutlichem Schulterwinkel und ziemlich grober Punktierung, spärlich behaart. Flügel verkümmert.

Beine ziemlich kurz und kräftig, Vorderschenkel etwas stärker verdickt als die der Mittel- und Hinterbeine, Vorderschienen zur Spitze erweitert, Vordertarsen des ♂ kaum merklich verbreitert.

Penis (Fig. 111) dem des *Sc. angustissimus* sehr ähnlich, die beiden Lappen des Apex aber nicht zangenförmig zueinandergebogen, sondern nach hinten geradlinig divergierend. Das Penisinnere ist in der vorderen Hälfte des Penis infolge von Lufteinschlüssen in dem einzigen vorliegenden Präparat undurchsichtig.

Der Holotypus trägt einen gedruckten Patriazettel mit dem Text: „Takaka Hill, 2500', 7. 5. 57. E. S. Gourlay." Die Art ist ihrem Entdecker gewidmet.

Bestimmungstabelle der Arten des Subgenus *Austroscydmaenus* m.

1. Hinterschienen stark einwärts gekrümmt, Kopf hinter den Augen leicht erweitert, auf dem Scheitel mit einem V-förmigen Eindruck. Große Art (long. 3,40 bis 3,70 mm) .... *greymouthi* m.
— Hinterschienen gerade oder nur sehr schwach gekrümmt, Kopf von den Augen zur Basis verschmälert, oder zunächst parallelseitig, nie verbreitert 2
2. Große Art (long. über 2,85, meist um 3,00 mm) von hell rotbrauner Farbe und mit ziemlich dichter und langer, aufgerichteter Behaarung der Flügeldecken ..... *clarcki* m.
— Kleinere Arten von unter 2,70 mm, meist unter 2,30 mm Körperlänge 3
3. Sehr lang und senkrecht abstehend, dicht behaart. Kopf flach, Halsschild und Flügeldecken aber sehr stark gewölbt .... *villosipennis* m. und *paravillosipennis* m.
— Weniger lang und weniger dicht behaart, meist flach gewölbt 4
4. Vorderschenkel an ihrer Vorderseite in der basalen Hälfte ihrer Länge mit einem stumpfen Zahn, Vordercoxen mit einem stumpfen Höcker .... *dentipes* m.
— Alle Schenkel ungezähnt 5
5. Kleinere Arten von maximal 1,90 mm Körperlänge und vorwiegend rötlichgelber Färbung 6
— Größere Arten von mindestens 2,10 mm Körperlänge und meist rotbrauner Färbung 9
6. Kopf quer viereckig oder abgerundet quadratisch 7
— Kopf länger als breit 8
7. Flügeldecken kräftig punktiert, Penis mit 2 schwalbenschwanzförmig divergierenden, am Ende schräg abgestutzten Spitzen .... *gourlayi* m.
— Flügeldecken spärlich, reihig punktiert, Penis am Ende schwach aufgebogen, mit 2 scharfen Spitzen .... *laetans* BROUN
8. Kopf länglich-viereckig, zur Basis fast nicht verschmälert, Flügeldecken sehr fein und undeutlich punktiert, fast kahl .... *angustissimus* m.
— Kopf zur Basis gerundet verschmälert, Flügeldecken deutlich und grob punktiert, deutlich behaart .... *curticornis* m.
9. Fühler zurückgelegt die Halsschildbasis nicht überragend, das 6. bis 10. Glied nicht länger als breit, Flügeldecken kaum breiter als der Halsschild, Oberseite stark glänzend, kahl .... *novae-zeelandiae* m.
— Fühler zurückgelegt die Halsschildbasis überragend, 6. Fühlerglied stets, bisweilen auch das 7. länger als breit. Flügeldecken zusammen deutlich breiter als der Halsschild, ± behaart 10
10. Fühler sehr langgestreckt, alle Glieder länger als breit .... *brookesi* m.
— Fühler kürzer, das 8. bis 10. Glied annähernd isodiametrisch 11
11. Kopf deutlich zur Basis verengt, nicht kreisrund, in der Mitte seiner Basis ohne Längsfurche .... *edwardsi* SHARP
— Kopf von oben betrachtet fast kreisrund, in der Mitte seiner Basis mit einer Längsfurche .... *decipiens* m.

Katalog der Scydmaeniden Neuseelands und der nächstgelegenen Inseln

Tribus *Neuraphini*

Genus *Stenichnus* THOMS.

    Subgenus *Austrostenichnus* FRANZ
        insignis BROUN

Genus *Euconnus* THOMS.

    Subgenus *Tetramelus* MOTSCH.
        northlandensis FRANZ
        curvicrus FRANZ
        threekingensis FRANZ
        castawayensis FRANZ
        ramsayi FRANZ
        pseudoramsayi FRANZ
        picicollis (BROUN)

    Subgenus *Maoria* FRANZ
        alacer (BROUN)
        pseudoalacer FRANZ
        walkerianus FRANZ
        australis FRANZ
        sanguineus (BROUN)
        marionensis FRANZ
        pseudoangulatus FRANZ
        hollyfordensis FRANZ
        erythronotus (BROUN)
        turrethi FRANZ
        egmontensis FRANZ
        inangahuae FRANZ
        pelorianus FRANZ
        eruensis FRANZ
        pelorii FRANZ
        tunakinoi FRANZ
        codfishensis FRANZ
        angulatus (BROUN)
        helmsi FRANZ
        dunsdalensis FRANZ
        setosus (SHARP)
        russatus (BROUN)
        monilifer (BROUN)
        cilipes (BROUN)
        wakamarinae FRANZ
        dunensis FRANZ
        galerus (BROUN)
        milfordensis FRANZ
        tapuanus FRANZ
        wellingtonensis FRANZ

        fabiani FRANZ
        brookesi FRANZ
        hawkesi FRANZ
        pandorae FRANZ
        trispinosus FRANZ
        kuscheli FRANZ

    Subgenus *Allomaoria* FRANZ
        lanosus (BROUN)
        munroi (BROUN)
        nelsonius FRANZ
        allocerus (BROUN)
        cedius (BROUN)
        oreas (BROUN)
        greymouthi FRANZ
        pseudofragilis FRANZ
        calcaritibia FRANZ
        relatus (BROUN)
        orrhillensis FRANZ
        brachycerus (BROUN)
        pseudolanosus FRANZ
        dublinensis FRANZ
        townsendianus FRANZ
        restinga FRANZ
        maruiae FRANZ
        hopeanus FRANZ
        waiporiensis FRANZ
        fiordlandensis FRANZ
        hakatarameanus FRANZ
        pictonensis FRANZ
        fragilis (BROUN)
        xanthopus (BROUN)
        hutti FRANZ
        kuschelianus FRANZ
        alackensis FRANZ
        labiatus FRANZ
        gunnensis FRANZ
        waikawensis FRANZ
        waipouanus FRANZ
        marlboroughensis FRANZ
        bluffensis FRANZ
        dunicola FRANZ
        waipouensis FRANZ
        arohanus FRANZ
        ohakunei FRANZ
        stenocerus (BROUN)
        whangamoanus FRANZ

pseudowhangamoanus FRANZ
dobsoni FRANZ
eruanus FRANZ
parawhangamoanus FRANZ
heterarthrus (BROUN)
takakae FRANZ
haurokanus FRANZ
oweni FRANZ
hokianoae FRANZ
durvillei FRANZ

puncticollis (BROUN)
ambiguus (BROUN)
halli (BROUN)
latuliceps (BROUN)
ovipennis (BROUN, nom. praeocc.)
var. *rileyensis* FRANZ
paralatuliceps FRANZ
antennalis (BROUN)

Subgenus *Magellanoconnus* FRANZ
moruiensis FRANZ

Species incertae sedis

calvus (BROUN)
planiceps (BROUN)
latiusculus (BROUN)
impressipennis FRANZ
arthuris FRANZ

clarcki FRANZ
brouni FRANZ
sinuatus (BROUN)
horridus FRANZ
whakamatensis FRANZ
angustatus (BROUN)

Tribus *Scydmaenini*

Genus *Scydmaenus* LATR.

Subgenus *Zeemicrus* LHOSTE
angulifrons BROUN
nelsonis FRANZ
brouni FRANZ
princeps BROUN

Subgenus *Austroscydmaenus*
edwardsi SHARP
curticornis FRANZ
greymouthi FRANZ
decipiens FRANZ

clarcki FRANZ
novae-zeelandiae FRANZ
villosipennis FRANZ
stokesi FRANZ
paravillosipennis FRANZ
angustissimus FRANZ
laetans BROUN
dentipes FRANZ
brookesi FRANZ

Mir unbekannt blieb:
Stenichnus clavatellus BROUN

II. Die Scydmaenidenfauna Australiens und Tasmaniens

Die Erforschung der Scydmaenidenfauna dieses großen Gebietes ist ungleich weit fortgeschritten. Gewisse Räume, so die Umgebung von Sidney und Adelaide sowie Tasmanien, sind relativ gut bearbeitet, auch aus SW-Australien sind verhältnismäßig viele Scydmaenidenarten bekannt. In SO-Queensland konnte ich dank der Unterstützung durch Herrn Hubble, den Leiter des dortigen Zentrums der CIRO und seiner Mitarbeiter selbst ein namhaftes Material zusammentragen. Schon wesentlich weniger Scydmaeniden kennen wir aus dem Süden von N. S. Wales und aus Victoria sowie dem Norden von Queensland. Die Scydmaenidenfauna von N-Australien und die des Nordens von W-Australien ist fast unerforscht. Auch aus den Trockengebieten im Inneren des australischen Kontinents sind bisher keine Scydmaeniden beschrieben, obwohl sie dort kaum völlig fehlen werden.

Tribus *Cephenniini*

Genus *Coatesia* LEA

LEA, Proc. Roy. Soc. Victoria (N. S.) 27, part II, 1914, p. 230

Diese vom Autor mit *Megaladerus* verglichene, auf *C. lata* LEA aufgestellte Gattung gehört in die nächste Verwandtschaft von *Cephennomicrus* REITTER oder ist überhaupt synonym dazu. Eine sichere taxonomische Einordnung ist vor dem Erscheinen von Besuchts Monographie der Gattung *Cephennium* und der nächstverwandten Genera nicht möglich.

Gattung *Neseuthia* SCOTT

SCOTT, Trans. Linn. Soc. London, Secd. Ser. Vol. 18, Zool., 1922—1925, p. 201—203

Diese Gattung ist auch in Australien heimisch und eine Art bereits von R. L. KING (Trans. Ent. Soc. N. S. Wales 1, 1865, p. 95—96, fig. 1—3) unter dem Gattungsnamen *Megaladerus* STEPH. beschrieben worden. *Megaladerus* STEPH. ist aber, wie bereits E. REITTER (Verh. zool. bot. Ges. Wien 31, 1881, p. 547) gezeigt hat, ein Subgenus von *Cephennium* MÜLL. et KZE., von welcher Gattung *Neseuthia*, wie SCOTT gezeigt hat, durch eine Reihe von Merkmalen generisch getrennt ist.

Die Arten der Gattung *Neseuthia* stimmen durch bis zu den Augen in den Prothorax zurückgezogenen, hinter den Augen nicht verengten Kopf, durch breiten, an seiner Basis fast die Breite der Flügeldecken besitzenden Halsschild und ovale Körperform mit *Cephennium* überein. Sie besitzen jedoch eine mehr oder weniger scharf abgesetzte, 3gliederige Fühlerkeule, eine Querfurche und (oder) Grübchen vor der Halsschildbasis, ein deutlich sichtbares Scutellum und eine mehr oder weniger deutlich ausgeprägte Basalimpression und Humeralfalte auf den Flügeldecken. Die Vorderhüften sind durch einen kielförmigen Prosternalfortsatz schmal getrennt, die Mittel- und Hinterhüften weisen einen nahezu gleichen Abstand auf, Metasternum und Episternen sind nicht durch eine Nahtlinie voneinander getrennt.

Der Kopf zeigt beim ♂ auffällige sekundäre Geschlechtsmerkmale.

Die Verbreitung der Gattung *Neseuthia* ist sehr bemerkenswert. Sie wurde von SCOTT (l. c.) von den Seychellen beschrieben und von mir (Kol. Rdsch. 49, 1971) auf Neukaledonien sowie an Hand von Material aus dem Bernice Bishop Museum in Honolulu und aus dem Southaustralien Museum in Adelaide auch auf den Fiji- und Samoa-Inseln nachgewiesen. Nachstehend sind zwei weitere Arten aus Australien anzuführen, von denen die eine in Ost- die andere in Südaustralien heimisch ist. An späterer Stelle wird schließlich eine Art von Lord Howe Isld. beschrieben.

Neseuthia inconspicua (KING)

KING, Trans. Ent. Soc. N. S. Wales 1, 1865, p. 96, pl. VI, fig. 1, 2, 3 (*Megaladerus*)

Gekennzeichnet im männlichen Geschlecht durch zwei große, lateral gelegene Höcker auf der Stirn, vor der Basis nicht ausgeschweifte Halsschildseiten und deutlich chagrinierte Oberseite.

Long. 0,80 bis 0,85 mm, lat. 0,45 mm. Rötlichbraun gefärbt, matt glänzend, staubartig gelblich behaart.

Stirn beim ♂ mit 2 großen, hinter den Fühlerwurzeln stehenden Höckern, beim ♀ gleichmäßig gewölbt, ungehöckert, Fühler mäßig lang, die Halsschildbasis etwas überragend, mit durchwegs gestreckten Gliedern, das Basalglied viel länger als die folgenden, das 9. Glied länger und etwas breiter als das 8., das 10. noch etwas länger und fast doppelt so breit wie das 9., das spitz eiförmige Endglied so lang wie die beiden vorhergehenden zusammengenommen.

Halsschild stark gewölbt, viel breiter als lang, vor seiner Längsmitte am breitesten, zur Basis nur sehr wenig und geradlinig verengt, mit stumpfwinkeligen, aber scharfeckigen Hinterwinkeln, gerandeten Seiten, innerhalb des Seitenrandes vor den Hinterwinkeln mit einem länglichen Grübchen, vor der Basis mit einer Querfurche, auf der Scheibe grobmaschig genetzt.

Flügeldecken oval, hoch gewölbt, an ihrer Basis nur sehr wenig breiter als die Halsschildbasis, mit ziemlich tiefer Basalimpression und kurzer, aber deutlich markierter Humeralfalte, ebenso deutlich netzmaschig skulptiert wie der Halsschild. Flügel entwickelt.

Beine mäßig lang, Schenkel schwach verdickt.

Penis (Fig. 112) etwa doppelt so lang wie breit, mit annähernd quadratischem, das distale Drittel der Penislänge einnehmendem, scharf abgesetztem Apex und die Basis des Apex penis erreichenden, mit je 2 langen Tastborsten versehenen Parameren. Im apikalen Teil des Penis liegt ein spiralig aufgerollter Ductus ejaculatorius.

Es liegen mir aus der Sammlung des South Australien Museum in Adelaide 3 Exemplare (2 ♂♂, 1 ♀) dieser Art vor, von denen ein ♂ als Cotype bezeichnet ist. Es trägt einen handschriftlichen Namenszettel mit der Aufschrift *Megaloderus inconspicuus*, als Fundort ist auf einem später geschriebenen Zettel N. S. Wales angegeben. Die beiden anderen Exemplare (♂, ♀) tragen einen gedruckten Patriazettel mit dem Text „Nepean R. Coates". Als locus classicus wird Paramatta angegeben, wo die Art unter Holz im Grase gefunden wurde.

Neseuthia perthi nov. spec.

Gekennzeichnet im männlichen Geschlecht durch einen tiefen, dreieckigen Eindruck zwischen den Fühlern und durch eine von einem Längskiel unterbrochene Querfurche auf der Stirn zwischen den Augen, ferner in beiden Geschlechtern durch seitlich gerundete, vor der Basis nicht ausgeschweifte Halsschildseiten sowie sehr fein punktierte und behaarte stärker als bei *N. inconspicua* glänzende Flügeldecken.

Long. 0,95 mm, lat. 0,50 mm. Rötlich-graubraun, die Extremitäten gelbbraun gefärbt, sehr fein und anliegend, fast staubartig behaart.

Kopf mit den schon angeführten Kennzeichen versehen, Fühler verhältnismäßig lang, zurückgelegt die Halsschildbasis nicht ganz erreichend, mit unscharf abgesetzter, 3gliederiger Keule, ihre beiden ersten Glieder um ein Drittel länger als breit, 3 bis 9 leicht gestreckt, 10 fast isodiametrisch, das eiförmige Endglied so lang wie die beiden vorhergehenden zusammengenommen.

Halsschild um ein Fünftel breiter als lang, vor der Mitte am breitesten und von da Basis zur geradlinig verengt, mit gekantetem Seitenrand, auf der Scheibe äußerst fein punktiert und anliegend behaart, vor der Basis mit einer beiderseits von einem Grübchen begrenzten Querfurche sowie seitlich davon mit einem sehr kleinen, isolierten Punktgrübchen.

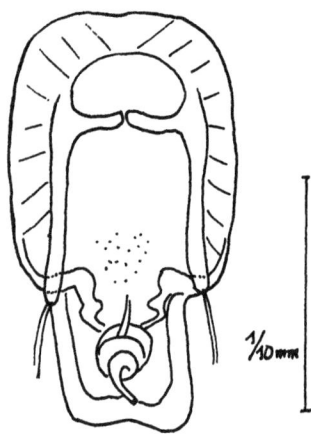

Fig. 112. *Neseuthia inconspicua* (KING), Penis in Dorsalansicht.

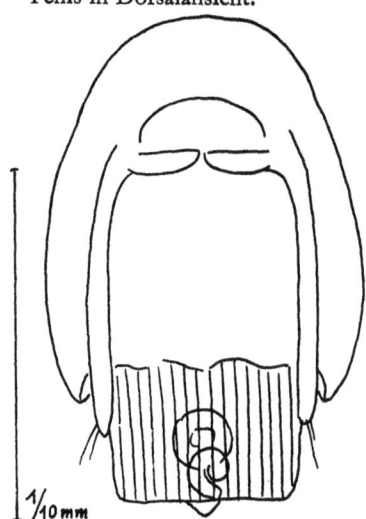

Fig. 113. *Neseuthia perthi* FRANZ, Penis in Dorsalansicht.

Flügeldecken oval, stark gewölbt, an ihrer Basis nur so breit wie die Basis des Halsschildes, fein, aber etwas gröber punktiert als der Halsschild, fein und anliegend behaart, mit sehr flacher, außen von einem sehr undeutlichen Schulterhöcker begrenzter Basalimpression.

Vorderschienen des ♂ leicht nach innen gekrümmt, Beine sonst ohne besondere Merkmale.

Penis (Fig. 113) von oben betrachtet im Umriß ungefähr oval, dünnhäutig, mit querrechteckigem, stark chitinisiertem Apex, Ventralwand des Penis ein dreieckiges, über das Ostium vorragendes Operculum bildend. Parameren die Basis des Apex penis wenig überragend, stabförmig, am Ende mit je 2 nach außen gerichteten Tastborsten versehen.

Es liegt mir nur ein Exemplar (♂) vor, das ich am 22. 9. 1970 am Serpentin-Damm südlich von Perth aus Laubstreu von *Eucalyptus marginata* und *Banksia grandis* sowie aus morscher Rinde von *Banksia* siebte. Die Type wird im South Austr. Museum verwahrt.

Tribus Syndicini

Genus *Syndicus* MOTSCHULSKY

Syndicus kingi (KING)

KING, Trans. Ent. Soc. N. S. Wales 1, 1865, p. 92, Pl. VI, fig. A 1—4 (*Phagonophana*)
FRANZ, Kol. Rdsch. 49, 1971, p. 13—14, fig. 1

Die Art ist von Paramatta und Petersham bei Sydney in N. S. Wales beschrieben. Der Holotypus kam mit der Sammlung SCHAUFUSS an das Deutsche Ent. Inst. Er trägt einen Zettel mit dem handgeschriebenen Text „*Phagonophana kingii* RLK Paramatta" und ist ein immatures ♀. Im British Museum befinden sich 2 Ex., von einem ♂ konnte ich den Kopulationsapparat herauspräparieren. Die Tiere tragen Zettel mit dem gedruckten Text „N. S. Wales G. F. Bryant" und dem handschriftlichen Vermerk „ex STAUDINGER" sowie einen Determinationszettel mit dem handschriftlichen Text „*Phagonophana kingi* KING". Das Deutsche Ent. Institut übersandte mir überdies 6 Exemplare (2 ♂♂ Penispr.!) von Brisbane aus der coll. HACKER, 3 Exemplare (1 ♂, 2 ♀♀) von Cairns und 2 ♀♀ von Kuranda in N-Queensland, alle aus der coll. HACKER.

Alle angeführten Exemplare stimmen miteinander überein, auch im Bau des männlichen Kopulationsapparates bestehen keine Unterschiede. Die Art ist demnach im Osten Australiens von Sidney nordwärts bis N-Queensland verbreitet.

Long. 2,70 bis 2,85 mm, lat. 0,95 bis 1,05 mm. Dunkel rotbraun gefärbt, bräunlichgelb behaart.

Kopf von oben betrachtet fast um die Hälfte breiter als lang, mit großen, mäßig gewölbten Augen und zwischen den Supraantennalhöckern versenkter Stirn. Schläfen kürzer als der Augendurchmesser, nach hinten gerundet konvergierend, nicht dichter als die Oberseite des Kopfes behaart. Fühler dick, zurückgelegt die Halsschildbasis überragend, ihr 1. und 4. bis 7. Glied leicht gestreckt, 2 klein, breiter als lang, 3 und 8 isodiametrisch, 9 schwach quer, 10 eiförmig, nicht ganz so lang wie die beiden vorhergehenden zusammengenommen.

Halsschild viel länger als breit, im vorderen Drittel seiner Länge am breitesten, kugelig gewölbt, im basalen Drittel seitlich eingedrückt, auf der Scheibe spärlich, an den Seiten dicht und steif abstehend behaart, vor der Basis mit 4 Grübchen, die mittleren voneinander viel weiter entfernt als von den äußeren. Schildchen nicht sichtbar.

Flügeldecken oval, stark gewölbt, schon an ihrer Basis deutlich breiter als die Halsschildbasis, mit außen von einer schrägen Humeralfalte begrenzter Basalimpression und langer, schräg abstehender Behaarung.

Beine ziemlich lang, Schenkel sehr stark keulenförmig verdickt, Mittelschienen leicht einwärts gekrümmt.

Penis sehr einfach gebaut, sackförmig, mit terminalem Ostium penis. Parameren dieses überragend, ohne Tastborsten. Im Penisinneren ist in dem nicht ganz durchsichtigen Präparat undeutlich ein schlauchförmiges, distal erweitertes Gebilde erkennbar. Es handelt sich offenbar um den in Schlingen gelegten Ductus ejaculatorius.

Tribus *Neuraphini*

Genus *Stenichnus* REITTER

Subgenus *Scydmaenilla* KING

KING, Trans. Ent. Soc. N. S. WALES 1, 1865, p. 13

KING hat *Scydmaenilla* als Gattung auf *Sc. pusilla* KING aufgestellt. Der Holotypus dieser Art lag mir nicht vor, wohl aber ein mit großer Wahrscheinlichkeit ihr angehörendes Exemplar aus der Sammlung des British Museum sowie der Holotypus der *Sc. constricta* LEA, die der Autor mit *Sc. pusilla* vergleicht und als nur in wenigen Merkmalen als von ihr abweichend beschreibt.

Das Subgenus *Scydmaenilla* steht *Austrostenichnus* m. aus Neukaledonien und Neuseeland sehr nahe und ist wie dieser in die Gattung *Stenichnus* einzuordnen. Wie bei *Austrostenichnus* sind auch bei *Scydmaenilla* die Mandibeln von der Oberlippe weitgehend überdeckt, der Clypeus ist groß, die Fühler besitzen eine 3gliederige Keule, der Halsschild ist seitlich mindestens in seiner basalen Hälfte gerandet, seine Hinterwinkel sind scharf und vor seiner Basis befindet sich eine tiefe Querfurche. Dagegen fehlen beim ♂ deutliche Stirnkiele und die basale Querfurche des Halsschildes setzt sich nur bei einigen Arten über die Seiten nach unten fort. Es ist durchaus möglich, daß in Zukunft Arten gefunden werden, die einen gleitenden Übergang zwischen *Austrostenichnus* und *Scydmaenilla* bilden, so daß die beiden Subgenera zu vereinigen sein werden. Vorerst ist es zweckmäßig, die Trennung beizubehalten, um so mehr als beide Subgenera bereits bestehen.

Stenichnus (Scydmaenilla) pusillus KING

KING, Trans. Ent. Soc. N. S. Wales 1, 1865, p. 93, pl. VI, fig. B 1, 2
LEA, Prov. Roy. Soc. Victoria (N. S.) 23, 1911, p. 187

Den Holotypus dieser Art habe ich nicht gesehen und es ist mir nicht bekannt, wo er verwahrt ist. In der Sammlung des British Museum befindet sich ein ♀, das LEA in Sydney gesammelt und als *Scydmaenilla pusilla* KING bestimmt hat. Nach diesem Exemplar ist der nachfolgende Neubeschreibung angefertigt.

Long. 0,90 mm, lat. 0,35 mm. Hell rotbraun gefärbt, ziemlich lang, gelblich behaart.

Kopf von oben betrachtet annähernd dreieckig mit großen Augen und kurzen, nur die halbe Länge des Augendurchmessers erreichenden, nach hinten konvergierenden Schläfen, Stirn und Scheitel glatt und stark glänzend, ein vom Vorderrand der Stirn bis zur Augenmitte nach hinten und seitlich bis zu den Fühlerwurzeln reichendes Feld eben. Fühler kräftig, mit breiter, scharf abgesetzter Keule, zurückgelegt die Halsschildbasis erreichend, ihre beiden ersten Glieder gestreckt, 3 bis 7 annähernd quadratisch, 8 klein, breiter als lang, 9 und 10 mehr als doppelt so breit wie 8, stark quer, das Endglied kürzer als die beiden vorhergehenden zusammengenommen, kaum länger als breit.

Halsschild leicht gestreckt, vor seiner Längsmitte am breitesten, mit hinter der Mitte leicht konvergierenden, scharf gekanteten Seiten und einer tiefen, beiderseits von einem Grübchen begrenzten Querfurche.

Flügeldecken oval, flach gewölbt, an ihrer Basis nur wenig breiter als die Halsschildbasis, lang und abstehend behaart, mit sehr flacher Basalimpression und zarter, schwer sichtbarer Humeralfalte.

Beine schlank, Schenkel schwach verdickt.

KING hat die Art nach 2 Exemplaren beschrieben, die in Paramatta bei Sydney unter der Rinde eines abgestorbenen *Eucalyptus* gefunden worden waren.

Stenichnus (Scydmaenilla) constrictus LEA

LEA, Proc. Roy. Soc. Victoria (N. S.) 23, 1911, p. 187

Von dieser Art liegen mir aus der Sammlung des South Australian Museums 3 Exemplare, der Holotypus (♂) und 2 ♀♀ von Hobart in Tasmanien vor, wo sie LEA in Nestern von *Amblyopone australis* gesammelt hat.

Long. 1,35 bis 1,40 mm, lat. 0,60 mm. Hell rotbraun gefärbt, fein gelblich behaart.

Kopf ziemlich klein, von der Basis nach vorne verengt, mit ziemlich kleinen Augen, zwischen diesen flach eingedrückt, über den Fühlern mit kleinen Supraantennalhöckern. Fühler kräftig, zurückgelegt die Halsschildbasis erreichend, mit großer, 3gliederiger Keule, ihre beiden ersten Glieder gestreckt, die folgenden quadratisch, die 3 Glieder der Keule etwas breiter als lang.

Halsschild leicht gestreckt, kaum breiter als der Kopf, seine Seiten hinter der Mitte leicht ausgeschweift, vor der Basis nicht gekantet, die Scheibe gewölbt, die basale Querfurche tief, an den Seiten des Portharax nicht herablaufend, Flügeldecken oval, stark gewölbt, mit großer, außen von einer schrägen Humeralfalte begrenzter Basalimpression, sehr undeutlich punktiert und schütter behaart. Beine ziemlich schlank, Schenkel schwach verdickt, Schienen gerade, Hinterhüften einander berührend.

Penis (Fig. 114) kurzoval, ohne vom Peniskörper abgesetzten Apex, mit großer, querer Basalöffnung und an der Basis breiten, distal verschmälerten Parameren, diese am Ende mit je 2 kräftigen Tastborsten versehen. Präputialsack im Inneren großenteils mit langen Chitinhaaren dicht besetzt.

Stenichnus (Scydmaenilla) brisbanensis nov. spec.

Gekennzeichnet durch an den Seiten herablaufende Querfurche des Halsschildes und ungekantete Seiten desselben, durch rotbraune Farbe und lange, aufgerichtete Behaarung.

Long. 1,40 mm, lat. 0,65 mm. Rotbraun gefärbt, lang, gelblich behaart.

Kopf in der Anlage dreieckig, mit ziemlich großen Augen und kurzen, nach hinten konvergierenden Schläfen, Stirn und Scheitel glänzend und kahl, Supraantennalhöcker deutlich markiert. Fühler zurückgelegt die Halsschildbasis erreichend, ihr 2. Glied eineindrittelmal so lang wie breit, 3 bis 7 leicht gestreckt, 7 an der Spitze nach innen abgeschrägt, ebenso 8, dieses etwas breiter als lang, 9 und 10 doppelt so breit wie 8, deutlich quer, das eiförmige Endglied kürzer als die beiden vorhergehenden zusammengenommen.

Halsschild länger als breit, im vorderen Drittel seiner Länge am breitesten, stark gewölbt, allenthalben lang und abstehend, an den Seiten dichter als auf der Scheibe behaart, seine Basalfurche an den Seiten herablaufend.

Flügeldecken oval, lang und schräg nach hinten abstehend behaart, mit kaum angedeuteter Basalimpression und sehr flacher Schulterbeule. Flügel voll entwickelt.

Beine mit mäßig verdickten Schenkeln und distal innen verflachten und mit einem Haarfilz versehenen Vorder- und Mitteltibien.

Es liegt mir nur ein Exemplar (♀) vor, das ich in Burpengary Creek 26 Meilen nördlich von Brisbane am 11. 9. 1970 aus der Streu und Rinde eines lichten Bestandes von *Eucalyptus micrantha* siebte. Der Holotypus wird im South Austr. Museum verwahrt.

Stenichnus (Scydmaenilla) adelaidensis nov. spec.

Gekennzeichnet durch kleinen Kopf mit großen, sehr stark konvexen Augen und fast völlig reduzierten Schläfen, isodiametrischen, herzförmigen Halsschild mit durch Grübchen begrenzter Basalfurche und fein punktierte Flügeldecken mit langer, schräg abstehender Behaarung.

Long. 1,40 mm, lat. 0,60 mm. Kastanienbraun, die Extremitäten gelbbraun gefärbt, lang, gelblich behaart.

Kopf klein, mit sehr großen, halbkugelig gewölbten Augen und fast völlig reduzierten Schläfen, Stirn mit 2 seichten Grübchen. Fühler zurückgelegt die Halsschildbasis nicht erreichend, mit großer, dreigliederiger Keule, ihr 2. Glied doppelt so lang wie breit, 3 bis 8 annähernd isodiametrisch, 9 und 10 schwach quer, das Endglied fast so lang wie die beiden vorhergehenden zusammengenommen.

Halsschild fast so breit wie lang, im vorderen Drittel seiner Länge am breitesten, glatt und glänzend, mit vor der Basis gerandeten Seiten und beiderseits durch ein Grübchen begrenzter Basalfurche. Scutellum deutlich erkennbar.

Flügeldecken fein punktiert, lang und abstehend behaart, mit tiefer, außen von einer hoch erhobenen Humeralfalte begrenzter Basalimpression.

Beine schlank, Schienen gerade.

Es liegt mir nur ein Exemplar (♀) vor, das ich am 17. 9. 1970 in der Engelbrook National Trust Reserve bei Bridgewater 28 km südöstlich von Adelaide in einem trockenen Sclerophilous forest aus Laubstreu und morscher Rinde siebte. Der Holotypus wird im South Austr. Museum verwahrt.

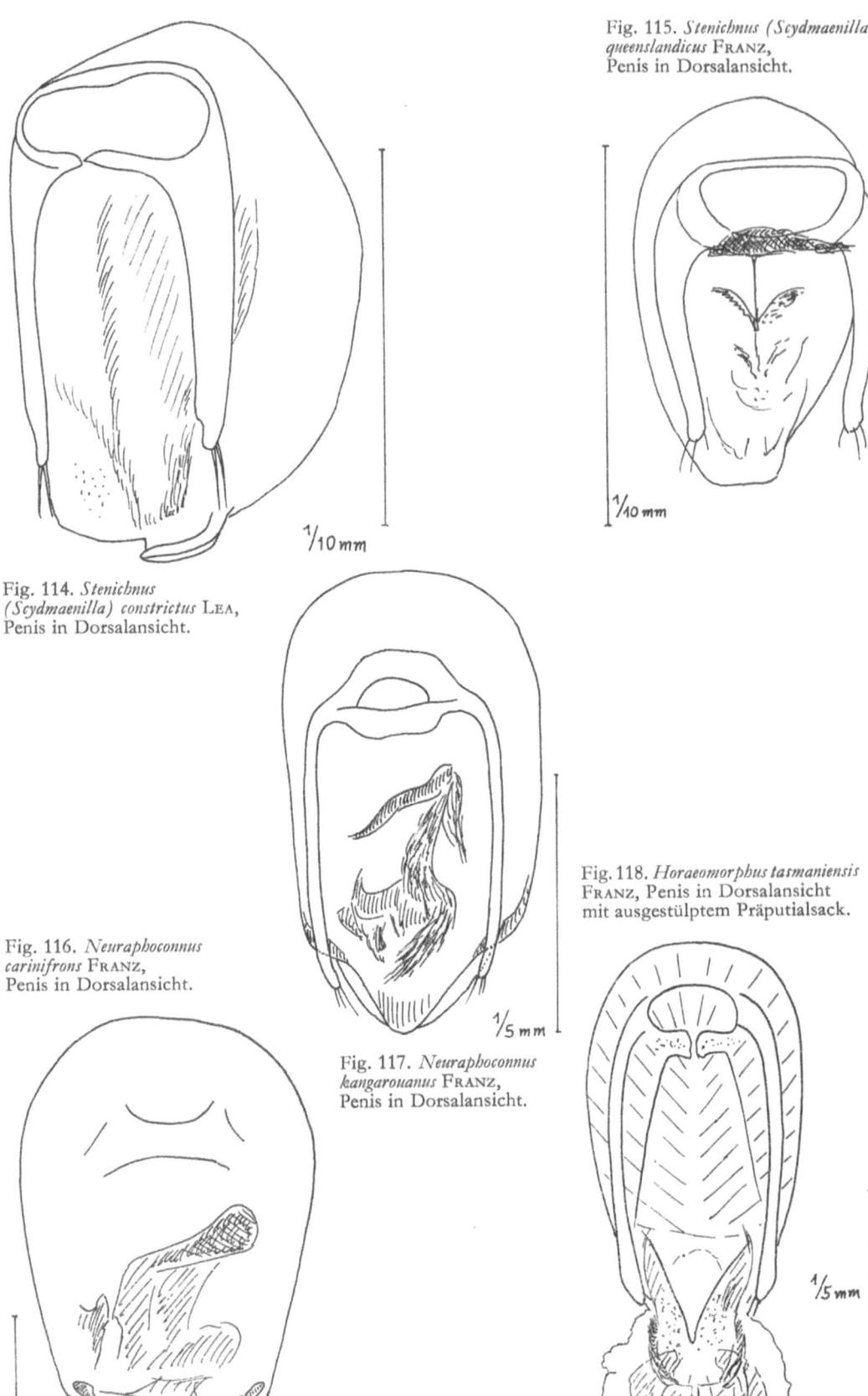

Fig. 114. *Stenichnus (Scydmaenilla) constrictus* Lea, Penis in Dorsalansicht.

Fig. 115. *Stenichnus (Scydmaenilla) queenslandicus* Franz, Penis in Dorsalansicht.

Fig. 116. *Neuraphoconnus carinifrons* Franz, Penis in Dorsalansicht.

Fig. 117. *Neuraphoconnus kangarouanus* Franz, Penis in Dorsalansicht.

Fig. 118. *Horaeomorphus tasmaniensis* Franz, Penis in Dorsalansicht mit ausgestülptem Präputialsack.

Stenichnus (Scydmaenilla) thompsonianus nov. spec.

Gekennzeichnet durch in der Anlage dreieckigen Kopf mit großen Augen und sehr kurzen Schläfen, länglichen, seitlich nur schwach erweiterten, hinter der Mitte seitlich tief eingedrückten Halsschild mit von länglichen Grübchen begrenzter Basalimpression und grob punktierte, lang und abstehend behaarte Flügeldecken.

Long. 1,10 mm, lat. 0,45 mm. Rotbraun gefärbt, lang gelblich behaart.

Kopf von oben betrachtet in der Anlage dreieckig, mit großen, ziemlich stark gewölbten Augen und sehr kurzen Schläfen, mit glatter und kahler Oberseite, aber mit deutlichen Supraantennalhöckern. Fühler kurz, zurückgelegt die Halsschildbasis nicht ganz erreichend, mit großer, 3gliederiger Keule, ihr 2. Glied eineinhalbmal so lang wie breit, 3 bis 8 klein, quadratisch bis schwach quer, 9 wenig, 10 sehr viel breiter als lang, das Endglied kürzer als die beiden vorhergehenden zusammengenommen.

Halsschild länger als breit, im vorderen Drittel seiner Länge am breitesten und hier nur wenig breiter als der Kopf samt den Augen, zum Vorderrand und zur Basis nur wenig verschmälert, oberseits glatt und glänzend, sehr spärlich, an den Seiten dichter behaart, vor der Basis mit tiefer, durch ein längliches Grübchen begrenzter Querfurche, an den Seiten hinter der Mitte tief grubig eingedrückt, der Eindruck von oben nicht sichtbar.

Flügeldecken oval, schon an ihrer Basis viel breiter als der Halsschild, mit deutlichem Schulterwinkel und mäßig tiefer, außen von der Humeralfalte begrenzter Basalimpression, grob und ziemlich dicht punktiert, lang, abstehend behaart.

Schenkel ziemlich stark verdickt.

Es liegt mir auch von dieser Art nur ein Exemplar (♀) vor, das ich am 11. 9. 1970 in einem Wald östlich von Palmwoods in Südqueensland in einem Whet Sclerophilous Forest aus morschem Holz und Laubstreu siebte. Der Holotypus wird im South Austr. Museum verwahrt.

Stenichnus (Scydmaenilla) queenslandicus nov. spec.

Gekennzeichnet durch schwach queren Halsschild mit seitlich durch Grübchen begrenzter Querfurche und grob punktierte Flügeldecken.

Long. 1,05 mm, lat. 0,40 mm. Dunkel rotbraun gefärbt, lang, abstehend, gelblich behaart.

Kopf von oben betrachtet annähernd dreieckig, mit sehr großen, stark gewölbten, nahe seiner Basis stehenden Augen, ohne Schläfen, am Scheitel mit 2 flachen Grübchen, nahezu kahl, mit kleinen Supraantennalhöckern. Fühler kurz, zurückgelegt die Halsschildbasis nicht ganz erreichend, ihre beiden ersten Glieder etwas länger als breit, 3 bis 8 klein, isodiametrisch bis schwach quer, 9 mehr als doppelt so breit wie 8, 10 noch etwas breiter, beide breiter als lang, das Endglied kürzer als die beiden vorhergehenden zusammengenommen.

Halsschild nicht ganz so lang wie breit, im vorderen Drittel seiner Länge am breitesten und hier breiter als der Kopf, mit gewölbter, glatter Scheibe und tiefer, an den Seiten durch je 2 Grübchen begrenzter basaler Querfurche, oberseits spärlich, an den Seiten dichter behaart.

Flügeldecken schon an ihrer Basis breiter als der Halsschild, mit deutlichen Schulterecken, tiefer Basalimpression und kurzer Humeralfalte, grob punktiert und schräg abstehend behaart. Flügel voll entwickelt.

Beine schlank, Vorderschenkel aber stark verdickt.

Penis (Fig. 115) von oben betrachtet oval, mit am Ende breit abgestutztem, unscharf begrenztem Apex. Parameren plump, die Penisspitze nicht ganz erreichend, am Ende mit je 3 Tastborsten versehen. Rahmen der Basalöffnung ungewöhnlich breit. Im Penisinneren ist unter der Basalöffnung ein stark chitinisiertes, in die Quere gezogenes, unregelmäßig begrenztes Gebilde erkennbar. Dieses ist durch eine dünne achsiale Chitinleiste mit 2 symmetrisch zur Sagittalebene liegenden wedelförmigen Chitingebilden verbunden. Hinter diesen liegen unscharf begrenzte Chitinfalten.

Es liegt mir nur ein Exemplar (♂) vor, das ich am 11. 9. 1970 in einem Waldrest bei Maipoton nördlich von Brisbane aus Waldstreu und moderndem Holz siebte. Der Holotypus wird im South Austr. Museum in Adelaide aufbewahrt.

Stenichnus (Scydmaenilla) sydneyanus nov. spec.

Der *Scydmaenilla constricta* LEA sehr ähnlich, aber durch viel größere Augen, leicht gestrecktes 3. bis 7. Geißelglied der Fühler sowie etwas stärkere Behaarung und vor allem durch seitlich vor der Basis scharf gekanteten Halsschild von ihr verschieden.

Long. 1,25 bis 1,35 mm, lat. 0,55 bis 0,60 mm. Rotbraun gefärbt, lang gelblich behaart.

Kopf, wie für das Subgenus typisch, von oben betrachtet in der Anlage dreieckig, mit kurzen, aber deutlichen Schläfen, auf der Stirn zwischen den Augen mit 2 Grübchen, sonst glatt und glänzend. Fühler zurückgelegt die Halsschildbasis überragend, ihre ersten 6 Glieder länger als breit, 7 und 8 klein, annähernd isodiametrisch, 9 und 10 doppelt so breit wie 7, breiter als lang, das eiförmige Endglied fast so lang wie die beiden vorhergehenden zusammengenommen.

Halsschild länger als breit, im vorderen Drittel seiner Länge am breitesten, mit in den basalen 2 Dritteln ihrer Länge scharf gekanteten Seiten, mit glänzender und glatter, schütter behaarter Scheibe und schütter, aber steif abstehend behaarten Seiten, die basale Querfurche ohne Unterbrechung auf die Seiten fortgesetzt.

Flügeldecken oval, stark gewölbt, mit seitlich durch eine kurze Humeralfalte begrenzter Basalimpression, seichter und undeutlicher Punktierung und wenig dichter, aber langer Behaarung.

Beine schlank, Vorder- und Mittelschienen innen distal flach ausgeschnitten und mit einer Haarbürste besetzt.

Es liegt mir aus den undeterminierten Beständen des South Austr. Museum ein einzelnes ♀ vor, das einen gedruckten Patriazettel mit dem Text „Sidney" trägt. Der Holotypus wird im South Austr. Museum in Adelaide verwahrt.

Bestimmungstabelle der Arten des Subgenus *Scydmaenilla*

1. Basale Querfurche des Halsschildes ohne Unterbrechung auf die Seiten des Prothorax übergreifend und an diesen herablaufend, Halsschildseiten auch vor der Basis nicht gekantet . . . . *brisbanensis* m.
— Basale Querfurche des Halsschildes seitlich durch dessen Seitenrandkante oder durch Punktgrübchen begrenzt und somit nicht kontinuierlich an den Seiten des Prothorax herablaufend 2
2. Halsschildseiten von den Basalecken bis ins vordere Drittel ihrer Länge scharf gekantet 3
— Halsschildseiten nicht gekantet 4
3. Größere Art (long. 1,25 bis 1,35 mm) . . . . *sydneyana* m.
— Kleinere Art (long. 0,90 mm) . . . . *pussilla* KING
4. Flügeldecken fein und zerstreut punktiert, größere Arten (long. 1,40 mm) 5
— Flügeldecken grob punktiert, kleinere Arten (long. 1,05 bis 1,10 mm) 6
5. Fühler länger, zurückgelegt die Halsschildbasis erreichend, Augen flach gewölbt, Schläfen so lang oder länger als ihr Durchmesser . . . . *constricta* LEA

— Fühler kürzer, zurückgelegt die Halsschildbasis nicht erreichend, Augen stark gewölbt, Schläfen kürzer als ihr Durchmesser .... *adelaidensis* m.
6. Halsschild ein wenig breiter als lang, Körper gedrungen gebaut, Flügeldecken sehr dicht punktiert .... *queenslandica* m.
— Halsschild etwas länger als breit, Körper etwas gestreckter, Flügeldecken weniger dicht punktiert .... *thompsoniana* m.

Genus *Neuraphoconnus* FRANZ

Neuraphoconnus carinifrons nov. spec.

Dem *N. oceanicus* m. aus Neukaledonien außerordentlich ähnlich, von ihm durch geringere Größe, gekielte Stirn, schlankere Fühler und gedrungener gebauten Penis verschieden.

Long. 1,70 mm, lat. 0,70 mm. Hell rotbraun gefärbt, fein und spärlich, gelblich behaart.

Kopf von oben betrachtet flach, breiter als lang, mit etwas vor seiner Längsmitte stehenden, großen, seitlich vorstehenden Augen und parallelen, den Augendurchmesser an Länge nur wenig übertreffenden, bärtig behaarten Schläfen. Stirn mit 2 an den Supraantennalhöckern entspringenden, hinten im spitzen Winkel zusammenlaufenden Kielen. Fühler zurückgelegt die Halsschildbasis erreichend, ihre beiden ersten Glieder zweieinhalbmal, 7 eineinhalbmal, 3 bis 6 eineinviertelmal so lang wie breit, 8 leicht gestreckt, 9 und 10 annähernd isodiametrisch, das eiförmige Endglied kürzer als die beiden vorhergehenden zusammengenommen.

Halsschild ein wenig breiter als lang, herzförmig, im vorderen Viertel seiner Länge am breitesten, zum Vorderrand sehr stark, zur Basis schwach konkav verengt, an seiner breitesten Stelle kaum breiter als der Kopf samt den Augen, sehr flach gewölbt, mit einem Längskiel in der Mitte und vor der Basis beiderseits desselben mit flacher Depression, an den Seiten steif, aber wenig dicht behaart.

Flügeldecken oval, flach gewölbt, mit breiter Basalimpression und schräger Humeralfalte, äußerst spärlich behaart, sehr zerstreut und seicht punktiert.

Beine schlank, Vorderschenkel stärker verdickt als die der Mittel- und Hinterbeine.

Penis (Fig. 116) stark beschädigt und z. T. undurchsichtig, relativ gedrungen gebaut, seine Dorsalwand in einer stumpfwinkeligen Spitze endend. In der distalen Hälfte des Penis sind einige chitinöse Apophysen vorhanden, die Parameren sind abgebrochen.

Es liegen mir 2 Exemplare vor: Die Type (♂) stammt von Port Lincoln und wird im South Austral. Museum verwahrt. Eine Paratype (♀) gelangte mit der Sammlung Sharp an das British Museum und ist nun dort verwahrt. Sie trägt einen Patriazettel mit der Aufschrift „Victoria".

Neuraphoconnus kangarouanus nov. spec.

Mit *N. carinifrons* m. verwandt und wie dieser an *N. oceanicus* m. aus Neukaledonien erinnernd, von der erstgenannten Art aber sofort durch das Fehlen der Stirnkiele und viel längere Fühler unterscheidbar.

Long. 1,65 mm, lat. 0,75 mm. Rotbraun gefärbt, gelblich behaart.

Kopf von oben betrachtet sehr flach gewölbt, mit den großen, seitlich stark vorgewölbten Augen, breiter als lang, rauh, körnig punktiert, lang und nach hinten gerichtet, an den Schläfen bärtig behaart. Schläfen ein wenig länger als der Durchmesser der großen Augen, Supraantennalhöcker deutlich. Fühler allmählich zur Spitze verdickt, zurückgelegt die Halsschildbasis beträchtlich überragend, ihre beiden ersten Glieder 3mal, das 7. eineinhalbmal so lang wie breit, das 3. bis 6. leicht gestreckt, auch das 9. und 10. leicht gestreckt, beide zusammen nicht länger als das Endglied.

Halsschild so lang wie breit, vor seiner Längsmitte am breitesten und hier knapp so breit wie der Kopf samt den Augen, mit bis zum vorderen Drittel gerandeten Seiten und einem flachen Längskiel in der Mitte, fein punktiert und dicht, an den Seiten struppig behaart, vor der Basis mit 4 wenig deutlichen Grübchen.

Flügeldecken flach gewölbt, sehr spärlich, abstehend behaart, mit breiter Basalimpression und schräger Humeralfalte, an der Naht im vorderen Drittel ihrer Länge mit einem länglichen Eindruck. 4. Sternit des ♂ am Hinterrand in der Mitte mit einem Chitinzahn, dessen Länge ungefähr der Breite des Sternites entspricht.

Beine schlank, ohne besondere Merkmale.

Penis (Fig. 117) in der Form dem des *N. carinifrons* ähnlich, aber im Verhältnis zur Breite etwas länger. Parameren mit je 3 terminalen Tastborsten versehen. Im Penisinneren ist hinter der Basalöffnung eine schräge, unscharf begrenzte Chitinfalte vorhanden, an sie schließt nach hinten ein S-förmiger Chitinwulst an, der dicht mit Borsten besetzt ist. Daneben sind weitere chitinöse Felder und Leisten vorhanden.

Es liegt mir von dieser interessanten Art nur ein Exemplar (♂) vor, das sich im undeterminierten Material des South Austr. Museum fand und das im genannten Museum verwahrt wird. Der Holotypus wurde von J. G. O. TAPPER auf Kangarou-Island gesammelt.

Genus *Horaeomorphus* SCHAUFUSS

Horaeomorphus tasmaniensis nov. spec.

Von *H. macrostictus* LEA durch geringere Größe, viel kürzere, gedrungen gebaute Fühler, isodiametrischen Halsschild mit großen Basalgruben, flache, unscharf begrenzte Basalimpression der Flügeldecken und andere Penisform verschieden.

Long. 2,3 mm, lat. 0,85 mm. Rotbraun, Kopf und Halsschild etwas dunkler gefärbt als der übrige Körper, bräunlichgelb behaart.

Kopf von oben betrachtet etwas länger als mit den großen, seitlich stark vorragenden Augen breit, dicht, aber kurz behaart, unter der Behaarung rugos punktiert. Fühler kurz und dick, zurückgelegt die Halsschildbasis nicht erreichend, ihr Basalglied wenig, das 2. um die Hälfte länger als breit, 3 und 4 quadratisch, 5 bis 7 schwach, 8 bis 10 stärker quer, das große Endglied so lang wie die beiden vorhergehenden zusammengenommen.

Halsschild so lang wie breit, im vorderen Drittel seiner Länge am breitesten, sehr stark gewölbt, vor der Basis mit 4 großen Grübchen, auf der Scheibe schütter, an den Seiten grob und struppig behaart, seicht punktiert.

Flügeldecken oval, an ihrer Basis kaum breiter als der Halsschild, mit flacher Basalimpression, schräger Humeralfalte, ohne Spur eines Schulterwinkels, mit erhobener Naht und schräg abstehender, ziemlich langer Behaarung.

Beine sehr kräftig, Schenkel stark verdickt, Mittelschienen einwärts gekrümmt.

Penis (Fig. 118) oval, mit spitzwinkelig-dreieckigem Apex, Parameren die Penisspitze beinahe erreichend, mit je 2 kurzen Tastborsten versehen. Präputialsack im ausgestülpten Zustande, wie dargestellt, zwei große flügelförmige Chitinsäcke bildend, seine Wand davor dicht mit Zähnchen und Borsten besetzt.

Es liegt mir in dem undeterminierten Scydmaenidenmaterial des S. A. Museum in Adelaide ein ♂ dieser neuen Art vor, das aus der Sammlung Griffith stammt. Es trägt einen großen Zettel mit dem handschriftlichen Vermerk „Tas.", was wohl Tasmania heißen soll. Außerdem ist ein Zettel mit dem maschingeschriebenen Text „moss" vorhanden.

Horaeomorphus puncticeps nov. spec.

Gekennzeichnet durch breiten und flachen, hinter den Augen seine größte Breite erreichenden, oberseits dicht und deutlich punktierten Kopf, kurze, zurückgelegt die Halsschildbasis nicht erreichende Fühler, langgestreckten, die Breite des Kopfes nicht erreichenden Halsschild, relativ schmale Flügeldecken und den Besitz eines spitzen Dornes an den Hinterschenkeln des ♂.

Long. 2,5 mm, lat. 0,90 mm. Dunkel rotbraun gefärbt, abstehend, gelblich behaart.

Kopf von oben betrachtet wesentlich breiter als lang, hinter den Augen am breitesten, flach gewölbt, Stirn und Scheitel deutlich punktiert, anliegend behaart, Fühler kurz, zurückgelegt die Halsschildbasis nicht erreichend, ihr 1. bis 7. Glied länger als breit, 8 quadratisch, 9 und 10 kaum merklich breiter als lang, das Endglied nicht breiter als das 10., viel kürzer als 9 und 10 zusammengenommen.

Halsschild länger als breit, im vorderen Drittel seiner Länge am breitesten und hier nicht ganz so breit wie der Kopf, nicht bloß zum Vorderrand, sondern auch zur Basis stark verschmälert, vor dieser mit 4 sehr großen, aber flachen, kielförmig voneinander getrennten Gruben, anliegend, zur Mitte gerichtet behaart. Scutellum deutlich.

Flügeldecken oval, flach gewölbt, an ihrer Basis nur wenig breiter als die Halsschildbasis, äußerst fein punktiert, ziemlich dicht, aber mäßig lang, schräg abstehend behaart, vor der Basis mit großer, außen von der Humeralfalte scharf begrenzter Basalimpression, in dieser auf jeder Flügeldecke mit 2 tiefen Grübchen. Flügel voll entwickelt.

Beine ziemlich schlank, Schenkel schwach verdickt, die Hinterschenkel des ♂ auf der Innenseite mit einem feinen und spitzen Dorn bewehrt (Fig. 119).

Penis (Fig. 120) von der für die Gattung typischen Form, mit langen, die Penisspitze überragenden Parameren, diese ohne Tastborsten, Apex penis dreieckig, die äußerste Spitze schmal abgestutzt. Im Penisinneren sind einzelne chitinöse, z. T. mit feinen Zähnchen besetzte Wülste der Präputialsackwand zu sehen.

Es liegt mir nur ein Exemplar (♂) dieser Art in dem undeterminierten Scydmaenidenmaterial des South Austral. Museum vor. Dieses stammt von Dorrigo in N. S. Wales. Der Holotypus wird im South Austr. Museum verwahrt.

Horaeomorphus maipotonensis nov. spec.

Durch dichte, anliegende Behaarung, im Verhältnis zu Kopf und Prothorax sehr großen Hinterleib, distal stark verdickte, zur Spitze wieder verschmälerte Fühler, herzförmigen Halsschild ohne Basalfurche, durch kleine und flache Basalimpression und dichte, körnige Punktierung der Flügeldecken sowie schlanke Beine gekennzeichnet.

Long. 1,50 bis 1,65 mm, lat. 0,70 bis 0,80 mm, rotbraun gefärbt, fein und anliegend, gelblich behaart.

Kopf von oben betrachtet wesentlich breiter als lang, mit an den Seiten weit herabgerückten, von oben nicht sichtbaren Augen, Stirn und Scheitel gewölbt, dicht und fein, Schläfen und Hinterkopf etwas länger und derart behaart, daß der Hinterrand des Kopfes geradlinig erscheint. Fühler zurückgelegt die Halsschildbasis überragend, ihr 7. bis 10. Glied dicker als die ersten 6, Glied 2 doppelt so lang wie breit, 3 leicht gestreckt, 4, 5 und 6 isodiametrisch, 7 und 8 kaum merklich, 9 und 10 deutlich breiter als lang, das kegelförmige Endglied nur wenig länger als das 10.

Halsschild herzförmig, im vorderen Viertel seiner Länge am breitesten, zur Basis fast gerade verengt, hoch gewölbt, glatt und glänzend, anliegend, kurz behaart, in der Mitte vor der Basis mit einem stumpfen Kiel, an den Seiten unter den Hinterwinkeln mit einem Grübchen. Scutellum nicht sichtbar.

Flügeldecken sehr breit und lang, dicht, raspelig punktiert und daher matt glänzend, sehr dicht und kurz behaart, mit kleiner, runder Basalgrube, ohne Humeralfalte.

Beine schlank, Schenkel sehr schwach verdickt, Schienen lang, Tarsen unterseits nicht auffällig lang behaart.

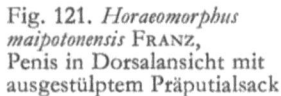

Fig. 119. *Horaeomorphus puncticeps* FRANZ, linker Hinterschenkel.

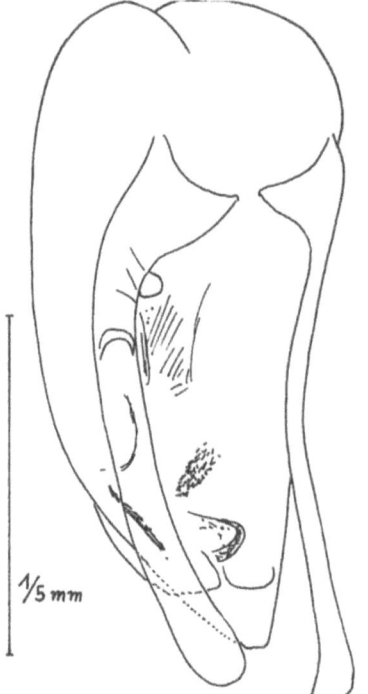

Fig. 120. *Horaeomorphus puncticeps* FRANZ, Penis in Dorsolateralansicht.

Fig. 121. *Horaeomorphus maipotonensis* FRANZ, Penis in Dorsalansicht mit ausgestülptem Präputialsack.

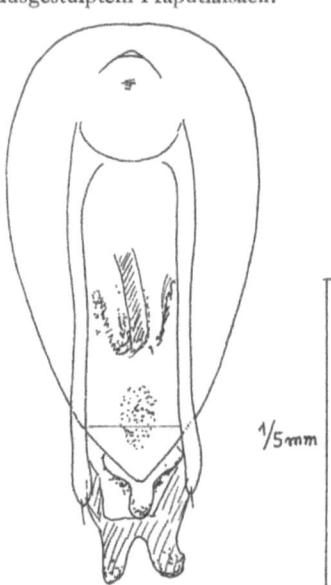

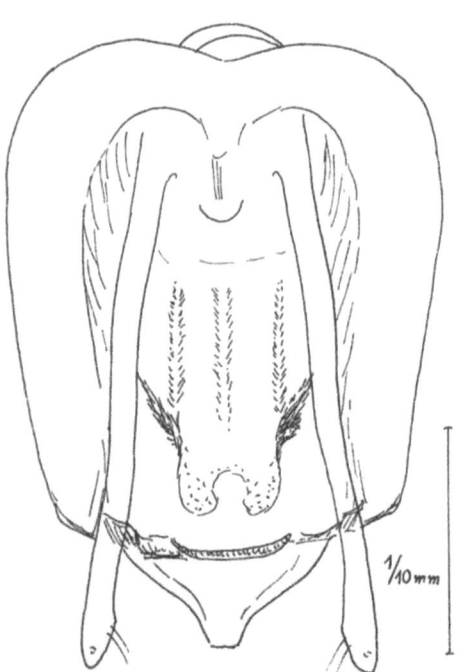

122a   122b

Fig. 122. *Horaeomorphus thompsoni* FRANZ, Penis in Dorsalansicht, a) in Ruhelage, b) mit ausgestülptem Präputialsack.

Penis (Fig. 121) dünnhäutig, eiförmig, die Parameren die Penisspitze ein wenig überragend, mit je 2 Tastborsten versehen. Im einzigen vorliegenden Präparat ist ein ungefähr W-förmiges Chitingebilde aus dem Ostium penis ausgestülpt, davor liegt eine in Falten gelegte, mit feinen Zähnchen versehene Partie der Präputialsackwand, davor medial ein mit feinen Zähnchen besetztes Feld und noch weiter vorne ein ungefähr in der Längsrichtung des Penis orientiertes Chitinband, das wieder von zähnchenbesetzten Hautfalten der Präputialsackwand umgeben ist.

Es liegen mir 3 Exemplare (1 ♂, 2 ♀♀) dieser Art vor. Ich sammelte sie am 11. 9. 1970 in einem degradierten Tropenwald auf Prairiesoil aus Basalt. Der Holotypus ist im South Australian Museum verwahrt, die Paratypen befinden sich in meiner Sammlung.

Horaeomorphus thompsoni nov. spec.

Durch gedrungene Gestalt, lange Behaarung, queren Kopf, zurückgelegt die Halsschildbasis überragende, nur mäßig dicke Fühler, herzförmigen, isodiametrischen Halsschild und breite, kurzovale Flügeldecken gekennzeichnet.

Long. 1,75 bis 1,80 mm, lat. 0,75 mm. Rotbraun gefärbt, lang, gelblich behaart.

Kopf von oben betrachtet etwas breiter als lang, mit ziemlich großen, konvexen, schräg unter den Fühlern gelegenen, von oben sichtbaren Augen, dicht, nach hinten gerichtet, auf den Schläfen schräg abstehend behaart. Fühler zurückgelegt die Halsschildbasis überragend, ihre beiden ersten Glieder länger als breit, 3 bis 6 isodiametrisch, 7 kaum merklich, 8 bis 10 deutlich breiter als lang, das Endglied kegelförmig, nur wenig länger als das vorhergehende.

Halsschild herzförmig, im vorderen Viertel seiner Länge am breitesten, vor der Basis eingeschnürt, die Einschnürung durch eine an den Seiten herablaufende Furche bedingt, auf der Scheibe dicht und fein, an den Seiten grob und struppig behaart, mit 2 kleinen, dem Seitenrand genäherten Basalgrübchen. Scutellum nicht sichtbar.

Flügeldecken kurzoval, etwa doppelt so breit wie der Halsschild, grob punktiert, lang und schräg abstehend behaart, mit tiefer, außen von der schrägen Humeralfalte begrenzter Basalimpression. Flügel voll entwickelt.

Beine schlank, Schenkel schwach verdickt, Tarsen der Vorder- und Mittelbeine unterseits lang behaart.

Penis (Fig. 122a, b) dünnhäutig, mit dreieckigem Apex, dessen Seiten vor der Spitze ausgeschwungen, Parameren lang und gerade, die Penisspitze überragend, innen vor der Spitze mit je 2 Tastborsten versehen. Präputialsack in mehreren Längsfeldern dicht mit Borsten besetzt.

Es liegen mir 5 Exemplare (2 ♂♂, 3 ♀♀) vor, die ich am 11. 9. 1970 in einem Restbestand eines feuchten Hartlaubwaldes (whet sclerophilous forest) bei Palmwoods nächst Maipoten nördlich Brisbane in Queensland aus Laubstreu und morschem Holz siebte. Der Holotypus wird im South Australian Museum in Adelaide verwahrt, die Paratypen befinden sich in meiner Sammlung. 5 weitere Exemplare (♀♀) siebte ich auf der Paßhöhe der Deviding Range neben der Straße nach Warwick am 13. 9. 1970 aus Waldstreu und 1 ♀ in einem Wald südlich von Beechmont am 14. 9. 1970.

Horaeomorphus eucalypti nov. spec.

Dem *Horaeomorphus thompsoni* m. ähnlich, aber kleiner, die Fühler kürzer, die Basalgrübchen des Halsschildes größer und einander genähert, die Penisspitze länger, die Parameren mit je 3 Tastborsten versehen.

Long. 1,30 bis 1,40 mm, lat. 0,55 mm. Rotbraun gefärbt, gelblich behaart.

Kopf von oben betrachtet etwas breiter als lang, mit großen, von oben zum Teil sichtbaren Augen, Stirn und Scheitel ziemlich stark gewölbt, lang, aber schütter, die Schläfen und der Hinterkopf dicht und steif, hinten gerade abgeschnitten behaart, Supraantennalhöcker groß. Fühler zurückgelegt die Halsschildbasis nicht erreichend, mit undeutlich abgesetzter, 5gliederiger Keule, ihre beiden ersten Glieder länger als breit, 3 bis 6 annähernd isodiametrisch, 7 sehr wenig, 8 bis 10 bedeutend breiter als lang, das kegelförmige Endglied viel kürzer als die beiden vorhergehenden zusammengenommen.

Halsschild annähernd isodiametrisch, im vorderen Viertel seiner Länge am breitesten, nur wenig breiter als der Kopf, dicht, an den Seiten struppig behaart, mit 2 großen, einander genäherten Basalgrübchen und vor der Basis an den Seiten schräg nach vorne herablaufender Furche. Scutellum nicht sichtbar.

Flügeldecken viel breiter als der Halsschild, aber länger oval als bei *H. thompsoni*, grob punktiert, schräg abstehend behaart, mit tiefer, außen von einer großen Schulterbeule begrenzter Basalimpression. Flügel voll entwickelt.

Beine schlank, Schenkel schwach verdickt, Schienen gerade.

Penis (Fig. 123) dem des *H. thompsoni* sehr ähnlich gebaut, etwas weniger breit als dieser, mit längerer Spitze, die Parameren mit je 3 Tastborsten versehen.

Es liegen mir 6 Exemplare dieser Art (2 ♂♂, 4 ♀♀) vor, die ich in Burpengary Creek, 26 Meilen nördlich von Brisbane in einem *Eucalyptus*-Wald mit vorwiegend *Eucalyptus micrantha* auf einem sandigen yelow podsolic soil aus Laubstreu und morscher Rinde siebte. Der Holotypus (♂) wird im South Australian Museum verwahrt, die Paratypen befinden sich in meiner Sammlung. 8 weitere ♀♀ sammelte ich am 11. 9. 1970 in einem whet sklerophilous forest östlich von Palmwoods, nördlich des erstgenannten Fundortes. Die Tiere sind etwas kleiner als die vom locus typicus stammenden (long. 1,20 bis 1,25 mm), stimmen aber sonst mit diesen überein.

Horaeomorphus latipennis (LEA)

Proc. Roy. Soc. Vict. 23, 1910, p. 188 (*Phagonophana*)

Diese Art wurde von LEA aus SW-Australien beschrieben. Der Autor gibt als Fundort an: „Bridgetown, numerous specimens obtained under a log on sandy ground in the company of ants". Es liegen mir aus der Sammlung des South Australian Museums in Adelaide 4 gemeinsam auf einem Karton präparierte Exemplare vor, von denen das erste als Type bezeichnet ist. Die Tiere tragen an der Nadel einen Zettel mit dem Text „*latipennis* LEA Type Bridgetown". Von einer Paratype habe ich den Penis präpariert. Die folgende Beschreibung ist an Hand des Holotypus und der 3 Paratypen angefertigt.

Dem *H. macrostictus* (LEA) in Größe, Gestalt und Färbung ähnlich, aber etwas kürzer und schütterer behaart, der Halsschild länger, die Flügeldecken breiter und stärker gewölbt, der Penis anders geformt.

Long. 2,60 bis 2,90 mm, lat. 1,10 bis 1,20 mm. Rotbraun gefärbt, bräunlich behaart.

Kopf von oben betrachtet etwas breiter als lang, mit großen, konvexen Augen, an den Schläfen und am Hinterkopf sehr dicht, auf der Stirn schütter behaart. Fühler zurückgelegt die Halsschildbasis beträchtlich überragend, beim ♂ alle Fühlerglieder länger als breit, beim ♀ Glied 8 quadratisch, 9 und 10 schwach quer, das Endglied in beiden Geschlechtern knapp so lang wie die beiden vorhergehenden zusammengenommen.

Halsschild um ein Drittel länger als breit, vor der Mitte am breitesten und hier so breit wie der Kopf samt den Augen, hinter der Mitte seitlich eingeschnürt, mit 2 großen Basalgrübchen und an den Seiten schräg vor diesen mit einem grubigen Eindruck.

Flügeldecken um etwas mehr als ein Drittel länger als zusammen breit, mäßig dicht, schräg abstehend behaart, mit deutlichem Schulterwinkel und tiefer, außen von dem Schulterhöcker begrenzter Basalimpression.

Beine lang, Schenkel mäßig keulenförmig verdickt.

147

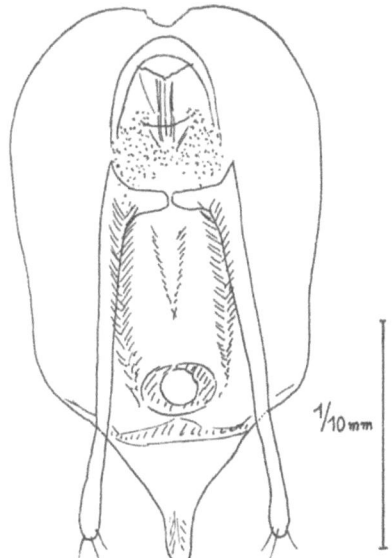

Fig. 123. *Horaeomorphus eucalypti* Franz, Penis in Dorsalansicht.

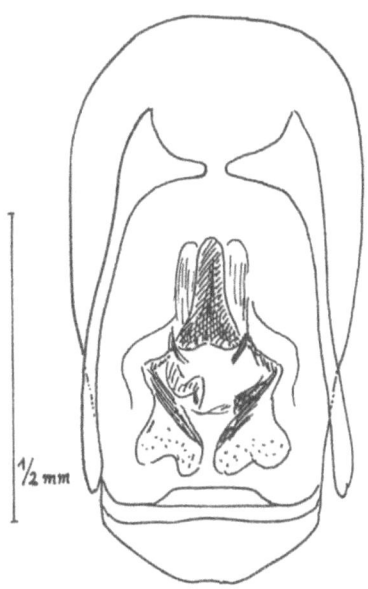

Fig. 124. *Horaeomorphus latipennis* (Lea), Penis in Dorsalansicht.

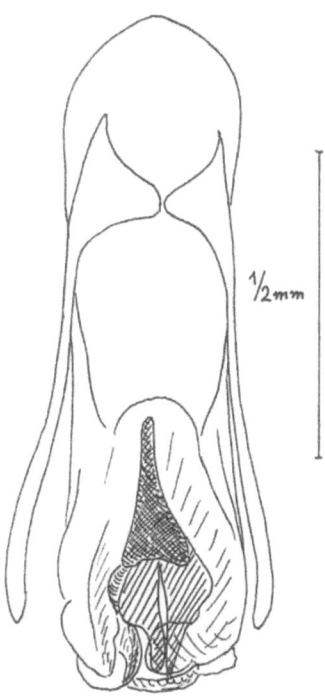

Fig. 125. *Horaeomorphus macrostictus* (Lea), Penis in Dorsalansicht.

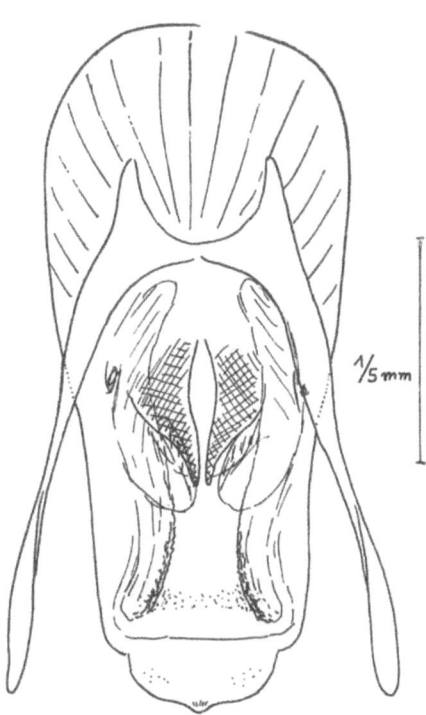

Fig. 126. *Horaeomorphus australiensis* Franz, Penis in Dorsalansicht.

Penis (Fig. 124) dem des *H. australiensis* ähnlich geformt, aber noch gedrungener gebaut, sein Apex nicht vom Peniskörper abgesetzt, breit abgerundet, in der Mitte des Hinterrandes sehr flach ausgerandet, Parameren ohne Tastborsten. Im Penisinneren befindet sich etwas vor der Längsmitte des Peniskörpers ein stark chitinisierter, nach hinten verbreiterter Chitinstab, zu dessen beiden Seiten eine stärker chitinisierte Falte der Präputialsackwand liegt. Dahinter befinden sich, spiegelbildlich zur Sagittalebene, zwei beutelförmige Taschen des Präputialsackes.

Horaeomorphus macrostictus (LEA)

Proc. Roy. Soc. Victoria 23, 1910, p. 189, t. 23, f. 11 (*Phagonophana*)
Proc. Roy. Soc. Victoria 25, 1913, p. 63 (*Phagonophana*)

Mir liegt der Holotypus und ein als Cotype bezeichnetes ♂ dieser Art aus der Sammlung des South Austr. Museums in Adelaide zur Untersuchung vor. Der Holotypus trägt einen handschriftlichen Zettel mit dem Artnamen, dem Vermerk Type und der Fundortangabe Marrawak, sie stammt demnach aus der Nordwestecke Tasmaniens. Das mit einer gedruckten Etikette als Cotype bezeichnete ♂ trägt keinen Patriazettel, beide Tiere steckten aber über einem großen Zettel mit der Namensaufschrift *Phagonophana macrosticta* LEA und der Fundortangabe Tasmanien. Der Holotypus ist gemeinsam mit 2 Ameisen montiert, wurde demnach offenbar bei Ameisen gefunden. In einer späteren Veröffentlichung gibt LEA (1913) an: „Two specimens from South Australia in the British Museum belong to this species but differ from the types in having the dark markings considerably reduced in intensity". Es liegen mir auch diese beiden Exemplare vor, sie gehören aber einer anderen Art an, die ich später unter dem Namen *H. australiensis* m. beschreibe.

Gekennzeichnet durch verhältnismäßig schmalen Kopf mit großen, seitlich vorgewölbten Augen, durch langgestreckten, schmalen Halsschild mit 4 Basalgrübchen sowie innerhalb der Basalimpression deutlich unterscheidbare kleinere mediale und größere laterale Basalgruben. Penis sehr schmal und langgestreckt.

Long. 2,50 bis 2,60 mm, lat. 1,00 bis 1,20 mm. Dunkel rotbraun gefärbt, bräunlich behaart.

Kopf von oben betrachtet mit den großen, seitlich stark vorgewölbten Augen um ein Achtel breiter als lang, Schläfen so lang wie der Augendurchmesser, geradlinig nach hinten konvergierend, wie auch der Hinterkopf dicht und steif abstehend behaart. Fühler zurückgelegt die Halsschildbasis deutlich überragend, allmählich zur Spitze verdickt, ihr 1. bis 7. Glied länger als breit, 8 bis 10 quadratisch, das Endglied kaum breiter als das vorletzte und länger als 9 und 10 zusammengenommen.

Halsschild um ein Siebentel länger als breit, im vorderen Drittel seiner Länge am breitesten und hier ein wenig breiter als der Kopf samt den Augen, vor der Basis seitlich leicht eingedrückt, mit rechtwinkeligen Hinterecken, stark gewölbt, dicht und struppig behaart, vor der Basis mit 4 Grübchen, die medialen viel größer als die lateralen.

Flügeldecken oval, um ein Drittel länger als breit, lang und dicht, steif abstehend behaart, mit breiter Basalimpression, in dieser mit einer kleineren inneren und einer großen äußeren Grube, die letztere außen scharf von der Humeralfalte begrenzt.

Beine kräftig, Schenkel mäßig verdickt.

Penis (Fig. 125) fast 4mal so lang wie breit, Parameren schlank, die Penisspitze nicht erreichend, ohne Tastborsten. In den distalen zwei Fünfteln der Penislänge befinden sich im Penisinneren mehrere Chitinstachel und -zapfen sowie stärker chitinisierte Falten der Präputialsackwand. Besonders fällt ein in der Längsachse des Penis gelegener, distal verbreiterter Chitinzapfen auf, hinter dem annähernd spiegelbildlich zur Sagittalebene zwei zur Spitze verschmälerte Chitinzähne stehen.

Horaeomorphus australiensis nov. spec.

Dem *H. macrostictus* so ähnlich, daß ihn LEA davon nicht spezifisch trennte. Von ihm nur durch folgende Merkmale verschieden:

Etwas größer, long. 1,70 bis 1,80 mm, lat. 1,10 mm. Noch etwas dunkler braun gefärbt, das Endglied der Fühler viel breiter als das vorletzte, im Verhältnis zur Breite kürzer, vor der Mitte stärker erweitert. Halsschild gestreckter, um ein Fünftel länger als breit, mit weniger deutlichen Basalgrübchen, Flügeldecken im Verhältnis zur Breite länger, um nicht ganz die Hälfte länger als breit, die beiden Grübchen in ihrer Basalimpression weniger deutlich getrennt.

Penis (Fig. 126) viel breiter gebaut, nur wenig mehr als doppelt so lang wie breit, seine Dorsalwand mit kurzer, aber deutlich abgesetzter Apikalpartie, Parameren die Penisspitze fast erreichend, ohne Tastborsten. Im Penisinneren liegen nahe der Längsmitte des Penis 2 große, einander zugekehrte Chitinzähne sowie, ebenfalls spiegelbildlich zur Sagittalebene angeordnet, zwei Paare beutelförmiger Chitinfalten der Präputialsackwand. Von diesen reicht das eine bis fast an das Ostium penis heran und ist z. T. mit feinen Chitinzähnen besetzt.

Die beiden mir vorliegenden Exemplare waren an einer Nadel montiert, die außerdem einen gedruckten Patriazettel mit dem Text „S. Austral. (Bakewell)" und einen zweiten Zettel mit der Aufschrift „*Phagonophana macrosticta* LEA, A. M. Lea det." trugen. Beide Exemplare befinden sich im British Museum.

Horaeomorphus montis-tamborinensis nov. spec.

Gekennzeichnet durch sehr unscharf abgesetzte, 4gliederige Fühlerkeule, leicht gestreckten Halsschild mit tiefer basaler Querfurche, feine Punktierung der Flügeldecken und abstehende Behaarung der Oberseite des Körpers.

Long. 1,45 mm, lat. 0,60 mm. Rotbraun gefärbt, dicht und steil aufgerichtet behaart.

Kopf von oben betrachtet breiter als lang, mit flachen, von oben nur zum geringen Teil sichtbaren Augen und dichter Behaarung, diese am Hinterrand des Kopfes wie gerade abgestutzt erscheinend. Fühler zurückgelegt die Halsschildbasis knapp erreichend, mit schwach abgesetzter, 4gliederiger Keule, ihre beiden ersten Glieder länger als breit, 3 bis 7 annähernd quadratisch, 8 bis 10 breiter als lang, das Endglied etwas kürzer als die beiden vorhergehenden zusammengenommen.

Halsschild ein wenig länger als breit, wenig breiter als der Kopf, im vorderen Drittel seiner Länge am breitesten, glatt und glänzend, dicht, abstehend behaart, vor der Basis mit einer tiefen Querfurche.

Flügeldecken oval, mit tiefer Basalimpression und kurzer Humeralfalte, aber ohne deutlichen Schulterwinkel, seicht punktiert, lang und schräg abstehend behaart.

Beine ohne besondere Kennzeichen.

Es liegt mir nur ein Exemplar (♀) vor, das ich am 14. 9. 1970 am Tamborine Mountain südlich Brisbane aus Waldstreu siebte. Der Holotypus wird im South Austr. Museum verwahrt.

Horaeomorphus simplicicornis (LEA)

LEA, Proc. Roy. Soc. Victoria 23, 1910, p. 185—186 (*Scydmaenus*)

Der Autor reiht diese Art nur provisorisch bei der Gattung *Scydmaenus* ein und bemerkt in der Originaldiagnose: „The species may eventually be regarded as belonging to a new genus". Die fadenförmigen Fühler, die Halsschildform, die Behaarung und der gesamte Habitus verweisen sie in die Gattung *Horaeomorphus*.

Long. 2,20 bis 2,40 mm, lat. 0,90 bis 1,00 mm. Oberseite schwarz, die Unterseite, die Fühler, Schenkel und Schienen mit Ausnahme ihrer Spitzen braunschwarz, diese rotbraun, die Tarsen rötlichgelb, gelblich behaart.

Kopf von oben betrachtet abgerundet quer rechteckig, mit ziemlich großen, aber flachen Augen und schütterer, anliegender Behaarung. Fühler zurückgelegt etwa die Mitte der Flügeldecken erreichend, ihr Basalglied dicker als die folgenden, die letzten Glieder kaum merklich breiter als die vorhergehenden, alle Glieder gestreckt, das Endglied so lang wie die beiden vorhergehenden zusammengenommen.

Halsschild stark gewölbt, so lang wie breit, im distalen Viertel oder Fünftel am breitesten und von da zum Vorderrand gerundet verengt, zur Basis nur sehr wenig verschmälert, die Hinterwinkel spitzwinkelig vorspringend, die Basis ohne Grübchen und ohne Querfurche, aber mit einem Haarbüschel beiderseits neben den Hinterecken, sonst fein und anliegend behaart.

Flügeldecken stark gewölbt, mit flacher Basalimpression und undeutlichem Schulterhöcker, fein und anliegend behaart. Flügel voll entwickelt.

Hinterhüften ziemlich weit getrennt. Beine ziemlich lang, Schenkel stark keulenförmig verdickt, Schienen an ihrer Basis und Spitze dünner als in der Längsmitte.

Penis (Fig. 127) etwa doppelt so lang wie breit, mit scharf abgesetztem, dreieckigem Apex und ebenso geformtem, aber kleinerem Operculum. Parameren die Penisspitze nicht ganz erreichend, vor der Spitze leicht nach innen gekrümmt, am Ende mit je 4 Tastborsten. Im distalen Drittel des Penis befinden sich in seinem Inneren stark chitinisierte Partien des Präputialsackes mit undeutlich abgegrenzten Chitinfalten und -leisten.

Die Art wurde in Geelong in Victoria in einem Nest von *Iridomyrmex nitidus* entdeckt und liegt mir in 2 Exemplaren, darunter dem Holotypus (♂) aus der Sammlung des South Australian Museum vor.

Bestimmungstabelle der australischen *Horaemorphus*-Arten

1. Kopf länger als breit, die Augen an den Seiten desselben weit herabgedrückt, halbkugelig vorgewölbt .... *tasmaniensis* FRANZ
— Kopf so lang wie breit, oder breiter als lang, die Augen an seinen Seiten nicht auffällig herabgedrückt 2
2. Hinterschenkel des ♂ mit einem spitzen Dorn, Kopf hinter den Augen am breitesten, Fühler zurückgelegt die Halsschildbasis nicht erreichend, große Art (long. 2,5 mm) Kopf deutlich und dicht punktiert .... *puncticeps* FRANZ
— Hinterschenkel des ♂ ohne Dorn, Kopf im Niveau der Augen am breitesten, wenn große Arten (long. 2,2 bis über 2,5 mm), dann die Fühler zurückgelegt die Halsschildbasis deutlich überragend 3
3. Kleinere Arten (long. 1,8 mm und darunter) 4
— Größere Arten (long. 2,2 mm und darüber) 7
4. Halsschild wesentlich länger als breit, im vorderen Viertel seiner Länge am breitesten, schmäler als der Kopf .... *maipotonensis* FRANZ
— Halsschild so breit wie lang oder höchstens leicht gestreckt, so breit oder breiter als der Kopf 5
5. Halsschild ein wenig länger als breit, vor der Basis mit einer tiefen Querfurche
montis-tamborinensis m.
— Halsschild höchstens so lang wie breit, vor der Basis mit Grübchen 6
6. Größer (long. 1,75 bis 1,80 mm), lang und abstehend behaart, nur das 8. bis 10. Fühlerglied schwach quer .... *thompsoni* m.
— Kleiner (long. 1,20 bis 1,30 mm), kürzer und fast anliegend behaart, 7. bis 10. Fühlerglied stark quer.. *eucalypti* m.

Fig. 127. *Horaeomorphus simplicicornis* (Lea), Penis in Dorsalansicht.

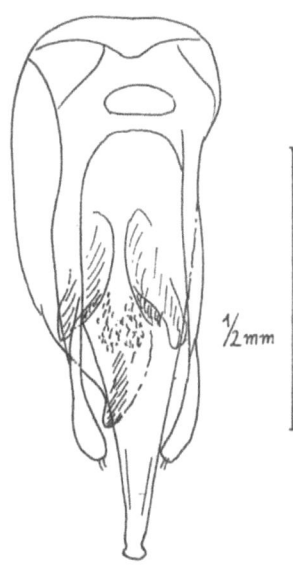

Fig. 128. *Euconnus (Tetramelus) wilsoni* Franz, Penis in Dorsalansicht.

Fig. 129. *Euconnus (Tetramelus) waratahensis* Franz, Penis in Dorsalansicht.

Fig. 130. *Euconnus (Tetramelus) thompsonianus* Franz, Penis in Lateralansicht.

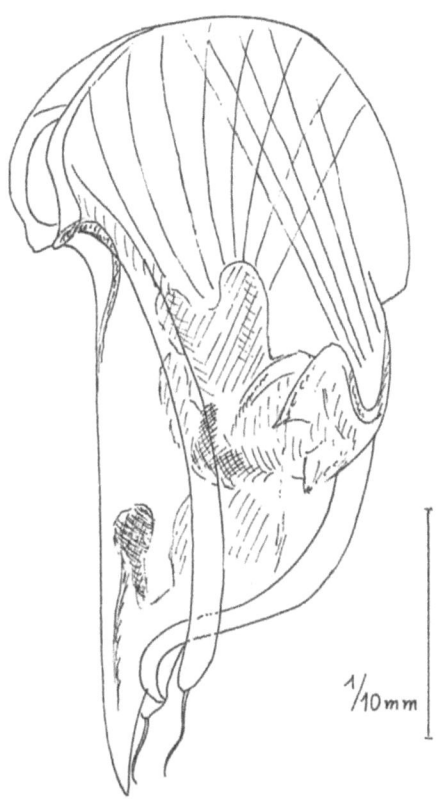

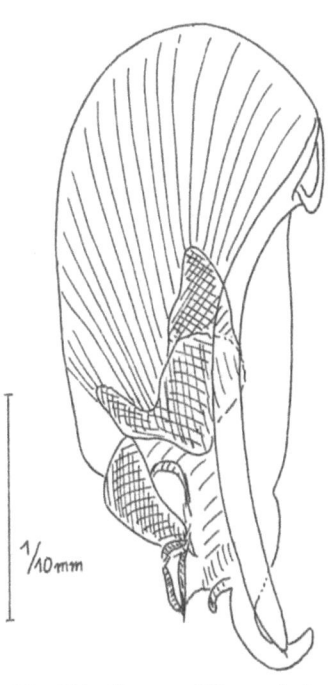

Fig. 131. *Euconnus (Tetramelus) maipotonis* Franz, Penis in Lateralansicht.

7. Halsschild um ein Drittel länger als breit, Oberseite kürzer und schütterer behaart. Penis vgl. Fig. 124 .... *latipennis* (LEA)
— Halsschild höchstens um ein Fünftel länger als breit, Oberseite länger und dichter behaart 8
8. Endglied der Fühler viel breiter als das vorletzte, Halsschild nur um ein Fünftel länger als breit, Penis vgl. Fig. 126 .... *australiensis* FRANZ
— Endglied der Fühler kaum breiter als das vorletzte, Halsschild nur um ein Siebentel länger als breit oder quadratisch 9
9. Größer (2,5 bis 2,6 mm), rotbraun gefärbt, Halsschild länger als breit. 8. bis 10. Fühlerglied quadratisch, Penis vgl. Fig. 125 .... *macrostictus* (LEA)
— Kleiner (2,2 bis 2,4 mm), schwarz bis braunschwarz gefärbt, Halsschild so lang wie breit, alle Fühlerglieder gestreckt, Penis vgl. Fig. 127 .... *simplicicornis* (LEA)

Genus *Euconnus* THOMS.

Wie von Neuseeland so war auch aus Australien und Tasmanien das weltweit verbreitete, überaus artenreiche Genus *Euconnus* bisher nicht gemeldet. Dies rührt aber nur daher, daß die australischen Entomologen die in Europa begründeten Scydmaenidengenera verkannt und die australischen Arten vielfach mit falschen Gattungsnamen belegt haben. Die taxonomische Überprüfung hat ergeben, daß die überwiegende Mehrzahl der australischen und tasmanischen Scydmaeniden in die Gattung *Euconnus* zu stellen ist.

Im Gegensatz zu den neuseeländischen Vertretern der Gattung *Euconnus* lassen sich die australischen und tasmanischen nicht ohne weiteres bestimmten Verwandtschaftsgruppen zuteilen. Durchgreifende urprüngliche Merkmale, die phylogenetische Zusammenhänge anzeigen, plesiomorphe Merkmale im Sinne Hennigs, sind bei der überwiegenden Mehrzahl der australischen *Euconnus*-Arten nicht vorhanden und verwandtschaftliche Beziehungen, auf die eine weitgehende Übereinstimmung im Bauplan des männlichen Kopulationsapparates hinweist, spiegeln sich sehr oft in den äußeren Merkmalen nicht wider.

Ich möchte diesem Umstand dadurch Rechnung tragen, daß ich die überwiegende Mehrzahl der australischen und tasmanischen *Euconnus*-Arten vorläufig in das Subgenus *Euconophron* stelle, wo sie sich noch am ehesten einordnen lassen.

Wegen der großen Zahl der Arten und der außerordentlichen Monotonie ihrer äußeren Erscheinung habe ich auch von der Aufstellung von Bestimmungstabellen Abstand genommen. Die minuziösen äußeren Unterschiede reichen in vielen Fällen zur sicheren Unterscheidung der Arten ohne Untersuchung der Genitalien nicht aus. Zudem war es mir auch nicht möglich, sie in allen Fällen präzise zu fassen, da mir stets nur eine kleine Zahl von Typen gleichzeitig zur Untersuchung vorlag und mir weitere auf Grund der Entlehnungsmodalitäten der Museen erst zugesandt wurden, nachdem die früher entlehnten zurückgesandt waren.

Subgenus *Euconnus* THOMS. s. str.

Euconnus (s. str.) *microps* (LEA)

LEA, Proc. Roy. Soc. Victoria 23, 1910, p. 185, fig. 10 (*Scydmaenus*)

Der Holotypus dieser Art, ein ♀, liegt mir vor, er wird mit 5 weiteren von LEA mit dem gleichen Namen belegten Exemplaren im South Austr. Museum aufbewahrt. Die übrigen Exemplare gehören der Gattung *Scydmaenus* an, 3 sind *Sc. clarckianus* m., 2 sind ♀♀ von *Sc. optatus* SHARP oder *scotti* m., die nur im männlichen Geschlecht sicher unterscheidbar sind.

E. microps ist dem *E. clarckianus* m. ähnlich, von ihm aber leicht durch die außerordentlich *Scydmaenus*-ähnliche Gestalt, den gestreckten, nach hinten verengten Kopf, den kugelig gewölbten Halsschild und die viel längeren, hinter der Längsmitte die größte Breite erreichenden Flügeldecken verschieden.

Long. 1,70 mm, lat. 0,65 mm. Rötlichgelb gefärbt, äußerst spärlich, gelblichweiß behaart.

Kopf von oben betrachtet etwas länger als breit, im Bereich der sehr kleinen, im vorderen Drittel seiner Länge stehenden Augen am breitesten, stark gewölbt, die Stirn nach vorne abgedacht, schütter, aber lang, schräg abstehend behaart, Schläfen nach hinten stark konvergierend, sehr lang. Fühler dünn, mit durchwegs gestreckten Gliedern und schwach abgesetzter, 4gliederiger Keule, zurückgelegt die Halsschildbasis etwas überragend, ihr 2. Glied fast so lang wie die 3 folgenden zusammengenommen, 9 und 10 zusammen etwas länger als das Endglied.

Halsschild kugelig gewölbt, etwas länger als breit, mit einem sehr undeutlichen Längskiel und 2 kleinen Grübchen vor der Basis, sehr kurz und fein behaart, nur an den Seiten hinter dem Vorderrand mit längeren, steif abstehenden Haaren dicht besetzt.

Flügeldecken an ihrer Basis nur so breit wie die Halsschildbasis, nach hinten stark erweitert, hinter ihrer Längsmitte am breitesten, hoch gewölbt, ohne Spur einer Schulterbeule, eines Schulterwinkels, mit sehr seichter Basalimpression und verrundeter Humeralfalte, fein netzmaschig skulptiert, kahl.

Beine lang und schlank, Vorderschenkel keulenförmig verdickt, Mittel- und Hinterschenkel schlank.

Der Holotypus, das einzige bisher bekannte Exemplar dieser auffälligen Art, stammt vom Swan-River bei Perth in SW-Australien. Die Art ist dem *Euconnus* (s. str.) *trapezicollis* m. aus Madagaskar sehr ähnlich.

Subgenus *Tetramelus* MOTSCH.

Euconnus (Tetramelus) wilsoni nov. spec.

Vom South Austr. Museum in Adelaide wurde mir gemeinsam mit *Euconnus hirticeps* (LEA) ein ♂ einer diesem ähnlichen *Euconnus*-Art zugesandt, das aber sofort durch andere Kopfform, kürzere Fühler, flachere Flügeldecken mit länglicher Humeralfalte und durch auffällig dichte Behaarung als Vertreter einer anderen Art erkennbar war. Die nähere Untersuchung ergab, daß es eine noch unbeschriebene Art repräsentiert, die ich nach dem Sammler F. E. WILSON benenne.

Long. 1,70 mm, lat. 0,70 mm. Rotbraun gefärbt, dicht und abstehend bräunlichgelb behaart.

Kopf von oben betrachtet etwas breiter als lang, die Oberlippe und die Mandibeln weit vorragend, Schläfen sehr dicht und steif abstehend behaart, die Behaarung in einer Flucht mit dem Hinterrand des Kopfes abgestutzt, Supraantennalhöcker deutlich. Fühler dick, allmählich zur Spitze verdickt, zurückgelegt die Halsschildbasis nicht annähernd erreichend, ihre beiden ersten Glieder etwas länger als breit, das 3. quadratisch, das 4. und 5. schwach, die folgenden bis zum 10. immer stärker quer, dieses 3mal so breit wie lang, das eiförmige Endglied so lang wie die beiden vorhergehenden zusammengenommen.

Halsschild nicht ganz um ein Drittel länger als breit, an der Basis so breit, wie im vorderen Drittel seiner Länge, dazwischen leicht eingeschnürt, ziemlich stark gewölbt, vor der Basis mit 2 voneinander schmal getrennten, großen und tiefen Grübchen.

Flügeldecken oval, ziemlich flach gewölbt, an ihrer Basis nur so breit wie die Halsschildbasis, fein und zerstreut punktiert, lang und dicht, abstehend behaart.

Beine ziemlich lang, Vorderschenkel viel stärker verdickt als die der Mittel- und Hinterbeine.

Penis (Fig. 128) langgestreckt, mit langem, spitz zulaufendem, vor der Spitze leicht eingeschnürtem, an dieser aber im Bogen abgerundetem Apex, das Ostium penis von einem am Ende zahnförmig nach unten gebogenen Operculum überdeckt. Parameren die Penisspitze nicht annähernd erreichend, am Ende keulenförmig verbreitert, mit je 2 kleinen Tastborsten versehen. Im Penisinneren sind hinter der Mitte zwei spiegelbildlich zur Sagittalebene nach außen gedrehte Chitinfalten der Präputialsackwand vorhanden, zwischen ihnen befindet sich ein mit feinen Zähnchen besetztes Feld.

Das einzige mir vorliegende Exemplar trägt einen gedruckten Patriazettel mit dem Text: „Beaconsfield, V., 8. 4. 19, F. E. Wilson." Der Holotypus wird im South Austr. Museum verwahrt.

Euconnus (Tetramelus) warratahaensis nov. spec.

Dem *E. hirticeps* und *suturalis* in Größe und Gestalt sehr ähnlich, von beiden aber durch längere, zur Spitze stärker verdichtete Fühler und kürzere Behaarung sowie weiter getrennte Hinterhüften verschieden.

Auch dem *E. abundans* (LEA) äußerlich sehr ähnlich, mit diesem auch durch entfernte Hinterhüften übereinstimmend und von ihm nur durch folgende Merkmale verschieden.

Etwas größer, long. 2,15 mm, lat. 0,80 mm.

Fühler etwas dicker und kürzer, ihr Basalglied eineinhalbmal, das 2. doppelt so lang wie breit, 3 bis 7 um ein Drittel bis ein Viertel länger als breit, 8 leicht gestreckt, 9 quadratisch, 10 schwach quer, das Endglied knapp so lang wie die beiden vorhergehenden zusammengenommen.

Halsschild mit 4 Basalgrübchen, die mittleren sehr groß, einander genähert.

Flügeldecken an ihrer Basis nur so breit wie der Halsschild, seitlich sehr regelmäßig gerundet, hoch gewölbt, am Ende viel spitzer zulaufend als bei *E. abundans*.

Schenkel etwas stärker verdickt. 4. Sternit des ♂ am Hinterrand tief ausgeschnitten, beiderseits des Ausschnittes zahnförmig nach hinten vorspringend.

Penis (Fig. 129) ganz anders gebaut, sein Apex annähernd rautenförmig, Parameren die Penisspitze nicht erreichend, distal leicht verbreitert, mit je 3 Tastborsten versehen. Operculum in einen stumpfen, hakenförmig gekrümmten Dorn endend. Im Penisinneren sind zahlreiche chitinöse Dornen vorhanden. 2 nach hinten gerichtete Stachel liegen unter dem Apex penis, ein langer, leicht gekrümmter Dorn reicht über das Operculum nach hinten, 2 kurze Stachel liegen dorsobasal von diesem, ein leicht s-förmig gekrümmter, dicker Dorn liegt etwa in der Längsmitte des Penis. Da der Penis des einzigen vorliegenden ♂ nicht voll ausgehärtet ist, lassen sich Chitinfalten und -wülste, die undeutlich erkennbar sind, nicht genau beschreiben.

Das mir vorliegende Tier stammt aus Warratah in Tasmanien und wurde in Waldstreu gefunden. Es wird im South Australian Museum verwahrt.

Euconnus (Tetramelus) thompsonianus nov. spec.

Gekennzeichnet durch querrundlichen Kopf mit bärtig behaarten Schläfen, lange Fühler mit lockerer, wenig scharf abgesetzter, 4gliederiger Keule, leicht gestreckten, gewölbten, seitlich gleichmäßig gerundeten Halsschild mit 2 Basalgrübchen und struppiger Behaarung der Seiten, hoch gewölbte, kahle Flügeldecken ohne Basalimpression, ohne Humeralfalte oder Schulterbeule und kräftige Beine mit dicken Schenkeln.

Long. 1,20 mm, lat. 0,45 mm. Hell rotbraun gefärbt, Schläfen und Halsschildseiten bräunlichgelb behaart.

Kopf von oben betrachtet querrundlich mit mäßig großen, seitlich leicht vorgewölbten Augen, mit flachen Supraantennalhöckern und zwischen diesen und dem Scheitel flach eingedrückter Stirn, diese und der Scheitel glatt und glänzend, kahl, die Schläfen mit einem dichten Haarbüschel. Fühler zurückgelegt die Halsschildbasis beträchtlich überragend, ihr Basalglied doppelt, das 2. eineinhalbmal so lang wie breit, 3 bis 5 isodiametrisch, 6 und 7 leicht gestreckt, 8 um die Hälfte breiter als 7, um ein Viertel länger als breit, 9 schwach, 10 stärker quer, beide breiter als 8, das eiförmige Endglied kürzer als die beiden vorhergehenden zusammengenommen.

Halsschild etwas länger als breit, hoch gewölbt, etwas vor seiner Längsmitte am breitesten, seitlich mäßig gerundet, zum Vorderrand etwas stärker als zur Basis verengt, mit 2 Basalgrübchen, auf der Scheibe fast kahl, an den Seiten lang und struppig behaart.

Flügeldecken oval, hoch gewölbt, an ihrer Basis nur so breit wie die Halsschildbasis, ohne Schulterbeule, Humeralfalte oder Basalimpression, glatt und glänzend, kahl. Scutellum nicht sichtbar.

Beine kräftig, Schenkel ziemlich stark verdickt.

Penis (Fig. 130) mit gerader, in einem spitzwinkelig-dreieckigen Apex endender Dorsalwand, Ostium penis ventral von einem hakenförmig nach unten gebogenen Operculum überdeckt. Parameren die Penisspitze nicht ganz erreichend, mit einer kräftigen, leicht s-förmig gebogenen terminalen Borste versehen. Im Penisinneren befinden sich in dessen Längsmitte und hinter dieser, unscharf begrenzte chitinöse Apophysen, Platten und Falten. Von da aus ziehen zur Basalwand des Penis zahlreiche Muskel.

Es liegt mir nur ein Exemplar (♂) vor, das ich in einem Rest eines Vine Scrub Rainforest bei Maipoten aus Laubstreu siebte. Der Holotypus ist im South Austral. Museum in Adelaide verwahrt, die Art zu Ehren von Herrn CLIFFORD ST. THOMPSON benannt, der mich auf der Exkursion nach Maipoten führte.

Euconnus (Tetramelus) maipotonis nov. spec.

Durch bedeutende Größe, großen isodiametrischen Kopf mit weit nach vorn gerückten Augen, allmählich zur Spitze verdickte Fühler, 2 große, durch eine Querfurche miteinander verbundene Basalgrübchen des Halsschildes, schmale, langovale und hochgewölbte, an ihrer Basis die Halsschildbreite nicht übertreffende Flügeldecken, lange Beine und an ihrer Spitze nach innen gekrümmte Vorder- und Hinterschienen ausgezeichnet.

Long. 2,45 mm, lat. 0,85 mm. Dunkel rotbraun gefärbt, gelblich, die Schläfen und Halsschildseiten bräunlich behaart.

Kopf von oben betrachtet so lang wie breit, rundlich, im Niveau der im vorderen Drittel seiner Länge stehenden Augen am breitesten. Stirn und Scheitel flach, kurz und aufgerichtet, die Schläfen schräg abstehend behaart. Fühler kräftig, zurückgelegt die Halsschildbasis überragend, zur Spitze verdickt, ihre beiden ersten und das 5. Glied um die Hälfte länger als breit, 3, 4, 6 und 7 isodiametrisch oder leicht gestreckt, 8 bis 10 etwas breiter als lang, das spitz eiförmige Endglied so lang wie die beiden vorhergehenden zusammengenommen.

Halsschild kugelig, nur wenig breiter als der Kopf, oberseits schütter, an den Seiten dichter und steifer behaart, glatt und glänzend, vor der Basis mit zwei großen, durch eine Querfurche verbundenen Grübchen. Scutellum unsichtbar.

Flügeldecken länglichoval, hoch gewölbt, ohne Spur einer Schulterbeule und eines Schulterwinkels, an ihrer Basis nur so breit wie die Halsschildbasis, mit aus 2 Grübchen verschmolzener, außen von einer kurzen Humeralfalte begrenzter Basalimpression, sehr seicht punktiert, schütter, aber lang und schräg abstehend behaart.

Beine lang, Schenkel mäßig verdickt, Vorder- und Hinterschienen nach innen gekrümmt.

Penis (Fig. 131) ziemlich langgestreckt, mit hakenförmig nach oben umgebogener Spitze und diese fast erreichenden Parameren. An diesen nur eine sehr kurze, terminale Tastborste vorhanden. Im Penisinneren ist eine Reihe große Chitinapophysen vorhanden, an denen zahlreiche Muskel inserieren.

Es liegt mir nur ein Exemplar (♂) vor, das ich in einem degradierten tropischen Regenwald über Prairie-Soil bei Maipoton nördlich von Brisbane aus Waldstreu siebte. Der Holotypus befindet sich im South Australian Museum in Adelaide.

Euconnus (Tetramelus) mac-arthuri nov. spec.

Durch geringe Größe, langgestreckte Gestalt, länglichrunden Kopf mit kleinen Augen, kurze Fühler mit 4gliederiger Keule, länglichen, schmalen Halsschild und länglichovale, hoch gewölbte Flügeldecken mit tiefer, punktförmiger Basalimpression gekennzeichnet.

Long. 1,30 mm, lat. 0,40 mm. Hell rotbraun gefärbt, allseits ziemlich lang, gelblich behaart.

Kopf von oben betrachtet länglichrund, die Augen im vorderen Drittel seiner Länge stehend, flach, Stirn und Scheitel stark gewölbt, glatt und glänzend, sehr spärlich, die Schläfen dicht und steif abstehend behaart. Supraantennalhöcker sehr flach. Fühler kurz, zurückgelegt nur die Mitte des Halsschildes erreichend, mit scharf abgesetzter, 4gliederiger Keule, ihre beiden ersten Glieder etwa doppelt so lang wie breit, 3 bis 7 isodiametrisch bis leicht gestreckt, 8 bis 10 breiter als lang, das Endglied kurz eiförmig, knapp so lang wie die beiden vorhergehenden zusammengenommen.

Halsschild etwas länger als breit, nur sehr wenig breiter als der Kopf, knapp vor der Mitte am breitesten, sowohl zum Vorderrand als auch zur Basis gerundet verengt, stark gewölbt, oberseits fein, an den Seiten grob und dicht behaart, vor der Basis mit 4 Grübchen, die mittleren größer und voneinander weiter getrennt als von den äußeren.

Flügeldecken oval, hoch gewölbt, an ihrer Basis nur so breit wie die Halsschildbasis, ohne Schulterwinkel und Schulterbeule, mit tiefer, punktförmiger Basalimpression, sehr fein und undeutlich punktiert, lang und schräg abstehend behaart.

Beine ziemlich schlank, Vorderschenkel stärker verdickt als die der Mittel- und Hinterbeine.

Penis (Fig. 132) langgestreckt, mit großer Basalöffnung und spitzwinkelig-dreieckigem Apex, Parameren die Penisspitze fast erreichend, vor der Spitze verbreitert, an dieser wieder verschmälert, mit je 2 feinen Tastborsten versehen. Im Penisinneren ist ein komplizierter chitinöser Kopulationsapparat vorhanden. Er liegt in der Ruhe im distalen Teil des Penis. An seiner Basis liegt eine von einem dicken, seitlich in 2 Chitinanhänge verlängerten Chitinrahmen umgebene runde Öffnung, dahinter sind 4 große, mehr oder weniger gekrümmte, nach hinten gerichtete Chitinstachel vorhanden. Die Ventralwand des Penis ragt stumpfwinkelig dreieckig begrenzt über das Ostium penis vor.

Es liegt mir nur ein Exemplar (♂) vor, das ich am 23. 9. 1970 am Serpentine Dam in einem Waldbestand von *Eucalyptus marginata* und *Banksia grandis* aus Laubstreu siebte. Der Holotypus wird im South Austr. Museum in Adelaide verwahrt.

Euconnus (Tetramelus) warwickianus nov. spec.

Gekennzeichnet durch die Färbung, den flachen, von oben betrachtet fast kreisrunden Kopf mit großen Supraantennalhöckern und bärtig behaarten Schläfen, ziemlich lange Fühler mit nicht sehr scharf abgesetzter, 4gliederiger Keule, den leicht gestreckten, hoch gewölbten Halsschild mit 2 Basalgrübchen und struppiger Behaarung der Seiten, hochgewölbte, nur vorn behaarte Flügeldecken mit flacher Basalimpression und kurzer Humeralfalte sowie ziemlich lange Beine mit keulenförmig verdickten Schenkeln.

Long. 1,20 mm, lat. 0,54 mm. Rotbraun, Kopf und Halsschild schwarzbraun gefärbt, gelblich behaart, die Behaarung auf der Oberseite von Kopf und Halsschild sehr spärlich, auf der apikalen Hälfte der Flügeldecken ganz fehlend.

Fig. 132. *Euconnus (Tetramelus) mac arthuri* Franz, Penis in Dorsalansicht.

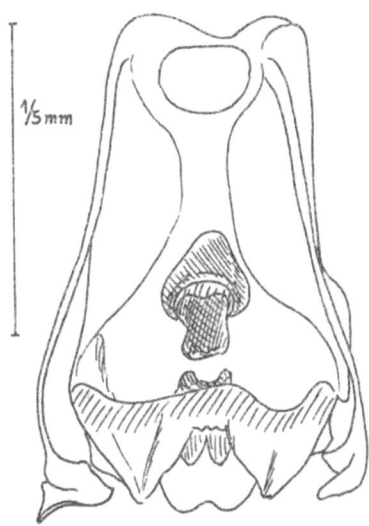

Fig. 133. *Euconnus (Tetramelus) warwickianus* Franz, Penis in Dorsalansicht.

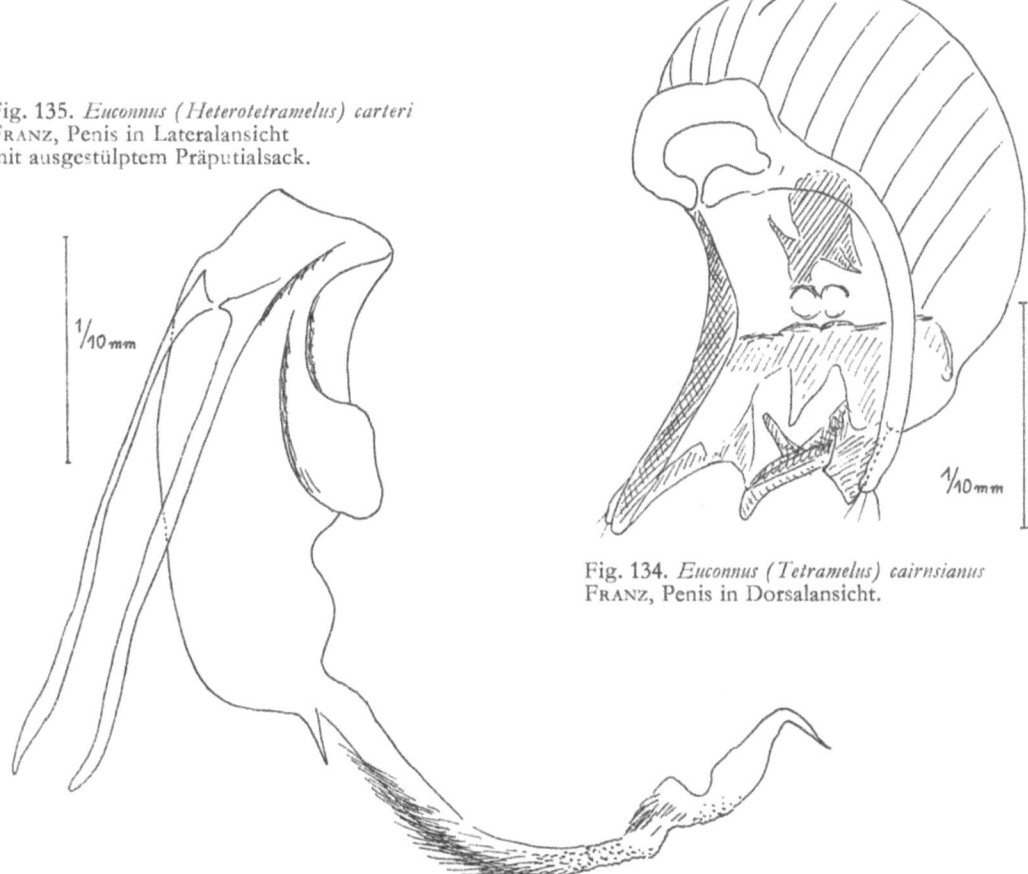

Fig. 135. *Euconnus (Heterotetramelus) carteri* Franz, Penis in Lateralansicht mit ausgestülptem Präputialsack.

Fig. 134. *Euconnus (Tetramelus) cairnsianus* Franz, Penis in Dorsalansicht.

Kopf von oben betrachtet fast kreisrund, Stirn und Scheitel flach, nur die Supraantennalhöcker stark emporgewölbt, Augen an den Kopfseiten unterhalb der Fühlerwurzeln gelegen, Stirn und Scheitel sehr schütter, Schläfen dicht und lang, abstehend behaart. Fühler zurückgelegt die Halsschildbasis erreichend, mit lockerer, nicht sehr scharf abgesetzter, 4gliederiger Keule, ihre beiden ersten Glieder eineinhalbmal so lang, wie breit, 3 bis 7 leicht gestreckt, 9 isodiametrisch, 10 schwach quer, das Endglied viel kürzer als die beiden vorhergehenden zusammengenommen. Glied 7 etwas größer als 6, 8 beträchtlich größer als 7, fast so breit wie 9.

Halsschild ein wenig länger als breit, etwas hinter der Mitte am breitesten und hier nicht breiter als der Kopf, oberseits glatt und glänzend, sehr spärlich, an den Seiten dicht und grob, abstehend behaart, vor der Basis mit 2 weit getrennten Grübchen.

Flügeldecken hoch gewölbt, vorn spärlich behaart, hinter ihrer Längsmitte kahl, mit flacher, außen von einer kurzen Humeralfalte scharf begrenzter Basalimpression, glatt und glänzend, Scutellum unsichtbar.

Beine lang, Schenkel stark keulenförmig verdickt.

Penis (Fig. 133) gedrungen gebaut, mit dreispitzigem Apex, leicht nach oben gebogen, Parameren die Penisspitze fast erreichend, am Ende mit je 3 Tastborsten versehen. Im Penisinneren befindet sich hinter der Basalöffnung eine große Chitinapophyse, dahinter liegen zwei kleine Chitinwülste der Präputialsackwand und schließlich ein breites stark chitinisiertes Feld, das am Hinterrand zwei Einschnitte und zwischen diesen einen spitzwinkelig-dreieckigen Vorsprung zeigt.

Es liegt mir nur ein Exemplar (♂) vor, das ich am 13. 7. 1970 in der Dividing Range südwestlich von Brisbane neben der nach Warwick führenden Straße aus Waldstreu siebte. Der Holotypus wird im South Austr. Museum in Adelaide verwahrt.

Euconnus (Tetramelus) elliptipennis nom. nov.

LEA, Proc. Roy. Soc. Victoria 27, 1914, p. 228—229 *(Phagonophana ovipennis)*
CSIKI, Coleopt. Catal. ed. W. Junk et S. Schenkling, pars 70, 1919, p. 69 *(Phagonophana leai)*

Gekennzeichnet durch schlanke Gestalt, länglichovalen, stark gewölbten Kopf mit kleinen, seitlich konvex vorragenden Augen, zur Spitze allmählich aber stark verdickte Fühler, langovalen, hoch gewölbten Halsschild mit 2 tiefen Basalgrübchen und langovale, schmale, hoch gewölbte Flügeldecken ohne Basalimpression, Humeralfalte und Schulterwinkel.

Long. 1,60 mm, lat. 0,50 mm. Hell rotbraun gefärbt, ziemlich lang, gelblich behaart.

Kopf von oben betrachtet länglichoval, hoch gewölbt, mit im vorderen Drittel seiner Länge stehenden kleinen, konvexen Augen und mit flachen Supraantennalhöckern, oberseits schütter, an den Schläfen dicht und abstehend behaart.

Fühler zurückgelegt die Halsschildbasis nicht erreichend, ihre beiden ersten Glieder knapp doppelt so lang wie breit, 3 bis 8 isodiametrisch bis sehr schwach quer, 9 und 10 deutlich breiter als lang, jedes breiter als das vorhergehende, das eiförmige Endglied am breitesten, so lang wie die beiden vorhergehenden zusammengenommen.

Halsschild langoval, stark gewölbt, abstehend, an den Seiten dichter als auf der Scheibe behaart, vor der Basis mit 2 Grübchen.

Flügeldecken langoval, stark gewölbt, an ihrer Basis nur so breit wie die Halsschildbasis, ohne Basalimpression, Humeralfalte und Schulterbeule, schütter, schräg abstehend behaart.

Beine mäßig lang, Schenkel schwach verdickt.

Die Art wurde nach einem einzigen Exemplar beschrieben, das der Autor in Warratah in Tasmanien in Moos gesammelt hatte. Der Holotypus (♀) liegt mir vor. Es scheint bisher kein weiteres Exemplar gefunden worden zu sein.

Der Name *Phagonophana ovipennis* LEA wurde von CSIKI in *Ph. leai* geändert wegen *Phagonophana ovipennis* BROUN. Beide Arten gehören aber, wie die Nachprüfung der Typen gezeigt hat, der Gattung *Euconnus* an, wo der Name bereits durch *E. ovipennis* REITTER et CROISS. 1890 praeoccupiert ist. Da auch der Name *leai* in der Gattung *Euconnus* praeoccupiert ist, weil *Scydmaenus leai* CSIKI, ein *Euconnus* ist, schlage ich als neuen Namen *Euconnus elliptipennis* vor.

Euconnus (Tetramelus) tenuis (LEA)

LEA, Proc. Roy. Soc. Victoria 27, 1914, p. 229—230 *(Phagonophana)*

In der Körperform dem *E. ovipennis* sehr ähnlich, aber viel kleiner als dieser, durch den Besitz sehr kleiner Augen und durch die helle Farbe als an die terricole Lebensweise hoch angepaßte Art gekennzeichnet.

Long. 1,25 mm, lat. 0,40 mm. Rötlichgelb gefärbt, sehr fein und spärlich gelblich behaart.

Kopf von oben betrachtet sehr regelmäßig langoval, mäßig stark gewölbt, mit sehr kleinen, im vorderen Drittel seiner Länge stehenden Augen und kurz abstehend behaarten Schläfen. Fühler kurz, zurückgelegt nur die Halsschildmitte erreichend, mit 2 größeren Endgliedern, ihre beiden ersten Glieder länger als breit, 3 bis 5 schwach, 6 bis 10 sehr stark quer, 10 doppelt so breit wie 9, das eiförmige Endglied noch etwas breiter, so lang wie die 3 vorhergehenden zusammengenommen.

Halsschild annähernd langoval, stark und gleichmäßig gewölbt, spärlich, an den Seiten dichter, aber sehr kurz behaart, vor der Basis mit 4 Grübchen.

Flügeldecken langoval, stark gewölbt, an ihrer Basis nur so breit wie die Halsschildbasis, glatt und fast kahl, ohne Basalimpression, Humeralfalte und Schulterbeule. Flügel vollkommen verkümmert. Beine kurz, Vorder- und Mittelschenkel stärker verdickt als die der Hinterbeine.

Die Art ist nach einem einzigen Exemplar vom Mount Wellington in Tasmanien beschrieben. Sie wurde in Moos gefunden. Der Holotypus (♀) liegt mir vor, es scheint bisher kein weiteres Exemplar gefunden worden zu sein.

Euconnus (Tetramelus) cairnsianus nov. spec.

Gekennzeichnet durch lange, allmählich zur Spitze verdickte Fühler, von oben betrachtet fast kreisrunden Kopf mit bärtig behaarten Schläfen, kugelig gewölbten Halsschild mit seichter basaler Querfurche, ovale, stark gewölbte Flügeldecken ohne Schulterbeule und mit kleiner Basalimpression sowie ziemlich schlanke und lange Beine.

Long. 1,95 bis 2,10 mm, lat. 0m75 bis 0,80 mm. Ziemlich dunkel rotbraun gefärbt, gelblich, an den Schläfen und Halsschildseiten bräunlichgelb behaart.

Kopf von oben betrachtet rundlich, isodiametrisch bis eben merklich länglichoval, mit flach gewölbten Augen, glatter, schütter behaarter Oberseite, lang behaartem Hinterkopf und bärtiger Behaarung der Schläfen. Supraantennalhöcker deutlich markiert. Fühler allmählich zur Spitze verdickt, zurückgelegt die Halsschildbasis überragend, ihr 3., 8., 9. und 10. Glied so breit wie lang, alle anderen länger als breit, das große Endglied fast so lang wie die drei vorhergehenden zusammengenommen.

Halsschild bei einzelnen Exemplaren deutlich, bei anderen kaum merklich länger als breit, so lang oder länger als der Kopf, nicht oder nur wenig breiter als dieser, kugelig gewölbt, glatt und glänzend, oberseits fein und anliegend, an den Seiten steif abstehend, aber kurz behaart, vor der Basis mit feiner Querfurche.

Flügeldecken an ihrer Basis kaum breiter als der Halsschild, sehr regelmäßig oval gerundet, ohne Schulterbeule und ohne Schulterwinkel, stark gewölbt, grob und wenig dicht punktiert, schütter, aber lang, schräg abstehend behaart, mit scharf begrenzter, kleiner, außen von einer kurzen Humeralfalte begrenzter Basalimpression. Flügel voll entwickelt.

Beine ziemlich lang, Vorderschenkel stärker keulenförmig verdickt als die der Mittel- und Hinterbeine, Mittel- und Hinterbeine mit Andeutung einer s-förmigen Krümmung.

Penis (Fig. 134) von oben betrachtet annähernd trapezförmig, distal verbreitert, seine Dorsalwand beiderseits der Mitte dreieckig vorspringend, die Ventralwand in Form eines am Hinterrande ausgerandeten Lappens über das Ostium penis nach hinten ragend. Parameren nach hinten divergierend, ihr distal dreieckig stark erweitertes Ende einwärts gebogen. Im Penisinneren befindet sich knapp hinter der Mitte ein pilzförmiges, stark chitinisiertes Gebilde und dahinter eine horizontale zweilappige Chitinplatte, deren beide Enden aus dem Ostium penis vorragen.

Es liegen mir aus den undeterminierten Beständen des South Austr. Museum 7 ursprünglich gemeinsam auf einem Karton präparierte Exemplare vor, die Patriazettel mit dem Text "Cairns distr. M. A. Lea" und einen weiteren Zettel mit der Aufschrift "forest leaves" tragen. Es handelt sich um 3 ♂♂ und 4 ♀♀, von denen sich alle mit Ausnahme von 2 in meiner Sammlung verwahrten Paratypen (♂, ♀) in der Sammlung des South Austr. Museum befinden.

Während die Scydmaeniden i. a. innerhalb der Art eine geringe Variabilität aufweisen, fällt auf, daß die 7 offenbar am gleichen Fundort gesammelten Tiere sowohl in der Länge der Flügeldecken als auch in der Form des Kopfes und Halsschildes eine ziemliche Variabilität aufweisen. Möglicherweise handelt es sich um eine Art, die eben in Aufspaltung begriffen ist.

Subgenus *Heterotetramelus* FRANZ

Euconnus (Heterotetramelus) carteri nov. spec.

Durch dicht behaarten Kopf, allmählich zur Spitze verdickte Fühler, vor der Basis eingeschnürten Halsschild und an ihrer Basis die Breite des Halsschildes nicht übertreffende Flügeldecken gekennzeichnet.

Long. 1,70 mm, lat. 0,75 mm. Rotbraun gefärbt, gelblich behaart.

Kopf von oben betrachtet breiter als lang, allseits dicht und lang abstehend behaart, Augen an den Seiten unter die Fühlerwurzel herabgerückt. Fühler allmählich zur Spitze verdickt, zurückgelegt die Halsschildbasis etwas überragend, ihre beiden ersten Glieder doppelt, das 3. und 4. eineinhalbmal, das 5. eineindrittelmal so lang wie breit, 6 und 7 leicht gestreckt, 8 und 9 quadratisch, 10 breiter als lang, das Endglied fast so lang wie die beiden vorhergehenden zusammengenommen.

Halsschild etwas länger als breit, im vorderen Drittel am breitesten, vor der Basis querüber eingeschnürt und seitlich tief eingedrückt, mit 2 durch einen Mittelkiel getrennten Grübchen, struppig behaart.

Flügeldecken an ihrer Basis nicht breiter als der Halsschild, oval, seitlich stark gerundet, ziemlich lang, schräg abstehend behaart, mit tiefer, außen durch eine sehr kurze Humeralfalte begrenzter Basalimpression.

Beine ziemlich lang, Schenkel keulenförmig verdickt.

Penis (Fig. 135) dem des *E. saxicola* m. aus Neukaledonien ähnlich, schmal, in eine scharfe Spitze auslaufend. Parameren die Penisspitze etwas überragend, stabförmig, ohne Tastborsten. Der ausgestülpte Präputialsack hat die Form eines Rohres, das auf weite Erstreckung auf der Dorsalseite mit Borsten dicht besetzt ist.

Es liegen mir aus den undeterminierten Beständen des South Australian Museums 2 ♂♂ vor, die von M. A. LEA und CARTER in Warratah (Tasmanien) in Moos- und Flechtenrasen gesammelt wurden. Der Holotypus wird in der Sammlung des South Australian Museum verwahrt, die Paratype in meiner Sammlung.

Es ist sehr bemerkenswert, daß das Subgenus *Heterotetramelus*, das ich aus Neukaledonien beschrieben habe, auch in Tasmanien vorkommt. Die Verwandtschaft von *E. carteri* mit gewissen neukaledonischen Arten, z. B. *E. saxicola* m., ist sehr eng.

Subgenus *Napochus* REITT.

Euconnus (Napochus) palmwoodianus n. spec.

Ausgezeichnet durch gedrungene Gestalt, die für das Subgenus typische Fühlerbildung, dichte und lange Behaarung, an der Naht hinter dem Vorderrand beiderseits flach eingedrückte Flügeldecken und durch den Bau des männlichen Kopulationsapparates.

Long. 1,45 mm, lat. 0,60 mm. Rotbraun gefärbt, lang, bräunlichgelb behaart.

Kopf von oben betrachtet queroval, mit großen, weit vor seiner Längsmitte stehenden Augen, allenthalben dicht und abstehend behaart, fein und wenig deutlich punktiert, mit deutlichen Supraantennalhöckern. Fühler zurückgelegt die Halsschildbasis erreichend, mit großer und breiter, scharf abgesetzter, 4gliederiger Keule. Ihre beiden ersten Glieder etwas länger als breit, 3 bis 7 klein, eng aneinandergefügt, etwas breiter als lang, 8 mehr als doppelt so breit wie 7, wesentlich breiter als lang, 9 und 10 noch stärker quer, das Endglied etwa in seiner Längsmitte eingeschnürt, mit abgerundeter Spitze.

Halsschild konisch, breiter als lang, an seiner Basis ein wenig breiter als der Kopf samt den Augen, mit 2 seichten, durch eine noch seichtere Querfurche verbundenen Grübchen, überall dicht und abstehend behaart.

Flügeldecken kurzoval, schon an ihrer Basis breiter als der Halsschild, mit runder und tiefer, seitlich von einer kurzen Humeralfalte begrenzter Basalimpression, neben der Naht hinter dem Basalrand mit einem flachen Längseindruck, lang und abstehend behaart.

Beine kurz, Vorderschienen innen distal verflacht und mit einer Haarbürste versehen.

Penis (Fig. 136) sehr groß, langgestreckt, seitlich etwas hinter seiner Längsmitte erweitert, mit breiter Spitzenpartie, diese von 4 Wülsten überragt, die beiden seitlichen Wülste mit einem kurzen, nach innen gerichteten Zahn versehen. Parameren kurz, distal leicht keulenförmig verbreitert, mit je 2 langen, terminalen Tastborsten versehen. Im Penisinneren befindet sich etwa in seiner Längsmitte ein langer, achsial orientierter, stumpfer Chitinzapfen, an seiner Basis schließt sich ein breiter Chitinlappen an. Unter diesen beiden Chitingebilden befindet sich eine große, basal im Bogen begrenzte, horizontale Chitinplatte.

Es liegt mir nur 1 Exemplar (Type ♂) vor, das ich in einem Wald östlich von Palmwoods am 11. 9. 1970 aus Waldstreu und morschem Holz siebte. Der Holotypus wird im South Austr. Museum verwahrt.

Euconnus (Napochus) pisoniae nov. spec.

Eine typische *Napochus*-Art mit scharf abgesetzter, 4gliederiger Fühlerkeule, im distalen Teil schmälerem, am Ende breit abgerundetem Endglied der Fühler, konischem Halsschild mit 2 weit getrennten, durch eine Querfurche verbundenen Basalgrübchen und flach gewölbten, ovalen Flügeldecken mit tiefer, außen von der Humeralfalte begrenzter Basalimpression.

Long. 1,25 bis 1,45 mm. Rotbraun gefärbt, fein und spärlich gelblich behaart.

Kopf von oben betrachtet queroval, aber mit den großen Augen nur wenig breiter als lang, flach gewölbt, glatt und glänzend, spärlich, an den Schläfen dicht und steif behaart, mit flachen Supraantennalhöckern. Fühler kurz, zurückgelegt die Halsschildbasis

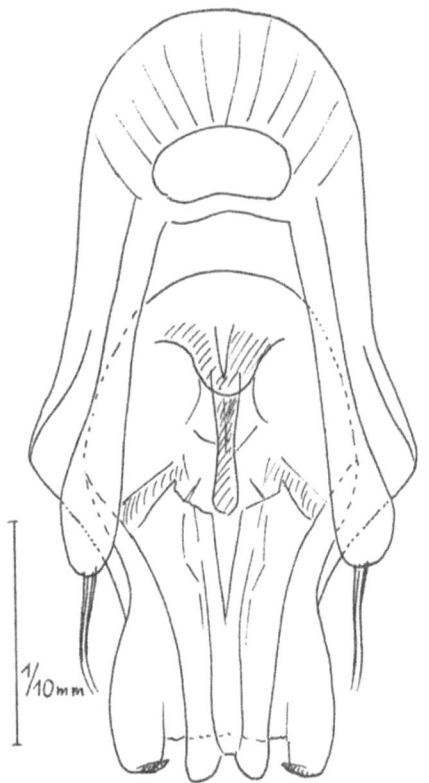

Fig. 136. *Euconnus (Napochus) palmwoodianus* Franz, Penis in Dorsalansicht.

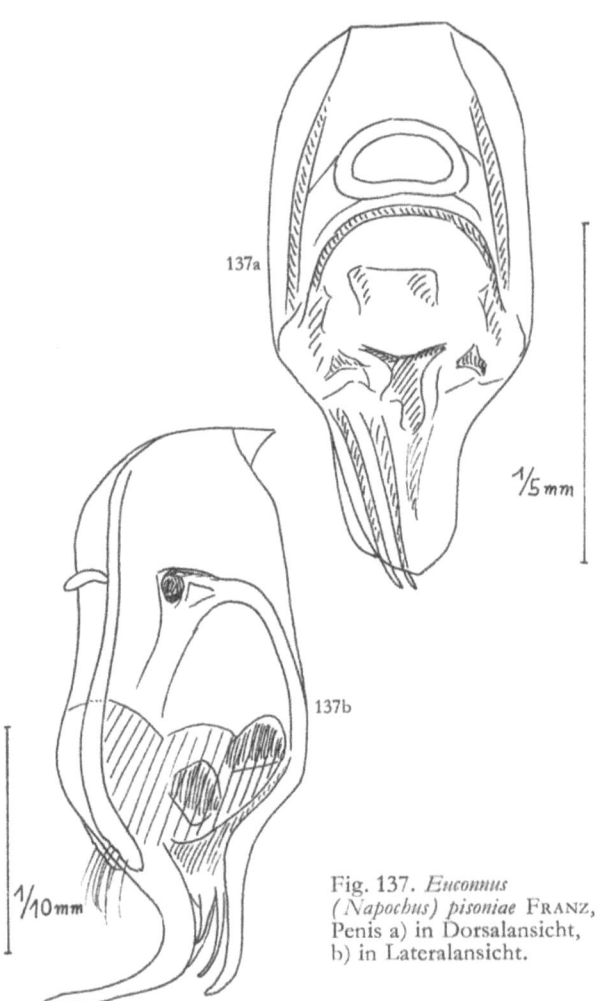

Fig. 137. *Euconnus (Napochus) pisoniae* Franz, Penis a) in Dorsalansicht, b) in Lateralansicht.

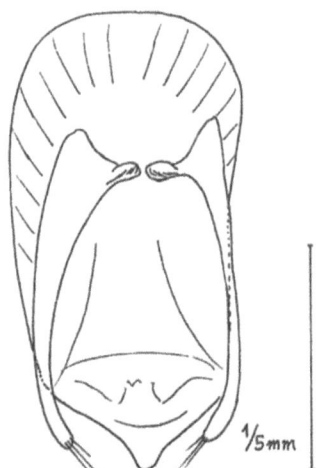

Fig. 138. *Euconnus (Maoria) suturalis* (Lea), Penis in Dorsalansicht.

Fig. 139. *Euconnus (Maoria) crassipes* (Lea), Penis in Dorsalansicht.

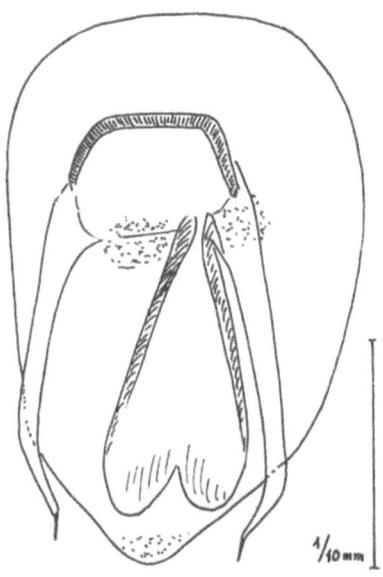

nicht ganz erreichend, mit breiter, scharf abgesetzter, 4gliederiger Keule, diese so lang wie die Geißel, die beiden 1. Glieder leicht gestreckt, 3 bis 7 klein, schwach quer, 8 bis 10 reichlich doppelt so breit wie 7, alle 3 breiter als lang, das Endglied leicht gestreckt, in der Längsmitte querüber eingeschnürt, die distale Hälfte schmäler.

Halsschild konisch, an seiner Basis ein wenig breiter als der Kopf samt den Augen, glatt und glänzend, auf der Scheibe sehr spärlich, an den Seiten struppig behaart, vor der Basis mit 2 weit getrennten, durch eine Querfurche verbundenen Grübchen.

Flügeldecken oval, flach gewölbt, an ihrer Basis zusammen nur sehr wenig breiter als der Halsschild, fein und spärlich behaart, mit tiefer, außen von der Humeralfalte begrenzter Basalimpression.

Beine kurz, Schenkel ziemlich schwach verdickt.

Penis (Fig. 137a, b) aus einem von oben betrachtet länglichovalen Peniskörper und einem zungenförmigen Apex bestehend, dieser steil nach oben gebogen, die Ventralwand des Penis in Form eines gleichfalls zungenförmigen Operculums über das Ostium vorragend. Aus dem Ostium ragen zwei Chitinstachel nach hinten. Die Dorsalwand des Penis weist zwei stärker chitinisierte, nach hinten leicht divergierende Rippen, die Ventralwand eine bogenförmig an den Seiten nach hinten laufende quere Chitinrippe auf. Im distalen Teil des Penis befinden sich in dessen Innerem chitinöse Falten und Apophysen, die jedoch keine scharfe Begrenzung aufweisen. Die Parameren (in Fig. 137a abgebrochen) überragen die Basis des Apex penis nur wenig, sie tragen an ihrer Oberseite je 4 lange Tastborsten.

Es liegen mir im undeterminierten Material des South Austr. Museum 3 Exemplare (2 ♂♂, 1 ♀) dieser Art vor. Sie tragen die Fundortangabe: "Trapped by sticky seeds of *Pisonia brunoniana* Cairns distr.: F. P. Dodd." Die Type und eine Paratype sind im South Austr. Museum verwahrt, eine Paratype (♂) befindet sich in meiner Sammlung.

Subgenus *Maoria* Franz

Euconnus (Maoria) suturalis (Lea)

Lea, Proc. Roy. Soc. Victoria 27, 1915, p. 222—223 (*Phagonophana*)

Durch dichte, aufgerichtete Behaarung, seicht, aber dicht punktierte Flügeldecken, dicke Fühler mit querem 6. bis 9. Glied und durch fast parallelseitigen, seitlich vor den Hinterwinkeln gekanteten Halsschild gekennzeichnet.

Long. 2,10 bis 2,20 mm, lat. 0,90 mm. Rotbraun gefärbt, bräunlichgelb behaart.

Kopf von oben betrachtet länglichoval mit mäßig großen, aber halbkugelig vorragenden Augen und unscharf begrenzten Supraantennalhöckern, lang, an den Schläfen und am Hinterrand besonders dicht behaart. Fühler kräftig, allmählich zur Spitze verdickt, zurückgelegt die Halsschildbasis nicht ganz erreichend, ihr 1. Glied viel dicker als die folgenden, Glied 2 doppelt so lang wie breit, 3 bis 4 nahezu quadratisch, 6 schwach, 7 bis 10 immer stärker quer, das Endglied länger als die beiden vorhergehenden zusammengenommen.

Halsschild um ein Fünftel länger als breit, vor der Mitte etwas erweitert, von da zum Vorderrand stark verschmälert, vor der Basis parallelseitig und seitlich scharf gekantet, etwas breiter als der Kopf samt den Augen, dicht und struppig behaart, mit 2 großen, durch einen Längskiel getrennten Basalgrübchen.

Flügeldecken oval, an ihrer Basis nur so breit wie die Basis des Halsschildes, dicht und steif aufgerichtet behaart, mit breiter, außen von einer sehr kurzen Humeralfalte begrenzter Basalimpression und mit einer Längsfurche neben der Naht in der vorderen Hälfte ihrer Länge.

Beine ziemlich kurz, Schenkel schwach verdickt, Vorderschienen innen distal flach ausgerandet und mit steifen Haaren dicht besetzt.

Penis (Fig. 138) etwas mehr als doppelt so lang wie breit, in eine kurze Spitze auslaufend. Parameren diese nicht ganz erreichend, mit je 3 terminalen Tastborsten versehen. Im Penisinneren sind keine Chitindifferenzierungen vorhanden.

Es liegen mir 3 Exemplare dieser Art, die gemeinsam auf einem Karton montiert waren, aus der Sammlung des South Austr. Museums in Adelaide vor. An derselben Nadel befindet sich eine Etikette mit der Aufschrift "suturalis Lea Type Warratah". Die Tiere stammen demnach von Warratah in Tasmanien. In der Originaldiagnose ist der Mt. Wellington als locus typicus angeführt.

Euconnus (Maoria) crassipes (LEA)

LEA, Proc. Roy. Soc. Victoria 27, 1914, p. 225—226 (*Phagonophana*)

Durch hochgewölbten, länglichen Kopf mit an seinen Seiten tief herabgerückten kleinen, aber konvexen Augen, allmählich zur Spitze verdickte Fühler und eng beieinander stehende Hinterhüften als Vertreter des Subgenus *Maoria* gekennzeichnet.

Long. 1,80 bis 1,85 mm, lat. 0,65 bis 0,70 mm. Rotbraun gefärbt, gelblich behaart.

Kopf von oben betrachtet länglichoval, stark gewölbt, mit an den Seiten herabgerückten, kleinen, aber konvexen Augen, lang, oberseits ziemlich schütter, an den Schläfen dicht und bärtig behaart. Fühler allmählich zur Spitze verdickt, zurückgelegt die Halsschildbasis nicht ganz erreichend, ihre beiden ersten Glieder reichlich doppelt so lang wie breit, 3 so lang wie breit, 4 kaum merklich, 5 und die folgenden immer stärker quer, das 10. Glied 3mal so breit wie lang, das Endglied länger als die beiden vorhergehenden zusammengenommen.

Halsschild um ein Viertel länger als breit, vor der Mitte am breitesten und hier deutlich breiter als der Kopf, stark gewölbt, abstehend, an den Seiten dichter als auf der Scheibe behaart, vor der Basis mit 2 großen medialen und 2 kleinen lateralen Grübchen, die ersteren nur durch einen schmalen Kiel voneinander getrennt.

Flügeldecken langoval, an ihrer Basis nur so breit wie der Halsschild, ohne Schulterbeule und Schulterwinkel, mit tiefer, außen von einem sehr kurzen Humeralfältchen begrenzter Basalimpression, seicht und undeutlich punktiert, ziemlich schütter, abstehend behaart.

Beine mäßig lang, Schenkel schwach verdickt.

Penis (Fig. 139) eiförmig, Parameren die Penisspitze nicht erreichend, im Endteil nach innen gekrümmt, mit je einer starken, terminalen Tastborste versehen. Auf der Ventralseite des Penis befindet sich eine zur Spitze verbreiterte, in 2 Lappen endende, schwach chitinisierte Platte.

Es liegen mir 4 auf einem Karton präparierte Exemplare, von denen eines als Type bezeichnet ist, aus der Sammlung des South Austr. Museums in Adelaide vor. Die Tiere stammen von Hobart in Tasmanien, in der Originaldiagnose wird der Mt. Wellington als Fundort angegeben. Die Art wurde von LEA in Moos gefunden.

Euconnus (Maoria) clypeatus nov. spec.

Gekennzeichnet durch allmählich zur Spitze verdickte Fühler, kleinen, am Vorderrand der Stirn gegen den Clypeus stufig abfallenden Kopf, großen und breiten Clypeus, schräg hinter und unterhalb der Fühlerwurzeln gelegene, große Augen, kaum merklich gestreckten Halsschild mit 2 durch eine tiefe Querfurche verbundenen Basalgrübchen und scharfen Hinterecken, ovale, fein punktierte Flügeldecken mit großer Basalimpression und schräger Humeralfalte sowie lange, schlanke Beine.

Long. 1,90 mm, lat. 0,75 mm. Rotbraun gefärbt, lang, gelblich behaart.

Kopf sehr klein, von oben betrachtet bis zu dem stufig zum Clypeus abfallenden Vorderrand der Stirn annähernd quer-trapezförmig, der Clypeus breit, Augen groß, stark gewölbt, schräg hinter und unter der Fühlerwurzel gelegen, Stirn und Scheitel lang und schütter, Schläfen und Hinterkopf lang und dicht, abstehend behaart, Supraantennalhöcker deutlich. Fühler zurückgelegt die Halsschildbasis ein wenig überragend, mit großer, 5gliederiger Keule, ihr Basalglied dicker als die folgenden, Glied 2 doppelt so lang wie breit, 3 bis 6 leicht gestreckt, 7 fast so lang wie breit, 8 bis 10 zunehmend stärker quer, das Endglied eiförmig, nicht ganz so lang wie die beiden vorhergehenden zusammengenommen.

Halsschild ein wenig länger als breit, in der Längsmitte so breit wie der Kopf samt den Augen, zum Vorderrand und zur Basis gleich stark gerundet verengt, oberseits stark gewölbt, dicht, an den Seiten struppig behaart, vor der Basis mit 2 großen, durch eine tiefe Querfurche verbundenen Grübchen, mit scharfen Hinterwinkeln, vor diesen kurz gerandet.

Flügeldecken schon an ihrer Basis viel breiter als der Halsschild, seitlich stark gerundet, hoch gewölbt, vor ihrer Längsmitte am breitesten, spärlich, aber sehr lang und schräg abstehend behaart, seicht punktiert, mit breiter und tiefer, außen von einer schrägen Humeralfalte scharf begrenzter Basalimpression. Flügel voll entwickelt.

Beine lang und schlank, Schenkel schwach verdickt.

Penis (Fig. 140) gedrungen gebaut, mit von oben betrachtet länglichovalem Peniskörper und dreieckigem, in einer scharfen Spitze endendem, nach oben gebogenem Apex. Parameren sehr kurz, die Basis des Apex penis nicht überragend, distal verbreitert, zangenförmig, an ihrer Außenseite mit langen, innenseits mit kurzen Zähnchen besetzt. Im Penisinneren sind zwischen den Parameren unregelmäßige Chitinfalten sichtbar.

Es liegt mir nur ein Exemplar (♂) vor, das ich am 11. 9. 1970 im Rest eines Wine Scrub Raineforest bei Maipoton aus Waldstreu und morschem Holz siebte. Der Holotypus wird im South Australian Museum in Adelaide verwahrt.

Ich stelle die Art vorläufig zu *Maoria*, wo sie sich am ehestens angliedern läßt.

Euconnus (? Maoria) brisbanensis nov. spec.

Durch schlanke Gestalt, lange Fühler mit unscharf abgesetzter 4- bis 5gliederiger Keule, seitlich struppig behaarten, in der basalen Hälfte parallelseitigen Halsschild mit 2 weit voneinander entfernten Grübchen, lang und abstehend, aber schütter behaarte Flügeldecken mit seichter Basalimpression und schlanke Beine gekennzeichnet.

Long. 1,90 mm, lat. 0,85 mm. Rotbraun gefärbt, gelblich behaart.

Kopf von oben betrachtet so lang wie breit, mit seitlich stark vorragenden, etwas vor seiner Längsmitte stehenden Augen, die Stirnränder vor den Augen geradlinig, sich in etwa 45grädigem Winkel treffend, die Schläfen mit dem Hinterrand des Kopfes einen fast halbkreisförmigen Bogen bildend, Scheitel flach gewölbt, schütter, aber lang, die Schläfen etwas dichter, abstehend, aber ebenfalls fein behaart. Fühler zurückgelegt die Halsschildbasis beträchtlich überragend, mit sehr lockerer, 4- bis 5gliederiger Keule, alle Fühlerglieder länger als breit.

Halsschild nicht ganz so breit wie lang, vor der Mitte am breitesten, hinter dieser parallelseitig mit rechtwinkeligen Hinterecken und 2 kleinen, weit getrennten Basalgrübchen, allenthalben steif aufgerichtet, an den Seiten aber dichter als auf der Scheibe behaart. Scutellum nicht sichtbar.

Flügeldecken oval, querüber schwach gewölbt, an ihrer Basis nur wenig breiter als der Halsschild, mit breiter, unscharf begrenzter Basalimpression und flachem Schulterhöcker, schütter, aber lang und steif aufgerichtet behaart.

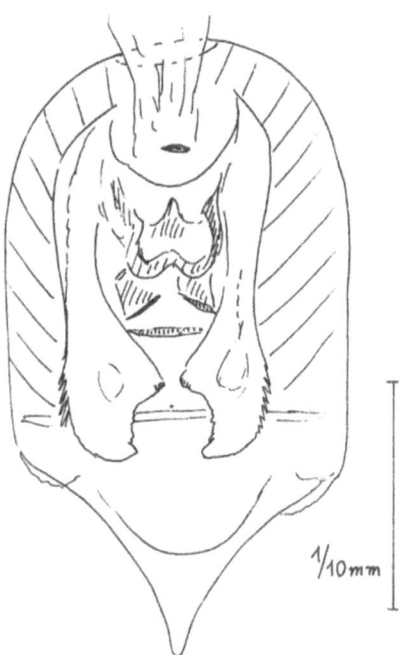

Fig. 140. *Euconnus (Maoria) clypeatus* Franz, Penis in Dorsalansicht.

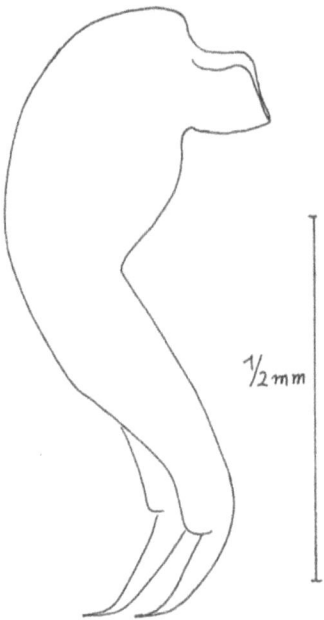

Fig. 141. *Euconnus (? Maoria) brisbanensis* Franz, Penis in Lateralansicht.

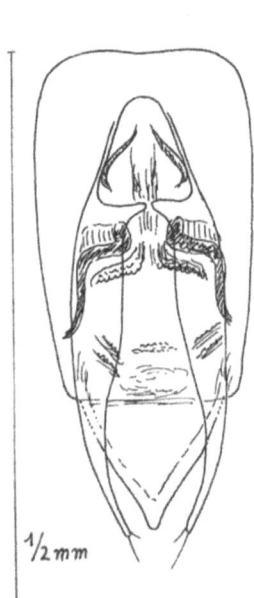

Fig. 142. *Euconnus (Allomaoria) moeratti* Franz, Penis in Dorsalansicht.

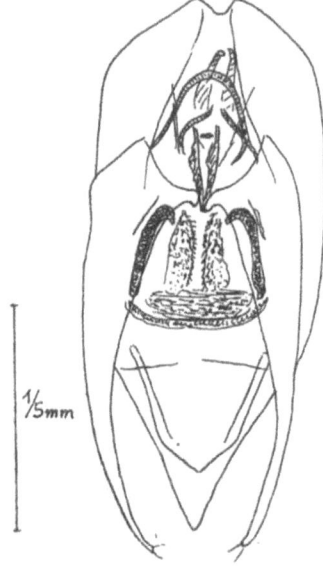

Fig. 143. *Euconnus (Allomaoria) paramoeratti* Franz, Penis in Dorsalansicht.

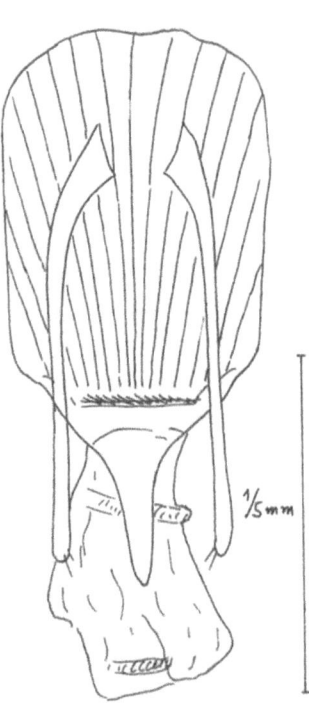

Fig. 144. *Euconnus (Allomaoria) parvicollis* (Lea), Penis in Dorsalansicht.

Beine schlank, Schenkel mäßig verdickt, Schienen gerade, die Vorderschienen innen distal ausgeschnitten und mit einer Haarbürste versehen.

Penis (Fig. 141) sehr voluminös, mit langem, in seiner basalen Hälfte steil nach oben gebogenem, in der distalen Hälfte wieder zurückgebogenem, tief in zwei Spitzen gestaltenem Apex. Parameren fehlend.

Es liegt mir nur ein Exemplar (♂) vor, das ich in Upper Brookfield am Stadtrand von Brisbane in einem trockenen Wald mit einigen *Araucaria cunninghami* aus Waldstreu siebte. Der Holotypus ist im South Australian Museum in Adelaide verwahrt.

Die Art läßt sich keinem Subgenus zwanglos zuordnen, ich stelle sie vorläufig zu *Maoria*, wo sie sich noch am ehesten anschließen läßt.

Subgenus *Allomaoria* FRANZ

Euconnus (Allomaoria) moeratti nov. spec.

Durch allmählich zur Spitze verdickte, kräftige Fühler, flach gewölbten Kopf, seitlich eingeschnürten Halsschild mit vor der Basis gerandeten Seiten und eng beieinanderstehende Hinterhüften als zum Subgenus *Allomaoria* gehörig gekennzeichnet.

Long. 2,00 mm, lat. 0,80 mm. Rotbraun gefärbt, gelblich behaart.

Kopf von oben betrachtet etwas breiter als lang, mit nahezu parallelen, dicht und steif behaarten Schläfen, Stirn und Scheitel glatt, flach gewölbt, sehr schütter behaart, Supraantennalhöcker schwach markiert. Fühler dick, zurückgelegt die Halsschildbasis überragend, ihr Basalglied doppelt, das 2. eineinhalbmal so lang wie breit, 3 bis 6 annähernd isodiametrisch, 7 schwach, 8 bis 10 stark quer, das eiförmige Endglied länger als die beiden vorhergehenden zusammengenommen.

Halsschild so lang wie breit, etwas vor seiner Längsmitte am breitesten und hier so breit wie der Kopf samt den Augen, auf der Scheibe glatt und schütter, an den Seiten dicht und struppig behaart, hinter der Mitte seitlich eingeschnürt, mit vor den Hinterwinkeln gerandeten Seiten, vor der Basis mit 2 durch einen Längskiel getrennten Grübchen.

Flügeldecken oval, an ihrer Basis nur wenig breiter als der Halsschild, mäßig dicht aber lang behaart, mit einer außen von einer geraden Humeralfalte scharf begrenzten Basalimpression.

Beine mäßig lang, Schenkel schwach verdickt, Schienen sehr schwach einwärts gekrümmt, die der Vorder- und Mittelbeine distal innen sehr flach ausgeschnitten und im Ausschnitt dichter behaart.

Penis (Fig. 142) mit deutlich abgesetztem dreieckigem Apex und ebenfalls in Dreiecksform über das Ostium vorspringender Ventralwand des Penis. Parameren schwach chitinisiert, die Penisspitze ein wenig überragend, an ihrer Basis breit, distal stark verschmälert, am Ende mit je 2 Tastborsten versehen. Im Penisinneren sind 2 Paare stärker chitinisierter Falten der Präputialsackwand erkennbar. Das vordere Paar liegt unterhalb der Basalöffnung des Penis, das 2. Paar ungefähr in der Längsmitte. Hinter diesem liegt ein Paar mit Zahnleisten versehener Chitinfalten, noch weiter hinten sind symmetrisch zur Sagittalebene weitere Zahnleisten vorhanden.

Es liegt mir nur ein Exemplar (♂) vor, das mit der Sammlung SHARPS an das British Museum gelangt ist. Es trägt einen Namenszettel mit dem handschriftlichen Text „*Phagonophana moeratti* n. sp.". Ich habe den offenbar von SHARP selbst in litteris gegebenen Namen beibehalten. Der Holotypus trägt leider keine Patriaangabe, er stammt sehr wahrscheinlich wie *E. paramoeratti* aus dem australischen Bundesstaat Victoria.

Euconnus (Allomaoria) paramoeratti nov. spec.

Dem *E. moeratti* m. so ähnlich, daß es genügt, die wenigen Unterschiede anzugeben.

Kopf etwas weniger stark quer, Fühler etwas gestreckter, ihr 2. Glied doppelt so lang wie breit, das 3. sehr deutlich, das 4. und 5. eben merklich länger als breit, das 6. und 7. quadratisch, 8 bis 10 schwach quer. Halsschild, Flügeldecken und Beine wie bei der Vergleichsart gebildet.

Penis (Fig. 143) ebenso wie die Parameren wie bei *E. moeratti* gebildet, Chitindifferenzierungen im Penisinneren jedoch trotz großer Ähnlichkeit verschieden. Im basalen Drittel des Penis befindet sich symmetrisch zur Sagittalebene eine glockenförmig nach hinten divergierende Chitinleiste, hinter und innerhalb derselben befinden sich etwa spiegelbildlich zur Sagittalebene zwei s-förmig gebogene Leisten, die auch bei *E. moeratti* in ähnlicher Form vorhanden sind. Vor und unter der glockenförmigen Leiste liegen 2 schwach chitinisierte stabförmige Gebilde, die am Vorderrand schwach hakenförmig nach innen umgebogen sind. Hinter und innerhalb der Enden der glockenförmigen Leiste liegt ein v-förmige Leiste, deren Enden nach vorne gerichtet sind. Hinter der v-förmigen Leiste befinden sich zu beiden Seiten der Sagittalebene zwei mit feinen Zähnchen besetzte Wülste der Präputialsackwand und lateral von diesen zwei stark chitinisierte, am Vorderrande hakenförmig nach innen gekrümmte Stäbe. An das Hinterende der mit Chitinzähnchen besetzten Wülste schließt sich quer zur Penisachse gestellt, ein schalenförmiger Chitinkörper an, woran hinten eine stark chitinisierte Querfalte eng angeschlossen ist. Der Apex penis ist spitzwinkelig dreieckig, unter ihm ist ein in der Anlage spitzwinkelig dreieckiges, im Endabschnitt aber beiderseits stumpfwinkelig abgeschrägtes Operculum sichtbar.

Von der neuen Art liegt in den mir undeterminiert übergebenen Beständen des British Museum 1 ♂ (der Holotypus) vor. Er stammt aus der Sammlung SHARPS und trägt einen handschriftlichen Patriazettel mit dem Text "Wedderburn, Levis". Wedderburn liegt nordöstlich der Stadt Bendigo in Victoria.

Euconnus (Allomaoria) pedunculatus (LEA)

LEA, Proc. Roy. Soc. Victoria 27, 1914, p. 226—227 (*Phagonophana*)

Gekennzeichnet durch querrundlichen Kopf mit großen, flach gewölbten Augen, länglichen, seitlich schwach gerundeten Halsschild mit 4 durch eine Querfurche verbundenen Basalgrübchen, langovale Flügeldecken mit kleiner, außen von einem kurzen Humeralfältchen begrenzter Basalimpression und einander berührende Hinterhüften.

Long. 1,75 bis 1,80 mm, lat. 0,70 bis 0,75 mm. Rotbraun gefärbt, gelblich behaart.

Kopf von oben betrachtet rundlich, mit den großen, flach gewölbten Augen ein wenig breiter als lang, flach gewölbt, oberseits schütter, an den Schläfen und am Hinterkopf dicht und steif abstehend behaart. Fühler zurückgelegt die Halsschildbasis ein wenig überragend, mit 5 größeren letzten Gliedern, ihr 2. Glied reichlich doppelt so lang wie breit, 3 bis 7 leicht gestreckt, 8 annähernd kugelig, 9 kaum merklich, 10 deutlich quer, das eiförmige Endglied ein wenig kürzer als die beiden vorletzten zusammengenommen.

Halsschild etwas länger als breit, im vorderen Drittel seiner Länge am breitesten und hier kaum merklich breiter als der Kopf samt den Augen, seitlich eingeschnürt und stark gewölbt, aber seitlich schwach gerundet, vor der Basis mit 4 durch eine Querfurche verbundenen Grübchen.

Flügeldecken langoval, mäßig gewölbt, an ihrer Basis etwas breiter als die Halsschildbasis, mit breiter, außen von einer flachen Humeralfalte begrenzten Basalimpression, sehr seicht punktiert und schräg abstehend behaart.

Beine ziemlich schlank, Schenkel schwach verdickt, Hinterhüften einander berührend.

Es liegen mir aus der Sammlung des South Austr. Museums in Adelaide 2 Exemplare, darunter der Holotypus zur Untersuchung vor. Leider sind beide Exemplare ♀♀. Sie waren gemeinsam auf einem Karton präpariert und trugen die Patriaangabe Clarence-River. In der Originaldiagnose ist angegeben "N. S. Wales: Sydney, Clarence River".

Euconnus (Allomaoria) parvicollis (LEA)

LEA, Proc. Roy. Soc. Victoria 27, 1914, p. 227 (*Phagonophana*)

Gekennzeichnet durch kleinen, von oben betrachtet rundlichen Kopf, allmählich zur Spitze verdickte Fühler, sehr kleinen, vor der Basis eingeschnürten Halsschild mit 4 Basalgrübchen, sehr breite, kurzovale Flügeldecken mit dichter, aber seichter Punktierung und einander berührende Hinterhüften.

Long. 1,20 bis 1,70 mm, lat. 0,70 bis 0,80 mm. Rotbraun gefärbt, gelblich behaart.

Kopf von oben betrachtet rundlich, mit den großen, flach gewölbten Augen ein wenig breiter als lang, flach gewölbt, mit flachen Supraantennalhöckern, lang, auf Stirn und Scheitel schütter, an den Schläfen dicht und steif abstehend behaart. Fühler allmählich zur Spitze verdickt, zurückgelegt die Halsschildbasis weit überragend, ihr Basalglied dick und kurz, 2 und 3 etwas länger als breit, 4 bis 7 quadratisch, 8 bis 10 schwach quer, das Endglied wesentlich kürzer als die beiden vorhergehenden zusammengenommen.

Halsschild sehr klein, nur so breit wie der Kopf samt den Augen und nur so lang wie breit, vor der Basis seitlich eingeschnürt, mit 4 Basalgrübchen, die mittleren nur durch einen Längskiel getrennt, auf der Scheibe schütter, an den Seiten dichter behaart.

Flügeldecken kurzoval, fast dreimal so breit wie der Halsschild, grob und dicht, aber seicht punktiert, abstehend behaart, mit breiter, außen von einer flachen Humeralfalte begrenzter Basalimpression.

Beine ziemlich lang, Schenkel keulenförmig verdickt, Hinterhüften einander berührend.

Penis (Fig. 144) mit länglichem Peniskörper und langem, schmalem, am Ende spitzem Apex. Parameren stabförmig, am Ende mit je 2 Tastborsten versehen, mit dem Peniskörper an ihrer Basis nur in loser Verbindung stehend, ein Chitinrahmen um die Basalöffnung des Penis fehlend. Präputialsack im Inneren mit feinen Zähnchen besetzt, scharf begrenzte Chitindifferenzierungen im Penisinneren fehlend.

Es liegen mir aus der Sammlung des South Austr. Museums in Adelaide 2 sehr ungleich große Exemplare vor, von denen das größere als Type bezeichnet ist. Die Tiere tragen die Patriaangabe Sydney. In der Originaldiagnose ist angegeben: "N. S. Wales: Sydney, Ourimba".

Euconnus (Allomaoria) warrenicola nov. spec.

Sehr ausgezeichnet durch dichtbehaarte Seiten des Kopfes und Halsschildes, mäßig lange Fühler mit unscharf abgesetzter, 3- bis 4gliederiger Keule, den Besitz von 4 Grübchen vor der Halsschildbasis und vor den Hinterwinkeln gekantete Seiten desselben, langovale Flügeldecken mit großer und tiefer Basalimpression, stark verdickte Vorderschenkel und die Penisform.

Long. 1,10 mm, lat. 0,40 mm. Hell rotbraun gefärbt, gelblich behaart.

Kopf von oben betrachtet rundlich, so lang wie breit, die dichte und steife Behaarung der Schläfen eine trapezförmige, nach hinten breiter werdende Kopfform vortäuschend, Stirn und Scheitel mäßig dicht behaart, gemeinsam ziemlich stark gewölbt, Supraantennalhöcker flach. Fühler zurückgelegt die Halsschildbasis knapp erreichend, ihr Basalglied kurz, das 2. nicht ganz doppelt so lang wie breit, 3 bis 6 kugelig bis leicht gestreckt, 8 etwas kürzer, aber etwas breiter als 7, 9 um die Hälfte breiter als 8, schwach, 10 stärker quer, das eiförmige Endglied etwas kürzer als die beiden vorhergehenden zusammengenommen.

Halsschild etwas länger als breit, fast parallelseitig, so breit wie der Kopf, oberseits mäßig dicht, an den Seiten sehr dicht und struppig behaart, vor der Basis mit 4 Grübchen, die Seiten vor den Hinterwinkeln scharf gekantet.

Flügeldecken oval, flach gewölbt, schon an ihrer Basis breiter als der Halsschild, mit tiefer, außen von einem sehr kurzen Humeralfältchen begrenzter Basalimpression, mäßig dicht, schräg abstehend behaart.

Beine kurz, Vorderschenkel viel stärker verdickt als die der Mittel- und Hinterbeine.

Penis (Fig. 145) dünnhäutig mit schwach abgesetztem, parallelseitigem Apex, dieser beiderseits in einem dreieckigen Zahn endend. Parameren plump, leicht s-förmig geschwungen, das Penisende beinahe erreichend, im Spitzenbereich mit 2 stumpfen, schwach chitinisierten Zapfen. Aus dem Ostium penis ist in Fig. 145 der Präputialsack ausgestülpt, er ist dünnhäutig und stellenweise mit feinen Chitinzähnchen besetzt. Das ausgestülpte Basalende trägt eine Reihe starker Stachel.

Es liegt mir nur ein Exemplar (♂) vor, das ich am 21. 9. 1970 im Warren National Park südlich von Pemberton im äußersten SW von Westaustralien aus Laubstreu und Moos eines alten Waldbestandes siebte. Der Holotypus wird im South Austr. Museum in Adelaide aufbewahrt.

Euconnus (Allomaoria) quinarius nov. spec.

Sehr ausgezeichnet durch ziemlich scharf abgesetzte, 5gliederige Fühlerkeule, rundlichen Kopf, annähernd quadratischen Halsschild mit 2 seichten Basalgrübchen, stark punktierte Flügeldecken mit seichter Basalimpression und sehr kurzer Humeralfalte sowie lange, an den Schläfen, am Hinterkopf und an den Halsschildseiten struppig abstehende Behaarung.

Long. 1,30 mm, lat. 0,50 mm. Hell rotbraun gefärbt, gelblich behaart.

Kopf von oben betrachtet rundlich, kaum merklich breiter als lang, mit etwas vor seiner Längsmitte stehenden, seitlich schwach vorgewölbten Augen, oberseits sehr flach gewölbt, mit großen Supraantennalhöckern, am Hinterkopf und an den Schläfen lang und dicht, steif abstehend behaart. Fühler zurückgelegt die Halsschildbasis knapp erreichend, mit ziemlich scharf abgesetzter, 5gliederiger Keule, ihre beiden ersten Glieder etwas länger als breit, 3 bis 6 klein, isodiametrisch bis schwach quer, 7 doppelt so breit wie 6, 8 noch breiter, beide sowie auch 9 und 10 beträchtlich breiter als lang, das Endglied viel kürzer als die beiden vorhergehenden zusammengenommen.

Halsschild annähernd so breit wie lang, oberseits schütter, seitlich dicht und lang, abstehend behaart, in der Mitte vor der Basis mit flachem, nach vorne verebnendem Kiel, und beiderseits desselben mit einem seichten Grübchen, die Seiten sehr schwach gerundet.

Flügeldecken kurzoval, schon an ihrer Basis bedeutend breiter als der Halsschild, mit sehr flacher, seitlich von einer kurzen Humeralfalte begrenzter Basalimpression, grob punktiert und nach hinten gerichtet behaart.

Beine kurz, Schenkel mäßig verdickt, Hinterhüften einander berührend.

Penis (Fig. 146a, b) dünnhäutig, mit schmaler Spitze, Parameren diese nicht ganz erreichend, zur Spitze verbreitert, an dieser quer abgestutzt, an den beiden dadurch entstehenden Ecken mit je einer langen, dazwischen mit einer kurzen Tastborste. Im Inneren des Penis ist der dicht mit Haaren besetzte Präputialsack sichtbar, von dem 2 lappenförmige Chitingebilde gegen das Ostium vorspringen.

Es liegen mir zwei Exemplare (♂♂) vor, die ich am 11. 9. 1970 in einem Wald östlich von Palmwoods nördlich Brisbane aus Laubstreu und morschem Holz siebte. Der Holotypus wird im South Austr. Museum in Adelaide verwahrt, die Paratype in meiner Sammlung.

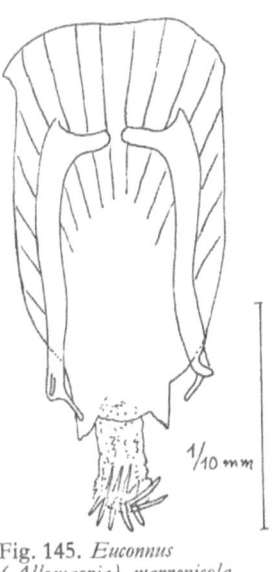

Fig. 145. *Euconnus (Allomaoria) warrenicola* Franz, Penis in Dorsalansicht.

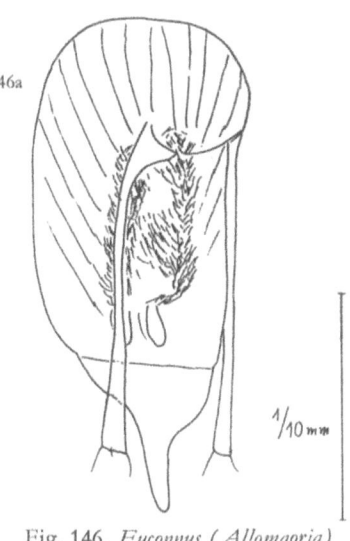 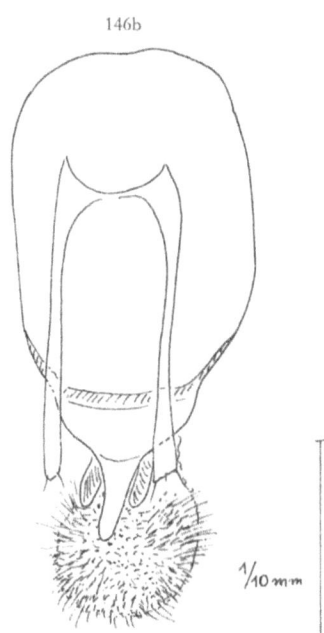

Fig. 146. *Euconnus (Allomaoria) quinarius* Franz, Penis a) in Dorsalansicht, b) in Dorsalansicht mit ausgestülptem Präputialsack.

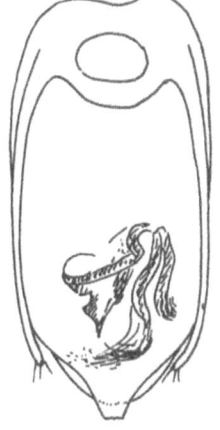

Fig. 147. *Euconnus (Allomaoria) blackburni* Franz, Penis in Dorsalansicht.

Fig. 149. *Euconnus (Allomaoria) colobospis* (Lea), Penis in Dorsalansicht.

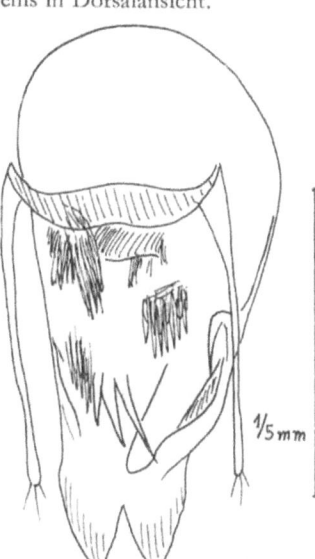

Fig. 148. *Euconnus (Allomaoria) depressus* (Lea), Penis in Dorsalansicht.

Euconnus (Allomaoria) hirticeps (Lea)

Lea, Proc. Roy. Soc. Victoria 27 (N. S.), 1964, p. 224—225 (*Phagonophana*)

Von dieser Art liegt mir nur der Holotypus vor, ein ♀, das einen Zettel trägt mit dem Text: "*hirticeps* Lea Type Southport." und in der Sammlung des South Austr. Museums in Adelaide aufgewahrt wird.

E. hirticeps steht dem *E. suturalis* (Lea) sehr nahe, unterscheidet sich von ihm aber durch größeren, von oben betrachtet kreisrunden Kopf, etwas gestrecktere Fühler und nicht ganz so dichte Behaarung.

Long. 2,30 mm, lat. 0,90 mm. Rotbraun gefärbt, bräunlich behaart.

Kopf von oben betrachtet fast kreisrund, flach gewölbt, groß, mit kaum vorstehenden Augen, dicht behaart. Fühler kräftig, allmählich zur Spitze verdickt, zurückgelegt die Halsschildbasis nicht ganz erreichend. Ihre beiden ersten Glieder doppelt so lang wie breit, 3 bis 6 quadratisch bis leicht gestreckt, 7 bis 10 schwach quer, das eiförmige Endglied breiter als die vorhergehenden und länger als 9 und 10 zusammengenommen.

Halsschild nicht breiter als der Kopf, fast so breit wie lang, vor der Längsmitte am breitesten, vor der Basis mit 2 durch einen Längskiel getrennten Grübchen.

Flügeldecken oval, gestreckter als bei *E. suturalis*, schütterer behaart, mit wesentlich kleinerer Basalimpression und sehr kurzer Humeralfalte, an ihrer Basis nur so breit wie die Basis des Halsschildes.

Beine ähnlich gebildet wie bei *E. suturalis*, Vorderschienen innen flach ausgeschnitten und mit einem dichten Haarfilz versehen.

♂ noch unbekannt.

Euconnus (Allomaoria) blackburni nov. spec.

Gekennzeichnet durch ziemlich lange Fühler mit schwach abgesetzter, 4gliederiger Keule, sehr stark queren, von oben betrachtet ovalen Kopf mit großen Augen und bärtig behaarten Schläfen, länglichen, vor seiner Längsmitte die größte Breite erreichenden, vor der Basis seitlich gekielten Halsschild mit in der Mitte kielförmig unterbrochener Querfurche und schütter behaarte Flügeldecken mit breiter Basalimpression und hoch emporgewölbter Humeralfalte.

Long. 1,45 mm, lat. 0,63 mm. Rotbraun gefärbt, mit Ausnahme der Schläfen und Halsschildseiten schütter, gelblich behaart.

Kopf von oben betrachtet queroval, um die Hälfte breiter als lang, flach gewölbt, mit großen, seitlich vorstehenden Augen, bärtig behaarten Schläfen und großen Supraantennalhöckern. Fühler zurückgelegt die Halsschildbasis erreichend, mit wenig scharf abgesetzter, 4gliederiger Keule, ihr 2. Glied mehr als doppelt so lang wie breit, 3 bis 6 leicht gestreckt, 7 um die Hälfte länger als breit, 8 nicht einmal um die Hälfte breiter als 7, länger als breit, 9 und 10 isodiametrisch, das Endglied so lang wie die beiden vorhergehenden zusammengenommen.

Halsschild etwas länger als breit, vor seiner Längsmitte am breitesten, im basalen Drittel seitlich eingeschnürt mit scharfen Hinterecken, vor diesen gerandet, glatt und glänzend, seitlich struppig behaart, vor der Basis mit einer in der Mitte durch einen Längskiel unterbrochenen Querfurche. Scutellum klein.

Flügeldecken oval, schon an ihrer Basis etwas breiter als die Halsschildbasis, grob, aber sehr leicht punktiert, spärlich und kurz behaart, mit breiter, außen von einer schrägen, hoch erhobenen Humeralfalte begrenzter Basalimpression.

Beine ziemlich schlank, Hinterhüften weit getrennt.

Penis (Fig. 147) von oben betrachtet annähernd oval, mit am Ende abgestutzter Spitze, Parameren schlank, am Ende leicht zur Mitte gekrümmt, mit je 3 kurzen Tastborsten versehen. Im Penisinneren befinden sich hinter der Mitte unregelmäßig geformte Chitinfalten, von denen eine von hinten betrachtet rechts der Mitte gelegen ist und in einem Bündel feiner Stachelhaare endet.

Es liegt mir aus den undeterminierten Beständen des South Austr. Museum ein Exemplar dieser Art (♂) vor, das in Blackburn in den Viktorianer Alpen gefunden wurde. Der Holotypus wird im South Australian Museum verwahrt.

Euconnus (Allomaoria) depressus (LEA)

LEA, Proc. Roy. Soc. Victoria (N. S.) 27, 1914, 217 (*Scydmaenus*)

Durch querovalen Kopf mit bärtig behaarten Schläfen, seitlich vor der Basis gekanteten Halsschild mit 2 großen Basalgrübchen und scharf markierten Nahtstreifen der Flügeldecken gekennzeichnet.

Long. 1,30 mm, lat. 0,50 mm. Rotbraun gefärbt, fein gelblich behaart.

Kopf klein, von oben betrachtet viel breiter als lang, mit großen Augen und bärtig behaarten Schläfen. Fühler kurz, zurückgelegt knapp die Halsschildbasis erreichend, mit großer, 4gliederiger Keule, ihr Basalglied kurz, das 2. knapp doppelt so lang wie breit, 3 bis 6 annähernd isodiametrisch, 7 breiter als lang, 8 nicht ganz doppelt so breit wie 7, schwach, 9 und 10 etwas stärker quer, das Endglied groß, so lang wie die beiden vorhergehenden zusammengenommen.

Halsschild ebenfalls klein, so lang wie breit, vor seiner Längsmitte am breitesten und hier ein wenig breiter als der Kopf samt den Augen, mäßig gewölbt, fein, an den Seiten aber gröber und steif abstehend behaart, vor der Basis seitlich gekantet, mit 2 großen Basalgrübchen versehen. Scutellum klein.

Flügeldecken langoval, schon an ihrer Basis viel breiter als der Halsschild, mit tiefer, außen von einer schrägen Humeralfalte begrenzter Basalimpression, der ganzen Länge nach mit kielförmigem Nahtstreifen, dieser vorn gegen die Naht konvergierend. Flügel voll entwickelt.

Beine kurz, aber ziemlich schlank, Schenkel schwach, die der Vorderbeine etwas stärker verdickt.

Penis (Fig. 148) mit zweispitzigem Apex und dünnen, das Penisende nicht erreichenden, je 3 Tastborsten tragenden Parameren. Im Penisinneren sind zahlreiche Chitinstachel und von oben und hinten betrachtet rechts vor dem Ostium ein großer, stumpfer Chitinzahn vorhanden.

Ich stelle die Art mit Vorbehalt in das Subgenus *Allomaoria*, da sie an dieses noch am ehesten angeschlossen werden kann.

Es liegt mir der im South Austr. Museum in Adelaide verwahrte Holotypus vor, der mit 3 anderen Exemplaren auf einem Karton präpariert ist und die Patriaangabe Adelaide trägt. Von 5 weiteren Paratypen gehört eine einer anderen Art an. Das British Museum besitzt 2 Paratypen mit der Fundortangabe S. Australia.

Euconnus (Allomaoria) colobopsis (LEA)

LEA, Proc. Roy. Soc. Victoria 23, 1910, p. 181—182 (*Scydmaenus*)

Mit *E. depressus* (LEA) verwandt, aber gestreckter, der Kopf stärker quer, die Flügeldecken schmäler, seitlich stärker gerundet. Gekennzeichnet durch querovalen Kopf mit großen Augen und bärtig behaarten Schläfen, kaum merklich gestreckten Halsschild mit struppiger Behaarung der Seiten und 2 durch eine Querfurche verbundenen Grübchen sowie länglichovale Flügeldecken mit schräger Humeralfalte.

Long. 1,40 mm, lat. 0,60 bis 0,65 mm. Rötlichbraun gefärbt, bräunlichgelb behaart.

Kopf von oben betrachtet queroval, viel breiter als lang, mit großen, die halbe Kopflänge einnehmenden Augen und bärtig behaarten Schläfen. Fühler zurückgelegt die Halsschildbasis erreichend, mit langer, mäßig scharf abgesetzter, 4gliederiger Keule, Glied 2 mehr als doppelt so lang wie breit, 3 bis 7 leicht gestreckt, 8 bis 10 kaum merklich quer, das eiförmige Endglied länger als die beiden vorhergehenden zusammengenommen.

Halsschild kaum merklich länger als breit, so breit wie der Kopf samt den Augen, seitlich schwach gerundet, mäßig gewölbt, lang, an den Seiten struppig behaart, vor der Basis mit 2 durch eine Querfurche verbundenen Grübchen.

Flügeldecken länglichoval, schon an ihrer Basis breiter als der Halsschild, flach gewölbt, seitlich schwach gerundet, fein und zerstreut punktiert, ziemlich lang, aber schütter behaart, mit flacher, außen von einer langen Humeralfalte begrenzter Basalimpression.

Beine mäßig lang, Vorderschenkel viel stärker verdickt als die der Mittel- und Hinterbeine.

Penis (Fig. 149) im Bau dem des *E. depressus* (LEA) ähnlich, aber der Peniskörper gedrungener gebaut, mit anderen Chitindifferenzierungen im Präputialsack. Diese bestehen aus 3 Gruppen von Chitinstacheln, von denen 2 etwa in der Längsmitte des Penis nebeneinander stehen, während die 3. von der von oben und hinten besehen rechten der beiden Gruppen schwanzartig nach hinten verläuft. Vor den beiden erstgenannten Stachelgruppen befindet sich eine quergelagerte Chitinleiste. Der Apex penis ist zweispitzig. Die Parameren sind dünn und erreichen die Penisspitze nicht ganz, sie besitzen an ihrem Ende je 3 Tastborsten.

Es liegen mir 8 Exemplare dieser Art, darunter der Holotypus, aus der Sammlung des South Austr. Museums vor. Der Holotypus stammt von Swansea im Osten Tasmaniens. Ein Exemplar wurde nach Angabe des Autors in einem Nest von *Colobopsis gasseri* gefunden, die Untersuchung dieses Tieres ergab, daß es einer anderen, noch unbeschriebenen Art angehört, die ich anschließend als *E. paracolobopsis* m. beschreibe.

Auch *E. colobopsis* stelle ich nur mit Vorbehalt in das Subgenus *Allomaoria*.

Euconnus (Allomaoria) buffaloensis nov. spec.

Gekennzeichnet durch lange Fühler mit unscharf abgesetzter, 4gliederiger Keule, oberseits flach gewölbten Kopf mit bärtig behaarten Schläfen, herzförmigen Halsschild mit tiefer Querfurche vor der Basis und ziemlich flach gewölbte Flügeldecken mit breiter, außen von der Schulterbeule begrenzter Basalimpression.

Long. 1,50 mm, lat. 0,65 mm. Rotbraun gefärbt, am Kopf und an den Halsschildseiten bräunlich, sonst gelblich behaart.

Kopf von oben betrachtet rundlich, fast so lang wie breit, mit ziemlich großen, seitlich etwas vorgewölbten Augen, an den Schläfen und am Hinterrand dicht und struppig behaart, oberseits flach, nur die Supraantennalhöcker emporgewölbt. Fühler lang und schlank, zurückgelegt die Halsschildbasis beträchtlich überragend, alle Geißelglieder gestreckt, das 2. 3mal so lang wie breit, Glied 8 bis 10 annähernd quadratisch, das Endglied sehr lang, länger als die beiden vorhergehenden zusammengenommen.

Halsschild herzförmig, so lang wie breit, oberseits sehr flach gewölbt, glänzend, schütter, an den Seiten dicht und struppig behaart, mit kantigen Seitenrändern, vor der Basis mit einer tiefen Querfurche.

Flügeldecken oval, schon an ihrer Basis etwas breiter als der Halsschild, glänzend, schütter, aber lang, schräg aufgerichtet behaart, flach gewölbt, mit breiter, außen vom Schulterhöcker begrenzter Basalimpression.

Beine schlank, Vorderschenkel etwas stärker verdickt als die der Mittel- und Hinterbeine.

Penis (Fig. 150) etwa doppelt so lang wie breit, allmählich zu einer dreieckigen, am Ende schmal abgestutzten Spitze verschmälert, Parameren diese nicht ganz erreichend, dünn, im Spitzenbereich mit mehreren Tastborsten versehen. Im Penisinneren sind mehrere chitinöse Falten, Leisten und Wülste der Präputialsackwand erkennbar. Eine schwach chitinisierte, annähernd sichelförmige Leiste befindet sich etwa in der Längsmitte des Penis, eine hakenförmig gekrümmte rechts hinter dieser, die letztere trägt in ihrem distalen Teil eine Reihe von Borsten, ein schräg nach rechts hinten gerichteter Wulst ist dicht mit Borsten bekleidet.

Es liegt mir nur ein Exemplar (♂) vor, das von O. H. Swezey am Mt. Buffalo in Victoria gesammelt wurde. Der Holotypus wird im Bernice Bishop Museum verwahrt.

Ich stelle die Art mit Vorbehalt in das Subgenus *Allomaoria*.

Euconnus (Allomaoria) bryanti nov. spec.

Gekennzeichnet durch rundlichen, ziemlich kleinen Kopf mit dicht, bärtig behaarten Schläfen und flach gewölbten Augen, allmählich zur Spitze verdickte Fühler, schmalen, in der basalen Hälfte parallelen Halsschild mit scharfen Hinterecken und mit struppig behaarten Seiten. Fühler allmählich zur Spitze verdickt. Die Art hat schmal getrennte Hinterhüften und eine deutliche, außen von einer schrägen Humeralfalte begrenzte Basalimpression.

Long. 1,60 mm, lat. 0,70 mm. Rotbraun, Kopf und Halsschild etwas dunkler als der übrige Körper gefärbt, Kopf und Halsschild bräunlich behaart.

Kopf von oben betrachtet fast kreisrund, mit flach gewölbten Augen und sehr dicht, bärtig behaarten Schläfen. Fühler allmählich zur Spitze verdickt, zurückgelegt die Halsschildbasis überragend, ihre beiden ersten Glieder nicht ganz doppelt so lang wie breit, 3 bis 6 annähernd quadratisch, 7 bis 10 schwach quer, das Endglied kürzer als die beiden vorhergehenden zusammengenommen.

Halsschild in der basalen Hälfte parallelseitig, in der distalen konisch, kaum breiter als der Kopf samt den Augen, ein wenig länger als breit, an den Seiten struppig behaart, vor der Basis mit 2 Grübchen, mit scharfen Hinterecken.

Flügeldecken schon an ihrer Basis breiter als der Halsschild, oval, nahezu kahl, stark glänzend, mit ziemlich flacher, außen von einer schrägen Humeralfalte begrenzten Basalimpression. Flügel verkümmert.

Beine ziemlich lang, Vorder- und Mittelschenkel stark, Hinterschenkel schwach verdickt, Vorderschienen des ♂ innen distal flach ausgeschnitten, im Ausschnitt mit einem Haarfilz versehen. Hinterhüften schmal getrennt.

Penis (Fig. 151) gedrungen gebaut, stark nach oben gekrümmt, mit breiten, ebenfalls nach oben gekrümmten Parameren, die am Ende eine sehr kräftige Borste tragen. Im Penisinneren sind unscharf begrenzte Chitinapophysen und -falten erkennbar.

Es liegt mir aus undeterminiertem Material des British Museums ein ♂ dieser Art vor, das G. Bryant am 17. 9. 1908 in Sidney, wohl in der Umgebung der Stadt gesammelt hat. Der Holotypus wird im British Museum verwahrt.

Subgenus *Anthicimorphus* m.

Das Subgenus *Anthicimorphus* wurde von mir auf *Euconnus*-Arten aufgestellt, die durch gestreckte, flache, anthicidenähnliche Gestalt, meist fadenförmige oder allmählich zur Spitze verdickte Fühler, flachen querovalen bis kreisrunden Kopf und häufig lange und schlanke Beine gekennzeichnet sind. Der von Lea als *Phagonophana anthicoides* beschriebene *Euconnus* weicht zwar durch andere Kopfform und stärkere Behaarung des Körpers von den madagassischen *Anthicimorphus*-Arten ab, erinnert aber auch im Bau des männlichen Kopulationsapparates an diese, so daß ich ihn in das Subgenus *Anthicimorphus* einreihe.

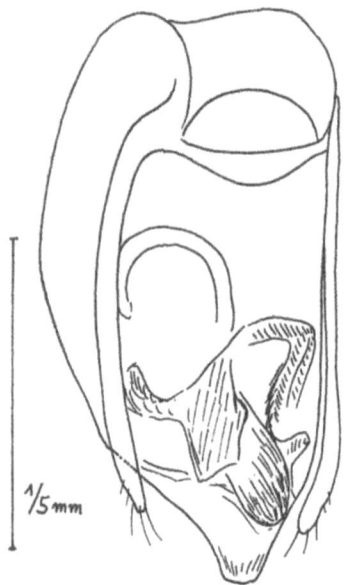

Fig. 150. *Euconnus (Allomaoria) buffaloensis* Franz, Penis in Dorsalansicht.

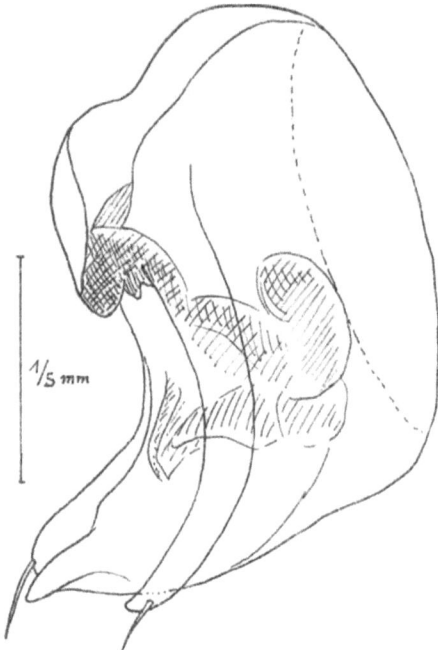

Fig. 151. *Euconnus (Allomaoria) bryanti* Franz, Penis in Lateralansicht.

Fig. 152. *Euconnus (Anthicimorphus) anthicoides* Franz, Penis in Dorsalansicht.

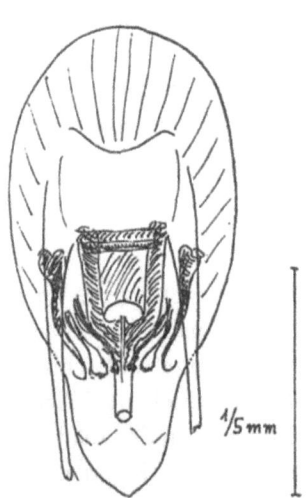

Fig. 153. *Euconnus (Dimorphoconnus) insigniventris* (Lea), Penis in Dorsalansicht.

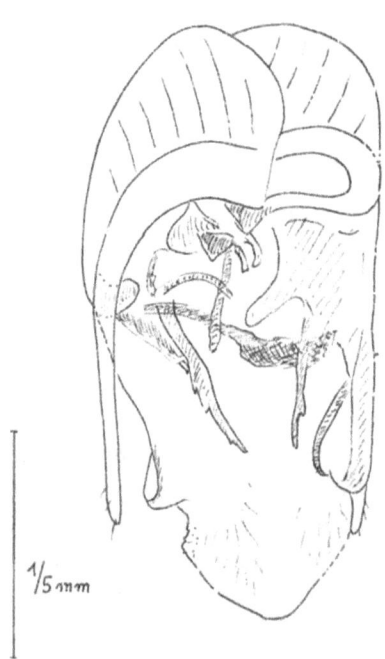

Euconnus (Anthicimorphus) anthicoides (LEA)

LEA, Proc. Roy. Soc. Victoria 27, 1914, p. 228 *(Phagonophana)*

Gekennzeichnet durch anthicidenähnliche Gestalt, breiten, von den Augen nach vorne dreieckig verschmälerten Kopf, allmählich zur Spitze verdickte Fühler und schüttere, über die ganze Oberseite verteilte Behaarung.

Long. 1,70 mm, lat. 0,65 mm. Hell rotbraun gefärbt, fein gelblich behaart.

Kopf breiter als lang, im Niveau der im basalen Drittel seiner Länge stehenden Augen am breitesten, mit kurzen, nach hinten konvergierenden Schläfen und starken Supraantennalhöckern, die Stirn neben diesen mit einer tiefen Grube. Fühler allmählich zur Spitze verdickt, zurückgelegt die Halsschildbasis knapp erreichend, ihre 4 ersten Glieder länger als breit, 5 und 6 quadratisch, 7 bis 11 zunehmend stärker quer und zugleich größer werdend, das eiförmige Endglied so lang wie die beiden vorhergehenden zusammengenommen.

Halsschild länger als breit, im vorderen Drittel seiner Länger am breitesten und hier etwas breiter als der Kopf samt den Augen, von da zur Basis gerade verschmälert, vor dieser mit einem sehr kleinen medialen und 2 größeren lateralen Grübchen.

Flügeldecken oval, flach gewölbt mit verrundeten Schulterwinkeln, schon an ihrer Basis breiter als der Halsschild, mit nach innen verflachter, außen von einer langen Humeralfalte scharf begrenzter Basalimpression, grob, aber seicht punktiert und kurz, abstehend behaart.

Beine kurz, Schenkel stark keulenförmig verdickt, Hinterhüften nahe beieinanderstehend.

Penis (Fig. 152) annähernd eiförmig, mit durch schwach konkave Seiten undeutlich abgegrenzter Apikalpartie. Parameren gerade, im Präparat abgebrochen, wahrscheinlich die Penisspitze erreichend, an einer ist eine Tastborste erhalten, wahrscheinlich stehen an der fehlenden Spitze weitere Borsten. Im Penisinneren sind hinter der dorsal gelegenen Basalöffnung mehrere spiegelbildlich zur Sagittalebene gelegene, nach hinten konvergierende chitinöse Falten der Präputialsackwand vorhanden. Zwischen ihnen befindet sich ein U-förmiges Chitingebilde, das nach hinten in ein Chitinrohr verlängert ist.

Es liegen mir aus der Sammlung des South Austr. Museum in Adelaide 3 Exemplare dieser Art, darunter der Holotypus vor. Sie tragen die Patriaangabe Sidney. In der Originaldiagnose wird „N. S. Wales: Sidney, Glan Ines" als Fundort angegeben.

Dimorphoconnus subgen. nov.

Im Süden Australiens kommt eine Gruppe von *Euconnus*-Arten vor, die im wesentlichen die Merkmale des artenreichen und sicher in seiner heutigen Umgrenzung heterogenen Subgenus *Euconophron* aufweist, aber durch sekundäre Geschlechtsauszeichnungen am 4. Sternit der ♂♂ ausgezeichnet ist. Da die Vertreter dieser Gruppe auch im Penisbau eine gewisse, in einzelnen Fällen sogar sehr große Übereinstimmung zeigen und somit offensichtlich phylogenetisch zusammengehören, erscheint die Errichtung eines Subgenus für sie gerechtfertigt. Als Typusart desselben bestimme ich *Euconnus insigniventris* (LEA).

Es handelt sich um Arten mittlerer Größe (long. 1,60 bis 1,90 mm) und relativ schlanker Gestalt. Die Fühler sind ziemlich schlank, ihre Keule ist wenig scharf abgesetzt. Der Halsschild ist mäßig groß, so lang wie breit, mit 2 bis 4 bisweilen durch eine Querfurche verbundenen Basalgrübchen. Die Flügeldecken sind langoval, schon an ihrer Basis breiter als der Halsschild und weisen eine deutliche Schulterbeule auf.

Das 4. Sternit weist beim ♂ am Hinterrand 2 bis 3 zahnförmige Chitinvorsprünge auf, die sich bisweilen leistenförmig nach vorn fortsetzen.

Der Penis ist von oben betrachtet länger als breit, bei den einzelnen Arten in verschiedenem Ausmaß gestreckt, mit einem mehr oder weniger scharf abgesetzten Apex und mit die Penisspitze nicht erreichenden Parameren versehen. Diese tragen im Spitzenbereich je 2 bis 3 Tastborsten und stehen mit dem stark chitinisierten Rahmen der Basalöffnung des Penis in fixer Verbindung. Der Präputialsack weist zahlreiche, bei den einzelnen Arten sehr verschieden ausgebildete Chitindifferenzierungen auf.

Euconnus (Dimorphoconnus) insigniventris (LEA)

LEA, Proc. Roy. Soc. Victoria 25 (N. S.), 1913, p. 58—59
LEA, Proc. Roy. Soc. Victoria 27 (N. S.), 1915, p. 208—210

Durch querovalen Kopf, schlanke Fühler mit unscharf abgesetzter, 4gliederiger Keule, annähernd isodiametrischen Halsschild mit durch eine Querfurche verbundenen Grübchen, breite Basalimpression und lange Humeralfalte der Flügeldecken und durch die Bildung des 4. Sternites beim ♂ ausgezeichnet.

Long. 1,60 bis 1,90 mm, lat. 0,55 bis 0,65 mm. Dunkel rotbraun gefärbt, bräunlichgelb behaart.

Kopf von oben betrachtet queroval, mit großen, konvexen, in seiner Längsmitte stehenden Augen und bärtig behaarten Schläfen, Supraantennalhöcker flach. Fühler lang und schlank, mit unscharf abgesetzter, 4gliederiger Keule, zurückgelegt die Halsschildbasis weit überragend, alle Glieder länger als breit, das 2. so lang wie das 3. und 4. zusammengenommen, das 8. an seiner Basis nur wenig breiter als das 7., zur Spitze allmählich verdickt, das Endglied fast so lang wie die beiden vorhergehenden zusammengenommen.

Halsschild so lang wie breit, vor der Mitte am breitesten und hier etwas breiter als der Kopf samt den Augen, mäßig stark gewölbt, auf der Scheibe fein und schütter, an den Seiten struppig behaart, mit 2 durch eine tiefe Querfurche verbundenen Basalgrübchen.

Flügeldecken oval, schon an der Basis etwas breiter als der Halsschild, mit tiefer, außen von einer langen Humeralfalte begrenzter Basalimpression, neben der Naht im vorderen Drittel ihrer Länge niedergedrückt, an der Spitze breit abgestutzt. Flügel voll entwickelt.

4. Ventralsegment des ♂ am Hinterrand mit 2 nach hinten vorragenden breiten Zapfen.

Beine mäßig lang, Vorderschenkel viel stärker verdickt als die der Mittel- und Hinterbeine, Vorderschienen in ihrer distalen Hälfte innen tief ausgeschnitten und mit ziemlich langen Haaren dicht besetzt.

Penis (Fig. 153) ziemlich gedrungen gebaut, mit abgerundet-dreieckigem Apex und dünnen, im Spitzenbereich mit je 3 Tastborsten versehenen Parameren. Im Penisinneren sind zahlreiche Chitindifferenzierungen vorhanden. Ein leicht s-förmig gekrümmter Dorn steht von oben und hinten betrachtet an der rechten Seite vor dem Ostium penis. Zwei lange gegabelte Stachel stehen beiderseits der Sagittalebene. 2 dünne, hakenförmig gekrümmte Stachel befinden sich unterhalb der Basalöffnung, eine kammförmig gezähnte Leiste vor dem s-förmig gekrümmten Dorn. Außerdem sind mehrere stark chitinisierte Falten und unbestimmt begrenzte Chitinplatten in der Wand des Präputialsackes vorhanden.

Die Art wurde von Devonport in Tasmanien beschrieben, wo sie in einem Nest von *Ectatomma metallicum* gefunden wurde. Der Holotypus wird im South Austr. Museum verwahrt.

Euconnus (Dimorphoconnus) franklinensis (LEA)

LEA, Trans. and Proc. Roy. Soc. S. Austr. 46, 1922, p. 295—296 *(Scydmaenus)*

Mit *E. insulanus* m. sehr nahe verwandt und von ihm nur durch etwas kleinere Augen, etwas kürzeres Endglied der Fühler, den Besitz von nur 2 kurzen Zähnchen am Hinterrand des 4. Sternites des ♂ und abweichend geformte Chitindifferenzierungen im Penisinneren verschieden.

Mit Rücksicht auf die weitgehende Übereinstimmung in den äußeren Merkmalen genügt es, die Unterschiede gegenüber der Vergleichsart hervorzuheben.

Long. 1,60 bis 1,70 mm, lat. 0,60 bis 0,65 mm. Hell rotbraun gefärbt, fein gelblich behaart.

Kopf schwach quer, mit großen, seitlich vorstehenden Augen, der Durchmesser desselben nur wenig länger als die Schläfen (bei *E. insulanus* deutlich länger als diese), Schläfen mit der Kopfbasis einen in der Anlage rechten, wenn auch abgerundeten Winkel bildend.

Halsschild quadratisch, mit 4 undeutlichen, durch eine Querfurche verbundenen Grübchen.

Flügeldecken mit seichter, außen von einer schrägen Humeralfalte begrenzter Basalimpression. 4. Sternit des ♂ am Hinterrande mit 2 sehr kurzen Chitinzähnen.

Trochanteren der Vorderbeine des ♂ mit einem kurzen Höcker.

Penis (Fig. 154) in der Gestalt dem der Vergleichsart sehr ähnlich, der Apex etwas kürzer, schwächer gekielt. An Stelle der horizontalen, unter dem Apex gelegenen Chitinplatte befindet sich vor der Basis des Ostiums nur ein stark chitinisierter querer Wulst, vor dem sich ein etwas abweichend geformtes System von chitinösen Leisten der Präputialsackwand befindet.

Vom South Austr. Museum wurden mir 2 ♂♂, 2 ♀♀ dieser Art, darunter der Holotypus zur Untersuchung zugesandt. Die Tiere stammen von Franklin Isld., S-Australien.

Euconnus (Dimorphoconnus) insulanus nov. spec.

Wie *E. dentiventris* (LEA) und *tridentatus* (LEA) durch den Besitz von 3 Chitinzähnen am Hinterrand des 4. Sternites gekennzeichnet, im übrigen durch geringe Größe, flach gewölbten Körper, schüttere, aber lange und aufgerichtete Behaarung, von oben betrachtet fast kreisrunden Kopf mit großen Augen, annähernd quadratischen Halsschild mit 2 durch eine Querfurche verbundenen Basalgrübchen sowie stark verdickte Vorderschenkel und vor der Spitze innen ausgerandete Vorderschienen ausgezeichnet.

Long. 1,60 mm, lat. 0,60 mm. Hell rotbraun gefärbt, fein gelblich behaart.

Kopf von oben betrachtet fast kreisrund, mit großen, seitlich vorgewölbten Augen, oberseits sehr flach gewölbt, schütter, an den Schläfen etwas dichter behaart, Supraantennalhöcker schwach markiert. Fühler zurückgelegt die Halsschildbasis beträchtlich überragend, mit sehr langgestreckter, 4gliederiger Keule, alle Fühlerglieder länger als breit, das 3., 4. und 8. allerdings nur leicht gestreckt, das 2. zweieinhalbmal so lang wie breit, ebenso das Endglied, dieses so lang wie die beiden vorhergehenden zusammengenommen.

Halsschild so lang wie breit, seitlich sehr schwach gerundet, etwas vor seiner Längsmitte am breitesten und hier so breit wie der Kopf samt den Augen, flach gewölbt, schütter, an den Seiten etwas dichter und gröber behaart, vor der Basis mit 2 durch eine Querfurche verbundenen Grübchen.

Flügeldecken oval, schon an ihrer Basis breiter als der Halsschild, mit seichter, außen von einem flachen Schulterhöcker begrenzter Basalimpression, schütter, aber lang und schräg abstehend behaart. Hinterrand des 4. Sternites beim ♂ mit 3 Chitinzähnen (Fig. 155b).

Vorderschenkel stark verdickt, Vorderschienen leicht einwärts gekrümmt, vor der Spitze innen ausgerandet. Mittel- und Hinterbeine schlank.

Penis (Fig. 155a) ziemlich gedrungen gebaut, mit spatelförmigem, dünnhäutigem Apex, dieser in der Längsmitte gekielt. Operculum abgerundet-viereckig, stark chitinisiert. Parameren dünn, die Penisspitze nicht erreichend, am Ende mit je 3 Tastborsten versehen. Im Penisinneren befinden sich vor dem Ostium zahlreiche stark chitinisierte Falten der Präputialsackwand, in das Ostium ragen von vorne zwei Büschel ziemlich langer Chitinborsten hinein.

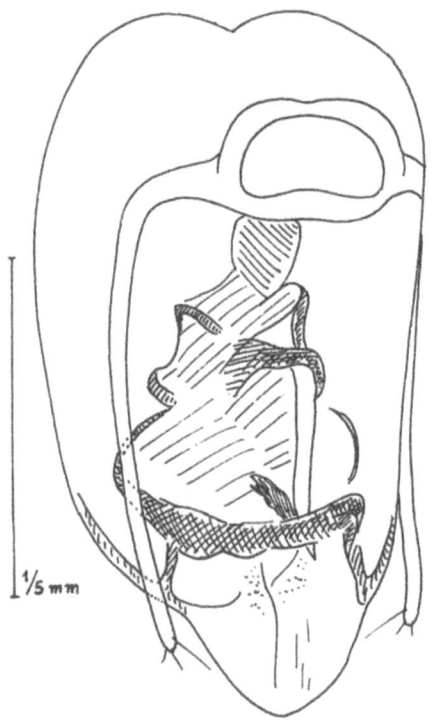

Fig. 154. *Euconnus (Dimorphoconnus) franklinensis* (LEA), Penis in Dorsalansicht.

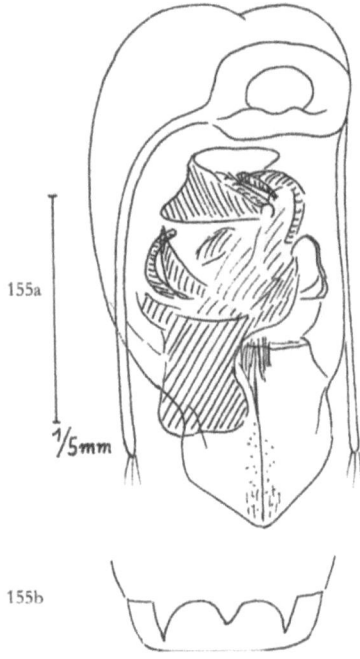

Fig. 155. *Euconnus (Dimorphoconnus) insulanus* FRANZ, a) Penis in Dorsalansicht, b) Hinterrand des 4. Sternites des ♂.

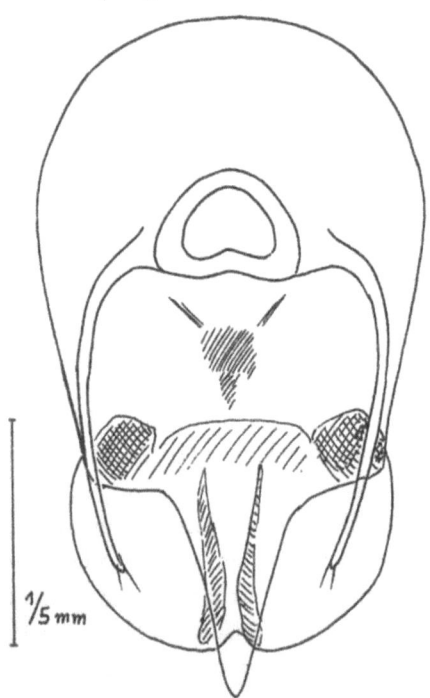

Fig. 156. *Euconnus (Dimorphoconnus) dentiventris* (LEA), Penis in Dorsalansicht.

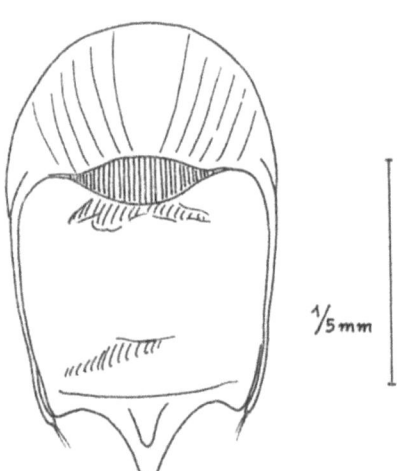

Fig. 157. *Euconnus (Dimorphoconnus) leanus* FRANZ, Penis in Dorsalansicht.

Es liegt mir nur ein Exemplar (♂) vor, das sich im undeterminierten Material des South Austr. Museum vorfand. Es wurde von N. B. TINDALE auf Recoesby-Island gesammelt. Der Holotypus wird im South Austr. Museum verwahrt.

Euconnus (Dimorphoconnus) tridentatus (LEA)

LEA, Proc. Roy. Soc. Victoria 27, 1915, p. 209—210 *(Scydmaenus)*

Von dieser Art waren 4 Exemplare, 1 ♂, 3 ♀♀, gemeinsam auf einem Karton präpariert, das ♂ war als Type bezeichnet. Als ich das Material vom South Austr. Museum zum Studium erhielt, fehlte die Type, die 3 ♀♀ konnte ich untersuchen. Sie gleichen dem *E. dentiventris* (LEA) äußerlich weitgehend und unterscheiden sich nur durch etwas bedeutendere Größe, dichtere auf Kopf und Halsschild auch längere Behaarung und schwach queren Halsschild.

Long. 1,80 bis 1,90 mm, lat. 0,70 bis 0,75 mm. Rotbraun gefärbt, gelblich behaart.

Wegen der weitgehenden Übereinstimmung mit *E. dentiventris* genügt es, aus der Originaldiagnose die mangels eines männlichen Vergleichsexemplares nicht nachprüfbaren sekundären männlichen Geschlechtsmerkmale zu wiederholen. Die Zähne des 4. Ventralsegmentes des ♂ sind zwischen denen des *E. insigniventris* und *dentiventris* intermediär. Sie weichen von dem ersteren dadurch ab, daß sie kürzer sind und nicht so nahe den Rändern, sie liegen in gleicher Ebene mit der Basis des Segmentes, der mittlere Zahn deutlich, ein Zahn und nicht eine leichte Verdickung eines membranösen Lappens. Von der 2. Art weichen sie dadurch ab, daß die äußeren Zähne deutlich länger sind als der innere und daß sie weiter voneinander entfernt stehen.

Die Art wird vom Autor vom Swan- und Vasse-River in W-Australien angegeben, die mir vorliegenden Exemplare stammen von Bridgetown, das somit locus typicus ist.

Euconnus (Dimorphoconnus) dentiventris (LEA)

LEA, Proc. Roy. Soc. Victoria 27, 1915, p. 208—209 *(Scydmaenus)*

Unter dem Namen *Scydmaenus dentiventris* liegen mir 9 *Euconnus*-Exemplare aus der Sammlung des South Australian Museums vor, die alle auf LEA zurückgehen. Die Untersuchung ergab, daß sie mindestens 2 Arten angehören. Der Holotypus stammt vom Nepean River in New South Wales. Ein als Cotype bezeichnetes ♂, das nur die Fundortangabe N. S. Wales trägt, gehört einer anderen Art an, die ich in dieser Arbeit als *E. leanus* m. beschreibe. 5 Exemplare aus Tasmanien sind durchwegs ♀♀, die sehr wahrscheinlich ebenfalls von *E. dentiventris* spezifisch verschieden sind. Die nachfolgende Neubeschreibung ist nach dem Holotypus angefertigt.

Long. 1,80 mm, lat. 0,70 mm. Hell rotbraun gefärbt, gelblich behaart.

Kopf von oben betrachtet queroval, mit großen, grob facettierten Augen, flach gewölbt, lang, an den Schläfen steif abstehend behaart. Stirn zwischen den nur angedeuteten Supraantennalhöckern eben. Fühler lang, zurückgelegt die Halsschildbasis beträchtlich überragend, mit langgestreckter, unscharf abgesetzter, 4gliederiger Keule, ihr Basalglied doppelt, das 2. zweieinhalbmal so lang wie breit, 3 bis 7 leicht gestreckt, 8 bis 10 eineinviertelmal so lang wie breit, das Endglied so lang wie die beiden vorhergehenden zusammengenommen.

Halsschild so lang wie breit, zum Vorderrand viel stärker als zur Basis verengt, flach gewölbt, auf der Scheibe sehr spärlich, an den Seiten dicht und struppig behaart, mit 2 stark in die Quere gezogenen Basalgrübchen. Scutellum nicht vorhanden.

Flügeldecken langoval, flach gewölbt, mit breiter, aber flacher, seitlich von einer kurzen Humeralfalte begrenzter Basalimpression, schütter, aber lang behaart, an der Naht im vorderen Drittel ihrer Länge mit einem flachen Eindruck. Flügel voll entwickelt. 4. Sternit des ♂ am Hinterrand mit 3 stumpfen Chitinzähnen, die etwa eineinhalbmal so lang wie breit sind.

Beine mäßig lang, Vorderschenkel stärker verdickt als die der Mittel- und Hinterbeine, Vorderschienen innen distal flach ausgeschnitten und mit einem Haarfilz bedeckt. Coxen der Vorderbeine mit einem dreieckig-zahnförmigen Vorsprung.

Penis (Fig. 156) gedrungen gebaut, der Peniskörper nur wenig länger als breit, der Apex scharf abgesetzt, eine lange und scharfe Spitze bildend. Ventralwand des Penis halbbogenförmig über das Ostium vorragend, ihr Hinterrand unter der Penisspitze ausgerandet. Parameren sehr dünn, am Ende mit je 2 Tastborsten versehen.

Euconnus (Dimorphoconnus) leanus nov. spec.

Die neue Art ist auf ein von LEA als *Sc. dentiventris*-Cotype bezeichnetes Euconnus-♂ mit der Patriaangabe N. S. Wales aufgestellt. Ein zweites ♂ von Paramatta bei Sidney war als *Heterognathus assimilis* KING bestimmt. Beide unterscheiden sich von *E. dentiventris* durch geringere Größe, von oben betrachtet fast isodiametrischen, auch an den Schläfen nur spärlich behaarten Kopf, leicht gestreckten, fast kahlen Halsschild mit großen, runden Basalgrübchen und ebenfalls fast kahle, stärker gewölbte Flügeldecken mit langer, schräger Humeralfalte, das 4. Sternit ist ungezähnt.

Long. 1,60 bis 1,70 mm, lat. 0,60 bis 0,65 mm. Rotbraun gefärbt, sehr spärlich hellgelb behaart.

Kopf von oben betrachtet rundlich, fast so lang wie breit, mit seitlich mäßig vorgewölbten Augen, stärker gewölbt als bei *E. dentiventris*, glatt und glänzend, auch an den Schläfen nur spärlich behaart, mit deutlichen Supraantennalhöckern. Fühler zurückgelegt die Halsschildbasis beträchtlich überragend, ihr Basalglied doppelt, das 2. fast 3mal, das 5. zweimal, 3, 4, 6 und 7 einenviertel- bis einenhalbmal so lang wie breit, 8 bis 10 in gewisser Richtung isodiametrisch, das Endglied so lang wie die beiden vorhergehenden zusammengenommen.

Halsschild etwas länger als breit, ein wenig vor der Mitte am breitesten, zum Vorderrand stärker als zur Basis verengt, kahl und glänzend, mit 2 großen Basalgrübchen. Scutellum klein.

Flügeldecken oval, hoch gewölbt, glänzend, spärlich lang behaart, mit breiter, außen von einer schrägen und langen Humeralfalte begrenzter Basalimpression und flachem Eindruck an der Naht im vorderen Drittel der Flügeldeckenlänge. 4. Sternit des ♂ am Hinterrand ohne Chitinzähne, in der Mitte jedoch breiter als an den Seiten, sein Hinterrand dort einen sehr stumpfen Winkel bildend.

Beine schlank, Vorderschenkel nur wenig stärker verdickt als die der Mittel- und Hinterbeine.

Penis (Fig. 157) ziemlich gedrungen gebaut, mit kurzer, am Ende abgestutzter Spitze und dünnen, am Ende mit je 2 Tastborsten versehenen Parameren. Ostium penis ventral von einem kurzen, spitzwinkelig-dreieckigen Operculum überdeckt.

Euconnus (Dimorphoconnus) illawarrae nov. spec.

Gekennzeichnet durch auffällig kleinen, oberseits flachen, nach hinten über den Hals vorstehenden Kopf, mäßig lange Fühler mit sehr unscharf abgesetzter, 4gliederiger Keule, kleinen, zur Basis fast nicht verengten Halsschild mit 2 kleinen Basalgrübchen, langovale, hochgewölbte Flügeldecken und den Besitz von 2 kräftigen, am Ende zur Längsachse des Körpers gekrümmten Zähnen am Hinterrand des 4. Sternites des ♂.

Long. 1,80 bis 1,85 mm, lat. 0,70 bis 0,72 mm. Rotbraun gefärbt, gelblich behaart.

Kopf sehr klein, von oben betrachtet rautenförmig, mit großen, konvexen Augen, abgesehen von den scharf markierten Supraantennalhöckern flacher Oberseite und über den Hals vorragendem Hinterrand, allseits abstehend, an den Schläfen aber besonders dicht behaart. Fühler kräftig, zurückgelegt die Halsschildbasis erreichend, mit unscharf abgesetzter,

4gliederiger Keule, ihr Basalglied dicker als die folgenden, das 2. fast doppelt so lang wie breit, 3 bis 6 kugelig, 7 sehr schwach quer, 8 um die Hälfte breiter als 7, wie auch 9 und 10 deutlich breiter als lang, das eiförmige Endglied knapp so lang wie die beiden vorhergehenden zusammengenommen.

Halsschild auffällig klein, leicht gestreckt, nicht breiter als der Kopf samt den Augen, zur Basis sehr wenig verengt, allseits dicht, an den Seiten struppig behaart, vor der Basis mit 2 kleinen Grübchen.

Flügeldecken langoval, stark gewölbt, schon an ihrer Basis viel breiter als der Halsschild, lang, aber ziemlich schütter, schräg abstehend behaart, mit flacher Basalimpression und schräger Humeralfalte. 4. Sternit des ♂ am Hinterrand mit 2 großen, zur Längsachse des Körpers gebogenen Chitinzähnen.

Beine ziemlich lang, Vorderschenkel stärker verdickt als die der beiden anderen Beinpaare, Vorderschienen des ♂ vor der Spitze innen eingekerbt und einwärts gebogen.

Penis (Fig. 158) ziemlich langgestreckt, mit scharf abgesetztem, zungenförmigem Apex und zu beiden Seiten desselben am Hinterrand mit einem kürzeren, dreieckigen Vorsprung. Operculum parallelseitig, am Ende spitzwinkelig-dreieckig verjüngt. Parameren dünn, am Ende zur Mitte gebogen und mit je 2 Tastborsten versehen. Im Penisinneren sind zahlreiche chitinöse Leisten und Apophysen vorhanden. Ein am Ende gegabelter, langer Chitinstachel entspringt links an der Basis des Operculums und verläuft vor dessen Spitze im Bogen nach rechts.

Es liegen mir aus den undeterminierten Beständen des British Museums 3 Exemplare (1 ♂, 2 ♀♀) der neuen Art vor, die am 28. 9. 1908 von C. F. BRYANT am Illawaru-Lake in N. S. Wales gesammelt wurden. Der Holotypus und Allotypus werden im British Museum, die Paratype in meiner Sammlung verwahrt.

Euconnus (Dimorphoconnus) spiniventris nov. spec.

Gekennzeichnet durch lange Fühler mit sehr schwach abgesetzter 4- bis 5gliederiger Keule, rundlichen Kopf mit stark vorgewölbten Augen und bärtig behaarten Schläfen, quadratischen Halsschild mit von Grübchen begrenzter basaler Querfurche, langovale, flach gewölbte Flügeldecken und den Besitz von 2 langen Chitinstacheln am Hinterrand des 4. Sternites.

Long. 1,60 mm, lat. 0,70 mm. Dunkel rotbraun gefärbt, flach gewölbt, fein gelblich, an den Schläfen und Halsschildseiten bräunlich behaart.

Kopf von oben betrachtet rundlich, mit den großen, seitlich stark vorstehenden Augen eben merklich breiter als lang, sehr flach gewölbt, die Stirn von den flachen Supraantennalhöckern nach vorne abfallend, wie auch der Scheitel schütter und lang, die Schläfen dicht und steif abstehend behaart. Fühler zurückgelegt die Halsschildbasis überragend, mit sehr unscharf abgesetzter, 4- bis 5gliederiger Keule, ihr Basalglied doppelt, das 2. dreimal, 5 und 7 nicht ganz eineinhalbmal so lang wie breit, die übrigen Glieder mit Ausnahme des 11. leicht gestreckt, das Endglied etwas länger als die beiden vorhergehenden zusammengenommen.

Halsschild so lang wie breit, vor der Längsmitte am breitesten und hier ein wenig breiter als der Kopf samt den Augen, auf der Scheibe glatt und glänzend, schütter, an den Seiten dicht und struppig behaart, vor der Basis mit einer seitlich von Grübchen begrenzten Basalfurche.

Flügelddecken schon an ihrer Basis breiter als der Halsschild, mit deutlichem Schulterwinkel und ziemlich flacher, außen vom Schulterhöcker begrenzter Basalimpression, lang, nach hinten gerichtet behaart. 4. Sternit des ♂ am Hinterrande mit 2 langen Chitinstacheln.

Beine mäßig lang, Vorderschenkel etwas stärker vredickt als die der Mittel- und Hinterbeine, Vorderschienen innen distal flach ausgeschnitten und mit einem dichten Haarfilz besetzt.

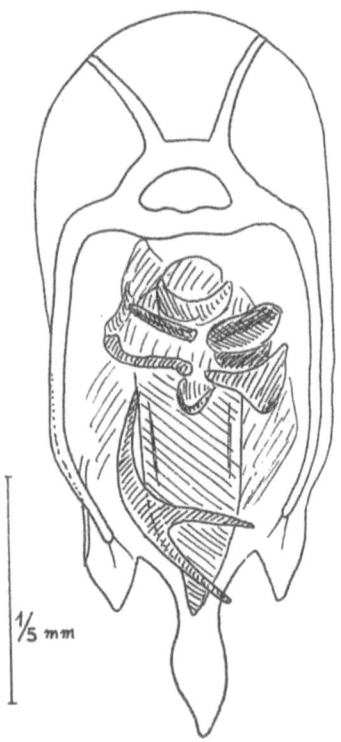

Fig. 158. *Euconnus (Dimorphoconnus) illawarrae* Franz, Penis in Dorsalansicht.

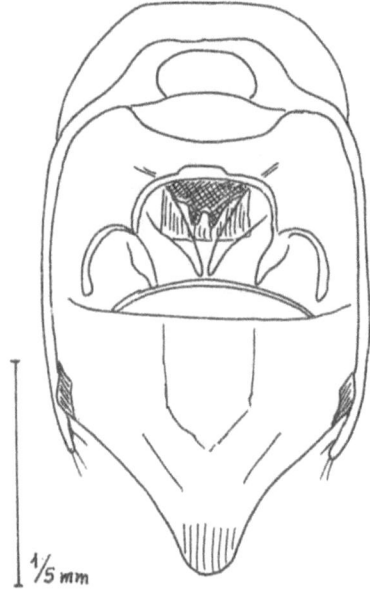

Fig. 159. *Euconnus (Dimorphoconnus) spiniventris* Franz, Penis in Dorsalansicht.

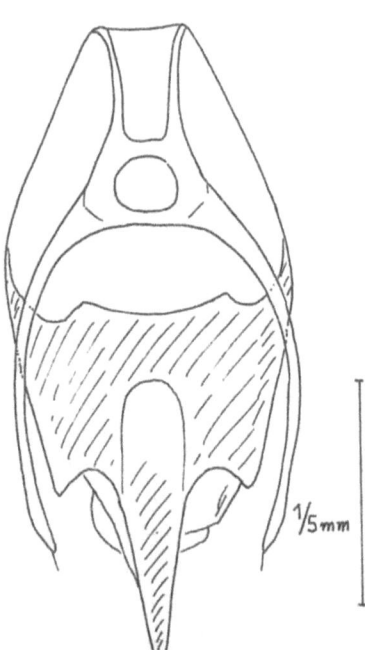

Fig. 160. *Euconnus (Dimorphoconnus) abundans* (Lea), Penis in Dorsalansicht.

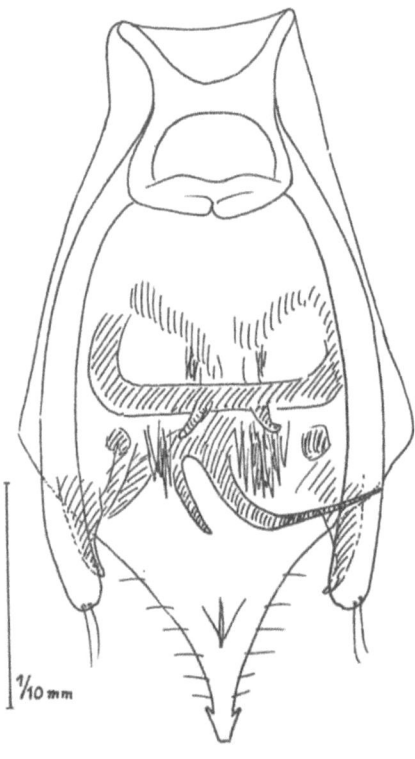

Fig. 161. *Euconnus (Euconophron) lucindalei* Franz, Penis in Dorsalansicht.

Penis (Fig. 159) von oben betrachtet in der Anlage langoval, mit dreieckigem, an der Spitze abgerundetem Apex und dünnen, die Basis des Apex penis nur wenig überragenden, am Ende mit je 3 Tastborsten besetzten Parameren. Im Penisinneren befinden sich nahe der Dorsalwand drei quergestellte, nach hinten offene Chitinbogen, deren mittlerer weiter vorne liegt als die seitlichen; an sie schließt hinten ein flacher fast über die ganze Penisbreite gehender 4. Chitinbogen. Unter dem vorderen mittleren Bogen liegen zwei nach hinten und zur Mitte gerichtete Chitinzähne, darunter ein am Hinterrand 2 kurze Chitinzapfen aufweisender, stark chitinisierter Körper und unter diesem eine querrechteckige Chitinplatte.

Es liegen mir im undeterminierten Scydmaenidenmaterial des British Museum 2 Exemplare dieser Art (♂, ♀) vor, die M. I. N. Nikitin am 25. 3. 1960 in Cowra, N. S. Wales am Licht erbeutete. Der Holotypus (♂) wird im British Museum, der Allotypus (♀) in meiner Sammlung verwahrt.

Euconnus (Dimorphoconnus) abundans (Lea)

Lea Proc. Roy. Soc. Victoria 27 1914 p. 223—224 *(Phagonophana)*

Von dieser nach Angabe des Autors in Tasmanien häufigen Art liegt mir ein als Cotype bezeichnetes und von Lea selbst als *Phagonophana abundans* beschriftetes ♂ aus der Sammlung des British Museum vor. Dasselbe ist nicht, wie der Autor angibt kastanienbraun, sondern hell rotbraun, vielleicht unausgefärbt.

Gekennzeichnet durch lange, allmählich zur Spitze verbreiterte Fühler, rundlichen Kopf, relativ schmalen Halsschild und flach gewölbte Flügeldecken, namentlich aber durch die Bildung des letzten freien Sternites des ♂.

Long. 1,90 mm, lat. 0,70 mm. Rotbraun gefärbt, gelblich behaart.

Kopf von oben betrachtet fast kreisrund, jedoch im Niveau der kleinen, etwas vor seiner Längsmitte stehenden Augen am breitesten, oberseits sehr flach gewölbt, fein und schütter, an den Seiten steif und struppig behaart. Fühler langgestreckt und relativ dünn, zurückgelegt die Halsschildbasis ein wenig überragend. Ihre beiden ersten Glieder reichlich doppelt, 3 bis 6 eineindrittelmal so lang wie breit, 7 noch leicht gestreckt, 8 isodiametrisch, 9 und 10 schwach quer, das Endglied groß, eiförmig, länger als die beiden vorhergehenden zusammengenommen.

Halsschild länger als breit, kaum breiter als der Kopf, im vorderen Drittel seiner Länge am breitesten, von da zur Basis fast geradlinig verengt, ziemlich stark gewölbt, mit 4 getrennten Basalgrübchen, die mittleren rund und weit voneinander getrennt, die seitlichen in die Länge gezogen. Schildchen groß.

Flügeldecken länglichoval, flach gewölbt, schütter, aber ziemlich lang behaart, mit ziemlich flacher, außen von einer kurzen Humeralfalte begrenzter Basalimpression.

Beine lang, Schenkel keulenförmig verdickt, die der Vorderbeine stärker als die der Mittel- und Hinterbeine. Hinterhüften weit getrennt.

4. Sternit des ♂ mit 2 Längsrippen, die am Basalende am höchsten sind und dort steil abfallen, am apikalen Ende aber einen stumpfen Zahn bilden. Jede Rippe ist zweigeteilt, direkt von hinten besehen erscheint jede in Gestalt von zwei vertikalen Zähnen.

Penis (Fig. 160) von oben betrachtet in der Anlage oval, mit langer, scharfer Spitze, der Hinterrand des Peniskörpers neben deren Basis im Bogen ausgerandet. Parameren die Penisspitze nicht erreichend, mit je einer terminalen Tastborste versehen, Peniskörper in seiner distalen Hälfte stärker chitinisiert, auch die Basalöffnung des Penis und 2 von ihr zur Penisbasis ziehende Leisten chitinös verdickt.

Nach Abschluß des Manuskriptes legte mir das South Austr. Museum 14 Exemplare dieser Art vor, darunter 10 auf einem Karton präparierte Tiere vom Mt. Wellington, wovon 1 ♂ als Type bezeichnet ist. Die Tiere stimmen mit dem ♂ von Hobart, nach dem die Beschreibung angefertigt wurde, überein, auch im Penisbau bestehen keine Unterschiede. Die Art wird vom Autor von New Norfolk, Hobart und vom Mt. Wellington angegeben, sie ist somit in Tasmanien heimisch.

Subgenus *Euconophron* REITTER

Die zahlreichen in diesem Subgenus zusammengefaßten australischen und tasmanischen *Euconnus*-Arten bilden sicherlich keine homogene phyletische Gruppe. Ich habe deshalb versucht, sie in stammesgeschichtlich näher verwandte Artengruppen unterzugliedern.

1. Artengruppe

Sie umfaßt Arten mit stark chitinisiertem Penis, dessen Apikalpartie wohl abgegrenzt ist und an deren Rändern häufig Tastborsten stehen. Die Basalöffnung des Penis ist mit einem stark chitinisierten Rahmen versehen, an dem die kräftig entwickelten Parameren fest verankert sind. Der Präputialsack ist meist mit zahlreichen Chitindifferenzierungen versehen.

Der Kopf ist zumeist flach gewölbt, mit schütter behaarter Oberseite, aber dicht und steif behaarten Schläfen, die Augen sind groß, meist flach gewölbt, die Fühler haben eine mehr oder weniger deutlich abgesetzte, 4gliederige Keule, der Halsschild ist auf der Scheibe meist spärlich, an den Seiten dagegen dicht behaart, vor der Basis mit Grübchen versehen und diese sind manchmal durch eine Querfurche miteinander verbunden.

Die Flügeldecken sind flach bis mäßig gewölbt und mit einer deutlichen, meist außen von einer Humeralfalte scharf begrenzten Basalimpression versehen.

Euconnus (Euconophron) lucindalei nov. spec.

Im Bau des männlichen Kopulationsapparates an *E. abundans* (LEA) erinnernd, von diesem aber durch geringere Größe, scharf abgesetzte, 4gliederige Fühlerkeule, einfaches 4. Sternit des ♂ und dunkle Färbung von Kopf und Halsschild auf den 1. Blick zu unterscheiden.

Long. 1,40 mm, lat. 0,60 mm. Dunkel rotbraun, Kopf und Halsschild schwarzbraun gefärbt, bräunlich behaart.

Kopf von oben betrachtet annähernd rautenförmig, etwas länger als breit, mit großen, halbkugelig vorgewölbten Augen, oberseits ziemlich schütter, an den Schläfen und am Hinterkopf dicht und steif abstehend behaart. Fühler zurückgelegt die Halsschildbasis knapp erreichend, mit scharf abgesetzter, 4gliederiger Keule, ihre beiden ersten Glieder um die Hälfte länger als breit, 3 bis 7 fast so breit wie lang, 8 bis 10 deutlich quer, das Endglied nicht ganz so lang wie die beiden vorhergehenden zusammengenommen.

Halsschild fast so breit wie lang, ziemlich stark gewölbt, seitlich gleichmäßig gerundet, grob, an den Seiten dicht und struppig behaart, vor der Basis mit 2 durch eine Querfurche verbundenen Grübchen.

Flügeldecken oval, schon an ihrer Basis breiter als der Halsschild, hoch gewölbt, stark glänzend, schütter punktiert, lang und fein, schütter, aufgerichtet behaart, an der Basis mit einem tiefen, außen von der Schulterbeule begrenzten Eindruck.

Beine ziemlich schlank, Vorderschenkel stärker verdickt als die der Mittel- und Hinterbeine.

Penis (Fig. 161) fast spatelförmig, mit langem und spitzem, an der Spitze beiderseits mit einem Widerhaken und vor diesem mit einer Reihe seitlich abstehender Tasthaare versehenem Apex und mit breiten, leicht zur Mitte gebogenen, am Ende mit je 2 Tastborsten versehenen Parameren. Umrahmung der Basalöffnung des Penis stark chitinisiert, der Chitinrahmen in Form zweier Leisten zum Vorderrand des Penis verlängert. Aus dem Penis ragt unter den Parameren auf beiden Seiten ein breiter, schwach einwärts gebogener Zahn nach hinten. Im Penisinneren sind 2 nach hinten gerichtete Chitinstachel sichtbar, von denen der von hinten und oben betrachtet rechts gelegene bedeutend länger und zur Seite gebogen ist. Neben der Basis der beiden Zähne sind Büschel feiner Chitinstachel vorhanden. Weiter vorn liegt eine stark chitinisierte, an den Seiten nach vorne gebogene Querleiste, nebst anderen undeutlich begrenzten Chitingebilden.

Mir liegt von dieser Art im undeterminierten Material des South Austr. Museum ein einziges Exemplar (♂) vor, das M. A. LEA in Lucindale nahe der Grenze von Victoria offenbar bei Ameisen gesammelt hat. Mit dem Holotypus ist eine Ameise an der gleichen Nadel präpariert. Der Holotypus wird im South Austr. Museum verwahrt.

Euconnus (Euconophron) latebricola (LEA)

LEA, Proc. Roy. Soc. Victoria 27, 1915, p. 215 *(Scydmaenus)*

Gekennzeichnet durch gerundet-rautenförmigen Kopf mit abstehender, an den Schläfen bärtiger Behaarung, mäßig lange Fühler mit scharf abgesetzter, 4gliederiger Keule, leicht gestreckten, hinter der Mitte fast parallelseitigen Halsschild mit 2 weit getrennten Basalgruben und struppig behaarten Seiten sowie zerstreut punktierte und lang, aber schütter, steil aufgerichtet behaarte Flügeldecken.

Long. 1,50 bis 1,60 mm, lat. 0,50 bis 0,60 mm. Dunkel rotbraun, Kopf und Halsschild bei einem ♀ kastanienbraun gefärbt, Schläfen und Halsschildseiten steif bräunlichgelb, Flügeldecken weißlichgelb behaart.

Kopf von oben betrachtet gerundet rautenförmig, ein wenig länger als breit, mit ziemlich großen, stark gewölbten, etwas vor der Längsmitte stehenden Augen, ziemlich flacher, schütter, aber lang behaarter Oberseite und derb, steif abstehend behaarten Schläfen, Supraantennalhöcker schwach markiert. Fühler zurückgelegt die Halsschildbasis erreichend, ihre beiden ersten Glieder doppelt so lang wie breit, 3 bis 7 isodiametrisch bis leicht gestreckt, 8 bis 10 schwach quer, das eiförmige Endglied beim ♂ so lang, beim ♀ kürzer als die beiden vorhergehenden zusammengenommen.

Halsschild beim ♂ ein wenig länger als breit, beim ♀ so breit wie lang, so breit wie der Kopf samt den Augen, hinter der Mitte parallelseitig, ziemlich stark gewölbt, oberseits schütter, an den Seiten steif und struppig behaart, vor der Basis mit 2 weit getrennten Grübchen. Scutellum nicht sichtbar.

Flügeldecken flach gewölbt, schon an ihrer Basis breiter als der Halsschild, zerstreut und fein punktiert, schütter, aber lang, abstehend behaart, an der Basis mit tiefer, außen von einer kurzen Humeralfalte begrenzter Impression.

Beine schlank, Vorderschenkel stärker verdickt als die der Mittel- und Hinterbeine.

Penis (Fig. 162) aus einem nach hinten verbreiterten Peniskörper und einer abgestutztpfeilförmigen, seitlich mit einer Reihe von Tastborsten versehenen Spitze bestehend. Parameren leicht nach hinten divergierend und zur Spitze verbreitert, an dieser mit je 3 Tastborsten versehen. Aus dem Ostium penis ragen unter den Parameren 2 große, leicht einwärts gekrümmte Chitinstachel heraus. Ein weiterer langer Stachel ist von oben und hinten gesehen rechts gelegen und rechtwinkelig nach außen gebogen, vor ihm liegen kleine Chitinstachel und beiderseits der Sagittalebene des Penis elliptisch gebogen eine kräftige Chitinleiste.

Es liegen mir aus der Sammlung des South Austr. Museum in Adelaide 3 Exemplare (1 ♂, 2 ♀♀) vor, die gemeinsam auf einem Plättchen montiert waren. Das ♂ ist vom Autor als Type bezeichnet, als Fundort ist in Übereinstimmung mit dem Text der Originaldiagnose New Norfolk in Tasmanien angegeben. Die Art wurde in Grasbüscheln gefunden.

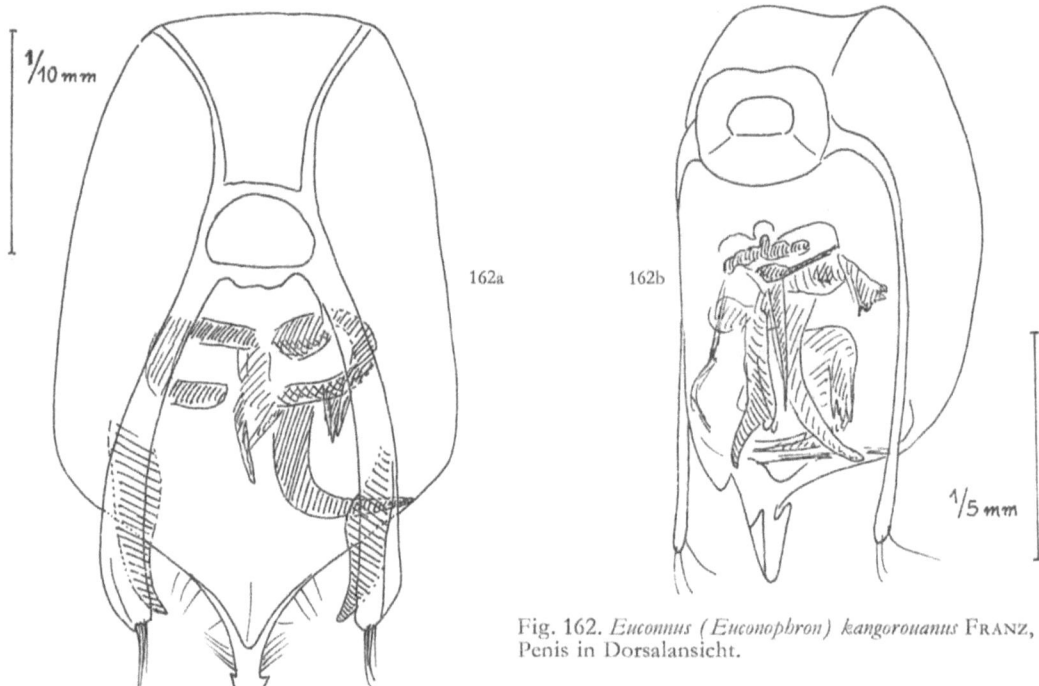

Fig. 162. *Euconnus (Euconophron) kangorouanus* FRANZ, Penis in Dorsalansicht.

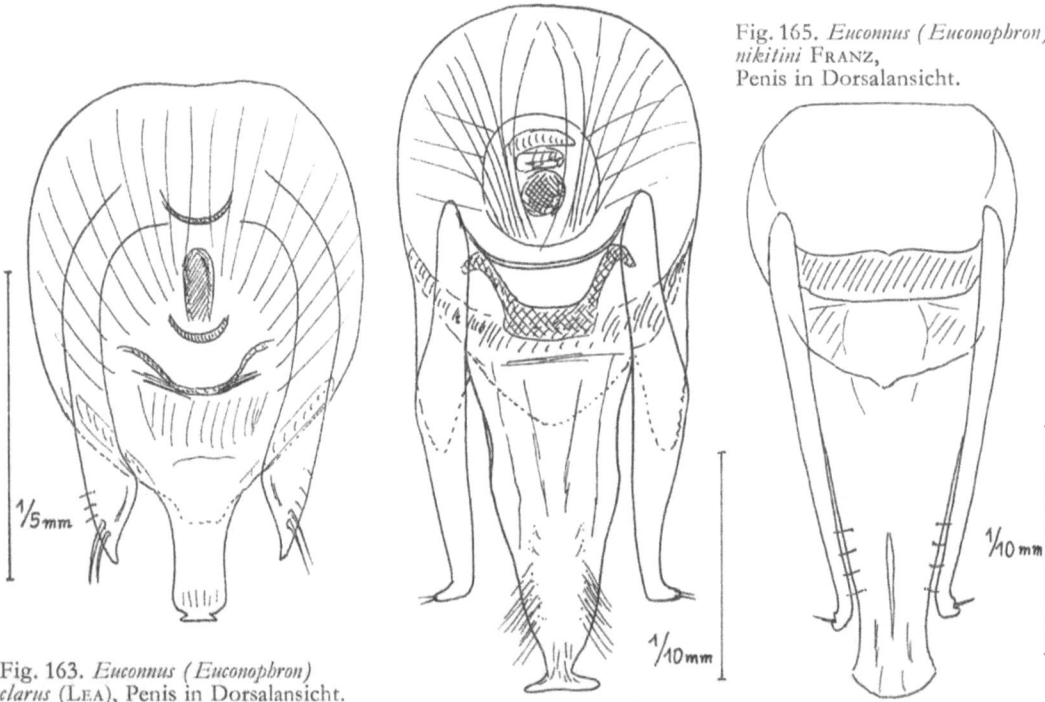

Fig. 163. *Euconnus (Euconophron) clarus* (LEA), Penis in Dorsalansicht.

Fig. 164. *Euconnus (Euconophron) mastersi* (LEA), Penis in Dorsalansicht.

Fig. 165. *Euconnus (Euconophron) nikitini* FRANZ, Penis in Dorsalansicht.

Euconnus (Euconophron) kangarouanus nov. spec.

Gekennzeichnet durch fast kreisrunden Kopf mit ziemlich großen Augen, lange Fühler mit schwach abgesetzter Keule, leicht gestreckten Halsschild mit 2 durch eine Querfurche verbundenen Basalgrübchen und ziemlich hochgewölbte, an ihrer Basis die Breite des Halsschildes kaum übertreffende Flügeldecken.

Long. 1,50 mm, lat. 0,64 mm. Hell rotbraun gefärbt, gelblich behaart.

Kopf von oben betrachtet rundlich, mit den ziemlich großen, schwach vorgewölbten Augen ein wenig breiter als lang, gleichmäßig flach gewölbt, lang, an den Schläfen dichter behaart als auf der Oberseite, mit schwach markierten Supraantennalhöckern. Fühler zurückgelegt die Halsschildbasis beträchtlich überragend, mit schwach abgesetzter, gestreckter, 4gliederiger Keule, ihr 2. Glied 3mal so lang wie breit, 3 bis 10 leicht gestreckt bis eineinviertelmal so lang wie breit, das Endglied so lang wie die beiden vorhergehenden zusammengenommen.

Halsschild etwas länger als breit, seitlich schwach gerundet, kaum breiter als der Kopf mit den Augen, ziemlich lang, an den Seiten dichter und struppig behaart, vor der Basis mit 2 durch eine Querfurche verbundenen Grübchen. Scutellum nicht sichtbar.

Flügeldecken oval, hoch gewölbt, ohne Schulterwinkel, an ihrer Basis kaum breiter als der Halsschild, mit ziemlich tiefer, außen von einer kurzen Humeralfalte begrenzter Basalimpression, lang, aber schütter, schräg aufgerichtet behaart.

Beine ziemlich lang, Schenkel keulenförmig verdickt.

Penis (Fig. 162) im Bau an *E. lucindalei* erinnernd, aus einem von oben betrachtet ovalen Peniskörper und einen schmalen, mit Widerhaken versehenen Apex bestehend. Parameren das Penisende erreichend, je 3 terminale Tastborsten tragend. Im Penisinneren stehen vor dem Ostium 3 nach hinten gerichtete, lange Chitinstachel und unter bzw. vor diesen verschieden geformte Chitinfalten.

Es liegt mir nur ein Exemplar (♂) vor, das sich im undeterminierten Material des South Austr. Museum vorfand. Dasselbe wurde von A. M. LEA auf Kangarou-Island zwischen Moos und Flechten gesammelt. Der Holotypus ist im South Austr. Museum verwahrt.

Euconnus (Euconophron) clarus (LEA)

LEA, Proc. Roy. Soc. Victoria 27, 1915, p. 210 (*Scydmaenus*)

Das South Australian Museum übersandte mir von dieser Art 7 als Type und Cotypen bezeichnete Exemplare, die alle vom Mt. Wellington in Tasmanien stammen.

Durch spärliche, nur an den Schläfen und Halsschildseiten dichte und steife Behaarung, starken Glanz, mächtige Entwicklung der Mundpartie des Kopfes, seitlich sehr stark vorragende Augen, mit 2 Basalgrübchen versehenen Halsschild, Flügeldecken ohne Schulterbeule, aber mit tiefer Basalimpression sowie schließlich durch in der Mitte vor dem Hinterrand breit eingedrücktes Metasternum des ♂ gekennzeichnet.

Long. 1,70 bis 1,90 mm, lat. 0,70 mm. Rotbraun, Kopf und Halsschild etwas dunkler gefärbt als der übrige Körper, Schläfen und Halsschildseiten bräunlichgelb behaart.

Kopf von oben betrachtet fast isodiametrisch, mit stecknadelkopfartig vorragenden, an den Kopfseiten unter dem kantig ausgebildeten Stirnrand stehenden Augen, mit nach vorne abfallender Stirn und mächtiger, nach unten gerichteter Mundpartie. Fühler kräftig, mit nicht sehr scharf abgesetzter, 4gliederiger Keule, zurückgelegt die Halsschildbasis überragend, ihr 1. bis 6. Glied länger als breit, das 7. und 8. isodiametrisch, das 9. und 10. sehr wenig breiter als lang, das Endglied viel kürzer als die beiden vorhergehenden zusammengenommen.

Halsschild so lang wie breit, so breit wie der Kopf samt den Augen, von der Mitte zum Vorderrand gerundet verengt, hinter der Mitte nahezu parallelseitig, glatt und glänzend, vor der Basis mit 2 weit getrennten Grübchen. Scutellum nicht sichtbar.

Flügeldecken oval, hoch gewölbt, an ihrer Basis nicht breiter als der Halsschild, ohne Spur eines Schulterwinkels und einer Schulterbeule, mit tiefer, außen durch ein kurzes Längsfältchen begrenzter Basalimpression, glatt und stark glänzend.

Metasternum des ♂ hinten breit eingedrückt, beim ♀ ohne Eindruck.

Beine ziemlich lang, Vorderschenkel stärker verdickt als die der Mittel- und Hinterbeine. Hinterhüften breit getrennt.

Penis (Fig. 163) mit rundlichem Peniskörper und nach oben gerichtetem, zungenförmigem Apex. Parameren breit, zur Längsachse des Penis gekrümmt, am Ende zugespitzt, vor der Spitze mit je 2 starken und mehreren kleinen Tastborsten versehen. Im Penisinneren sind schmale chitinöse Querleisten und eine längliche Chitinapophyse erkennbar.

Euconnus (Euconophron) mastersi (LEA)

LEA, Proc. Roy. Soc. Victoria 27, 1914, p. 212—213 *(Scydmaenus)*

E. mastersi ist äußerlich dem *E. walkeri* ähnlich, besitzt aber einen völlig anders gebauten Penis. Der Kopf ist nur wenig breiter als lang, die Augen sind stärker gewölbt, das 9. und 10. Fühlerglied sind nicht länger als breit, der Halsschild ist dagegen leicht gestreckt, die Basalimpression der Flügeldecken ist neben der Humeralfalte furchenförmig vertieft.

Long. 1,40 bis 1,50 mm, lat. 0,60 bis 0,65 mm. Hell rotbraun gefärbt, schütter, gelblich behaart.

Kopf von oben betrachtet querrundlich, wenig breiter als lang, mit konvexen Augen, fast kahl, Stirn und Scheitel nahezu eben. Fühler schlank, zurückgelegt die Halsschildbasis weit überragend, mit 4gliederiger Keule, alle Glieder mit Ausnahme des 9. und 10. länger als breit, das Endglied wesentlich kürzer als die beiden vorletzten zusammengenommen.

Halsschild etwas länger als breit, kaum breiter als der Kopf samt den Augen, seitlich schwach gerundet, mäßig gewölbt, sehr fein, an den Seiten gröber und steif abstehend behaart, vor der Basis mit 2 durch eine Querfurche verbundenen Grübchen.

Flügeldecken schon an der Basis viel breiter als der Halsschild, flach gewölbt, fein und schütter behaart, mit tiefer, außen neben der Humeralfalte furchenförmig vertiefter Basalimpression. Flügel verkümmert.

Beine schlank, Schenkel schwach verdickt.

Penis (Fig. 164) aus einem annähernd kugeligen Peniskörper und einem ebenso langen, spitzwinkelig-dreieckigen Apex bestehend. Die Spitze des Apex fußförmig verbreitert, die Seiten vor ihr mit zahlreichen Borsten besetzt. Parameren plump, die Penisspitze nicht erreichend, am Ende nach außen abgeknickt und mit je 2 kurzen Tastborsten versehen. Ventralwand des Penis stumpfwinkelig-dreieckig, über das Ostium vorgezogen. Seitlich daneben springt die Peniswand auf beiden Seiten lappenförmig nach hinten vor. Vor dem Ostium liegt im Penisinneren ein breit U-förmiges Gebilde, davor eine Gruppe von Chitinapophysen, an denen Muskel inserieren. Die Art erinnert im Penisbau sehr stark an *E. gulosus* KING.

Die Art ist aus N. S. Wales vom Tweed River und Clarence River, Tamworth beschrieben. Mir liegen aus der Sammlung des South Australian Museum neben einer Cotype von Tamworth 5 Exemplare vom Tweed River vor. Diese waren gemeinsam auf einem Karton präpariert, auf dem ein Exemplar, ein ♀, mit Tusche als Type bezeichnet war. Das neben dem Holotypus klebende Exemplar ist mit ? als var. bezeichnet. Es repräsentiert mit größter Wahrscheinlichkeit eine andere Art. Aus dem British Museum lagen mir zwei

Exemplare der Art vom Tweed River, die als Cotypen bezeichnet sind, vor. Eines davon ist ein ♂, von dem ich den Penis herauspräparieren konnte. Die Peniszeichnung ist nach diesem Exemplar angefertigt. Da es mit den übrigen Tieren vom gleichen Fundort, mit Ausnahme des vom Autor selbst als var. bezeichneten, übereinstimmt, besteht kein Zweifel, daß es die von LEA beschriebene Art repräsentiert.

Euconnus (Euconophron) nikitini nov. spec.

Nahe verwandt mit *E. gulosus* KING, aber kleiner, die Fühler kürzer, namentlich die Keule gedrungener gebaut, die Basalgrübchen des Halsschildes größer, die Flügeldecken im Verhältnis zur Länge schmäler, die Vorderschienen distal noch stärker erweitert.

Long. 1,20 mm, lat. 0,45 mm. Dunkel rotbraun, die Extremitäten hell rotbraun gefärbt, fein gelblich behaart.

Kopf von oben betrachtet fast kreisrund, mit großen, mäßig gewölbten Augen, fast kahler Oberseite und steif abstehend, aber ziemlich schütter behaarten Schläfen. Supraantennalhöcker deutlich. Fühler zurückgelegt die Halsschildbasis erreichend, mit scharf abgesetzter, 4gliederiger Keule, ihr Basalglied viel dicker als die folgenden, wie auch das 2. knapp doppelt so lang wie breit, 3 und 7 leicht gestreckt, 4, 5 und 6 isodiametrisch, 8 kugelig, 9 und 10 schwach quer, das Endglied kürzer als die beiden vorhergehenden zusammengenommen.

Halsschild ein wenig länger als breit, in seiner Längsmitte etwas breiter als der Kopf samt den Augen, zum Vorderrand und zur Basis gleichmäßig gerundet verengt, auf der Oberseite fein, an den Seiten steif abstehend behaart, mit 2 großen, durch eine sehr seichte Querfurche verbundenen Grübchen. Scutellum sichtbar.

Flügeldecken oval, an ihrer Basis etwas breiter als der Halsschild, zur Längsmitte schwach erweitert, fein und schütter behaart, mit breiter, außen von einer Humeralfalte begrenzter Basalimpression.

Beine kurz, Vorderschenkel stärker verdickt als die der Mittel- und Hinterbeine, Vorderschienen stark distal erweitert.

Penis (Fig. 165) im Bauplan dem des *E. gulosus* ähnlich, aber viel schmäler, zur Spitze schwächer verjüngt, diese breit abgerundet, die Seiten vor dieser mit je 4 Tastborsten besetzt. Ventralwand des Penis viel kürzer als die Dorsalwand, am Ende breit im Bogen abgerundet, in der Mitte mit einer kleinen und kurzen Spitze versehen.

Es liegen mir mehrere Exemplare vor, die M. NIKITIN am 26. 1. 1960 in Narrabri in N. S. Wales am Licht gefangen hat. Der Holotypus und einige Paratypen sind im British Museum verwahrt, einige Paratypen in meiner Sammlung.

Euconnus (Euconophron) gulosus (KING)

KING, Trans. Ent. Soc. N. S. Wales 1, 1863—1866, p. 94 *(Scydmaenus)*

Wie alle von KING zur Gattung *Scydmaenus* gestellten Arten gehört auch diese zu *Euconnus* THOMS., was bereits von CSIKI (Coleopt. Catal. pars 70, 1919) erkannt worden ist.

Durch dunkle Färbung, von oben betrachtet nahezu kreisrunden Kopf und annähernd quadratischen Halsschild mit 2 großen Basalgrübchen, durch flach gewölbte, kurzovale Flügeldecken mit stark markierter Humeralfalte und durch distal verbreiterte, innen abgeflachte und mit einer Haarbürste versehene Vorderschienen ausgezeichnet.

Long. 1,35 mm, lat. 0,55 mm. Dunkel rotbraun, die Extremitäten gelbrot gefärbt, fein gelblich behaart.

Kopf von oben betrachtet fast kreisrund mit großen, in seiner Längsmitte stehenden Augen, flach gewölbtem Scheitel und flacher Stirn, beide glänzend, glatt und kahl, Schläfen fein behaart, Supraantennalhöcker deutlich. Fühler mit deutlich abgesetzter, 4gliederiger Keule, zurückgelegt knapp die Halsschildbasis erreichend, ihre Geißelglieder leicht gestreckt, Glied 8 und 9 annähernd isodiametrisch, 10 schwach quer, das spitz-eiförmige Endglied etwas kürzer als die beiden vorhergehenden zusammengenommen.

Halsschild fast quadratisch, sowohl zum Vorderrand als auch zur Basis schwach verengt, mit glatter, mäßig gewölbter, kahler Scheibe und struppig behaarten Seiten, mit 2 großen Basalgrübchen.

Flügeldecken kurzoval, schon an ihrer Basis etwas breiter als der Halsschild, fein und schütter behaart, äußerst fein, bei 80facher Vergrößerung kaum erkennbar punktiert, mit flacher, außen aber durch eine hoch emporgewölbte Humeralfalte scharf begrenzter Basalimpression.

Beine ziemlich schlank, Schenkel schwach verdickt, Hinterschienen gerade, Mittelschienen sehr schwach s-förmig gekrümmt, Vorderschienen distal stark verbreitert, innen abgeplattet und mit einer dichten Haarbürste versehen.

Penis (Fig. 166) sehr eigenartig gebaut. Der annähernd kugelige Peniskörper ist in einem symmetrischen, spitzwinkelig-dreieckigen Apex verlängert, dessen Spitze lanzettförmig ist. An den Seiten des Apex stehen weit vor der Spitze hintereinander je 4 lange Tastborsten. Die Parameren sind kurz und plump, am Ende seitlich etwas erweitert und mit je 2 Tastborsten besetzt. Im Peniskörper liegt eine Gruppe von Apophysen, an denen Muskel inserieren.

Die Art kommt nach KING in N. S. Wales und zwar in Paramatta, Sydney und Camden vor. Mir liegt eine Cotype aus Paramatta vor, die aus der Sammlung SHARPS in den Besitz des British Museum gelangt ist.

Euconnus (Euconophron) allogulosus nov. spec.

Vor allem im Bau des männlichen Kopulationsapparates nahe mit *E. gulosus* KING verwandt. Äußerlich von diesem durch gedrungenere Gestalt und dichtere Behaarung leicht unterscheidbar.

Kopf queroval, mit großen, mäßig gewölbten Augen, spärlich behaarter Oberseite und einem steif abstehenden Haarbüschel an den Schläfen, Supraantennalhöcker flach. Fühler zurückgelegt die Halsschildbasis knapp erreichend, mit großer und scharf abgesetzter, 4gliederiger Keule, ihre beiden ersten Glieder eineinhalbmal so lang wie breit, 3 bis 6 isodiametrisch, 7 leicht gestreckt, 8 bis 10 breiter als lang, das Endglied viel kürzer als die beiden vorhergehenden zusammengenommen.

Halsschild so lang wie breit, breiter als der Kopf, seitlich gerundet, zum Vorderrand etwas stärker als zur Basis verengt, mit 2 Basalgrübchen, auf der Scheibe schütter, an den Seiten dicht und struppig behaart.

Flügeldecken kurzoval, schon an ihrer Basis breiter als der Halsschild, mit mäßig breiter, außen gegen die kurze Humeralfalte furchig begrenzter Basalimpression und ziemlich langer, nach hinten gerichteter Behaarung.

Beine mäßig lang, Schenkel ziemlich stark verdickt.

Penis (Fig. 167) dem des *E. gulosus* sehr ähnlich, zur Spitze weniger stark verschmälert, der Apex halbmondförmig, mit spitzen, widerhakenförmig über die Seiten vorspringenden Ecken, die Seiten davor mit einer Gruppe von Tastborsten besetzt. Unter der Basalöffnung des Penis befindet sich eine unregelmäßig begrenzte Chitinapophyse. Parameren breit, mit widerhakenförmig umgebogener Spitze und je 2 terminalen Tastborsten versehen.

Es liegt mir nur ein Exemplar (♂) vor, das ich in einem verarmten Wine Scrub Rain-Forest auf Prairieboden bei Maipoten nördlich von Brisbane in Queensland am 11. 9. 1970 aus Waldstreu siebte. Der Holotypus wird im South Austr. Museum in Adelaide verwahrt.

Fig. 166. *Euconnus (Euconophron) gulosus* (KING), Penis in Dorsalansicht.

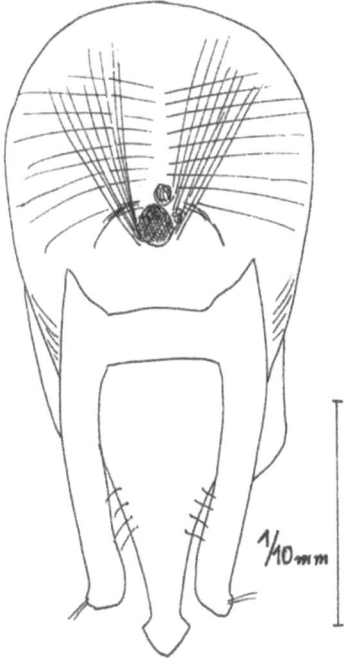

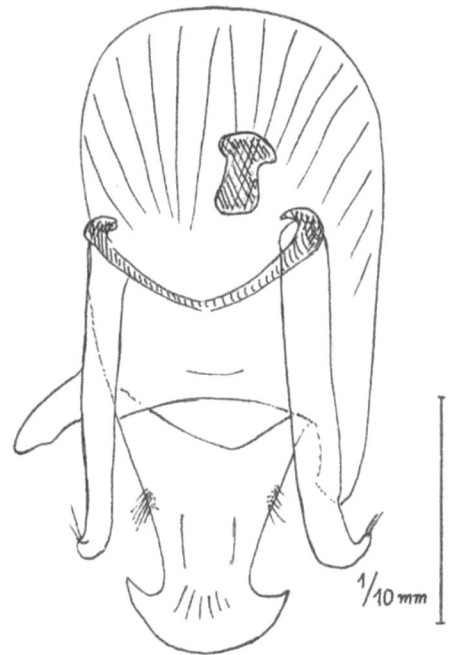

Fig. 167. *Euconnus (Euconophron) allogulosus* FRANZ, Penis in Dorsalansicht.

Fig. 167a. *Euconnus (Euconophron) paragulosus* FRANZ, Penis in Dorsalansicht.

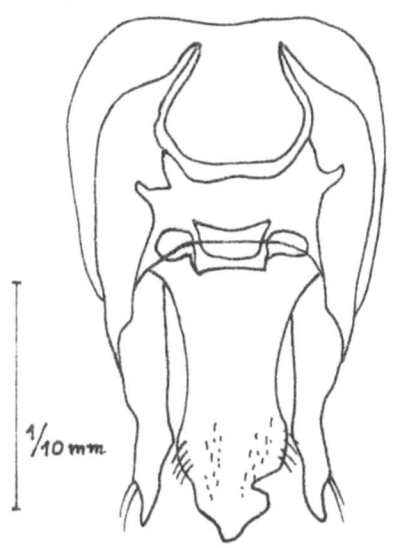

Fig. 168. *Euconnus (Euconophron) brevisetosus* (LEA), Penis in Dorsalansicht.

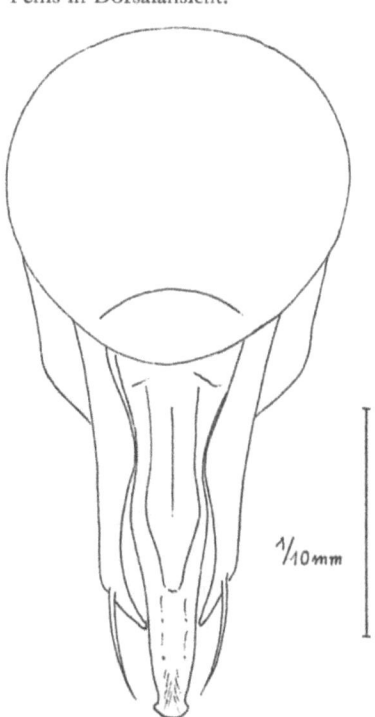

Euconnus (Euconophron) paragulosus nov. spec.

Die von LEA als *Scydmaenus gulosus* KING determinierten Tiere entsprechen nicht dieser, sondern einer anderen, wenn auch äußerst ähnlichen Art. Sie sind etwas dichter behaart und der männliche Kopulationsapparat ist abweichend gebaut. Noch näher steht die neue Art dem *E. tortipenis* m. aus Port Lincoln in Südaustralien.

In Größe und Färbung mit *E. gulosus* übereinstimmend, etwas stärker gewölbt wie dieser, fein weißgelb, etwas abstehend behaart.

Wegen der weitgehenden Übereinstimmung in den äußeren Merkmalen kann auf die Beschreibung des *E. gulosus* verwiesen werden.

Penis (Fig. 167) etwas gedrungener gebaut als bei der Vergleichsart, mit asymmetrischem Apex und mit mehrfach leicht geknickten Parameren, in diesen Merkmalen wie auch im Bau des Peniskörpers stark an *E. tortipenis* m. erinnernd. Parameren vor der Spitze lateral mit je 2, Apex im Spitzendrittel mit je 4 lateralen und zahlreichen medialen Tasthaaren. Es liegen mir von dieser Art zahlreiche Exemplare aus dem South Australian Museum vor. Der Holotypus (♂) und 7 weitere Exemplare stammen von Windsor westlich von Sydney, je ein Exemplar vom Nepean River und Clearence River, 5 von LEA als *Sc. gulosus* determinierte Tiere, die nur die Fundortangabe N. S. Wales tragen, befinden sich im British Museum, auch im Material des South Australian Museum sind 3 Exemplare aus N. S. Wales ohne genauere Fundortangabe enthalten.

Euconnus (Euconophron) brevisetosus (LEA)

LEA, Proc. Roy. Soc. Victoria 27, 1915, p. 206 *(Scadmaenus)*

Sehr ausgezeichnet durch die gedrungene Körperform, den rundlichen Kopf, kurze Fühler mit in der Mehrzahl queren Gliedern, schwach queren Halsschild mit 2 durch eine Querfurche verbundenen Grübchen und an den Seiten struppig abstehender Behaarung sowie kurzovale, fast kahle Flügeldecken.

Long. 1,45 bis 1,50 mm, lat. 0,45 bis 0,50 mm. Rotbraun gefärbt, oberseits sehr spärlich, an den Schläfen und Halsschildseiten dicht und steif abstehend, bräunlichgelb behaart.

Kopf groß, von oben betrachtet fast kreisrund, mit mäßig großen Augen und in der Mitte verflachter, vorn von den Fühlerwurzeln zum Vorderrand abgedachter Stirn, oberseits fast kahl, an den Schläfen bärtig behaart. Fühler gedrungen gebaut, zurückgelegt beim ♂ knapp die Halsschildbasis erreichend, beim ♀ etwas kürzer, bei diesem nur die beiden ersten und das Endglied der Fühler länger als breit, alle anderen breiter als lang, beim ♂ Glied 3 bis 5 isodiametrisch.

Halsschild schwach quer, kaum breiter als der Kopf samt den Augen, seitlich stark gerundet, mäßig gewölbt, auf der Scheibe fast kahl, an den Seiten struppig behaart, mit 2 großen, durch eine Querfurche verbundenen Grübchen.

Flügeldecken kurzoval, schon an der Basis breiter als der Halsschild, mit flacher Basalimpression und schwach erhobener Humeralfalte, stark glänzend, nahezu kahl.

Beine kurz, Vorderschenkel nur wenig stärker verdickt als die der Mittel- und Hinterbeine, Schienen distal verbreitert.

Penis (Fig. 168) aus einem rundlichen Peniskörper und einer langgestreckten, im basalen Drittel seitlich leicht eingeschnürten Apikalpartie bestehend. Parameren kräftig, das Penisende nicht erreichend, mit einer langen und kräftigen Tastborste versehen.

Es liegen mir aus der Sammlung des South Austr. Museums 5 gemeinsam auf einem Karton montierte Exemplare, darunter der Holotypus, zur Untersuchung vor. Die Tiere stammen nach dem handschriftlichen Text des Patriazettels vom Mt. Wellington in Tasmanien.

Euconnus (Euconophron) leai (Csiki)

Csiki, in W. Junk u. S. Schenkling, Coleopt. Catal. pars 70, 1919, p. 81
Lea, Proc. Roy. Soc. Victoria 27, 1915, p. 207—208 *(Scydmaenus tenuicornis)*

Der Name *Sc. tenuicornis* Lea wurde von Csiki in *Sc. leai* geändert wegen *Sc. tenuicornis* Schauf. (1884). Nun hat die Untersuchung ergeben, daß die von Lea als *Scydmaenus* beschriebene Art ein *Euconnus* ist. Der Name *tenuicornis* ist aber auch in dieser Gattung bereits vergeben, und zwar durch Cauchois (Ann. Mus. Congo Tervuren, Zool. 40, 1955, p. 119, fig. 34). Die von Csiki durchgeführte Namensänderung möge deshalb beibehalten werden.

Sehr ausgezeichnet durch langgestreckte Fühler mit wenig scharf abgesetzter, 4gliederiger Keule, querovalen Kopf mit großen Augen, annähernd isodiametrischen Halsschild mit 4 durch eine Querfurche verbundenen Basalgrübchen und den Besitz von 2 zapfenförmigen Fortsätzen am Hinterrand des 4. Sternites beim ♂.

Long. 1,90 mm, lat. 0,75 mm. Hell rotbraun gefärbt, gelblich behaart.

Kopf von oben betrachtet queroval, mit großen, seitlich vorragenden Augen, gleichmäßig flach gewölbt, ohne deutliche Supraantennalhöcker, fein und schütter, auch an den Schläfen nicht viel dichter behaart, Fühler sehr lang und schlank, beim ♂ zurückgelegt das basale Drittel der Flügeldeckenlänge erreichend, beim ♀ ein wenig kürzer, beim ♂ alle Glieder einschließlich der 4gliederigen Keule viel länger als breit, beim ♀ das 9. und 10. Glied isodiametrisch.

Halsschild fast so breit wie lang, im vorderen Drittel seiner Länge am breitesten und hier kaum merklich breiter als der Kopf samt den Augen, auf der Scheibe fein, an den Seiten dicht und struppig behaart, vor der Basis mit 4 durch eine Querfurche verbundenen Grübchen.

Flügeldecken länglich oval, an ihrer Basis nur wenig breiter als die Halsschildbasis, mit breiter, seitlich von einer schrägen Humeralfalte begrenzter Basalimpression, in dieser auf jeder Flügeldecke mit 2 Punktgrübchen, auf der ganzen Fläche schütter, lang behaart, Flügel voll entwickelt.

4. Sternit des ♂ am Hinterrand beiderseits der Mitte mit einem langen Chitinzapfen. Hinterhüften ziemlich weit getrennt, Beine schlank, Vorderschenkel stärker verdickt, als die der Mittel- und Hinterbeine, Vorderschienen innen im Spitzendrittel flach ausgerandet und mit einer Haarbürste versehen.

Penis (Fig. 169) sehr langgestreckt, der schmale, parallelseitige Apex so lang wie der Peniskörper, die Parameren die Penisspitze fast erreichend, im apikalen Drittel zur Mitte geknickt, vor dem Ende mit je 4 Tastborsten versehen. Auch die Ventralwand über den Peniskörper hinaus in Form einer horizontalen Platte verlängert. Aus dem Penisinneren ragen 3 lange, mehr oder weniger gekrümmte Chitindornen nach hinten heraus, ein 4., kürzerer Dorn erreicht das Ostium penis nicht. Die Chitindornen inserieren an zwei queren Chitinspangen.

Es liegen mir 4 Exemplare der Art, die Type und 3 Paratypen, mit Fundort Stanley vor. In der Originaldiagnose sind weiter Hobart und Huon River angeführt, die Art ist demnach in Tasmanien weiter verbreitet.

Euconnus (Euconophron) castaneoglaber (Lea)

Lea, Proc. Roy. Soc. Victoria 23, 1911, 184—185 *(Scydmaenus)*

Durch querovalen, großen Kopf mit großen, flachen Augen, ziemlich lange Fühler mit scharf abgesetzter, 4gliederiger Keule, relativ schmalen Halsschild mit 2 großen, weit getrennten Basalgrübchen, kurzovale, kahle Flügeldecken mit scharf umgrenzter Basalimpression und schräger Humeralfalte und die hell rotbraune Färbung gekennzeichnet.

Long. 1,10 mm, lat. 0,50 mm. Sehr hell rotbraun gefärbt, sehr spärlich gelblich behaart.

Kopf von oben betrachtet queroval, groß, mit großen, flach gewölbten Augen, Stirn und Scheitel sehr flach gewölbt, kahl, Supraantennalhöcker kaum angedeutet, Schläfen steif, bärtig behaart, Fühler zurückgelegt die Halsschildbasis überragend, mit scharf abgesetzter, ziemlich lockerer, 4gliederiger Keule, ihr Basalglied kurz, kaum länger, das 2. um die Hälfte länger als breit, 3 bis 7 annähernd quadratisch, 8 bis 10 sehr schwach quer, das Endglied sehr kurz eiförmig.

Halsschild so lang wie breit, nicht breiter als der Kopf, zum Vorderrand stark, zur Basis nur sehr wenig verengt, flach gewölbt, auf der Scheibe kahl, an den Seiten struppig behaart, vor der Basis mit 2 großen, weit getrennten Grübchen. Scutellum deutlich.

Flügeldecken kurzoval, kahl, schon an ihrer Basis wesentlich breiter als der Halsschild, mit tiefer, außen von der Humeralfalte scharf begrenzter Basalimpression.

Beine schlank, Schenkel schwach keulenförmig verdickt, Vorder- und Mittelschienen innen distal flach ausgeschnitten und mit einer Haarbürste versehen.

Penis (Fig. 170) aus einem fast isodiametrischen Peniskörper und einem fast ebenso langen, schmalen, spitz zulaufenden Apex bestehend. Die Ventralwand des Penis im spitzen Bogen über das Ostium vorragend. Parameren lang, die Penisspitze etwas überragend, gedreht, am Ende mit 2 kurzen Tastborsten versehen. Im Penisinneren befindet sich unter der Basalöffnung ein großer, stark chitinisierter Körper, hinter dem zwei schwach chitinisierte Stachel sichtbar sind.

Es liegen mir 2 Exemplare dieser Art aus der Sammlung des South Australian Museum vor, der Holotypus (♀), der einen Zettel mit dem Text „*castaneoglaber* LEA, Type, Warratah" trägt und eine Paratype (♂), die ebenfalls aus Tasmanien stammt. Die Peniszeichnung ist nach diesem ♂ angefertigt.

Euconnus (Euconophron) flavoapicalis (LEA)

Proc. Roy. Soc. Victoria (N. S.) 27, 1914, 203—204 *(Scydmaenus)*

Dem *E. castaneoglaber* (LEA) sehr ähnlich, aber etwas größer, der Kopf so lang wie breit, Schläfen und Halsschildseiten etwas dichter und länger behaart, Basalgrübchen des Halsschildes durch eine Querfurche verbunden, Peniskörper voluminöser, Apex penis kürzer, seine Spitze nach abwärts gebogen.

Long. 1,20 bis 1,25 mm, lat. 0,52 bis 0,58 mm. Hell rotbraun gefärbt, gelblich behaart.

Kopf von oben betrachtet fast kreisrund, mit ziemlich großen, etwas vorstehenden Augen und steif abstehend behaarten Schläfen, Supraantennalhöcker groß. Fühler wie bei *E. castaneoglaber* gebildet.

Halsschild so lang wie breit, nicht breiter als der Kopf, seitlich dicht und struppig behaart, die beiden Basalgrübchen durch eine Querfurche verbunden.

Flügeldecken oval, mit tiefer, außen von einer hoch erhobenen Humeralfalte scharf begrenzter Basalimpression, Schildchen deutlich sichtbar.

Penis (Fig. 171) mit voluminösem Peniskörper, der Apex nur halb so lang wie dieser, mit nach unten gebogener Spitze. Parameren ziemlich breit, nur mit je einer kurzen Tastborste versehen. An Stelle der großen, unter der Basalöffnung des Penis gelegenen Chitinapophyse befinden sich unweit vor dem Ostium penis unscharf begrenzte chitinöse Gebilde.

Die Art ist aus N. S. Wales beschrieben und vom Autor von Ropes Creek, Sydney, Clarence River, Tamworth, Windsor und Forest Reefs angegeben. 2 Exemplare (♂, ♀) vom letztgenannten Fundort, Cotypen aus der Sammlung des British Museum, liegen mir zur Untersuchung vor.

Fig. 169. *Euconnus (Euconophron) leai* Csiki, Penis in Dorsalansicht.

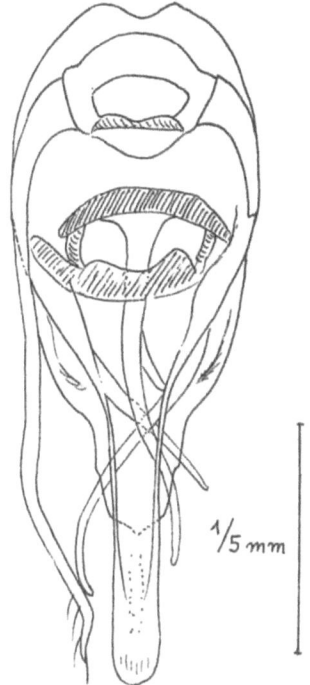

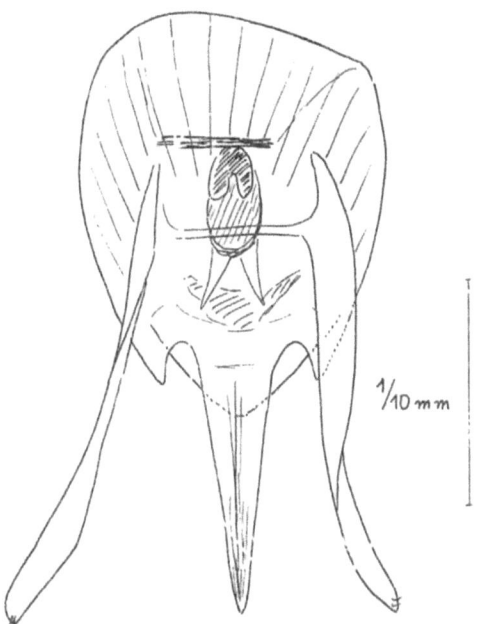

Fig. 170. *Euconnus (Euconophron) castaneoglaber* (Lea), Penis in Dorsalansicht.

Fig. 171. *Euconnus (Euconophron) flavoapicalis* (Lea), Penis in Dorsalansicht.

Fig. 172. *Euconnus (Euconophron) nigriceps* Franz, Penis in Lateralansicht.

Fig. 173. *Euconnus (Euconophron) mac arthuri* Franz, Penis in Dorsalansicht.

Euconnus (Euconophron) nigriceps nov. spec.

Gekennzeichnet durch die dunkle Färbung, gestreckte Gestalt, schlanke Fühler mit unscharf abgesetzter, 4gliederiger Keule, isodiametrischen, stark gewölbten Halsschild mit 2 Basalgrübchen und stark glänzende, schütter behaarte Flügeldecken. Von *E. seminiger* (LEA), dem die neue Art in der Größe ungefähr entspricht, durch viel gestrecktere Gestalt, dunklere Färbung, weniger scharf abgesetzte Fühlerkeule, behaarte Flügeldecken und völlig anders geformten Penis verschieden.

Long. 1,50 bis 1,55 mm, lat. 0,55 mm. Schwarz, die vordere Hälfte der Flügeldecken und die Extremitäten z. T. schwarzbraun bis rotbraun, oberseits stark glänzend, an den Schläfen und Halsschildseiten steif und dicht, sonst schütter und weich behaart.

Kopf von oben betrachtet queroval, stark gewölbt, mit großen, ziemlich flachen Augen, bärtig behaarten Schläfen und schwach markierten Supraantennalhöckern. Fühler zurückgelegt die Halsschildbasis erreichend, mit wenig scharf abgesetzter, 4gliederiger Keule, ihr 2. Glied mehr als doppelt so lang wie breit, 3 bis 7 leicht gestreckt, 8 isodiametrisch, 9 und 10 breiter als lang, das Endglied kürzer als die beiden vorhergehenden zusammengenommen.

Halsschild so breit oder fast so breit wie lang, kugelig gewölbt, nahe der Längsmitte am breitesten, breiter als der Kopf samt den Augen, auf der Scheibe schütter, an den Seiten struppig behaart, vor der Basis mit 2 Grübchen.

Flügeldecken länglichoval, schon an ihrer Basis etwas breiter als die Basis des Halsschildes, glatt und glänzend, schütter und fein, aufgerichtet behaart, mit tiefer Basalimpression und schräger Humeralfalte. Flügel verkürzt.

Beine mäßig lang, mit stark verdickten, dunklen Schenkeln und meist hellen Schienen und Tarsen.

Penis (Fig. 172) sehr langgestreckt, etwa in seiner Längsmitte nach oben und dann wieder in die Horizontale zurückgeknickt, der Apex lang und schmal, seine äußerste Spitze mit einem Widerhaken versehen. Auf seiner Ventralseite ragt etwa in der Längsmitte aus dem Penisinneren ein kurzer Chitinzahn heraus, ein zweiter nahe der Basis des Apex. Davor treten 2 am Ende abgerundete Chitinstäbe, von denen der vordere 2 Tastborsten trägt, aus dem Ostium penis hervor, noch weiter vorne steht ein hakenförmig nach vorne gekrümmter Chitinzahn. Im Inneren des Peniskörpers sind wenig scharf begrenzte Chitingebilde vorhanden. Parameren sind an dem einzigen vorliegenden Präparat nicht vorhanden.

Es liegen mir aus dem undeterminierten Material des British Museum 3 Exemplare vor, die aus der Sammlung SHARP stammen. Sie tragen auf handgeschriebenen Patriazetteln die Angabe „Victoria". Der Holotypus (♂) und eine Paratype (♀) werden in der Sammlung des British Museum verwahrt, eine Paratype in meiner Sammlung.

Euconnus (Euconophron) mac arthuri nov. spec.

Gekennzeichnet durch rundlichen Kopf, mäßig lange Fühler mit scharf abgesetzter, 4gliederiger Keule, annähernd quadratischen Halsschild mit kurz, aber steif abstehend behaarten Seiten und 2 Basalgrübchen, schütter behaarte ovale Flügeldecken, mit kleiner, aber tiefer Basalimpression und nur angedeuteter, sehr kurzer Humeralfalte sowie stark verdickte Vorderschenkel.

Long. 1,50 mm, lat. 0,45 mm. Dunkel rotbraun, die Extremitäten rötlichgelb gefärbt, gelblich behaart.

Kopf von oben betrachtet rundlich, die mäßig großen Augen vor seiner Längsmitte stehend, seitlich wenig vorragend, Stirn und Scheitel gleichmäßig gewölbt, fein und schütter, die Schläfen struppig behaart, Supraantennalhöcker fehlend. Fühler zurückgelegt die

Halsschildbasis nicht ganz erreichend, mit scharf abgesetzter, 4gliederiger Keule, ihre beiden ersten Glieder reichlich doppelt so lang wie breit, 3 bis 7 leicht gestreckt, 8 und 9 so lang wie breit, 10 sehr schwach quer, das eiförmige Endglied ein wenig kürzer als die beiden vorhergehenden zusammengenommen, 3. Glied der Maxillarpalpen zur Spitze stark verbreitert, das 4. sehr klein.

Halsschild so lang wie breit, vor seiner Längsmitte am breitesten und hier viel breiter als der Kopf, mäßig gewölbt, seitlich mäßig gerundet, oberseits schütter, an den Seiten dicht, aber kurz, steif abstehend behaart, vor der Basis mit 2 Grübchen.

Flügeldecken oval, an ihrer Basis nur so breit wie die Basis des Halsschildes, flach gewölbt, mit tiefer Basalgrube und nur angedeutetem, sehr kurzem Humeralfältchen, ohne Schulterwinkel, schütter, aber lang, aufgerichtet behaart. Letztes freies Tergit am Hinterrand beim ♂ mit 2 kurzen Chitinzapfen.

Beine kurz, mit mäßig verdickten Mittel- und Hinterschenkeln und sehr stark verdickten Vorderschenkeln.

Penis (Fig. 173) von oben betrachtet oval, mit sehr langem, stachelförmigem Apex und dünnen, nur die Basis des Apex erreichenden, am Ende je 3 Tastborsten tragenden Parameren. Im Penisinneren liegt hinter der Basalöffnung eine große chitinöse Blase mit dicker Wand und undurchsichtigem Inhalt, an sie schließt eine zweite Kammer an, an deren Hinterrand zu beiden Seiten eine Chitinleiste entspringt, die zum Hinterrand des Peniskörpers zieht. In der Mitte des Hinterrandes der 2. Kammer schließt ein zangenartiges Chitingebilde an, das bis zum Hinterrand des Peniskörpers reicht. Das ♀ ist unbekannt.

Es liegt mir nur ein Exemplar (♂) vor, das ich am 21. 9. 1970 im Warren National Park bei Pemberton in SW-Australien in einem alten *Eucalyptus*-Wald aus Laubstreu und Moos an Baumstämmen siebte. Der Holotypus wird im South Austr. Museum in Adelaide verwahrt. Die Art ist Herrn WILLIAM MC. ARTHUR, der mich auf meinen Exkursionen in SW-Australien führte, in Dankbarkeit gewidmet.

Euconnus (Euconophron) hubbleanus nov. spec.

Gekennzeichnet durch rundlichen Kopf, lange Fühler mit scharf abgesetzter, 4gliederiger Keule, annähernd isodiametrischen Halsschild mit 2 großen, durch eine Querfurche verbundenen Basalgrübchen, ovale, flach gewölbte Flügeldecken mit außen von der Humeralfalte scharf begrenzter Basalimpression und distal stark verbreiterten Vordertarsen des ♂.

Long. 1,10 bis 1,20 mm, lat. 0,45 bis 0,50 mm. Rotbraun gefärbt, gelblich behaart.

Kopf von oben betrachtet rundlich, mit den mäßig großen Augen ein wenig breiter als lang, Stirn und Scheitel gleichmäßig gewölbt, sehr spärlich behaart, Schläfen mit einem Büschel steif abstehender Haare, Supraantennalhöcker deutlich markiert. Fühler lang, zurückgelegt die Halsschildbasis überragend, mit lockerer, aber scharf abgesetzter, 4gliederiger Keule, beim ♀ alle Geißelglieder wesentlich länger als breit, beim ♂ Glied 3 bis 6 fast so breit wie lang, 7 ein wenig breiter als 6, aber nur halb so breit wie 8, dieses beim ♀ leicht gestreckt, 9 isodiametrisch, 10 schwach quer, beim ♂ 8 bis 10 nahezu so lang wie breit, das eiförmige Endglied beim ♂ wenig, beim ♀ bedeutend kürzer als die beiden vorhergehenden zusammengenommen.

Halsschild so lang wie breit, in der Längsmitte am breitesten und hier breiter als der Kopf samt den Augen, seitlich gleichmäßig gerundet, auf der Scheibe glatt und glänzend, sehr spärlich, an den Seiten dicht und struppig behaart, vor der Basis mit 2 durch eine Querfurche verbundenen Grübchen.

Flügeldecken oval, flach gewölbt, schon an ihrer Basis breiter als der Halsschild, beim ♂ fein behaart, beim ♀ fast kahl, mit sehr kurzer Humeralfalte, in der Basalimpression auf jeder Flügeldecke mit 2 Grübchen. Flügel voll entwickelt.

Beine ziemlich lang, Schenkel schwach verdickt, Vorderschienen des ♂ distal stark verbreitert, die des ♀ einfach.

Penis (Fig. 174) mit fast kugeligem Peniskörper und langem, schmalem Apex, dieser vor der Spitze dorsal mit einer Reihe von Tasthaaren bestanden. Aus dem Ostium penis ragt eine vertikal gestellte, trapezförmige Chitinplatte nach hinten. Parameren lang, die Penisspitze nahezu erreichend, am Ende verschmälert und hakenförmig gekrümmt, an der Spitze mit je 2 kurzen Tastborsten versehen. Im Penisinneren befindet sich vor dem Ostium eine Reihe von Chitinapophysen.

Es liegen mir 2 Exemplare (♂, ♀) vor, die ich am 12. 9. 1970 in der Deviding Range bei der Straße nach Warwick aus Laubstreu siebte. Der Holotypus (♂) ist in der Sammlung des South Austr. Museums in Adelaide verwahrt, das ♀ in meiner Sammlung. Die Zugehörigkeit beider Tiere zur gleichen Art ist nicht sicher, da das ♀ immerhin andere Fühlerproportionen und völlig unbehaarte Flügeldecken aufweist.

Die Art ist Herrn G. D. HUBBLE, Leiter der Division of Sols der CSIRO in Brisbane in Dankbarkeit für die gewährte Unterstützung gewidmet.

Euconnus (Euconophron) pembertonensis nov. spec.

Durch langgestreckte Gestalt, großen, von oben betrachtet rundlichen Kopf, ziemlich kurze Fühler mit 4gliederiger Keule, schmalen und langen Halsschild mit 2 durch eine seichte Querfurche verbundenen Grübchen, durch langovale Flügeldecken mit großer, weit nach hinten reichender Basalimpression und schräger, scharf markierter Schulterbeule sowie durch dunkel-kastanienbraune Färbung gekennzeichnet.

Long. 1,90 mm, lat. 0,70 mm. Dunkel kastanienbraun, die Extremitäten hell rotbraun gefärbt, bräunlichgelb behaart.

Kopf von oben betrachtet rundlich, mit großen, vor seiner Längsmitte stehenden Augen, oberseits flach gewölbt, fein und schütter, an den Schläfen dicht und bärtig behaart. Fühler kräftig, zurückgelegt die Halsschildbasis nicht ganz erreichend, mit scharf abgesetzter, 4gliederiger Keule, ihre beiden ersten Glieder zweieinhalbmal so lang wie breit, 3 bis 6 leicht gestreckt, 7 und 8 kugelig, 9 und 10 breiter als lang, das eiförmige Endglied kürzer als die beiden vorhergehenden zusammengenommen.

Halsschild nur so breit wie der Kopf mit den Augen, seitlich sehr schwach gerundet, um ein Viertel länger als breit, auf der Scheibe fein, an den Seiten grob und steif abstehend behaart, vor der Basis mit 2 großen, durch eine Querfurche verbundenen Grübchen.

Flügeldecken langoval, an ihrer Basis etwas breiter als der Halsschild, flach gewölbt, mit breiter, weit nach hinten reichender Basalimpression und langer, scharf markierter Humeralfalte, zerstreut, grob punktiert und mäßig dicht, schräg abstehend behaart.

Beine ziemlich lang, Vorderschenkel viel stärker verdickt als die der Mittel- und Hinterbeine.

Penis (Fig. 175) mit breitem Peniskörper und schmalem, langen Apex. Parameren die Penisspitze nicht annähernd erreichend, mit je 3 feinen Tastborsten versehen. Im Penisinneren sind 4 gekrümmte Chitinstachel erkennbar.

Es liegt mir nur ein Exemplar (♂) vor, das ich am 22. 9. 1970 am Ufer des Five Mile Bak nördlich Pemberton in SW-Australien aus angeschwemmtem Datritus siebte. Der Holotypus ist im South Austr. Museum in Adelaide verwahrt.

Euconnus (Euconophron) amplipennis (LEA)

LEA, Proc. Roy. Soc. Victoria 27, 1915, p. 211—212 *(Scydmaenus)*

Sehr ausgezeichnet durch allmählich zur Spitze verdickte Fühler, von oben betrachtet verrundet-rautenförmigen Kopf, schmalen Halsschild und breite Flügeldecken. Mit *E. pember-*

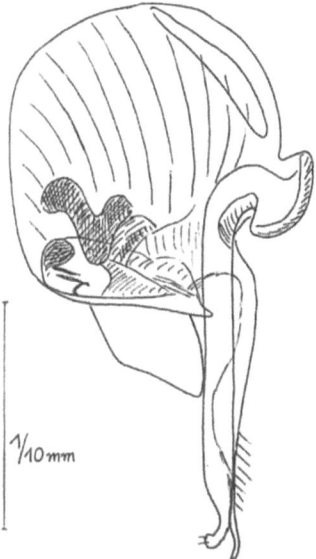

Fig. 174. *Euconnus (Euconophron) hubleanus* Franz, Penis in Lateralansicht.

Fig. 175. *Euconnus (Euconophron) pembertonensis* Franz, Penis in Dorsalansicht.

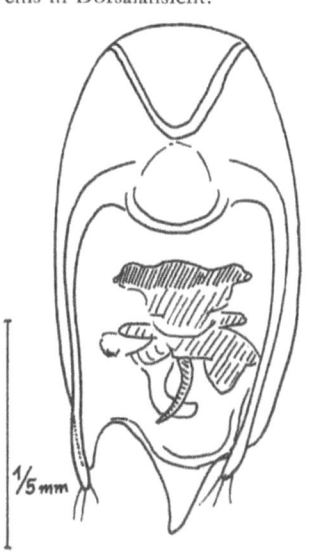

Fig. 176. *Euconnus (Euconophron) amplipennis* (Lea), Penis in Dorsalansicht.

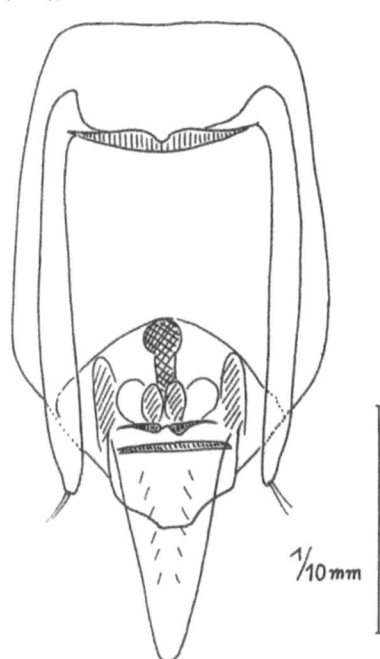

Fig. 177. *Euconnus (Euconophron) davayi* (Lea), Penis in Dorsalansicht.

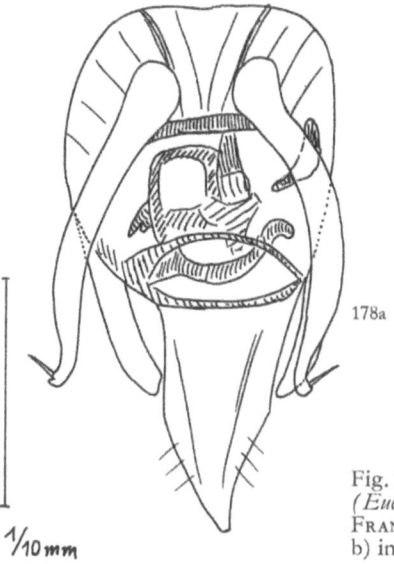

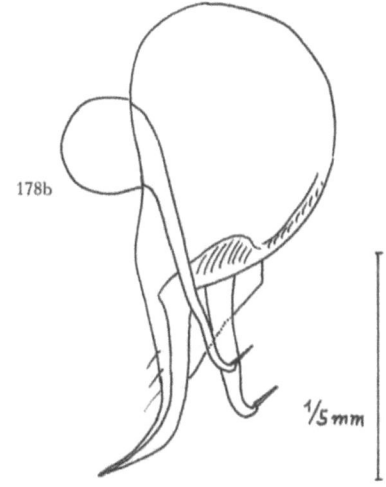

Fig. 178. *Euconnus (Euconophron) loftyanus* Franz, Penis a) in Dorsal-, b) in Lateralansicht.

tonensis m. verwandt, von ihm durch länglichen Kopf, Fehlen einer abgesetzten Fühlerkeule, schmäleren Halsschild und schmälere Flügeldecken sowie etwas abweichenden, wenn auch im Bauplan ähnlichen männlichen Kopulationsapparat abweichend.

Long. 1,80 mm, lat. 0,75 mm. Rotbraun gefärbt, gelblich behaart.

Kopf von oben betrachtet verrundet-rautenförmig, mit ziemlich stark vorgewölbten Augen, zwischen diesen beiderseits der Mittellinie flach eingedrückter Stirn, glatt und glänzend, sehr spärlich, auch an den Schläfen nur wenig dichter behaart. Supraantennalhöcker sehr flach gewölbt. Fühler zurückgelegt die Halsschildbasis etwas überragend, allmählich zur Spitze verdickt, ihre ersten 7 Glieder länger als breit, das 2. und 5. am längsten, ihre Länge dem eineinhalbfachen der Breite entsprechend, 8, 9 und 10 annähernd quadratisch, das eiförmige Endglied kürzer als die beiden vorhergehenden zusammengenommen.

Halsschild um ein Drittel länger als breit, seitlich sehr schwach gerundet, zur Basis fast nicht, zum Vorderrand etwas stärker verengt, nicht breiter als der Kopf samt den Augen, mit gewölbter, glatter und glänzender Scheibe, schütter, an den Seiten dichter und struppig behaart, vor der Basis mit 2 kleinen Grübchen. Scutellum nicht sichtbar.

Flügeldecken auffällig breit, zusammen doppelt so breit wie der Halsschild, ziemlich flach gewölbt, sehr fein und zerstreut punktiert, schütter und fast anliegend behaart, mit breiter, außen von einer schrägen Humeralfalte begrenzter Basalimpression und flachem Eindruck beiderseits der Naht im vorderen Drittel der Flügeldeckenlänge.

Beine schlank, Schenkel mäßig verdickt, Schienen fast gerade.

Penis (Fig. 176) von oben besehen im Umriß langoval, von oben und hinten besehen links von der Spitze tief ausgerandet, rechts nur abgeschrägt, vielleicht infolge einer abnormalen Bildung an dem einzigen mir vorliegenden Präparat. Die Parameren erreichen fast die Penisspitze und tragen an ihrem Ende je 3 Tastborsten. Vom basalen Penisende zieht eine V-förmige Chitinleiste zu der auf der Dorsalseite gelegenen Basalöffnung. Hinter dieser liegt im Penisinneren ein Komplex chitinöser Wülste und Querleisten, von dem ein gekrümmter Chitinstachel und ein sichelförmig gekrümmter Blindsack nach hinten gegen das Ostium penis vorragen.

Es liegen mir aus der Sammlung des South Austr. Museum 2 als Typen bezeichnete Exemplare (♂, ♀) vor, deren handschriftlicher Patriazettel besagt, daß sie von Forest Reefs bei Sydney stammen.

Euconnus (Euconophron) tenuicollis (LEA)

LEA, Proc. Roy. Soc. Victoria 27, 1915, p. 212 *(Scydmaenus)*

Dem *E. amplipennis* (LEA) so ähnlich, daß die spezifische Verschiedenheit von diesem ohne Untersuchung eines ♂ nicht sicher festgestellt werden kann. Als einzige Unterschiede sind zu vermerken: die hellere Färbung, etwas dichtere Behaarung, der seitlich etwas stärker erweiterte, knapp vor der Mitte seine größte Breite aufweisende, auch zur Basis deutlich verengte Halsschild, die durch eine Querfurche verbundenen Basalgrübchen desselben und die weniger breiten, etwas kräftiger punktierten Flügeldecken.

Wie dem Autor selbst, so lag auch mir nur der im South Austr. Museum verwahrte Holotypus (♀) vor, der nach dem handschriftlichen Text des Patriazettels vom Huon-River in S-Tasmanien stammt.

Euconnus (Euconophron) warensis nov. spec.

In Gestalt und Größe dem *E. pembertonensis* m. ähnlich, aber heller gefärbt, Kopf kleiner, Fühler viel länger und dünner, Halsschild nur wenig länger als breit, breiter als der Kopf und dichter behaart, seine Basalgrübchen nicht durch eine Querfurche verbunden, Flügeldecken mit relativ kleiner und flacher Basalimpression und kurzer Humeralfalte.

Long. 1,65 mm, lat. 0,58 mm. Rotbraun gefärbt, gelblich behaart.

Kopf klein, von oben betrachtet rundlich, mit mäßig großen, etwas vor seiner Längsmitte stehenden Augen und deutlich markierten Supraantennalhöckern, oberseits fein und schütter, an den Seiten lang und dicht, steif abstehend behaart. Fühler lang und dünn, zurückgelegt die Halsschildbasis überragend, mit deutlich abgesetzter, 4gliederiger Keule, ihr 2. Glied 3mal, das 5. eineinhalbmal so lang wie breit, 4, 6 und 7 leicht gestreckt, 3 fast so breit wie lang.

Halsschild kaum länger als breit, ziemlich stark gewölbt, seitlich mäßig gerundet, oberseits fein, seitlich dicht und struppig behaart, mit 2 großen, nicht durch eine Querfurche verbundenen Grübchen.

Flügeldecken langoval, ziemlich stark gewölbt, schon an ihrer Basis etwas breiter als der Halsschild, mit abgerundeten Schulterwinkeln, flacher Basalimpression und kurzer, aber scharf markierter Humeralfalte, sehr seicht und undeutlich punktiert, lang und schräg abstehend behaart.

Beine ziemlich lang und schlank, Vorderschenkel stärker verdickt als die der Mittel- und Hinterbeine.

Ich sammelte von dieser Art nur ein Exemplar (♀) am 21. 9. 1970 im Warren National Park bei Pemberton durch Aussieben von Waldstreu und Moos an Baumstämmen. Der Holotypus ist im South Australian Museum in Adelaide verwahrt.

Euconnus (Euconophron) davayi (LEA)

LEA, Proc. Roy. Soc. Victoria (N. S.) 23, 1911, p. 182 *(Scydmaenus)*

Gekennzeichnet durch kleinen, von oben betrachtet fast kreisrunden Kopf mit großen Augen, schlanke Fühler mit unscharf abgesetzter, 4gliederiger Keule, leicht gestreckten, schmalen Halsschild mit 4 Basalgrübchen und fast unbehaarte Flügeldecken mit seichter, streifenartiger Vertiefung neben der Naht.

Long. 1,00 bis 1,10 mm, lat. 0,45 mm. Hell rotbraun gefärbt, spärlich, bräunlichgelb behaart.

Kopf klein, von oben betrachtet fast kreisrund, mit großen, mäßig gewölbten Augen, flach gewölbter, kahler Oberseite und bärtig abstehend behaarten Schläfen. Fühler zurückgelegt die Halsschildbasis erreichend, ihr 2. Glied etwa eineinhalbmal so lang wie breit, 3 bis 7 annähernd quadratisch, 8 knapp um die Hälfte breiter als 7, so lang wie breit, 9 und 10 breiter als 8, deutlich quer, das Endglied viel kürzer als die beiden vorhergehenden zusammengenommen, vor der Spitze querüber eingeschnürt.

Halsschild leicht gestreckt, nur sehr wenig breiter als der Kopf samt den Augen, seitlich schwach gerundet und struppig behaart, mit kahler, glänzender Scheibe und 4 großen Basalgrübchen.

Flügeldecken oval, flach gewölbt, fast kahl, mit streifenförmiger, seichter Vertiefung neben der Naht, schon an ihrer Basis etwas breiter als der Halsschild. An der Basis mit ziemlich tiefer Impression und deutlichem Humeralhöcker. Ungeflügelt.

Beine schlank. Vorderschenkel stärker verdickt als die der Mittel- und Hinterbeine.

Penis (Fig. 177) von oben betrachtet in der Anlage trapezförmig, mit langem, zungenförmigem Apex. Parameren gerade, die Basis des Apex penis wenig überragend, am Ende mit je 2 nach außen gerichteten Tastborsten. Im Penisinneren befindet sich vor dem Ostium eine kugelförmige, stark chitinisierte Blase mit breitem, kurzem Ausführungsgang, an dessen Ende sich 4 weitere Blasen nebeneinander befinden. An sie schließen distal 2 chitinöse Querleisten an. Das Ostium penis ist ventral von einer in der Anlage rechteckigen Platte mit flach abgeschrägten Hinterecken überdeckt.

Das South Austr. Museum hat mir 2 Exemplare (Holotypus und Paratypus) zur Untersuchung zugesandt. Die Tiere stammen von Forrest, Geelong in Victoria und wurden bei Ameisen gefunden.

Euconnus (Euconophron) loftyanus nov. spec.

Nahe verwandt mit *E. hubbleanus* m., vor allem im Bau des männlichen Kopulationsapparates diesem ähnlich. Gekennzeichnet durch geringe Größe, flache Gestalt, schwach länglichen Kopf und Halsschild mit 2 durch eine Querfurche verbundenen Grübchen, ziemlich lange Fühler mit lockerer, 4gliederiger Keule und feine, ziemlich anliegende Behaarung.

Long. 1,15 bis 1,25 mm. Hell rotbraun gefärbt, fein gelblich behaart.

Kopf von oben betrachtet im Umriß rundlich, etwas länger als mit den großen, aber flach gewölbten Augen breit, mit ziemlich geraden nach hinten konvergierenden Schläfen, flach gewölbter Oberseite, aber deutlich markierten Supraantennalhöckern, allseits schütter behaart. Fühler zurückgelegt die Halsschildbasis ein wenig überragend, mit scharf abgesetzter, lockerer, 4gliederiger Keule, ihre beiden 1. Glieder doppelt so lang wie breit, 3 bis 8 leicht gestreckt, 9 und 10 kugelig, das Endglied kürzer als die beiden vorhergehenden zusammengenommen.

Halsschild kaum merklich länger als breit, ein wenig breiter als der Kopf samt den Augen, zum Vorderrand ziemlich stark, zur Basis fast nicht verengt, mäßig gewölbt, fein, an den Seiten dichter und steifer behaart, vor der Basis mit 2 durch eine Querfurche verbundenen Grübchen.

Flügeldecken oval, flach gewölbt, schon an ihrer Basis wesentlich breiter als der Halsschild, mit breiter, außen von einer kurzen Humeralfalte begrenzter Basalimpression, fein und leicht aufgerichtet behaart. Flügel voll entwickelt.

Beine zart, Vorderschenkel viel stärker verdickt als die der Mittel- und Hinterbeine, Hinterhüften ziemlich breit getrennt.

Penis (Fig. 178a, b) sehr eigenartig geformt. Peniskörper fast kugelig. Apex penis lang, mit aufgebogener, am Ende schmal abgestutzter Spitze, vor dieser auf beiden Seiten mit 2 Tastborsten. Der Mündungsbereich der Basalöffnung des Penis steht weit nach oben vor. Die Parameren sind kurz, stark nach außen gebogen und dorsoventral abgeplattet. Aus dem Ostium penis ragen seitlich zwei schwach chitinisierte paramerenähnliche Chitinstäbe nach hinten. Sie tragen an ihrem Ende je 1 Tastborste.

Es liegen mir aus dem undeterminierten Material des South Austr. Museum insgesamt 15 Exemplare vor. 11 Exemplare (2 ♂♂, 9 ♀♀) wurden von M. A Lea am Mt. Lofty nördlich von Adelaide gesammelt, 4 Exemplare (1 ♂, 3 ♀♀) von Blackburn bei Adelaide. Der Holotypus und 9 Paratypen werden in der Sammlung des South Austr. Museum verwahrt, 5 Paratypen in meiner Sammlung.

Euconnus (Euconophron) griffithi (Lea)

Lea, Proc. Roy. Soc. Victoria 27, 1915, p. 217—218 *(Scydmaenus)*

Von dieser Art liegen mir 11 von Griffith in Adelaide gesammelte Exemplare, darunter der Holotypus sowie in undeterminiertem Material des South Australian Museum in Adelaide zahlreiche Exemplare vor, die M. A. Lea in Adelaide in Flußdetritus gesammelt hat.

Die Art ist durch lange Fühler mit lockerer, 4gliederiger Keule, von oben betrachtet rundlichen Kopf mit großen Augen und Supraantennalhöckern, fast isodiametrischen Halsschild und flach gewölbte Flügeldecken mit außen von einer kurzen Humeralfalte begrenzter Basalimpression ausgezeichnet.

Long. 1,20 bis 1,30 mm, lat. 0,50 bis 0,55 mm. Rotbraun gefärbt, fein, gelblich behaart.

Kopf von oben betrachtet rundlich, mit großen Augen und Supraantennalhöckern, fein behaarter Oberseite und dicht, bärtig behaarten Schläfen. Fühler langgestreckt, zurückgelegt die Halsschildbasis überragend, ihre lockere, 4gliederige Keule so lang wie die Geißel, die beiden ersten Glieder reichlich doppelt so lang wie breit, 3 bis 7 deutlich gestreckt, 7 breiter als die vorhergehenden, aber nur halb so breit wie Glied 8, dieses sowie 9 und 10 annähernd isodiametrisch, das Endglied viel kürzer als die beiden vorhergehenden zusammengenommen.

Halsschild ein wenig länger als breit, annähernd in der Mitte am breitesten und hier so breit wie der Kopf samt den Augen, seitlich sehr schwach gerundet, oberseits schwach gewölbt, ziemlich lang, an den Seiten struppig behaart, vor der Basis mit 2 durch eine sehr seichte Querfurche verbundenen Grübchen.

Flügeldecken oval, an ihrer Basis nur wenig breiter als der Halsschild, querüber sehr flach gewölbt, hinter der Basis flach niedergedrückt, die Naht hinter dem Eindruck kielförmig gehoben, die ganze Oberfläche fein, aber ziemlich lang, nahezu anliegend behaart, mit breiter, außen von der Humeralfalte scharf begrenzter Basalimpression.

Beine ziemlich kurz, Schenkel schwach verdickt.

Penis (Fig. 179) gedrungen gebaut, seine Dorsalwand in eine scharfe, dreieckige Spitze auslaufend, vor dieser beiderseits mit einigen Tastborsten besetzt. Parameren dick, vor der Spitze zur Mitte, die Spitze selbst wieder nach außen gebogen, am Ende mit einer sehr starken Borste versehen. Unter der Basalöffnung befindet sich im Penisinneren eine Chitinapophyse, hinter der stark chitinisierte Falten der Präputialsackwand anschließen. Bevor sich der Penis zur Spitze verschmälert, weist seine Wand quergestellte Chitinspangen auf, die seitlich verbreitert sind.

Euconnus (Euconophron) milborgensis nov. spec.

Gekennzeichnet durch schlanke Gestalt, rötlichgelbe Farbe, ziemlich anliegende, feine Behaarung, länglichovalen Kopf mit kleinen Augen und stark vortretenden Supraantennalhöckern, ziemlich lange Fühler mit wenig scharf abgesonderter, 4gliederiger Keule, länglichrunden Halsschild mit 2 durch eine Querfurche verbundenen Grübchen und flach gewölbte, undeutlich punktierte Flügeldecken.

Long. 1,15 mm, lat. 0,40 mm. Rötlichgelb gefärbt, fein und ziemlich anliegend, gelblich behaart.

Kopf groß, von oben betrachtet länglichrund, mit kleinen, im vorderen Drittel seiner Länge stehenden Augen und unweit vor diesen stehenden, stark hervortretenden Supraantennalhöckern. Scheitel fein punktiert, stärker gewölbt als die Stirn, beide und auch die Schläfen fein und anliegend behaart. Fühler mit wenig scharf abgesetzter, 4gliederiger Keule, zurückgelegt die Halsschildbasis etwas überragend, ihre beiden ersten Glieder doppelt so lang wie breit, 3 bis 6 isodiametrisch, 7 und 8 sehr schwach, 9 und 10 etwas stärker quer, das eiförmige Endglied nicht ganz so lang wie die beiden vorhergehenden zusammengenommen.

Halsschild so lang wie breit, flach gewölbt, seitlich schwach gerundet, zum Vorderrand und zur Basis gleich stark verengt, auf der Scheibe ziemlich grob, aber seicht und schütter punktiert, auch an den Seiten anliegend behaart, vor der Basis mit 2 durch eine Querfurche verbundenen Grübchen.

Flügeldecken oval, flach gewölbt, an ihrer Basis nur wenig breiter als die Halsschildbasis, sehr seicht und undeutlich punktiert und netzmaschig skulptiert (80fache Vergrößerung), mit flacher, außen von einer sehr kurzen Humeralfalte begrenzter Basalimpression.

Beine schlank, mäßig lang.

Penis (Fig. 180) von oben betrachtet oval, mit abgestutzt-dreieckigem Apex und breiten Parameren, diese mit je 2 terminalen, nach außen gerichteten Tastborsten und vor diesen mit einem Widerhaken, Apex penis vor der Spitze seitlich und auch auf der Dorsalfläche mit Tastborsten besetzt. Von der Seite betrachtet steht die Basalöffnung wie bei *E. hubbleanus* weit nach oben vor. Im Penisinneren befindet sich ein großer Chitinkörper medial hinter der

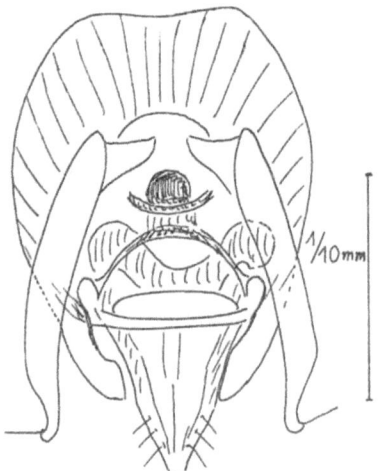

Fig. 179. *Euconnus (Euconophron) griffithi* (LEA), Penis in Dorsalansicht.

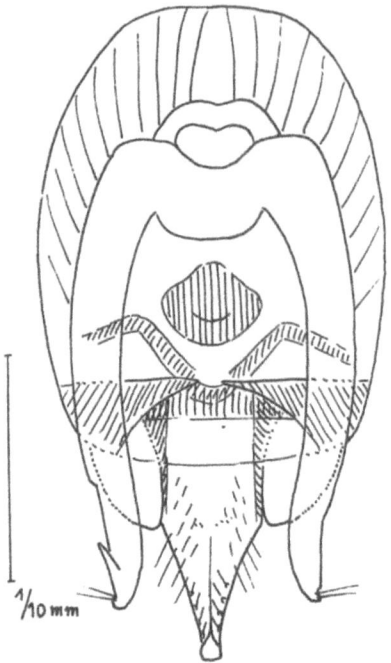

Fig. 180. *Euconnus (Euconophron) milborgensis* FRANZ, Penis in Dorsalansicht.

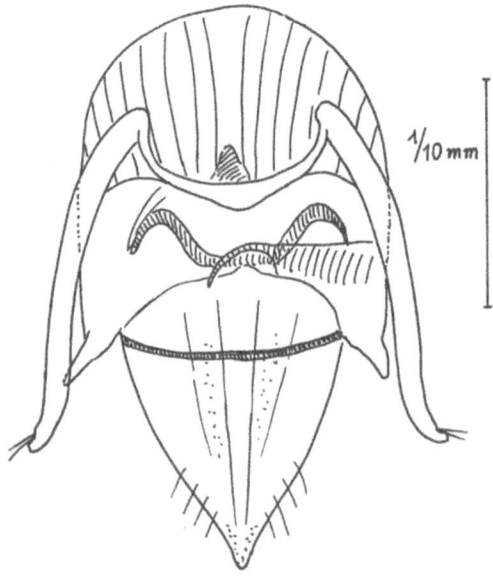

Fig. 181. *Euconnus (Euconophron) dodianus* FRANZ, Penis in Dorsalansicht.

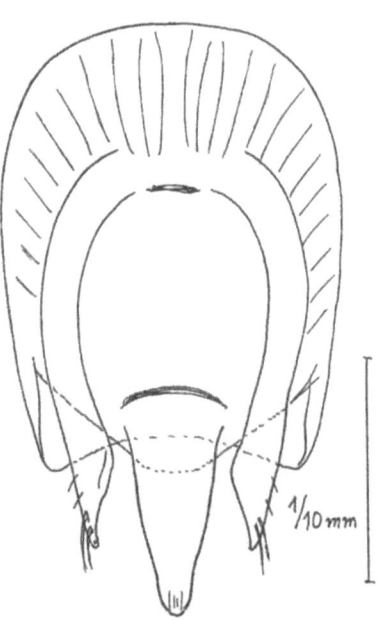

Fig. 182. *Euconnus (Euconophron) fimbricollis* (LEA), Penis in Dorsalansicht.

Basalöffnung des Penis und hinter dieser eine in der Mitte dreieckig nach hinten vorspringende Chitinleiste.

Es liegt mir nur ein Exemplar (♂) vor, das ich 20 km südlich von Ipswich in einer flachen, während eines großen Teiles des Jahres sumpfigen Mulde beim Purga River in einem sehr lockeren Bestand von *Eucalyptus tereticornis* am 13. 8. 1970 aus der Erde unter liegenden, morschen Stämmen siebte. Der Holotypus befindet sich im South Austr. Museum in Adelaide.

Euconnus (Euconophron) doddianus nov. spec.

Gekennzeichnet durch rundlichen Kopf mit großen Augen, lange Fühler mit lockerer, 4gliederiger Keule, leicht gestreckten, seitlich mäßig gerundeten Halsschild mit 2 Basalgrübchen, ovale Flügeldecken mit ziemlich tiefer Basalimpression und deutlicher Schulterbeule und schlanke Beine.

Long. 1,40 bis 1,45 mm, lat. 0,55 bis 0,60 mm. Rotbraun gefärbt, sehr spärlich gelblich behaart.

Kopf von oben betrachtet fast kreisrund, mit großen, seitlich vorstehenden Augen, flacher Stirn und etwas stärker gewölbtem Scheitel, kahl, nur die Schläfen spärlich, steif abstehend behaart, Supraantennalhöcker deutlich markiert. Fühler zurückgelegt die Halsschildbasis etwas überragend, mit lockerer, 4gliederiger Keule, alle Glieder, das 3., 9. und 10. allerdings nur sehr wenig länger als breit.

Halsschild ein wenig, beim ♀ bisweilen kaum merklich länger als breit, etwas vor seiner Längsmitte am breitesten und hier geringfügig breiter als der Kopf samt den Augen, oberseits schütter, an den Seiten steif und struppig behaart, vor der Basis mit 2 Grübchen.

Flügeldecken oval, sehr spärlich behaart, mit breiter, außen vom Schulterhöcker begrenzter Basalimpression. Flügel voll entwickelt.

Beine schlank, Mittel- und Hinterschenkel schwach, Vorderschenkel etwas stärker verdickt, Vorderschienen leicht einwärts gebogen.

Penis (Fig. 181) gedrungen gebaut, mit scharf abgesetztem, langem, spitz zulaufendem Apex. Dieser ziemlich dünnhäutig, mit 4 leicht nach hinten konvergierenden Längsleisten und seitlich vor der Spitze beiderseits mit je 4 Tastborsten versehen. Hinterrand des Peniskörpers seitlich an der Basis des Apex zipfelförmig nach außen vorspringend, Parameren kräftig, distal divergierend, ihre Spitze nach außen gedreht und mit 2 Tastborsten versehen. Ventralwand des Penis über dem Ostium im flachen Bogen abschließend, ihr Hinterrand stärker chitinisiert. Im Penisinneren sieht man im Bogen geschwungene chitinöse Querleisten.

Es fanden sich von dieser Art im undeterminierten Material des South Austr. Museum 4 gemeinsam auf einem Karton präparierte Exemplare. Sie tragen einen gedruckten Patriazettel mit dem Text: "Trapped by sticky seeds of *Pisonia brunoniana* Cairns distr.: F. P. Dodd". Der Holotypus und 3 Paratypen sind im South Austr. Museum verwahrt, eine Paratype (♀) befindet sich in meiner Sammlung.

Euconnus (Euconophron) fimbricollis (Lea)

Lea, Proc. Roy. Soc. Victoria 27, 1915, p. 202—203 *(Scydmaenus)*

Wie schon vom Autor bemerkt kleinen Stücken des *E. clarus* (Lea) sehr ähnlich und mit diesem wie auch der Bau des männlichen Kopulationsapparates erkennen läßt, sehr nahe verwandt. Von der Vergleichsart nur durch geringere Größe, dünnere Fühler mit durchwegs gestreckten Geißelgliedern, größere Augen sowie anders geformte Penisspitze verschieden.

Long. 1,50 bis 1,60 mm, lat. 0,60 mm. Hell rotbraun gefärbt, an den Schläfen und Halsschildseiten goldgelb behaart.

Kopf von oben betrachtet annähernd isodiametrisch, mit großen, etwas weniger stark vorragenden Augen wie bei *E. clarus*. Fühler zurückgelegt das basale Drittel der Flügeldecken erreichend, alle Glieder länger als breit, das 10. allerdings fast so breit wie lang.

Halsschild isodiametrisch, zum Vorderrand gerundet verengt, vor der Basis fast parallelseitig, oberseits glatt und glänzend, sehr spärlich, an den Seiten struppig behaart, mit 2 weit an die Seiten gerückten, seitlich von einem Längsfältchen begrenzten Grübchen.

Flügeldecken oval, flach gewölbt, an ihrer Basis kaum breiter als der Halsschild, mit Andeutung einer Schulterbeule, mit tiefer, außen von einer schrägen Humeralfalte begrenzter Basalimpression. Metasternum des ♂ ohne deutliche Depression.

Beine ziemlich lang und schlank, Vorderschenkel stärker verdickt als die der Mittel- und Hinterbeine.

Penis (Fig. 182) dem des *E. clarus* sehr ähnlich gebaut, der Apex aber zur Spitze verschmälert, die an den Seiten der Parameren hinter den beiden starken Borsten stehenden Börstchen schütterer gestellt. Das Penisinnere ist in dem mir vorliegenden Präparat infolge von Lufteinschlüssen z. T. undurchsichtig.

Der Holotypus und 2 Paratypen stammen von Warratah, die Cotype, von der ich das Penispräparat anfertigte, stammt vom Jordan River. Der Autor gibt als weitere Fundorte noch Hobart und den Mt. Wellington an. Die Art ist demnach in Tasmanien beheimatet.

Euconnus (Euconophron) tortipenis nov. spec.

Gekennzeichnet durch flach gewölbten, länglichen Körper, annähernd isodiametrischen Kopf, lange Fühler mit lockerer, 4gliederiger Keule, länglichen Halsschild mit 2 Basalgrübchen und distal stark verdickte Vorderschienen.

Long. 1,40 mm, lat. 0,60 mm. Dunkel rotbraun gefärbt, schütter gelblich behaart, stellenweise kahl.

Kopf von oben betrachtet nahezu isodiametrisch-rundlich mit großen, stark vorstehenden Augen und bärtig behaarten Schläfen, sonst nahezu kahl. Supraantennalhöcker scharf umgrenzt. Fühler schlank, zurückgelegt die Halsschildbasis weit überragend, alle Geißelglieder gestreckt, Glied 8 und 9 noch etwas länger als breit, 10 kugelig, das Endglied kürzer als die beiden vorhergehenden zusammengenommen.

Halsschild etwas länger als breit, seitlich gleichmäßig, aber schwach gerundet, oberseits kahl, seitlich dicht und struppig behaart, mit 2 Basalgrübchen versehen.

Flügeldecken länglichoval, flach gewölbt, an ihrer Basis nur wenig breiter als der Halsschild, mit schräger Humeralfalte, in der Basalimpression auf jeder Flügeldecke mit 2 tiefen Grübchen, ziemlich dicht, nach hinten gerichtet behaart. Flügel voll entwickelt.

Beine ziemlich lang, Vordertibien des ♂ distal stark verdickt, ♀ unbekannt.

Penis (Fig. 183a, b) aus einem von oben betrachtet gerundet-viereckigen Peniskörper und einem bandförmigen, in eine spiralförmig gedrehte Spitze endenden Apex. Dieser einen glatten Mittelteil und mit zahlreichen Tasthaaren besetzte Seitenteile aufweisend. Parameren sehr breit, an der Basis breit bandförmig miteinander verbunden, im Spitzenbereich verschmälert und mit einer kräftigen Borste versehen.

Es liegen mir 2 Exemplare (♂♂) vor, die von BLACKBURN in Port Lincoln an der südaustralischen Küste gesammelt wurden. Der Holotypus wird in der Sammlung des South Australian Museum, der Paratypus in meiner Sammlung aufbewahrt.

Euconnus (Euconophron) rivularis (LEA)

LEA, Proc. Roy. Soc. Victoria (N. S.) 27, 1914, 219—220 *(Scydmaenus)*

Ausgezeichnet durch geringe Größe, schmalen und flachen Körper, dunkle Färbung, isodiametrischen Kopf mit weit vor seiner Längsmitte stehenden Augen, kurze Fühler mit

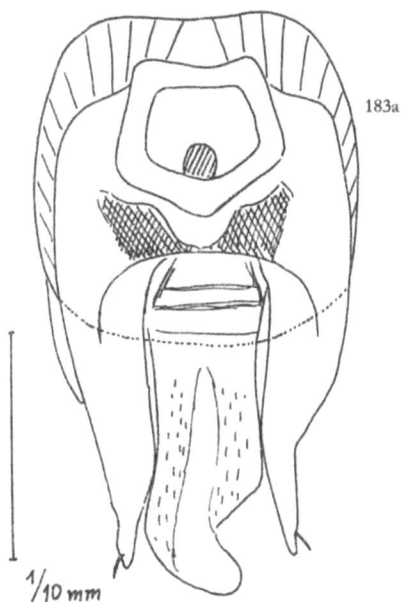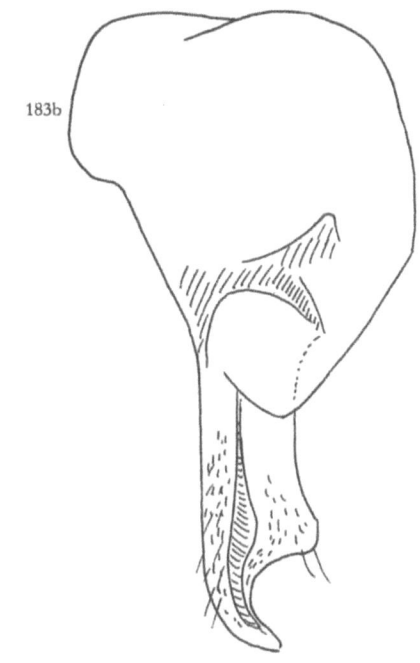

Fig. 183. *Euconnus (Euconophron) tortipenis* Franz, Penis a) in Dorsal-, b) in Lateralansicht.

Fig. 184. *Euconnus (Euconophron) rivularis* (Lea), Penis a) in Dorsal-, b) in Lateralansicht.

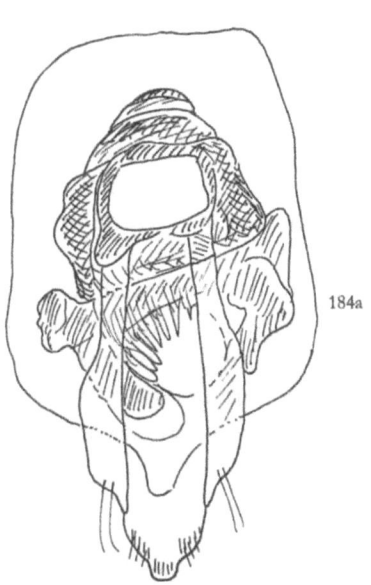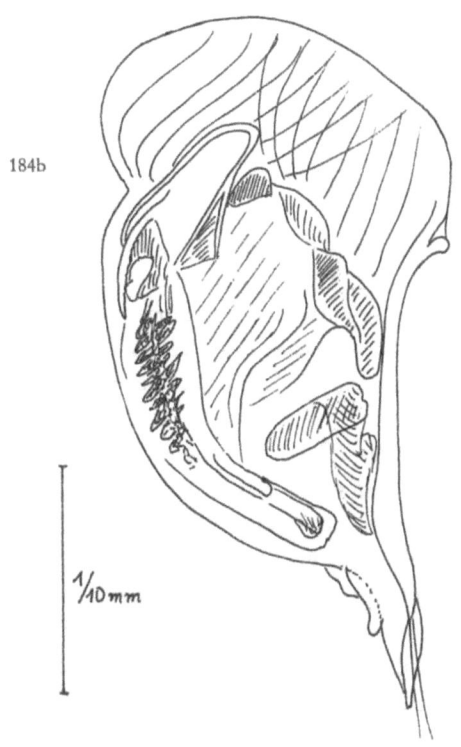

scharf abgesetzter, 4gliederiger Keule, isodiametrischen Halsschild mit 2 großen Basalgrübchen und ovale Flügeldecken mit tiefer, außen nur von einer kurzen Humeralfalte begrenzter Basalimpression.

Long. 1,30 bis 1,40 mm, lat. 0,45 bis 0,50 mm. Dunkel rotbraun, die Extremitäten rötlichgelb gefärbt, fein gelblich behaart.

Kopf von oben betrachtet isodiametrisch, im Niveau der weit vor seiner Längsmitte stehenden, seitlich stark vorgewölbten Augen am breitesten, Stirn und Scheitel fein und zerstreut, Schläfen dicht und steif abstehend behaart. Fühler zurückgelegt die Halsschildbasis erreichend, mit großer, scharf abgesetzter, 4gliederiger Keule, die beiden ersten Glieder doppelt so lang wie breit, 3 bis 7 isodiametrisch, 8 bis 10 schwach quer, das eiförmige Endglied fast so lang wie die beiden vorhergehenden zusammengenommen.

Halsschild so lang wie breit, nur wenig breiter als der Kopf, flach gewölbt, seitlich schwach gerundet zum Vorderrand verengt, mit rechtwinkeligen Hinterecken, mit 2 großen und tiefen Basalgruben, auf der Scheibe schütter, an den Seiten dicht und steif behaart. Scutellum klein.

Flügeldecken länglichoval, an ihrer Basis etwas breiter als der Halsschild, flach gewölbt, schütter, aber steil aufgerichtet behaart, mit tiefer, außen von einem kurzen Humeralfältchen scharf begrenzter Basalgrube. Flügel voll entwickelt.

Beine kurz, Schenkel keulenförmig verdickt, Hinterhüften weit getrennt.

Penis (Fig. 184a, b) beinahe rechteckig, seine Dorsalwand in eine kurze, stumpfe Spitze auslaufend. Ventralwand des Penis in eine lange, schmale Chitinplatte über das Ostium penis nach rückwärts verlängert. Parameren kurz und plump, vor der Spitze mit je 2 Tastborsten ausgestattet. Im Penisinneren sind umfangreiche, stark chitinisierte Gebilde vorhanden, die sich einerseits ringförmig um die Basalöffnung des Penis lagern und sich anderseits von da nach rückwärts erstrecken. Zur letzteren Gruppe gehören wuchtige, stumpfe Chitinzapfen, stark chitinisierte Falten der Präputialsackwand und Chitinstachel.

Die Art ist aus N. S. Wales von Sydney, Nepean River, Tweed-, Clarence-, Hawkesbury- und Peel Rivers beschrieben, wo die Art in Flußanspüllicht häufig sein soll. Mir liegen 3 Exemplare (1 ♂, 2 ♀♀) von Windsor vor, die von LEA determiniert wurden und der Sammlung des British Museum angehören.

Euconnus (Euconophron) nigropiceus nov. spec.

Dem *E. rivularis* (LEA) so ähnlich, daß es genügt, die Unterschiede anzugeben.
Long. 1,25 bis 1,35 mm.

Fühler etwas länger, zurückgelegt die Halsschildbasis etwas überragend, ihr 8. bis 10. Glied nur sehr schwach quer, das Endglied so lang wie die beiden vorhergehenden zusammengenommen. Die Keule wie bei *E. rivularis* deutlich kürzer als die Geißel, bei *E. griffithi* länger als diese.

Penis (Fig. 185) dem des *E. rivularis* außerordentlich ähnlich, die Parameren aber vor der Spitze nicht erweitert, sondern in den basalen 4 Fünfteln annähernd gleich breit, dann allmählich zur Spitze verjüngt. Die Chitindifferenzierungen im Penisinneren weichen etwas ab. Hinter der Basalöffnung befindet sich im Penisinneren eine horizontale Chitinplatte, deren von oben und hinten betrachtet linke Hinterecke in Form eines schwach nach innen gekrümmten kurzen Zahnes nach hinten vorspringt. Hinter diesem Zahn befindet sich ein Bündel feiner Chitinstachel, die bei *rivularis* hinter der Basalöffnung vorhandenen großen, nach hinten gerichteten Stachel fehlen.

Der Holotypus und einige weitere Exemplare dieser Art stammen von Adelaide. Im British Museum befindet sich ein aus der Sammlung SHARPS stammendes ♂ aus Victoria.

211

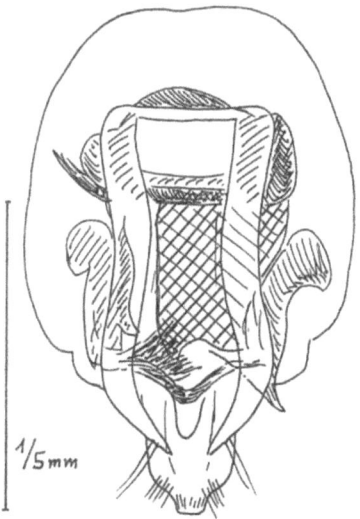

Fig. 185. *Euconnus (Euconophron) nigropiceus* Franz, Penis in Dorsalansicht.

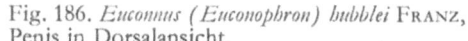
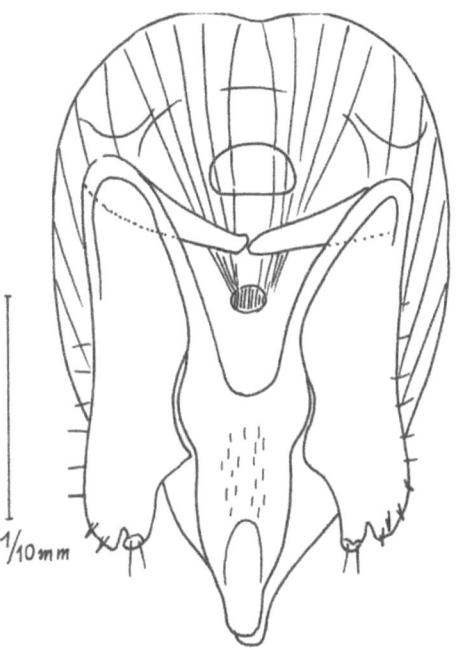

Fig. 186. *Euconnus (Euconophron) hubblei* Franz, Penis in Dorsalansicht.

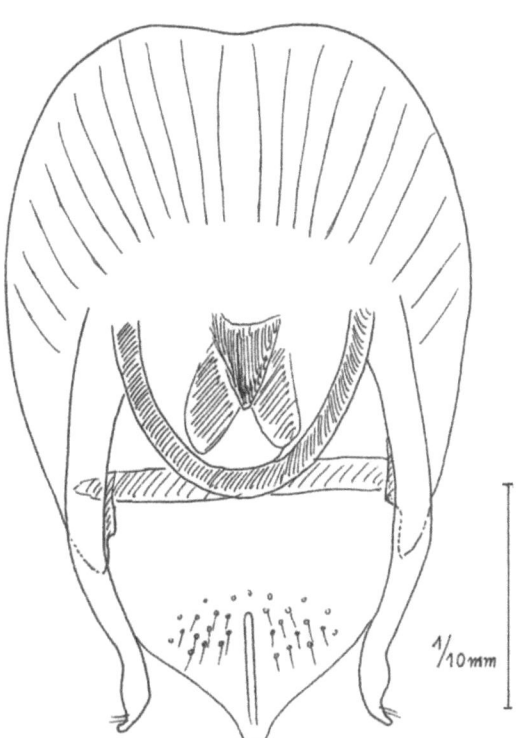

Fig. 187. *Euconnus (Euconophron) maipotonensis* Franz, Penis in Dorsalansicht.

Euconnus (Euconophron) hubblei nov. spec.

Durch langgestreckte Fühler mit 4gliederiger Keule, von oben betrachtet fast kreisrunden Kopf mit bärtig behaarten Schläfen, durch kleinen, in der Breite den Kopf nicht übertreffenden Halsschild mit mäßig gerundeten, struppig behaarten Seiten und 2 durch eine Querfurche verbundenen Basalgrübchen sowie ovale, lang und schräg abstehend behaarte Flügeldecken mit breiter, außen von einer schrägen Humeralfalte scharf begrenzter Basalimpression ausgezeichnet.

Long. 1,50 mm, lat. 0,65 mm. Rotbraun gefärbt, gelblich behaart.

Kopf von oben betrachtet fast kreisrund, mit großen, in seiner Längsmitte an den Kopfseiten stehenden Augen, sehr flach gewölbter, spärlich behaarter Oberseite und steif abstehend behaarten Schläfen, Supraantennalhöcker nur angedeutet. Fühler lang und schlank, zurückgelegt die Halsschildbasis beträchtlich überragend, mit lockerer, 4gliederiger Keule, alle Glieder mit Ausnahme des 10. länger als breit, dieses isodiametrisch, das Endglied vor der Spitze querüber abgeschnürt.

Halsschild nicht breiter als der Kopf, etwas vor seiner Längsmitte am breitesten, seitlich schwach gerundet, struppig und dicht, auf der Scheibe fein und schütter behaart, vor der Basis mit 2 durch eine tiefe Querfurche miteinander verbundenen Grübchen. Scutellum nicht sichtbar.

Flügeldecken kurzoval, seitlich stark gerundet, hoch gewölbt, schon an ihrer Basis breiter als der Halsschild, in ihrer Längsmitte zusammen fast doppelt so breit wie dieser, fein, aber lang und abstehend behaart, mit tiefer, außen von der Humeralfalte scharf begrenzter Basalimpression.

Beine lang und schlank, Schenkel schwach verdickt, Schienen gerade, die Vorderschienen distal erweitert, innen abgeflacht und mit einer Haarbürste versehen.

Penis (Fig. 186) sehr gedrungen gebaut, seine Dorsalwand im distalen Drittel ihrer Länge einen schmalen, zunächst parallelseitigen, dann zu einer stumpfen Spitze verjüngten Apex bildend, seine Ventralwand im flachen Bogen über das Ostium penis vorragend, in der Mitte des Bogens aber in einer stumpfen, schmalen Spitze vorspringend. Parameren sehr eigenartig gebaut, breit und unregelmäßig geformt, zum großen Teil mit dem Peniskörper verwachsen, an ihrer Außenkante mit etwa 7 in einer Längsreihe stehenden Tastborsten versehen, an der Spitze gegabelt, ihr Außenast eine kurze Spitze bildend, der Innenast einen stumpfen aufgebogenen Zapfen, der am Ende 2 Tastborsten trägt. Im Penisinneren befindet sich knapp hinter der Basalöffnung eine ovale Chitinapophyse, an der Muskel inserieren.

Ich sammelte von dieser Art 3 ♂♂ am 13. 9. 1970 in der Dividing Range nächst der Autostraße nach Warwick durch Aussieben von Laubstreu und morschem Holz. Die Art ist Herrn G. D. Hubble, Charge of Division of Soils bei der CSIRO in Brisbane in Dankbarkeit für die mir bei den Exkursionen im Raume von Brisbane gewährte Unterstützung gewidmet. Der Holotypus wird im South Australian Museum in Adelaide, die Paratypen sind in meiner Sammlung verwahrt.

Im undeterminierten Material des South Austr. Museum befinden sich 6 weitere Exemplare (2 ♂♂, 4 ♀♀), die M. A. Lea am Mt. Tamborine in verrottender Laubstreu gesammelt hat. Auch von diesem Fundort befinden sich 2 Exemplare in meiner Sammlung.

Euconnus (Euconophron) maipotonensis nov. spec.

Durch verrundet-rautenförmigen, flachen Kopf mit dünnen, eine lockere, 4gliederige Keule aufweisenden Fühlern, durch isodiametrischen, kugelig gewölbten Halsschild mit 2 Basalgrübchen, durch länglichovale Flügeldecken mit ziemlich tiefer Basalimpression und verrundeter Humeralfalte und durch schlanke Beine gekennzeichnet.

Long. 1,65 mm, lat. 0,60 mm. Hell rotbraun gefärbt, gelblich behaart.

Kopf von oben betrachtet abgerundet-rautenförmig, mit ziemlich großen, seitlich stark vorgewölbten, in seiner Längsmitte stehenden Augen, seine Oberseite glatt und glänzend, spärlich, die Schläfen dicht und steif abstehend behaart, Scheitel mit 2 sehr flachen Vertiefungen, Supraantennalhöcker hoch emporgewölbt. Fühler lang, zurückgelegt die Halsschildbasis um die beiden letzten Glieder überragend, schlank, alle Glieder länger als breit.

Halsschild so lang wie breit, etwas hinter der Mitte am breitesten, breiter als der Kopf samt den Augen, stark gewölbt und seitlich stark gerundet, glatt und glänzend, auf der Scheibe spärlich, an den Seiten dicht und struppig behaart, mit 2 weit getrennten Basalgrübchen. Scutellum nicht sichtbar.

Flügeldecken länglichoval, an ihrer Basis etwas breiter als der Halsschild, in ihrer Längsmitte am breitesten, fein und zerstreut punktiert, lang und schräg abstehend behaart, mit tiefer, außen von einer breiten Humeralfalte scharf begrenzter Basalimpression.

Beine lang und schlank, Schenkel schwach verdickt, Schienen gerade, die der Vorderbeine distal etwas stärker verdickt.

Penis (Fig. 187) gedrungen gebaut, seine Dorsalwand hinten allmählich zu einer dreieckigen Spitze verjüngt, vor dieser beiderseits der Mitte mit Porenpunkten besetzt, in denen kurze Tastborsten stehen. Parameren gekrümmt, vor der Spitze von außen ausgerandet, in der Ausrandung mit je 2 Tastborsten versehen. Das Penisinnere ist bei dem einzigen vorliegenden Präparat durch Lufteinschlüsse z. T. undurchsichtig. Es ist der rückwärtige Teil eines Chitinringes sichtbar, an dem die Parameren inserieren und der wahrscheinlich die Basalöffnung umrahmt. Der Hinterrand dieses Chitinringes überlagert z. T. eine quere Chitinspange. Zwischen den beiden Armen des Chitinbogens sind große Chitinapophysen sichtbar, an denen wahrscheinlich die Muskel inserieren, die zur Basalwand des Penis und zum vorderen Teil der Seitenwände ziehen.

Es liegt mir nur ein Exemplar (♂) vor, das ich am 11. 9. 1970 in einem Restwald bei Maipoton nördlich von Brisbane auf Prairiesoil über Basalt aus Waldstreu und morschem Holz siebte. Der Holotypus ist im South Austr. Museum in Adelaide verwahrt.

Euconnus (Euconophron) lucindalensis nov. spec.

Gekennzeichnet durch längliche, flache Gestalt, schwach querovalen Kopf mit ziemlich großen, konvexen Augen, lange und dünne Fühler mit schlanker, 4gliederiger Keule, annähernd isodiametrischen Halsschild mit 3 durch eine tiefe Querfurche verbundenen Grübchen, flach gewölbte länglichovale Flügeldecken mit nach hinten verflachter Basalimpression und schräger Humeralfalte sowie verhältnismäßig stark verdickte Vorderschenkel.

Long. 1,80 bis 1,85 mm, lat. 0,75 mm. Hell rotbraun gefärbt, gelblich behaart.

Kopf von oben betrachtet queroval, aber nur wenig breiter als lang, mit großen, konvexen Augen, sehr schütter behaarter Oberseite und steifer, bärtiger Behaarung der Schläfen. Fühler lang und schlank, ihr Basalglied doppelt, das 2. 3mal, das 5. und 7. eineindrittelmal so lang wie breit, 3, 4 und 6 leicht gestreckt, 7 breiter als 6, aber schmäler als 8, dieses sowie 9 und 10 nicht ganz so breit wie lang, das Endglied sehr lang, am Ende spitz, reichlich so lang wie die beiden vorhergehenden zusammengenommen.

Halsschild kaum merklich breiter als lang, flach gewölbt, mit glatter und glänzender Scheibe, diese schütter, die Seiten dicht und struppig behaart, vor der Basis mit 3 durch eine Querfurche verbundenen Grübchen.

Flügeldecken länglichoval, schon an ihrer Basis etwas breiter als der Halsschild, seitlich schwach erweitert, flach gewölbt, mit breiter, nach hinten verflachter, außen von einer

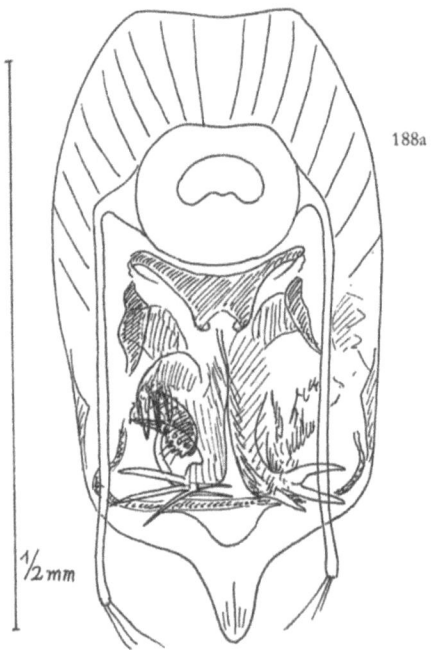
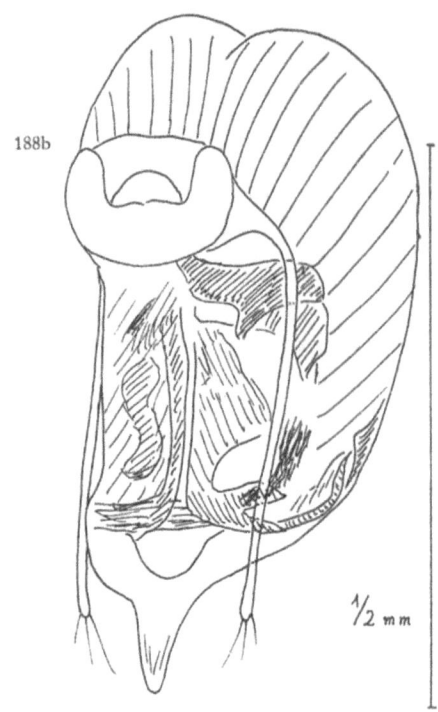

Fig. 188. *Euconnus (Euconophron) lucindalensis* Franz, Penis a) in Dorsal-, b) in Dorsolateralansicht.

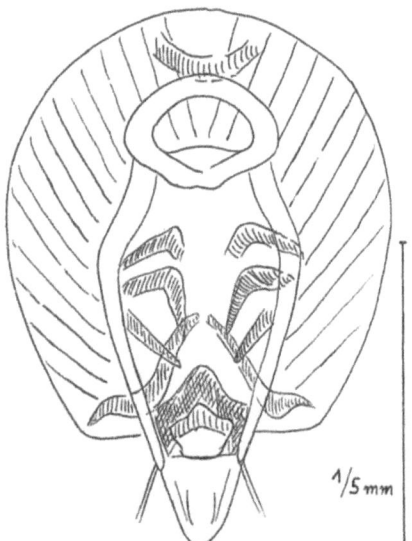

Fig. 189. *Euconnus (Euconophron) incerticornis* (Lea), Penis in Dorsalansicht.

Fig. 190. *Euconnus (Euconophron) narrabriensis* Franz, Penis in Lateralansicht.

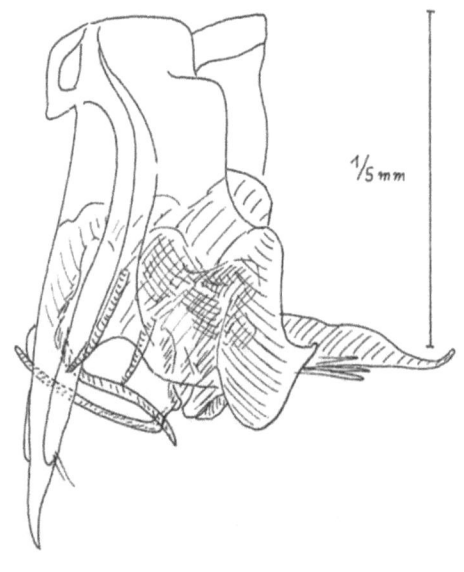

schrägen Humeralfalte scharf begrenzter Basalimpression, ziemlich schütter, aber lang, schräg abstehend behaart. Flügel voll entwickelt.

Beine ziemlich kurz, Vorderschenkel stärker verdickt als die der Mittel- und Hinterbeine, Vorderschienen schwach einwärts gekrümmt, distal innen sehr flach ausgeschnitten und mit einer Haarbürste versehen.

Penis (Fig. 188a, b) voluminös, mit schmaler Spitze, Parameren sehr dünn, am Ende mit je 3 Tastborsten versehen, Ventralwand des Penis im Bogen über das Ostium penis vorragend. Im Penisinneren sind zahlreiche Chitindifferenzierungen vorhanden. Besonders auffällig ist ein von hinten und oben betrachtet nach rechts gekrümmter, 3spitziger Zahn, vor dem lateral ein Bündel feiner Chitinstachel steht. Ein nach links gekrümmter Chitinzapfen trägt am Ende 5 Stachel. Auch vor ihm sind im Präputialsack mit kleinen Stacheln besetzte Wülste der Präputialsackwand vorhanden.

Es liegen mir aus den undeterminierten Beständen des South Austral. Museums 18 Exemplare vor, die alle von M. A. LEA in Lucindale unweit der Grenze zwischen Südaustralien und Victoria gesammelt wurden. Ein Exemplar (♂) stammt von Port Lincoln. Einige Exemplare sind mit der Ameise *Ectatomma metallicum*, andere mit einer *Camponotus* spec. präpariert und offenbar in Gesellschaft dieser Ameisen gefunden worden. Der Holotypus und die meisten Paratypen befinden sich im South Australian Museum, 6 Paratypen in meiner Sammlung.

Euconnus (Euconophron) incerticornis (LEA)

LEA, Proc. Roy. Soc. Victoria 25, 1913, p. 57—58 *(Scydmaenus)*

Von dieser Art wurden mir 4 gemeinsam auf einem Plättchen montierte Exemplare, von denen eines als Type bezeichnet ist, vom South Austr. Museum zur Untersuchung zugesandt. Auf einem 2. an der gleichen Nadel steckenden Plättchen sind 2 Ameisen montiert, woraus zu entnehmen ist, daß die Tiere in Gesellschaft von Ameisen gesammelt wurden. Ein kleiner Zettel trägt in der Handschrift LEAS den Text: *incerticornis* LEA Type Sydney, In der Diagnose wird vom Autor angegeben, daß die Art bei *Ponera lutea* und *Stenamma longiceps* lebt.

Durch von oben betrachtet rundlichen Kopf mit im vorderen Drittel seiner Länge stehenden, ziemlich großen Augen, mäßig lange Fühler mit unscharf abgesetzter, 4gliederiger Keule, den Besitz von 4 Basalgrübchen am Halsschild, tiefe Basalimpression und schräge Humeralfalte auf den Flügeldecken und schlanke Beine, aber stark verdickte Vorderschenkel gekennzeichnet.

Long. 1,40 bis 1,50 mm, lat. 0,50 bis 0,60 mm. Hell rotbraun gefärbt, gelblich behaart.

Kopf von oben betrachtet schwach queroval, aber im Niveau der im vorderen Drittel seiner Länge stehenden Augen am breitesten, flach gewölbt, mit deutlich markierten Supraantennalhöckern, schütter, an den Schläfen nur wenig dichter behaart. Fühler zurückgelegt die Halsschildbasis nicht ganz erreichend, mit unscharf abgesetzter, 4gliederiger Keule, ihr Basalglied doppelt, das 2. fast 3mal so lang wie breit, 3 bis 7 leicht gestreckt, 8 kaum um die Hälfte breiter als 7, um ein Drittel breiter als lang, 9 so lang, aber etwas breiter als 8, 10 annähernd isodiametrisch, das eiförmige Endglied etwas kürzer als die beiden vorhergehenden zusammengenommen.

Halsschild um ein Viertel länger als breit, stark gewölbt, aber seitlich mäßig gerundet. in der Längsmitte am breitesten und hier wenig breiter als der Kopf samt den Augen, fein, an den Seiten etwas dichter behaart, vor der Basis mit 4 Grübchen.

Flügeldecken oval, ziemlich stark gewölbt, an ihrer Basis etwas breiter als der Halsschild, mäßig lang, schräg abstehend behaart, mit tiefer, außen von einer ziemlich langen Humeralfalte begrenzter Basalimpression.

Beine schlank, Vorderschenkel ziemlich stark verdickt, Hinterhüften weit getrennt.

Peniskörper (Fig. 189) von oben betrachtet rundlich, Apex scharf abgesetzt, spitzwinkelig-dreieckig, Parameren dünn, die Penisspitze nicht erreichend, am Ende mit je 3 Tastborsten versehen. Im Penisinneren sind hinter der Längsmitte des Peniskörpers 2 Paare spiegelbildlich zueinander gekehrter, hakenförmiger Chitindornen vorhanden, dahinter 2 schräg nach hinten und innen und 2 schräg nach hinten und außen gerichtete Dornen. An der Basis des Apex ist ein glockenförmiger chitinöser Komplex vorhanden, hinter diesem ragt eine kleine, viereckige Platte nach hinten vor.

Euconnus (Euconophron) narrabriensis nov. spec.

Durch annähernd rautenförmigen Kopf mit sehr großen Augen, mäßig lange Fühler mit scharf abgesetzter, 4gliederiger Keule, schmalen Halsschild mit rechtwinkeligen Hinterecken und 2 durch eine Querfurche verbundenen Basalgrübchen, durch flache Basalimpression der Flügeldecken und verrundete Humeralfalte sowie lange und rauh abstehende, an den Schläfen, am Hinterkopf und an den Halsschildseiten steife Behaarung gekennzeichnet.

Long. 1,50 mm, lat. 0,60 mm. Rotbraun gefärbt, lang, goldgelb behaart.

Kopf von oben betrachtet rautenförmig, annähernd so lang wie breit, mit sehr großen, seitlich vorstehenden Augen, Stirn und Scheitel flach gewölbt, fein, nach hinten gerichtet, Schläfen und Hinterkopf dicht und steif abstehend behaart. Fühler zurückgelegt die Halsschildbasis ein wenig überragend, mit grober, scharf abgesetzter, 4gliederiger Keule, ihre beiden ersten Glieder doppelt so lang wie breit, 3 bis 7 annähernd isodiametrisch, 8 und 9 so lang wie breit, 10 schwach quer, das eiförmige Endglied so lang wie die beiden vorhergehenden zusammengenommen.

Halsschild ein wenig länger als breit, nur so breit wie der Kopf samt den Augen, seitlich schwach gerundet, mit scharf rechtwinkeligen Hinterecken und 2 großen, durch eine Querfurche verbundenen Basalgrübchen, glatt und glänzend, auf der Scheibe lang, aber fein, an den Seiten steif abstehend behaart. Scutellum sichtbar.

Flügeldecken oval, schon an ihrer Basis wesentlich breiter als der Halsschild, mit flacher Basalimpression und verrundeter Humeralfalte, lang und abstehend behaart. Flügel voll entwickelt.

Beine ziemlich schlank, Schenkel schwach verdickt, Vorderschienen innen distal flach ausgerandet und dicht behaart.

Penis (Fig. 190) mit scharf abgesetztem, spitzwinkelig-dreieckigem Apex und ebenso geformtem, bei der Kopula nach unten abspreizbarem Operculum. Parameren die Penisspitze nicht erreichend, mit je 2 Tastborsten versehen. Im Penisinneren sind umfangreiche, stark chitinisierte Differenzierungen des Präputialsackes erkennbar. Im Ostium penis sind 4 lange Chitinstachel sichtbar, von denen einer weit nach oben, ein anderer ebenso nach unten herausragt, während die restlichen beiden nur mit der Spitze hervortreten. Weitere Chitinstachel liegen den Operculum im abgespreizten Zustand an. Im undeterminierten Scydmaenidenmaterial des British Museum fand ich zahlreiche Exemplare dieser Art, die M. Nikitin am 25. 1. 1960 in Narrabri in N. S. Wales am Licht gesammelt hatte. Der Holotypus und die meisten Paratypen sind im British Museum, einige Paratypen in meiner Sammlung verwahrt.

Euconnus (Euconophron) fuscipalpis (Lea)

Lea, Proc. Roy. Soc. Victoria 27, 1915, p. 218—219 *(Scydmaenus)*

Gekennzeichnet durch flach gewölbte Gestalt, dunkle Farbe, annähernd isodiametrischen Kopf mit bärtig beharrten Schläfen, schlanke Fühler mit 4gliederiger Keule, quadrati-

217

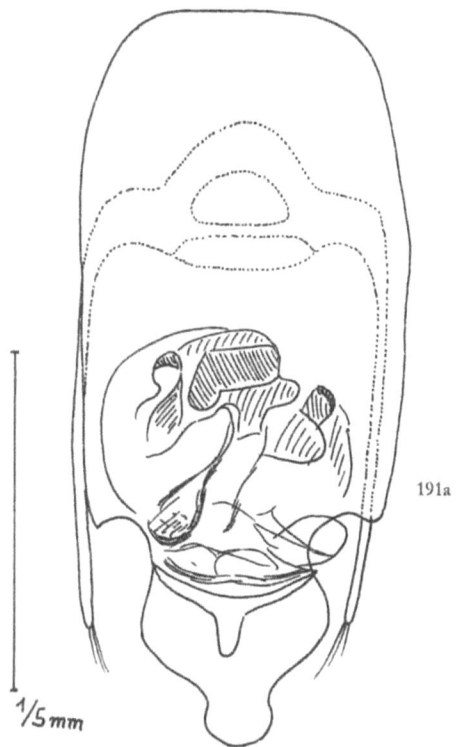

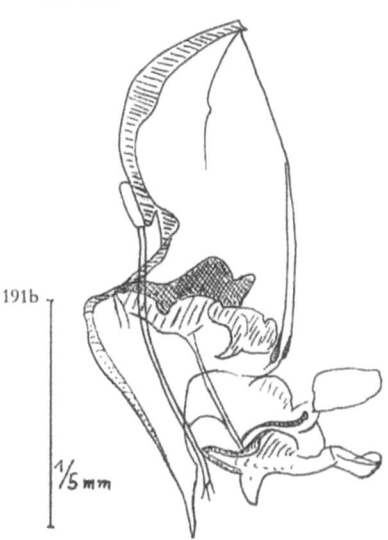

Fig. 191. *Euconnus (Euconophron) fuscipalpis* (LEA), Penis a) in Dorsal-, b) in Lateralansicht.

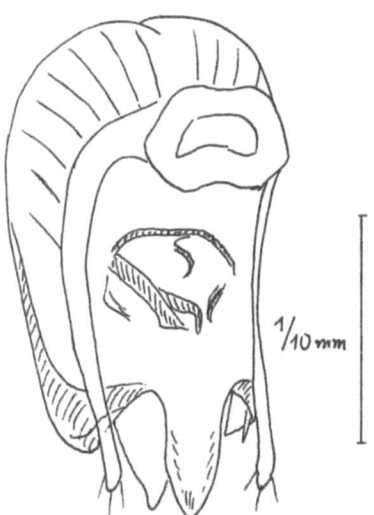

Fig. 192. *Euconnus (Euconophron) queenslandensis* FRANZ, Penis in Dorsalansicht.

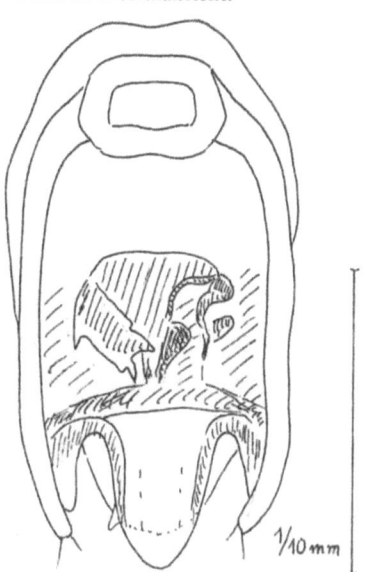

Fig. 193. *Euconnus (Euconophron) innotabilis* FRANZ, Penis in Dorsalansicht.

schen Halsschild mit 2 durch eine Querfurche verbundenen Grübchen, länglichovale Flügeldecken mit kleiner, außen von einer Humeralfalte begrenzter Basalimpression und schlanke Beine.

Long. 1,30 bis 1,40 mm, lat. 0,52 bis 0,58 mm. Dunkel rotbraun gefärbt, bräunlichgelb behaart.

Kopf von oben betrachtet annähernd isodiametrisch, die Stirn vor den seitlich vorragenden Augen dreieckig, wie auch der Scheitel flach gewölbt, spärlich, die Schläfen dicht und steif abstehend behaart. Fühler zurückgelegt die Halsschildbasis erreichend, ihr 2. Glied reichlich doppelt so lang wie breit, 3 bis 7 annähernd quadratisch, 8 bis 10 sehr schwach quer, 8 kleiner als die folgenden, das eiförmige Endglied reichlich so lang wie die beiden vorhergehenden zusammengenommen.

Halsschild so lang wie breit, etwas vor seiner Längsmitte am breitesten, oberseits schütter, an den Seiten dicht und struppig behaart, vor der Basis mit 2 durch eine Querfurche verbundenen Grübchen. Scutellum klein, aber gut sichtbar.

Flügeldecken länglichoval, flach gewölbt, glatt und glänzend, spärlich behaart, mit kleiner, außen von der Humeralfalte scharf begrenzter Basalimpression.

Beine schlank, Schenkel schwach verdickt.

Penis (Fig. 191a, b) ziemlich langgestreckt, mit scharf abgesetztem, seitlich eingebuchtetem, mit einer abgerundeten Spitze versehenem Apex. Seine Dorsalwand im Profil Σ-förmig geknickt, stark chitinisiert. Operculum bogenförmig begrenzt, mit vorgezogener Spitze. Parameren dünn, die Penisspitze nicht erreichend, mit je 3 terminalen Tastborsten versehen. Im distalen Teil des Penis sind zahlreiche chitinöse Falten und Apophysen sichtbar, die bis an das Ostium penis heranreichen. Präputialsack in Fig. 191b ausgestülpt, sein basaler Teil stark chitinisierte Querleisten aufweisend, von denen der Ductus ejaculatorius als dünnes Rohr zum distalen Teil zieht.

Aus dem Museum in Adelaide liegen mir zur Untersuchung der Holotypus und ein Paratypus, beides ♂♂, vor. Sie wurden in Adelaide gesammelt. Außerdem fanden sich im undeterminierten Material des Museums in Adelaide 3 weitere Exemplare: 1 ♂, welches BLACKBURN in Adelaide sammelte und je ein ♂, ♀ welches der gleiche Sammler in Port Lincoln erbeutete. Das Exemplar aus Adelaide befindet sich in meiner Sammlung.

Euconnus (Euconophron) queenslandensis nov. spec.

Gekennzeichnet durch rundlichen Kopf mit seitlich etwas vorstehenden, großen Augen, kurze Fühler mit scharf abgesetzter, 4gliederiger Keule, länglichen Halsschild mit 2 kleinen, durch eine Querfurche verbundenen Basalgrübchen und flach gewölbte Flügeldecken mit flacher Basalimpression und schräger Humeralfalte.

Long. 1,15 mm, lat. 0,42 mm. Dunkel rotbraun, die Palpen und Beine heller gefärbt, gelblich behaart.

Kopf von oben betrachtet kreisrund, die großen, seitlich vorgewölbten Augen etwas vor seiner Längsmitte stehend, Stirn und Scheitel flach und gleichmäßig gewölbt, fein und schütter, die Schläfen steif und dicht, abstehend behaart. Fühler zurückgelegt die Halsschildbasis nicht erreichend, mit scharf abgesetzter, 4gliederiger Keule, ihre beiden ersten Glieder um die Hälfte länger als breit, 3 bis 7 klein, schwach quer, 8 reichlich doppelt so breit wie 7, wie auch 9 und 10 doppelt bis mehr als doppelt so breit wie lang, das eiförmige Endglied so lang wie die beiden vorletzten Glieder zusammengenommen.

Halsschild etwas länger als breit, seitlich schwach, aber gleichmäßig gerundet, in seiner Längsmitte am breitesten, mit 2 kleinen, durch eine Querfurche verbundenen Grübchen, oberseits glatt und glänzend, fein und schütter, an den Seiten dicht, grob und steif abstehend behaart,

Flügeldecken oval, mäßig gewölbt, schon an ihrer Basis breiter als der Halsschild, mit flacher, außen von einer schrägen Humeralfalte begrenzter Basalimpression und flachem Eindruck beiderseits der Naht hinter dem Vorderrand, schütter, ziemlich lang, nach hinten gerichtet, fast anliegend behaart.

Beine kurz, Schenkel stark verdickt, Vorderschienen vor der Spitze innen ausgerandet und in der Ausrandung dicht behaart.

Penis (Fig. 192) länglich, mit scharf abgesetztem, zungenförmigem Apex und fast ebenso lang dreieckig über das Ostium vorragender Ventralwand. Parameren das Penisende fast erreichend, am Ende mit je 3 Tastborsten versehen. Im Penisinneren sind im Bereich der Längsmitte des Penis unscharf begrenzte, stärker chitinisierte Falten der Präputialsackwand erkennbar.

Es liegt mir nur ein Exemplar (♂) vor, das ich am 11. 9. 1970 in einem Wald östlich von Palmwoods (Whet Sclerophilous Forest) aus morschem Holz und Laubstreu siebte. Der Holotypus wird im South Austral. Museum in Adelaide verwahrt.

Euconnus (Euconophron) innotabilis nov. spec.

Gekennzeichnet durch geringe Größe, rundlichen Kopf, ziemlich kurze Fühler mit dicker, 4gliederiger Keule, isodiametrischen Halsschild mit 2 einander genäherten Basalgrübchen, kurzovale, mäßig gewölbte Flügeldecken mit breiter, außen von einer kurzen Humeralfalte begrenzter Basalimpression und durch ziemlich kurze Beine.

Long. 1,00 mm, lat. 0,45 mm. Rotbraun gefärbt, fein gelblich behaart.

Kopf von oben betrachtet rundlich, mit großen, etwas vor seiner Längsmitte stehenden, seitlich schwach vorgewölbten Augen, Stirn und Scheitel flach gewölbt, Supraantennalhöcker deutlich markiert, fast kahl, Schläfen schütter behaart. Fühler zurückgelegt die Halsschildbasis nicht ganz erreichend, mit scharf abgesetzter, breiter, 4gliederiger Keule, ihre beiden ersten Glieder um die Hälfte länger als breit, 3 bis 6 klein, annähernd isodiametrisch, 7 breiter als lang, 8 mehr als doppelt so breit wie 7, stark, 9 und 10 noch stärker quer, das große Endglied länger als die beiden vorhergehenden zusammengenommen.

Halsschild so lang wie breit, mäßig gewölbt, seitlich gleichmäßig gerundet, breiter als der Kopf mit den Augen, auf der Scheibe spärlich, an den Seiten etwas dichter behaart, mit 2 einander genäherten Basalgrübchen.

Flügeldecken oval, mäßig stark gewölbt, schon an ihrer Basis wesentlich breiter als der Halsschild, mit breiter, von einer gerade nach hinten verlaufenden Humeralfalte begrenzter Basalimpression, undeutlich und spärlich punktiert, schütter und fein behaart. Flügel voll entwickelt.

Beine ziemlich kurz, Schenkel mäßig verdickt.

Penis (Fig. 193) von oben betrachtet annähernd oval, mit verrundet-dreieckigem Apex und beiderseits desselben nach hinten lappenförmig vorragenden Penisseiten, Parameren das Penisende nahezu erreichend, am Ende leicht zur Mitte gekrümmt und mit je 2 Tastborsten versehen. Im Penisinneren ist in der distalen Hälfte des Peniskörpers eine horizontale Chitinplatte erkennbar, die von unregelmäßig verlaufenden und in ihrer Dicke wechselnden Chitinfalten durchzogen ist.

Es liegt mir nur ein Exemplar (♂) vor, das ich am 11. 9. 1970 in einem Wald vom Typus „Whet Sclerophilous Forest" östlich von Palmwoods in Südqueensland durch Aussieben von Waldstreu und morschem Holz erbeutete. Der Holotypus ist im South Austr. Museum in Adelaide verwahrt.

Euconnus (Euconophron) palmwoodensis nov. spec.

Gekennzeichnet durch schwach querrundlichen Kopf mit stark hervortretenden Supraantennalhöckern, kurze Fühler mit großer, scharf abgesetzter, 4gliederiger Keule, länglichen

Halsschild mit dicht und abstehend behaarten Seiten und 2 Basalgrübchen, ovale Flügeldecken mit schräger Humeralfalte und relativ kurze Beine.

Long. 1,10 mm, lat. 0,45 mm. Rotbraun gefärbt, gelblich behaart.

Kopf von oben betrachtet rundlich, mit den knapp vor seiner Längsmitte stehenden, flachen Augen ein wenig breiter als lang, oberseits spärlich, an den Schläfen etwas dichter behaart, mit scharf markierten Supraantennalhöckern. Fühler kurz und dick, zurückgelegt die Halsschildbasis nicht erreichend, ihre scharf abgesetzte, 4gliederige Keule fast so lang wie die Geißel, ihre beiden 1. Glieder um ein Drittel länger als breit, 3 bis 7 schwach, 8 bis 10 stark quer, das Endglied so lang wie die beiden vorhergehenden zusammengenommen.

Halsschild um knapp ein Fünftel länger als breit, seitlich schwach, aber gleichmäßig gerundet, oberseits fein und schütter, seitlich dicht und lang, abstehend behaart, vor der Basis mit 2 durch eine seichte Querfurche verbundenen Grübchen.

Flügeldecken oval, schon an ihrer Basis breiter als der Halsschild, mit ziemlich flacher, außen von einer schrägen Humeralfalte scharf begrenzter Basalimpression und in ihrer vorderen Hälfte beiderseits der Naht flachem Eindruck, fein und ziemlich anliegend behaart.

Beine ziemlich kurz, Schenkel mäßig verdickt, Vorderschienen distal verbreitert, leicht einwärts gekrümmt.

Penis (Fig. 194) länglich, fast parallelseitig, mit spitzwinkelig-dreieckigem, am Ende abgerundetem Apex und neben diesem lappenförmig vorspringenden Seiten. Parameren stabförmig, die Penisspitze nicht ganz erreichend, am Ende mit je 3 Tastborsten versehen. Im Penisinneren sind nur einige unregelmäßig geformte und unscharf abgegrenzte Chitinfalten erkennbar.

Es liegt mir nur ein ♂ (der Holotypus) vor. Ich sammelte dieses am 11. 9. 1970 in einem Walde östlich von Palmwoods in Queensland, indem ich morsche Bäume und Laubstreu vom Waldboden aussiebte. Der Waldtyp war ein Whet Sclerophilous Forest in ca. 30 m Seehöhe in einem Raum mit ca. 1750 mm Jahresniederschlag. Der Holotypus wird im South Australian Museum in Adelaide verwahrt.

Euconnus (Euconophron) donnybrookensis nov. spec.

Gekennzeichnet durch querrundlichen Kopf mit ziemlich großen Augen, mäßig lange Fühler mit unscharf abgesetzter, 4gliederiger Keule, leicht gestreckten Halsschild mit 2 großen und tiefen Basalgrübchen, länglichovale, ziemlich flach gewölbte Flügeldecken und mäßig lange Beine mit distal innen flach ausgeschnittenen Vorder- und Mittelschienen.

Long. 1,45 mm, lat. 0,60 mm. Rotbraun gefärbt, an den Schläfen und Halsschildseiten grob und steif, bräunlich, sonst sehr spärlich und fein, gelblich behaart.

Kopf von oben betrachtet oval, eben merklich breiter als lang, mit großen, seitlich vorgewölbten Augen und deutlich markierten Supraantennalhöckern. Fühler zurückgelegt die Halsschildbasis etwas überragend, ihr Basalglied zweieinhalbmal, das 2. dreimal so lang wie breit, 3 und 9 annähernd kugelig, 4 bis 7 etwas länger als breit, 10 schwach quer, das Endglied fast so lang wie die beiden vorhergehenden zusammengenommen, Glied 7 etwas breiter als 6, 8 schmäler als 9.

Halsschild leicht gestreckt, im vorderen Drittel seiner Länge am breitesten und hier kaum merklich breiter als der Kopf samt den Augen, mit stark gewölbter, glatter und glänzender, sehr spärlich behaarter Scheibe und 2 großen, durch eine kurze Querfurche miteinander verbundenen Basalgrübchen. Scutellum nicht sichtbar.

Flügeldecken langoval, flach gewölbt, an ihrer Basis nur wenig breiter als der Halsschild, sehr spärlich und fein, körnig punktiert und ebenso spärlich behaart, mit breiter,

Fig. 194. *Euconnus (Euconophron) palmwoodensis* FRANZ, Penis in Dorsalansicht.

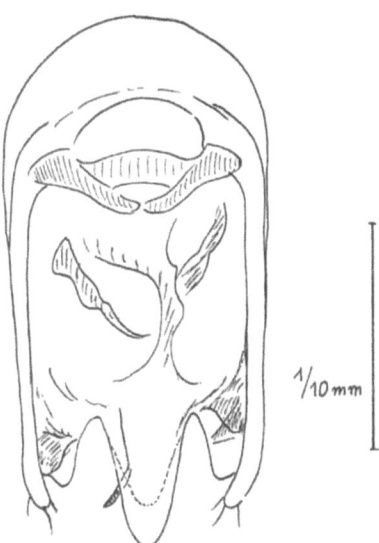

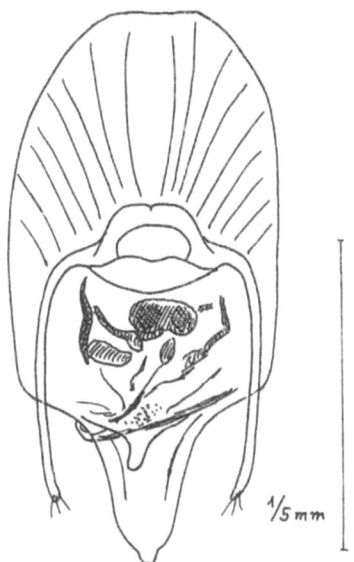

Fig. 195. *Euconnus (Euconophron) donnybrookensis* FRANZ, Penis in Dorsalansicht.

Fig. 196a. *Euconnus (Euconophron) subglabripennis* (LEA), Penis in Dorsalansicht.

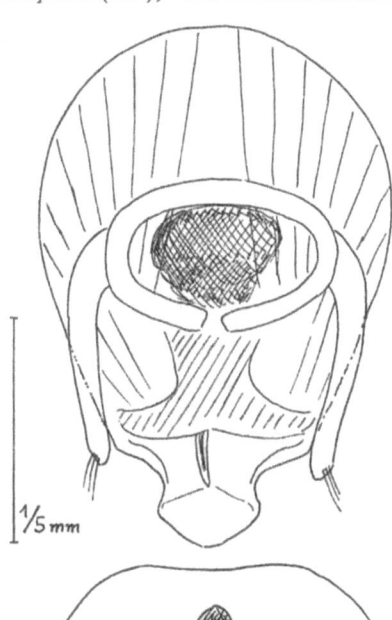

Fig. 196b. *Euconnus (Euconophron) glabripennis* (LEA), Penis in Dorsalansicht.

196a   196b

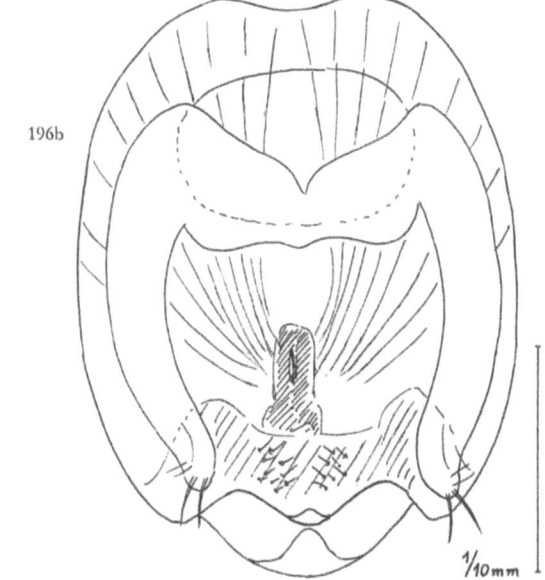

Fig. 197. *Euconnus (Euconophron) paraglabripennis* (LEA), Penis in Dorsalansicht.

aber wenig tiefer, seitlich von einer flachen Humeralfalte begrenzter Basalimpression. Flügel verkümmert.

Beine mäßig lang, Vorderschenkel etwas stärker verdickt als die der Mittel- und Hinterbeine, Vorder- und Mittelschienen distal innen flach ausgerandet und mit einer Haarbürste versehen.

Penis (Fig. 195) aus einem länglichovalen Peniskörper und einem in der Anlage spitzwinkelig-dreieckigen Apex mit abgesetzter, abgestutzter Spitze bestehend. Parameren dünn, am Ende mit je 3 Tastborsten versehen. Basalöffnung des Penis auf der Dorsalseite des Peniskörpers in dessen Längsmitte gerückt. Zwischen ihr und dem Ostium penis befinden sich im Penisinneren zahlreiche chitinöse Falten der Präputialsackwand und chitinöse Apophysen, die Ventralwand des Penis ragt mit einer kurzen, abgerundeten Spitze in das Ostium penis vor.

Es liegt mir von dieser Art nur ein Exemplar (♂) vor, das sich im undeterminierten Material des South Austr. Museum vorfand und das in der Sammlung dieses Museums aufbewahrt wird. Es wurde von M. A. LEA in Donnybrook in SW-Australien gesammelt.

Euconnus (Euconophron) subglabripennis (LEA)

Proc. Roy. Soc. Victoria 27, 1914, p. 204—205 *(Scydmaenus)*

Von Dalby in Queensland beschrieben, der Holotypus wurde mir von South Australian Museum zugesandt, die nachstehende Beschreibung ist nach ihm angefertigt.

Durch gedrungene Gestalt, lange und dünne Fühler mit schlanker, 4gliederiger Keule, querovalen Kopf mit großen Augen und bärtig behaarten Schläfen, schwach queren Halsschild mit 2 durch eine Querfurche verbundenen Basalgrübchen, kurzovale, nur im Bereiche der verrundeten Schultern behaarte Flügeldecken und distal stark verdickte Vorderschenkel gekennzeichnet.

Long. 1,25 mm, lat. 0,65 mm. Rotbraun gefärbt, an den Schläfen und Halsschildseiten struppig, bräunlichgelb behaart, sonst großenteils kahl.

Kopf von oben betrachtet queroval mit großen, vorstehenden Augen und bärtig behaarten Schläfen, Fühler lang und dünn, zurückgelegt die Halsschildbasis überragend, ihre lockere, 4gliederige Keule nahezu so lang wie die Geißel, die beiden ersten Glieder eineinhalbmal so lang wie breit, 3 bis 6 quadratisch bis leicht gestreckt, 7 bis 9 deutlich länger als breit, 10 isodiametrisch, das eiförmige Endglied kürzer als die beiden vorhergehenden zusammengenommen.

Halsschild nicht ganz so lang wie breit, stark gewölbt, an den Seiten struppig behaart, oberseits fast kahl, vor der Basis mit 2 großen, durch eine Querfurche verbundenen Grübchen.

Flügeldecken kurzoval, schon an ihrer Basis wesentlich breiter als der Halsschild, nur an den Seiten im Bereich der verrundeten Schultern fein behaart, sonst kahl, meist mit tiefer, außen von einer breiten Humeralfalte begrenzter Basalimpression.

Mittel- und Hinterbeine schlank, Vorderschenkel distal stark verdickt, Vorderschienen distal verbreitert, innen abgeflacht und mit einer Haarbürste versehen.

Penis (Fig. 196) gedrungen gebaut, mit kurzem, spatelförmigem Apex und dessen Basis nur wenig überragenden, am Ende mit je 3 Tastborsten versehenen Parameren. Im Penisinneren befindet sich unter der Basalöffnung eine große Chitinapophyse, an der Muskel inserieren. Dahinter ist eine annähernd ankerförmige Chitinplatte undeutlich sichtbar. Ein leicht gebogener Chitindorn überragt diese Platte an ihrem Hinterrand.

2. Artengruppe

Diese Gruppe umfaßt kleine bis mittelgroße Arten von 0,95 bis 1,50 mm Körperlänge mit meist großem, von oben betrachtet rundlichem Kopf und häufig ziemlich langen Fühlern mit lockerer, 4gliederiger Keule, der Halsschild auf der Scheibe spärlich, an den Seiten dicht und struppig behaart, vor der Basis mit 2 meist durch eine Querfurche verbundenen Grübchen versehen. Die Flügeldecken sind meist glatt und glänzend, spärlich behaart, oft fast kahl erscheinend.

Der Penis ist sehr gedrungen gebaut, so breit oder fast so breit wie lang.

Euconnus (Euconophron) glabripennis (LEA)

LEA, Proc. Roy. Soc. Victoria 23, 1911, 182—183 *(Scydmaenus)*

Durch sehr dunkel rotbraune Färbung, großen, fast rautenförmigen Kopf mit großen, seitlich stark vorstehenden Augen, lange und steife Behaarung der Schläfen und Halsschildseiten, 2 große, durch eine Querfurche verbundene Basalgrübchen des Halsschildes tiefe, seitlich durch eine Humeralfalte begrenzte Basalimpression der Flügeldecken und relativ großes, die Keule fast 5gliederig erscheinen lassendes 7. Fühlerglied gekennzeichnet.

Long. 1,50 mm, lat. 0,65 mm. Sehr dunkel rotbraun gefärbt, bräunlichgelb behaart, Flügeldecken fast kahl, stark glänzend.

Kopf von oben betrachtet quer rhombisch, mit großen, stark vorstehenden Augen, Stirn und Scheitel flach, sehr spärlich, die Schläfen lang und steif abstehend behaart. Fühler zurückgelegt die Halsschildbasis überragend, mit langer, lockerer Keule, das etwas vergrößerte 7. Glied zwischen dieser und der Geißel den Übergang bildend, das Basalglied reichlich, das 2. knapp doppelt so lang wie breit, 3 bis 7 um die Hälfte länger als breit, 7 zur Spitze verbreitert, 8 und 9 isodiametrisch, 10 sehr schwach quer, das Endglied viel kürzer als die beiden vorhergehenden zusammengenommen.

Halsschild so lang wie breit, zum Vorderrand stark, zur Basis fast nicht verengt, seine Scheibe gewölbt, glatt und glänzend, fein und schütter, die Seiten grob und steif abstehend behaart, mit 2 großen, durch eine seichte Querfurche verbundenen Grübchen, diese den Hinterwinkeln genähert und außen durch ein Längsfältchen begrenzt. Scutellum sehr klein.

Flügeldecken oval, glatt und glänzend, fast kahl, schon an ihrer Basis etwas breiter als der Halsschild, mit tiefer, durch ein flaches Längsfältchen zweigeteilter, außen durch eine kurze Humeralfalte begrenzter Basalimpression. Flügel voll entwickelt.

Beine kräftig, Schenkel stark verdickt.

Penis (Fig. 196) sehr gedrungen gebaut, mit kurzer, nach oben gebogener Spitze. Die Dorsalwand vor dieser beiderseits der Sagittalebene mit einer Reihe feiner Börstchen besetzt. Ostium penis von einem schüsselförmigen, in einer dreieckigen Spitze endenden Operculum überdeckt. Parameren kurz und plump mit je 2 kräftigen und 2 kurzen Tastborsten versehen. Im Penisinneren befindet sich eine längliche Chitinapophyse, an der zahlreiche Muskel inserieren.

Es liegt mir der Holotypus (♂) vor, der im South Austr. Museum verwahrt wird. Er trägt einen Zettel mit der Inschrift „*glabripennis*, LEA, Type, Devonport". LEA vermerkt in der Originaldiagnose, daß er das Tier in einem Nest von *Polyrachis hexacantha* gefunden habe. Ein Exemplar dieser Ameise ist an der Nadel unter dem Holotypus montiert. Die Art dürfte in Tasmanien weiter verbreitet sein. Eine Cotype (♂) mit Patriangabe Victoria wurde mir vom British Museum übersandt. Das Tier stammt aus der Sammlung SHARPS' und wurde von LEA als *Scydmaenus glabripennis* determiniert. Im Penisbau besteht mit dem Holotypus vollkommene Übereinstimmung. Die Art kommt demnach sowohl in Tasmanien als auch in Victoria vor.

Euconnus (Euconophora) paraglabripennis (Lea)

Lea, Proc. Roy. Soc. Victoria 27 (N. S.), 1915, p. 204—205 (*Scydmaenus*)

Dem *E. glabripennis* (Lea) nahestehend, aber wesentlich kleiner und breiter gebaut, die Beine kürzer als bei der Vergleichsart. Penis etwas abweichend.

Long. 1,30 mm, lat. 0,55 mm. Rotbraun gefärbt, an den Schläfen, Halsschildseiten und Episternen der Mittelbrust bräunlich behaart.

Kopf von oben betrachtet rundlich, nahezu isodiametrisch, mit ziemlich großen, konvexen Augen und flachen Supraantennalhöckern. Stirn und Scheitel flach gewölbt, glatt und glänzend, kahl, Schläfen steif abstehend, dicht behaart. Fühler zurückgelegt die Halsschildbasis weit überragend, mit lockerer, 4gliederiger Keule, ihr 2. Glied zweieinhalbmal, 3 bis 7 einenviertel- bis einenhalbmal so lang wie breit, Glied 8 gestreckt, 9 und 10 isodiametrisch, das eiförmige Endglied kürzer als die beiden vorhergehenden zusammengenommen.

Halsschild ein wenig breiter als lang, sehr wenig breiter als der Kopf samt den Augen, ziemlich stark gewölbt, glatt und glänzend, an den Seiten struppig behaart, vor der Basis mit 2 weit voneinander entfernten, durch eine sehr seichte Querfurche verbundenen Grübchen.

Flügeldecken kurzoval, schon an ihrer Basis breiter als der Halsschild, kahl, glatt und glänzend, mit großer Basalgrube, ohne Schulterwinkel.

Beine ziemlich kurz, Schenkel mäßig verdickt, Hinterschienen fast gerade.

Penis (Fig. 197) sehr gedrungen gebaut, rundlich, mit kurzen, schwer sichtbaren Parameren, ohne Tastborsten. Nahe der Penisbasis befindet sich eine ovale, chitinöse Apophyse, weiter hinten sind im Penisinneren schwach chitinisierte Falten der Präputialsackwand erkennbar. Der Apex penis ist leicht aufgebogen.

Es liegt mir nur 1 Exemplar (♂) aus den undeterminierten Beständen des South Austr. Museum vor, das einen Patriazettel mit dem Text „Victoria Blackburn" trägt. Ich glaube dieses Tier mit Sicherheit auf die von Lea beschriebene Art beziehen zu können.

Euconnus (Euconophron) alloglabripennis nov. spec.

Im Penisbau an *E. glabripennis* (Lea) erinnernd, von diesem aber durch helle Färbung, kompaktere Fühlerkeule, viel geringere Größe und spärlichere Behaarung verschieden.

Long. 0,95 mm, lat. 0,45 mm. Hell rotbraun gefärbt, stark glänzend. Nur die Schläfen und Halsschildseiten dicht gelblich behaart, sonst nahezu kahl.

Kopf von oben betrachtet querrundlich, die Stirn vor den Augen aber dreieckig begrenzt, Augen groß und flach, Schläfen mit einem dichten Büschel steif abstehender Haare besetzt, Supraantennalhöcker deutlich. Fühler zurückgelegt die Halsschildbasis erreichend, mit scharf abgesetzter, 4gliederiger Keule, ihr Basalglied doppelt, das 2. einenhalbmal so lang wie breit, 3 bis 7 breiter als lang oder quadratisch, 8 kugelig, 9 und 10 schwach quer, das eiförmige Endglied kürzer als die beiden vorhergehenden zusammengenommen.

Halsschild so lang wie breit, glatt und glänzend, stark gewölbt, mit 2 Basalgrübchen, oberseits kahl, seitlich struppig behaart.

Flügeldecken kurzoval stark gewölbt, glatt und glänzend, mit flacher, außen von der Schulterbeule begrenzter Basalimpression. Flügel voll entwickelt.

Beine ziemlich kurz.

Penis (Fig. 198) gedrungen gebaut, ohne scharf abgesetzte Apikalpartie, am Ende nur eine sehr kurze Spitze aufweisend. Parameren bei dem einzigen vorliegenden Präparat nicht vorhanden. Im Penisinneren befindet sich hinter der Längsmitte eine aus 4 kugeligen Chitinkörpern zusammengesetzte Apophyse, an der zahlreiche Muskel inserieren. Hinter der Chitinapophyse befindet sich ein körbchenförmiges Chitingebilde.

Fig. 198. *Euconnus (Euconophron) alloglabripennis* Franz, Penis in Dorsalansicht.

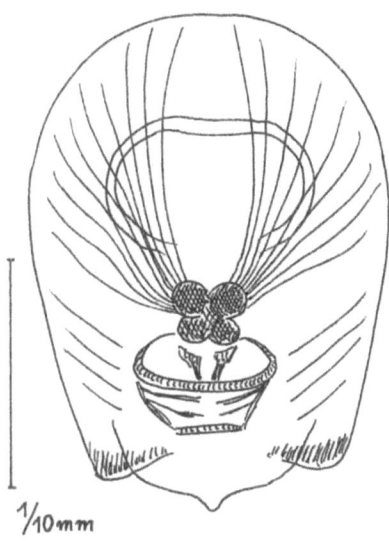

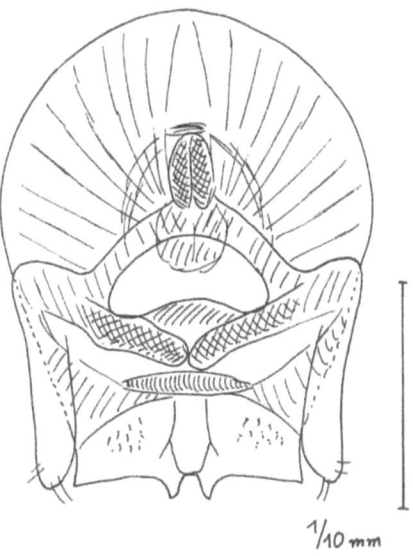

Fig. 199. *Euconnus (Euconophron) seminiger* (Lea), Penis in Dorsalansicht.

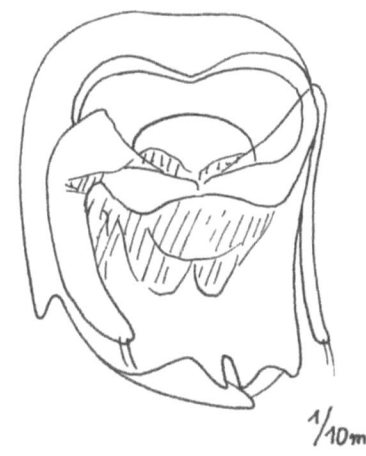

Fig. 200. *Euconnus (Euconophron) bifasciculatus* (Lea), Penis in Dorsalansicht.

Fig. 202. *Euconnus (Euconophron) maryvalensis* Franz, Penis in Dorsalansicht.

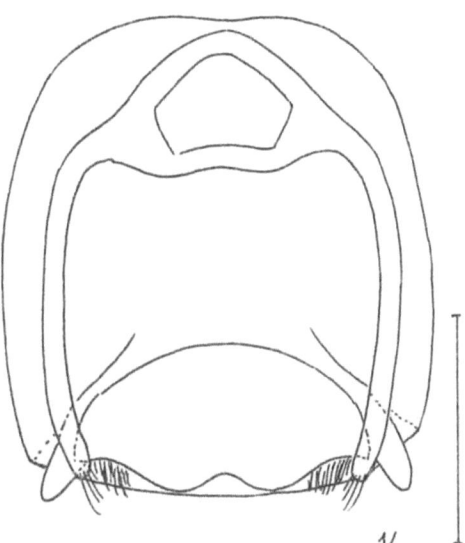

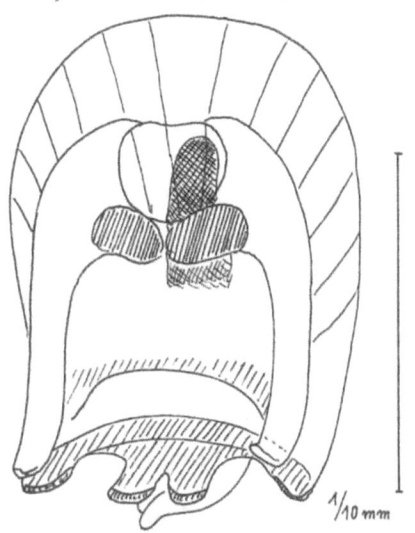

Fig. 201. *Euconnus (Euconophron) clarkianus* Franz, Penis in Dorsalansicht.

Es liegt mir nur ein Exemplar (♂) vor, das sich im undeterminierten Material des South Austr. Museum befand. Es wurde von A. M. LEA in den Blackwell Ranges in Queensland erbeutet. Der Holotypus wird im South Austr. Museum in Adelaide verwahrt.

Euconnus (Euconophron) seminiger (LEA)

LEA, Proc. Roy. Soc. Victoria 27, 1914, 202 (*Scydmaenus*)

Dem *E. glabripennis* sehr ähnlich und mit ihm auch nahe verwandt, etwas kleiner als dieser, mit querovalem Kopf, kürzerer, schärfer abgesetzter, 4gliederiger Fühlerkeule und abweichend gebautem Penis.

Long. 1,20 bis 1,40 mm, lat. 0,50 bis 0,60 mm. Dunkel kastanienbraun, Kopf und Halsschild etwas dunkler als die Flügeldecken, die Extremitäten hell rotbraun gefärbt, bräunlich behaart, die Flügeldecken fast kahl. Körper flach gewölbt.

Kopf von oben betrachtet annähernd queroval, mit großen, etwas vorstehenden Augen, Stirn und Scheitel sehr flach gewölbt, glatt und glänzend, spärlich und fein, die Schläfen sehr dicht und steif abstehend behaart, Supraantennalhöcker flach gewölbt. Fühler zurückgelegt die Halsschildbasis überragend, ihre beiden ersten Glieder doppelt so lang wie breit, 3 bis 6 leicht gestreckt, 7 in gewisser Richtung distal stark verbreitert, 8 kaum merklich, 9 und 10 deutlich breiter als lang, das Endglied viel kürzer als die beiden vorhergehenden zusammengenommen.

Halsschild so lang wie breit, kaum breiter als der Kopf, sowohl zum Vorderrand als auch zur Basis gerundet verengt, auf der Scheibe schütter, an den Seiten dicht und struppig behaart, mit 2 großen, durch eine Querfurche verbundenen Basalgrübchen. Schildchen deutlich sichtbar.

Flügeldecken oval, schon an ihrer Basis breiter als der Halsschild, mäßig gewölbt, glatt und glänzend, fast kahl, mit tiefer, außen von einer breiten Humeralfalte scharf begrenzter Basalimpression und deutlichem Schulterwinkel. Flügel voll entwickelt. Mesosternum mit einem kielförmigen, zwischen die Mittelhüften ragenden Fortsatz, Hinterhüftung weit getrennt.

Beine ziemlich lang, Schenkel keulenförmig verdickt, die der Vorderbeine stärker als die der beiden anderen Beinpaare. Vorderschienen distal erweitert, innen abgeflacht und mit dichtem Haarfilz versehen.

Penis (Fig. 199) sehr gedrungen gebaut, am Ende breit abgestutzt, sein Hinterrand beiderseits der Mitte kurz zahnförmig vorspringend, Parameren kurz, das Penisende erreichend, mit je 4 Tastborsten versehen. Vor der in die Längsmitte des Penis verschobenen Basalöffnung liegt im Penisinneren eine längliche Chitinapophyse, vor dem Hinterrand des Penis ist beiderseits der Mitte ein mit Porenpunkten besetztes Areal vorhanden. In den Porenpunkten inserieren kurze Börstchen. Es liegen mir aus der Sammlung des South Austr. Museum etwa 50 Exemplare dieser Art vor, der Holotypus ist mit 5 weiteren Tieren auf einem Plättchen montiert, er stammt vom Jordan River in Tasmanien, 2 Exemplare stammen von Launceston, zahlreiche von GRIFFITH gesammelte Tiere tragen nur die Patriaangabe Tasmanien. In der Sammlung des British Museum sind 4 Cotypen aus Tasmanien ohne nähere Fundortangabe vorhanden. Nach den Angaben LEAS (l. c.) kommt die Art auch in Victoria und N. S. Wales vor. Tiere von dort konnte ich nicht untersuchen, ihre Zugehörigkeit zu *E. seminiger* bleibt bestätigungsbedürftig.

Euconnus (Euconophron) bifasciculatus (LEA)

LEA, Proc. Roy. Soc. Victoria (N. S.) 25, 1913, 56 (*Scydmaenus*)

Sehr ausgezeichnet durch sehr großen, flachen, von oben betrachtet scheibenförmigen Kopf, lockere, 4gliederige Fühlerkeule, kleinen, isodiametrischen Halsschild mit 2 durch eine Querfurche verbundenen Grübchen und fast kahle Flügeldecken mit großer, außen von einer breiten Humeralfalte begrenzter Basalimpression.

Long. 1,40 mm, lat. 0,56 mm. Rotbraun gefärbt, bräunlichgelb behaart.

Kopf sehr groß, beim ♂ von oben betrachtet annähernd kreisrund, scheibenförmig, mit mäßig großen, konvexen Augen, Stirn und Scheitel mit Ausnahme der großen Supraantennalhöcker flach, glatt und glänzend, schütter, die Schläfen dicht und steif abstehend behaart. Der Kopf des ♀ ist etwas kleiner, queroval und schwach gewölbt. Fühler zurückgelegt die Halsschildbasis etwas überragend, mit großer, lockerer, 4gliederiger Keule, ihr Basalglied dick und nur leicht gestreckt, das 2. doppelt so lang wie breit, 3 bis 5 nur wenig, 6 um ein Viertel länger als breit, 7 dicker als 6, nicht ganz so breit wie lang, 8 isodiametrisch, 9 und 10 schwach quer, das eiförmige Endglied viel kürzer als die beiden vorhergehenden zusammengenommen.

Halsschild klein, isodiametrisch, knapp so breit wie der Kopf mit den Augen und nicht länger als dieser, seitlich schwach gerundet, zum Vorderrand stärker als zur Basis verengt, mit glatter Scheibe und 2 durch eine Querfurche verbundenen Grübchen, oberseits spärlich, seitlich dicht und struppig behaart.

Flügeldecken oval, schon an ihrer Basis breiter als der Halsschild, mit tiefer, seitlich durch eine Furche scharf gegen die Schulterbeule begrenzter Basalimpression, sehr zerstreut punktiert, nahezu kahl.

Beine ziemlich kurz, Vorderschenkel stärker verdickt als die der Mittel- und Hinterbeine, Vorderschienen distal innen sehr flach ausgeschnitten und mit einem Haarfilz versehen. Hinterhüften einander ziemlich stark genähert.

Penis (Fig. 200) sehr gedrungen gebaut, dem des *E. glabripennis* (LEA) ähnlich, sein Apex aber zweispitzig, zwischen den beiden Spitzen ziemlich tief ausgeschnitten, die Parameren nur mit 2 Tastborsten versehen.

Die Art ist von Geelong in Victoria sowie von Portland beschrieben. Sie wurde in Geelong bei einer kleinen Varietät von *Ectatomma metallicum* gefunden. Das mir vorliegende determinierte Exemplar (♂) stammt aus der Sammlung SHARP und ist von LEA als „*Scydmaenus bifasciculatus*" determiniert. Es trägt keinen Patriazettel. 3 weitere Exemplare der SHARPschen Sammlung, die mir vom British Museum zugesandt wurden, weisen Patriazettel mit der handschriftlichen Angabe „Victoria" auf. 10 Exemplare aus den undeterminierten Beständen des British Museum, darunter 2 ♂♂, stammen von Broadmeadow in Victoria. Vom South Australian Museum wurden mir 8 Exemplare dieser Art, darunter der Holotypus (♀) von Geelong, zugesandt.

Euconnus (Euconophron) clarkianus nov. spec.

Gekennzeichnet durch lange Fühler mit lockerer, 4gliederiger Keule, hell gelbrote Farbe, mit Ausnahme der Schläfen und Halsschildseiten, kahle Oberseite, länglichrunden Halsschild mit 2 Basalgrübchen und schlanke Beine.

Long. 1,30 bis 1,35 mm, lat. 0,55 bis 0,60 mm. Hell gelbrot gefärbt, fast kahl.

Kopf groß, von oben betrachtet fast kreisrund, mit ziemlich großen, aber flachen Augen, sehr flach gewölbter Oberseite, großen Supraantennalhöckern und bärtig behaarten Schläfen. Fühler zurückgelegt die Halsschildbasis überragend, mit lockerer, 4gliederiger Keule, das 3., 4., 5. und 6. Glied fast so breit wie lang, 9 und 10 in gewisser Richtung isodiametrisch, alle anderen deutlich gestreckt, das 2. mehr als doppelt so lang wie breit, das Endglied viel kürzer als die beiden vorhergehenden zusammengenommen.

Halsschild ein wenig länger als breit, seitlich schwach gerundet, in seiner Längsmitte am breitesten und hier nicht ganz so breit wie der Kopf, stark gewölbt, glatt und glänzend, an den Seiten kurz und steif abstehend behaart, vor der Basis mit 2 weit getrennten Grübchen.

Flügeldecken oval, an ihrer Basis nicht breiter als die Halsschildbasis, ohne Spur einer Schulterbeule und eines Schulterwinkels, mit breiter, außen von einer schrägen Humeralfalte begrenzter Basalimpression, in dieser mit 2 tiefen Grübchen, kahl erscheinend, aber mit sehr kurzen und feinen Härchen schütter besetzt. Flügel verkümmert.

Beine schlank, Schenkel mäßig verdickt.

Penis (Fig. 201) sehr gedrungen gebaut, nur wenig länger als breit, sein Apex breit abgerundet, in der Mitte seines Hinterrandes flach ausgerandet, nach oben gebogen, stark chitinisiert, am Hinterrand seitlich dicht behaart, an den Seiten stumpf zahnförmig vorspringend. Parameren schlank, leicht einwärts gekrümmt, das Penisende erreichend, an ihrer Spitze mit je 4 Tastborsten versehen.

Es liegen mir im undeterminierten Material des South Australian Museum insgesamt 17 Exemplare dieser Art vor. 16 Exemplare wurden von S. CLARK am Swan River gesammelt, 1 Exemplar bei Mundaring nächst Perth. Alle Tiere scheinen in Gesellschaft von Ameisen gefunden worden zu sein. Der Holotypus und die meisten Paratypen befinden sich im South Australian Museum, einige Paratypen in meiner Sammlung.

Euconnus (Euconophron) maryvalensis nov. spec.

Gekennzeichnet durch rautenförmigen Kopf, bärtig behaarte Schläfen, ziemlich lange Fühler mit lockerer, 4gliederiger Keule, länglichen, schmalen Halsschild mit 2 großen Basalgruben, ovale, hochgewölbte, nahezu kahle Flügeldecken mit kleiner Basalimpression und ohne Humeralfalte sowie ziemlich schlanke Beine.

Long. 1,15 mm, lat. 0,50 mm. Rotbraun gefärbt, bräunlichgelb behaart, zum Teil kahl und stark glänzend.

Kopf von oben betrachtet rautenförmig, die ziemlich großen Augen in seiner Längsmitte stehend und seitlich ziemlich stark vorgewölbt. Stirn und Scheitel flach gewölbt, fein, Schläfen grob und dicht, abstehend behaart. Supraantennalhöcker deutlich. Fühler ziemlich lang, zurückgelegt die Halsschildbasis erreichend, ihre beiden ersten Glieder um die Hälfte länger als breit, 3 bis 7 annähernd quadratisch, 8 bis 10 schwach quer, das eiförmige Endglied viel kürzer als die beiden vorhergehenden zusammengenommen.

Halsschild um ein Viertel länger als breit, in seiner Längsmitte am breitesten und hier kaum breiter als der Kopf samt den Augen, seitlich mäßig gerundet, auf der Scheibe fein und schütter, an den Seiten grob und dicht, steif abstehend behaart, vor der Basis mit 2 großen Grübchen.

Flügeldecken oval, hoch gewölbt, schon an ihrer Basis breiter als der Halsschild, kahl, glatt und glänzend, mit kleiner Basalimpression und nur angedeuteter Schulterbeule.

Beine ziemlich schlank, Vorderschenkel stärker verdickt als die der Mittel- und Hinterbeine.

Penis (Fig. 202) sehr gedrungen gebaut, mit zweilappigem Apex und nach hinten vorgezogenen Seiten, das Ostium penis von einem am Hinterende zu einem kurzen Zahn verjüngten Operculum überdeckt. Parameren sehr kurz und plump, das Penisende nicht ganz erreichend, ohne Tastborsten. Unter der Basalöffnung des Penis liegt in dessen Innerem eine chitinöse Apophyse.

Es liegt mir der Holotypus (♂) vor, den ich am 12. 9. 1970 in der Deviding Range an der nach Warwick führenden Straße aus Laubstreu siebte. Er wird im South Austr. Museum in Adelaide verwahrt. Ein zweites ♂ (Paratypus) siebte ich am Tamborin Mountain südlich von Brisbane am 14. 9. 1970 aus Waldstreu. Dieses Exemplar befindet sich in meiner Sammlung. In dem undeterminierten Scydmaenidenmaterial des South Austr. Museum ist die Art ebenfalls durch 4 Exemplare (2 ♂♂, 2 ♀♀) vertreten, die M. A. LEA am Tamborin Mt. gesammelt hat. 1 ♂ aus dieser kleinen Serie befindet sich gleichfalls in meiner Sammlung.

Euconnus (Euconophron) warratahanus nov. spec.

Gekennzeichnet durch von oben betrachtet fast kreisrunden Kopf mit dicht, bärtig behaarten Schläfen, ziemlich lange Fühler mit scharf abgesetzter, 4gliederiger Keule, kleinen, isodiametrischen Halsschild mit 4 Basalgrübchen und ziemlich langgestreckte Flügeldecken ohne Schulterwinkel.

Long. 1,45 mm, lat. 0,55 mm. Rotbraun gefärbt, fein, gelblich behaart.

Kopf von oben betrachtet isodiametrisch, nahezu kreisrund, die Augen etwas vorgewölbt, Stirn und Scheitel flach gewölbt, schütter, die Schläfen dicht und steif abstehend behaart. Supraantennalhöcker schwach markiert. Fühler zurückgelegt die Halsschildbasis überragend, ihr Basalglied doppelt, das 2. zweieinhalbmal so lang wie breit, 3 bis 6 quadratisch bis leicht gestreckt, 7 bis 10 breiter als lang, 8 fast doppelt so breit wie 7, das Endglied viel kürzer als die beiden vorhergehenden zusammengenommen.

Halsschild so lang wie breit, kaum länger und breiter als der Kopf, zum Vorderrand viel stärker als zur Basis verengt, mit glatter und glänzender, schütter behaarter Scheibe und dicht und steif abstehend behaarten Seiten, vor der Basis mit 4 durch eine seichte Furche verbundenen Grübchen.

Flügeldecken länglichoval, ziemlich stark gewölbt, fein und ziemlich schütter behaart, mit kleiner, außen von einer kurzen Humeralfalte begrenzter Basalimpression.

Beine schlank, Schienen gerade.

Penis (Fig. 203) gedrungen gebaut, seine Dorsalwand am Hinterrand im flachen Bogen vorspringend, der Hinterrand der Ventralwand aufgebogen und dreieckig über das Operculum vorragend. Parameren die Penisspitze fast erreichend, am Ende mit je 2 Tastborsten versehen. In der Längsmitte des Penis ist hinter der Basalöffnung ein walzenförmiger Chitinkörper vorhanden, über den sich querüber eine zweizackige Chitinbinde legt. Unter und hinter dieser liegt eine etwa quadratische, horizontale Chitinplatte.

Es liegt mir aus den undeterminierten Beständen des South Austr. Museum ein einziges Exemplar dieser Art, ein ♂, vor. Dasselbe wurde von LEA und CARTER in Warratah in Tasmanien in Moos- und Flechtenrasen gesammelt und wird im South Austral. Museum verwahrt.

Euconnus (Euconophron) nikitinianus nov. spec.

Gekennzeichnet durch querovalen, an der Basis aber gerade begrenzten Kopf mit großen, flach gewölbten Augen, lange Fühler mit großer, scharf abgesetzter, 4gliederiger Keule, kleinen isodiametrischen, an den Seiten flach gerundeten Halsschild mit seichter Querfurche, kurzovale Flügeldecken mit breiter Basalimpression und den Mangel häutiger Flügel.

Long. 1,20 mm, lat. 0,55 mm. Rotbraun gefärbt, fein und schütter, gelblich behaart.

Kopf von oben betrachtet queroval mit gerader Basalbegrenzung und großen, flach gewölbten Augen, Schläfen wenig auffällig behaart. Fühler zurückgelegt die Halsschildbasis überragend, mit großer, scharf abgesetzter, 4gliederiger Keule. Ihr Basalglied dicker als die folgenden, das 2. doppelt so lang wie breit, 3 bis 7 annähernd quadratisch, das 8. fast dreimal so breit wie das 7., so lang wie breit, 9 und 10 schwach quer, das eiförmige Endglied viel kürzer als die beiden vorhergehenden zusammengenommen.

Halsschild klein, quadratisch, nur sehr wenig breiter als der Kopf, mäßig gewölbt, seitlich flach, aber gleichmäßig gerundet, sehr schütter, an den Seiten etwas dichter und mehr abstehend behaart, vor der Basis mit seichter Querfurche.

Flügeldecken kurzoval, schon an ihrer Basis breiter als der Halsschild, mit breiter, außen von einer schrägen Humeralfalte begrenzter Basalimpression, sehr schütter behaart. Flügel atrophiert.

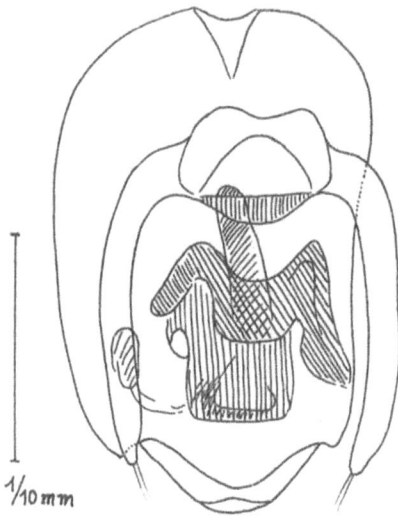

Fig. 203. *Euconnus (Euconophron) warratahanus* Franz, Penis in Dorsalansicht.

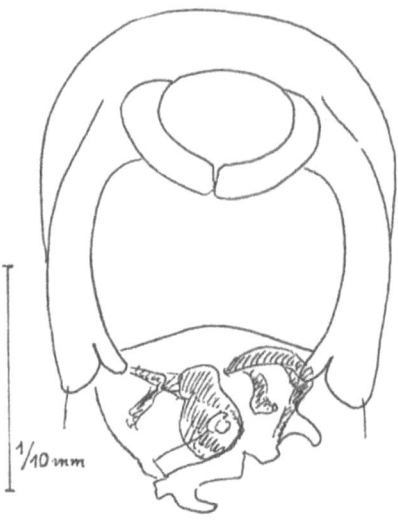

Fig. 204. *Euconnus (Euconophron) nikitinianus* Franz, Penis in Dorsalansicht.

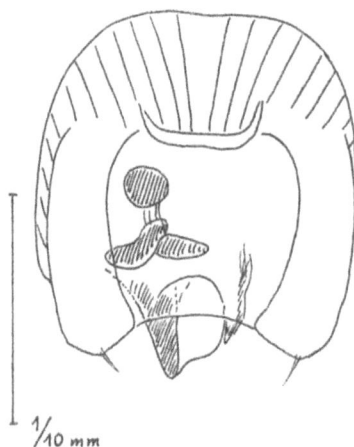

Fig. 205. *Euconnus (Euconophron) alluvionum* Franz, Penis in Dorsalansicht.

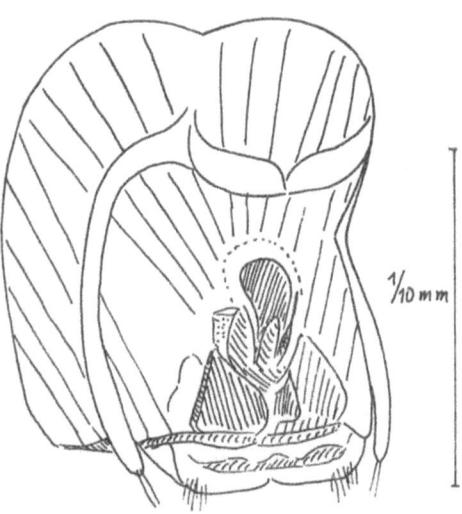

Fig. 206. *Euconnus (Euconophron) gawleri* Franz, Penis in Dorsolateralansicht.

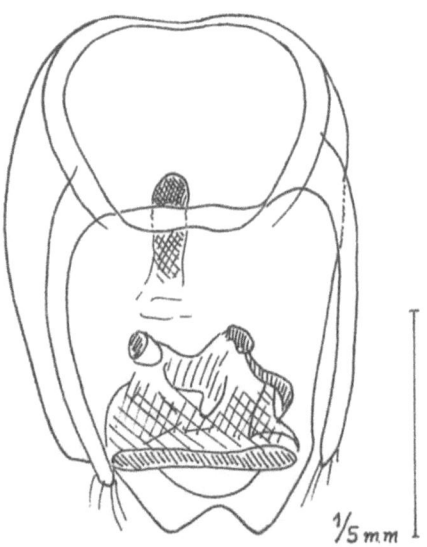

Fig. 207. *Euconnus (Euconophron) boulayanus* Franz, Penis in Dorsalansicht.

Beine kräftig, Schenkel mäßig verdickt.

Penis (Fig. 204) sehr gedrungen gebaut, mit kurzen, am Ende zweilappigen Parameren, der äußere Lappen mit einer Tastborste versehen. Aus dem Ostium penis ragt ein Teil des Präputialsackes heraus. Er weist neben chitinösen Falten und Apophysen am Hinterrand zwei hakenförmig gekrümmte Dornen auf.

Es liegen mir nur zwei Exemplare vor, die M. Nikitin, dem die Art gewidmet ist, im Tal des Namoi River in N. S. Wales am 25. 1. 1960 am Licht gesammelt hat. Der Holotypus (♂) wird im British Museum verwahrt, der Paratypus befindet sich in meiner Sammlung.

Euconnus (Euconophron) alluvionum nov. spec.

Gekennzeichnet durch rundlichen Kopf mit ziemlich großen, flachen Augen, lange Fühler mit großer, lockerer, scharf abgesetzter, 4gliederiger Keule, länglichen, stark zum Vorderrand verschmälerten Halsschild mit 2 durch eine Querfurche verbundenen Grübchen und ovale, fein behaarte Flügeldecken.

Long. 1,15 bis 1,30 mm, lat. 0,50 bis 0,60 mm. Rötlichgelb gefärbt, fein, gelblich behaart.

Kopf von oben betrachtet rundlich, mit den Augen etwas breiter als lang, flach und gleichmäßig gewölbt, schütter, an den Schläfen dicht und steif behaart, mit deutlichen Supraantennalhöckern. Fühler zurückgelegt die Halsschildbasis überragend, mit großer, lockerer, 4gliederiger Keule, ihr 2. Glied fast doppelt so lang wie breit, 3 bis 7 quadratisch bis leicht gestreckt, 8, 9 und 10 in gewisser Richtung ein wenig breiter als lang, das Endglied nur wenig länger als breit.

Halsschild leicht gestreckt, nicht breiter als der Kopf samt den Augen, zum Vorderrand stärker als zur Basis verengt, fein, an den Seiten nur wenig dicker behaart, vor der Basis mit 2 durch eine tiefe Querfurche verbundenen Grübchen.

Flügeldecken oval, schon an ihrer Basis wesentlich breiter als der Halsschild, mit seichter, außen von einem flachen Schulterhöcker begrenzter Basalimpression, fein und zerstreut punktiert, fein und schütter behaart.

Beine ziemlich kurz, Schenkel stark keulenförmig verdickt.

Penis (Fig. 205) etwa so breit wie lang, ohne Apex, die Parameren seinen Hinterrand ein wenig überragend, sehr breit, am Ende mit je einer Tastborste versehen. Aus dem Ostium penis ragt ein stumpfer Chitindorn nach hinten, der auf der von hinten und oben betrachtet rechten Seite dünnhäutig verbreitert ist. Im Penisinneren sind drei dunkle Chitinkörper erkennbar.

Es liegen in dem undeterminierten Material des South Austr. Museum 9 Exemplare dieser Art (1 ♂, 8 ♀♀) vor, die von M. A. Lea in Adelaide gesammelt wurden. 3 Paratypen befinden sich in meiner Sammlung, alle anderen Exemplare werden im South Austr. Museum verwahrt.

Euconnus (Euconophron) gawleri nov. spec.

Gekennzeichnet durch von oben betrachtet fast kreisrunden Kopf, aber so dichte und steif abstehend behaarte Schläfen, daß diese nach hinten zu divergieren scheinen, durch scharf abgesetzte, 4gliederige Fühlerkeule, isodiametrischen, ziemlich flach gewölbten Halsschild mit 2 durch eine Querfurche verbundenen Basalgrübchen, ziemlich flach gewölbte, kahle Flügeldecken mit breiter Basalimpression und verrundeter Humeralfalte sowie ziemlich schlanke Beine.

Long. 1,05 mm, lat. 0,45 mm. Hell rotbraun gefärbt, mit Ausnahme der Schläfen und Halsschildseiten spärlich bräunlichgelb behaart.

Kopf von oben betrachtet fast kreisrund, die Schläfen aber derart dicht und steif abstehend behaart, daß sie nach hinten zu divergieren und mit der Kopfbasis einen spitzen Winkel zu bilden scheinen. Stirn und Scheitel sehr flach gewölbt, glatt und glänzend, fast kahl, Supraantennalhöcker deutlich. Fühler zurückgelegt, die Halsschildbasis knapp erreichend, mit scharf abgegrenzter, 4gliederiger Keule, ihr 2. Glied um die Hälfte länger als breit, 3 bis 7 annähernd isodiametrisch, 8 sehr schwach, 9 und 10 stärker quer, das Endglied etwas kürzer als die beiden vorhergehenden zusammengenommen.

Halsschild so lang wie breit, seitlich regelmäßig gerundet, flach gewölbt, auf der Scheibe spärlich, an den Seiten dicht und struppig behaart, vor der Basis mit 2 getrennten, durch eine Querfurche verbundenen Grübchen. Scutellum nicht sichtbar.

Flügelchen oval, flach gewölbt, fast kahl, schon an ihrer Basis etwas breiter als der Halsschild, mit breiter, außen von einer flachen Humeralfalte begrenzter Basalimpression, in dieser auf jeder Flügeldecke mit 2 Punktgrübchen.

Beine ziemlich schlank, Vorderschenkel stärker verdickt als die der Mittel- und Hinterbeine.

Penis (Fig. 206) gedrungen gebaut, nur wenig länger als breit, leicht nach oben gekrümmt, ohne deutlich abgesetzte Apikalpartie, sein Hinterende breit abgestutzt, an beiden Seiten mit einer Gruppe von Tastborsten versehen. Parameren schlank, die Penisspitze erreichend, am Ende mit je 2 Tastborsten bewehrt. Im Penisinneren befindet sich etwa in der Mitte des Peniskörpers eine längliche Chitinapophyse, an der zum Vorderrand des Penis ziehende Muskel inserieren. An diese Apophyse schließen nach hinten stark chitinierte Falten und Säcke der Präputialsackwand an.

Es liegt mir aus dem undeterminierten Material des South Austr. Museum ein einziges Exemplar (♂) dieser Art vor. Dasselbe wurde von M. A. Lea in Gawler in Südaustralien gesammelt und wird in der Sammlung des South Austr. Museum verwahrt.

Euconnus (Euconophron) boulayanus nov. spec.

Gekennzeichnet durch großen, von oben betrachtet fast kreisrunden Kopf, mäßig lange Fühler mit unscharf abgesetzter, 4gliederiger Keule, fast quadratischen, seitlich wenig gerundeten Halsschild mit 2 durch eine Querfurche verbundenen Basalgrübchen, stark gewölbte, kurzovale Flügeldecken ohne Schulterbeule, Humeralfalte und nahezu ohne Basalimpression sowie durch feine, anliegende Behaarung.

Long. 1,30 mm, lat. 0,60 mm. Hell rötlichgelb gefärbt, sehr fein, gelblich behaart.

Kopf von oben betrachtet fast kreisrund, mit flachen, aus der Kopfwölbung nicht vorstehenden Augen, oberseits sehr flach gewölbt, fein und anliegend behaart, ohne Supraantennalhöcker, die Schläfen mit einzelnen abstehenden Haaren besetzt. Fühler zurückgelegt die Halsschildbasis erreichend mit wenig scharf abgesetzter, 4gliederiger Keule, ihr 2. Glied doppelt so lang wie breit, 3 bis 6 quadratisch, 7 und 8 leicht gestreckt, 9 und 10 kugelig, das eiförmige Endglied kürzer als die beiden vorhergehenden zusammengenommen.

Halsschild so lang wie breit, fast schmäler als der Kopf, kugelig gewölbt, anliegend behaart.

Beine ziemlich lang und schlank, Schenkel mäßig verdickt, Schienen dünn und gerade.

Penis (Fig. 207) gedrungen gebaut, mit kurzem, zweispitzigem Apex und dünnen, die Penisspitze nicht ganz erreichenden Parameren, diese im Spitzenbereich mit je 4 Tastborsten versehen. Im Penisinneren befindet sich in der Längsmitte des Penis eine lange Chitinapophyse, dahinter ein Komplex chitinöser Falten, der distal mit einer stark chitinisierten Querleiste abschließt. Die Ventralwand des Penis springt bogenförmig über das Ostium penis vor.

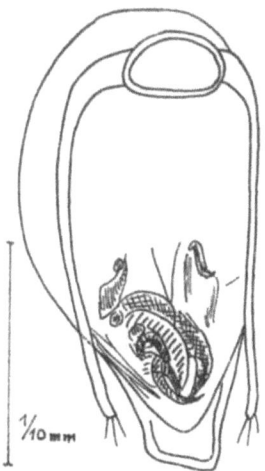

Fig. 208. *Euconnus (Euconophron) microcollis* Franz, Penis in Dorsolateralansicht.

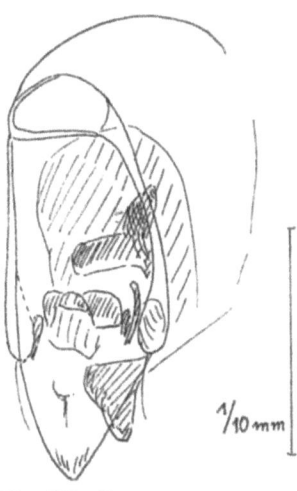

Fig. 209. *Euconnus (Euconophron) adelaidensis* Franz, Penis in Dorsolateralansicht.

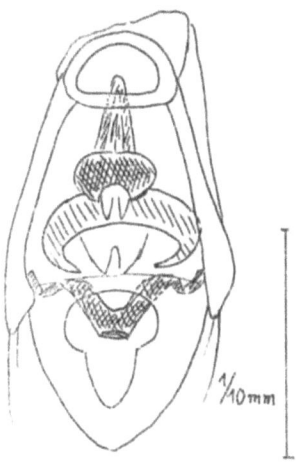

Fig. 210. *Euconnus (Euconophron) appropinquans* Lea, Penis in Dorsalansicht.

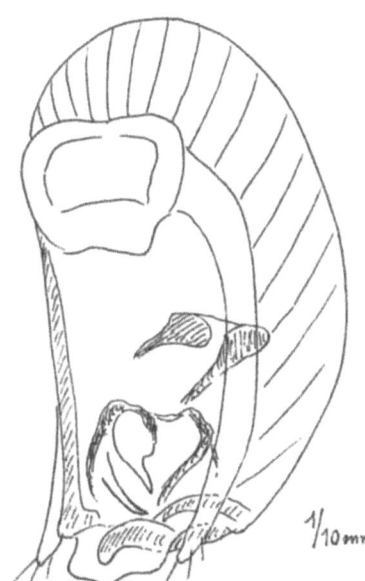

Fig. 211. *Euconnus (Euconophron) tamboriensis* Franz, Penis in Dorsolateralansicht.

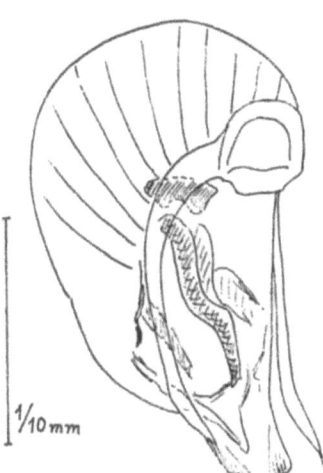

Fig. 212. *Euconnus (Euconophron) beechmontensis* Franz, Penis in Dorsolateralansicht.

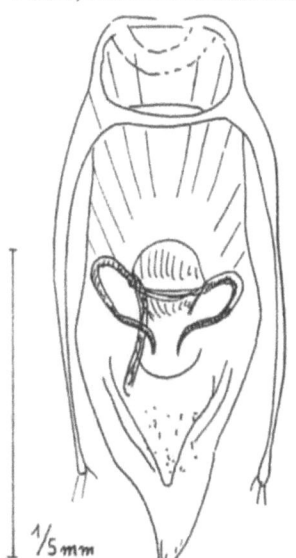

Fig. 213. *Euconnus (Euconophron) kirkhyensis* Franz, Penis in Dorsalansicht.

Es liegt mir nur ein Exemplar (♂) dieser Art im undeterminierten Material des South Austr. Museum vor. Es wurde von W. DE BOULAY in Sydney gesammelt und wird in der Sammlung des South Austr. Museum verwahrt.

Euconnus (Euconophron) microcollis nov. spec.

Gekennzeichnet durch geringe Größe, oberseits auffällig flachen Kopf, sehr kleinen, fast konischen Halsschild mit 2 großen Basalgrübchen und kurzovale, fein behaarte Flügeldecken.

Long. 1,05 mm, lat. 0,50 mm. Hell gelbbraun gefärbt, fein gelblich behaart.

Kopf klein, von oben betrachtet rundlich, mit den großen, stark vorgewölbten Augen ein wenig breiter als lang, oberseits auffällig flach, mit einem Kiel in der Längsmitte und mit flachen Supraantennalhöckern. Fühler ab dem 3. Glied fehlend, das 2. eineinhalbmal so lang wie breit.

Halsschild so lang wie breit, fast konisch, an der Basis nur so breit wie der Kopf samt den Augen, oberseits schütter, an den Seiten dichter und steif abstehend behaart, vor der Basis mit 2 großen, durch eine Querfurche verbundenen Grübchen.

Flügeldecken oval, schon an der Basis breiter als der Halsschild, mit breiter, außen von einer kurzen Humeralfalte begrenzten Basalimpression, stark glänzend, sehr fein punktiert, fein, nach hinten gerichtet behaart.

Beine schlank.

Penis (Fig. 208) oval, oberseits fast eben, mit spatelförmigem Apex. Parameren die Penisspitze nicht ganz erreichend, am Ende mit je 3 Tastborsten versehen. Ventralwand des Penis das Operculum im spitzen Bogen überragend. Im Penisinneren befinden sich vor dem Ostium Chitinfalten und einige nach hinten gerichtete, gekrümmte Chitindornen.

Es liegt mir im undeterminierten Material des South Austr. Museum ein einziges Exemplar dieser Art (♂) vor, das in der Sammlung des Museums verwahrt wird.

Der Holotypus wurde von F. P. DODD im Cairns district in faulenden Resten von *Pisonia brunoniana* gesammelt, er stammt demnach aus N-Queensland.

Euconnus (Euconophron) adelaidensis nov. spec.

Durch geringe Größe, fast schwarze Farbe, 4gliederige Fühlerkeule, von oben betrachtet fast kreisrunden Kopf, die Kopfbreite kaum übertreffenden, nahezu isodiametrischen Halsschild, ovale, flache Flügeldecken mit tiefer, außen von der Humeralfalte begrenzter Basalimpression und schlanke Beine gekennzeichnet.

Long. 1,00 mm, lat. 0,45 mm. Bräunlichschwarz, die Fühlergeißel, die Schienen und Tarsen gelblich, die Schenkel angedunkelt. Die Behaarung der Schläfen und Halsschildseiten bräunlich.

Kopf von oben betrachtet fast kreisrund, mit großen, flachen Augen und sehr flach gewölbter Oberseite, Stirn und Scheitel fast kahl, Schläfen dicht und steif abstehend behaart. Supraantennalhöcker schwach markiert. Fühler zurückgelegt die Halsschildbasis ein wenig überragend, mit scharf abgesetzter, 4gliederiger Keule, ihre beiden ersten Glieder doppelt so lang wie breit, 3 bis 7 isodiametrisch, 8 bis 10 schwach quer, das eiförmige Endglied nicht ganz so lang wie die beiden vorhergehenden zusammengenommen.

Halsschild so lang wie breit, kaum breiter als der Kopf, isodiametrisch, vor der Längsmitte am breitesten, oberseits glatt und glänzend, fast kahl, seitlich struppig behaart, vor der Basis mit 2 großen, durch eine seichte Querfurche verbundenen Basalgrübchen.

Flügeldecken oval, flach gewölbt, schon an ihrer Basis etwas breiter als der Halsschild, zerstreut punktiert und dazwischen netzmaschig skulptiert, sehr spärlich behaart, mit tiefer, außen von der Humeralfalte scharf begrenzter Basalimpression. Flügel atrophiert.

Beine schlank und ziemlich lang, Schenkel schwach verdickt, Schienen gerade.

Penis (Fig. 209) dünnhäutig, mit dreieckigem Apex und relativ kurzen, zur Spitze verbreiterten Parameren. Diese an ihrer Spitze mit einer langen Tastborste bewehrt. Operculum dreieckig. Im Penisinneren ist eine große, horizontale Chitinplatte und über dieser eine Reihe von chitinösen Apophysen vorhanden.

Es liegen mir im undeterminierten Material des South Australian Museum 2 Exemplare (♂, ♀) vor, die beide in Adelaide gesammelt wurden. Der Holotypus und Allotypus sind im British Museum verwahrt.

Euconnus (Euconophron) appropinquans (LEA)

LEA, Proc. Roy. Soc. Victoria 27, 1914, p. 221—222 *(Scydmaenus)*

Von dieser Art, die aus W-Australien, Vasse River, beschrieben ist, liegen mir der Holotypus und 4 Paratypen aus dem South Austr. Museum sowie 2 Cotypen aus der Sammlung des British Museum vor. Die letzteren tragen nur die Patriaangabe W-Australien.

Durch schwarzbraune Farbe, spärliche Behaarung, fast kreisrunden Kopf, scharf abgesetzte, 4gliederige Fühlerkeule, flach gewölbten, annähernd isodiametrischen Halsschild mit 2 großen Basalgrübchen, flach gewölbte, relativ kurze Flügeldecken, mit tiefer, außen durch eine kurze Humeralfalte begrenzter Basalimpression und schlanke Beine gekennzeichnet.

Long. 1,05 bis 1,15 mm, lat. 0,40 bis 0,45 mm. Rötlich schwarzbraun, die Extremitäten rotbraun gefärbt, sehr spärlich behaart.

Kopf von oben betrachtet fast kreisrund, kaum merklich breiter als lang, mit flachen, großen Augen, kahl, nur die Schläfen spärlich, steif behaart. Fühler zurückgelegt ungefähr die Halsschildbasis erreichend, mit scharf abgesetzter, 4gliederiger Keule, ihre beiden ersten Glieder etwa doppelt so lang wie breit, 3 bis 6 leicht gestreckt, 7 asymmetrisch, an der Spitze nach innen abgeschrägt, 8 bis 10 sehr wenig breiter als lang, das eiförmige Endglied nicht ganz so lang wie die beiden vorhergehenden zusammengenommen.

Halsschild so lang wie breit, etwas vor der Mitte am breitesten, flach gewölbt, seitlich mäßig gerundet, mit 2 großen Basalgrübchen, glatt und glänzend, an den Seiten kurz, aber steif und abstehend behaart. Schildchen groß.

Flügeldecken ziemlich kurz oval, schon an ihrer Basis breiter als der Halsschild, mit tiefer, außen furchenförmig gegen die schräge Humeralfalte begrenzter Basalimpression, glatt und fast kahl.

Beine schlank, Schenkel schwach verdickt.

Penis (Fig. 210) stark geschrumpft, mit kurzen Parameren, deren jede 2 Tastborsten trägt. Apex penis abgerundet dreieckig, in der Mitte seiner Fläche mit einem eichelförmigen Ausschnitt. Auch die Ventralwand des Penis ist nach hinten in eine dreieckige, am Ende leicht aufgebogene Platte verlängert. Im Penisinneren steht vor dem Ostium zunächst ein halbmondförmiges Chitingebilde, davor eine chitinöse Apophyse und schließlich ein spitzwinkelig-dreieckiger Chitinkörper.

3. Artengruppe

Euconnus (Euconophron) tamborinensis nov. spec.

Gekennzeichnet durch verrundet-rautenförmigen Kopf mit konvexen, seitlich aus der Kopfwölbung vorstehenden Augen und bärtig behaarten Schläfen, annähernd isodiametrischen Halsschild mit 2 großen Basalgrübchen, flach gewölbte, ovale Flügeldecken mit kleinen Basalgruben und gekrümmte Vorderschienen, die innen distal ausgeschnitten und mit einem Haarfilz versehen sind.

Long. 1,30 mm, lat. 0,48 mm. Rotbraun gefärbt, fein, gelblich behaart.

Kopf von oben betrachtet gerundet rautenförmig mit großen, seitlich vorgewölbten Augen, bärtig behaarten Schläfen und großen Supraantennalhöckern. Fühler ziemlich kurz, zurückgelegt die Halsschildbasis nicht ganz erreichend, mit großer, 4gliederiger Keule, ihre beiden ersten Glieder um die Hälfte länger als breit, 3 bis 7 klein, annähernd isodiametrisch, 8 reichlich doppelt so breit wie 7, 9 und 10 noch breiter, alle 3 viel breiter als lang, das eiförmige Endglied länger als die beiden vorhergehenden zusammengenommen.

Halsschild isodiametrisch, nur so breit wie der Kopf samt den Augen, in der Mitte am breitesten, seitlich mäßig gerundet, auf der Scheibe sehr schütter, an den Seiten dicht und struppig behaart, vor der Basis mit 2 großen Grübchen.

Flügeldecken oval, flach gewölbt, schon an ihrer Basis breiter als der Halsschild, mit sehr kleiner Basalgrube und Andeutung einer Schulterbeule, fein und fast anliegend behaart.

Beine ziemlich kurz, Vorderschenkel stärker verdickt als die der Mittel- und Hinterbeine, Vorderschienen distal innen ausgeschnitten und mit einem Haarfilz versehen.

Penis (Fig. 211) oval, mit annähernd trapezförmigem, scharf abgesetztem Apex, leicht nach oben gebogen, Parameren ebenfalls leicht nach oben gekrümmt, stabförmig, im Spitzenbereich mit je 3 Tastborsten versehen. Im Penisinneren sind in der distalen Hälfte des Peniskörpers 2 schräg zur Mitte und nach hinten orientierte Chitinstachel und mehrere Chitinfalten erkennbar.

Es liegt mir ein Exemplar (♂) vor, das ich am 14. 9. 1970 am Tamborine Mountain in S-Queensland aus Laubstreu siebte. Der Holotypus wird im South Austral. Museum in Adelaide verwahrt. Ferner befanden sich 5 Exemplare vom gleichen Fundort (lg. M. A. LEA) im undeterminierten Material dieses Museums, wovon 2 ♂♂ in meiner Sammlung verwahrt sind.

Euconnus (Euconophron) beechmontensis nov. spec.

Mit *E. tamborinensis* m. nahe verwandt, aber bedeutend kleiner, die 4gliederige Fühlerkeule schlanker, die Augen weniger konvex, die Basalgrübchen des Halsschildes und die der Flügeldecken größer, die Behaarung kürzer und der Penis etwas anders geformt.

Long. 1,10 mm, lat. 0,40 mm. Rotbraun gefärbt, sehr fein, gelblich behaart.

Kopf, von oben betrachtet, fast kreisrund, die großen ziemlich flachen Augen aber vor seiner Längsmitte stehend, Stirn und Scheitel gleichmäßig gewölbt, fein behaart, Schläfen mit einem steifen, abstehenden Haarbüschel. Fühler kurz, zurückgelegt die Halsschildbasis nicht erreichend, mit ziemlich scharf abgesetzter, 4gliederiger Keule, ihre beiden ersten Glieder fast doppelt so lang wie breit, 3 bis 7 kugelig, 8 bis 10 breiter als lang, das Endglied nicht ganz so lang wie die beiden vorhergehenden zusammengenommen.

Halsschild so lang wie breit, etwas vor der Mitte am breitesten und hier ein wenig breiter als der Kopf samt den Augen, seitlich mäßig gerundet, oberseits flach gewölbt, schütter und fein behaart, vor der Basis mit 2 großen Grübchen.

Flügeldecken oval, flach gewölbt, an ihrer Basis nur wenig breiter als der Halsschild, mit deutlicher Basalimpression und Humeralfalte, fein und anliegend behaart.

Beine ziemlich schlank, Vorderschenkel stärker verdickt als die der Mittel- und Hinterbeine.

Penis (Fig. 212) um die Hälfte länger als breit, mit rechteckigem, in der Mitte seines Hinterrandes dreieckig vorspringendem Apex. Parameren dünn, am Ende schwach fußförmig verbreitert, mit je 2 terminalen Tastborsten versehen. Operculum annähernd dreieckig, kürzer als der Apex. Im Penisinneren ist unter der Basalöffnung ein annähernd trapezförmiger, am Hinterrand jedoch im Bogen ausgeschnittener Chitinbalken vorhanden, hinter diesem liegen mehrere annähernd in der Längsachse des Penis orientierte Chitinfalten der Präputialsackwand.

Es liegt mir nur ein Exemplar (♂) vor, das ich am 14. 9. 1970 auf dem Plateau südlich von Beechmont aus Laubstreu und morschem Holz siebte. Der Holotypus wird in der Sammlung des South Austr. Museum in Adelaide verwahrt.

Arten ohne nähere verwandschaftliche Beziehungen

Euconnus (Euconophron) kirkbyensis nov. spec.

Durch langgestreckte, schlanke, wenig gewölbte Gestalt, kurze Fühler mit scharf abgesetzter, 4gliederiger Keule, länglichen Kopf mit kleinen, weit nach vorne gerückten Augen, länglichen, vor der Basis leicht eingeschnürten Halsschild und langovale, flache Flügeldecken mit schräger Humeralfalte, aber ohne Schulterwinkel gekennzeichnet.

Long. 1,50 mm, lat. 0,50 mm. Rotbraun gefärbt, weißlichgelb behaart.

Kopf von oben betrachtet länglichrund, im Bereich der weit nach vorne gerückten Augen am breitesten, Scheitel schwach gewölbt, schütter behaart, Stirn flach, wie auch die Schläfen kahl, Supraantennalhöcker nicht vorhanden. Fühler kurz, zurückgelegt nur die Längsmitte des Halsschildes erreichend, mit scharf abgesetzter, 4gliederiger Keule, diese fast so lang wie die Geißel, Glied 1 dicker als die folgenden, 2 doppelt so lang wie breit, 3 bis 7 annähernd isodiametrisch, 8 sehr schwach, 9 und 10 stärker quer, das Endglied kürzer als die beiden vorhergehenden zusammengenommen.

Halsschild länger als breit, vor der Mitte am breitesten, hinter dieser leicht eingeschnürt, nur wenig breiter als der Kopf, mit 2 Basalgrübchen, auf der Scheibe fein, an den Seiten grob behaart.

Flügeldecken länglichoval, flach gewölbt, an ihrer Basis nur wenig breiter als der Halsschild, ohne Schulterwinkel, mit breiter, außen von einer schrägen Humeralfalte begrenzter Basalimpression, fein und anliegend behaart.

Beine ziemlich kurz, Schenkel verdickt, alle Schienen distal innen flach ausgerandet, im Bereich der Ausrandung filzig behaart.

Penis (Fig. 213) langgestreckt, seine Dorsalwand am Ende etwas asymmetrisch spitzwinkelig-dreieckig. Parameren die Penisspitze nicht erreichend, am Ende mit je 3 Tastborsten versehen. Ventralwand des Penis ebenfalls spitzwinkelig-dreieckig über das Ostium vorragend. Etwa in der Längsmitte des Penis ist in dessen Innerem ein in Schleifen gelegtes Rohr, wohl der Ductus ejaculatorius, neben anderen Chitindifferenzierungen vorhanden.

Es liegt mir nur ein Exemplar (♂) vor, das C. A. KIRKBY am Mt. Bonython in S-Australien gesammelt hat. Der Holotypus wird im South Austr. Museum verwahrt.

Euconnus (Euconophron) usitatus (LEA)

LEA, Proc. Roy. Soc. Victoria 27, 1915, p. 213—214 *(Scydmaenus)*

Gekennzeichnet durch flach gewölbten Körper, oberseits flachen, beim ♂ querovalen, beim ♀ fast isodiametrischen Kopf mit großen, stark gewölbten, grob facettierten Augen, dicht und steif abstehend behaarten Schläfen und großen Supraantennalhöckern, durch mäßig lange Fühler mit 4gliederiger Keule, isodiametrischen Halsschild mit 4 Basalgrübchen und schütter, aber lang abstehend behaarte Flügeldecken mit flacher Basalimpression und schräger Humeralfalte.

Long. 1,20 bis 1,40 mm, lat. 0,45 bis 0,55 mm. Hell rotbraun gefärbt, gelblich behaart.

Kopf von oben betrachtet beim ♂ queroval, beim ♀ fast isodiametrisch rundlich, mit großen, grob facettierten, stark vorgewölbten Augen, flach gewölbter, schütter behaarter Oberseite und dicht, steif abstehend behaarten Schläfen. Supraantennalhöcker groß. Fühler

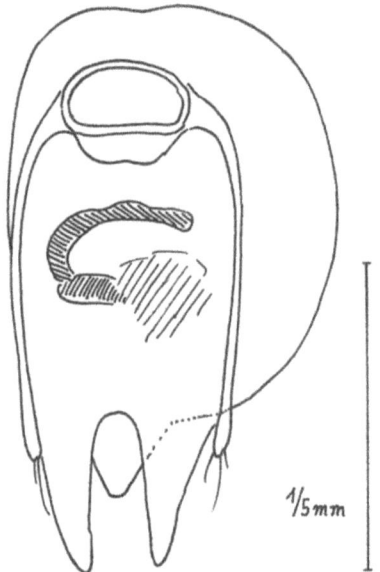

Fig. 214. *Euconnus (Euconophron) usitatus* LEA, Penis in Dorsalansicht.

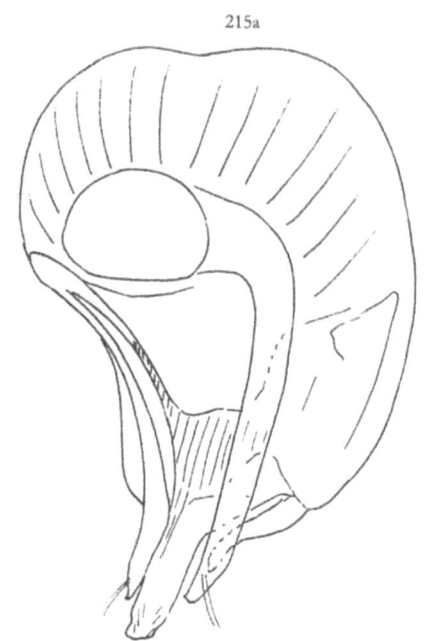

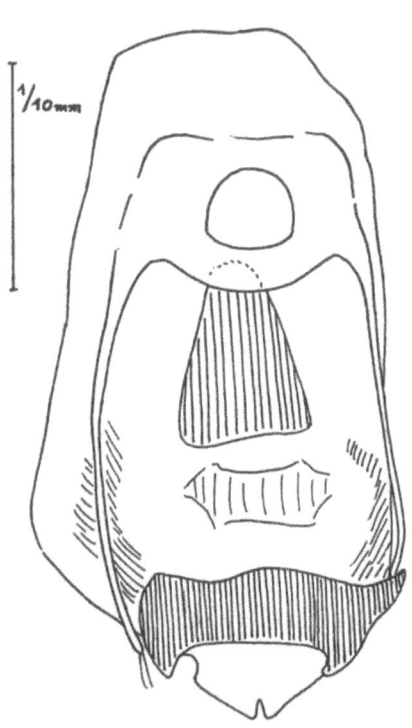

Fig. 216. *Euconnus (Euconophron) tamborini* FRANZ, Penis in Dorsalansicht.

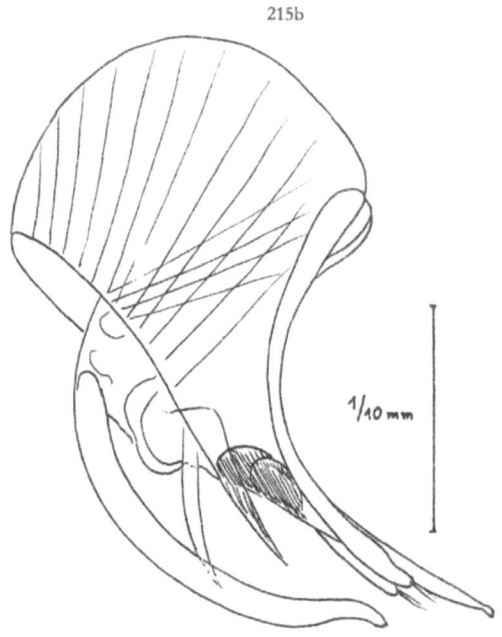

Fig. 215. *Euconnus (Euconophron) parausitatus* FRANZ, Penis a) in Dorsolateral-, b) in Lateralansicht.

zurückgelegt die Halsschildbasis knapp erreichend, ihre beiden ersten Glieder doppelt so lang wie breit, 3 bis 7 annähernd quadratisch, 7 etwas breiter als 6, 8 doppelt so breit wie 7, wie auch 9 und 10 schwach quer, das eiförmige Endglied nicht ganz so lang wie die beiden vorhergehenden zusammengenommen.

Halsschild so lang wie breit, etwas vor der Mitte am breitesten und hier breiter als der Kopf samt den Augen, flach gewölbt, auf der Scheibe fein, an den Seiten grob und dicht, steif abstehend behaart, mit 2 großen durch einen bis weit nach vorne reichenden Längskiel getrennten Basalgrübchen. Scutellum sehr klein.

Flügeldecken flach gewölbt, sehr zerstreut und fein punktiert, schütter, lang und steil aufgerichtet behaart, mit ziemlich flacher Basalimpression und schräger Humeralfalte, an der Naht hinter dem Schildchen mit flachem Längseindruck.

Beine schlank, Vorderschenkel ziemlich stark, Mittel- und Hinterschenkel schwach verdickt.

Penis (Fig. 214) in einen gedrungen gebauten Peniskörper und einen aus 2 Spitzen bestehenden Apex gegliedert. Ventralwand des Penis dreieckig über das Ostium penis nach hinten vorragend. Parameren dünn, die Penisspitze nicht erreichend, am Ende mit je 3 Tastborsten versehen. Vor der Längsmitte des Penis sieht man im Penisinneren einen im Bogen gekrümmten, leistenförmigen Chitinkörper.

Euconnus (Euconophron) parausitatus nov. spec.

Äußerlich dem *E. usitatus* (LEA) ähnlich, aber bedeutend größer als dieser und robuster gebaut. Gekennzeichnet durch kurze, wie geschorene Behaarung von Kopf und Halsschild, kurze Fühler mit unscharf abgesetzter, 4gliederiger Keule, von oben betrachtet fast kreisrunden Kopf, sehr schwach queren, flach gewölbten Halsschild mit 2 Basalgrübchen und spärlich behaarte Flügeldecken.

Long. 1,50 mm, lat. 0,60 mm. Rotbraun gefärbt, gelblich behaart.

Kopf von oben betrachtet fast kreisrund, mit ziemlich großen, wenig vortretenden Augen, oberseits flach gewölbt, spärlich, an den Seiten kurz und steif behaart, Supraantennalhöcker kaum angedeutet. Fühler kurz und dick, zurückgelegt die Halsschildbasis nicht ganz erreichend, ihre beiden ersten Glieder etwas dicker als die folgenden, das Basalglied nicht ganz doppelt so lang wie breit, das 2. isodiametrisch, alle folgenden mit Ausnahme des Endgliedes breiter als lang, das 7. in der Breite zwischen dem 6. und 8. in der Mitte stehend, das 8., 9. und 10. außen viel schmäler als innen, das eiförmige Endglied nicht ganz so lang wie die beiden vorhergehenden zusammengenommen.

Halsschild ein wenig breiter als lang, mit sehr schwach gerundeten Seitenrändern, an diesen sehr kurz und dicht, wie geschoren behaart, mit flach gewölbter, etwas schütterer behaarter Scheibe, vor der Basis mit 2 durch eine Querfurche verbundenen Grübchen.

Flügeldecken kurzoval, an ihrer Basis nur wenig breiter als der Halsschild, mit breiter, außen vom Schulterhöcker begrenzter Basalimpression, schütter und kurz, abstehend behaart. Flügel entwickelt.

Beine schlank, Schenkel mäßig verdickt, Schienen, besonders die der Vorderbeine, distal verbreitert.

Penis (Fig. 215a, b) stark dorsalwärts gekrümmt, aus einem gedrungen gebauten Peniskörper und einem langen und schmalen, am Ende abgestutzten Apex bestehend. Parameren breit, dem Penis eng anliegend, am Ende mit je 2 Tastborsten versehen. An der Basis des Apex penis befindet sich eine stark chitinisierte Querleiste.

Es liegt mir in dem undeterminierten Material des South Australian Museum ein Exemplar dieser Art (♂) vor, nach dem die vorstehende Beschreibung angefertigt ist. Es stammt von Warratah in Tasmanien. Der Holotypus wird in der Sammlung des South Austr. Museum verwahrt.

Euconnus (Euconophron) tamborini nov. spec.

Gekennzeichnet durch struppige Behaarung der ganzen Körperoberseite, relativ kurze Fühler mit scharf abgesetzter, 4gliederiger Keule, von oben betrachtet nahezu kreisrunden Kopf, leicht gestreckten, seitlich mäßig gerundeten Halsschild mit 2 durch eine tiefe Querfurche verbundenen Grübchen und kurzovale Flügeldecken mit kleiner, aber tiefer, außen von einer kurzen Humeralfalte begrenzter Basalimpression.

Long. 1,40 bis 1,50 mm, lat. 0,50 bis 0,55 mm. Hell rotbraun gefärbt, lang und abstehend, gelblich behaart.

Kopf von oben betrachtet fast kreisrund, mit kleinen, aber deutlich vorgewölbten Augen und vor diesen zum Vorderrand abgedachter Stirn, lang, nach hinten gerichtet, die Schläfen schräg abstehend behaart. Fühler zurückgelegt die Halsschildbasis nicht annähernd erreichend, mit großer, scharf abgesetzter, 4gliederiger Keule, ihre beiden ersten Glieder etwa doppelt so lang wie breit, 3 bis 7 annähernd quadratisch, 8 bis 10 schwach quer, das Endglied beträchtlich länger als die beiden vorhergehenden zusammengenommen.

Halsschild ein wenig länger als breit, in der Mitte am breitesten und hier so breit wie der Kopf samt den Augen, seitlich mäßig gerundet, struppig behaart, vor der Basis mit 2 durch eine tiefe Querfurche verbundenen Grübchen.

Flügeldecken kurzoval, an ihrer Basis nur wenig breiter als die Halsschildbasis, ziemlich schütter, schräg nach hinten gerichtet behaart, grob, aber sehr seicht und schütter punktiert.

Beine ziemlich kurz, Schenkel schwach verdickt, Vorderschienen innen distal ziemlich tief ausgerandet und mit einem Haarfilz versehen.

Penis (Fig. 216) länglich, im distalen Fünftel seiner Länge am breitesten, seine Dorsalwand am Hinterrand bandförmig sehr stark chitinisiert, das stark chitinisierte Band fast im rechten Winkel nach oben geknickt, die Ventralwand stumpfwinkelig-dreieckig nach hinten über das Ostium penis vorragend, am Hinterrand in der Mitte schmal eingekerbt. Im Penisinneren befindet sich hinter der Basalöffnung ein horizontales, dreieckiges Chitinfeld und dahinter ein weiteres, viel schwächer chitinisiertes und unscharf begrenztes chitinöses Querband. Die Parameren sind sehr dünn, erreichen die Penisspitze nicht und tragen am Ende je 2 Tastborsten.

Es liegen mir aus dem undeterminierten Material des South Austr. Museum 3 Exemplare (1 ♂, 2 ♀♀) vor, die M. A. Lea am Tamborine Mt. in S-Queensland gesammelt hat. Der Holotypus und eine Paratype werden im South Austr. Museum verwahrt, eine Paratype in meiner Sammlung.

Euconnus (Euconophron) planus nov. spec.

Durch flach gewölbten Körper, kurze, wenig auffällige Behaarung, mäßig lange Fühler mit scharf abgesetzter, 4gliederiger Keule, isodiametrischen Halsschild mit 2 Basalgrübchen, sehr schwach markierte Basalimpression der Flügeldecken und stark verdickte Vorderschenkel gekennzeichnet.

Long. 1,20 mm, lat. 0,50 mm. Hell rotbraun gefärbt, sehr fein, gelblich behaart.

Kopf von oben betrachtet rundlich, so lang wie breit, mit kleinen Augen und sehr kurz behaarten Schläfen. Fühler zurückgelegt die Halsschildbasis erreichend, mit scharf abgesetzter, 4gliederiger Keule, ihre beiden ersten Glieder doppelt so lang wie breit, 3 bis 7 klein, isodiametrisch, 8 bis 10 breiter als lang, das Endglied so lang wie die beiden vorhergehenden zusammengenommen.

Halsschild so lang wie breit, knapp vor der Mitte am breitesten und hier so breit wie der Kopf samt den Augen, glatt und glänzend, auch an den Seiten nur sehr kurz, aber steif abstehend behaart, mit 2 Basalgrübchen versehen. Scutellum nicht sichtbar.

Flügeldecken oval, sehr fein und zerstreut punktiert, fein und ziemlich kurz behaart, mit kaum angedeuteter Basalimpression und flacher Humeralfalte.

Beine schlank, Vorderschenkel viel stärker verdickt als die der Mittel- und Hinterbeine.

Penis (Fig. 217) ziemlich langgestreckt, dünnhäutig, im einzigen vorliegenden Präparat geschrumpft, mit abgerundet-dreieckiger Spitze und im Vergleich mit dieser viel kleinerem, dreieckigem, am Ende abgestutztem Operculum. Parameren sehr dünn, die Penisspitze nicht erreichend, am Ende mit je 2 kräftigen Tastborsten versehen. Die Penisspitze trägt an ihrer Unterseite 2 kleine chitinöse Widerhaken. Im Penisinneren befinden sich zahlreiche Chitindifferenzierungen. Unter der Basalöffnung liegt eine längliche Chitinapophyse, an sie schließen nach hinten zwei rundliche, horizontale Chitinscheiben an, an diese zahlreiche chitinöse Falten und Leisten.

Das einzige mir vorliegende Exemplar (♂) wurde von M. A. LEA am Mt. Tamborine gesammelt und wird im South Austr. Museum verwahrt.

Euconnus (Euconophron) paracolobopsis nov. spec.

Ein von LEA als *E. colobopsis* bestimmtes, zusammen mit 2 Exemplaren dieser Ameise präpariertes *Euconophron*-♂ mit Fundort Stanley, also aus dem NW Tasmaniens, gehört nicht dieser, sondern einer noch unbeschriebenen Art an, die ich nachstehend beschreibe.

Mit *E. colobopsis* (LEA) in Größe und Färbung übereinstimmend, von ihm aber durch nur schwach queren Kopf mit kleineren Augen und bedeutend längeren Schläfen, durch gestreckten Halsschild mit 4 Basalgrübchen und durch abweichend gebauten, mit einer einzigen Spitze versehenen Penis abweichend.

Long. 1,40 mm, lat. 0,50 mm. Rötlichbraun gefärbt, bräunlichgelb behaart.

Kopf von oben betrachtet rundlich, schwach quer, mit mäßig großen Augen und deren Durchmesser an Länge etwas übertreffenden, bärtig behaarten Schläfen. Fühler zurückgelegt die Halsschildbasis knapp erreichend, mit schwach abgesetzter, 4gliederiger Keule, ihr 2. Glied mehr als doppelt so lang wie breit, 3 bis 7 leicht gestreckt, 8 bis 10 breiter als lang, das eiförmige Endglied ein wenig länger als die beiden vorhergehenden zusammengenommen.

Halsschild kaum breiter als der Kopf samt den Augen, seitlich schwach gerundet, im vorderen Drittel seiner Länge am breitesten, oberseits spärlich, an den Seiten dicht und steif abstehend behaart, vor der Basis mit 4 Grübchen.

Flügeldecken länglichoval, an ihrer Basis nur wenig breiter als die Halsschildbasis, schwach gewölbt, spärlich punktiert und ziemlich schütter, schräg abstehend behaart, mit grübchenförmiger Basalimpression und kurzer Humeralfalte.

Beine mäßig lang, Vorderschenkel etwas stärker verdickt als die der Mittel- und Hinterbeine.

Penis (Fig. 218) des einzigen vorliegenden ♂ immatur, Peniskörper bei der Ansicht von oben nach hinten leicht verschmälert, die abgerundet-dreieckige Spitze von ihm scharf abgesetzt, Parameren stabförmig, am Ende mit je 3 Tastborsten versehen, leicht zueinander gekrümmt. Operculum klein, abgerundet-dreieckig. Basalöffnung des Penis sehr groß. Präputialsack geschrumpft, Chitindifferenzierungen in ihm infolge der geringen Chitinisierung nicht erkennbar. Der Holotypus befindet sich im South Austral. Museum.

Euconnus (Euconophron) hobarti nov. spec.

In der Sammlung des British Museum befindet sich ein *Euconnus*-♂ mit Patriazettel Hobart, das von LEA als *Scydmaenus colobopsis* LEA determiniert ist. Die Untersuchung ergab, daß es sich um ein ♂ einer noch unbeschriebenen *Euconophron*-Art handelt. Ich lasse die Beschreibung folgen.

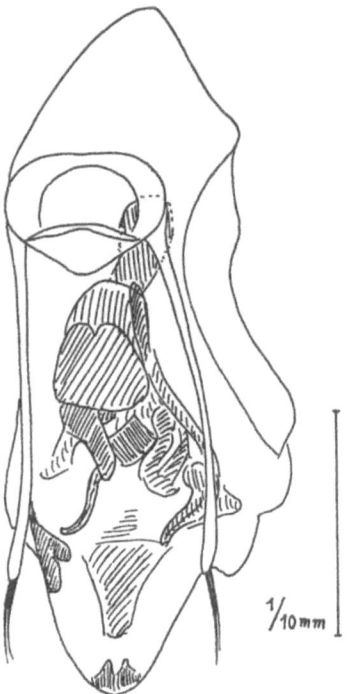

Fig. 217. *Euconnus (Euconophron) planus* Franz, Penis in Dorsalansicht.

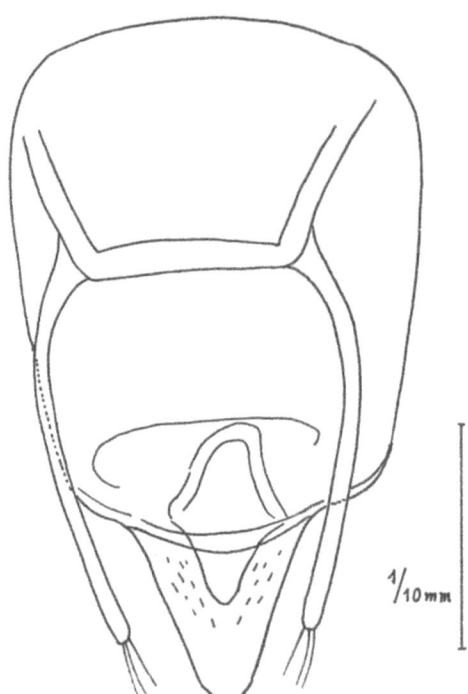

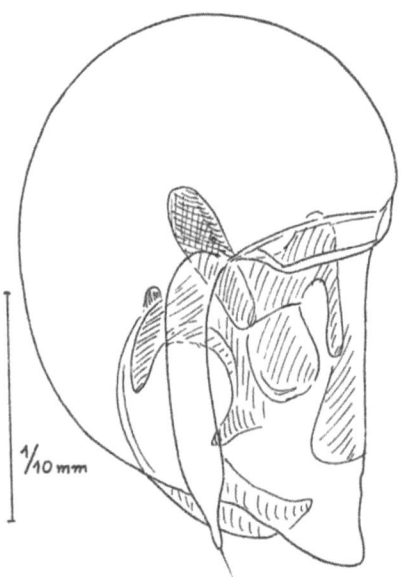

Fig. 219. *Euconnus (Euconophron) hobarti* Franz, Penis in Dorsolateralansicht.

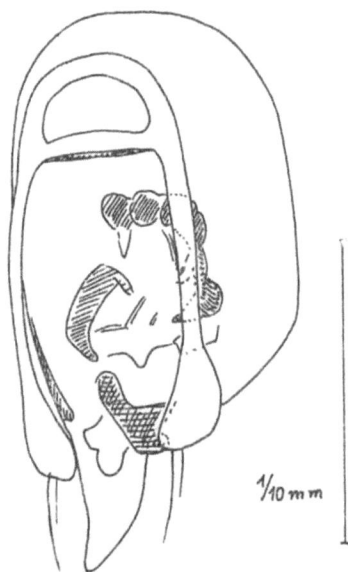

Fig. 220. *Euconnus (Euconophron) evanidus* (Lea), Penis in Dorsalansicht.

Von *E. colobopsis* durch kleineren, fast isodiametrischen Kopf, dickere Fühlergeißel, längeren und schmäleren, viel stärker gewölbten Halsschild, kürzere, seitlich viel stärker gerundete Flügeldecken und ganz anders gebauten Penis verschieden.

Long. 1,35 mm, lat. 0,55 mm. Rotbraun gefärbt, bräunlichgelb behaart.

Kopf von oben betrachtet etwa so lang wie breit, die Stirn vor den Augen dreieckig, der Scheitel hinten im Bogen begrenzt, die großen Augen etwas vor der Längsmitte stehend. Stirn und Scheitel flach gewölbt, fein, aber lang, nach hinten gerichtet, die Schläfen steif, schräg abstehend behaart. Supraantennalhöcker deutlich markiert. Fühler zurückgelegt die Halsschildbasis nicht ganz erreichend, mit deutlich abgesetzter, 4gliederiger Keule, die beiden ersten Glieder doppelt so lang wie breit, 3 bis 6 isodiametrisch, 7 kugelig, kaum merklich, 8 deutlich, 9 und 10 viel breiter als lang, das Endglied etwas kürzer als die beiden vorhergehenden zusammengenommen.

Halsschild um ein Viertel länger als breit, zum Vorderrand stark, zur Basis fast nicht verengt, auf der Scheibe schütter, an den Seiten struppig behaart, mit 4 großen, durch eine seichte Querfurche verbundenen Grübchen. Scutellum deutlich sichtbar.

Flügeldecken länglichoval, an ihrer Basis nur wenig breiter als der Halsschild, mit breiter, außen von einer flachen Humeralfalte begrenzter Basalimpression, lang, aber ziemlich schütter behaart.

Beine schlank, Vorderschenkel stark, die übrigen schwach keulenförmig verdickt, Schienen gerade.

Penis (Fig. 219) sehr gedrungen gebaut, wenig länger als breit, mit kurzen, vor der Spitze verschmälerten Parameren, diese nur mit einer Tastborste versehen. Ostium penis von einem Operculum überdeckt. Im Penisinneren befindet sich ein Komplex von Chitinapophysen und stumpfen Chitinzähnen.

Euconnus (Euconophron) evanidus (LEA)

LEA, Proc. Roy. Soc. Victoria (N. S.) 27, 1915, p. 219 *(Scydmaenus)*

Gekennzeichnet durch spärliche Behaarung, geringe Größe, lange und schlanke Fühler mit 4gliederiger Keule, querrundlichen Kopf mit großen, flachen Augen, leicht gestreckten Halsschild mit 2 großen Basalgrübchen und sehr undeutlich rugos punktierte Flügeldecken.

Long. 1,00 bis 1,10 mm, lat. 0,45 mm. Hell bräunlichrot gefärbt, fein und spärlich, gelblich behaart.

Kopf von oben betrachtet querrundlich, mit großen, flach gewölbten Augen, flach gewölbt, mit deutlichen Supraantennalhöckern, kahl und glänzend, nur an den Schläfen mit einem kleinen Büschel abstehender Haare. Fühler lang und dünn, zurückgelegt die Halsschildbasis weit überragend, alle Geißelglieder länger als breit, auch das 8. noch leicht gestreckt, 9 und 10 so breit wie lang, das eiförmige Endglied so lang wie die beiden vorhergehenden zusammengenommen.

Halsschild so breit wie der Kopf samt den Augen, so breit wie lang, knapp vor der Mitte am breitesten, fein und kurz, an den Seiten etwas dichter und abstehend behaart, vor der Basis mit 2 großen Grübchen.

Flügeldecken oval, flach gewölbt, undeutlich runzelig punktiert, spärlich, schräg abstehend behaart, schon an ihrer Basis breiter als der Halsschild, mit flacher Basalimpression und kurzer Humeralfalte. Flügel voll entwickelt.

Beine schlank, Vorderschenkel stärker verdickt als die der Mittel- und Hinterbeine.

Penis (Fig. 220) dünnhäutig, aus einem annähernd langovalen Peniskörper und einem kurzen, zungenförmigen, an seiner Basis durchlöcherten Apex bestehend. Parameren die Basis des Apex penis wenig überragend, am Ende stark verbreitert und mit je einer langen und einer kurzen Tastborste versehen. Im Penisinneren ist eine Reihe chitinöser Leisten vorhanden.

Die Art ist von Tamworth in N. S. Wales beschrieben. Es lagen mir aus dem South Austr. Museum insgesamt 5 Exemplare, sämtliche vom locus typicus, vor. Das als Type bezeichnete Tier ist ein ♀, das ♂, nach dem ich die Peniszeichnung angefertigt habe, wurde von mir als Allotypus bezeichnet.

Euconnus newcastlensis nov. spec.

Gekennzeichnet durch rundlich-viereckigen Kopf mit bärtig behaarten Schläfen, ziemlich lange, allmählich zur Spitze verdickte Fühler, quadratischen Halsschild mit 2 weit getrennten, durch eine Querfurche verbundenen Grübchen und flach gewölbte, langovale Flügeldecken mit tiefer, aus 2 Gruben verschmolzener, außen von einer kurzen Humeralfalte begrenzter Basalimpression.

Long. 1,55 mm, lat. 0,65 mm. Rotbraun gefärbt, an den Schläfen und Halsschildseiten steif und struppig, sonst sehr spärlich gelblich behaart.

Kopf von oben betrachtet rundlich viereckig, mit den großen, flach gewölbten Augen ein wenig breiter als lang, sehr flach gewölbt, glatt und glänzend, oberseits sehr schütter behaart, mit flachen Supraantennalhöckern. Fühler allmählich zur Spitze verdickt, zurückgelegt die Halsschildbasis deutlich überragend, ihre beiden ersten Glieder eineinhalbmal so lang wie breit, das 3., 4. und 10. annähernd quadratisch, das 5. bis 9. leicht gestreckt, das eiförmige Endglied so lang wie die beiden vorhergehenden zusammengenommen.

Halsschild so lang wie breit, im vorderen Drittel seiner Länge am breitesten, von da zur Basis sehr wenig, zum Vorderrand stärker verengt, an den Seiten struppig, auf der glatten Scheibe sehr spärlich behaart, vor der Basis mit 2 weit voneinander entfernten, durch eine Querfurche verbundenen Grübchen. Scutellum fehlend.

Flügeldecken länglichoval, flach gewölbt, fast glatt, schütter behaart, mit breiter, auf jeder Flügeldecke 2 Punktgrübchen enthaltender Basalimpression und kurzer Humeralfalte. Flügel reduziert.

Beine mäßig lang, Vorderschenkel stärker verdickt als die der Mittel- und Hinterbeine, Schienen gerade.

Penis (Fig. 221) von oben betrachtet annähernd eiförmig, die Seiten vor der Spitze schwach ausgerandet. Parameren dünn, leicht S-förmig gekrümmt, am Ende mit je 5 Tastborsten versehen. Im Penisinneren befindet sich unter der Basalöffnung eine annähernd trapezförmige, horizontale Chitinplatte. An deren Seiten entspringt beiderseits eine S-förmige Chitinrippe, die nach hinten zur Mitte zieht und distal in einem Bündel kleiner Chitinstachel endet. In der Längsmitte der beiden Rippen entspringt beiderseits außen eine weitere Chitinrippe, die nach hinten außen zieht. Vor dem Ende der Chitinrippen liegt eine bogenförmige, quere Chitinfalte und hinter dieser ein kleiner Chitinzapfen.

Es liegt mir nur ein Exemplar (♂) dieser Art vor, das sich im undeterminierten Material des South Austr. Museum befand. Es wird in der Sammlung dieses Museums verwahrt und wurde von M. A. Lea in Newcastle in SW-Australien gesammelt.

Euconnus (Euconophron) cairnsiensis nov. spec.

Gekennzeichnet durch querrundlichen Kopf mit großen, schwach vorstehenden Augen, mäßig lange Fühler mit lockerer, 4gliederiger Keule, leicht gestreckten Halsschild mit 4 Basalgrübchen, ovale Flügeldecken mit sehr flacher Basalimpression und ziemlich schlanke Beine.

Long. 1,40 mm, lat. 0,55 mm. Rotbraun gefärbt, fein, gelblich behaart.

Kopf von oben betrachtet querrundlich, mit den großen Augen, nur wenig breiter als lang, sehr flach gewölbt, spärlich behaart, mit kahlen Schläfen und großen Supraantennalhöckern. Fühler zurückgelegt die Halsschildbasis erreichend, ihr 2. Glied eineinhalbmal, das 6. und 7. eineinviertelmal so lang wie breit, 3, 4 und 5 nur leicht gestreckt, 8, 9 und 10 fast

245

Fig. 221. *Euconnus (Euconophron) newcastlensis* FRANZ, Penis in Dorsalansicht.

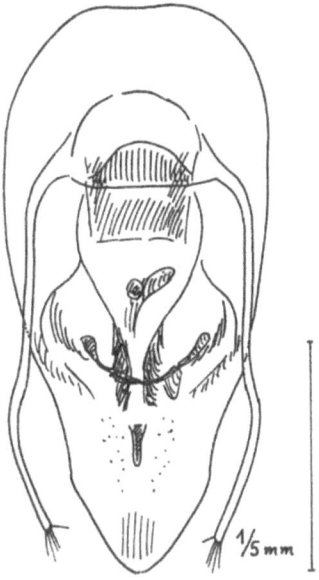

Fig. 222. *Euconnus (Euconophron) cairnsiensis* FRANZ, Penis in Dorsalansicht.

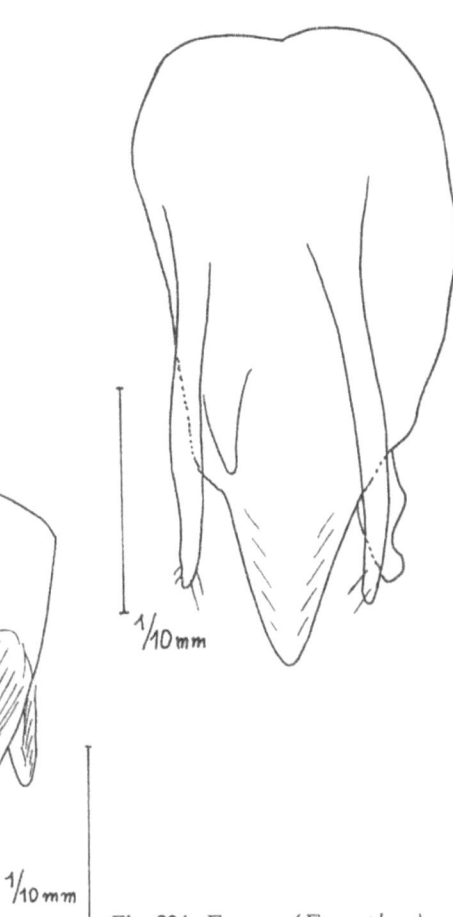

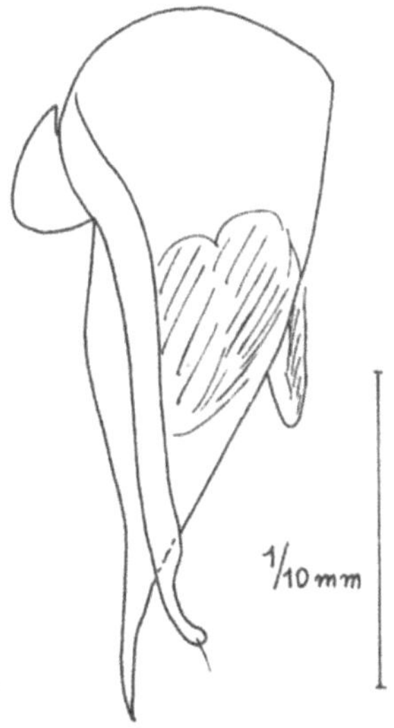

Fig. 223. *Euconnus (Euconophron) rhombiceps* FRANZ, Penis in Lateralansicht.

Fig. 224. *Euconnus (Euconophron) foveidistans* (LEA), Penis in Lateralansicht.

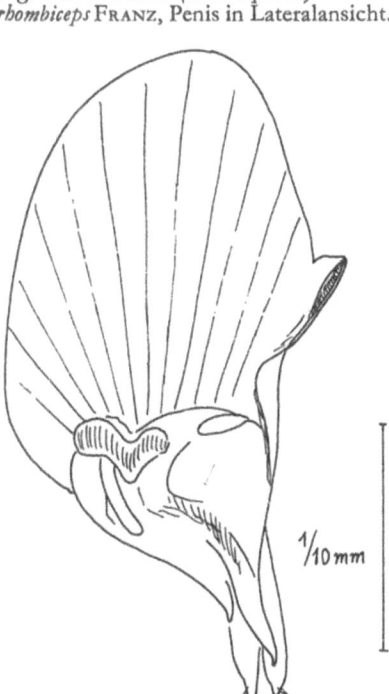

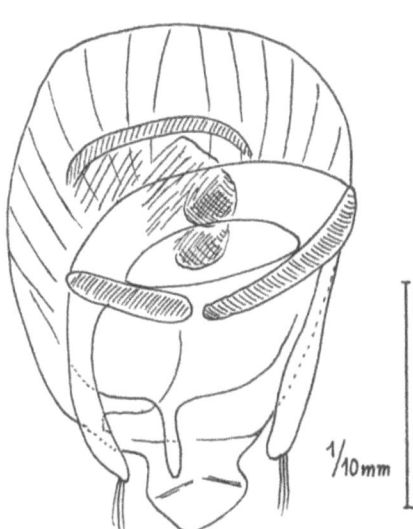

Fig. 225. *Euconnus (Euconophron) subglabripennis* (LEA), Penis in Dorsalansicht.

höcker groß. Fühler lang und schlank, zurückgelegt die Halsschildbasis weit überragend, mit lockerer, 4gliederiger Keule, alle Geißelglieder länger als breit, auch Glied 8 und 9 leicht gestreckt, 10 isodiametrisch, das eiförmige Endglied viel kürzer als die beiden vorhergehenden zusammengenommen.

Halsschild so breit wie lang, kaum breiter als der Kopf mit den Augen, seitlich gleichmäßig gerundet, mit kugelig gewölbter Scheibe und zwei durch eine Querfurche verbundenen Basalgrübchen, seine Seiten struppig behaart.

Flügeldecken kurzoval, schon an ihrer Basis bedeutend breiter als der Halsschild, an den Seiten fein behaart, in der Mitte fast kahl, mit flacher Basalimpression und verrundeter Humeralfalte.

Beine ziemlich schlank, Vorderschenkel etwas stärker verdickt als die der Mittel- und Hinterbeine.

Penis (Fig. 225) gedrungen gebaut, fast kugelig, mit kleinem, lanzettförmig abgesetztem Apex. Parameren kurz, mit je 3 terminalen Tastborsten versehen. Basalöffnung des Penis breit, von einem breiten Chitinrahmen umgeben. Im Penisinneren befinden sich unter ihr unscharf umgrenzte Chitinapophysen. Im distalen Drittel des Penis sind 2 schwach chitinisierte, horizontale Platten erkennbar. Die eine von diesen besitzt am Hinterrand ungefähr in der Sagittalebene einen schmalen und langen Fortsatz, die andere nimmt von oben und hinten betrachtet die rechte Penisseite ein und entsendet hinten einen Fortsatz nach links.

Es liegt mir nur der Holotypus (♂) aus der Sammlung des South Austr. Museum vor. Er trägt einen Zettel mit dem handgeschriebenen Text „*subglabripennis* LEA Type Dalby". Das Tier stammt von Dalby in Queensland westlich von Brisbane.

Euconnus (Euconophron) walkeri (LEA)

LEA, Proc. Roy. Soc. Victoria 27, 1914, p. 215—216 *(Scydmaenus)*

Von dieser Art liegen mir der Holotypus und 2 Cotypen aus der Sammlung des South Austr. Mus. und 2 von LEA determinierte Exemplare aus der Sammlung des British Museum vor.

Durch hell rotbraune Färbung, spärliche Behaarung, lange Fühler mit schlanker, 4gliederiger Keule, große Augen und querovalen Kopf, annähernd isodiametrischen, mit 2 Grübchen versehenen Halsschild sowie flach gewölbte, mit einer tiefen, außen von einer breiten Humeralfalte begrenzten Basalimpression versehene Flügeldecken gekennzeichnet.

Long. 1,40 bis 1,45 mm, lat. 0,60 mm. Hell rotbraun gefärbt, schütter, gelblich behaart.

Kopf von oben betrachtet queroval, mit großen, flachen, ein wenig vor seiner Längsmitte stehenden Augen und kurz, bärtig behaarten Schläfen. Stirn und Scheitel flach gewölbt, nahezu kahl, Supraantennalhöcker flach. Fühler lang, zurückgelegt die Halsschildbasis weit überragend, alle Glieder, auch die der 4gliederigen, schlanken Keule länger als breit, das 10. Glied allerdings nur leicht gestreckt, das Endglied nur wenig kürzer als die beiden vorhergehenden zusammengenommen, 3. Glied der Maxillarpalpen keulenförmig.

Halsschild so lang wie breit, etwas vor seiner Längsmitte am breitesten, kugelig gewölbt, schütter und ziemlich anliegend behaart, mit 2 großen Basalgrübchen. Scutellum nicht sichtbar.

Flügeldecken oval, mäßig gewölbt, mäßig lang, schräg abstehend behaart, mit tiefer, außen von einer breiten Humeralfalte begrenzter Basalimpression. Flügel verkümmert.

Beine ziemlich schlank, Schenkel schwach verdickt, Schienen fast gerade.

Penis (Fig. 226) langgestreckt, seine Dorsalwand in einen langen, spitzwinkelig-dreieckigen Apex auslaufend, Parameren die Penisspitze nicht annähernd erreichend, im Endteil mit je 6 Tastborsten versehen. Das Penisinnere weist hinter der Basalöffnung des Penis einen

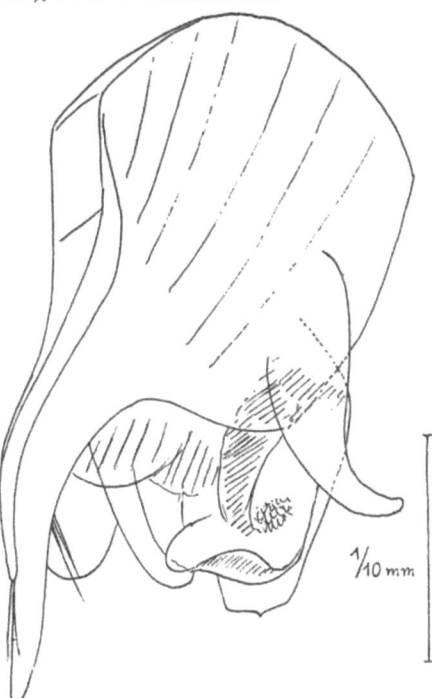

Fig. 227. *Euconnus (Euconophron) obscuricornis* (LEA), Penis in Lateralansicht.

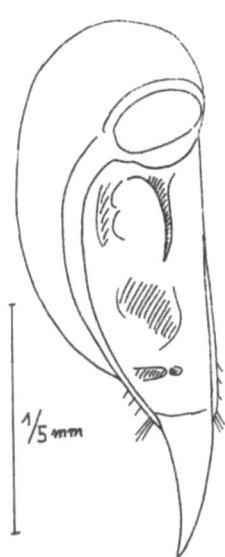

Fig. 226. *Euconnus (Euconophron) walkeri* (LEA), Penis in Dorsolateralansicht.

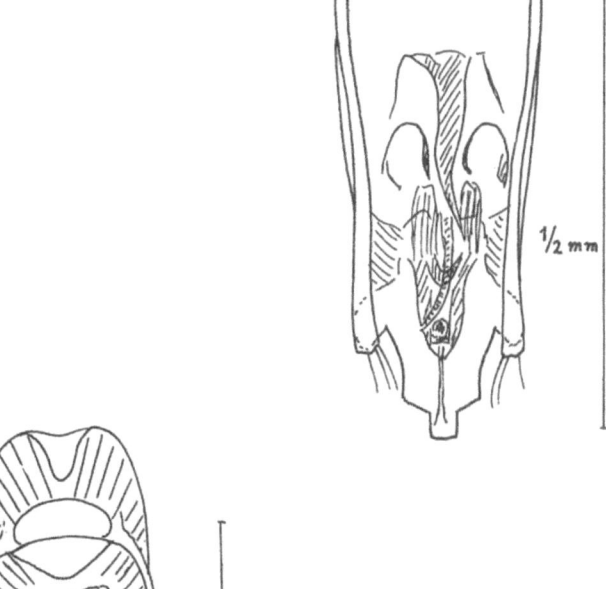

Fig. 228. *Euconnus (Euconophron) stanwellensis* FRANZ, Penis in Dorsalansicht.

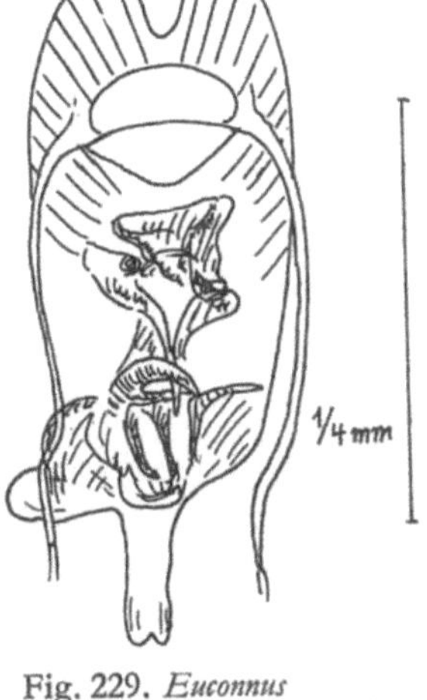

Fig. 229. *Euconnus (Euconophron) scydmaenilliformis* FRANZ, Penis in Dorsalansicht.

mit glänzender und glatter, fast kahler Scheibe und struppig behaarten Seiten, mit 2 großen, durch eine tiefe Querfurche getrennten Basalgrübchen.

Flügeldecken oval, flach gewölbt, schon an ihrer Basis breiter als der Halsschild, mit verrundeten Schulterwinkeln und tiefer, außen gegen die Humeralfalte furchig begrenzter Basalimpression, kahl und stark glänzend, die Naht vorne erhoben.

Beine ziemlich schlank, Vorderschenkel stärker verdickt als die der Mittel- und Hinterbeine, Schienen distal verdickt.

Es scheint bisher nur der Holotypus bekannt zu sein, das ♂ ist noch unbeschrieben.

Euconnus (Euconophron) scydmaenilliformis nov. spec.

Durch geringe Größe, flache, langgestreckte Körperform, kurze Fühler mit 4gliederiger Keule, querrechteckigen Kopf, länglichen Halsschild mit 4 kleinen, durch eine Querfurche verbundenen Grübchen, sehr kurze, 2 Grübchen umfassende Basalimpression der Flügeldecken und kurze Beine gekennzeichnet. Den Vertretern der Gattung *Scydmaenilla* ähnlich, aber durch 4gliederige Fühlerkeule, weiter voneinander entfernte Hinterhüften, andere Kopfform usw. verschieden.

Long. 1,10 bis 1,20 mm, lat. 0,35 bis 0,40 mm. Hell rötlichbraun gefärbt, gelblich behaart.

Kopf von oben betrachtet quer viereckig, mit flachen, vor seiner Längsmitte stehenden Augen und langen, parallelen Schläfen, diese grob und steif abstehend, die Oberseite nur sehr fein und schütter behaart. Supraantennalhöcker deutlich. Fühler kurz, zurückgelegt die Halsschildbasis nicht erreichend, ihre beiden ersten Glieder um die Hälfte länger als breit, 3 bis 6 kugelig, 7 schwach quer, 8 doppelt so breit wie 7, 9 und 10 noch breiter, alle 3 wesentlich breiter als lang, das Endglied kürzer als die beiden vorhergehenden zusammengenommen.

Halsschild ein wenig länger als breit, vor seiner Längsmitte am breitesten und hier etwas breiter als der Kopf, seitlich mäßig gerundet, oberseits flach gewölbt, mit 4 kleinen, durch eine Querfurche verbundenen Basalgrübchen, an den Seiten dicht und struppig, oberseits fein und schütter behaart.

Flügeldecken langoval, flach gewölbt, an ihrer Basis nur so breit wie der Halsschild, fein, schräg abstehend behaart, mit kurzer Basalimpression und darin auf jeder Flügeldecke mit 2 Grübchen. Flügel verkümmert.

Beine kurz, Schenkel mäßig verdickt, Tarsen sehr kurz. Hinterhüften schmal getrennt.

Penis (Fig. 229) asymmetrisch, mit scharf abgesetztem, bandförmigem, hinten in der Mitte ausgerandetem Apex. Penis vor diesem von hinten und oben betrachtet links flügelförmig erweitert. Im Penisinneren befinden sich vor der Apikalpartie mehrere Chitindornen und -falten und etwa in der Längsmitte weitere Chitinfalten. Parameren dünn, vor der Basis des Apex nach oben und dann wieder nach hinten gebogen.

Es liegen mir insgesamt 3 Exemplare (1 ♂, 2 ♀♀) vor, die P. J. M. GREENSLADE am Mont Kosciusko, ca. 1800 m, in den Snowy Mts. an der Grenze von Victoria und N. S. Wales sammelte. Der Holotypus und eine Paratype sind im South Austr. Museum in Adelaide verwahrt, eine Paratype befindet sich in meiner Sammlung. Die Art erinnert im Habitus an *Pseudoeudesis* BINAGHI, die Kopf- und Halsschildform, der Penisbau usw. lassen aber erkennen, daß sie mit dieser Gattung nichts zu tun hat.

Euconnus (Euconophron) namoiensis nov. spec.

Durch sehr gedrungene Körperform, geringe Größe, großen, etwas querovalen Kopf, kleinen, zum Vorderrand stärker als zur Basis verengten Halsschild mit 2 durch eine Querfurche verbundenen Basalgrübchen und kurzovale, grob, aber seicht punktierte Flügeldecken gekennzeichnet.

Fig. 230. *Euconnus (Euconophron) namoiensis* FRANZ, Penis a) in Dorsal-, b) in Lateralansicht.

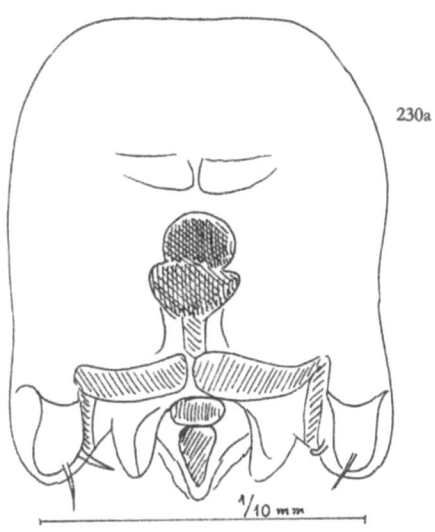
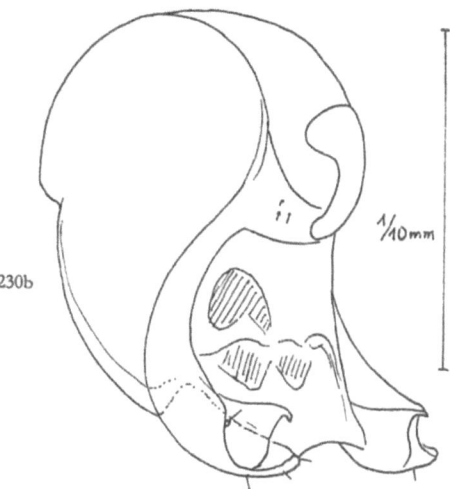

Fig. 231. *Euconnus (Euconophron) cairnsi* FRANZ, Penis in Dorsolateralansicht mit abgebrochener Spitze.

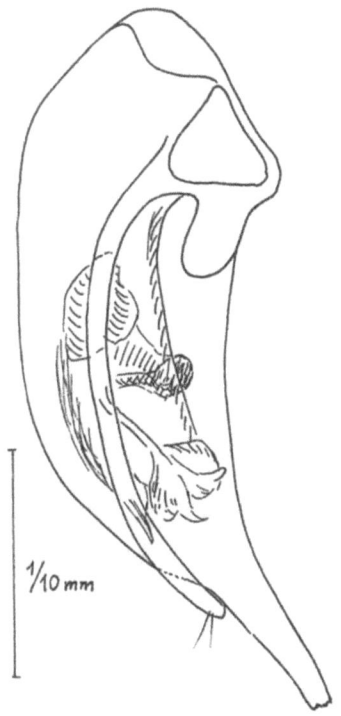
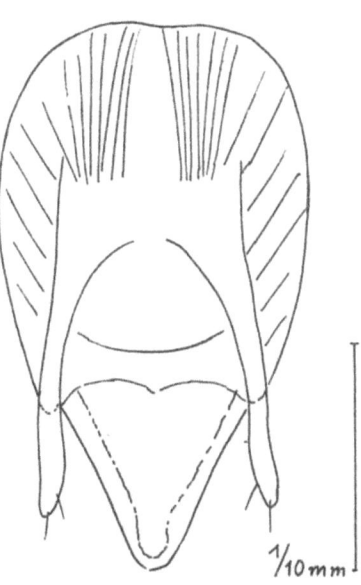

Fig. 232. *Euconnus (Euconophron) barrinoensis* FRANZ, Penis in Dorsalansicht.

Long. 1,05 bis 1,10 mm, lat. 0,45 bis 0,50 mm. Hell rotbraun gefärbt, gelblich behaart.

Kopf groß, von oben betrachtet rundlich, ein wenig länger als breit, mit mäßig großen, flachen Augen, sehr flach gewölbt, glatt und glänzend, kahl, die Schläfen abstehend, kurz, behaart. Fühler mit 4gliederiger Keule, zurückgelegt, die Halsschildbasis etwas überragend, ihr 2. Glied knapp doppelt so lang wie breit, 3 bis 7 isodiametrisch bis leicht gestreckt, 8 bis 10 zweieinhalbmal so breit wie 7, kaum merklich breiter als lang, das Endglied viel kürzer als die beiden vorhergehenden zusammengenommen.

Halsschild klein, so lang wie breit, nicht breiter als der Kopf samt den Augen, hinter der Mitte am breitesten, zum Vorderrand stark, zur Basis fast nicht verengt, oberseits glatt und glänzend, fein und zerstreut, an den Seiten dicht und struppig behaart, vor der Basis mit 2 durch eine Querfurche verbundenen Grübchen.

Flügeldecken, nur um ein Drittel länger als zusammen breit, oval, schon an ihrer Basis wesentlich breiter als der Halsschild, mit mäßig tiefer Basalimpression und schräger Humeralfalte, querüber flach gewölbt, schräg abstehend behaart.

Beine schlank, Schenkel schwach verdickt, Schienen gerade.

Penis (Fig. 230a, b) sehr klein, Parameren vom Peniskörper nicht deutlich getrennt, mit einem dicken Tasthaar versehen. Aus dem terminalen Ostium penis ragt eine stärker chitinierte Spitze neben schwach chitinierten Hautfältchen heraus. Im Penisinneren befindet sich ein in der Längsmitte querüber eingeschnürter Chitinkörper und dahinter eine quere Chitinleiste, deren laterale Teile im rechten Winkel nach hinten abgeknickt sind. Am Ende des abgeknickten Teiles ragt ein weiteres Tasthaar schräg nach innen und hinten.

In dem mir vom British Museum undeterminiert übergebenen Material ist diese Art in 59 Exemplaren vertreten. Die Tiere wurden in Narrabri in N. S. Wales von M. Nikitin am 25. und 26. 1. 1960 teils am Licht, teils im Tal des Namoi-River gesammelt. Narrabri liegt westlich der Dividing Range westlich Coff's Harbour am Namoi-River. Der Holotypus und die meisten Paratypen befinden sich im British Museum, 8 Paratypen in meiner Sammlung.

Euconnus (Euconophron) cairnsi nov. spec.

Gekennzeichnet durch querrundlichen Kopf mit großen, grob facettierten Augen, lange Fühler mit lockerer, 4gliederiger Keule, ziemlich stark gewölbten, leicht gestreckten, zum Vorderrand viel stärker als zur Basis verengten Halsschild mit einer Querfurche vor der Basis und durch langgestreckten Penis.

Long. 1,40 mm, lat. 0,60 mm. Rotbraun gefärbt, fein, gelblich behaart,

Kopf von oben betrachtet queroval, oberseits flach gewölbt, fast kahl und stark glänzend, mit kurz und steif behaarten Schläfen. Fühler lang und schlank, zurückgelegt die Halsschildbasis beträchtlich überragend, alle Fühlerglieder länger als breit, die Länge des 2. reichlich der 3fachen Breite entsprechend, das eiförmige Endglied viel kürzer als die beiden vorhergehenden zusammengenommen.

Halsschild leicht gestreckt, etwas vor der Längsmitte am breitesten, zum Vorderrand stark, zur Basis fast nicht verengt, kaum breiter als der Kopf samt den Augen, stark gewölbt, vor der Basis mit einer Querfurche, stark glänzend, schütter, auch an den Seiten nicht dichter und nicht abstehend behaart.

Flügeldecken schon an der Basis viel breiter als der Halsschild, mit deutlichem Schulterwinkel und breiter, an der Naht unterbrochener Basalimpression, schütter und fein, schräg aufgerichtet behaart, glänzend, ziemlich stark gewölbt.

Beine schlank, Vorderschenkel etwas stärker verdickt als die der Mittel- und Hinterbeine.

Penis (Fig. 231) langgestreckt, mit langer und schmaler, leicht aufgebogener Spitze, diese im Präparat abgebrochen. Parameren die Penisspitze nicht annähernd erreichend, mit je 2 feinen Tastborsten versehen. Basalöffnung des Penis dreieckig, ihr Rahmen distal mit langem Chitinlappen. Im Penisinneren sind mehrere Chitinapophysen und ein dünnes, distal mit chitinösen Blasen in Verbindung stehendes Chitinrohr erkennbar.

Es liegt mir nur ein Exemplar (♂) vor, das im August 1904 in Cairns in N-Queensland gesammelt wurde. Der Holotypus wird im Bernice Bishop Museum in Honolulu verwahrt.

Euconnus (Euconophron) barrinoensis nov. spec.

Dem *E. cairnsi* m. äußerlich nicht unähnlich, aber durch viel längere, 4gliederige Fühlerkeule, fast kreisrunden Kopf, struppig behaarten Halsschild und ganz anders geformten Penis leicht zu unterscheiden.

Long. 1,30 mm, lat. 0,55 mm. Rotbraun gefärbt, gelblich, an den Halsschildseiten bräunlichgelb behaart.

Kopf von oben betrachtet fast kreisrund, mit großen, seitlich stark vorstehenden Augen, sehr fein und schütter, auch an den Schläfen nicht viel dichter, aber länger behaart. Fühler sehr lang und dünn, zurückgelegt die Halsschildbasis beträchtlich überragend, mit großer, lockerer, 4gliederiger Keule, ihr 2. Glied doppelt so lang wie breit, 3 und 4 fast so breit wie lang, alle folgenden leicht gestreckt, das Endglied viel kürzer als die beiden vorhergehenden zusammengenommen, vor der Spitze querüber abgeschnürt, so ein rudimentäres 12. Glied vortäuschend.

Halsschild so lang wie breit, stark gewölbt, seitlich gleichmäßig gerundet, nicht breiter als der Kopf samt den Augen, lang und struppig, an den Seiten dichter als auf der Scheibe behaart, vor der Basis mit 2 großen, durch eine Querfurche verbundenen Grübchen.

Flügeldecken länglichoval, an ihrer Basis ein wenig breiter als der Halsschild, schütter und fein, schräg aufgerichtet behaart, mit strichförmiger, außen von einer verrundeten Humeralfalte begrenzter Basalimpression.

Beine ziemlich schlank, Schenkel keulenförmig verdickt.

Penis (Fig. 232) distal allmählich zu einer dreieckigen Spitze verjüngt, auch die Ventralwand in ein dreieckiges Operculum verlängert. Parameren die Penisspitze nicht erreichend, mit je 2 Tastborsten versehen. Im Penisinneren sind keine Chitindifferenzierungen erkennbar.

Es liegt mir nur ein Exemplar (♂) vor, das von L. u. M. GRESSITT am 9. 5. 1961 am Lake Barrino in NE-Queensland in 900 m Seehöhe gesammelt wurde. Der Holotypus wird im Bernice Bishop Museum verwahrt.

Euconnus (Euconophron) brevipilis (LEA)

LEA, Proc. Roy. Soc. Victoria 27, 1915, p. 206

Durch kleinen, von oben betrachtet runden Kopf mit sehr großen Supraantennalhöckern, ziemlich kurze Fühler mit unscharf abgesetzter, 4- bis 5gliederiger Keule, schmalen, beinahe herzförmigen Halsschild mit 2 Basalgrübchen und einer von einem Längskiel unterbrochenen Querfurche und ziemlich stark gewölbte Flügeldecken mit schräger Humeralfalte gekennzeichnet.

Long. 2,00 mm, lat. 0,75 mm. Rotbraun gefärbt, fein, gelblich behaart, nur die Behaarung der Schläfen und Halsschildseiten gröber.

Kopf klein, von oben betrachtet fast kreisrund, ziemlich stark gewölbt, mit fast hornförmig vortretenden Suprantennalhöckern, mit kahler Stirn, schütter, aber lang behaartem Scheitel und dichter behaarten Schläfen. Fühler mit unscharf abgesetzter, 4- bis 5gliederiger Keule, zurückgelegt die Halsschildbasis erreichend, ihre beiden ersten Glieder und das 5. doppelt so lang wie breit, 3, 4 und 6 leicht gestreckt, 7 breiter als 6, zur Spitze erweitert und

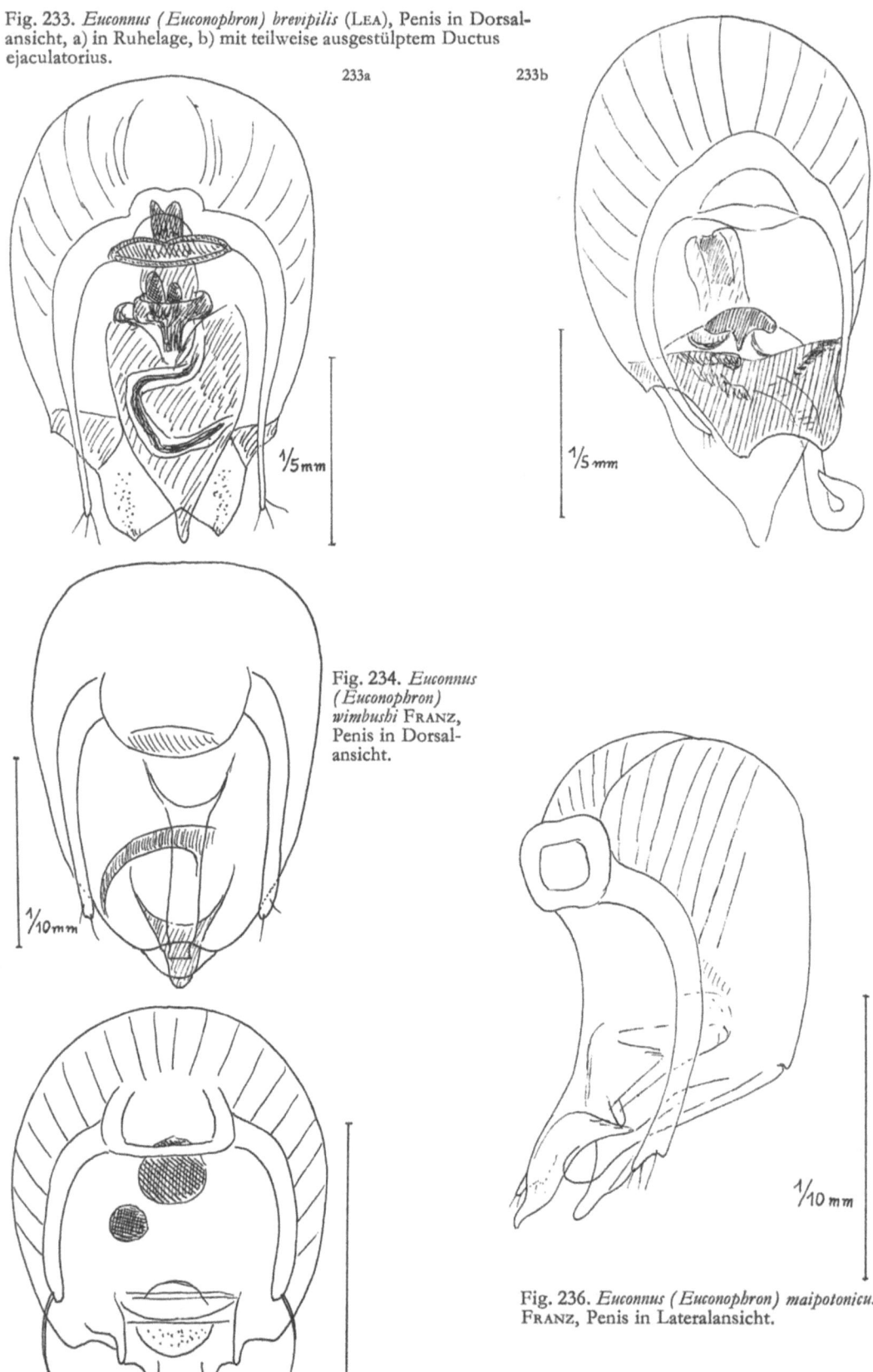

Fig. 233. *Euconnus (Euconophron) brevipilis* (Lea), Penis in Dorsalansicht, a) in Ruhelage, b) mit teilweise ausgestülptem Ductus ejaculatorius.

Fig. 234. *Euconnus (Euconophron) wimbushi* Franz, Penis in Dorsalansicht.

Fig. 235. *Euconnus (Euconophron) kosciuskoi* Franz, Penis in Dorsalansicht.

Fig. 236. *Euconnus (Euconophron) maipotonicus* Franz, Penis in Lateralansicht.

hier fast so breit wie lang, 8 nur eineinhalbmal so breit wie 7, wie auch 9 und 10 deutlich breiter als lang, das große Endglied knapp so lang wie die beiden vorhergehenden zusammengenommen.

Halsschild so lang wie breit, vor der Mitte am breitesten, ziemlich stark gewölbt, glatt und glänzend, auf der Scheibe lang und ziemlich schütter, an den Seiten dicht und struppig behaart, vor der Basis mit 2 durch eine Querfurche verbundenen Grübchen, die Furche durch einen Mittelkiel unterbrochen.

Flügeldecken oval, an ihrer Basis nur wenig breiter als der Halsschild, ziemlich anliegend behaart, mit außen von einer langen, schrägen Humeralfalte begrenzter Basalimpression, ohne deutlichen Schulterwinkel.

Beine ziemlich schlank, Schenkel mäßig verdickt.

Penis (Fig. 233a, b) dünnhäutig, nur der zweispitzige Apex stärker chitinisiert, Ostium penis von einem spitzwinkelig-dreieckigen Operculum überdeckt, Parameren zur Spitze dünner werdend, am Ende mit je 3 Tastborsten versehen. Im Penisinneren ist der Ductus ejaculatorius als gewundener Schlauch von der Basalöffnung bis in den Bereich des Ostiums verfolgbar. Unter der Basalöffnung sind Chitinapophysen und ein becherförmiges Gebilde erkennbar.

Es liegen mir der Holotypus und 3 Paratypen vom Mount Wellington in Tasmanien sowie 3 weitere ♂♂ aus dem undeterminierten Material des South Austr. Museum vor. Die letzteren stammen von Waratah in Tasmanien, wo sie in Moos gefunden wurden. Der Holotypus und die Paratypen befinden sich in der Sammlung des South Austr. Museum in Adelaide.

Euconnus (Euconophron) wimbushi nov. spec.

Gekennzeichnet durch schlanke Gestalt, kleinen Kopf, schmalen, leicht gestreckten Halsschild mit tiefer basaler Querfurche, langovale, einzeln abgerundete Flügeldecken und schlanke Beine.

Long. 1,45 mm, lat. 0,55 mm. Dunkel rotbraun gefärbt, fein, gelblich behaart.

Kopf von oben betrachtet annähernd rautenförmig, mit großen, vor seiner Längsmitte stehenden Augen, schütter behaarter Oberseite, aber dichter und langer Behaarung der Schläfen und des Hinterkopfes, Supraantennalhöcker klein, aber deutlich. Fühler kurz, zurückgelegt die Halsschildbasis nicht erreichend, mit unscharf abgesetzter, 3- bis 4gliederiger Keule, ihre beiden ersten Glieder annähernd doppelt so lang wie breit, 3 bis 6 annähernd isodiametrisch, 7 und 8 um die Hälfte breiter als 7, 9 um die Hälfte breiter als 8, wie auch 10 stark quer, das eiförmige Endglied so lang wie die beiden vorhergehenden zusammengenommen. 3. Glied der Maxillarpalpen auffällig dick.

Halsschild nicht ganz um die Hälfte länger als breit, seitlich schwach gerundet, in seiner Längsmitte am breitesten und hier sehr wenig breiter als der Kopf samt den Augen, oberseits mäßig dicht, seitlich struppig behaart, mit 2 durch eine tiefe Querfurche verbundenen Grübchen.

Flügeldecken langoval, flach gewölbt, an ihrer Basis nur wenig breiter als der Halsschild, am Ende einzeln abgerundet, mit tiefer Basalimpression und langer, etwas schräger Humeralfalte, ziemlich dicht, aber kurz, wenig abstehend behaart. Flügel voll entwickelt.

Beine schlank, Schenkel schwach verdickt.

Penis (Fig. 234) gedrungen gebaut, mit kurzer und stumpfer, nicht abgesetzter, nach oben gebogener Spitze, Operculum dreieckig, mit abgerundeter Spitze, Parameren das Penisende nicht ganz erreichend, mit je 2 Tastborsten versehen. Im Penisinneren befindet sich ein dicker, gerader, bis an das Ostium penis heranreichender Schlauch, der sich gegen die Basalöffnung des Penis erweitert. Vor dem Ostium penis liegt außerdem eine einen Viertelbogen bildende, quergestellte Chitinleiste. Der basale Teil des Penis ist in dem einzigen mir vorliegenden Präparat undurchsichtig.

Mir liegt nur ein Exemplar (♂) vor, das von WOOD und WIMBUSH am Mt. Kosciusko in N. S. Wales, nahe beim Hotel in 1650 m Höhe am 17. 5. 1966 gesammelt wurde. Der Holotypus wird im South Austral. Museum in Adelaide verwahrt.

Euconnus (Euconophron) kosciuskoi nov. spec.

Gekennzeichnet durch großen, oberseits flachen Kopf mit annähernd rautenförmigem Umriß, mäßig lange Fühler mit scharf abgesetzter, 4gliederiger Keule, hochgewölbten, hinter der Mitte die größte Breite erreichenden Halsschild mit 2 weit getrennten Basalgrübchen, hochgewölbte Flügeldecken mit wenig weit nach hinten reichender, außen von einer Humeralfalte scharf begrenzter Basalimpression, ziemlich schlanke Beine und distal innen verflachte und mit einem Haarfilz versehene Vorderschienen.

Long. 1,25 mm, lat. 0,50 mm. Rotbraun gefärbt, gelblich behaart.

Kopf oberseits auffällig flach, von oben betrachtet gerundet rautenförmig, die mäßig großen, seitlich aber deutlich vorstehenden Augen im vorderen Drittel seiner Länge stehend, Stirn und Scheitel nach hinten gerichtet, Schläfen seitlich abstehend behaart. Fühler zurückgelegt die Halsschildbasis nicht erreichend, mit scharf abgesetzter, 4gliederiger Keule, ihr Basalglied dicker als die folgenden, 2 dreimal so lang wie breit, 3 bis 7 deutlich gestreckt, 8 doppelt, 9 und 10 dreimal so breit wie 7, alle drei stark quer, das kegelförmige Endglied viel kürzer als die beiden vorhergehenden zusammengenommen.

Halsschild stark gewölbt, so lang wie breit, hinter seiner Längsmitte am breitesten und hier deutlich breiter als der Kopf samt den Augen, ziemlich dicht, aber kurz, aufgerichtet behaart, vor der Basis mit 2 voneinander weit getrennten Grübchen.

Flügeldecken kurzoval, schon an ihrer Basis beträchtlich breiter als der Halsschild, mit breiter, aber kurzer, außen von einer Humeralfalte scharf begrenzter Basalimpression und ziemlich dichter, kurzer, abstehender Behaarung.

Beine mit stark verdickten Vorder- und mäßig verdickten Mittel- und Hinterschenkeln, Schienen gerade, Vorderschienen innen distal verbreitert und abgeflacht, mit einem Haarfilz versehen.

Penis (Fig. 235) kurzoval, fast kreisförmig, mit sehr kurzem, treppenförmig zum Hinterrand verschmälertem Apex, kurzen, gebogenen Parameren, diese mit je einer langen und sehr kräftigen Tastborste versehen. Im Penisinneren sind 2 chitinöse Apophysen in dem einzigen vorliegenden Präparat nur undeutlich erkennbar, da dieses z. T. undurchsichtig ist. Auch die Umrahmung der Basalöffnung des Penis läßt sich nicht genau erkennen, so daß diese in der Zeichnung nur angedeutet werden konnte.

Es liegt mir nur ein Exemplar (♂) vor, das an der Gipfelstraße des Mt. Kosciusko in N. S. Wales in 1650 m Seehöhe am 16. 5. 1966 von T. G. WOOD gesammelt wurde. Der Holotypus wird im South Austr. Museum in Adelaide verwahrt.

Euconnus (Euconophron) maipotonicus nov. spec.

Durch geringe Größe, flachen Körper, kurze Fühler mit scharf abgesetzter, 4gliederiger Keule, fast quadratischen Kopf und Halsschild, den Besitz von 2 großen, einander genäherten Basalgruben auf dem letzteren und durch sehr flache, außen nicht durch eine Humeralfalte begrenzte Basalimpression der Flügeldecken sehr ausgezeichnet.

Long. 1,00 mm, lat. 0,40 mm. Rötlichgelb gefärbt, sehr fein und kurz gelblich behaart.

Kopf von oben betrachtet quadratisch mit abgeschrägten Ecken und weit nach vorne gerückten, flachen Augen, Stirn und Scheitel in einer Flucht flach gewölbt, sehr fein, Schläfen dicht und steif abstehend behaart. Fühler kurz, zurückgelegt die Längsmitte des Halsschildes nur wenig überragend, mit großer, 4gliederiger Keule, das 7. Glied schon etwas größer als das 6., aber wesentlich kleiner als das 8., 1 und 2 um die Hälfte länger als breit, 3 und 4 schwach, 5 bis 7 stark quer, 8 bis 10 etwas breiter als lang, das eiförmige Endglied fast so lang wie die beiden vorhergehenden zusammengenommen. Maxillarpalpen mit sehr großem, beilförmigem 3. und sehr kleinem 4. Glied.

Halsschild fast so breit wie lang, seitlich schwach gerundet, zum Vorderrand etwas stärker als zur Basis verengt, mäßig stark gewölbt, auf der Scheibe spärlich, an den Seiten dichter, aber sehr kurz behaart, vor der Basis mit 2 einander genäherten, großen Grübchen.

Flügeldecken oval, an ihrer Basis kaum breiter als die Basis des Halsschildes, mit flacher, querer, außen nicht durch ein Humeralfältchen begrenzter Basalimpression, sehr seicht punktiert, schütter, anliegend behaart.

Beine kurz, Schenkel stark verdickt.

Penis (Fig. 236) ziemlich gedrungen gebaut, bei dem einzigen vorliegenden, etwas immaturen Exemplar sehr schwach chitinisiert, die Chitindifferenzierungen in seinem Inneren daher nur unvollständig erkennbar. Dorsalwand des Penis leicht nach oben gebogen, der spitzwinkelig-dreieckige Apex leicht s-förmig gewellt, Ostium penis von einem spitzwinkeligdreieckigen Operculum überdeckt. Aus dem Ostium ragt ein am Ende schwach keulenförmig verdickter Chitinkörper heraus. Parameren leicht nach oben gebogen, an der Spitze ausgerandet, mit je 3 Tastborsten versehen.

Es liegt mir nur ein Exemplar (♂) vor, das ich am 11. 9. 1970 in einem Restbestand eines Wine Scub Rainforest bei Maipoten in Queensland aus Laubstreu und morschem Holz siebte. Der Holotypus wird im South Austr. Museum in Adelaide verwahrt.

Euconnus (Euconophron) woodi nov. spec.

Durch großenteils kahle, stark glänzende Oberseite, ziemlich lange Fühler mit lockerer, 4gliederiger Keule, rundlichen Kopf und isodiametrischen Halsschild mit 2 weit getrennten Basalgrübchen, kurzovale Flügeldecken mit tiefer, außen von einem kurzen Humeralfältchen begrenzter Basalimpression und durch schlanke Beine mit kaum verdickten Schenkeln gekennzeichnet.

Long. 1,40 mm, lat. 0,68 mm. Kastanienbraun, die Extremitäten rötlichgelb gefärbt, Kopf, Halsschildseiten und Episternen der Mittelbrust bräunlichgelb behaart.

Kopf von oben betrachtet rundlich, kaum merklich länger als breit, mit mäßig großen, grob facettierten Augen, oberseits mäßig gewölbt, glatt und glänzend, fein und schütter, an den Schläfen dicht und steif abstehend behaart, Vorderrand der Stirn in der Mitte als spitzer Dorn vorspringend. Fühler zurückgelegt die Halsschildbasis erreichend, ihr Basalglied dicker als die folgenden, wie das 2. doppelt so lang wie breit, 3 bis 7 leicht gestreckt, 8 bis 11 die lockere, 4gliederige Keule bildend, 8 leicht gestreckt, 9 so breit, 10 breiter als lang, das Endglied viel kürzer als die beiden vorhergehenden zusammengenommen.

Halsschild so breit wie lang, kugelig gewölbt, glatt und glänzend, auf der Scheibe kahl, an den Seiten struppig behaart, mit 2 großen, weit getrennten Basalgrübchen. Scutellum nicht sichtbar.

Flügeldecken kurzoval, hoch gewölbt, an ihrer Basis kaum breiter als der Halsschild, ohne Schulterwinkel, mit tiefer, außen von einer kurzen Humeralfalte begrenzter Basalimpression, glatt und stark glänzend.

Beine schlank, Schenkel schwach verdickt.

Penis (Fig. 237) gedrungen gebaut, nach oben gekrümmt, mit spitzwinkelig-dreieckigem Apex. Parameren diesen etwas überragend, dick, im distalen Viertel ihrer Länge stark verbreitert, im Spitzenbereich schmäler als in der Mitte, mit je 2 terminalen Tastborsten versehen. Aus dem Ostium penis ragt ein langer Chitindorn heraus, der nach unten umgebogen werden kann. Vor diesem Dorn liegen im Penisinneren Chitinfalten und eine zweilappige Apophyse, an der Muskel ansetzen.

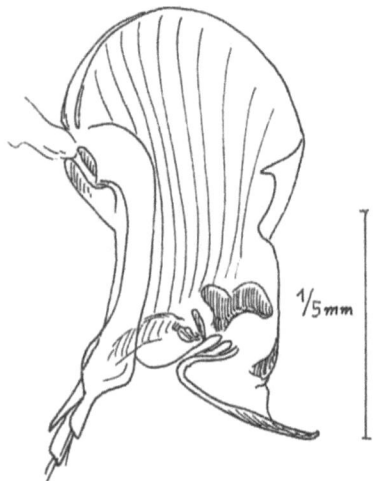

Fig. 237. *Euconnus (Euconophron) woodi* FRANZ, Penis in Lateralansicht.

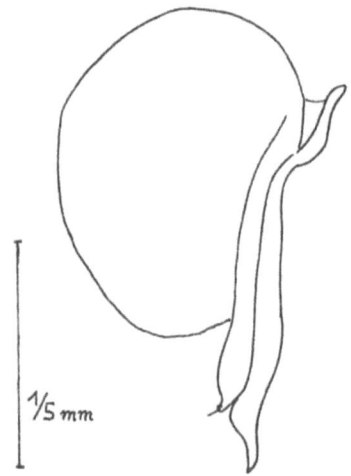

Fig. 238. *Euconnus (Euconophron) armidalensis* FRANZ, Penis in Lateralansicht.

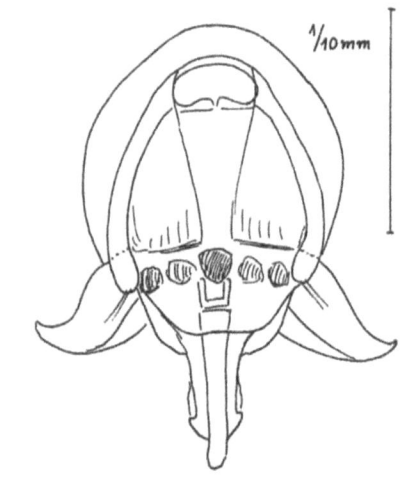

Fig. 239. *Euconnus (Euconophron) atrophus* (LEA), Penis in Dorsalansicht mit z. T. ausgestülptem Präputialsack.

Fig. 241. *Euconnus (Euconophron) ectatommae* (LEA), Penis in Dorsalansicht.

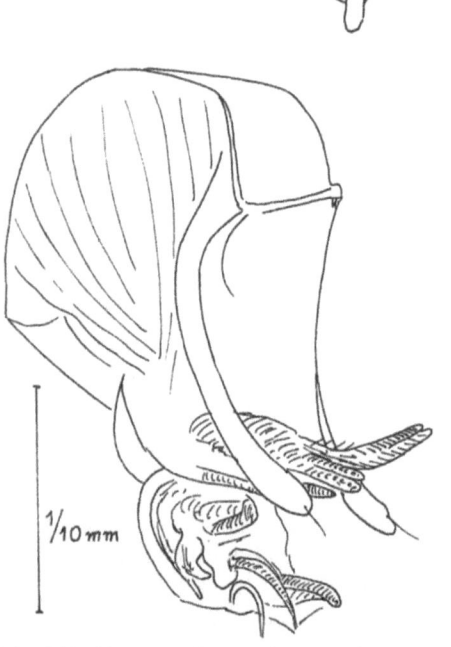

Fig. 240. *Euconnus (Euconophron) cradlei* FRANZ, Penis in Lateralansicht mit ausgestülptem Präputialsack.

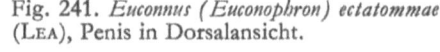
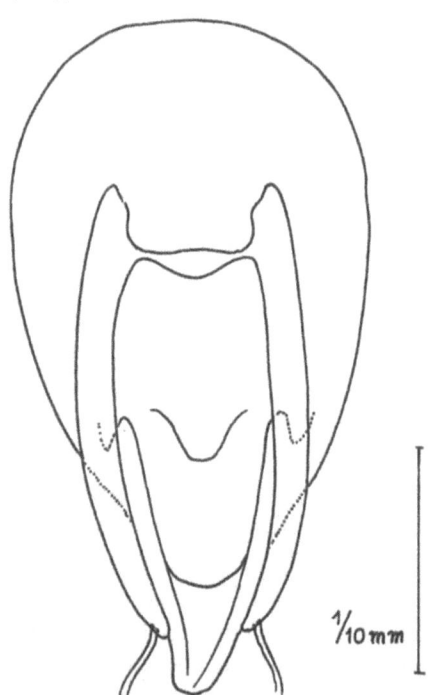

Es liegt mir ein einziges Exemplar (♂) vor, das T. G. WOOD am 30. 2. 1968 am Mt. Kosciusko in N. S. Wales in ca. 1800 m Seehöhe siebte. Der Holotypus wird im South Austr. Museum verwahrt.

Euconnus (Euconophron) armidalensis nov. spec.

Gekennzeichnet durch von oben betrachtet fast kreisrunden, flach gewölbten Kopf, ziemlich lange Fühler mit lockerer, 4gliederiger Keule, fast kugeligen Halsschild, mit kurzer, steif abstehender Behaarung an den Seiten und mit 2 seichten Basalgrübchen, stark gewölbte, ovale Flügeldecken mit breiter, außen von einer flachen Humeralfalte begrenzter Basalimpression und ziemlich lange Beine mit stark verdickten Schenkeln.

Long. 1,80 mm, lat. 0,75 mm. Rotbraun gefärbt, sehr spärlich behaart.

Kopf von oben betrachtet fast kreisrund, Stirn und Scheitel sehr flach gewölbt, glatt und glänzend, sehr spärlich, die Schläfen steif abstehend, aber schütter behaart. Fühler zurückgelegt die Halsschildbasis beträchtlich überragend, mit lockerer, 4gliederiger Keule, ihre beiden ersten Glieder doppelt so lang wie breit, 3 leicht gestreckt, 4 bis 7 isodiametrisch, 8 doppelt so breit wie 7, wie auch 9 und 10 kaum merklich breiter als lang, das eiförmige Endglied viel kürzer als die beiden vorhergehenden zusammengenommen.

Halsschild fast kugelig, ein wenig breiter als der Kopf samt den Augen, auf der Scheibe glatt und glänzend, sehr schütter, an den Seiten sehr kurz, aber dicht, abstehend behaart, vor der Basis mit 2 seichten Grübchen.

Flügeldecken schon an ihrer Basis etwas breiter als der Halsschild, hoch gewölbt, mit flacher und breiter, seitlich von einer verrundeten Humeralfalte begrenzter Basalimpression, stark glänzend, fast kahl.

Beine ziemlich lang, Schenkel stark verdickt.

Penis (Fig. 238) aus einem fast kugeligen Peniskörper und einem scharf abgesetzten, in einer dünnen Spitze endenden, leicht s-förmig gekrümmten Apex bestehend. Parameren ziemlich breit, die Penisspitze nicht erreichend. Das Penisinnere ist bei dem einzigen vorliegenden Präparat leider undurchsichtig.

Es liegt mir im undeterminierten Material des British Museum ein einziges Exemplar (♂) dieser Art vor. Es trägt einen handgeschriebenen Patriazettel mit dem Text: „Armidale N. S. W. W. d. B." Die 3 letzten Buchstaben bedeuten, wie aus einem 2. gedruckten Zettel hervorgeht, daß das Tier von W. DU BULAY gesammelt wurde. Der Holotypus wird im British Museum verwahrt.

Euconnus (Euconophron) atrophus (LEA)

LEA, Proc. Roy. Soc. Victoria (N. S.) 27, 1914, p. 222 *(Scydmaenus)*

Durch geringe Größe, schlanke Gestalt, 4gliederige, scharf abgesetzte Fühlerkeule, den Besitz von 4 Grübchen vor der Basis des Halsschildes, auffällig langes Metasternum und sehr eigenartigen Bau des männlichen Kopulationsapparates ausgezeichnet.

Long. 1,05 bis 1,15 mm, lat. 0,40 mm. Rotbraun gefärbt, fein, gelblich behaart.

Kopf von oben betrachtet fast kreisrund, sehr flach gewölbt, mit großen Augen, Schläfen abstehend behaart. Fühler zurückgelegt die Halsschildbasis erreichend, mit großer, 4gliederiger Keule, ihre beiden ersten Glieder etwa doppelt so lang wie breit, 3 bis 6 annähernd isodiametrisch, 7 breiter als lang, 8 doppelt so breit wie 7, so lang wie breit, 9 und 10 sehr schwach quer, das Endglied nicht ganz so lang wie die beiden vorhergehenden zusammengenommen.

Halsschild so lang wie breit, flach gewölbt, etwas vor der Längsmitte am breitesten, vor der Basis mit 4 Grübchen, die mittleren viel größer als die äußeren, voneinander nur schmal getrennt.

Flügeldecken langoval, flach gewölbt, an ihrer Basis nur so breit wie der Halsschild, mit Basalimpression und kurzer Humeralfalte.

Beine schlank, Vorderschenkel stärker verdickt als die der Mittel- und Hinterbeine.

Penis (Fig. 239) sehr eigenartig gebaut, aus einem fast kugeligen Peniskörper und einer kurzen Apikalpartie bestehend. Parameren kurz, leicht einwärts gebogen, am Ende mit je 2 Tastborsten versehen. Aus dem terminal gelegenen Ostium penis ragt ein langer Chitinstab nach hinten, zu dessen beiden Seiten mit einem Widerhaken endende Chitinleisten liegen. Zu beiden Seiten des Apex penis befindet sich je ein seitlich abstehender Chitinflügel.

Es liegen mir der Holotypus und 5 Paratypen dieser Art, alle auf einem Karton präpariert, aus der Sammlung des South Austr. Museum vor. Sie tragen einen Zettel mit dem handschriftlichen Text „*atrophus* LEA Type Swan R." Außerdem konnte ich zwei übereinstimmende, als Cotypen bezeichnete Tiere aus der Sammlung des British Museum mit Patriaangabe „Vasse", W-Australien untersuchen. Diese Tiere stammen offenbar vom Vasse River.

Euconnus (Euconophron) cradlei nov. spec.

Vom Cradle Mtn. in Tasmanien liegt mir aus den Beständen des South Austr. Museum ein von M. A. LEA und CARTER gesammeltes ♂ einer bisher unbeschriebenen *Euconnus*-Art vor. Das Tier ist durch geringe Größe, dunkle Farbe, scharf abgesetzte, 4gliederige Fühlerkeule, von oben betrachtet kreisrunden Kopf mit großen Supraantennalhöckern, isodiametrischen, flachen Halsschild mit tiefer basaler Querfurche und kurzovale Flügeldecken mit aus 2 Grübchen verschmolzener Basalimpression gekennzeichnet.

Long. 1,10 mm, lat. 0,50 mm. Schwarzbraun, die Extremitäten mit Ausnahme der dunklen Fühlerkeule rotbraun gefärbt, sehr spärlich, nur an den Schläfen und Halsschildseiten dicht und struppig behaart.

Kopf von oben betrachtet kreisrund, flach gewölbt, mit deutlich markierten Supraantennalhöckern. Fühler zurückgelegt die Halsschildbasis erreichend, mit scharf abgesetzter, 4gliederiger Keule, ihre beiden ersten Glieder eineinhalbmal so lang wie breit, 3 bis 7 isodiametrisch bis leicht gestreckt, 8 quadratisch, 9 und 10 kaum merklich breiter als lang, das Endglied mit breit abgerundeter Spitze, nicht länger als breit.

Halsschild isodiametrisch, etwas vor der Längsmitte am breitesten, kaum breiter als der Kopf samt den Augen, seitlich schwach gerundet, flach gewölbt, auf der Scheibe äußerst spärlich, an den Seiten struppig behaart, vor der Basis mit tiefer Querfurche.

Flügeldecken kurzoval, flach gewölbt, glatt und glänzend, in der Basalimpression mit 2 Grübchen, aber ohne deutliche Humeralfalte.

Beine ziemlich schlank. Vorderschenkel stärker verdickt als die der Mittel- und Hinterbeine, Vorderschienen distal verbreitert.

Penis (Fig. 240) kaum länger als breit, wie auch die mit einer terminalen Tastborste versehenen Parameren nach oben gekrümmt. Der in der Abbildung ausgestülpt dargestellte Präputialsack weist zahlreiche Chitinstachel und -leisten auf. Zwei am Ende gegabelte Chitinzapfen ragen im Bereich des Ostiums nach oben.

Das einzige mir vorliegende Exemplar (♂) wurde von M. A. LEA und CARTER am Cradle Mtn. in Tasmanien in Moos- und Flechtenrasen gefunden. Der Holotypus ist im South Austr. Museum verwahrt.

Euconnus (Euconophron) pilosicollis (LEA)

LEA, Proc. Roy. Soc. Victoria 27, 1915, p. 214—215 *(Scydmaenus)*

Gekennzeichnet durch ziemlich dichte und lange Behaarung, isodiametrischen, rundlichen Kopf, mäßig lange Fühler mit deutlich abgesetzter, 4gliederiger Keule, länglichen, seitlich schwach gerundeten Halsschild mit 2 großen Basalgrübchen und durch ziemlich stark gewölbte, ovale Flügeldecken, mit relativ seichter Basalimpression.

Long. 1,45 bis 1,50 mm, lat. 0,60 mm. Rotbraun gefärbt, gelblich behaart.

Kopf von oben betrachtet so lang wie mit den Augen breit, ziemlich klein, rundlich, die Augen seitlich stark vorstehend, Stirn und Scheitel lang, nach hinten gerichtet, die Schläfen sehr dicht, schräg abstehend behaart. Fühler zurückgelegt die Halsschildbasis nicht ganz erreichend, mit deutlich abgesetzter, 4gliederiger Keule, ihr 2. Glied doppelt so lang wie breit, 3 bis 5 leicht gestreckt, 6 und 7 isodiametrisch, 8, 9 und 10 breiter als lang, das eiförmige Endglied kürzer als die beiden vorhergehenden zusammengenommen.

Halsschild eben merklich länger als breit, glatt und glänzend, lang, auf der Scheibe mäßig dicht, an den Seiten dicht und struppig behaart, mit 2 großen, meist weit getrennten Basalgruben. Scutellum nicht sichtbar.

Flügeldecken oval, hoch gewölbt, ohne Schulterwinkel, an ihrer Basis kaum breiter als die Halsschildbasis, mit mäßig tiefer, seitlich von einer schrägen Humeralfalte begrenzter Basalimpression, fein und schütter punktiert, mäßig dicht, schräg abstehend behaart. Flügel verkümmert.

Beine kurz, Schenkel mäßig verdickt.

Es liegen mir 4 ursprünglich gemeinsam auf einem Karton montierte Exemplare dieser Art, durchwegs ♀♀, davon eines als Type bezeichnet, vor. Als Fundort ist auf dem Patriazettel Hobart in Tasmanien angegeben.

Euconnus (Euconophron) fimbriatus (LEA)

LEA, Poc. Roy. Soc. Victoria 27, 1915, p. 210—211 *(Scydmaenus)*

Gekennzeichnet durch flach gewölbten Körper, rundlichen, von oben betrachtet fast isodiametrischen Kopf, kurze Fühler mit scharf abgesetzter, 4gliederiger Keule, beinahe quadratischen, seitlich sehr schwach gerundeten Halsschild mit 2 durch eine Querfurche verbundenen Basalgrübchen und sehr regelmäßig ovale Flügeldecken ohne Schulterwinkel, mit grober, aber seichter Punktierung.

Long. 1,80 mm Pt. 0,75 mm. Rotbraun gefärbt, fein gelblich behaart.

Kopf von oben betrachtet annähernd so lang wie breit, im Niveau der im vorderen Drittel seiner Länge stehenden, kleinen Augen am breitesten, die Schläfen nach hinten gerundet konvergierend, mit dem Hinterrand des Kopfes in gleichmäßiger Rundung verbunden, wie dieser lang und dicht, steif abstehend behaart, die Behaarung von Stirn und Scheitel spärlich, Supraantennalhöcker flach, Fühler zurückgelegt die Halsschildbasis nicht ganz erreichend, mit scharf abgesetzter, 4gliederiger Keule, ihr Basalglied dicker als die folgenden, das 2. doppelt so lang wie breit, 3 bis 7 isodiametrisch bis leicht gestreckt, 8 bis 10 schwach quer, das eiförmige Endglied kürzer als die beiden vorhergehenden zusammengenommen.

Halsschild beinahe quadratisch, seitlich sehr schwach gleichmäßig gerundet, struppig und dicht, die glatte Scheibe nur sehr spärlich behaart, die beiden Basalgrübchen durch eine Querfurche verbunden. Scutellum nicht sichtbar.

Flügeldecken oval, ohne Schulterwinkel, an ihrer Basis nur sehr wenig breiter als die Halsschildbasis, mit seichter Basalimpression und flacher Humeralfalte, grob, aber seicht punktiert, schütter und anliegend behaart.

Beine ziemlich schlank, Vorderschienen innen distal abgeflacht und mit einer Haarbürste versehen.

Es liegen mir nur 2 ♀♀ aus der Sammlung des South Austr. Museum vor, von denen eines als Type bezeichnet ist. Beide Exemplare waren gemeinsam auf einem Karton montiert und tragen einen handschriftlichen Patriazettel mit der Aufschrift „Ourimbah", welcher Fundort in N. S. Wales liegt. In der Originalbeschreibung ist angegeben, daß die Tiere in verrottender Laubstreu erbeutet wurden.

Euconnus (Euconophron) ectatommae (LEA)

LEA, Proc. Roy. Soc. Victoria 23 (N. S.), 1911, p. 183—184 *(Scydmaenus)*

Gekennzeichnet durch dunkel rotbraune Färbung, sehr spärliche und kurze Behaarung, querrundlichen Kopf mit großen, flachen Augen, ziemlich lange Fühler mit großer, scharf abgesetzter, 4gliederiger Keule, leicht gestreckten Halsschild mit seichter Basalfurche und in deren Verlauf mit 2 Grübchen sowie kurzovale Flügeldecken mit seichter Basalimpression und kurzer, flacher Humeralfalte.

Long. 1,35 bis 1,40 mm. lat. 0,60 mm. Dunkel rotbraun gefärbt, glatt und glänzend, sehr spärlich und kurz, gelblich behaart.

Kopf von oben betrachtet rundlich, mit den großen, flach gewölbten Augen ein wenig breiter als lang, flach gewölbt, schütter, fein und anliegend, auch an den Schläfen nicht dichter und nicht abstehend behaart. Fühler kräftig, mit scharf abgesetzter, 4gliederiger Keule, zurückgelegt die Halsschildbasis etwas überragend, ihr 2. Glied um die Hälfte länger als breit, 3 bis 7 schwach quer, eng aneinanderschließend, 8 und die folgenden doppelt so breit wie 7, viel breiter als lang, das eiförmige Endglied so lang wie die beiden vorhergehenden zusammengenommen.

Halsschild ein wenig länger als breit, knapp vor der Längsmitte am breitesten und hier so breit wie der Kopf mit den Augen, stark gewölbt, sehr spärlich, auch an den Seiten anliegend behaart, vor der Basis mit seichter Querfurche und in diese mit 2 einander genäherten Grübchen.

Flügeldecken schon an ihrer Basis breiter als der Halsschild, mit verrundeten Schultern, flacher Basalimpression und kurzer Humeralfalte, sehr fein und zerstreut punktiert, fast kahl. Flügel voll entwickelt.

Beine ziemlich lang und schlank, Schenkel keulenförmig verdickt.

Penis (Fig. 241) eiförmig, mit zungenförmig über den Peniskörper vorragendem, nach oben gebogenem Apex, Parameren diesem eng anliegend, die Penisspitze nicht erreichend, mit je 2 langen, terminalen Tastborsten versehen.

Das South Austr. Museum sandte mir 3 ursprünglich gemeinsam mit Ameisen auf einen Karton präparierte Exemplare dieser Art mit dem Fundort Launcester zur Untersuchung zu. Das eine der 3 Exemplare, ein ♀, ist als Type bezeichnet, ein ♂ habe ich zur Allotype designiert, nach ihm ist die Peniszeichnung angefertigt.

Der Autor gibt an, daß die Art in Tasmanien heimisch und außer in Launcester auch in Hobart, Bagdad und am Huon River in Nestern von *Ectatomma metallicum* gefunden worden sei.

Euconnus (s. str.) *calviceps* (LEA)

LEA, Proc. Roy. Soc. Victoria (N. S.) 27, 1915, p. 216—217 *(Scydmaenus)*

Gekennzeichnet durch kurze Fühler mit scharf abgesetzter, 4gliederiger Keule, annähernd isodiametrischen, stark gewölbten Kopf mit nach hinten konvergierenden Schläfen, kugelig gewölbten Halsschild mit 2 großen, scharf umgrenzten Basalgruben und ovale, stark gewölbte Flügeldecken mit furchenförmig vertiefter Basalimpression.

Long. 1,30 mm, lat. 0,50 mm. Rotbraun gefärbt, sehr schütter, gelblich behaart.

Kopf von oben betrachtet, etwa so lang wie mit den großen, flach gewölbten, weit nach vorne gerückten Augen breit, stark gewölbt, mit deutlichen Supraantennalhöckern und zwischen diesen flach vertiefter Stirn. Schläfen kahl, nach hinten konvergierend. Fühler zurückgelegt nur die Längsmitte des Halsschildes erreichend, mit scharf abgesetzter, 4gliederiger Keule. Ihr 2. Glied nicht ganz doppelt so lang wie breit, 3 bis 7 annähernd quadratisch, 8 doppelt so breit wie 7, schwach, 9 und 10 stärker quer, das Endglied viel kürzer als die beiden vorhergehenden, seine Spitze exzentrisch nach außen verlagert.

265

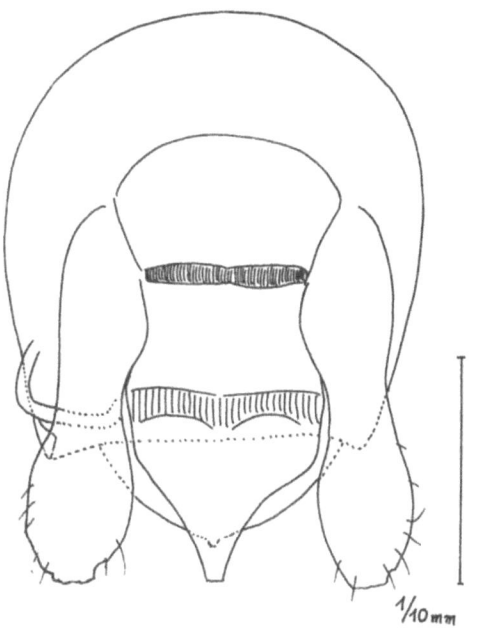

Fig. 242. *Euconnus (Euconophron) cairnsicola* Franz, Penis in Dorsalansicht.

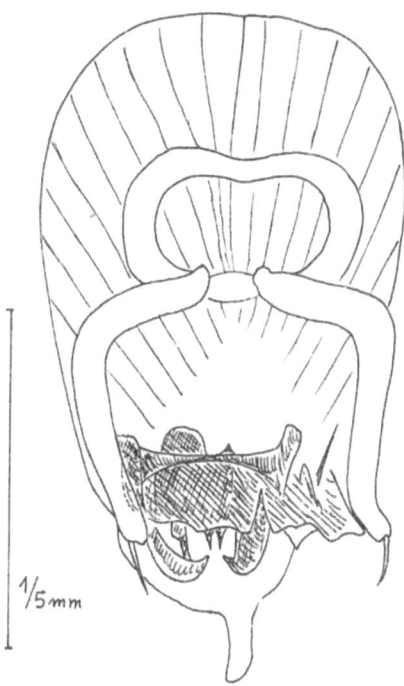

Fig. 243. *Euconnus (Euconophron) beckeri* Franz, Penis in Dorsalansicht.

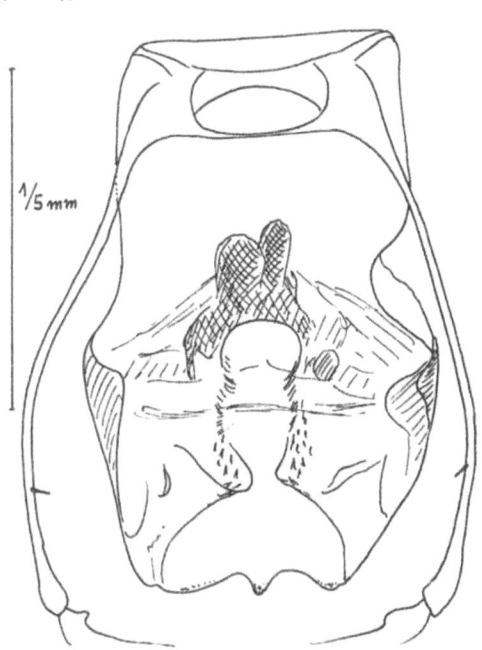

Fig. 244. *Euconnus (Euconophron) paramattensis* (King), Penis in Dorsalansicht.

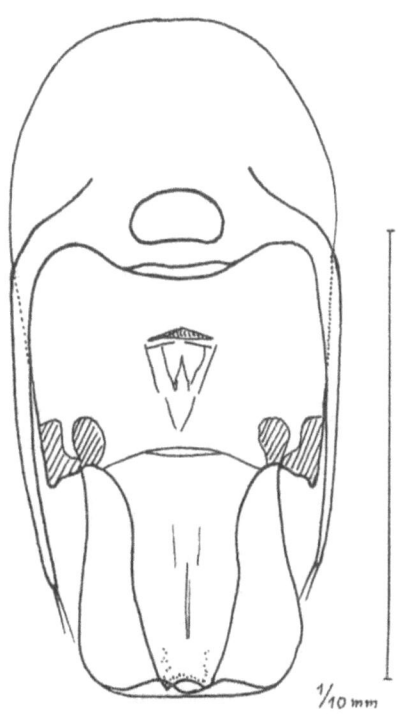

Fig. 245. *Euconnus (Euconophron) kingensis* (Lea), Penis in Dorsalansicht.

Halsschild so lang wie breit, kugelig gewölbt, spärlich, auch an den Seiten nicht struppig behaart, vor der Basis mit 2 großen Grübchen.

Flügeldecken länglichoval, hochgewölbt, mit furchig vertiefter Basalimpression und kurzer Humeralfalte, mit schwach markiertem, erhabenem Nahtstreifen, nahezu kahl.

Beine ziemlich schlank, Vorderschenkel stärker verdickt als die der Mittel- und Hinterbeine.

Es liegt mir nur der Holotypus (♀) aus der Sammlung des South Austr. Museum zur Untersuchung vor. Er stammt vom Tweed River in N. S. Wales.

Euconnus (Euconophron) cairnsicola nov. spec.

Gekennzeichnet durch sehr lange Fühler mit unscharf abgesetzter, 4- bis 5gliederiger Keule, kleinen, rundlichen Kopf mit stark vorstehenden Augen, isodiametrischen Halsschild mit basaler Querfurche und kurzovale, ziemlich lang und dicht behaarte Flügeldecken.

Long. 1,65 mm, lat. 0,75 mm. Hell rotbraun gefärbt, gelblich behaart.

Kopf von oben betrachtet fast kreisrund, nur die großen Augen seitlich stark vorragend, dicht, die Schläfen bärtig behaart. Fühler lang und schlank, zurückgelegt die Halsschildbasis weit überragend mit unscharf abgesetzter, 4- bis 5gliederiger Keule, ihr 3., 4. und 5. Glied fast so breit wie lang, alle anderen deutlich gestreckt, das 7. deutlich breiter als das 6., nur etwas schmäler als das 8., das 11. viel kürzer als die beiden vorhergehenden zusammengenommen.

Halsschild nahezu so breit wie lang, kugelig gewölbt, oberseits fein, seitlich grob und struppig behaart, mit tiefer basaler Querfurche. Scutellum nicht sichtbar.

Flügeldecken an ihrer Basis nur so breit wie die Halsschildbasis, kurzoval, hoch gewölbt, ohne Schulterbeule und ohne Schulterwinkel, mäßig dicht, nach hinten gerichtet behaart. Flügel voll entwickelt.

Beine schlank, Vorderschenkel ein wenig stärker verdickt als die der Mittel- und Hinterbeine.

Penis (Fig. 242) sehr gedrungen gebaut, von oben betrachtet nur wenig länger als breit, mit kurzen und sehr breiten Parameren, diese mit zahlreichen Tastborsten versehen, die Penisspitze erreichend. Apex penis dreieckig, an der Spitze schmal abgestutzt, Operculum hinten bogenförmig begrenzt, in der Mitte mit kleiner, vorgezogener Spitze.

Es liegt mir nur ein Exemplar (♂) vor, das sich im undeterminierten Material des South Austr. Museum vorfand und von M. A. LEA im Cairns distr. im Norden von Queensland gesammelt wurde. Der Holotypus wird im South Austr. Museum verwahrt.

Euconnus (Euconophron) beckeri nov. spec.

Gekennzeichnet durch verrundet-rautenförmigen Kopf mit seitlich ziemlich stark vorgewölbten Augen, lange Fühler mit unscharf abgesetzter, 4gliederiger Keule, länglichen, schmalen Halsschild mit struppig behaarten Seiten und 2 Basalgrübchen, länglichovale, nahezu kahle Flügeldecken mit flacher Basalimpression und verrundeter Humeralfalte, ziemlich lange und schlanke Beine sowie distal innen flach ausgeschnittene Vorderschienen.

Long. 1,75 mm, lat. 0,60 mm. Dunkel rotbraun gefärbt, graubraun behaart, stellenweise kahl.

Kopf von oben betrachtet verrundet rautenförmig, mit den ziemlich großen, konvexen Augen ein wenig breiter als lang, oberseits sehr schütter, an den Schläfen lang, dicht und steif abstehend behaart. Supraantennalhöcker schwach markiert. Fühler zurückgelegt die Halsschildbasis ein wenig überragend, mit unscharf abgesetzter, 4gliederiger Keule, ihr Basalglied viel dicker als die folgenden, 2 doppelt so lang wie breit, 3 bis 7 isodiametrisch bis leicht gestreckt, 8 sehr schwach, 9 und 10 stärker quer, das eiförmige Endglied nicht ganz so lang wie die beiden vorhergehenden zusammengenommen.

Halsschild um ein Viertel länger als breit, in seiner Längsmitte am breitesten und hier kaum breiter als der Kopf mit den Augen, seitlich gerundet, oberseits stark gewölbt, auf der Scheibe schütter, an den Seiten dicht und struppig behaart, mit 2 weit getrennten Basalgrübchen.

Flügeldecken langoval, mäßig gewölbt, mit flacher Basalimpression und verrundeter Humeralfalte, vorne schütter behaart, in den distalen zwei Dritteln kahl, hinten einzeln abgerundet, stark glänzend. 4. Sternit beim ♂ am Hinterrand in der Mitte vorgezogen und mit 2 stumpfen Höckern versehen.

Beine lang, Schenkel keulenförmig verdickt, Vorderschienen des ♂ distal innen ausgerandet und mit einem Haarfilz versehen.

Penis (Fig. 243) gedrungen gebaut, ohne abgesetzten Apex, die Dorsalwand am Hinterrand in der Mitte spitzwinkelig-dreieckig eingeschnitten, zu beiden Seiten des Einschnittes wellig begrenzt, das Operculum schöpflöffelförmig, mit einem stumpfen Chitinzapfen weit über die Dorsalwand des Penis nach hinten vorragend. Parameren kurz und plump, ihre Spitze leicht nach außen gedreht, mit einem terminalen Stachel versehen. Vor dem Ostium penis liegen stark chitinisierte Leisten und Zähne, die zum Teil über die Dorsalwand des Penis nach hinten ragen. Das ♀ ist unbekannt.

Es liegt mir nur ein Exemplar (♂) vor, das ich am 14. 9. 1970 auf dem Plateau südlich von Beechmont nahe der Südgrenze von Queensland in einem relativ trockenen Regenwald aus Laubstreu und morschem Holz siebte. Der Holotypus wird im South Austral. Museum in Adelaide verwahrt. Die Art ist zu Ehren von Herrn Dr. BECKER von der Division of soils der CSIRO in Brisbane, der mich auf dieser Exkursion führte, benannt.

Euconnus (Euconophron) paramattensis (KING)

KING, Trans. Ent. Soc. N. S. Wales 1, 1865, p. 95, Taf. 7, fig. 5 *(Scydmaenus)*

Durch vom 6. Glied an verdickte, die Halsschildbasis etwas überragende Fühler, fast kreisrunden Kopf mit großen Augen, schwach queren, seitlich stark gerundeten Halsschild mit 2 durch eine Querfurche verbundenen Basalgrübchen sowie tiefe, außen von der Humeralfalte scharf begrenzte Basalimpression der Flügeldecken gekennzeichnet.

Long. 1,50 mm, lat. 0,55 mm. Hell rotbraun gefärbt, gelblich behaart.

Kopf von oben betrachtet fast kreisrund, mit sehr großen, flach gewölbten Augen, flach gewölbter Oberseite und steif abstehend, aber kurz und wenig auffällig behaarten Schläfen. Fühler zurückgelegt die Halsschildbasis ein wenig überragend, ihre beiden ersten Glieder eineinhalbmal, die folgenden bis zum 7. ein wenig länger als breit, 8 bis 10 schwach quer, das Endglied lang eiförmig, so lang wie die beiden vorhergehenden zusammengenommen, die Glieder vom 6. an gegen die Spitze an Breite zunehmend.

Halsschild nicht ganz so lang wie breit, kaum breiter als der Kopf samt den Augen, seitlich stark gerundet zum Vorderrand und zur Basis verengt, gleichmäßig gewölbt, fein, an den Seiten etwas dichter und gröber behaart, vor der Basis mit 2 durch eine Querfurche verbundenen Grübchen. Scutellum unsichtbar.

Flügeldecken schon an ihrer Basis wesentlich breiter als der Halsschild, länglichoval, fein, schräg nach hinten abstehend behaart, mit tiefer, außen durch die Humeralfalte scharf begrenzter Basalimpression. Flügel voll entwickelt.

Beine ziemlich schlank, Schenkel schwach verdickt, Schienen fast gerade.

Penis (Fig. 244) groß und breit gebaut, fast rechteckig, am Ende breit abgestutzt, jedoch mit kurzer, vorgezogener Spitze und beiderseits derselben ausgerandet. Parameren sehr dünn, die Penisspitze überragend, am Ende verbreitert, im distalen Viertel ihrer Länge mit einem feinen Dorn, am Ende mit einem sehr langen und einem kürzeren Tasthaar besetzt. Etwa in der Längsmitte des Penis befindet sich in dessen Innerem ein Komplex von Chitinapophysen, an die nach hinten beiderseits der Längsmitte ein mit Chitinzähnen und -stacheln besetzter Längswulst der Präputialsackwand anschließt.

Es liegen mir zur Untersuchung 2 ♂♂ dieser Art aus dem British Museum vor, die vom Clarence River in N. S. Wales stammen und von LEA als *Scydmaenus paramattensis* determiniert sind. Da die Fühlerform sehr charakteristisch ist und der Originalbeschreibung entspricht, ist kaum zu zweifeln, daß LEAs Determination richtig ist.

Euconnus (Euconophron) kingensis (LEA)

LEA, Proc. Roy. Soc. Victoria (N. S.) 20, 1908, p. 153 *(Scydmaenus kingi)*
LEA, Proc. Linn. Soc. N. S. Wales 36, 1911, p. 456 *(Scydmaenus kingensis)*

Unter diesem Namen liegen mir aus der Sammlung des South Australian Museum 6 Tiere vor, darunter der Holotypus (♂) und Allotypus (♀) von King Island, 3 Exemplare von Ulverstone in Tasmanien und 1 Exemplar vom Mt. Wellington. Die nachfolgende Beschreibung ist nach dem Holotypus angefertigt. Die tasmanischen Tiere gehören einer anderen Art an.

Sehr ausgezeichnet durch flachen, von oben betrachtet annähernd quer-trapezförmigen Kopf, mit großen, grob facettierten Augen und bärtiger Behaarung der Schläfen und des Hinterkopfes, lange, zurückgelegt die Halsschildbasis weit überragende Fühler mit unscharf abgesetzter, sehr gestreckter, 4gliederiger Keule, annähernd quadratischen Halsschild mit scharfen Hinterecken und basaler Querfurche sowie durch den Penisbau.

Long. 1,60 mm bis 1,80 mm, lat. 0,60 mm bis 0,75 mm. Hell rotbraun gefärbt, lang, aber ziemlich schütter behaart.

Kopf von oben betrachtet breiter als lang, mit geraden, leicht zur Basis konvergierenden Schläfen und großen, grob facettierten Augen, oberseits sehr flach gewölbt und schütter, an den Schläfen und am Hinterkopf dichter und steif abstehend behaart. Fühler zurückgelegt die Halsschildbasis überragend, mit langer, unscharf abgesetzter, 4gliederiger Keule, alle Fühlerglieder gestreckt, die beiden ersten zweieinhalbmal so lang wie breit, das Endglied fast so lang wie die beiden vorhergehenden zusammengenommen.

Halsschild annähernd quadratisch, aber vor der Längsmitte leicht erweitert, mit scharfen Hinterecken, sehr flach gewölbt, lang und abstehend, an den Seiten dichter als auf der Scheibe behaart, vor der Basis mit einer Querfurche.

Flügeldecken ziemlich kurz oval, flach gewölbt, schon an ihrer Basis zusammen breiter als der Halsschild, mit tiefer, außen von der Schulterbeule begrenzter Basalimpression, lang, aber ziemlich schütter behaart.

Beine mäßig lang, Vorderschenkel viel stärker verdickt als die der Mittel- und Hinterbeine.

Penis (Fig. 245) doppelt so lang wie breit, mit scharf abgesetztem, zungenförmigem Apex, dieser zweispitzig, zwischen den beiden Spitzen in flachem Bogen ausgerandet. Unter dem Apex befindet sich ein annähernd quadratisches Operculum, das viel größer ist als der Apex. Sein Hinterrand ist aufgebogen und in der Mitte leicht ausgerandet. Die Parameren erreichen das Penisende nicht, sie sind mit 2 terminalen Tastborsten versehen.

Euconnus (Euconophron) parakingensis nov. spec.

Euconnus kingensis (LEA) ist nach Tieren von King Island und von Tasmanien beschrieben. In der Sammlung des South Australian Museum in Adelaide befinden sich Tiere von beiden Inseln, die der Autor als *Scydmaenus kingensis* bezeichnet hat. Zwei Tiere (♂, ♀) vom Mt. Wellington hat er allerdings als *Scydmaenus kingensis* var. beschriftet, die Type und ein mit dieser auf einem Karton montiertes ♀ stammen von King Island. Die Nachuntersuchung durch mich ergab, daß die Tiere aus Tasmanien durchwegs einer anderen, äußerlich allerdings sehr ähnlichen Art angehören und daß diese bisher unbeschrieben ist. Ich benenne sie *E. parakingensis* m.

Dem *E. kingensis* äußerlich so ähnlich, daß die Unterscheidung von diesem schwierig ist, nur die Fühlerproportionen sind etwas abweichend und der Halsschild ist seitlich stärker ausgeschweift. Der männliche Kopulationsapparat ist dagegen völlig anders gebaut.

Long. 1,55 bis 1,80 mm, lat. 0,65 bis 0,70 mm. Hell rotbraun gefärbt, stark glänzend, gelblich behaart.

Kopf wesentlich breiter als lang, verrundet-trapezförmig, flach gewölbt, mit ziemlich großen, konvexen Augen, oberseits ziemlich schütter, an den Seiten und an der Basis dicht und steif abstehend behaart. Fühler beim ♂ länger als beim ♀, in beiden Geschlechtern zurückgelegt die Halsschildbasis überragend, beim ♂ nicht ganz so gestreckt wie bei *E. kingensis*.

Halsschild so lang wie breit, im vorderen Viertel seiner Länge am breitesten, seitlich hinter der Mitte ziemlich stark ausgeschweift, im Bereich der Vorderwinkel niedergedrückt, mit basaler Querfurche, auf der Scheibe schütter, an den Seiten dicht und steif abstehend behaart.

Flügeldecken mäßig gewölbt, länglich oval, schon an ihrer Basis viel breiter als der Halsschild, mit tiefer Basalimpression und langer, schräger Humeralfalte, schütter, aber lang behaart. Flügel voll entwickelt.

Beine kräftig, Vorderschenkel viel stärker verdickt als die der Mittel- und Hinterbeine.

Penis (Fig. 246) gedrungen gebaut, nur wenig länger als breit, mit stumpfwinkeligdreieckigem, vom Peniskörper nicht abgesetztem Apex. Parameren die Penisspitze fast erreichend, breit, zur Spitze verschmälert, im Endabschnitt mit je 5 Tastborsten versehen. Im Penisinneren sind 2 stumpfe, nach oben gebogene Chitinstäbe vorhanden, von denen der von oben und hinten gesehen links gelegene am Ende breit abgestutzt, der rechts gelegene in 3 Spitzen gespalten ist. Neben der Basis des linken Chitinstabes befindet sich ein kurzes, kolbenförmiges Chitingebilde, das ebenso wie der Chitinstab mit einem halbmondförmigen, stark chitinisierten Feld in Verbindung steht.

Es liegen mir insgesamt 6 Exemplare der neuen Art vor: 1 ♂, 2 ♀♀ stammen von Ulverstone, 1 ♂, 2 ♀♀, darunter der Holotypus, vom Mt. Wellington. Das ♂ von Ulverstone befindet sich in meiner Sammlung, alle anderen Exemplare in der Sammlung des South Australian Museum.

Euconnus (Euconophron) duplicatus (LEA)

LEA, Proc. Roy. Soc. Victoria (N. S.) 23, 1911, p. 184 (*Scydmaenus*)

Von dieser, vom Autor als *Scydmaenus* beschriebenen Art liegt mir der Holotypus und ein Paratypus aus der Sammlung des South Australian Museum zur Untersuchung vor. Beide Exemplare waren gemeinsam auf einem Karton montiert und tragen die Patriaangabe Swan River, stammen also aus SW-Australien.

Die Art ist durch 4gliederige Fühlerkeule, von oben betrachtet rundlichen Kopf, isodiametrischen Halsschild und flach gewölbte, länglichovale Flügeldecken gekennzeichnet.

Long. 1,25 mm, lat. 0,50 mm. Hell rotbraun gefärbt, gelblich behaart.

Kopf von oben betrachtet fast kreisrund, flach gewölbt, mit mäßig großen Augen, oberseits stark glänzend, fast kahl, Schläfen steif abstehend behaart. Fühler mit deutlich abgesetzter, 4gliederiger Keule, zurückgelegt die Halsschildbasis annähernd erreichend, ihr 2. Glied mehr als doppelt so lang wie breit, die folgenden annähernd quadratisch, 8 bis 10 schwach quer, das Endglied spitz eiförmig, so lang wie die beiden vorhergehenden zusammengenommen.

Halsschild ein wenig länger als breit, seitlich mäßig gerundet, und dichter als auf der Scheibe behaart, vor der Basis mit 4 Grübchen.

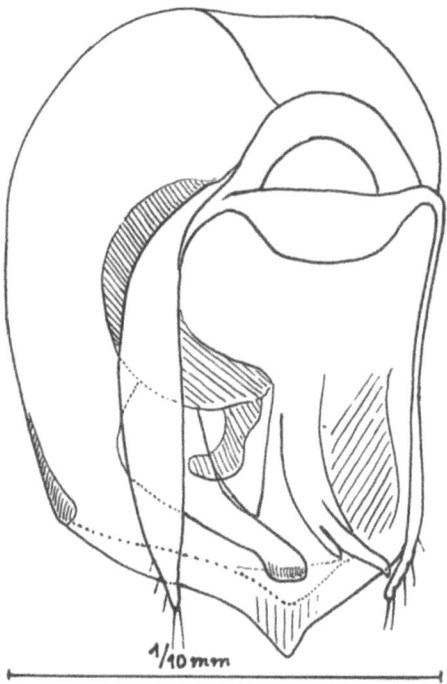

Fig. 246. *Euconnus (Euconophron) parakingensis* FRANZ, Penis in Dorsalansicht.

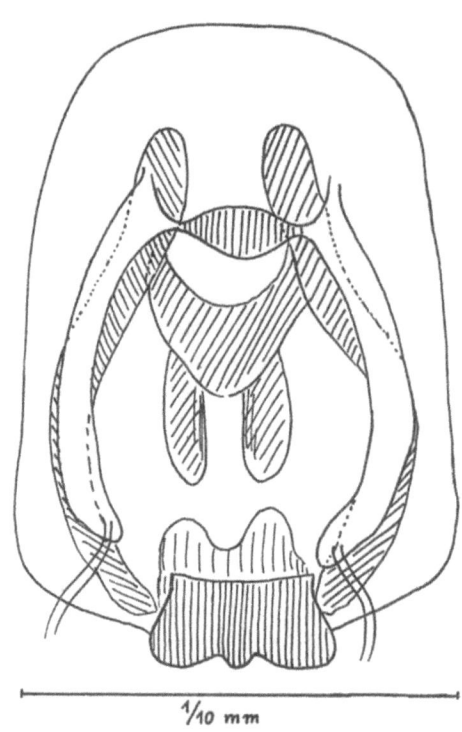

Fig. 247. *Euconnus (Euconophron) duplicatus* (LEA), Penis in Dorsalansicht.

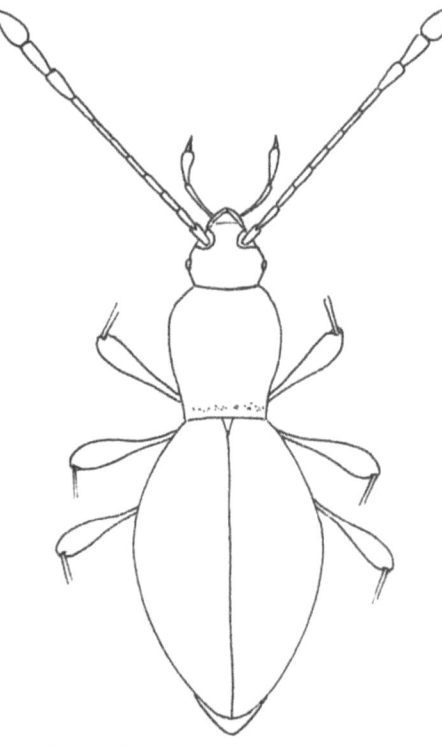

Fig. 248. *Palaeoscydmaenus australensis* FRANZ.

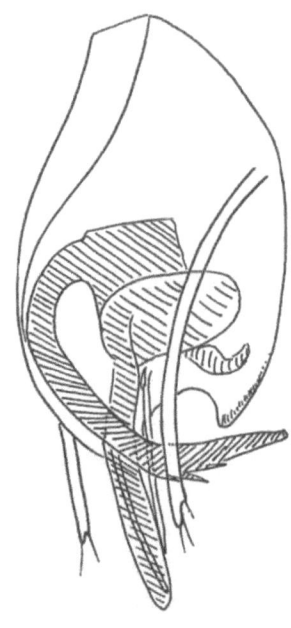

Fig. 249. *Palaeoscydmaenus australensis* FRANZ, Penis in Lateralansicht.

Flügeldecken länglich, oval, flach gewölbt, sehr fein behaart, mit flacher, außen vom Humeralhöcker begrenzter Basalimpression. Flügel voll entwickelt. Beine mäßig lang, Schenkel keulenförmig verdickt, Hinterhüften voneinander getrennt.

Penis (Fig. 247) gedrungen gebaut, etwas länger als an der Basis des Apex breit, dieser nur halb so breit wie der Peniskörper, am Hinterrande beiderseits der Mitte ausgerandet. Parameren die Basis des Apex penis nicht erreichend, mit je 2 langen, S-förmig geschwungenen Tastborsten versehen. Im Penisinneren befindet sich ein lyraförmiges Chitingerüst, das vom Bereich der Basalöffnung bis in die Apikalregion reicht und unter dem 2 parallele Chitinstäbe liegen. Der Apex penis ist nach oben gebogen.

Euconnus (Euconophron) clientulus (LEA)

LEA, Proc. Roy. Soc. Victoria (N. S.) 23, 1911, p. 181 *(Scydmaenus)*

Von dieser Art liegt mir nur der Holotypus (♀) vor, der von Burnie in Tasmanien stammt und im South Australian Museum verwahrt wird. Der Autor hat sie fälschlich in das Genus *Scydmaenus* gestellt, sie ist dem *E. duplicatus* (LEA) aus SW-Australien im Habitus sehr ähnlich, und lebt wie dieser bei Ameisen. Sie wurde unter einem Stein bei der Ameise *Ectatomma metallicum* nahe bei der Meeresküste gesammelt.

E. clientulus unterscheidet sich von *E. duplicatus* durch dunklere Färbung, kürzeres 2. Fühlerglied, den Besitz einer die inneren Basalgrübchen des Halsschildes verbindenden Querfurche, kürzere Flügeldecken und etwas schlankere Beine.

Long. 1,25 mm, lat. 0,50 mm, dunkel rotbraun gefärbt, bräunlichgelb behaart.

Kopf von oben betrachtet annähernd kreisrund, flach gewölbt, oberseits sehr schütter, an den Schläfen dichter und steif abstehend behaart, mit flach gewölbten, ziemlich großen Augen und kleinen Supraantennalhöckern. Fühler zurückgelegt die Halsschildbasis erreichend, mit scharf abgesetzter, 4gliederiger Keule, ihr 2. Glied nur um die Hälfte länger als breit, 3 bis 8 quadratisch bis leicht gestreckt, 9 und 10 sehr schwach quer, das eiförmige Endglied kürzer als die beiden vorhergehenden zusammengenommen.

Halsschild so lang wie breit, seitlich sehr gleichmäßig gerundet und abstehend, viel dichter als die Scheibe behaart, vor der Basis mit 4 Grübchen, die inneren miteinander durch eine Querfurche verbunden.

Flügeldecken oval, ziemlich stark gewölbt, sehr fein punktiert und anliegend behaart, mit mäßig tiefer, außen vom Schulterhöcker begrenzter Basalimpression.

Beine schlank, Schenkel schwach verdickt.

♂ unbekannt.

Genus *Microscydmus* CROISS

Microscydmus australiensis nov. spec.

Dieser australische Vertreter der Gattung *Microscydmus* ist durch sehr geringe Größe, gedrungene Körperform und völlige Pigmentlosigkeit gekennzeichnet.

Long. 0,50 mm, lat. 0,20 mm. Hellgelb gefärbt, äußerst fein gelblich behaart.

Kopf von oben betrachtet doppelt so breit wie lang, mit flachen Augen und in der Länge dem Augendurchmesser entsprechenden Schläfen. Fühler kurz, zurückgelegt knapp die Längsmitte des Halsschildes erreichend, mit scharf abgesetzter, 3gliederiger Keule und sehr kleinen Geißelgliedern.

Halsschild ein wenig breiter als lang, seitlich stark gerundet, etwas vor seiner Längsmitte am breitesten und hier ein wenig breiter als der Kopf samt den Augen, stark gewölbt, sehr fein behaart, vor der Basis mit 2 undeutlichen Grübchen.

Flügeldecken sehr kurz oval, doppelt so lang und schon an ihrer Basis breiter als der Halsschild mit kleiner Basalimpression, sehr fein behaart.

Beine zart und kurz.

Es liegt mir nur ein Exemplar (♀) aus den undeterminierten Beständen des South Austr. Museum vor. Dieses wurde von F. P. Dodd im Cairns-Distrikt mit faulenden Samen von *Pisonia brunnoniana* geködert.

Der Holotypus wird im South Austr. Museum aufbewahrt.

Microscydmus nasicornis nov. spec.

Gekennzeichnet durch die sehr geringe Größe, die gelbbraune Färbung, den breiten Kopf und die großen Augen, namentlich aber durch den Besitz eines Hornes am Vorderrand der Stirn.

Long. 0,62 bis 0,68 mm, lat. 0,22 bis 0,25 mm. Bräunlichgelb, der Kopf etwas dunkler gefärbt als der übrige Körper, staubartig hell behaart.

Kopf von oben betrachtet mit den großen, seitlich vorstehenden Augen breiter als lang, die Schläfen nur halb so lang wie der Augendurchmesser, stark nach hinten konvergierend, Stirn am Vorderrand mit einem Horn versehen. Fühler kurz und kräftig, zurückgelegt die Längsmitte des Halsschildes nur wenig überragend, ihr Basalglied doppelt so lang wie breit, das 2. leicht gestreckt, 3 bis 8 sehr klein, breiter als lang, 9 nicht ganz doppelt so breit wie lang, 10 viel breiter, fast so lang wie breit, das Endglied schmäler, kaum länger als breit.

Halsschild isodiametrisch, etwas vor seiner Längsmitte am breitesten und hier ein wenig breiter als der Kopf samt den Augen, seitlich stark gerundet, mäßig gewölbt, ohne Basalgrübchen.

Flügeldecken oval, an ihrer breitesten Stelle nur wenig breiter als der Halsschild, mit unscharf begrenzter Basalimpression und flacher Schulterbeule. Flügel atrophiert.

Beine kurz und zart.

Es liegen mir 2 Exemplare vor, die ich am 11. 9. 1970 in S-Queensland bei Maipoton in einem verarmten Regenwald aus Waldstreu und Moder siebte. Der Holotypus befindet sich im South Austr. Museum in Adelaide, der Paratypus in meiner Sammlung.

Tribus *Scydmaenini*

Palaeoscydmaenus nov. genus

Eine altertümliche Gattung mit von den *Scydmaenini* zu den *Stenichnini* überleitenden Merkmalen.

Typische Merkmale der *Scydmaenini* sind das am distalen Ende ausgerandete 1. Fühlerglied, die 3gliederige, schwach abgesetzte Fühlerkeule und die an der Außenseite nicht verlängerten, vom unteren Rand der Flügeldecken weit getrennten Hinterhüften. Dagegen weicht der männliche Kopulationsapparat im Bau von dem der *Scydmaenini* sehr stark ab, auch sind noch voll entwickelte Parameren vorhanden, während sie bei allen anderen Vertretern der Tribus fehlen. Die Trochanteren der Hinterbeine sind relativ kurz, die Episternen der Hinterbrust sind vom Metasternum nicht getrennt.

In der Körperform besteht große Übereinstimmung mit den *Scottoscydmaenus*-Arten, jedoch sind die Schenkel einfach, ohne Zahnleisten.

Die neue Gattung ist bisher nur durch die nachfolgend beschriebene Art vertreten.

Palaeoscydmaenus australiensis nov. spec.

(Fig. 248)

Long. 1,20 mm, lat. 0,45 mm. Hell gelbbraun gefärbt, äußerst fein, gelblich behaart.

Kopf von oben betrachtet annähernd dreieckig, mit kleinen Augen und sehr kurzen, den Augendurchmesser an Länge nicht übertreffenden Schläfen, in der Mitte von Stirn und Scheitel schwach vertieft. Fühler sehr lang und dünn, zurückgelegt die Halsschildbasis weit überragend, mit durchwegs gestreckten Gliedern, das 2. und 3. Glied eineinhalbmal, das 4., 5., 6. und 7. Glied zweieinhalb- bis dreimal so lang wie breit, das 8. an der Basis nicht breiter als das 7., distal aber stark erweitert, das Endglied nicht länger als das vorletzte. Maxillarpalpen mit verhältnismäßig großem 4. Glied, dieses dem 3. achsial aufsitzend.

Halsschild um ein Siebentel länger als breit, im vorderen Drittel seiner Länge am breitesten, hinter der Mitte seitlich eingedrückt, oberseits stark gewölbt, glatt, sehr fein und schütter behaart, ohne Basalgrübchen.

Flügeldecken oval, an ihrer Basis nur so breit wie die Halsschildbasis, ohne Schulterbeule und Schulterwinkel sowie ohne Basalimpression, sehr fein und anliegend behaart.

Beine schlank, ohne besondere Merkmale.

Penis (Fig. 249) dünnhäutig, sackförmig, seine Basalöffnung an dem einzigen vorliegenden Präparat nicht erkennbar, offenbar dorsal, Ostium penis apikal gelegen. Parameren stabförmig, am Ende mit 2 bzw. 3 Tastborsten versehen. Aus dem Ostium penis ragt der nach oben gebogene, stark chitinisierte Ductus ejaculatorius heraus, er ist an seiner Unterseite mit Chitinstacheln bewehrt. Ein dicker Chitinstab ragt aus dem Ostium penis direkt nach hinten, er entspringt im Penisinneren aus einem ovalen Chitinkörper.

Es liegt mir ein Exemplar dieser interessanten Art, ein ♂, aus den undeterminierten Beständen des South Austr. Museum vor. Dieses wurde von LEA in Port Lincoln gesammelt und dort offenbar bei Ameisen gefunden, da an derselben Nadel auf einem 2. Plättchen 2 Ameisen präpariert sind. Der Holotypus wird in der Sammlung des South Austr. Museum verwahrt. Ein zweites *Palaeoscydmaenus*-Exemplar, ein ♀, welches von W. DU BOULAY in Bacerley in Gesellschaft von *Ponera lutea* gesammelt wurde, gelangte mit undeterminierten Scydmaenidenbeständen des British Museum in meine Hände. Es unterscheidet sich von der Type durch bedeutend kürzere Fühler. Solange nicht mehr Vergleichsmaterial vorliegt, bleibt die Frage offen, ob dieser Unterschied durch Sexualdimorphismus bedingt ist oder spezifischen Charakter hat.

Genus *Scydmaenus* LATR.

Die Gattung *Scydmaenus* ist von den australischen Entomologen ebenso mißdeutet worden wie die Gattung *Euconnus*. Es wurden vorwiegend gewisse *Euconnus*-Arten bei *Scydmaenus* eingereiht, während für *Scydmaenus* von KING der neue Gattungsname *Heterognathus* eingeführt und von LEA beibehalten wurde.

Bestimmungstabelle der Subgenera der Gattung *Scydmaenus* LATR.

1. Episternen vom Metasternum nicht getrennt. 2
— Episternen vom Metasternum durch eine scharfe Nahtlinie getrennt 5
2. Vorderschenkel des ♂ auf der Vorderseite mit 2 Zahnleisten, 9. Fühlerglied schlank, zur Spitze verbreitert, Halsschild ohne Basalgrübchen und ohne Mittelkiel. Flügeldecken ohne Schulterbeule und ohne Humeralfalte .... *Scottoscydmaenus* m.
— Vorderschenkel des ♂ auf der Vorderseite ohne Zahnleisten 3

3. Schläfen bärtig abstehend behaart, Halsschild mit basaler Querfurche, in dieser mit 2 bis 4 Grübchen, Fühler lang und schlank, auch ihr 7. und 8. Glied langgestreckt, Vordertarsen des ♂ nicht verbreitert, Penis lang, kaum gekrümmt, mit einer oder mehreren scharfen Spitzen.................................... *Zeemicrus* LHOSTE
— Schläfen kahl oder anliegend, nicht bärtig behaart, Halsschild ohne größere Basalgrübchen, mit oder ohne basale Querfurche, wenn mit einer solchen, dann Apex penis zwei- bis dreilappig 4
4. Mandibel mit einem zweispitzigen Zahn, Körper meist gedrungen gebaut, Penis gedrungen gebaut, an der Spitze breit abgerundet .... *Allomicrus* MÜLL.
— Mandibel mit je 2 Zähnen, Körper schlank und lang gestreckt, 6., 7. und 8. Fühlerglied gestreckt, vollkommen symmetrisch, Penis langgestreckt, am Ende zwei- bis dreilappig .... *Austroscydmaenus* m.
5. Fühler mit nur zweigliederiger Keule... 6
— Fühler mit dreigliederiger Keule.. 7
6. Halsschild vor der Basis mit einem Mittelkiel, Fühler mit kleinem 9. und querem 6. bis 8. Glied .... *Heterognathus* KING
— Halsschild ohne Mittelkiel, Fühler mit sehr langgestrecktem, aber schmalem 9. Glied und ebenfalls gestreckten vorhergehenden Gliedern .... *Heteromicrus* m.
7. Hinterbeine mindestens bei den ♂♂ mit besonderen Auszeichnungen versehen 8
— Hinterbeine auch bei den ♂♂ ohne besondere Auszeichnungen 9
8. Hinterschienen der ♂♂ mit großer, körbchenförmiger Erweiterung ...... *Corbulifer* m.
— Hinterschenkel vor der Längsmitte in beiden Geschlechtern stark eingeschnürt und mit einer tiefen, scharf umgrenzten Grube versehen .... *Mascarensia* m.
9. Fühler oder Kopf beim ♂ mit besonderen Auszeichnungen 10
— Fühler und Kopf beim ♂ ohne besondere Auszeichnungen, Vordertarsen des ♂ erweitert, Halsschild oft mit Basalgrübchen................. *Scydmaenus* LATR. s. str.
10. Halsschild ohne Basalgrübchen, Vordertarsen des ♂ nicht erweitert, Metasternum des ♂ ohne grubige Vertiefung .... *Cholerus* THOMS.
— Halsschild mit Basalgrübchen, Vordertarsen des ♂ erweitert, Metasternum des ♂ in der Längsmitte mit einer großen Längsmulde .... *Choleropsis* m.

Genus *Scydmaenus* LATR.

Subgenus *Heterognathus* KING

KING, Trans. Ent. Soc. N. S. Wales 1, 1863—1866, p. 91—96
REITTER, Verh. zool. bot. Ges. Wien 31, 1881, p. 583
REITTER, Wiener ent. Ztg. 6, 1887, p. 143
REITTER, Fauna Germanica 2, 1909, p. 228
SCOTT, Linn. Soc. London. Soc. Ser. 18 (Zool.), 1922—1925, p. 207, 214

KING hat *Heterognathus* als Gattung begründet und in diese die von ihm zugleich beschriebenen Arten *carinatus*, *gracilis*, *assimilis*, *geniculatus*, *princeps*, *armitagei* und *macleayi* gestellt. Alle genannten Arten gehören, wie die Untersuchung von Typen bzw. Paratypen ergab, in die große Gattung *Scydmaenus* LATR., innerhalb dieser aber in verschiedene Subgenera, die teils bereits beschrieben, teils noch unbeschrieben sind. Da es der Autor versäumt hat, einen Genotypus ausdrücklich zu bestimmen, ist die von ihm an erster Stelle angeführte Art *carinatus* als solcher anzusehen. *Scydmaenus carinatus* weicht von allen anderen von KING beschriebenen Arten sowie überhaupt von allen anderen mir bekannten und bisher beschriebenen Arten der Gattung *Scydmaenus* durch kleines 9. Fühlerglied und daher beinahe 2gliederig erscheinende Fühlerkeule, durch sehr kurze Geißel mit querem 6., 7. und 8. Glied und durch den Besitz eines Mittelkiels vor der Halsschildbasis ab. Das 3. Glied der Maxillarpalpen ist auffällig lang. Die Episternen der Hinterbrust sind von dieser ihrer ganzen Länge nach scharf getrennt. Der Penis besitzt den für die Gattung *Scydmaenus* charakteristischen Bau, wie auch das 1. Fühlerglied an der Spitze tief ausgerandet ist, so daß die Fühler an der Basis des 2. Gliedes nach oben abgeknickt werden können.

Die angegebenen Merkmale lassen erkennen, daß *Heterognathus carinatus* zur großen Gattung *Scydmaenus* gehört, innerhalb dieser aber ein wohldefiniertes Subgenus repräsentiert. Die übrigen von KING beschriebenen *Heterognathus*-Arten gehören zu anderen Subgenera.

Aus dem Gesagten ergibt sich, daß REITTER *Heterognathus* KING zu Unrecht mit *Cholerus* THOMSON identifiziert hat und daß auch SCOTTS Deutung der KINGschen Gattung nicht zutrifft. Die von SCOTT zu *Heterognathus* gestellte *Scydmaenus lodoiceae* SCOTT von den Seychellen besitzt mit dem Metasternum verschmolzene Episternen und auf der Vorderseite der Vorderschenkel des ♂ zwei mit Zähnchen besetzte Leisten, Merkmale, die seine Art eindeutig in ein anderes Subgenus verweisen.

Scydmaenus (Heterognathus) carinatus KING

Trans. Ent. Soc. N. S. Wales 1, 1863—1866, p. 97
LEA, Proc. Roy. Soc. Victoria N.S. 23, 1911, p. 187

Long. 1,80 bis 1,90 mm, lat. 0,75 bis 0,80 mm. Gelbrot gefärbt, weißlich behaart.

Kopf von oben betrachtet um etwa ein Viertel breiter als lang, stark gewölbt, Schläfen doppelt so lang wie der Augendurchmesser, nach hinten konvergierend, dicht, bärtig behaart, die Behaarung der Oberseite schütter, Supraantennalhöcker schwach markiert. Fühler kurz und dick, zurückgelegt die Längsmitte des Halsschildes nur wenig überragend, ihr Basalglied doppelt so lang wie breit, 2 bis 5 leicht gestreckt, 6 bis 9 breiter als lang, 6 und 7 außen länger als innen, 9 etwas breiter als 8, 10 doppelt so breit und doppelt so lang wie 9, das Endglied fast kugelförmig, so lang wie die beiden vorhergehenden zusammengenommen. 3. Glied der Maxillarpalpen lang, distal mäßig erweitert.

Halsschild nicht breiter als der Kopf, um zwei Fünftel länger als breit, stark gewölbt, in der Längsmitte am breitesten und hier nicht breiter als der Kopf, seitlich mäßig gerundet zum Vorderrand und zur Basis verengt, vor dieser mit einem Längskiel und zu beiden Seiten desselben mit einer flachen Grube, spärlich und seicht, aber grob punktiert, spärlich und fein, aber lang behaart.

Flügeldecken oval, schon an ihrer Basis wesentlich breiter als der Halsschild, mit breiter, außen von der Humeralfalte begrenzter Basalimpression, schütter und lang, schräg abstehend behaart.

Beine schlank, Schenkel schwach verdickt, Vordertarsen nicht erweitert.

Penis (Fig. 250) langgestreckt, leicht nach oben gebogen, zur Spitze nur wenig verschmälert, im distalen Teil auf der Dorsalwand mit zahlreichen Porenpunkten besetzt, in denen z. T. kurze Börstchen inserieren. Ostium penis groß, dorsal gelegen. Aus ihm ragt ein schwach chitinisierter Lappen und der Ductus ejaculatorius nach hinten heraus. Der Ductus ejaculatorius ist weiter vorn blasig erweitert und dann neuerlich verengt, um schließlich in einer mehrkammerigen Blase zu entspringen.

Die Art ist von Paramatta bei Sydney beschrieben, mir liegen 2 Exemplare (♂, ♀) von Sea Lake vor, die M. A. LEA als *Heterognathus carinatus* determiniert hat und die mir vom British Museum zugesandt wurden. Ein weiteres Exemplar befand sich im undeterminierten Scydmaenidenmaterial des South Austr. Museum. Es wurde von J. C. GOUDIE in Birchip in Victoria gesammelt. LEA (1911) gibt als weitere Fundorte N. S. Wales (Liverpool), Victoria (Sea Lake, Birchip, Ocean Grove) und auch W-Australien (Swan River) an. Die Art scheint

Fig. 250. *Scydmaenus (Heterognathus) carinatus* KING, Penis in Dorsalansicht.

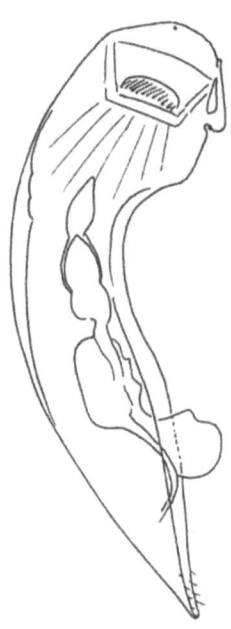

Fig. 251. *Scydmaenus (Heterognathus) formicarius* FRANZ, Penis in Lateralansicht.

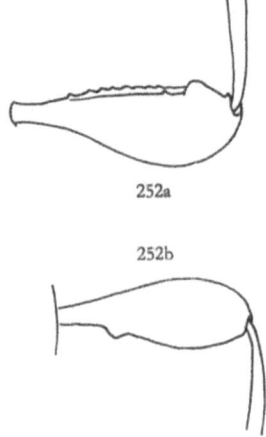

Fig. 252. *Scydmaenus (Scottiscydmaenus) scotti* FRANZ, a) rechtes Vorderbein des ♂, b) rechtes Hinterbein des ♂.

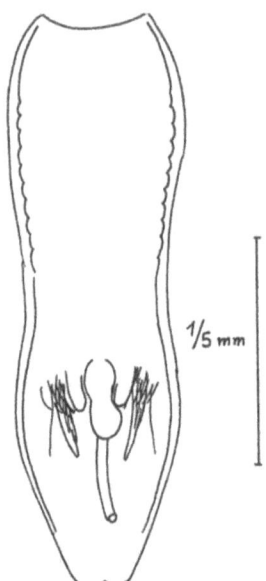

Fig. 253. *Scydmaenus (Scottiscydmaenus) scotti* FRANZ, Penis in Dorsalansicht.

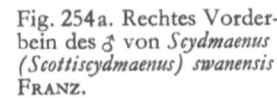

Fig. 254a. Rechtes Vorderbein des ♂ von *Scydmaenus (Scottiscydmaenus) swanensis* FRANZ.

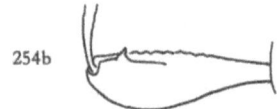

Fig. 254b. Linkes Vorderbein des ♂ von *Scydmaenus (Scottiscydmaenus) clarkianus*

regelmäßig bei Ameisen zu leben, denn sie wurde im Nest einer kleinen, schwarzen Ameise entdeckt und auch die mir von Sea Lake vorliegenden Tiere wurden bei Ameisen gefunden.

Scydmaenus (Heterognathus) formicarum nov. spec.

Dem *Heterognathus carinatus* KING in Größe, Gestalt und Färbung außerordentlich ähnlich, von ihm vor allem durch fast kahle Oberseite, kürzeren Mittelkiel vor der Basis des Halsschildes und deutlich punktierte Flügeldecken verschieden.

Long. 1,70 bis 1,80 mm, lat. 0,70 mm. Gelbrot gefärbt, stark glänzend, beinahe kahl.

Kopf von oben betrachtet nicht ganz um ein Drittel breiter als lang, mit nach hinten mäßig konvergierenden Schläfen und dicken, zurückgelegt die Halsschildbasis nicht ganz erreichenden Fühlern. Deren Basalglied eineinhalbmal so lang wie breit, das 2. und 3. leicht gestreckt, das 4. und 5. quadratisch, das 6. bis 8. schwach quer, nach innen abgeschrägt, das 9. Glied kaum breiter als das 8., so lang wie breit, das 10. ebenso isodiametrisch, aber viel größer als das 9., das fast kegelförmige Endglied nicht ganz so lang wie die beiden vorhergehenden zusammengenommen.

Halsschild kaum merklich schmäler als der Kopf samt den Augen, um nicht ganz ein Drittel länger als breit, etwa vor seiner Längsmitte am breitesten, stark gewölbt, glänzend und kahl, auf der Scheibe äußerst fein und zerstreut, vor der Basis dicht und kräftig punktiert, in der Mitte des Hinterrandes mit einem sehr kurzen Längskiel, zu beiden Seiten desselben nur mit Andeutung einer Grube. Scutellum nicht sichtbar.

Flügeldecken oval, schon an ihrer Basis breiter als der Halsschild, dicht und deutlich, ziemlich grob punktiert, kahl, mit flacher, außen von einer sehr kurzen Humeralfalte begrenzter Basalimpression. Flügel atrophiert.

Beine wie bei der Vergleichsart gebildet.

Penis (Fig. 251) in der Form weitgehend mit dem des *Sc. carinatus* übereinstimmend.

Es liegen mir 2 Exemplare (♂, ♀) mit Fundort Gosford N. S. Wales vor. Gosford ist an der Küste nördlich von Sydney gelegen. Die Tiere sind gemeinsam mit Ameisen (*Lasius* spec.) präpariert, die Art scheint demnach myrmekophil zu sein. Der Holotypus (♂) ist in der Sammlung des South Austr. Museum, der Allotypus (♀) in meiner Sammlung verwahrt. Da ich die Type des *Sc. carinatus* nicht gesehen habe und die Originaldiagnose nicht erkennen läßt, welche Art KING vor sich gehabt hat, ist es nicht auszuschließen, daß die vorliegende Art von KING als *H. carinatus* beschrieben wurde.

Scottiscydmaenus Subgenus nov.

Als SCOTT (Trans. Linn. Soc. London, Sec. Ser. XVIII, Zool. 1922—1925, p. 213—214) den *Scydmaenus lodoiceae* beschrieb, fiel ihm auf, daß dieser im männlichen Geschlecht auf der Vorderseite der Vorderschenkel zwei mit feinen Zähnchen besetzte Leisten aufweise. Er stellte auch fest, daß die Episternen der Hinterbrust vom Metasternum nicht getrennt waren, wie dies auch bei einigen australischen *Scydmaenus*-Arten der Fall ist. Da KING und LEA alle australischen *Scydmaenus*-Arten mit dem Namen *Heterognathus* belegt hatten, sah sich SCOTT veranlaßt, auch seinen *Scydmaenus lodoiceae* in das Subgenus *Heterognathus* zu stellen.

Wie ich bei Besprechung von *Heterognathus* dargelegt habe, steht jedoch die Scottsche Art in keinem engeren Verwandtschaftsverhältnis zu *Heterognathus carinatus* KING. *Sc. lodoiceae* hat die mit Zähnen besetzten Leisten an den Vorderschienen, die mit dem Metasternum verschmolzenen Episternen und den Bau der Fühler mit dem von mir in Madagaskar entdeckten *Sc. globulicollis* m. und mit mehreren ostaustralischen *Scydmaenus*-Arten gemeinsam und gehört mit diesen in ein scharf begrenztes neues Subgenus, für das ich den Namen *Scottiscydmaenus* vorschlage. Die Untergattung ist wie folgt gekennzeichnet:

Langgestreckt, stark gewölbt, Kopf besonders beim ♂ mit kleinen Augen, Oberlippe und Mandibeln weit vorragend, Fühler mit schlanker, 3gliedriger Keule, ihr 9. Glied langgestreckt, an seiner Basis kaum breiter als das 8., zur Spitze verbreitet. Halsschild kugelig gewölbt, ohne Basalgrübchen und ohne Mittelkiel. Flügeldecken oval, stark gewölbt, ohne Schulterbeule und ohne Humeralfalte. Episternen vom Metasternum nicht getrennt. Beine ziemlich schlank, Vorderschenkel des ♂ innen mit 2 Zahnleisten versehen, die obere distal mit einer breiten und stumpfen Chitinlamelle. Vorderschienen des ♂ distal schwach erweitert, seitlich komprimiert. Hinterschenkel mit oder ohne Zahn.

Als Typus des Subgenus bestimme ich *Sc. lodoiceae* SCOTT.

SCOTT (l. c.) hat berichtet, daß er in den undeterminierten Scydmaenidenbeständen des British Museum ein *Scydmaenus*-Exemplar aus Westaustralien gefunden habe, das an den Vorderschenkeln dieselben mit Zähnchen besetzten Leisten aufweise wie *Sc. lodoiceae* und das offenbar nahe mit der von den Seychellen beschriebenen Art verwandt sei. Dieses Tier liegt mir zur Untersuchung vor, es gehört einer noch unbeschriebenen Art an, die ich zu Ehren SCOTTS benenne und nachstehend beschreibe.

Scydmaenus (Scottiscydmaenus) scotti nov. spec.

Durch schlanke Fühler mit schlankem 9. Glied und dadurch scheinbar 2gliederiger Keule, sehr kleine Augen, kugelig gewölbten Halsschild ohne Basalgrübchen, ovale, lang und abstehend behaarte Flügeldecken ohne Schulterbeule und Humeralfalte, schlanke Beine und beim ♂ mit Zahnleisten bzw. Zähnen versehene Vorder- und Hinterschenkel ausgezeichnet.

Long. 2,30 mm, lat. 0,80 mm. Hell rotbraun gefärbt, gelblich behaart.

Kopf von oben betrachtet sehr wenig breiter als lang, mit sehr kleinen Augen, gewölbter Oberseite und gerundet nach hinten konvergierenden Schläfen, fein und etwas abstehend behaart. Fühler schlank, zurückgelegt das basale Drittel der Flügeldecken erreichend, alle Glieder länger als breit, das 9. an der Spitze eineinhalbmal so breit wie an der Basis, an dieser nur so breit wie das 8., das 10. und 11. viel breiter als das 8., das Endglied spitz eiförmig, kürzer als die beiden vorhergehenden zusammengenommen.

Halsschild etwas länger als breit, kugelig gewölbt, schräg abstehend behaart, ohne Basalgrübchen.

Flügeldecken oval, hoch gewölbt, lang und schräg abstehend behaart, ohne Schulterbeule und Humeralfalte, mit nur angedeuteter Basalimpression.

Beine schlank, Vorderschenkel des ♂ (Fig. 252a) auf ihrer Vorderseite mit 2 Zahnleisten, die obere distal mit einer breiten und stumpfen Chitinlamelle und dahinter mit einem kleinen, scharfen Zähnchen, die untere mit einer Reihe kleiner Zähnchen, von denen das der Schenkelbasis nächst gelegene am größten ist. Vordertarsen des ♂ leicht erweitert, seitlich komprimiert. Hinterschenkel (Fig. 252b) mit einem sehr stumpfen und breiten Chitinzahn.

Penis (Fig. 253) ziemlich langgestreckt, in der Längsmitte leicht eingeschnürt, mit abgerundeter, in der Mitte schwach eingekerbter Spitze, im Präparat großenteils undurchsichtig. Im Ostium penis ist das aus einer Blase entspringende rohrförmige Endstück des Ductus ejaculatorius sichtbar.

Es liegt mir nur ein Exemplar (♂) vor, das einen Patriazettel mit der Angabe W-Australien trägt und von LEA als *Heterognathus* SHARP determiniert ist. Der Holotypus ist im British Museum verwahrt.

Scydmaenus (Scottiscydmaenus) clarkianus nov. spec.

Durch schlanke Gestalt, fast anliegende Behaarung, langgestreckten Kopf mit kleinen Augen und sehr langen, gerade nach hinten konvergierenden, sehr schwach behaarten Schläfen, seitlich gleichmäßig gerundeten Halsschild, hinter ihrer Längsmitte die größte

Breite erreichende Flügeldecken und schlanke Beine mit nur schwach verdickten Schenkeln gekennzeichnet.

Long. 1,80 bis 2,00 mm, lat. 0,70 mm. Hell rotbraun gefärbt, fein, weißlichgelb behaart.

Kopf von oben betrachtet ein wenig länger als breit, mit sehr langen, geradlinig nach hinten konvergierenden Schläfen und sehr kleinen Augen, Supraantennalhöcker als flacher Kiel nach hinten verlängert. Fühler sehr lang und schlank, zurückgelegt die Halsschildbasis überragend, alle Glieder viel länger als breit, das 9. an der Basis nicht breiter als das 8., zur Spitze allmählich verdickt, die Fühlerkeule dadurch unscharf begrenzt, bei flüchtiger Betrachtung 2gliederig erscheinend, das 7. und 8. Glied fast symmetrisch. 3. Glied der Maxillartaster sehr lang.

Halsschild etwas länger als breit, knapp vor seiner Längsmitte am breitesten, kugelig gewölbt, fein und schütter, anliegend behaart, ohne Basalgrübchen.

Flügeldecken an ihrer Basis nur so breit wie die Halsschildbasis, nach hinten geradlinig erweitert, etwas hinter ihrer Längsmitte am breitesten, stark gewölbt, seicht punktiert, kurz und nur leicht aufgerichtet behaart. Flügel voll entwickelt.

Beine schlank, Schenkel schwach verdickt, die Vorderschenkel des ♂ (Fig. 254b) auf ihrer Innenseite mit 2 Leisten, die obere nahe der Spitze mit einem scharfen Zahn, die untere nur mit schwer sichtbaren, stumpfen Zähnchen besetzt.

Penis (Fig. 255a, b) sehr schmal und langgestreckt, sein Apex abgerundet, die Spitze in der Mitte leicht eingekerbt, beiderseits der Einkerbung mit je 2 bis 3 sehr kurzen Börstchen besetzt. Aus dem Ostium penis ragt der Ductus ejaculatorius als langes, gebogenes Rohr heraus. Er entspringt im Bereich des Ostium penis aus einem großen sackartigen Gebilde, in das auch ein nach oben aus dem Ostium herausragender dünnhäutiger Blindsack einmündet.

Es liegen mir im undeterminierten Material des South Austr. Museum in Adelaide 2 Exemplare dieser Art (♂, ♀) von Perth und zahlreiche Exemplare mit der Patriaangabe Swan River (lg. CLARKE) vor. Viele Tiere tragen außerdem Zettel mit dem Vermerk „with ants" oder „with *Euponera lutea*". Die Art scheint somit häufig, wenn nicht ausschließlich, in Ameisennestern zu leben.

Scydmaenus (Scottiscydmaenus) swanensis nov. spec.

Durch gedrungene Gestalt, ziemlich lange, auf den Flügeldecken schräg abstehende Behaarung, breiten Kopf, relativ kurze, abstehend behaarte Schläfen, stark gewölbten, vor seiner Längsmitte die größte Breite erreichenden Halsschild, hoch gewölbte und seitlich stark gerundete, vor ihrer Längsmitte die größte Breite erreichende Flügeldecken und kräftige Beine mit stark keulenförmig verdickten Schenkeln gekennzeichnet.

Long. 1,80 bis 2,10 mm, lat. 0,75 bis 0,90 mm. Rotbraun gefärbt, ziemlich lang, gelblich behaart.

Kopf von oben betrachtet um ein Drittel breiter als lang, mit verhältnismäßig großen Augen, Schläfen nur doppelt so lang wie der Augendurchmesser, abstehend behaart, Supraantennalhöcker schwach markiert. Fühler zurückgelegt die Halsschildbasis kaum überragend, ihr 7. Glied fast so breit wie lang, das 8. an seiner Basis nicht breiter als das 7., distal schwach erweitert, das Endglied kaum länger als das vorhergehende.

Halsschild so lang wie breit, im vorderen Drittel seiner Länge am breitesten, von da zur Basis fast geradlinig verengt, hoch gewölbt, glatt und glänzend, fein und mäßig lang, fast anliegend behaart, vor der Basis ohne Grübchen.

Flügeldecken an ihrer Basis nur so breit wie der Halsschild, etwas vor der Längsmitte am breitesten, hoch gewölbt, lang und abstehend behaart.

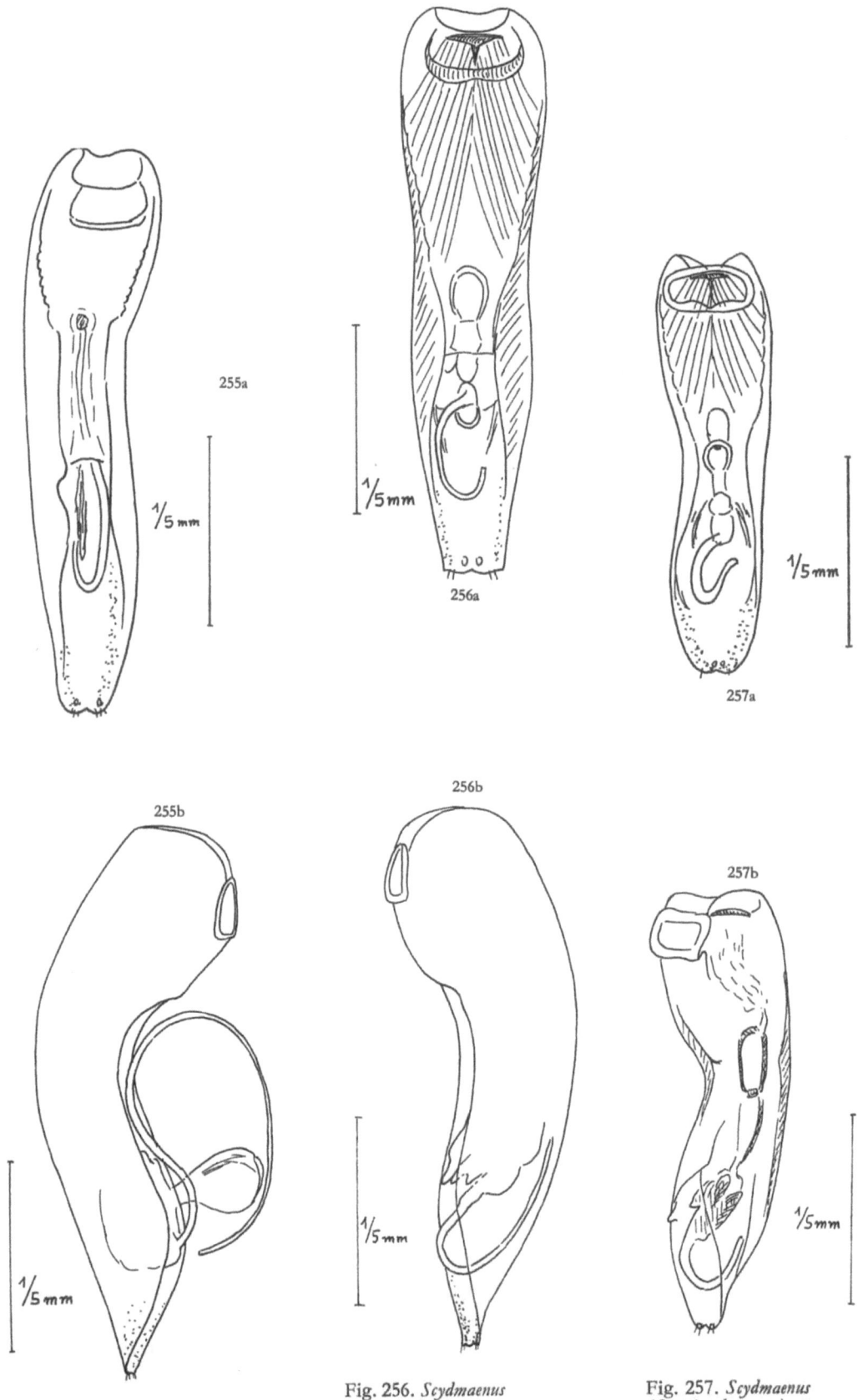

Fig. 255. *Scydmaenus (Scottiscydmaenus) clarckianus* FRANZ, Penis a) in Dorsal-, b) in Lateralansicht.

Fig. 256. *Scydmaenus (Scottiscydmaenus) swanensis* FRANZ, Penis a) in Dorsal-, b) in Lateralansicht.

Fig. 257. *Scydmaenus (Scottiscydmaenus) optatus* SHARP, Penis a) in Dorsal-, b) in Dorsolateralansicht.

Beine kräftig, Schenkel keulenförmig verdickt, die Vorderschenkel des ♂ (Fig. 254a) auf ihrer Innenseite mit 2 Leisten, die obere nahe der Spitze mit einem scharfen Zahn, die untere nur leicht gewellt, ohne deutlich erkennbare Zähnelung.

Penis (Fig. 256a, b) weniger langgestreckt als bei *Sc. clarki*, weniger stark nach oben gebogen, seine Spitze quer abgestutzt, in der Mitte leicht eingekerbt und beiderseits der Mitte mit je 2 kurzen Börstchen besetzt, der Hinterrand mit dem Seitenrand eine scharfe Ecke bildend. Aus dem Ostium penis ragt der Ductus ejaculatorius als dünnes, nach vorne und unten umgebogenes Rohr heraus. Er entspringt aus einer umfangreichen Blase. Der Basalrand des Ostium penis weist 2 stumpfe Chitinzähne auf.

Mir liegen im undeterminierten Material des South Austr. Museum in Adelaide mehrere übereinstimmende Exemplare vor, die J. CLARKE am Swan River in SW-Australien gesammelt hat. Zehn Exemplare tragen an ihrer Nadel auch Ameisen, ein Exemplar trägt an der Nadel einen Zettel mit dem Vermerk „with *Euponera lutea*". Somit lebt auch *Sc. swanensis* gelegentlich oder regelmäßig bei Ameisen.

Scydmaenus (Scottiscydmaenus) optatus SHARP

SHARP, Trans. Ent. Soc. London 1874, p. 515
LEA, Proc. Roy. Soc. Victoria (N. S.) 23, 1911, p. 186—187

Der Autor gibt als Fundort an: „West Australia; collected by DU BOULAY. I have only a single pair." Im British Museum befinden sich 8 Exemplare, die mit „Nov. Holl. occid." bezettelt sind und die außerdem Zettel mit der Aufschrift „DE BOULLAY" tragen. Eines der Tiere trägt überdies einen handschriftlichen Namenszettel mit der Aufschrift „*optatus*". Diese Tiere gehören offenbar der Serie an, der die Typen SHARPS entstammen. Im undeterminierten Material des South Australian Museum ist die Art mit zahlreichen Exemplaren vertreten. Eine größere Serie trägt einen Zettel mit dem handschriftlichen Text „Kelmscott, under stones with *Ectatomma melaleuca*". Eine andere Serie ist gleichfalls gemeinsam mit Ameisen montiert und trägt einen Zettel mit dem Text „Under Stones, Arnadele, J. CLARKE, 9. 6. 19". Die Art lebt demnach wie die anderen südwestaustralischen Vertreter des Subgenus häufig oder regelmäßig bei Ameisen.

St. optotus ist mit *Sc. scotti* m. sehr nahe verwandt und von ihm nur im männlichen Geschlecht sicher unterscheidbar. Er besitzt beim ♂ ungezähnte Hinterschenkel und einen schlankeren Penis mit breiterer Spitze.

Long. 1,80 bis 2,00 mm, lat. 0,65 bis 0,70 mm. Hell rotbraun gefärbt, gelblich behaart.

Kopf von oben betrachtet fast so lang wie breit, mit sehr kleinen Augen, langen, nach hinten schwach gerundet konvergierenden Schläfen und zwischen den Supraantennalhöckern vertiefter Stirn. Fühler lang und schlank, zurückgelegt die Halsschildbasis weit überragend, alle Fühlerglieder länger als breit, das 9. an seiner Basis nur so breit wie das 8., distal allmählich verbreitert. 3. Glied der Maxillarpalpen keulenförmig.

Halsschild nur sehr wenig länger als breit, in seiner Längsmitte am breitesten, seitlich stark gerundet, aufgerichtet, ziemlich lang behaart. Flügeldecken oval, schräg abstehend behaart. Flügel verkümmert.

Beine schlank, Schenkel schwach verdickt, die Vorderschenkel auf der Vorderseite mit 2 Leisten, die obere hinter der Spitze mit einem stumpfen Zahn.

Penis (Fig. 257a, b) schlanker als bei *Sc. scotti*, mit breiter, abgerundeter, in der Mitte leicht eingekerbter Spitze, beiderseits der Einkerbung mit einem kurzen Börstchen. Im Penisinneren befindet sich knapp vor der Längsmitte eine zweikammerige Blase, die durch ein kurzes Rohr mit einer weiteren distal der Penismitte gelegenen Blase verbunden ist. Aus dieser entspringt der Ductus ejaculatorius, der ein zunächst nach oben und dann nach unten gebogenes Rohr darstellt.

Bestimmungstabelle der australischen *Scottiscydmaenus*-Arten

1. Kopf ein wenig länger als breit, Augen sehr klein, Schläfen sehr lang, gerade nach hinten konvergierend, Körper fein und kurz, fast anliegend behaart, Flügeldecken hinter ihrer Längsmitte am breitesten .... *clarkianus* m.
— Kopf so breit oder breiter als lang, Schläfen im Bogen nach hinten konvergierend, Körper lang und abstehend behaart, Flügeldecken in oder vor ihrer Längsmitte am breitesten 2
2. Kopf viel breiter als lang, Halsschild im vorderen Drittel seiner Länge am breitesten, von da zur Basis nahezu geradlinig verengt, Flügeldecken vor ihrer Längsmitte am breitesten .... *swanensis* m.
— Kopf nicht oder nur sehr wenig breiter als lang, Halsschild in seiner Längsmitte am breitesten, sowohl zum Vorderrand als auch zur Basis gerundet verengt, Flügeldecken oval, in ihrer Längsmitte am breitesten 3
3. Hinterschenkel des ♂ mit einem stumpfen Zahn, Penis kürzer und breiter ..... *scotti* m.
— Hinterschenkel des ♂ ungezähnt, Penis länger und schlanker .... *optatus* SHARP

Subgenus *Mascarensia* FRANZ

Dieses Subgenus wurde von mir auf *Scydmaenus reunionis* m. von der Insel La Réunion aufgestellt und ihm ferner *Sc. pseudoinsularis* m. von der Seychelleninsel Praslin zugeordnet. Mir liegt nur eine weitere, mit den beiden genannten sehr nahe verwandte Art von Port Darwin an der Nordküste Australiens vor. Es ist dies ein weiteres, sehr auffälliges Beispiel für enge faunistische Beziehungen zwischen Australien und den Inseln im Indischen Ozean. Eine weitere Art, *Sc. dendrophilus* m., wurde inzwischen von mir in Nepal gefunden.

Das Subgenus *Mascarensia* wurde von mir durch vor der Längsmitte in beiden Geschlechtern stark eingeschnürte und mit einer tiefen, scharf umrandeten Grube versehene Hinterschenkel, durch querovalen Kopf ohne Grübchen oder Furchen, symmetrisch gebaute Fühlerglieder ohne besondere Auszeichnungen, den Besitz von 2 Basalgrübchen am Halsschild, das Fehlen einer Basalimpression auf den Flügeldecken, nur schwach markierte Schulterbeule, vom Metasternum vollständig getrennte Episternen und beim ♂ nicht erweiterte Vordertarsen charakterisiert. Der Penis ist bei allen Arten durch den Besitz eines großen, vom Peniskörper scharf abgeschnürten Apikalteiles ausgezeichnet.

Scydmaenus (Mascarensia) australiensis nov. spec.

Die neue Art liegt mir nur in einem Exemplar (♂) vor, das mir in undeterminiertem Material vom British Museum zugesandt wurde. Das Tier trägt einen gedruckten Patriazettel mit dem Text „Port Darwin 92-2", ohne daß der Name des Sammlers angegeben wäre. Die Art stimmt in Größe, Färbung und den meisten übrigen Merkmalen so weitgehend mit *E. réunionis* überein, daß es genügt, die Unterschiede hervorzuheben.

Long. 1,30 mm, lat. 0,52 mm. Hell rötlichbraun gefärbt, fein gelblich behaart.

Kopf querrechteckig, mit nahezu parallelen Schläfen, fast so breit wie der Halsschild, bedeutend breiter als bei *Sc. réunionis*. Fühler zurückgelegt die Halsschildbasis knapp erreichend, ihre mittleren Geißelglieder länger als bei der Vergleichsart, 2 zweieinhalbmal, 3 bis 5 eineinhalb- bis eineindrittelmal so lang wie breit, 7 und 8 schwach asymmetrisch.

Halsschild so lang wie breit, in seiner Längsmitte am breitesten.

Flügeldecken mit sehr schwach markierter Schulterbeule und Basalimpression.

Hinterschenkel wie bei der Vergleichsart gebildet, aber länger, auch die Hinterschienen länger und schlanker.

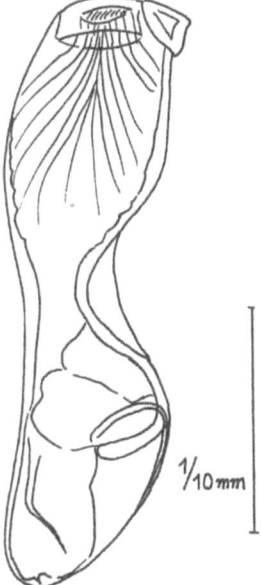

Fig. 258. *Scydmaenus (Mascarensia) australiensis* Franz, Penis in Lateralansicht

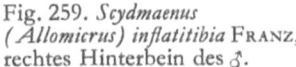

Fig. 259. *Scydmaenus (Allomicrus) inflatitibia* Franz, rechtes Hinterbein des ♂.

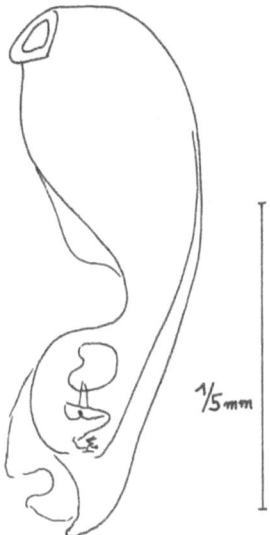

Fig. 260. *Scydmaenus (Allomicrus) inflatitibia* Franz, Penis in Lateralansicht.

Fig. 261. *Scydmaenus (Allomicrus) myrmecobius* Csiki, Penis in Dorsalansicht.

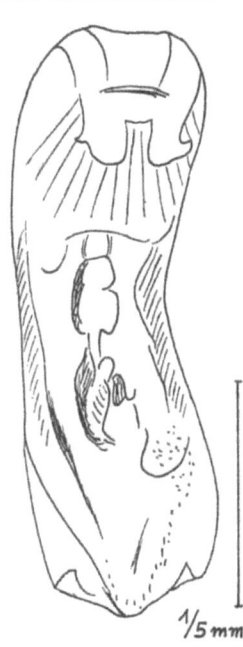

Fig. 262. *Scydmaenus (Corbulifer) tamborinensis* Franz, rechtes Hinterbein des ♂.

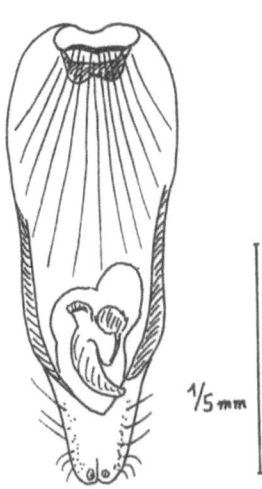

Fig. 263. *Scydmaenus (Corbulifer) tamborinensis* Franz f. typ., Penis in Dorsalansicht.

Penis (Fig. 258) stärker eingeschnürt als bei *Sc. réunionis*, aber weniger stark als bei *Sc. pseudoinsularis* und *dendrophilus*, der Peniskörper kürzer als bei der erstgenannten Art, die im Inneren des Apikalteiles erkennbaren Chitindifferenzierungen anders geformt.

Die 4 nunmehr bekannten *Mascarensia*-Arten lassen sich wie folgt unterscheiden:
1. Kopf schwach quer, Apex penis mit dem Peniskörper nur durch einen schmalen Stiel verbunden .... *pseudoinsularis* m.
— Kopf wesentlich breiter als lang 2
2. Schläfen parallel, Halsschild nur so lang wie breit, in seiner Längsmitte am breitesten, mittlere Geißelglieder der Fühler gestreckt, Glied 2 zweieinhalbmal, 3 bis 5 eineinhalb- bis eineindrittelmal so lang wie breit. Apex penis vom Peniskörper mäßig stark abgeschnürt .... *australiensis* m.
— Schläfen nach hinten gerundet konvergierend, Halsschild länger als breit, vor der Längsmitte am breitesten, mittlere Geißelglieder der Fühler kürzer, Glied 3 und 5 nur eineinhalb- bis zweimal so lang wie breit, 3 und 4 nur leicht gestreckt 3
3. Etwas größer (long. 1,30 bis 1,40 mm). Apex penis mit dem Peniskörper nur durch einen schmalen Stiel verbunden................................... *dendrophilus* m.
— Etwas kleiner (long. 1,10 mm). Apex penis vom Peniskörper schwach abgeschnürt
réunionis m.

Allomicrus subgen. nov.

SCOTT (Trans. Linn. Soc. London, Sec. Ser. Vol. XVII, Zool. 1922—1925, p. 207—208, 214) machte als erster die wichtige Beobachtung, daß es innerhalb der Gattung *Scydmaenus* LATR. Arten gibt, bei denen die Episternen der Hinterbrust vom Metasternum nicht getrennt sind. Er war der Meinung, daß alle Arten, die dieses Merkmal aufweisen, stammesgeschichtlich eng miteinander verwandt seien, was jedoch nicht der Fall ist. *Scottiscydmaenus* m. und *Austroscydmaenus* m., die beide in der vorliegenden Arbeit beschrieben sind, besitzen mit dem Metasternum verwachsene Episternen, das gilt aber auch noch für eine Reihe weiterer Arten, die mit den beiden Subgenera nicht näher verwandt sind. Eine von diesen, die bereits SCOTT (l. c.) erwähnt, ist der in Europa weit verbreitete *Sc. rufus* MÜLL. et KZE., der von REITTER (Verh. zool. bot. Ges. Wien 31, 1881, p. 583) irrtümlich zu *Heterognathus* KING, von GANGLBAUER (Käf. Mitteleuropas 3, 1899) zu *Cholerus* THOMS. gestellt wurde. Die *Cholerus*-Arten besitzen scharf vom Metasternum getrennte Episternen. Für *Sc. rufus* und die mit ihm verwandten Arten muß ein neues Subgenus begründet werden, wofür ich den Namen *Allomicrus* in Vorschlag bringe. Als Typus dieses neuen Subgenus bestimme ich *Sc. rufus* MÜLL. et KZE.

Das Subgenus *Allomicrus* ist durch den Mangel sekundärer Geschlechtsauszeichnungen am Kopf und an den Fühlern, durch den Mangel von Basalgrübchen am Halsschild, durch Fehlen einer Basalimpression und einer Humeralfalte auf den Flügeldecken, durch mit dem Metasternum verschmolzene Episternen und durch schwach erweiterte Vordertarsen der ♂♂ ausgezeichnet. Es gehören ihm auch einige australische Arten an.

Scydmaenus (Allomicrus) inflatitibia nov. spec.

Sehr ausgezeichnet durch die im männlichen Geschlecht stark verdickten, vor der Spitze eingeschnürten Hintertibien und durch stark erweiterte Vordertarsen.

Long. 1,60 bis 1,70 mm, lat. 0,60 bis 0,65 mm. Hell rotbraun gefärbt, fein gelblich behaart.

Kopf von oben betrachtet um ein Viertel breiter als lang, mit großen, flachen Augen, flach gewölbt, fein behaart. Fühler schlank, zurückgelegt die Halsschildbasis überragend, ihr Basalglied 3mal, das 2. und 5. reichlich doppelt, das 3. und 4. eineinhalbmal so lang wie breit, 6 noch leicht gestreckt, 7 isodiametrisch, 8 sehr klein, breiter als lang, 9 wesentlich länger als breit, 10 fast so breit wie lang, das eiförmige Endglied fast so lang wie die beiden vorhergehenden zusammengenommen.

Halsschild sehr wenig länger als breit, fein punktiert, anliegend behaart, vor der Basis mit 2 Grübchen.

Flügeldecken oval, an ihrer Basis ein wenig breiter als die Halsschildbasis, mit flacher Basalimpression und wenig hervortretender Schulterbeule, fein punktiert und fast anliegend behaart. Episternen vom Metasternum nicht getrennt.

Beine schlank, Schenkel schwach verdickt, Hinterschienen des ♂ (Fig. 259) stark verdickt, vor der Spitze eingeschnürt, Vordertarsen stark erweitert.

Penis (Fig. 260) nahe seiner Längsmitte dorsoventral stark eingeschnürt, sein Apex in einer nach oben gekrümmten Spitze endend, die Dorsalwand von einer vertikalen, dünnen Chitinplatte, die vor ihrem Hinterende tief ausgeschnitten ist, überragt. Im Apikalteil des Penis ist eine halbmondförmige Drüse mit Ausführungsgang nach hinten erkennbar. Die Art erinnert im Penisbau an *Sc. similis* SCHAUFUSS, *Sc. ovicollis* SCHAUFUSS und *Sc. soror* m., wovon die beiden erstgenannten Arten Singapore, die letztgenannte die Insel Kay bei Java bewohnt.

Es liegen mir 2 Exemplare (♂, ♀) aus der Sammlung des British Museum vor, die in der Botany Bay in N. S. Wales gesammelt wurden. Das ♂ wurde von A. M. LEA als *Heterognathus* spec. determiniert.

Scydmaenus (Allomicrus) myrmecobius CSIKI

LEA, Proc. Roy. Soc. Vict. (N. S.) 25, 1912, p. 60—61 (*Heterognathus myrmecophilus*)
CSIKI, Coleopt. Catal. ed. a S. Schenkling pars 70, 1969, p. 73

Der Holotypus dieser Art ist mit 2 weiteren Exemplaren auf einem Karton präpariert, auf einem zweiten Karton an derselben Nadel befinden sich Exemplare der Ameise *Amblyopone australis*, bei der die Art nach Angabe des Autors lebt. Die Tiere stammen von Marrawah in Tasmanien, die Art kommt aber auch in Victoria vor, wo sie bei derselben Ameisenart gesammelt wurde. Das Material wurde mir vom South Australian Museum zur Untersuchung eingesandt, die nachstehende Beschreibung ist nach dem Holotypus angefertigt.

Sc. myrmecobius ist in Größe und Gestalt dem *Sc. optatus* SHARP sehr ähnlich, was schon LEA festgestellt hat. Er besitzt aber auf den Vorderschenkeln keine Zahnleisten, aber vom Metasternum nicht getrennte Episternen und ist deshalb nicht zu *Scottiscydmaenus*, sondern zu *Allomicrus* zu stellen.

Long. 1,70 bis 1,90 mm, lat. 0,75 bis 0,80 mm. Hell rotbraun gefärbt, gelblich behaart.

Kopf breiter als lang, mit leicht gerundet nach hinten konvergierenden Schläfen, Fühler gestreckt, zurückgelegt die Halsschildbasis überragend, mit unscharf abgesetzter, 3gliederiger Keule, alle Fühlerglieder mit Ausnahme des 7. und 8. viel länger als breit, das eiförmige Endglied nicht ganz so lang wie die beiden vorhergehenden zusammen.

Halsschild länger als breit, etwas vor seiner Längsmitte am breitesten, kugelig gewölbt, fein und anliegend behaart, ohne Basalgrübchen.

Flügeldecken oval, hoch gewölbt, mit sehr flacher Basalimpression, ohne Schulterwinkel, unpunktiert, fast anliegend behaart.

Metasternum querüber gleichmäßig gewölbt, glatt und glänzend, von den Episternen nicht getrennt.

Beine ziemlich lang und schlank, Schenkel mäßig keulenförmig verdickt, Vordertarsen des ♂ nicht erweitert.

Penis (Fig. 261) gestreckt, leicht dorsalwärts gekrümmt, seine Apikelpartie großenteils dünnhäutig. Etwa in der Längsmitte des Penis befindet sich in seinem Inneren eine 3kammerige Blase, deren Ausführungsgang nochmals in eine stark chitinisierte Kammer führt.

Corbulifer Subgenus nov.

Mit *Scydmaenus* s. str. im Habitus, in der Fühlerbildung und im Besitz eines schmalen, kielförmigen Mesosternalfortsatzes, der zwischen die Mittelhüften reicht, übereinstimmend. Von dieser und allen anderen Untergattungen, vor allem durch den Besitz einer großen körbchenförmigen Erweiterung des distalen Teiles der Hintertibien des ♂ unterschieden. Vordertarsen des ♂ sehr schwach erweitert, Halsschild ohne Grübchen, Flügeldecken mit Schulterbeule, aber ohne Basalimpression.

Als Typus des neuen Subgenus bestimme ich *Corbulifer tamborinensis* m.

Scydmaenus (Corbulifer) tamborinensis nov. spec.

Long. 2,00 bis 2,10 mm, lat. 0,85 bis 0,90 mm. Rotbraun gefärbt, gelblich behaart.

Kopf von oben betrachtet um knapp ein Viertel breiter als lang, mit fast parallelen Schläfen, diese doppelt so lang wie der Augendurchmesser, Stirn und Scheitel stark glänzend, sehr fein und zerstreut punktiert, ziemlich dicht, zur Mitte gerichtet behaart. Fühler kurz, die Halsschildbasis nicht ganz erreichend, ihr dickes Basalglied mehr als doppelt, das 5. knapp 2mal, das 2. und 9. eineinhalbmal so lang wie breit, das 4. und 6. leicht gestreckt, das 7. und 8. klein, asymmetrisch, breiter als lang, das 9. und 10. quadratisch, das eiförmige Endglied so lang wie die beiden vorhergehenden zusammengenommen.

Halsschild ein wenig länger als breit, vor der Mitte am breitesten, kugelig gewölbt, stark glänzend, kaum erkennbar und sehr zerstreut punktiert, abstehend behaart, vor der Basis ohne Grübchen. Schildchen ziemlich groß.

Flügeldecken schon an ihrer Basis wesentlich breiter als der Halsschild, mit deutlicher Schulterbeule und deutlichem Schulterwinkel, aber ohne Basalimpression, kräftig punktiert und lang, schräg abstehend behaart. Flügel voll entwickelt.

Beine kräftig, Schenkel keulenförmig verdickt, Vorder- und Mittelschienen gerade, Hinterschienen des ♂ distal zu einem großen Körbchen erweitert (Fig. 262), Vordertarsen des ♂ schwach verbreitert.

Penis (Fig. 263) länglich, gerade, in 2 Stufen zum Apex verschmälert, an der Spitze leicht eingekerbt und mit 2 Höckerchen versehen, vor denselben beiderseits mit 6 Tastborsten. Ostium penis asymmetrisch, aus ihm ragt ein kurzer Chitinzahn nach hinten.

Ich sammelte von dieser Art am Mt. Tamborine südlich von Brisbane 21 Exemplare am 14. 9. 1970 durch Aussieben von Laubstreu. 9 Exemplare vom gleichen Fundort sammelte M. A. LEA in Moos, sie wurden mir vom Museum in Adelaide mit anderem undeterminierten Material zugesandt. Der Holotypus ist im Museum in Adelaide aufbewahrt, zahlreiche Paratypen befinden sich in meiner Sammlung. 7 Exemplare, die E. DERREK im April 1961 am Mt. Nebo sammelte und die im Museum in Adelaide verwahrt sind, stimmen mit den Tieren vom loc. typ. in allen Punkten überein.

Sc. tamborinensis cunninghamensis ssp. nov.

Der f. typ. sehr ähnlich und von ihr nur durch folgende Merkmale verschieden. Glied 9 und 10 der Fühler kaum merklich breiter als lang. Flügeldecken seitlich etwas stärker gerundet, weniger deutlich punktiert, körbchenförmige Erweiterung an den Hintertibien der ♂♂ noch etwas breiter, Apex penis länger, vom Peniskörper stärker abgeschnürt, Ostium penis etwas länglicher, aus ihm 2 Chitinzähne herausragend, der hintere dem der f. typ.

287

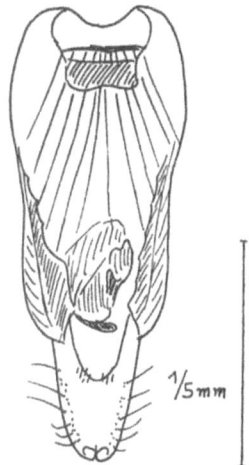

Fig. 264. *Scydmaenus (Corbulifer) tamborinensis cunninghamensis* Franz, Penis in Dorsalansicht.

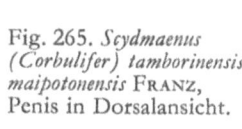

Fig. 265. *Scydmaenus (Corbulifer) tamborinensis maipotonensis* Franz, Penis in Dorsalansicht.

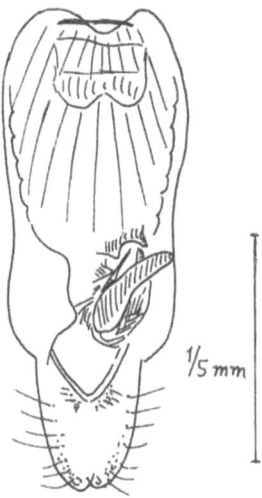

Fig. 266. *Scydmaenus (Corbulifer) pseudorobustus* Franz, rechtes Hinterbein des ♂.

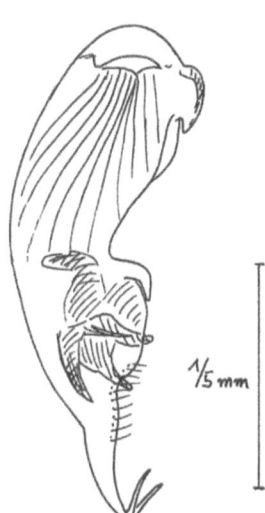

Fig. 267. *Scydmaenus (Corbulifer) pseudorobustus* Franz, Penis in Lateralansicht.

Fig. 268. *Scydmaenus (Cholerus) princeps* (King), rechter Fühler des ♂.

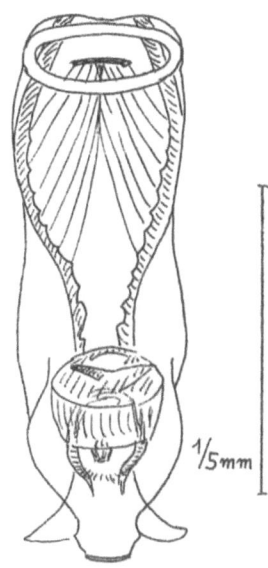

Fig. 269. *Scydmaenus (Cholerus) princeps* (King), Penis in Dorsalansicht.

entsprechend, aber anders geformt (vgl. Fig. 264). Von dieser Form sammelte ich am 13. 9. 1970 24 Exemplare aus Laubstreu und Moos nächst dem Cunningham Gap in der Deviding Range südwestlich von Brisbane an der Straße nach Warwick. Der Holotypus befindet sich im Museum in Adelaide. Die Paratypen sind in meiner Sammlung verwahrt.

Sc. tamborinensis maipotonensis ssp. nov.

Der Subspecies *cunninghamensis* m. sehr nahe stehend und äußerlich von ihr nur durch etwas breitere Fühlerkeule, namentlich breiteres Endglied derselben verschieden. Am Penis (Fig. 265) ist vor allem die Umrahmung des Ostiums samt den im Ostium sichtbaren Chitingebilden abweichend gebildet. Am basalen Rand des Ostiums stehend 3 kurze Chitinzähne, aus dem Ostium ragt ein langer Chitindorn schräg nach vorne und nach rechts heraus. Es liegen mir 4 Exemplare (3 ♂♂, 1 ♀) vor, die ich in einem Restbestand eines Vine Scrub rain forest bei Maipoton aus Waldstreu siebte. Der Holotypus ist im South Austr. Museum in Adelaide verwahrt, die 3 anderen Exemplare befinden sich in meiner Sammlung.

Scydmaenus (Corbulifer) pseudorobustus nov. spec.

Dem *Sc. tamborinensis* m. sehr nahestehend, von ihm durch etwas geringere Größe, stärkere Punktierung, die anders gebauten Hintertibien und den Bau des männlichen Kopulationsapparates verschieden.

Long. 1,70 bis 1,80 mm, lat. 0,75 bis 0,80 mm. Rotbraun gefärbt, lang, gelblich behaart.

Kopf von oben betrachtet um ein Viertel breiter als lang mit kleinen Augen, Schläfen reichlich 4mal so lang wie der Augendurchmesser, 1. Fühlerglied 3mal, das 5. eineinhalbmal so lang wie breit, 2, 3, 4 und 6 leicht gestreckt, 7 und 8 stark quer, 9 und 10 etwas breiter als lang, das Endglied reichlich so lang wie die beiden vorhergehenden zusammengenommen.

Halsschild nahezu isodiametrisch, kugelig gewölbt, ohne Basalgrübchen, Flügeldecken sehr kurz oval, hoch gewölbt, mit nur angedeuteter Schulterbeule und angedeuteter Basalimpression, deutlich punktiert, lang und abstehend behaart.

Hinterschienen des ♂ (Fig. 266) distal viel schwächer erweitert als bei *Sc. tamborinensis*, seitlich zusammengedrückt, auf der Innenseite mit großer, unregelmäßig begrenzter Grube.

Penis (Fig. 267) mit deutlich abgesetztem Apex, dieser am Hinterrand mit zwei langen, nach oben gerichteten, stark divergierenden stachelförmigen Spitzen. Aus dem Ostium penis ragen 2 stumpfe Dornen nach oben, die Seiten des Ostiums tragen eine Reihe langer Tasthaare.

Es liegen mir 2 ♂♂ und 6 vermutlich zu diesen gehörige ♀♀ vor, die ich am 13. 9. 1970 in der Deviding Range südwestlich von Brisbane beim Cunningham Gap an der Straße nach Warwick aus Laubstreu siebte. Die Tiere fanden sich dort in Gesellschaft von *Sc. tamborinensis cunninghamensis* m. Die ♀♀ der beiden Arten sind schwer unterscheidbar, und zwar nur durch die etwas geringere Größe des *Sc. pseudorobustus* und durch kürzeren Halsschild. Der Holotypus wird im Museum in Adelaide, das übrige Material in meiner Sammlung verwahrt.

Subgenus *Cholerus* REITTER

Scydmaenus (Cholerus) princeps (KING)

KING, Trans. Ent. Soc. N. S. Wales 1, 1865, p. 98

Der aus Paramatta bei Sydney stammende Holotypus dieser Art, ein ♂, kam mit der Sammlung SCHAUFUSS in den Besitz des Deutschen Ent. Inst. und liegt mir zur Untersuchung vor. Die Art ist durch die Bildung der Fühler sehr ausgezeichnet und bildet mit einer Reihe nachstehend beschriebener Arten aus New South Wales und Queensland eine natürliche Artengruppe.

Long. 1,70 mm, lat. 0,60 mm. Hell rotbraun gefärbt, fein, gelblich behaart.

Kopf von oben betrachtet nur um ein Fünftel breiter als lang, die Schläfen schwach gerundet, sehr wenig nach hinten konvergierend, doppelt so lang wie der Augendurchmesser, wie auch die Oberseite des Kopfes fein und unauffällig behaart, Supraantennalhöcker flach, die Stirn zwischen ihnen seicht eingedellt. Fühler zurückgelegt die Halsschildbasis knapp erreichend, ihr Basalglied groß, mehr als 3mal, Glied 2 und 5 doppelt so lang wie breit, 3 und 4 leicht gestreckt, 6, 7 und 8 klein, sehr stark quer, 9 und 10 beim ♂ (Fig. 268) ganz asymmetrisch geformt, das Endglied ungefähr eiförmig. Glied 9 von der Basis zur Spitze verbreitert, an dieser außen mit einem horizontalen dornartigen Chitinfortsatz, vor diesem ausgehöhlt, Glied 10 mehr als doppelt so lang wie 9, breiter als dieses, im basalen Drittel außen tief ausgerandet, auf der Oberseite mit einem schrägen Eindruck.

Halsschild um ein Viertel länger als breit, seitlich gleichmäßig zum Vorderrand und zur Basis verengt, fein behaart, vor der Basis mit 2 Grübchen.

Flügeldecken langoval, an ihrer Basis nur wenig breiter als der Halsschild, fein, etwas abstehend behaart, mit seichter Basalimpression und undeutlicher Schulterbeule. Flügel verkürzt.

Beine lang und schlank, Schenkel keulenförmig verdickt.

Penis (Fig. 269) hinter seiner Längsmitte dorsoventral sehr stark eingeschnürt, hinter der Einschnürung wieder kugelig erweitert, im Inneren dieser Erweiterung mit einem körbchenförmigen Chitingebilde, vor der Spitze eingeschnürt, diese selbst schmal abgestutzt. Vom Ende der kugelförmigen Erweiterung ziehen zwei dünnhäutige Chitinflügel schräg nach hinten. Außer dem Holotypus liegen mir in undeterminiertem Material des South Austral. Museum 5 Exemplare (1 ♂, 4 ♀♀) dieser Art vor, die LEA und WILSON im Oktober 1926 am Upper Wiliams R. in N. S. Wales sammelten.

Scydmaenus princeps und seine Verwandten erinnern im Fühlerbau an die madagassischen *Cholerus*-Arten, im Bau des männlichen Kopulationsapparates besteht zu diesen aber keine Ähnlichkeit. Es besteht zwischen den beiden Gruppen demnach wohl keine engere Verwandtschaft.

Scydmaenus (Cholerus) beechmonti nov. spec.

Dem *Sc. kurandae* m. sehr nahestehend, von ihm durch bedeutendere Größe, beim ♂ anders geformte Fühlerkeule, breiteren Kopf und Halsschild, länger und steiler aufgerichtet behaarte Flügeldecken und andere Penisform abweichend.

Long. 1,90 bis 2,00 mm, lat. 0,70 mm. Rotbraun gefärbt, gelblich behaart.

Kopf von oben betrachtet deutlich breiter als lang, mit großen, flachen Augen und schwach nach hinten konvergierenden Schläfen. Supraantennalhöcker als 2 schwach konvergierende Kiele nach hinten verlängert. Fühler zurückgelegt die Halsschildbasis überragend, ihr Basalglied dreieinhalbmal, das 2. und 5. doppelt so lang wie breit, das 3. und 4. noch deutlich gestreckt, das 6. isodiametrisch, das 7. und 8. breiter als lang, alle 3 innen asymmetrisch abgeschrägt, Glied 9 und 10 ganz unregelmäßig gebildet (Fig. 270a), das Endglied lang eiförmig.

Halsschild nur sehr wenig länger als breit, vor der Mitte am breitesten, kurz, abstehend behaart, vor der Basis mit 2 kleinen Grübchen.

Flügeldecken oval, an ihrer Basis ein wenig breiter als der Halsschild, mit flacher Basalimpression und wenig hervortretendem Schulterhöcker, ziemlich lang und dicht, abstehend behaart. Flügel voll entwickelt.

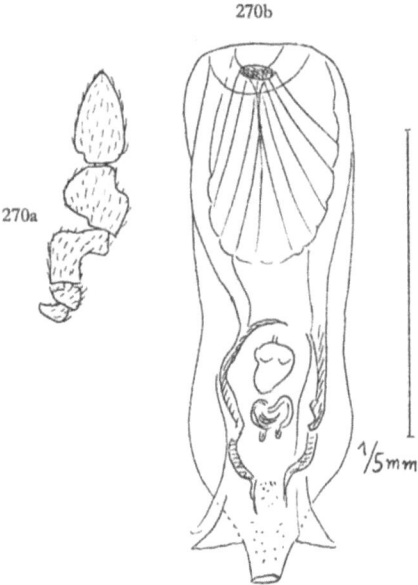

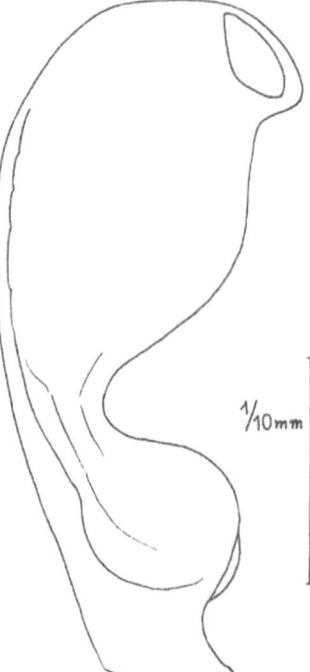

Fig. 270. *Scydmaenus (Cholerus) beechmonti* FRANZ, a) rechte Fühlerkeule des ♂, b) Penis in Dorsalansicht.

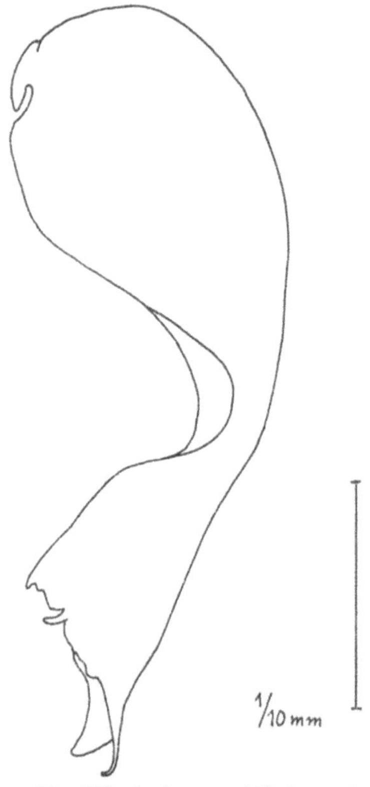

Fig. 271. *Scydmaenus (Cholerus) marwillumbali* FRANZ, rechte Fühlerkeule des ♂.

Fig. 272. *Scydmaenus (Cholerus) marwillumbali* FRANZ, Penis in Lateralansicht.

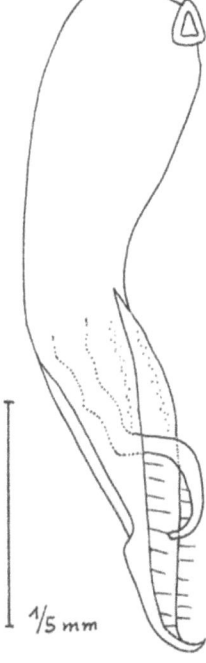
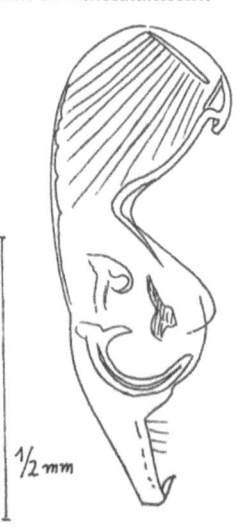

Fig. 273. *Scydmaenus (Choleropsis) gracilis* (KING), Penis in Lateralansicht.

Fig. 274. *Scydmaenus (s. str.) robustus* (LEA), Penis in Lateralansicht.

Fig. 275. *Scydmaenus (s. str.) maipotonianus* FRANZ, Penis in Lateralansicht.

Beine schlank, Schenkel schwach verdickt, Mittelschienen des ♂ innen distal dicht behaart, an der Spitze mit einem verklebten Bündel langer Borsten. 1. Glied der Mitteltarsen ebenfalls unterseits dichter behaart.

Penis (Fig. 270b) wesentlich weniger stark eingeschnürt als bei *Sc. kurandae* m., die Einschnürung aber angedeutet, dünnhäutige Flügel an den Penisseiten vorhanden.

Es liegen mir 5 Ex. (3 ♂♂, 2 ♀♀) vor, die ich am 14. 9. 1970 auf dem Plateau südlich von Beechmont aus morschen, liegenden Bäumen siebte. Der Holotypus (♂) ist im South Australian Museum verwahrt, die Paratypen befinden sich in meiner Sammlung. Weitere 4 Exemplare (2 ♂♂, 2 ♀♀) fanden sich im undeterminierten Material des South Austr. Museum. Sie wurden von M. A. LEA am Tamborine Mt. südlich von Brisbane gesammelt.

Scydmaenus (Cholerus) marwillumbali nov. spec.

Mit undeterminierten Scydmaeniden wurde mir vom Bernice Bishop Museum in Honolulu ein ♂ dieser neuen Art zugesandt, das F. MUIR im August 1919 in Marwillumbal an der Ostküste Australiens im äußersten Norden von N. S. Wales gesammelt hat.

Sehr ausgezeichnet durch die Fühlerbildung, ferner durch nicht erweiterte Vordertarsen des ♂, den Besitz von 2 kleinen Grübchen vor der Halsschildbasis, feine Punktierung sowie ziemlich kurze, schräg abstehende Behaarung der Flügeldecken und die an *Sc. maipotonianus* m. erinnernde Penisform.

Long. 1,50 mm, lat. 0,60 mm. Rotbraun gefärbt, gelblich behaart.

Kopf von oben betrachtet um ein Drittel breiter als lang, mit nach hinten fast geradlinig konvergierenden Schläfen und feiner, anliegender Behaarung. Fühler zurückgelegt die Halsschildbasis nicht ganz erreichend, beim ♂ (Fig. 271) ihr Basalglied doppelt so breit wie die folgenden, doppelt so lang wie breit, 2 bis 5 annähernd quadratisch, 6 bis 8 sehr kurz, sehr stark quer, 9 doppelt so breit wie 8, so lang wie breit, von außen bis über die Mitte ausgeschnitten, innen distal mit spitz vorspringender Ecke, 10 noch etwas breiter als 9, oberseits mit großer, tiefer Grube, außen stumpf zahnförmig vorspringend, das Endglied spitz eiförmig, kürzer als die beiden vorhergehenden zusammengenommen.

Halsschild so lang wie breit, vor der Längsmitte am breitesten, zur Basis etwas stärker als zum Vorderrand und fast geradlinig verengt, fein und wenig deutlich punktiert und anliegend behaart, mit 2 kleinen Basalgrübchen.

Flügeldecken oval, schon an ihrer Basis breiter als der Halsschild, fein punktiert und ziemlich kurz, schräg aufgerichtet behaart, mit sehr undeutlicher Schulterbeule.

Beine mäßig lang, Schenkel mäßig keulenförmig verdickt, Vordertarsen des ♂ nicht erweitert.

Penis (Fig. 272) hinter der Mitte von oben her bis auf ein Drittel seiner Dicke eingeschnürt, hinter der Einschnürung wieder auf zwei Drittel derselben verbreitert, vor der Spitze neuerlich verschmälert, diese selbst aber wieder nach oben vorspringend. Das Penisinnere ist in dem einzigen vorliegenden Präparat undurchsichtig. Penisform an *Sc. maipotonianus* m., aber auch an *Sc. inflatitibia* m. erinnernd.

Der Holotypus wird im Bernice Bishop Museum in Honolulu verwahrt.

Choleropsis subgen. nov.

Das von R. L. KING unter dem Namen *Heterognathus gracilis* beschriebene Tier ist ein *Scydmaenus*, der im männlichen Geschlecht sehr auffällige sekundäre Geschlechtsmerkmale aufweist. So ist das 10. Fühlerglied wie bei gewissen *Cholerus*-Arten einseitig tief ausgerandet und das 9. Glied innen distal mit einem Fortsatz versehen. In das Subgenus *Cholerus* kann die Art aber schon deshalb nicht gestellt werden, weil sie vor der Basis des Halsschildes Punktgrübchen besitzt und die Vordertarsen des ♂ leicht erweitert sind. Zudem ist das Metasternum seiner ganzen Länge nach in der Mitte wannenartig vertieft, ein Merkmal, das ich in dieser Ausprägung von keiner anderen *Scydmaenus*-Art kenne. Es ist daher notwendig, für *Sc. gracilis* ein neues Subgenus zu errichten. Dieses ist durch in beiden Geschlechtern normal ausgebildeten Kopf, 3gliederige Fühlerkeule mit beim ♂ asymmetrischen 9. und 10. Fühlergliedern, den Besitz von Punktgrübchen vor der Halsschildbasis, das beim ♂ in der Längsmitte tief ausgehöhlte Metasternum und leicht erweiterte Vordertarsen gekennzeichnet.

Das Subgenus ist vorläufig monotypisch.

Scydmaenus (Choleropsis) gracilis (KING)

KING, Trans. Ent. Soc. N. S. Wales 1, 1865, p. 97, Pl. VII 3

Es liegen mir von dieser Art 4 Exemplare, durchwegs ♂♂, aus der Sammlung des S. Australian Museum vor, von denen 3 gemeinsam auf einem Karton montiert und als Cotypen bezeichnet sind. Sie stammen von South Creek, einem der vom Autor angegebenen Fundorte. Als weitere Fundorte werden in der Originaldiagnose Paramatta und Brownlow Hill angeführt.

Long. 1,60 bis 1,80 mm, lat. 0,65 bis 0,70 mm. Hell rotbraun gefärbt, fein und schütter, weißlichgelb behaart.

Kopf von oben betrachtet etwas breiter als lang, mit ziemlich kleinen Augen und langen, parallelen Schläfen. Fühler kräftig, zurückgelegt die Halsschildbasis erreichend, mit breiter, scharf abgesetzter, 3gliederiger Keule, ihr Basalglied länger als die beiden folgenden zusammengenommen, 2 fast doppelt, 5 eineindrittelmal so lang wie breit, 3 und 4 leicht gestreckt, 6 quadratisch, 7 und 8 klein, sehr stark quer, 9 breiter als lang, beim ♂ oben innen tief ausgehöhlt und distal mit einem breiten Fortsatz versehen, 10 gestreckt, beim ♂ innen tief ausgehöhlt, das Endglied eiförmig, so lang wie das vorletzte.

Halsschild etwas länger als breit, kaum breiter als der Kopf, kugelig gewölbt, glatt und glänzend, fein behaart, vor der Basis mit 2 kleinen Grübchen.

Flügeldecken oval, stark gewölbt, mit sehr undeutlicher Schulterbeule, undeutlich punktiert und schütter, etwas abstehend behaart.

Metasternum beim ♂ mit tiefem Eindruck in seiner Längsmitte, von den Episternen seiner ganzen Länge nach scharf getrennt.

Beine einfach gebaut, Schenkel schwach verdickt, Vordertarsen des ♂ schwach erweitert.

Penis (Fig. 273) mit scharf abgesetzter, durch eine dorsoventrale Abschnürung vom Peniskörper getrennter Apikalpartie, die trompetenförmig zum Ostium penis erweitert ist. Das Penisinnere ist in dem vorliegenden Präparat undurchsichtig.

Subgenus *Scydmaenus* LATR. s. str.

Scydmaenus (s. str.) *robustus* (LEA)

LEA, Proc. Roy. Soc. Victoria (N. S.) 27 II, 1914, p. 199—200 *(Heterognathus)*

Die Art wurde von Mulgrave River in Queensland beschrieben. Es liegen mir zur Untersuchung die Type ♂ und 6 Paratypen aus der Sammlung des South Australian Museum und 2 Paratypen (♀♀) aus der Sammlung des British Museum vor.

Sc. robustus ist im Habitus den Arten des Subgenus *Armatoscydmaenus* außerordentlich ähnlich, besitzt aber in beiden Geschlechtern ungezähnte Hinterschenkel und erinnert im Bau des männlichen Kopulationsapparates an gewisse Arten des Subgenus *Scydmaenus* s. str.

Long. 1,60 bis 1,80 mm, lat. 0,75 bis 0,80 mm. Rotbraun gefärbt, ziemlich lang, gelblich behaart.

Kopf von oben betrachtet fast querrechteckig, um ein Drittel breiter als lang, mit großen, flachen Augen, gleichmäßig flach gewölbt, fein punktiert und behaart. Fühler kurz und ziemlich dick, zurückgelegt die Halsschildbasis nicht ganz erreichend, ihr Basalglied dicker als die folgenden, zweieinhalbmal so lang wie breit, oberseits am distalen Ende ausgerandet und mit einer breiten, von 2 Längskielen begrenzten Furche versehen, Glied 2 bis 5 leicht gestreckt, 6 so lang wie breit, außen abgeschrägt, 7 und 8 quer, ebenfalls asymmetrisch, 9 und 10 etwas breiter als lang, das Endglied ein wenig asymmetrisch, kürzer als die beiden vorletzten Glieder zusammengenommen. 3. Glied der Maxillarpalpen ziemlich lang, an der Basis dünn, dann keulenförmig verbreitert.

Halsschild so lang wie breit, im vorderen Drittel seiner Länge am breitesten, zur Basis fast geradlinig verengt, mäßig gewölbt, sehr fein und zerstreut punktiert, anliegend behaart, ohne Basalgrübchen.

Flügeldecken an ihrer Basis wesentlich breiter als der Halsschild, mit deutlichem Schulterwinkel und sehr flacher Basalimpression, ziemlich dicht punktiert und anliegend behaart. Episternen vom Metasternum der ganzen Länge nach getrennt.

Beine kräftig, Schenkel stark verdickt, Schienen gerade.

Penis (Fig. 274) sehr langgestreckt, leicht nach oben gebogen, in einer scharfen, nach oben gekrümmten Spitze endend. Ostium penis dorsal gelegen, die Hälfte der Penislänge einnehmend, die Peniswand zu beiden Seiten im distalen Teil mit zahlreichen Tastborsten versehen. Aus dem Ostium penis ragt der Ductus ejaculatorius im Bogen nach hinten und unten gekrümmt heraus. Der basale Teil des Penis ist in dem vorliegenden Präparat undurchsichtig.

Scydmaenus (s. str.) *maipotonianus* nov. spec.

Gekennzeichnet durch breiten Kopf, schlanke Fühler mit scharf abgesetzter, 3gliederiger Keule, schmalen Halsschild ohne Basalgrübchen, schmale, langovale Flügeldecken mit aufstehender Behaarung und schlanke Beine ohne besondere Merkmale.

Long. 1,70 bis 1,80 mm, lat. 0,60 bis 0,70 mm. Hell rotbraun gefärbt, gelblich behaart.

Kopf, von oben betrachtet, viel breiter als lang, mit langen, parallelseitigen Schläfen, querüber gleichmäßig gewölbt, sehr fein und kurz, an den Schläfen nur wenig länger behaart, an der Basis in seiner Mitte schwach eingedellt. Fühler zurückgelegt die Halsschildbasis erreichend, schlank, ihr Basalglied 4mal, das 2. und 5. zweieinhalbmal, das 3., 4. und 6. eineinhalbmal so lang wie breit, 7 und 8 asymmetrisch, breiter als lang, 9 und 10 isodiametrisch, das große Endglied so lang wie die beiden vorhergehenden zusammengenommen.

Halsschild länger als breit, etwas vor seiner Längsmitte am breitesten und hier so breit wie der Kopf, schütter und ziemlich anliegend behaart, ohne Basalgrübchen.

Flügeldecken langoval, mit schwach markierter Schulterbeule, mit schräg aufgestellter ziemlich dichter Behaarung, ohne deutliche Basalimpression.

Beine schlank, Schienen gerade.

Penis (Fig. 275) vor der Längsmitte dorsoventral stark eingeschnürt, hinter der Einschnürung dorsal im Bogen stark erweitert und dann wieder verschmälert, der Apex schmal, seine Spitze hakenförmig umgebogen, an den Seiten mit je 4 Tastborsten versehen. Im Penisinneren ist hinter der Mitte eine kapuzenförmige Blase und weiter hinten ein hohler, gebogener Stachel, vielleicht das stachelförmig gebildete Ende des Ductus ejaculatorius zu sehen.

Es liegen mir 2 Exemplare (♂, ♀) aus einem Waldrest bei Maipoton vor. Ich siebte sie dort am 11. 9. 1970 aus Waldstreu und morschem Holz. Der Holotypus (♂) wird im South Austr. Museum in Adelaide, der Allotypus (♀) in meiner Sammlung verwahrt.

Scydmaenus (s. str.) *kingi* MAC LEAY

MAC LEAY, Trans. Ent. Soc. N. S. Wales 2, 1869—1872, p. 155

Von dieser Art liegt mir ein ♂ von Sydney aus der Sammlung des British Museum vor, das LEA als *S. kingi* bestimmt hat.

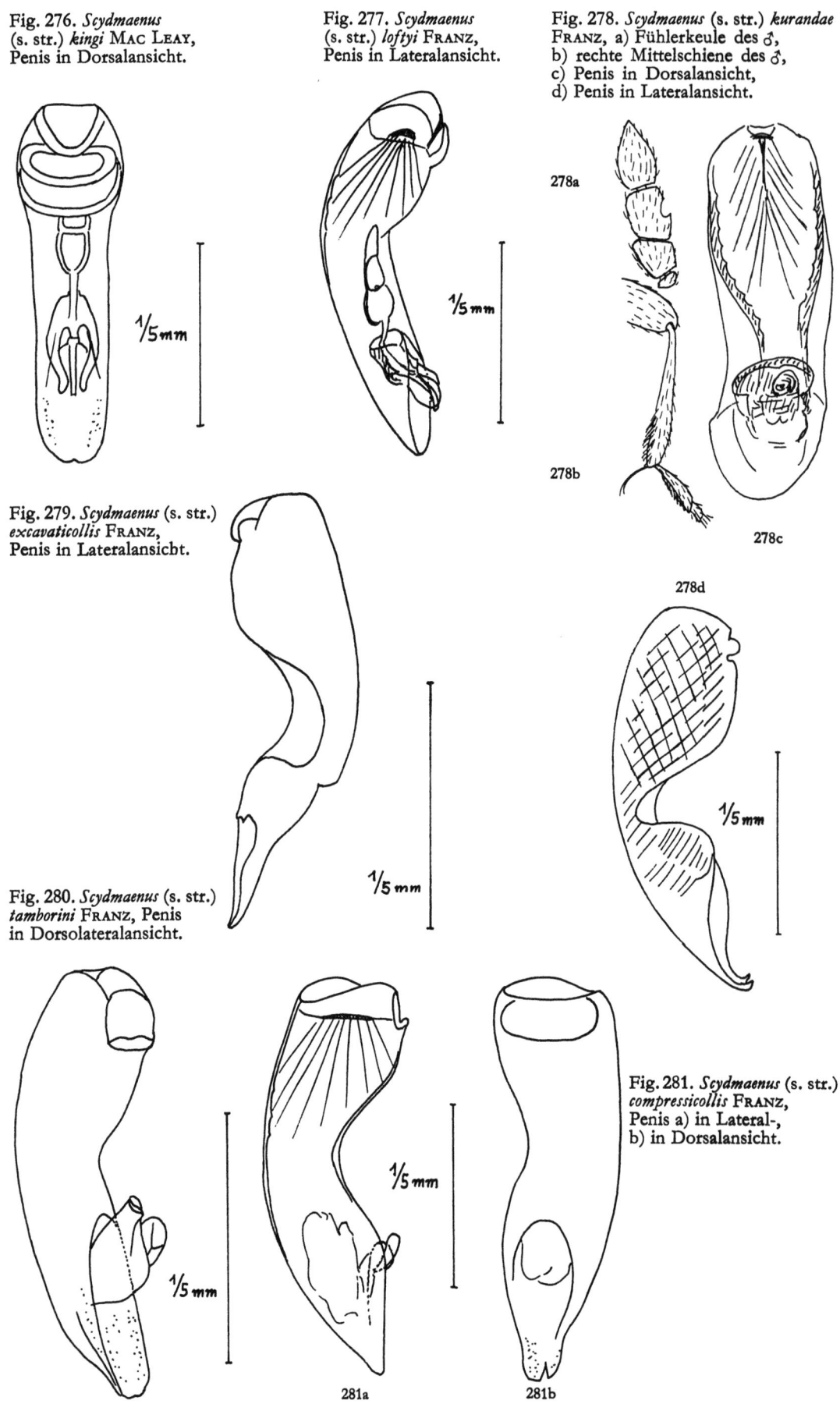

Fig. 276. *Scydmaenus* (s. str.) *kingi* Mac Leay, Penis in Dorsalansicht.

Fig. 277. *Scydmaenus* (s. str.) *loftyi* Franz, Penis in Lateralansicht.

Fig. 278. *Scydmaenus* (s. str.) *kurandae* Franz, a) Fühlerkeule des ♂, b) rechte Mittelschiene des ♂, c) Penis in Dorsalansicht, d) Penis in Lateralansicht.

Fig. 279. *Scydmaenus* (s. str.) *excavaticollis* Franz, Penis in Lateralansicht.

Fig. 280. *Scydmaenus* (s. str.) *tamborini* Franz, Penis in Dorsolateralansicht.

Fig. 281. *Scydmaenus* (s. str.) *compressicollis* Franz, Penis a) in Lateral-, b) in Dorsalansicht.

Long. 1,55 mm, lat. 0,60 mm. Rotbraun gefärbt, gelblich behaart.

Kopf von oben betrachtet um ein Viertel breiter als lang, mit ziemlich kleinen Augen und leicht nach hinten konvergierenden Schläfen. Fühler zurückgelegt die Halsschildbasis erreichend, ihre beiden ersten und das 5. Glied eineinhalbmal, das 2. und 3. doppelt so lang wie breit, 6, 7, 8 und 9 fast isodiametrisch, 10 nicht ganz so breit wie lang, das Endglied eiförmig.

Halsschild so lang wie breit, vor der Mitte am breitesten, fast kugelig gewölbt, ohne Basalgrübchen.

Flügeldecken oval, mit schwacher Basalimpression und kurzer Humeralfalte, ziemlich anliegend behaart.

Beine schlank, Schenkel schwach verdickt, Schienen gerade.

Penis (Fig. 276) gerade, nur im basalen Viertel schwach nach oben gebogen, seine Spitze breit abgerundet, in der Mitte leicht eingekerbt. Der Ductus ejaculatorius entspringt unter der Basalöffnung des Penis in einer Doppelkammer und zieht von da als gerades Rohr nach hinten. Er durchstößt dabei ein liraförmiges Chitingebilde.

Scydmaenus (s. str.) *loftyi* nov. spec.

Gekennzeichnet durch lange und schlanke Fühler mit schwach abgesetzter Keule, leicht gestreckten, kugelig gewölbten Halsschild ohne Basalgrübchen, flach gewölbte, deutlich punktierte Flügeldecken mit schwach angedeuteter Schulterbeule und schlanke Beine mit beim ♂ schwach erweiterten Vordertarsen.

Long. 1,55 mm, lat. 0,65 mm. Hell rotbraun gefärbt, fein, gelblich behaart.

Kopf von oben betrachtet um etwa ein Viertel breiter als lang, schwach zur Basis verengt, glatt und glänzend, sehr fein und schütter behaart. Supraantennalhöcker deutlich markiert. Fühler schlank, zurückgelegt die Halsschildbasis weit überragend, alle Glieder mit Ausnahme des 8. und 9. deutlich länger als breit, 7 und 8 asymmetrisch, nach außen abgeschrägt, 9 breiter als 8, aber schmäler als 10, das Endglied fast so lang wie die beiden vorhergehenden zusammengenommen.

Halsschild ein wenig länger als breit, knapp vor der Mitte am breitesten, kaum breiter als der Kopf, kugelig gewölbt, glatt und glänzend, ziemlich schütter, anliegend behaart, ohne Basalgrübchen. Scutellum klein.

Flügeldecken oval, flach gewölbt, schon an ihrer Basis breiter als der Halsschild, deutlich punktiert und schräg abstehend behaart.

Beine schlank, Schenkel mäßig keulenförmig verdickt, Vordertarsen des ♂ schwach erweitert.

Penis (Fig. 277) nach oben gekrümmt, seine Dorsalwand vor der Längsmitte leicht eingeschnürt. An dieser Stelle liegt das proximale Ende der zweikammerigen Blase, an deren distalem Ende der kurze, aus dem Ostium penis herausragende Ductus ejaculatorius entspringt. Dieser ist von einer chitinösen, in viele Falten gelegten Hülle umgeben.

Es liegt mir im undeterminierten Scydmaenidenmaterial des South Austr. Museum ein Exemplar (♂) dieser Art vor. Dasselbe stammt vom Mt. Lofty in Südaustralien und wurde in verrottetem Holz gefunden. Der Holotypus wird in der Sammlung des South Austr. Museum verwahrt.

Scydmaenus (s. str.) *kurandae* nov. spec.

Sehr ausgezeichnet durch den Bau der Fühlerkeule und der Mittelschienen des ♂, sonst noch durch den Besitz von 2 kleinen Basalgrübchen am Halsschild, durch kaum angedeutete Schulterbeule und durch ziemlich dichte, auf den Flügeldecken leicht aufgerichtete Behaarung charakterisiert. Auf Grund der Bildung der Fühler des ♂ würde die Art aus der Untergattung

Scydmaenus s. str. auszuschließen und in das Subgenus *Choleropsis* zu stellen sein, wohin sie aber wegen der normalen Ausbildung des Abdomens nicht gehört. Ich stelle sie deshalb vorläufig zu *Scydmaenus* s. str., wo sie sich noch am besten einordnet.

Long. 1,60 bis 1,70 mm, lat. 0,60 bis 0,65 mm. Hell rotbraun gefärbt, gelblich behaart.

Kopf von oben betrachtet etwas breiter als lang mit flachen, mäßig großen Augen, Schläfen nach hinten nur sehr wenig konvergierend, wie auch Stirn und Scheitel fein behaart. Fühler zurückgelegt die Fühlerbasis deutlich überragend, ihr relativ dickes Basalglied 3mal, das 2. und 5. nicht ganz doppelt so lang wie breit, 3 und 4 leicht gestreckt, 6 beim ♂ so lang wie breit, beim ♀ länger, 7 und 8 quer, alle 3 asymmetrisch, innen von der Basis gegen die Spitze abgeschrägt verschmälert. Glied 9 und 10 beim ♂ asymmetrisch (vgl. Fig. 278a), in gewisser Richtung breiter als lang, das Endglied eiförmig regelmäßig geformt.

Halsschild etwas länger als breit, im vorderen Drittel seiner Länge am breitesten, gleichmäßig gewölbt und anliegend behaart, vor der Basis mit 2 kleinen, weit getrennten Grübchen.

Flügeldecken an ihrer Basis nur wenig breiter als der Halsschild, oval ohne Schulterwinkel, mit nur angedeuteter Schulterbeule und Basalimpression, fein und wenig deutlich punktiert, ziemlich dicht, schräg abstehend behaart.

Beine lang und schlank, Schenkel schwach verdickt, Mittelschienen des ♂ (Fig. 278b) distal innen dicht behaart und mit einem langen, an der Spitze gespaltenen Sporn versehen. 1. Glied der Mitteltarsen lang, unterseits ebenfalls dicht behaart.

Penis (Fig. 278c, d) in seiner Längsmitte dorsoventral sehr stark eingeschnürt, der stark chitinisierte Peniskörper auch seitlich stark verschmälert und distal nochmals zu einer ovalen Kammer erweitert. An der Einschnürungstelle befindet sich lateral auf beiden Seiten ein relativ dünnhäutiger Flügel, der bedingt, daß die Breite des Penis von der Basis bis zur Spitze ungefähr dieselbe ist.

Das British Museum hat mir mit undeterminierten Material 5 ♂♂ und 2 ♀♀ dieser neuen Art übersandt, die alle von G. BRYANT in Kuranda in N. Queensland gesammelt wurden. Der Holotypus und 4 Paratypen werden im British Museum, 2 Paratypen in meiner Sammlung verwahrt.

Scydmaenus (s. str.) *excavaticollis* nov. spec.

Sehr ausgezeichnet durch den Besitz einer tiefen Querfurche an der Basis des Halsschildes und zweier damit verbundener, an den Seiten schräg nach vorne ziehender tiefer Furchen sowie durch das innen erweiterte 9. Fühlerglied.

Long. 1,50 mm, lat. 0,60 mm. Rotbraun gefärbt, ziemlich dicht und fast anliegend, gelblich behaart.

Kopf breiter als lang, mit langen, schwach und fast gerade nach hinten konvergierenden Schläfen, großen, flachen Augen, zwischen den Fühlerwurzeln grubig vertiefter Stirn und feiner, anliegender Behaarung der Oberseite. Fühler zurückgelegt die Halsschildbasis etwas überragend, ihr Basalglied dicker als die folgenden, reichlich 3mal, das viel schmälere 2. und 5. knapp 2mal so lang wie breit, 3, 4 und 6 leicht gestreckt, 7 quadratisch, 8 klein, schwach quer, 9 doppelt so breit wie 8, so lang wie breit, innen stärker erweitert als außen, 10 leicht gestreckt, das Endglied so lang wie die beiden vorhergehenden zusammengenommen, innen flacher gerundet als außen.

Halsschild sehr wenig länger als breit, seitlich stark gerundet, knapp vor seiner Längsmitte am breitesten und hier etwas breiter als der Kopf, vor der Basis mit einer Querfurche und mit 2 von dieser seitlich schräg nach vorne ziehenden, tiefen Furchen, dicht und anliegend behaart.

Flügeldecken oval, stark gewölbt, ohne Spur eines Schulterwinkels oder einer Schulterbeule, ohne Basalimpression, dicht, nach hinten gerichtet und fast anliegend behaart.

Beine mäßig lang, Vorderschenkel etwas stärker verdickt als die der Mittel- und Hinterbeine, Vorder- und Mittelschienen dicker als die Hinterschienen. Vordertarsen des ♂ sehr schwach erweitert.

Penis (Fig. 279) langgestreckt, in der Längsmitte sehr stark eingeschnürt und nach oben gebogen, hinter der Einschnürung mit einer starken Anschwellung, dahinter zu einer stumpfen Spitze verjüngt. Das Penisinnere ist in dem einzigen vorliegenden Präparat undurchsichtig.

Es liegen mir aus den undeterminierten Beständen des South Austr. Museum 2 Exemplare (♂, ♀) vor, die gedruckte Patriazettel mit dem Text „Cairns distr. A. M. LEA" tragen, somit aus NO-Queensland stammen. Der Holotypus wird im South Austr. Museum, der Allotypus in meiner Sammlung verwahrt.

Scydmaenus (s. str.) tamborini nov. spec.

Gekennzeichnet durch lange und dünne Fühler mit schwach abgesetzter Keule, schwach queren Kopf mit kleinen Augen und langen, nach hinten leicht konvergierenden Schläfen, länglichrunden Halsschild mit 2 Basalgrübchen, abstehend behaarte Flügeldecken und schlanke Beine.

Long. 1,50 bis 1,70 mm, lat. 0,55 bis 0,65 mm. Rötlichgelb gefärbt, auf Kopf und Prothorax anliegend, auf den Flügeldecken abstehend, gelblich behaart.

Kopf von oben betrachtet breiter als lang, im Niveau der weit vorne stehenden, kleinen Augen am breitesten, mit leicht nach hinten konvergierenden Schläfen, glatt und glänzend, sehr fein, anliegend behaart. Fühler zurückgelegt die Halsschildbasis überragend, alle Glieder mit Ausnahme des 6., 7. und 8. länger als breit, das 6. isodiametrisch, 7 und 8 breiter als lang, das 9. an der Basis nur wenig breiter als das 8., zur Spitze leicht verbreitert.

Halsschild ein wenig länger als breit, länglichrund, etwas vor der Längsmitte am breitesten, anliegend, fein behaart, mit 2 kleinen Basalgrübchen.

Flügeldecken oval, hoch gewölbt, nur mit Andeutung einer Schulterbeule, sehr fein und zerstreut punktiert, lang und abstehend behaart.

Beine lang und schlank, Schenkel keulenförmig verdickt.

Penis (Fig. 280) ziemlich langgestreckt, leicht dorsalwärts gekrümmt, mit breit abgerundeter Spitze. Aus dem Ostium penis ragt ein chitinöser, in einer weiten Öffnung endender Chitinsack heraus, der im Penisinneren wahrscheinlich mit anderen chitinösen Bildungen in Verbindung steht. An dem einzigen vorliegenden Präparat sind diese infolge von Lufteinschlüssen nicht sichtbar.

Es liegen mir im undeterminierten Scydmaenidenmaterial des South Austr. Museum 3 Exemplare (1 ♂, 2 ♀♀) vor, die von M. A. LEA am Tamborine Mt. in S-Queensland gesammelt worden sind. Der Holotypus und eine Paratype werden im South Austral. Museum verwahrt, eine Paratype in meiner Sammlung.

Scydmaenus (s. str.) compressicollis nov. spec.

Gekennzeichnet durch ziemlich lange Fühler mit schwach abgesetzter, kurzer Keule, in der basalen Hälfte seitlich komprimierten Halsschild und breite, spärlich, aber lang behaarte Flügeldecken mit fast rechtswinkeligem Schulterwinkel.

Long. 1,65 bis 1,70 mm, lat. 0,65 bis 0,80 mm. Rotbraun gefärbt, spärlich gelblich behaart.

Kopf von oben betrachtet fast um die Hälfte breiter als lang, im Niveau der ziemlich großen, flachen Augen am breitesten, zur Basis stark verengt, fein netzmaschig skulptiert, kahl. Fühler zurückgelegt die Halsschildbasis weit überragend, ihr 5. und 6. Glied beim ♂ doppelt, das 6. beim ♀ nur eineinhalbmal so lang wie breit, beim 1. bis 4. Glied die Länge das Eineinhalbfache der Breite betragend, 7 bis 10 fast isodiametrisch, das eiförmige Endglied fast so lang wie die beiden vorhergehenden zusammengenommen.

Halsschild so lang wie breit, vor der Längsmitte am breitesten, dahinter seitlich eingedrückt, hoch gewölbt, schütter, aber ziemlich lang, abstehend behaart, vor der Basis ohne Grübchen und ohne Querfurche. Scutellum klein.

Flügeldecken stark gewölbt, schon an ihrer Basis breiter als der Halsschild mit fast rechtwinkeligem Schulterwinkel und verrundeter Schulterbeule, ohne Humeralfalte und Basalimpression, undeutlich und zerstreut punktiert, sehr spärlich, aber lang und abstehend behaart. Flügel reduziert.

Beine kräftig, Schenkel stark keulenförmig verdickt.

Penis (Fig. 281a, b) in der Mitte schwach eingeschnürt, sein distaler Teil nach oben gebogen, die Spitze abgerundet, tief eingekerbt. Aus dem Ostium penis ragen dünnhäutige Ausstülpungen des Präputialsackes heraus, das Penisinnere ist in den zwei mir vorliegenden Präparaten nicht durchsichtig.

Es liegen mir 4 Exemplare dieser Art, 3 ♂♂, 1 ♀, im undeterminierten Material des South Austr. Museum vor. Diese waren gemeinsam auf einem Karton präpariert und gemäß der Fundortetikette von M. A. LEA am Tamborine Mt. in S-Queensland gesammelt worden. An derselben Nadel befanden sich auf einem zweiten Karton Ameisen, die Art ist demnach in Gesellschaft von Ameisen gefunden worden. Der Holotypus und 2 Paratypen befinden sich im South Austr. Museum, eine Paratype (♂) in meiner Sammlung.

Scydmaenus (s. str.) *boulayi* nov. spec.

Gekennzeichnet durch hochgewölbte Gestalt, schlanke Fühler mit schwach abgesetzter, 3gliederiger Keule, schwach queren Kopf mit ziemlich langen, nach hinten konvergierenden Schläfen, leicht gestreckten, hochgewölbten Halsschild ohne Basalgrübchen sowie kurzovale, sehr stark seitlich und querüber gerundete Flügeldecken ohne Schulterhöcker.

Long. 2,10 mm, lat. 0,90 mm. Rotbraun gefärbt, ziemlich dicht und fast anliegend, gelblich behaart.

Kopf von oben betrachtet um ein Drittel breiter als lang, mit langen, nach hinten konvergierenden Schläfen und gleichmäßig, ziemlich stark gewölbter Oberseite. Fühler schlank, mit schwach abgesetzter, 3gliederiger Keule, zurückgelegt die Halsschildbasis ein wenig überragend, ihre beiden ersten, das 5. und 9. Glied mehr als doppelt, das 6. eineinhalbmal so lang wie breit, 3, 6 und 7 leicht gestreckt, 10 ebenso, distal stark verbreitert, das Endglied viel kürzer als die beiden vorhergehenden zusammengenommen.

Halsschild länger als breit, weit vor der Mitte am breitesten, kugelig gewölbt, ziemlich dicht, anliegend behaart, ohne Basalgrübchen.

Flügeldecken kurzoval, hoch gewölbt, an der Basis nur so breit, in der Längsmitte aber viel breiter als die Halsschildbasis, ohne Schulterbeule und ohne Schulterwinkel, ziemlich lang und dicht, leicht abgehoben behaart.

Beine ziemlich lang, Schenkel keulenförmig verdickt, Vorderschienen des ♂ sehr schwach erweitert.

Penis (Fig. 282) langgestreckt, im Bau auffällig an *Heterognathus carinatus* KING erinnernd, mit dem die Art sicher nicht näher verwandt ist. Ostium penis oval, vorne durch 2 darüber ragende Chitinlappen, hinten gerade begrenzt, der Hinterrand des Penis in der Mitte leicht eingekerbt, beiderseits der Einkerbung steht ein kleiner, spitzer Höcker. Aus dem Ostium penis ragt der Ductus ejaculatorius heraus. An der Austrittsstelle ist noch das Ende einer langgestreckten Blase erkennbar, der Ductus selbst ist in einer Schleife in das Penisinnere zurückgebogen. Der vordere Teil des Penis ist wegen Lufteinschlüssen undurchsichtig.

Es liegt mir nur ein Exemplar dieser Art (♂) vor, das sich im undeterminierten Material des British Museum vorfand. Es trägt einen handgeschriebenen Patriazettel mit dem Text

299

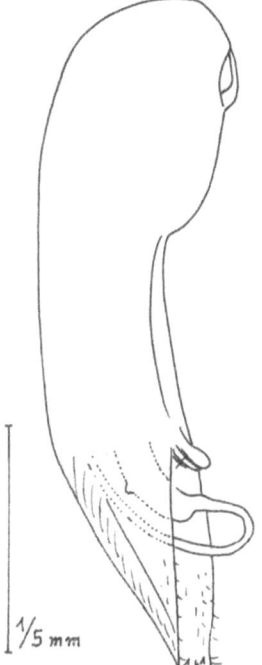

Fig. 282. *Scydmaenus* (s. str.) *boulayi* FRANZ, Penis in Lateralansicht.

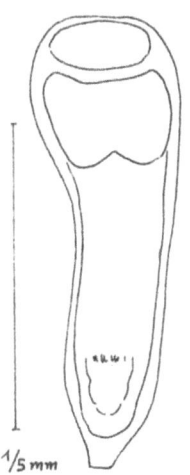

Fig. 283. *Scydmaenus* (s. str.) *assimilis* (KING), Penis in Dorsalansicht.

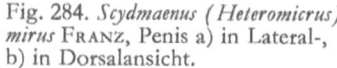

Fig. 284. *Scydmaenus (Heteromicrus) mirus* FRANZ, Penis a) in Lateral-, b) in Dorsalansicht.

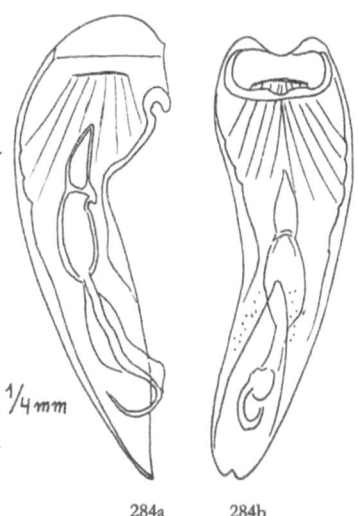

284a 284b

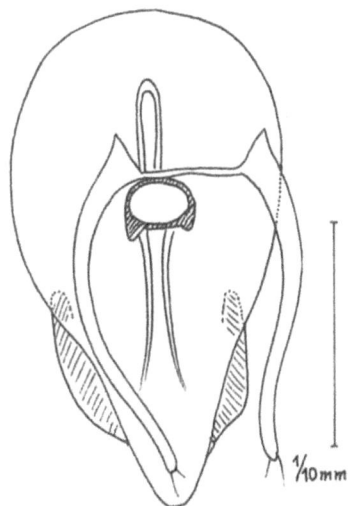

Fig. 285. *Neseuthia lord howei* FRANZ, Penis in Dorsalansicht.

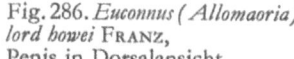

Fig. 286. *Euconnus (Allomaoria) lord howei* FRANZ, Penis in Dorsalansicht.

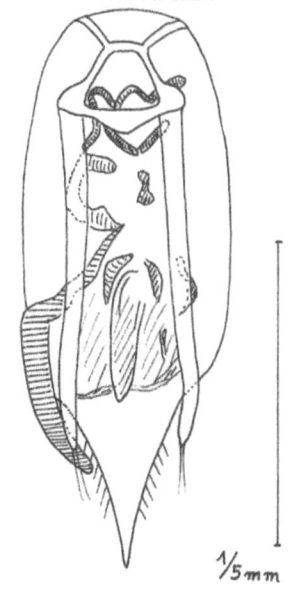

„Beverley, E. d. B., with Iridomyrmex". Ein gedruckter Zettel trägt den Text „Australia, W. du Boulay". Der Holotypus wird im British Museum verwahrt.

Scydmaenus (s. str.) assimilis (King)

King, Trans. Ent. Soc. N. S. Wales 1, 1865, p. 97—98 *(Heterognathus)*

Gekennzeichnet durch relativ geringe Größe, ziemlich lange und schlanke Fühler, das Fehlen von Basalgrübchen des Halsschildes und jeglicher sekundärer Geschlechtsmerkmale.

Long. 1,50 mm, lat. 0,55 mm. Hell rotbraun gefärbt, fein gelblich behaart.

Kopf von oben betrachtet wesentlich breiter als lang, die fast parallelen Schläfen viel länger als die Augen. Fühler schlank, zurückgelegt die Halsschildbasis schwach überragend, alle Glieder mit Ausnahme des 6. bis 8. länger als breit, das Endglied kürzer als die beiden vorhergehenden zusammengenommen.

Halsschild etwas länger als breit, knapp vor der Längsmitte am breitesten, ohne Basalgrübchen.

Flügeldecken oval, mäßig gewölbt, ohne Schulterbeule und Basalimpression, am Ende gemeinsam abgerundet.

Beine kräftig und ziemlich kurz.

Penis (Fig. 283) ziemlich langgestreckt, leicht nach oben gekrümmt, sein basales Drittel etwas breiter als der distale Teil, dieser zur Spitze nochmals verschmälert, die Spitze abgestutzt. Das Penisinnere ist im Präparat undurchsichtig.

Die Art ist von Paramatta bei Sydney beschrieben. Es liegen mir aus der Sammlung des South Australian Museum 3 Exemplare (1 ♂, 2 ♀♀) vor, von denen 2 (♂, ♀) als Cotypen bezeichnet und mit der Patriaangabe N. S. Wales versehen sind, während das 3., an einer Nadel mit einer *Euconnus* spec. steckende von Paramatta stammt.

Heteromicrus Subgen. nov.

Sehr ausgezeichnet durch lange und schlanke Fühler mit nur 2gliederiger Keule und mit sehr langem, dünnem 9. Glied, ferner durch den Hals an Breite nur wenig übertreffenden Kopf, kugelig gewölbten, isodiametrischen Halsschild, hochgewölbte Flügeldecken ohne Basalimpression und ohne Humeralfalte, vom Metasternum scharf getrennte Episternen sowie schlanke Beine mit nur sehr schwach verdickten Schenkeln und nicht erweiterten Vordertarsen des ♂.

Typus des neuen Subgenus ist der nachfolgend beschriebene *Sc. mirus*.

Scydmaenus (Heteromicrus) mirus nov. spec.

Long. 1,45 bis 1,50 mm, lat. 0,60 mm. Hell rotbraun gefärbt, fein und spärlich weißlichgelb behaart.

Kopf von oben betrachtet etwas länger als breit, im Niveau der kleinen, weit nach vorne gerückten Augen am breitesten und hier kaum breiter als der Hals, mit langen, geraden, gegen die Basis leicht konvergierenden Schläfen, hoch gewölbt, sehr fein behaart, Supraantennalhöcker schwach angedeutet. Fühler sehr lang und dünn, zurückgelegt das basale Drittel der Flügeldecken erreichend, alle Glieder viel länger als breit und vollkommen symmetrisch, das 10. Glied mehr als doppelt so breit wie das 9., mit dem Endglied die 2gliederige Keule bildend.

Halsschild so lang wie breit, etwas vor der Mitte am breitesten, kugelig gewölbt, ohne Basalgrübchen, sehr fein und anliegend behaart.

Flügeldecken an ihrer Basis nicht breiter als der Halsschild, ohne Basalimpression und Humeralfalte, mit schwach angedeuteter Schulterbeule, hoch gewölbt, fein und anliegend behaart, am Ende breit abgerundet. Flügel verkümmert. Beine schlank, Schenkel sehr schwach verdickt, Schienen gerade, Vordertarsen des ♂ nicht erweitert.

Penis (Fig. 284a, b) langgestreckt, leicht nach oben gebogen, seine Spitze abgerundet, aber in der Mitte eingekerbt. Im Ostium penis ist das nach unten eingekrümmte Endstück des Ductus ejaculatorius sichtbar. Dieser ist weiter vorn von einem dicken Chitinmantel umgeben und erweitert sich noch weiter vorn im Penisinneren zu einer 2kammerigen Blase, deren vordere Kammer kapuzenförmig ist. Im basalen Teil des Penis befindet sich ein scheibenförmiges Druckausgleichsventil, an dem zahlreiche Muskel inserieren.

Es liegen mir im undeterminierten Material des South Australian Museum 3 Exemplare (2 ♂♂, 1 ♀) vor, die vom Swan River in SW-Australien stammen. Der Holotypus und eine Paratype werden im South Austr. Museum verwahrt, eine Paratype in meiner Sammlung.

Scydmaenus (Heteromicrus) sidneyanus nov. spec.

Von *Sc. mirus* durch viel gedrungenere Körperform, bedeutendere Größe und lange, abstehende Behaarung äußerlich sehr verschieden, jedoch alle für *Heteromicrus* charakteristischen Merkmale aufweisend und daher zweifellos in dieses Subgenus einzuordnen.

Long. 1,60 bis 1,70 mm, lat. 0,70 mm. Hell rotbraun gefärbt, lang und abstehend, gelblich behaart.

Kopf von oben betrachtet um etwa ein Drittel breiter als lang, mit schwach nach hinten konvergierenden Schläfen und mäßig gewölbter, sehr fein punktierter Oberseite, fein, besonders an den Schläfen abstehend behaart. Fühler lang und dünn, zurückgelegt die Halsschildbasis weit überragend, ihr 1., 2. und 5. Glied mehr als 3mal so lang wie breit, auch alle anderen gestreckt, das 9. doppelt so lang wie breit, halb so breit wie das 10.

Halsschild ein wenig länger als breit, kugelig gewölbt, seitlich sehr regelmäßig gerundet, lang und dicht, abstehend behaart, vor der Basis ohne Grübchen, ohne erkennbare Punktierung. Scutellum klein, aber deutlich sichtbar.

Flügeldecken oval, stark gewölbt, an ihrer Basis nur so breit wie die Halsschildbasis, ohne Spur einer Schulterbeule, eines Schulterwinkels und einer Basalimpression, sehr undeutlich und seicht punktiert, lang und abstehend behaart.

Beine schlank, Schenkel verdickt.

Es liegt mir ein einziges Exemplar (♀) dieser interessanten Art aus den undeterminierten Beständen des South Austr. Museum in Adelaide vor. Es trägt einen ungedruckten Patriazettel mit dem Text: „Sydney coll. LÜDDEMANN".

Katalog der Scydmaeniden von Australien und Tasmanien

Tribus *Cephenniini*

Genus? *Cephennonicrus* REITT.
    Coatesia LEA
        lata LEA   N. S. Wales

Genus *Neseuthia* SCOTT
    Megaladerus KING nec. STEPH.
        inconspicua KING   N. S. Wales
        perthi FRANZ   SW. Australia

Tribus *Syndicini*

Genus *Syndicus* Motsch.
    Phagonophana King
        kingi King   N. S Wales, Queensland

Tribus *Neuraphini*

Genus *Stenichnus* Reitt.

  Subgenus *Scydmaenilla* King
pusillus King	N. S. Wales
constrictus Lea	Tasmania
brisbanensis Franz	S. Queensland
adelaidensis Franz	S. Australia
thompsonianus Franz	S. Queensland
queenslandicus Franz	S. Queensland
sydneyanus Franz	N. S. Wales

Genus *Neuraphoconnus* Franz
carinifrons Franz	S. Australia, Victoria
kangorouanus Franz	Kangorou Isld.

Genus *Horaeomorphus* Schauf.
tasmaniensis Franz	Tasmania
puncticeps Franz	N. S. Wales
maipotonensis Franz	S. Queensland
thompsoni Franz	S. Queensland
eucalypti Franz	S. Queensland
latipennis (Lea)	SW. Australia
macrostictus (Lea)	Tasmania
australiensis Franz	S. Australia
montis tamborinensis Franz	S. Queensland
simplicicornis (Lea)	Victoria

Genus *Euconnus* Thoms.

  Subgenus *Euconnus* s. str.
microps Lea	SW. Australia

  Subgenus *Tetramelus* Motsch.
wilsonis Franz	Tasmania
waratahaensi Franz	Tasmania
thompsonianus Franz	Queensland
maipotonis Franz	Queensland
mac arthuris Franz	SW. Australia
warwickianus Franz	Queensland
elliptipennis Franz	Tasmania
leai Csiki (nom. praeocc.)	
ovipennis (Lea) (nec Broun, nec Reitter et Croiss.)	
tenuis (Lea)	Tasmania
cairnsianus Franz	Queensland

Subgenus *Heterotetramelus* Franz
    carteri Franz   Tasmania

Subgenus *Napochus* Reitter
    palmwoodianus Franz   Queensland
    pisoniae Franz   Queensland

Subgenus *Maoria* Franz
    suturalis (Lea)   Tasmania
    crassipes (Lea)   Tasmania
    clypeatus Franz   Queensland
    brisbanensis Franz   Queensland

Subgenus *Allomaoria* Franz
    moeratti Franz   ? Victoria
    paramoeratti Franz   Victoria
    pedunculatus (Lea)   N. S. Wales
    parvicollis (Lea)   N. S. Wales
    warrenicola Franz   SW. Australia
    quinarius Franz   Queensland
    hirticeps (Lea)   S. Australia
    blackburni Franz   Victoria
    depressus (Lea)   S. Australia
    colobopsis (Lea)   Tasmania
    buffaloensis Franz   Victoria
    bryanti Franz   N. S. Wales

Subgenus *Anticimorphus* Franz
    anthicoides (Lea)   N. S. Wales

Subgenus *Dimorphoconnus* Franz
    insigniventris (Lea)   Tasmania
    franklinensis (Lea)   Franklin Isld.
    insulanus Franz   Recoesby Isld.
    tridentatus (Lea)   SW. Australia
    dentiventris (Lea)   N. S. Wales
    leanus Franz   N. S. Wales
    illawarrae Franz   N. S. Wales
    spiniventris Franz   N. S. Wales
    abundans (Lea)   Tasmania

Subgenus *Euconophron* Reitter

    1. Artengruppe:

    lucindalis Franz   S. Australia
    latebricola (Lea)   Tasmania
    kangoroanus Franz   Kangaroo Isld.
    clarus (Lea)   Tasmania
    mastersi (Lea)   N. S. Wales
    nikitini Franz   N. S. Wales

gulosus (KING)	N. S. Wales
allogulosus FRANZ	Queensland
paragulosus FRANZ	N. S. Wales
brevisetosus (LEA)	Tasmania
leai CSIKI	Tasmania
tenuicornis (LEA)	
castaneoglaber (LEA)	Tasmania
flavoapicalis (LEA)	N. S. Wales
nigriceps FRANZ	Victoria
mac arthuris FRANZ	SW. Australia
hubbleanus FRANZ	Queensland
pembertonensis FRANZ	SW. Australia
amplipennis (LEA)	N. S. Wales
tenuicollis (LEA)	Tasmania
warensis FRANZ	SW. Australia
davayi (LEA)	Victoria
loftyanus FRANZ	S. Australia
griffithi (LEA)	S. Australia
milborgensis FRANZ	Queensland
doddianus FRANZ	Queensland
fimbricollis (LEA)	Tasmania
tortipenis FRANZ	S. Australia
rivularis (LEA)	N. S. Wales
nigropiceus FRANZ	S. Australia, Victoria
hubblei FRANZ	Queensland
maipotonensis FRANZ	Queensland
lucindalensis FRANZ	S. Australia
incerticornis (LEA)	N. S. Wales
narrabriensis FRANZ	N. S. Wales
fuscipalpis (LEA)	S. Australia
queenslandensis FRANZ	Queensland
innotabilis FRANZ	Queensland
palmwoodensis FRANZ	Queensland
donnybrookensis FRANZ	SW. Australia
subglabripennis (LEA)	Queensland

2. Artengruppe:

glabripennis (LEA)	Victoria
paraglabripennis (LEA)	Victoria
alloglabripennis FRANZ	Queensland
seminiger (LEA)	Tasmania
bifasciculatus (LEA)	Victoria
clarkianus FRANZ	SW. Australia
maryvalensis FRANZ	Queensland
warratahanus FRANZ	Tasmania
nikitinianus FRANZ	N. S. Wales
alluvionum FRANZ	S. Australia
gawleri FRANZ	S. Australia
boulayanus FRANZ	N. S. Wales
microcollis FRANZ	Queensland

adelaidensis Franz   S. Australia
appropinquans (Lea)   W. Australia

3. Artengruppe:

tamborinensis Franz   Queensland
beechmontensis Franz   Queensland

Arten ohne nähere verwandtschaftliche Beziehungen:

kirkbyensis Franz   S. Australia
usitatus (Lea)   Tasmania
parausitatus Franz   Tasmania
tamborini Franz   Queensland
planus Franz   Queensland
paracolobopsis Franz   Tasmania
hobarti Franz   Tasmania
evanidus (Lea)   N. S. Wales
newcastlensis Franz   SW. Australia
cairnsiensis Franz   Queensland
rhombiceps Franz   Queensland
foveidistans (Lea)   N. S. Wales
subglabripennis (Lea)   Queensland
walkeri (Lea)   N. Australia
obscuricornis (Lea)   Tasmania
stanwellensis Franz   N. S. Wales
scydmaenilliformis Franz   Victoria, N. S. Wales
flavipes (Lea)   SW. Australia
namoiensis Franz   N. S. Wales
cairnsi Franz   Queensland
barrinoensis Franz   Queensland
brevipilis (Lea)   Tasmania
wimbushi Franz   N. S. Wales
kosciuskoi Franz   N. S. Wales
maipotonicus Franz   Queensland
woodi Franz   N. S. Wales
armidalensis Franz   N. S. Wales
atrophus (Lea)   SW. Australia
cradlei Franz   Tasmania
pilosicollis (Lea)   Tasmania
fimbriatus (Lea)   N. S. Wales
ectatommae (Lea)   Tasmania
calviceps (Lea)   N. S. Wales
cairnsicola   Queensland
beckeri Franz   Queensland
paramattensis Franz   N. S. Wales
kingensis (Lea)   King Isld.
parakingensis Franz   Tasmania
duplicatus (Lea)   SW. Australia
clientulus (Lea)   SW. Australia

Genus *Microscydmus* Croiss.
    australiensis Franz   N. Queensland
    nasicornis Franz   S. Queensland

Tribus *Scydmaenini*

Genus *Palaeoscydmaenus* Franz
    australiensis Franz   S. Australia

Genus *Scydmaenus* Latr.

  Subgenus *Heterognathus* King

    carinatus King   N. S. Wales, Victoria, ? W. Australia
    formicarum Franz   N. S. Wales

  Subgenus *Scottiscydmaenus* Franz
    Heterognathus Scott nec King
    scotti Franz   W. Australia
    clarkianus Franz   SW. Australia
    swanensis Franz   SW. Australia
    optatus Sharp   W. Australia

  Subgenus *Mascarensia* Franz
    australiensis Franz   N. Australia

  Subgenus *Allomicrus* Franz
    inflatitibia Franz   N. S. Wales
    myrmecobius Csiki   Tasmania, Victoria
    myrmecophilus Lea

  Subgenus *Corbulifer* Franz
    tamborinensis Franz   Queensland
    ssp. *cunninghamensis* Franz   Queensland
    ssp. *maipotonensis* Franz   Queensland
    pseudorobustus Franz   Queensland

  Subgenus *Cholerus* Thoms
    princeps (King)   N. S. Wales
    beechmonti Franz   Queensland
    marwillumbali Franz   Queensland

  Subgenus *Choleropsis* Franz
    gracilis (King)   N. S. Wales

  Subgenus *Scydmaenus* s. str.
    robustus (Lea)   Queensland
    maipotonianus Franz   Queensland
    kingi Mac Leay   N. S. Wales
    loftyi Franz   S. Australia

kurandae FRANZ	Queensland
excavaticollis FRANZ	Queensland
tamborini FRANZ	Queensland
compressicollis FRANZ	Queensland
boulayi FRANZ	SW. Australia
assimilis (KING)	N. S. Wales

Subgenus *Heteromicrus* FRANZ

mirus FRANZ	SW. Australia
sidneyanus FRANZ	N. S. Wales

III. Scydmaeniden von Lord Howe Island

Mit undeterminierten Scydmaeniden-Beständen des South Australian Museum in Adelaide wurde mir eine kleine Anzahl von Scydmaeniden zugesandt, die M. A. LEA auf Lord Howe Island gesammelt hat. Dieses Material besitzt einen hohen wissenschaftlichen Wert, da von Lord Howe Island bisher keine Scydmaeniden bekannt waren und diese Insel infolge ihrer Lage ein besonderes biographisches Interesse beansprucht.

Das Material umfaßt 1 *Neseuthia*- und 4 *Euconnus*-Arten, die durchwegs noch unbeschrieben sind.

Neseuthia lord howei nov. spec.

Gekennzeichnet durch den Besitz einer flachen Eindellung der Stirn zwischen den Fühlerwurzeln als einziger sekundärer Geschlechtsauszeichnung am Kopf des ♂, durch hinter der Längsmitte schwach ausgeschweiften Halsschild mit von 2 Grübchen begrenzter Basalimpression und durch den Penisbau.

Long. 0,90 mm, lat. 0,45 mm. Hell rotbraun gefärbt, fein, gelblich behaart.

Kopf von oben betrachtet etwas breiter als lang, Stirn vor den Augen nach vorn dreieckig verschmälert, beim ♂ zwischen den Fühlern flach eingedellt, Augen groß, konvex, seitlich stark vorragend, Schläfen kurz. Fühler mit schwach abgesetzter, 2gliederiger Keule, zurückgelegt die Halsschildbasis knapp erreichend, ihr 1. Glied dicker als die folgenden, 2 bis 4 schwach quer, 5, 6, 8 und 10 quadratisch, 7 und 9 leicht gestreckt, das eiförmige Endglied so lang wie die beiden vorhergehenden zusammengenommen.

Halsschild breiter als lang, vor seiner Längsmitte am breitesten, hinter derselben ausgeschweift, mäßig gewölbt und fein behaart, vor der Basis mit tiefer, beiderseits von einem Grübchen begrenzter Basalimpression.

Flügeldecken gewölbt, ziemlich kurz oval, fein behaart, mit flacher Basalimpression und schwach markiertem Schulterhöcker. Flügel voll entwickelt.

Beine ohne besondere Merkmale, Vorderschenkel stärker verdickt als die der Mittel- und Hinterbeine.

Penis (Fig. 285) annähernd eiförmig, mit spitzwinkelig-dreieckigem Apex und breiterem, darunter gelegenem Operculum. Parameren leicht S-förmig gekrümmt, das Penisende fast erreichend, am Ende mit je 2 Tastborsten versehen. Im Penisinneren befindet sich knapp vor der Penismitte ein ringförmiges Chitingebilde, vor dem ein vorn geschlossener breiter Schlauch gelegen ist. Auch dahinter ist ein gegen die Penisspitze ziehender, hinten erweiterter Schlauch vorhanden.

Es liegen mir 2 Exemplare (♂, ♀) vor, das ♀ trägt außer der Fundortangabe Lord Howe I. auch noch die weitere On Kentia. Der Holotypus (♂) wird in der Sammlung des South Austral. Museum, der Allotypus (♀) in meiner Sammlung aufbewahrt.

Euconnus (Allomaoria) lord-howei nov. spec.

Sehr ausgezeichnet durch flache Oberseite des Kopfes und 2 tiefe Grübchen auf dem Scheitel, durch allmählich zur Spitze verdickte Fühler, kugelig gewölbten Halsschild mit 2 Basalgrübchen und einer sehr kurzen Seitenrandkante vor den Hinterwinkeln, durch dichte, aufgerichtete Behaarung und *Horaeomorphus*-ähnliches Aussehen.

Long. 2,10 mm, lat. 0,90 bis 0,95 mm. Rotbraun gefärbt, aufgerichtet, gelblichbraun behaart.

Kopf von oben betrachtet etwas breiter als lang, mit flachem Scheitel und schwach nach vorn abfallender Stirn, 2 tiefen Scheitelgruben und ziemlich langer, an den Schläfen bärtiger Behaarung, Augen flach gewölbt. Fühler ganz allmählich zur Spitze verdickt, zurückgelegt die Halsschildbasis knapp erreichend, ihre beiden ersten sowie das 5. und 6. Glied deutlich länger als breit, 3, 4, 8, 9 und 10 annähernd isodiametrisch, das eiförmige Endglied viel kürzer als die beiden vorhergehenden zusammengenommen.

Halsschild etwa so breit wie lang, im vorderen Drittel seiner Länge am breitesten, kugelig gewölbt, glatt und glänzend, allenthalben dicht und steif abstehend behaart, vor der Basis mit 2 Grübchen, vor den Hinterwinkeln kurz, aber scharf gerandet.

Flügeldecken oval, hoch gewölbt, an ihrer Basis kaum breiter als die Halsschildbasis mit sehr flacher Basalimpression und verrundeter Humeralfalte, lang und steif aufgerichtet behaart.

Beine kräftig, Vorderschenkel viel stärker verdickt als die der Mittel- und Hinterbeine.

Penis (Fig. 286) langgestreckt, in eine scharfe und lange Spitze auslaufend, vor dieser beiderseits mit einer Reihe von Tastborsten besetzt. Parameren die Penisspitze nicht erreichend, mit je 2 langen, terminalen Tastborsten versehen. Basalöffnung des Penis von einem dicken Chitinrahmen umgeben. Präputialsackwand darunter und weiter hinten mit chitinösen Falten versehen. Auf der von hinten und oben gesehen linken Seite ragt ein an der Basis einwärts geknickter, mächtiger, an seiner Spitze abgerundeter Chitinstachel nach hinten.

Es liegen mir 2 ♂♂ vor, von denen das eine, der Holotypus, einen Fundortzettel mit dem Text „On Banyan Lord Howe I." trägt, während der Paratypus nur mit der Fundortangabe „Lord Howe I." versehen ist. Der Holotypus wird im South Australian Museum, der Paratypus in meiner Sammlung verwahrt.

Euconnus (Tetramelus) eremita nov. spec.

Gekennzeichnet durch von oben betrachtet isodiametrischen Kopf mit kleinen Augen, allmählich zur Spitze verdickte Fühler, leicht gestreckten, kugelig gewölbten Halsschild mit nur angedeuteter basaler Querfurche und stark gewölbte, fein punktierte Flügeldecken ohne Basalimpression, Schulterbeule und Humeralfalte.

Long. 2,00 mm, lat. 0,70 mm. Rotbraun gefärbt, weißgelb behaart.

Kopf von oben betrachtet rundlich, nahezu isodiametrisch, flach gewölbt, mit etwas über den Hals vorragendem Hinterkopf und sehr kleinen Augen, lang, aber sehr spärlich, auch die Schläfen nicht dichter behaart, Supraantennalhöcker flach, aber deutlich markiert. Fühler allmählich zur Spitze verdickt, zurückgelegt die Halsschildbasis etwas überragend, ihre beiden ersten Glieder um mehr als die Hälfte, 7 noch deutlich länger als breit, 3 bis 6 isodiametrisch bis leicht gestreckt, 8 bis 10 sehr schwach quer, das eiförmige Endglied so lang wie die beiden vorhergehenden zusammengenommen.

Halsschild etwas länger als breit, kugelig gewölbt, glatt und glänzend, mit einer angedeuteten basalen Querfurche, schütter behaart.

Flügeldecken deutlich dicht punktiert und ziemlich lang, aber schütter, schräg abstehend behaart, oval, an ihrer Basis nur so breit wie die Halsschildbasis, ohne Basalimpression, Humeralfalte und Schulterbeule.

Beine ziemlich lang, Vorderschenkel sehr stark, Mittel- und Hinterschenkel schwach verdickt.

Penis (Fig. 287a, b) leicht nach oben gebogen, mit spatelförmigem, in der Mitte ausgerandetem und dadurch zweispitzigem Apex und das Penisende nicht ganz erreichenden, mit 3 terminalen Tastborsten versehen Parameren. Aus dem Ostium penis ragen mehrere Chitinzähne heraus. Besonders auffällig sind 2 nach außen gekrümmte, spiegelbildlich zueinander stehende flache Zähne und 2 weitere sichelförmig nach innen gekrümmte, einander überkreuzende Chitinhaken, die sich in Form lateraler Chitinplatten bis zur Basalöffnung des Penis fortsetzen. Zwischen diesen Platten liegt hinter der Basalöffnung ein Komplex von Chitinhaaren und vor der Basalöffnung ein chitinöser Ring, der mit Chitinfalten der Präputialsackwand zusammenhängt.

Es liegt mir nur der Holotypus (♂) vor, der von M. A. LEA in Lord Howe Island gesammelt wurde und im South Australian Museum in Adelaide verwahrt wird.

Euconnus (Euconophron) howeanus nov. spec.

Gekennzeichnet durch querovalen Kopf mit ziemlich großen, seitlich vorgewölbten Augen, fadenförmige, zurückgelegt die Halsschildbasis ein wenig überragende Fühler, isodiametrischen, seitlich struppig behaarten Halsschild mit 2 Basalgrübchen und kurzovale, abstehend behaarte Flügeldecken.

Long. 1,40 bis 1,50 mm, lat. 0,60 bis 0,65 mm. Rotbraun gefärbt, lang, bräunlichgelb behaart.

Kopf von oben betrachtet queroval, mit ziemlich großen, seitlich stark vorgewölbten Augen und bärtig behaarten Schläfen. Fühler allmählich zur Spitze verdickt, zurückgelegt die Halsschildbasis ein wenig überragend, ihre Glieder isodiametrisch bis leicht gestreckt, nur das eiförmige Endglied fast doppelt so lang wie breit, aber deutlich kürzer als die beiden vorhergehenden zusammengenommen.

Halsschild so lang wie breit, flach gewölbt, seitlich gleichmäßig gerundet, ziemlich dicht, an den Seiten struppig behaart, vor der Basis mit 2 Grübchen.

Flügeldecken kurzoval, schon an ihrer Basis breiter als der Halsschild, ziemlich flach gewölbt, lang und schräg abstehend behaart, mit flacher Basalimpression und schräger Humeralfalte.

Beine ohne besondere Merkmale, Vorderschenkel stärker verdickt als die der Mittel- und Hinterbeine.

Penis (Fig. 288) im Bau an den von *E. loftyanus* m., *nikitini* m. und *mastersi* (LEA) erinnernd, aus einem von oben betrachtet nahezu isodiametrischen Peniskörper und einer langen Apikalpartie bestehend. Apex am Ende abgestutzt, am Hinterrand beiderseits der Mitte leicht ausgerandet. Parameren kräftig, schwach S-förmig nach außen gekrümmt, mit je einer terminalen Tastborste versehen.

Es liegen mir aus der Sammlung des South Australian Museum 4 Exemplare (1 ♂, 3 ♀♀) vor, die alle von Lord Howe Isld. stammen, aber keine genauere Fundortangabe tragen. 3 Exemplare, darunter der Holotypus, werden in der Sammlung des South Austr. Museum verwahrt, ein ♀ befindet sich in meiner Sammlung.

Euconnus (Euconophron) brevipennis nov. spec.

Gekennzeichnet durch flachen, querovalen Kopf mit bärtig behaarten Schläfen, kleinen, vor der Basis gerandeten Halsschild mit 2 durch eine Furche verbundenen Basalgrübchen und sehr kurze, nahezu kahle Flügeldecken.

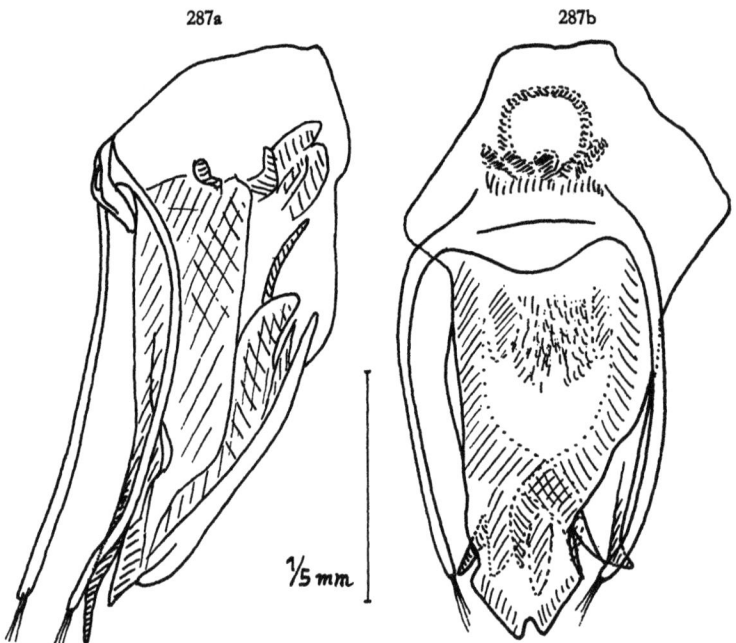

Fig. 287. *Euconnus (Tetramelus) eremita* Franz,
Penis a) in Lateral-, b) in Dorsalansicht.

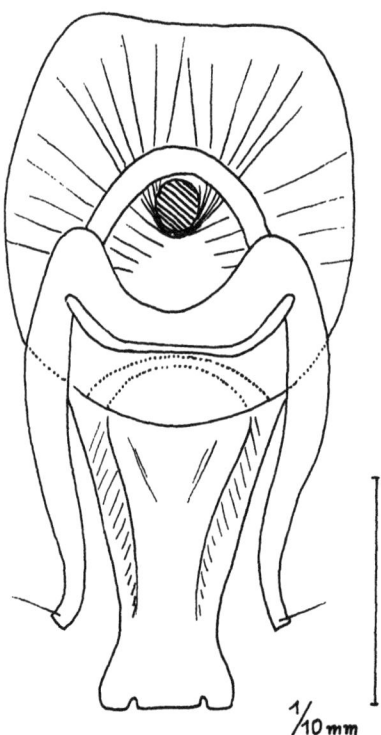

Fig. 288. *Euconnus (Euconophron)
howeanus* Franz, Penis in Dorsalansicht.

Long. 1,45 mm, lat. 0,60 mm. Dunkel rotbraun gefärbt, spärlich, bräunlich behaart.

Kopf von oben betrachtet annähernd queroval, oberseits sehr flach gewölbt, mit kleinen, aber seitlich vorgewölbten Augen und bärtig behaarten Schläfen. Fühler zurückgelegt die Halsschildbasis erreichend, mit schwach abgesetzter, 4gliederiger Keule, ihre beiden ersten Glieder gestreckt, 3 bis 7 annähernd quadratisch, 8 bis 10 in gewisser Richtung schwach quer, das eiförmige Endglied kürzer als die beiden vorhergehenden zusammengenommen.

Halsschild etwas länger als breit, nur so breit wie der Kopf samt den Augen, schwach gewölbt, seitlich schwach gerundet, struppig behaart, vor den Basalecken fein gerandet, vor der Basis mit 2 durch eine Querfurche verbundenen Grübchen.

Flügeldecken schon an ihrer Basis viel breiter als der Halsschild, kurzoval, glatt und glänzend, mit flacher Basalimpression und sehr kurzer Humeralfalte, hinter dem deutlich sichtbaren Schildchen beiderseits neben der Naht mit einem flachen Eindruck.

Beine schlank, Schenkel schwach verdickt.

Es liegt mir nur ein Exemplar (♀) vor, das im South Australian Museum in Adelaide aufbewahrt wird. Der Holotypus trägt nur die Patriaangabe Lord Howe Island und wurde in Fallaub gefunden.

Katalog der Scydmaeniden Lord Howe Islands

Genus *Neseuthia* SCOTT
    lord howei FRANZ

Genus *Euconnus* THOMSON

    Subgenus *Allomaoria* FRANZ
        lord howei FRANZ

    Subgenus *Tetramelus* MOTSCH.
        eremita FRANZ

    Subgenus *Euconophon* REITT.
        howeanus FRANZ
        brevipennis FRANZ

IV. Biographische Auswertung der taxonomischen Ergebnisse

Nachdem sich eine Reihe von Genusnamen, die für australische und neuseeländische Scydmaeniden eingeführt worden waren, als synonym zu weit verbreiteten Genera erwiesen hat, erscheint die Scydmaenidenfauna der australischen Region derjenigen der übrigen biographischen Regionen, vor allem der orientalischen ähnlicher als das bisher der Fall war.

Gleichzeitig hat sich durch die Entdeckung sehr altertümlicher Formen neuerlich gezeigt, daß die australische Region besonders reich an stammesgeschichtlich bemerkenswerten Relikten ist. Ein sehr altertümliches Relikt ist vor allem *Palaeoscydmaenus australiensis*. Als primitive Formen sind ferner die *Allomaoria*-Arten mit schwach chitinisiertem, sackförmigem Penis und mit diesem nur dünnhäutig verbundenen Parameren anzusehen.

Die Beziehungen zwischen der australischen und der neuseeländischen Scydmaenidenfauna sind auffällig gering. Nicht ein endemisches Genus ist beiden Gebieten gemeinsam, und es gibt auch keine einzige beiden Gebieten gemeinsame Scydmaenidenart. An endemischen Subgenera, die sowohl in Australien und Tasmanien als auch in Neuseeland vorkommen, sind nur *Maoria* und *Allomaoria* zu nennen. Innerhalb der Gattung *Scydmaenus* ist nicht ein Subgenus in beiden Gebieten vertreten. Dies zeigt gleich zahlreichen anderen Beispielen aus der Tier- und Pflanzenwelt das hohe Maß der Verschiedenheit, das eine Abtrennung Neuseelands als Subregion von der australischen rechtfertigt.

Dem gegenüber sind die Beziehungen zwischen Australien und Tasmanien eng, es gibt sogar Arten, die Tasmanien mit dem Südosten Australiens gemeinsam sind. Das ist deshalb besonders bemerkenswert, weil selbst kleine der südaustralischen Küste vorgelagerte Inseln, wie Kangaroo-Island, Franklin Isld. und Recoesby Isld., endemische *Euconnus*-Arten besitzen. Solche sind allerdings auch in Tasmanien in beträchtlicher Zahl vorhanden. Da

Australien selbst reich an Endemiten mit sehr beschränkter Verbreitung ist, kann das Vorhandensein solcher Endemiten allerdings nicht als Beweis für eine lang andauernde Trennung Tasmaniens vom australischen Mutterland angesehen werden. Weder das isolierte Waldgebiet SW-Australiens noch auch das kleine, relativ feuchte Gebiet um Adelaide haben auch nur eine Scydmaeniden-Art mit anderen australischen Gebieten gemeinsam. Innerhalb Ostaustraliens gibt es eine Reihe von Scydmaenidenarten, die von Victoria bis Queensland reichen, auch hier herrschen aber Arten mit sehr begrenztem Verbreitungsareal vor. Die noch sehr schlecht erforschte Scydmaenidenfauna von Nordaustralien und Nordqueensland trägt tropischen Charakter und besitzt sehr wahrscheinlich deutliche Beziehungen zu Neuguinea. Vikariierende Arten und geographische Rassen treten in der australischen Scydmaenidenfauna auffällig selten auf, als Beispiel können das *Scydmaenus*-Subgenus *Corbulifer* und das *Euconnus*-Subgenus *Dimorphoconnus* angeführt werden. Auch das *Stenichnus*-Subgenus *Scydmaenilla* ist in diesem Zusammenhang zu erwähnen. Im ganzen ist aber die Scydmaenidenfauna Australiens auffällig polymorph und steht in deutlichem Gegensatz zu der so einheitlichen, durch zahlreiche Vikarianten gekennzeichneten Fauna Neuseelands. Es ist bemerkenswert, daß die Three Kings Islds. im Norden und Stewart Isld. im Süden Neuseelands nur endemische Scydmaenidenarten beherbergen.

Die wenigen von Lord Howe Isld. bekannten Scydmaeniden stehen australischen Arten näher als neuseeländischen.

Sehr interessant sind die faunistischen Beziehungen der australischen Region zu anderen biogeographischen Regionen. Daß der Norden Australiens deutliche Beziehungen zu Neuguinea und darüber hinaus zur tropischen Fauna der orientalischen Region aufweist, wurde bereits erwähnt. Diese Beziehungen kommen u. a. im Auftreten der Genera *Syndicus*, *Horaeomorphus* und *Microscydmus*, aber auch des Subgenus *Napochus* der großen Gattung *Euconnus* und in vielen *Euconnus*-Arten von tropischem Gepräge, die vorläufig in das Subgenus *Euconophron* gestellt wurden, zum Ausdruck.

Sehr bemerkenswert ist das Vorhandensein zahlreicher Beziehungen zwischen der australischen und der maskarenischen sowie darüber hinaus der madagassischen und anderseits der südostpazifischen Fauna. In diesem Zusammenhang ist die eigenartige Verbreitung des Subgenus *Scottiscydmaenus*, auf die schon SCOTT hingewiesen hat, hervorzuheben. Dieses Subgenus besiedelt SW-Australien, die Seychellen und NO-Madagaskar. Die Gattung *Neseuthia* wurde von den Seychellen beschrieben, sie findet sich auch in SW- und O-Australien, auf Neukaledonien, den Fiji- und Samoa-Inseln sowie auf Lord Howe Isld. Die Gattung *Horaeomorphus* ist in Madagaskar formenreich vertreten, ebenso in O-Australien, SO-Asien und Neukaledonien. Das *Scydmaenus*-Subgenus *Maskarensia* besiedelt die Maskarenen, N-Australien und Nepal, das Subgenus *Armatoscydmaenus* Madagaskar, die Komoren, Maskarenen, Seychellen, Ceylon, die Halbinsel Malakka und Singapore, Neuguinea, Neukaledonien, die Fiji-Inseln und Tahiti, ist aber bisher von Australien noch nicht bekannt. Mit Neukaledonien hat Australien die Gattung *Neuraphoconnus* gemeinsam. Das australische *Stenichnus*-Subgenus *Scydmaenilla*, steht *Austrostenichnus* von Neukaledonien und Neuseeland sehr nahe.

Die Beziehungen der australischen zur neotropischen Region, abgesehen von der Verwandtschaft aller tropischer Waldfaunen, beschränken sich auf dem Süden der Neotropis, das valdivianisch-magellanische Waldgebiet. Wie in anderen Tiergruppen zeigen sich auch bei den Scydmaeniden deutliche magellanisch-neuseeländische Beziehungen. Sie finden ihren Ausdruck im Auftreten einer *Magellanoconnus*-Art in Neuseeland und in der auffälligen Ähnlichkeit im Bau der männlichen Kopulationsorgane der neuseeländischen *Allomaoria*-Arten aus der Verwandtschaft der *A. lanosa* mit *Magellanoconnus castrii* und *laurisilvae* aus Chile.

Sie deuten ebenso wie die rezente Verbreitung der *Nothofagus*-Wälder an, daß zu einem Zeitpunkte, als diese Genera bereits bestanden, eine von Wald bedeckte Landverbindung zwischen Neuseeland und dem südlichen Südamerika vorhanden gewesen sein muß.

If you have any concerns about our products,
you can contact us on
ProductSafety@springernature.com

In case Publisher is established outside the EU,
the EU authorized representative is:
Springer Nature Customer Service Center GmbH
Europaplatz 3, 69115 Heidelberg, Germany

Printed by Libri Plureos GmbH
in Hamburg, Germany